华为 HCIP-Datacom 认证学习指导

（视频讲解+在线刷题）

刘伟　王鹏　周航 ◎ 编著

清華大學出版社
北　京

内 容 简 介

本书围绕新版华为网络技术职业认证 HCIP-Datacom（具体涵盖考试代码 H12-821 与 H12-831）的核心知识体系，采用 eNSP 模拟器作为实战演练平台，深度融合行业实际需求，精心组织与编排内容。全书共包含 24 章，内容涵盖从路由基础至高级特性（如 OSPF、IS-IS、BGP 及其高级特性）、IPv6 技术及其路由实现、以太网交换技术及进阶（包含 RSTP、MSTP、堆叠、VLAN 高级特性、以太网交换安全等）、组播技术、网络安全策略（防火墙、VPN）、网络可靠性设计（BFD、VRRP）、网络服务与管理优化（DHCP），以及 MPLS 技术、网络运维策略、故障排查技巧与网络割接实践等关键领域。各章节配套实验与习题，以“理论+实操”模式助力认证技能的掌握。

本书不仅适合作为华为 ICT 学院的官方学习教材，助力学生将理论知识转化为实战技能，提升解决实际网络问题的能力；同时，它也是计算机网络工程专业学生不可或缺的学习指导书，为学生提供了一站式的学习与实验路径。此外，对于寻求提升团队技术实力的企业而言，本书亦是一本高质量的培训教材，能够帮助网络管理与运维技术人员迅速掌握前沿技术，提升工作效率与故障排除能力。

图书在版编目（CIP）数据

华为 HCIP-Datacom 认证学习指导 ：视频讲解+在线刷题 / 刘伟，王鹏，周航编著. 北京 ：清华大学出版社，2025. 8. -- ISBN 978-7-302-70063-0

Ⅰ. TP393.18

中国国家版本馆 CIP 数据核字第 20256946WV 号

责任编辑：袁金敏
封面设计：刘　超
责任校对：徐俊伟
责任印制：刘海龙

出版发行：清华大学出版社

网　　址：https://www.tup.com.cn，https://www.wqxuetang.com
地　　址：北京清华大学学研大厦 A 座　　**邮　　编：**100084
社 总 机：010-83470000　　**邮　　购：**010-62786544
投稿与读者服务：010-62776969，c-service@tup.tsinghua.edu.cn
质量反馈：010-62772015，zhiliang@tup.tsinghua.edu.cn

印 装 者：北京同文印刷有限责任公司
经　　销：全国新华书店
开　　本：190mm×235mm　　**印　　张：**34.5　　**字　　数：**818 千字
版　　次：2025 年 9 月第 1 版　　**印　　次：**2025 年 9 月第 1 次印刷
定　　价：138.00 元

产品编号：107043-01

前　　言

华为作为全球领先的通信设备供应商，产品涉及路由、交换、安全、无线、存储、云计算等诸多方面。而华为推出的系列职业认证 HCIA、HCIP、HCIE 无疑是 IT 领域最成功的职业认证之一。

依托华为公司雄厚的技术实力和专业的培训体系，华为认证考虑到不同客户对 ICT（Information and Communications Technology，信息与通信技术）不同层次的需求，致力于为客户提供实战性、专业化的技术认证。

根据 ICT 的特点和客户不同层次的需求，华为认证为客户提供了面向多个方向的三级认证体系。

近几年，华为认证发展非常迅速，整体上分为 IT（Information Technology，信息技术）和 CT（Communications Technology，通信技术）两大板块，其中，信息技术部分包括了万物互联、大数据、人工智能、云计算、云服务等技术；通信技术部分主要包括数据通信（Datacom）、无线技术、安全、软件定义网络（Software Defined Network，SDN）和数据中心等内容。本书重点介绍 Datacom。

华为职业认证概况如图 1 所示。本书重点介绍 HCIP-Datacom 中级认证。

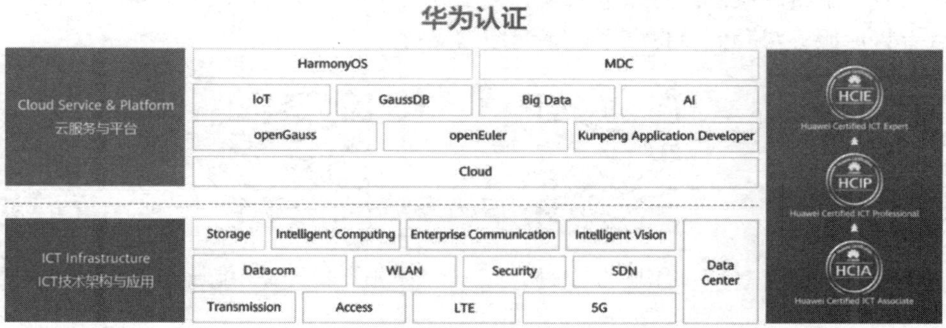

图 1　华为职业认证概况

本书特色

（1）内容完善，系统全面。本书以新版华为网络技术职业认证 HCIP-Datacom 为基础，以 eNSP 模拟器为仿真平台，从行业实际应用出发系统全面地组织本书内容。

（2）目标导向，实践为王。本书以实际应用为目标，采用案例驱动的方式，真实模拟企业环境。这不仅培养了读者的网络设计、配置、分析和排错能力，而且可以为他们未来的职业生涯打下坚实基础。

（3）与时俱进，紧跟前沿。本书内容与新版华为 HCIP-Datacom 认证大纲紧密结合，确保读者在学习过程中既能掌握前沿知识，又能顺利通过认证考试。对于重点和难点内容，我们进行了深入的剖析和解读，确保读者能够真正理解和掌握。

（4）学练一体，完美融合。本书不仅提供了详尽的理论知识梳理，更通过大量的实验案例让读者在实践中学习和成长。每个步骤都有详细的操作指导和分析，真正做到了学练一体，确保学习效果的最大化。

（5）视频教学，直击核心。除了文字内容，我们还额外提供了实操教学视频。这些视频不仅可以指导读者如何进行实际操作，还结合网络工程师的职业规划、技术难点和工作项目等内容，为读者提供全方位的教学指导。

本书资源及服务

（1）教学视频。本书提供关键知识点的教学视频，读者请使用手机扫描书中各知识点旁边的二维码或扫描以下本书视频二维码观看教学视频。

（2）在线刷题。本书提供在线刷题小程序进行在线刷题，读者请扫描以下本书刷题二维码进入在线刷题平台。

（3）拓展学习资源。为了帮助读者梳理华为认证的知识体系和深入理解网络知识。本书赠送丰富的电子版拓展学习资料，包括 2 套企业网络设计综合案例、38 章 HCIA 全套实验拓扑、22 章 HCIP 全套实验拓扑。读者请扫描以下本书资源下载二维码获取以上资源。

（4）技术服务。若您在学习本书的过程中发现疑问或错漏之处，也请通过扫描以下技术服务二维码与我们取得联系。您可以进入读者交流群，与更多读者在线交流学习，也可以通过技术服务或者售后服务与我们取得联系。感谢您的支持。

本书视频二维码

本书刷题二维码

本书资源下载二维码

技术服务二维码

读者对象

本书面向多层次读者，满足多样化需求。

（1）华为 ICT 学院学员的最佳拍档。作为学院的配套教材，本书为学员提供全面、深入的 ICT 知识体系，助力学员掌握前沿技术。

（2）计算机网络专业学生的进阶指南。无论你是初学者还是希望提升技能的学子，本书都是你学习路上的得力助手，助你深入理解晦涩难懂的知识，提升技能。

（3）企业培训的必备教材。针对企业培训需求，本书提供了系统化的培训内容，帮助企业快速提升员工或学员的 ICT 技能。

（4）网络技术人员的实用手册。对于正在从事或希望深入此领域的技术人员，本书提供了实用的技术参考和解决方案，帮助你解决实际问题。

本书作者

本书由长沙卓应教育咨询有限公司的刘伟编写并统稿，参加编写工作的还有王鹏、周航。针对庞大的华为网络及其复杂技术，编写一本适合学生的教材确实不是一件容易的事情，衷心感谢长沙卓应教育咨询有限公司各位领导的支持和指导。本书的顺利出版也离不开清华大学出版社编辑的支持与指导，在此一并表示衷心的感谢。

尽管本书经过了作者与出版社编辑的精心审读与校对，但限于时间、篇幅，难免存在疏漏之处，请各位读者不吝赐教。

编者

2025 年 5 月

目　　录

第1章 认识网络设备

本章阐述了网络设备的硬件模块和逻辑架构，以及网络设备对报文的处理流程。

本章包含以下内容：

- 网络设备框架介绍
- 网络设备对报文的处理流程

1.1 网络设备框架介绍

网络基础设施由交换机、路由器、防火墙等构成，如图 1-1 所示。这些设备日复一日地接收、发送数据。从一个接口收到的数据如何经过设备内部转发到另外一个接口？设备由哪些组件构成？这些组件如何协同工作？下面我们来一探究竟。

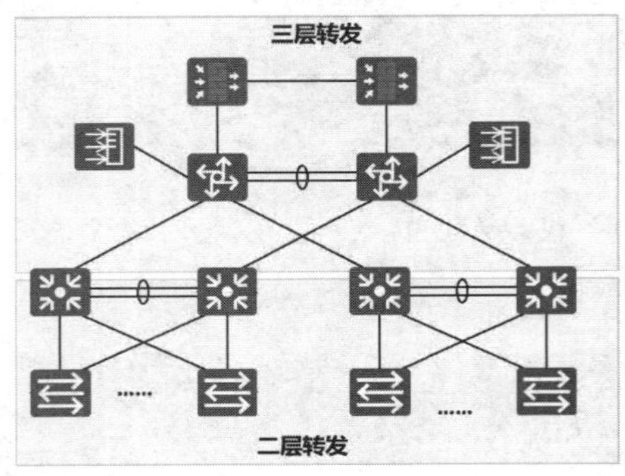

图 1-1 网络基础设施

1.1.1 框式设备硬件模块

为方便理解网络设备内部的各个功能模块，下面以 S12700E-8 为例讲解典型网络设备的构架。图 1-2 所示为网络设备典型面板。

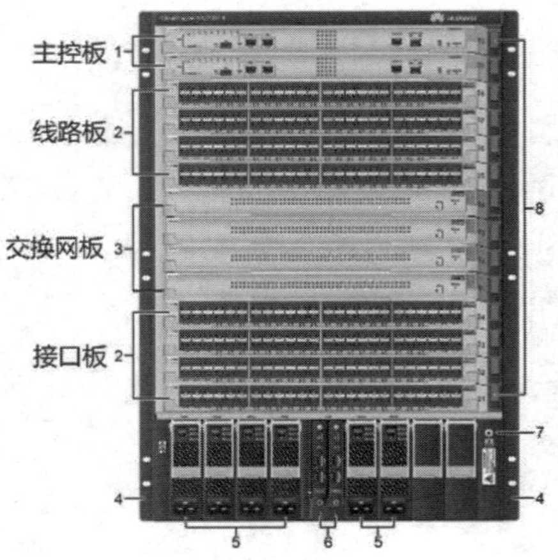

图 1-2 网络设备典型面板

交换网板、接口板上都有管理芯片，与主控板共同组成整个设备的控制管理平面。下面详细讲解框式设备硬件模块。

1．主控板

主控板（Main Processing Unit，MPU）提供了整个系统的控制平面和管理平面。控制平面完成系统的协议处理、业务处理、路由运算、转发控制、业务调度、流量统计、系统安全等功能，管理平面完成系统的运行状态监控、环境监控、日志和告警信息处理、系统加载、系统升级等功能。主控板如图 1-3 所示。

2．交换网板

交换网板（Switch Fabric Unit，SFU）提供整个系统的数据平面。接口板、主控板之间通过交换网板完成通信。交换网板如图 1-4 所示。

图 1-3　主控板

图 1-4　交换网板

3．接口板

接口板（Line Processing Unit，LPU）提供了不同类型（光口、电口）、不同速率的接入接口，通过分布式数据平面对数据进行转发。接口板如图 1-5 所示。

以上我们讲解的都是华为的高端设备，我们在项目中还会接触到很多盒式设备，如图 1-6 所示。不同于框式设备，盒式设备的各个业务模块并不是独立的硬件模块，而是集成在一个框内。

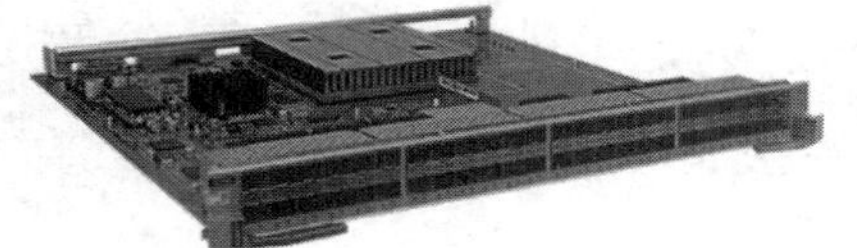

图 1-5　接口板

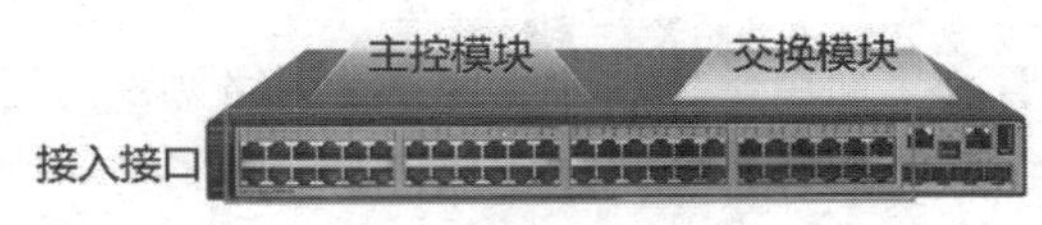

图 1-6　盒式设备

1.1.2　网络设备的逻辑架构

框式设备的各个模块分为不同的单板，单板之间通过框式设备内部的连接进行通信。盒式设备内部集成了这些模块，各个模块之间同样也是通过内部连接进行通信。它们之间的关系如图 1-7 所示，接口板和接口板之间通过交换网板连接，接口板之间的通信统一经由交换网板进行转发。

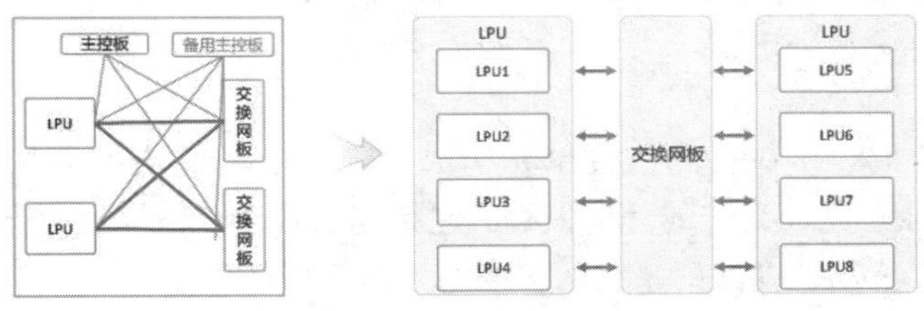

图 1-7　模块连接逻辑图

网络设备从逻辑上可以分为以下三个平面：数据平面、控制管理平面和监控平面，下面具体介绍。

1．数据平面

设备的数据平面由交换网板以及接口板组成，LPU 上存在包转发引擎（Packet Forwarding Engine，PFE），其本质也是一个交换芯片，完成本接口板端口之间的交换，数据平面完成数据报文的高速处理和内部无阻塞交换，包括报文的封装与解封装、IPv4/IPv6/MPLS 转发处理、QoS（服务质量）与调度处理、内部高速交换以及各种统计，如图 1-8 所示。

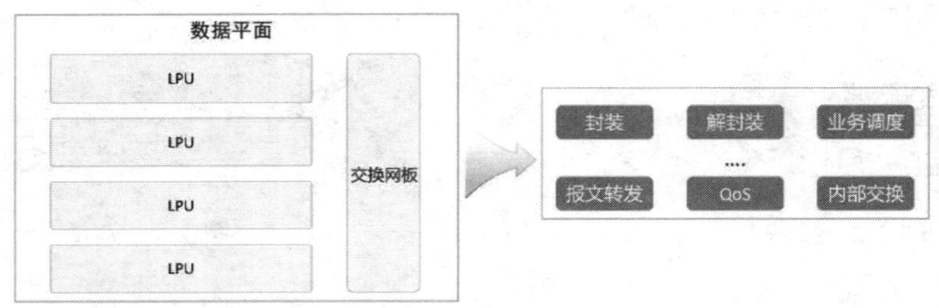

图 1-8　数据平面的组成

2．控制管理平面

设备的控制管理平面由主控板以及接口板的管理单元组成，控制管理平面完成系统的控制管理功能，是整个系统的“中枢神经系统”。控制管理平面完成系统的协议处理、业务处理、路由运算、转发控制、业务调度、流量统计、系统安全等功能，如图 1-9 所示。交换机的控制管理平面用于控制和管理所有网络协议的运行。控制管理平面提供了数据平面数据处理转发前所必需的各种网络信息和转发查询表项。

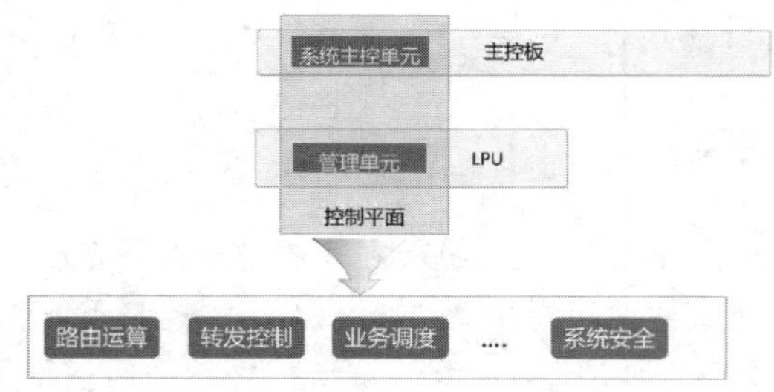

图 1-9　控制管理平面

3．监控平面

监控平面由主控板、接口板的监控单元构成，部分框式设备还会存在单独的集中监控板（CMU）。监控平面独立完成系统的环境监控，包括电压检测、系统上下电控制、温度监测与风扇控制等，如图 1-10 所示，以保证系统的安全稳定运行，在出现单元故障的情况下及时隔离故障，保障系统其他部分能正常运行。

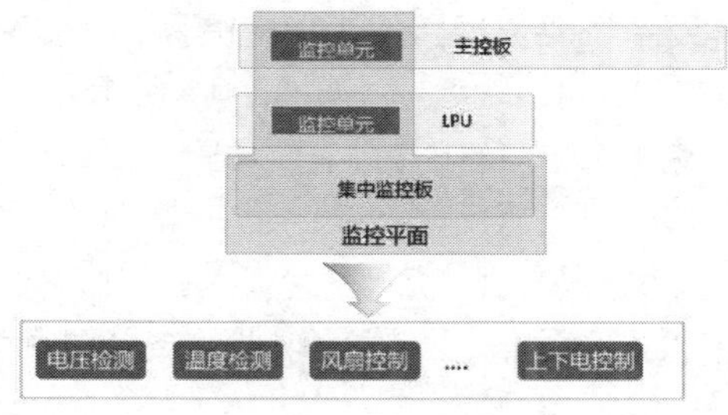

图 1-10　监控平面

1.2　网络设备对报文的处理流程

网络设备处理报文分类：一种是业务报文，另一种是协议报文。对于业务报文，设备在收到之后只会进行转发，从一个接口进入之后依据转发表项从另外一个接口发送出去；对于协议报文（如 ARP、OSPF、BGP 等协议的报文），网络设备在收到之后会交由控制层面进行处理，如 ARP 报文交由控制层面处理、判断之后决定是否回应，是否学习 ARP 报文中的源 MAC、源 IP。

以交换网板为中心，可将报文在网络设备的行程一分为二，上半程称为"上行"，下半程称为"下行"，如图 1-11 所示。

图 1-11　报文转发的上行和下行

1.2.1　业务报文转发处理流程

业务报文从接口进入上行接口板处理之后，通过框式交换机内部总线交由交换网板，交换网板交由下行接口板处理之后从接口发出，如图 1-12 所示。

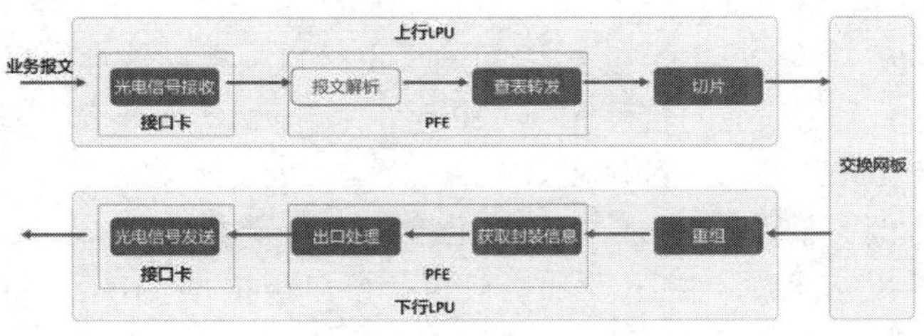

图 1-12　业务报文转发处理流程

当报文从接口板进入时，设备需要依据转发表项（IP 路由表、MAC 地址表等）确定报文的出接口（对于框式设备需要确定下行接口板），如图 1-13 所示。

主控板以及接口板上都存在 CPU，都有控制平面功能，那么转发表项存放、表项查询应在接口板执行还是在主控板执行？

如果转发表项存放在主控板上，报文进入接口板之后，接口板从主控板处查询表项，如图 1-14 所示。每次转发都需要与主控板进行通信，转发效率低，报文时延增加，对高速率接口板而言转发速率严重下降。

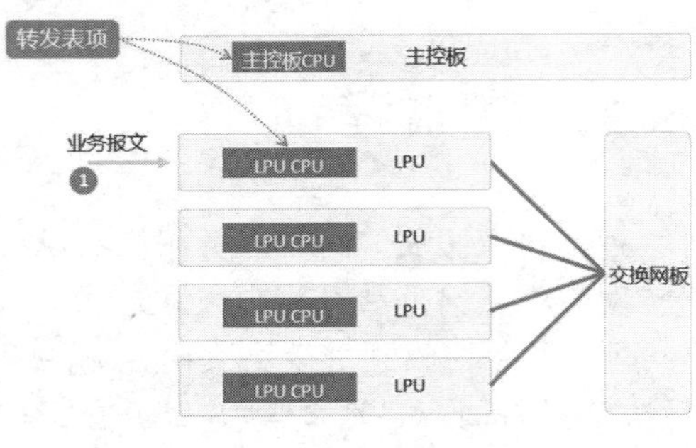

图 1-13　转发表项

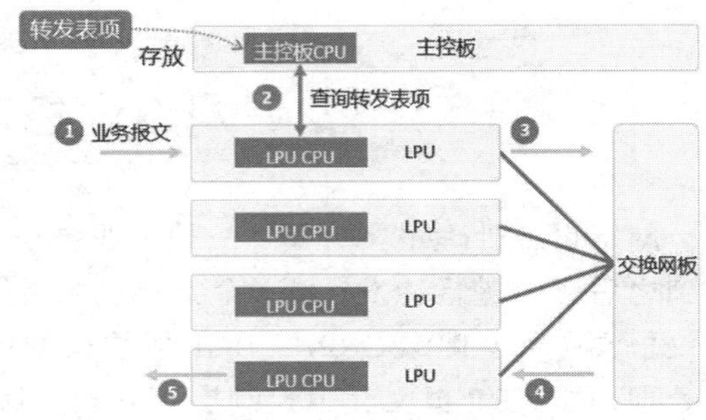

图 1-14　转发表项在主控板上

如果转发表项存放在接口板上，报文进入接口板之后直接在接口板完成报文查询，报文转发效率提高，如图 1-15 所示。

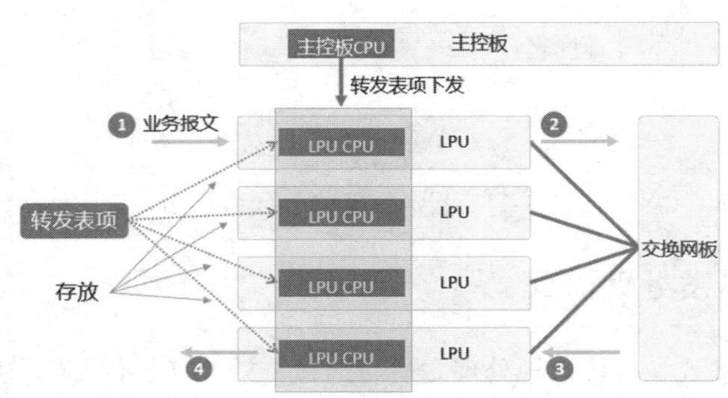

图 1-15　转发表在接口板上

高端设备的业务报文不经过主控板 CPU 处理，由接口板提供转发信息查询，接口板上存在的转发信息并非存在于主控板上的转发表项（IP 路由表、MAC 地址表）。主控板生成转发表项之后，生成对应的转发信息下发到接口板。

以 IP 路由表为例，路由表生成之后，主控板根据路由表生成 FIB 表项（Forwarding Information Base，转发信息库）并下发到接口板，接口板根据 FIB 表项进行转发，如图 1-16 所示。

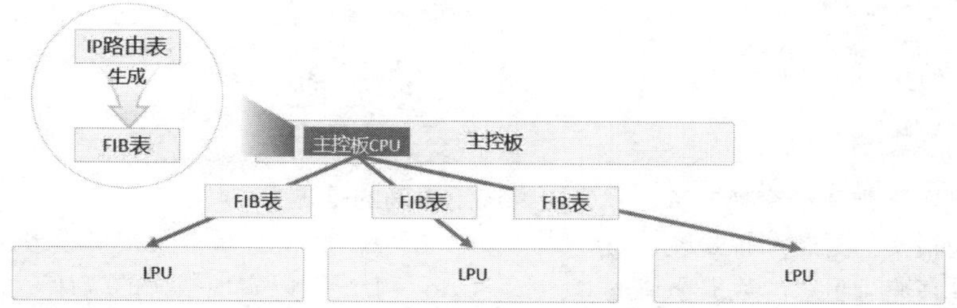

图 1-16　IP 路由转发信息

1.2.2　协议报文转发处理流程

设备收到的协议报文，如路由协议（OSPF、IS-IS、BGP），ARP 报文，STP 报文，以及对设备的 ICMP 请求报文等，需要送至设备的控制平面处理，即上送主控板，由主控板的 CPU 进行处理，如图 1-17 所示。

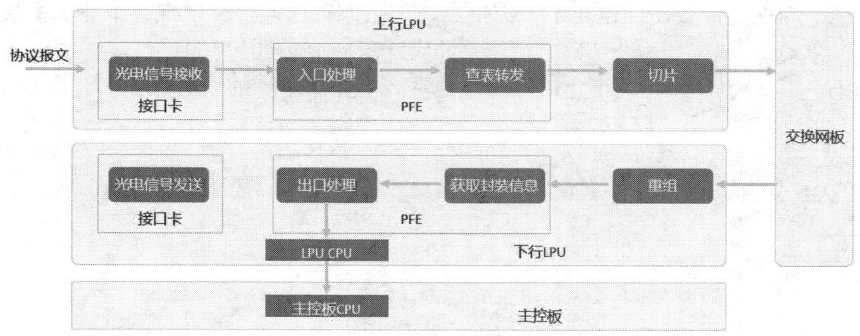

图 1-17　协议报文转发处理流程

设备自身发送的协议报文，如路由协议报文（OSPF、IS-IS）、BGP 报文，ARP 报文，STP 报文，ICMP 报文等，由主控板 CPU 构造之后交由接口板对外发送，如图 1-18 所示。

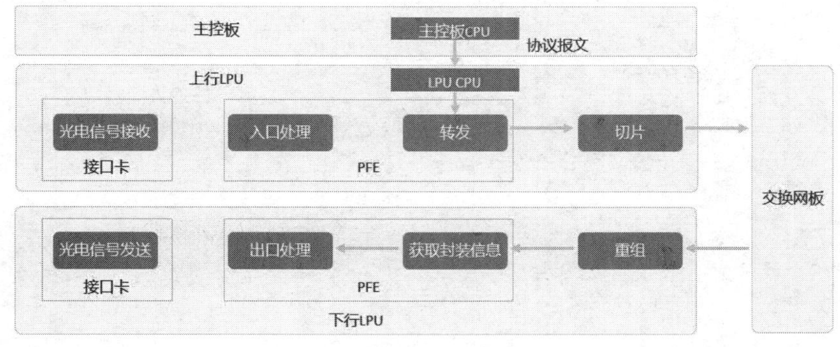

图 1-18　设备自身发送协议报文处理流程

1.3 练 习 题

1. （单选题）下列关于交换设备转发平面说法不正确的是（　　）。

A．实现报文的封装和解封装　　B．由主控板以及接口板组成

C．提供高速无阻塞的数据通道　　D．可以实现报文的统计

2.（单选题）在网络设备对报文的处理流程中，以交换网板为中心，可将报文在设备的行程分为“上行”和“下行”。其中上行接口板处理流程中不包括（　　）。

A．查表转发　　B．报文解析　　C．获取封装信息　　D．切片

3. （判断题）转发表项存放在主控板时，报文进入接口板之后，可直接在接口板完成报文的查询与转发，从而提高报文转发效率。（　　）

A．TRUE　　B．FALSE

4. （单选题）相较于路由器、交换机，防火墙转发独有的模块为（　　）。

A．SFU　　B．MPU　　C．LPU　　D．SPU

5. （单选题）在框式设备硬件模块中，提供高速无阻塞数据通道，实现各个业务模块之间业务交换功能的是（　　）模块。

A．MPU　　B．LPU　　C．MPU 和 LPU　　D．SFU

第2章 路由基础

本章阐述了路由器的工作原理、路由选路原则。

本章包含以下内容：

- 路由器的工作原理
- 路由选路原则

2.1 路由器的工作原理

在因特网中，网络连接设备用来控制网络流量和保证网络数据传输质量。常见的网络连接设备有集线器（Hub）、网桥（Bridge）、交换机（Switch）和路由器（Router）。这些设备的基本原理类似，下面就以路由器为例来介绍其基本原理。

路由器是一种典型的网络连接设备，用来进行路由选择和报文转发。路由器根据收到报文的目的地址来选择一条合适的路径（包含一个或多个路由器的网络），然后将报文传送到下一个路由器，路径终端的路由器负责将报文送交目的主机。

2.1.1 路由器根据路由表转发数据

一个数据包到达路由器以后，路由器根据数据包的目的 IP 地址查找路由表，如果路由表里有路由就根据路由表转发，如果没有就丢弃。下面我们来举两个例子：

举例 1：在 R1 上访问 12.1.1.2，数据转发流程如图 2-1 所示。

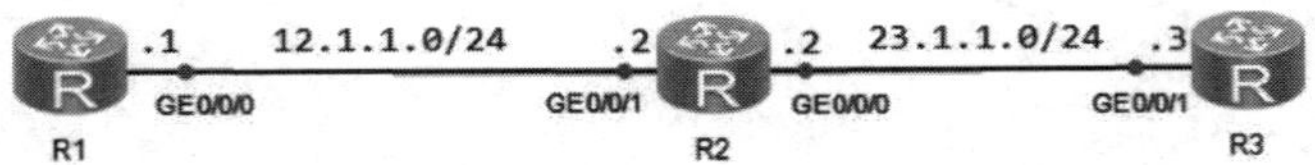

图 2-1　路由器根据路由表转发数据

第一步：数据包的源 IP 为 12.1.1.1，目的 IP 为 12.1.1.2，数据包从 R1 产生以后，R1 转发数据包之前查看路由表，路由表如下所示。根据路由表，R1 把数据包从 GE0/0/0 发送出去。

```
<R1>display ip routing-table   //查看路由表
Route Flags: R - relay, D - download to fib
------------------------------------------------------------------------------
Routing Tables: Public
         Destinations : 4        Routes : 4
Destination/Mask    Proto   Pre  Cost  Flags NextHop    Interface
      12.1.1.0/24   Direct  0    0      D   12.1.1.1    GigabitEthernet0/0/0
      12.1.1.1/32   Direct  0    0      D   127.0.0.1   GigabitEthernet0/0/0
      127.0.0.0/8   Direct  0    0      D   127.0.0.1   InLoopBack0
      127.0.0.1/32  Direct  0    0      D   127.0.0.1   InLoopBack0
```

路由表中包含如下参数：

①Destination：表示此路由的目的地址。用来标识 IP 包的目的地址或目的网络。

②Mask：表示此目的地址的子网掩码长度。与目的地址一起来标识目的主机或路由器所在的网段的地址。

将目的地址和子网掩码进行“逻辑与”运算后，可得到目的主机或路由器所在网段的地址。例如，目的地址为 12.1.1.0，掩码为 255.255.255.0 的主机或路由器所在网段的地址为 12.1.1.0。

掩码由若干个连续的“1”构成，既可以用点分十进制表示，也可以用掩码中连续“1”的个数来表示。例如，掩码 255.255.255.0 长度为 24，即可以表示为/24。

③Proto：表示学习此路由的路由协议。

④Pre：表示此路由的路由协议优先级。针对同一目的地，可能存在不同下一跳、出接口等多条路由，这些不同的路由可能是由不同的路由协议发现的，也可以是手工配置的静态路由。优先级高（数值小）者将成为当前的最优路由。各协议路由的优先级请参见路由协议的优先级设置。

⑤Cost：表示此路由的路由开销。当到达同一目的地的多条路由具有相同的路由优先级时，路由开销最小的将成为当前的最优路由。

⑥NextHop：表示此路由的下一跳地址。指明数据转发的下一个设备。

⑦Interface：表示此路由的出接口。指明数据将从本地路由器的哪个接口转发出去。

第二步：数据从 R2 的 GE0/0/1 到达路由器 R2，路由器 R2 查看目的 IP 为 12.1.1.2，为自己GE0/0/1 接口的 IP 地址，发现是发给自己的，所以要给 R1 一个回应，回应包的源 IP 为 12.1.1.2，目的 IP 为 12.1.1.1，R2 也要查看路由表，R2 的路由表如下所示，R2 把数据包从 GE0/0/1 口发送出去，到达 R1，所以网络是通的。

```
<R2>display ip routing-table  //查看 R2 的路由表
Route Flags: R - relay, D - download to fib
------------------------------------------------------------------------------
Routing Tables: Public
        Destinations : 6        Routes : 6
Destination/Mask   Proto   Pre  Cost   Flags NextHop    Interface
     12.1.1.0/24  Direct  0    0       D   12.1.1.2     GigabitEthernet0/0/1
     12.1.1.2/32  Direct  0    0       D   127.0.0.1    GigabitEthernet0/0/1
     23.1.1.0/24  Direct  0    0       D   23.1.1.2     GigabitEthernet0/0/0
     23.1.1.2/32  Direct  0    0       D   127.0.0.1    GigabitEthernet0/0/0
     127.0.0.0/8  Direct  0    0       D   127.0.0.1    InLoopBack0
    127.0.0.1/32  Direct  0    0       D   127.0.0.1    InLoopBack0
```

举例 2：在 R1 上访问 23.1.1.3，数据转发流程如图 2-1 所示。

数据包的源 IP 为 12.1.1.1，目的 IP 为 23.1.1.3，R1 查看路由表，发现没有去 23.1.1.0/24 的路由，R1 的路由表如下所示，发现路由表没有去 23.1.1.0 的路由，直接把数据包丢弃，所以网络不通。

```
<R1>display ip routing-table   //查看路由表
Route Flags: R - relay, D - download to fib
------------------------------------------------------------------------------
Routing Tables: Public
       Destinations : 4        Routes : 4
Destination/Mask   Proto   Pre  Cost   Flags NextHop    Interface
     12.1.1.0/24  Direct  0    0       D   12.1.1.1     GigabitEthernet0/0/0
     12.1.1.1/32  Direct  0    0       D   127.0.0.1    GigabitEthernet0/0/0
     127.0.0.0/8  Direct  0    0       D   127.0.0.1    InLoopBack0
```

```
        127.0.0.1/32 Direct  0    0      D   127.0.0.1    InLoopBack0
```

2.1.2 路由信息获取的方式

路由器依据路由表进行路由转发，为实现路由转发，路由器需要先发现路由。路由的获取有三种方式：通过链路层协议发现的路由称为直连路由，通过网络管理员手动配置的路由称为静态路由，通过动态路由协议发现的路由称为动态路由。

1. 直连路由

直连路由是路由器直连接口所在网段的路由，由设备自动生成。如图 2-2 所示，路由器 R 的 GE0/0/0 接口所在的网段为 10.1.1.0/24，GE0/0/1 接口所在的网段为 20.1.1.0/24，只要路由器 R 的 GE0/0/1 和 GE0/0/0 接口的物理状态、协议状态都为 UP，那么路由器 R 就会生成两条直连路由。

2. 静态路由

静态路由是由管理员手动配置的路由条目，如图 2-3 所示，路由 R 不知道怎么去 30.1.1.0/24 这个网段，所以管理员在路由器 R 的路由表中手动添加一条去往 30.1.1.0/24 的路由。静态路由配置方便，对系统要求低，适用于拓扑结构简单并且稳定的小型网络。缺点是不能自动适应网络拓扑的变化，需要人工干预。

3. 动态路由

动态路由是路由器通过动态路由协议（如 OSPF、IS-IS、BGP 等）学习到的路由，如图 2-4 所示，路由器 R 没有 40.1.1.0/24 的路由，它通过动态路由协议 OSPF 来学习 40.1.1.0/24 的路由。动态路由协议的优点是有自己的路由算法，能够自动适应网络拓扑的变化，适用于具有一定数量三层设备的网络；缺点是配置过程复杂，对用户的专业技能要求比较高，对系统资源的要求高于静态路由，会占用一定的网络资源和系统资源。

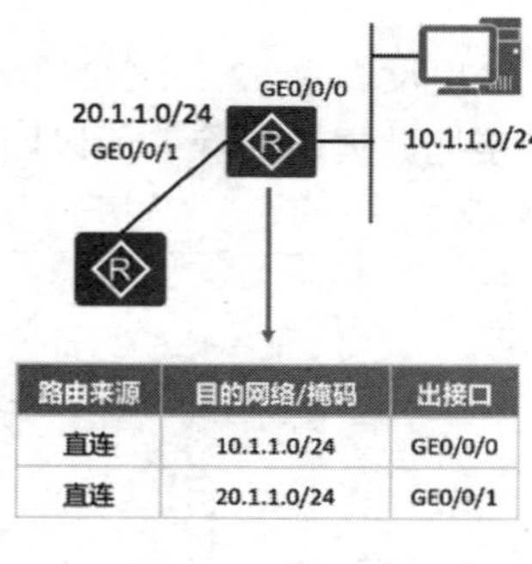

图 2-2 直连路由

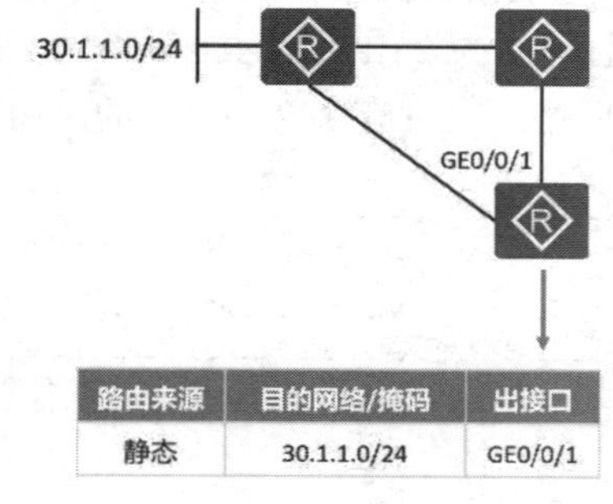

图 2-3 静态路由

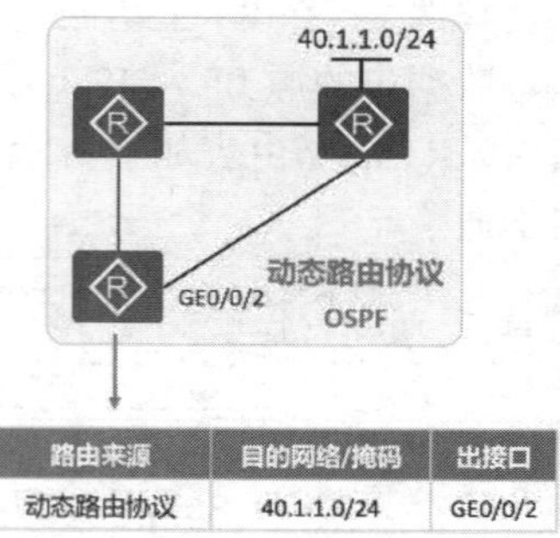

图 2-4 动态路由

2.2　路由选路原则

路由就是报文从源端到目的端的路径。当报文从路由器到目的网段有多条路由可到达时，路由器可以根据路由表中的最佳路由进行转发。最佳路由的选取与发现和此路由的路由协议的优先级、路由的度量有关。当多条路由的协议优先级与路由度量都相同时，可以实现负载分担，缓解网络压力；当多条路由的协议优先级与路由度量不同时，可以构成路由备份，提高网络的可靠性。

2.2.1　最长前缀匹配原则

当路由器收到一个 IP 数据包时，会将数据包的目的 IP 地址与自己本地路由表中的所有路由表项进行逐位（Bit-by-Bit）比对，直到找到匹配度最长的条目，这就是最长前缀匹配原则。如图 2-5 所示，一个数据包的目的 IP 为 172.16.2.1，路由条目 1 没有匹配，路由条目 3 匹配了，但是不是最长的，路由条目 2 不但匹配了还是最长的。

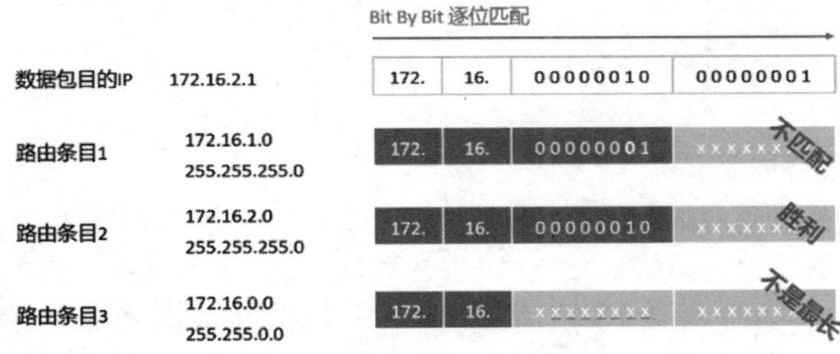

图 2-5　最长前缀匹配原则

2.2.2　路由优先级

当路由器从多种不同的途径到达同一个目的网段的路由（这些路由的目的网络地址及网络掩码均相同）时，路由器会比较这些路由的优先级，优先选择优先级值最小的路由。常见路由类型的默认优先级如表 2-1 所示。

表 2-1　常见路由类型的默认优先级

路由协议的类型	路由协议的优先级
直连	0
OSPF	10
IS-IS	15
静态	60
RIP	100

RTA 通过动态路由协议 OSPF 和手动配置的方式都发现了到达 10.0.0.0/30 的路由，静态路由的优先级为 60，OSPF 的优先级为 10，所以会把 OSPF 学习到的路由加入路由表中，如图 2-6 所示。

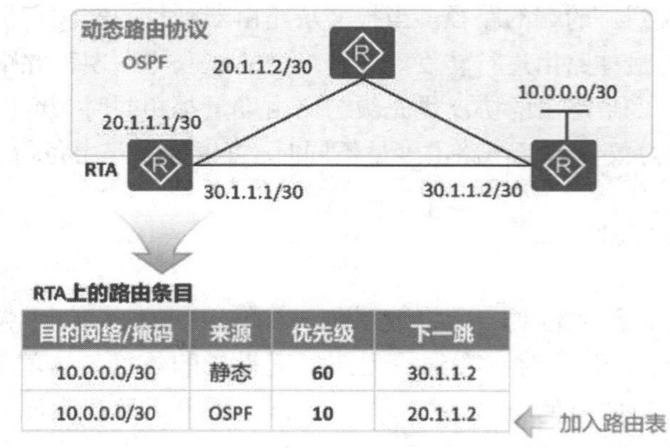

目的网络/掩码	来源	优先级	下一跳
10.0.0.0/30	静态	60	30.1.1.2
10.0.0.0/30	OSPF	10	20.1.1.2

图 2-6　路由优先级

2.2.3　路由度量值

1. 路由度量的影响因素

（1）路径长度是最常见的影响路由度量的因素。链路状态路由协议可以为每一条链路设置一个链路开销，以此标示该链路的路径长度。在这种情况下，路径长度是指经过的所有链路的链路开销的总和。距离矢量路由协议使用跳数来标示路径长度。跳数是指数据从源端到目的端所经过的设备数量。例如，路由器到与它直接相连网络的跳数为 0，通过一台路由器可达的网络的跳数为 1，以此类推。

（2）网络带宽代表一个链路实际的传输能力。例如，一个 10Gb/s 的链路要比 1Gb/s 的链路更优越。虽然带宽是指一个链路能达到的最大传输速率，但这不能说明在高带宽链路上的路由就一定比低带宽链路上的路由更优越。比如，一个高带宽的链路正处于拥塞的状态下，那么报文在这条链路上转发时将会花费更多的时间。

（3）负载衡量的是网络资源的使用程度。计算负载的方法包括监测 CPU 的利用率及其每秒处理数据包的数量。持续监测这些参数可以及时了解网络的使用情况。

（4）通信开销反映了一条链路的运营成本。特别是在只注重运营成本而忽视网络性能的时候，通信开销就成了一个重要的衡量指标。

2. 度量值的比较过程

RTA 通过动态路由协议 OSPF 学习到了两条目的地为 10.0.0.0/30 的路由，学习自同一路由协议、优先级相同，因此需要继续比较度量值。两条路由拥有不同的度量值，下一跳为 30.1.1.2 的 OSPF 的路由条目拥有更小的度量值，因此被优先加入路由表中，如图 2-7 所示。

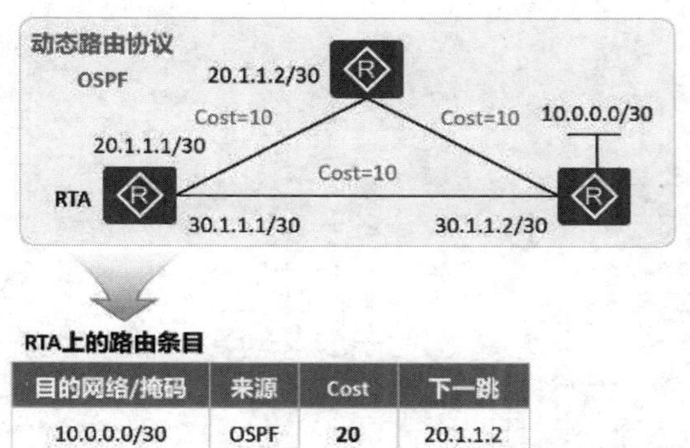

目的网络/掩码	来源	Cost	下一跳
10.0.0.0/30	OSPF	20	20.1.1.2
10.0.0.0/30	OSPF	10	30.1.1.2

图 2-7　度量值

2.3　练　习　题

1．以下关于直连路由说法正确的是？（　　）

A．直连路由优先级低于动态路由

B．直连路由优先级低于静态路由

C．直连路由优先级最高

D．直连路由需要管理员手工配置目的网络和下一跳地址

2．下列哪个属性不能作为衡量 Cost 的参数？（　　）

A．带宽　　B．Sysname　　C．时延　　D．跳数

3．下列关于静态路由的说法，错误的是？(　　)

A．静态路由的开销值（Cost）不可以被修改

B．静态路由优先级的默认值为 60

C．静态路由优先级的范围为 1～255

D．静态路由的优先级为 0 时，则该路由一定会被优先选择

4．在 VRP 操作平台上，以下哪条命令可以专门查看静态路由？（　　）

A．display ip routing-table protocol static　　B．display ip routing-table

C．display ip routing-table verbose　　D．display ip routing-table statistics

5．下面关于静态与动态路由描述错误的是？(　　)

A．管理员在企业网络中部署动态路由协议后，后期维护和扩展能够更加方便

B．动态路由协议比静态路由要占用更多的系统资源

C．链路产生故障后，静态路由能够自动完成网络收敛

D．静态路由在企业中应用时配置简单，管理方便

第 3 章 OSPF

本章阐述了 OSPF（Open Shortest Path First，开放式最短路径优先）协议的特征、术语，OSPF 的路由器类型、网络类型、区域类型、LSA 类型，OSPF 报文的具体内容及作用，描述了 OSPF 的邻接关系，通过实例让读者掌握 OSPF 在各种场景中的配置。

本章包含以下内容：

- 动态路由协议
- OSPF 的优势
- OSPF 的专业术语
- OSPF 的基本原理
- OSPF 网络类型
- OSPF 的 LSA
- OSPF 的高级配置

3.1　动态路由协议

3.1.1　动态路由协议的分类

对动态路由协议的分类可以采用以下几种不同的标准。

1．根据作用范围不同分类

（1）内部网关协议（Interior Gateway Protocol，IGP）：在一个自治系统内部运行。常见的IGP 协议包括 RIP、OSPF 和 IS-IS。

（2）外部网关协议（Exterior Gateway Protocol，EGP）：运行于不同自治系统之间。BGP 是目前最常用的 EGP 协议。

2．根据使用算法不同分类

（1）距离矢量路由协议（Distance-Vector Routing Protocol）：包括 RIP 和 BGP。其中，BGP也被称为路径矢量协议（Path-Vector Protocol）。

（2）链路状态路由协议（Link-State Routing Protocol）：包括 OSPF 和 IS-IS。

3.1.2　为什么需要动态路由协议

路由器根据路由表转发数据包，路由表项可通过手动配置和动态路由协议生成。静态路由比动态路由使用更少的带宽，并且不占用 CPU 资源来计算和分析路由更新。当网络结构比较简单时，只需配置静态路由就可以使网络正常工作。但是当网络发生故障或者拓扑发生变化后，静态路由不会自动更新，必须手动重新配置。相较于静态路由，动态路由协议具有更强的可扩展性，具备更强的应变能力。

静态路由是由工程师手动配置和维护的路由条目，命令行简单明确，适用于小型或稳定的网络。静态路由有以下问题。

（1）无法动态响应网络变化：网络发生变化，无法自动收敛网络，需要工程师手动修改。

在部署静态路由的场景下，AR1 会把数据通过 AR2 传输给 AR3，如果 AR3 发生了故障，AR1 是感知不到的，会继续把数据发送给 AR2，造成流量的浪费。除非网络工程师在 AR1 上手动删除静态路由，如图 3-1 所示。

（2）无法适应规模较大的网络：随着设备数量增加，配置量急剧增加。

随着网络设备数量的增加部署静态路由的难度越发增加，比如说 AR1 想 ping 通 AR5，需要在 AR1、AR2 和 AR3 上部署去往 45.1.1.0/24 网段的静态路由，还需要在 AR5、AR4 和 AR3上部署去往 10.1.1.0/24 网段的路由，如图 3-2 所示，随着网络设备的增加，需要部署的静态路由条目呈线性增长，限制了静态路由在网中的大规模部署。

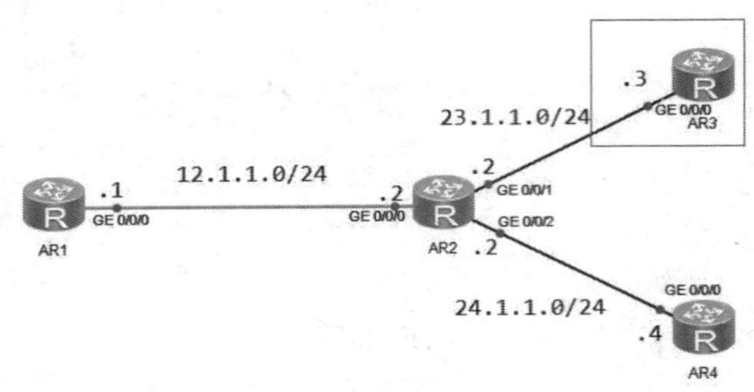

图 3-1　拓扑变更

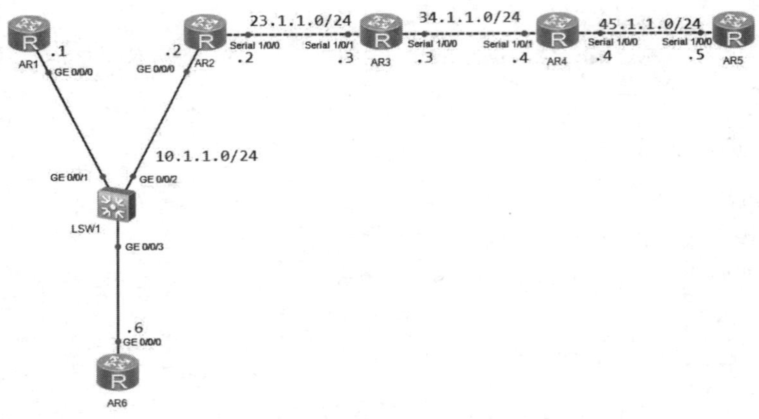

图 3-2　大型网络中不利于部署静态路由

静态路由的以上缺点，我们通过在设备上配置动态路由都可以解决，动态路由协议有自己的路由算法，能够自动适应网络拓扑的变化，适用于具有一定数量的三层设备的网络。

3.1.3　距离矢量路由协议

运行距离矢量路由协议的路由器周期性地泛洪自己的路由表。通过路由的交互，每台路由器都从相邻的路由器学习到路由，并且加载进自己的路由表中。对于网络中的所有路由器，它们并不清楚网络的拓扑，只是简单地知道要去往某个目的地的方向和大致距离，这就是距离矢量算法的本质。距离矢量路由协议的典型代表就是路由信息协议（Router Information Protocol，RIP），在华为考证中这部分内容已经删减，所以本书不做详细介绍。

3.1.4　链路状态路由协议

距离矢量路由协议被称为“道听途说”的路由协议，就相当于你第一次来长沙，你要去湖南大学，如果不知道怎么走，你就问别人，别人怎么说你就怎么走，这条路可能是正确的，也可能是错误的。但是链路状态路由协议不一样，它有整个网络的拓扑结构，就相当于你第一次来长沙，你要去中南大学，你会打开手机的百度地图，里面有整个长沙的“拓扑结构”，你只要选上起点和终点，跟着它就能顺利到达。链路状态路由协议学习路由一共分为五步：

1. LSA 泛洪

与距离矢量路由协议不同，链路状态路由协议通告的是链路状态而不是路由表。运行链路状态路由协议的路由器之间首先会建立一个协议的邻接关系，然后彼此之间开始交互 LSA(Link State Advertisement，链路状态通告），如图 3-3 所示。

2. LSDB 组建

每台路由器都会产生 LSA（Link State Advertisements，链接状态广告），路由器将接收到的 LSA 放入自己的 LSDB（Link State DataBase，链路状态数据库）。路由器通过 LSDB 掌握了全网的拓扑，如图 3-4 所示。

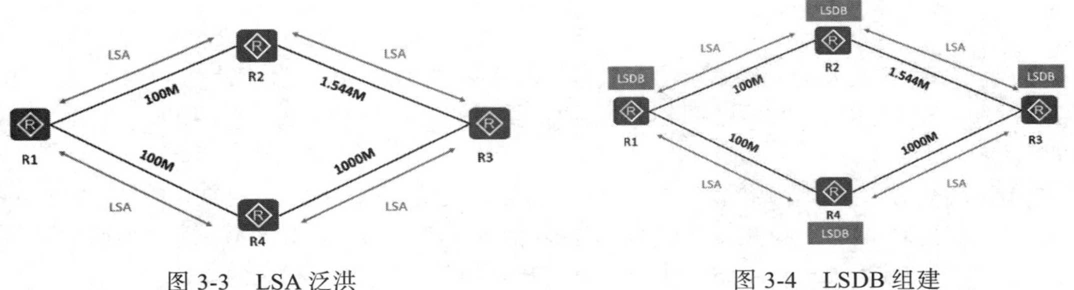

图 3-3　LSA 泛洪　　　　图 3-4　LSDB 组建

3. SPF 计算

每台路由器基于 LSDB，使用 SPF（Shortest Path First，最短路径优先）算法进行计算。每台路由器都计算出一棵以自己为根的、无环的、拥有最短路径的“树”。有了这棵“树”，路由器就能够知道到达网络各个角落的优先选择路径，如图 3-5 所示。

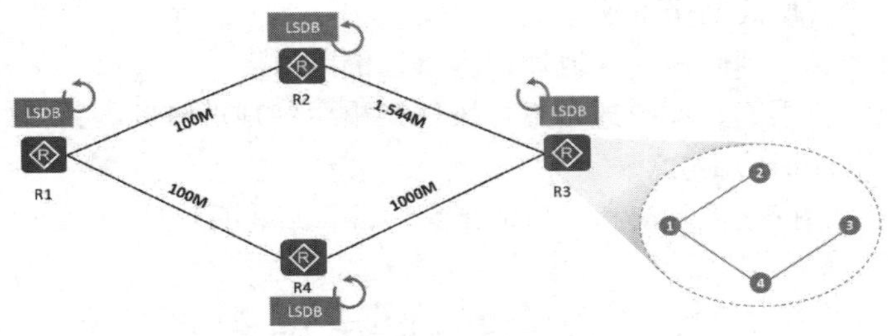

图 3-5　SPF 计算

4. 路由表生成

路由器将计算出来的优先选择路径，加载进自己的路由表，如图 3-6 所示。

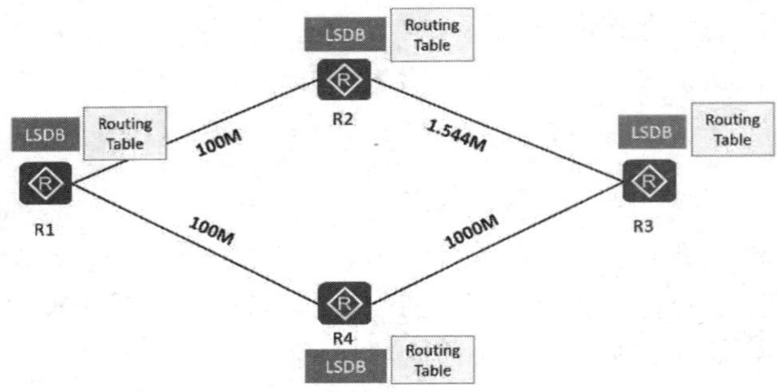

图 3-6　路由表生成

以上是链路状态路由协议工作的四个步骤，了解它们对后面学习 OSPF 有很大的帮助。

3.2　OSPF 的优势

OSPF 是 IETF 定义的一种基于链路状态的内部网关路由协议。目前针对 IPv4 协议使用的是 OSPF Version 2（RFC2328）；针对 IPv6 协议使用的是 OSPF Version 3（RFC2740）。OSPF 有以下优势。

（1）适应范围广：应用于规模适中的网络，最多可支持几百台设备。例如，中小型企业网络。

（2）支持掩码：由于 OSPF 报文中携带掩码信息，所以 OSPF 协议不受自然掩码的限制，能对 VLSM（Variable Length Subnet Mask，可变长子网掩码）提供很好的支持。

（3）快速收敛：在网络的拓扑结构发生变化后立即发送更新报文，使这一变化在自治系统中同步。

（4）无自环：由于 OSPF 是根据收集到的链路状态用最短路径树算法计算路由，因此从算法本身保证了不会生成自环路由。

（5）区域划分：允许自治系统的网络被划分成区域来管理，区域间传送的路由信息被进一步抽象，从而减少了占用的网络带宽。

（6）等价路由：支持到同一目的地址的多条等价路由。

（7）路由分级：使用四类不同的路由，按优先顺序分别是区域内路由、区域间路由、第一类外部路由、第二类外部路由。

（8）支持验证：支持基于区域和接口的报文验证，以保证报文交互的安全性。

3.3　OSPF 的专业术语

在学习 OSPF 之前，如果了解 OSPF 的专业术语，对学习会很有帮助，这些专业术语是 Router ID、区域、度量值等。

1. Router ID

Router ID 用于在自治系统中唯一标识一台运行 OSPF 的路由器，它是一个 32 位的无符号整数。

Router ID 的选举规则如下：

（1）手动配置 OSPF 路由器的 Router ID（建议手动配置）。

（2）如果没有手动配置 Router ID，则路由器使用 Loopback 接口中最大的 IP 地址作为 Router ID。

（3）如果没有配置 Loopback 接口，则路由器使用物理接口中最大的 IP 地址作为 Router ID。

2. 区域

当一个大型网络中的设备都运行 OSPF 路由协议时，设备数量的增多会导致链路状态数据库非常庞大，占用大量的存储空间，并使得运行 SPF 算法的复杂度增加，导致设备负担很重。在网络规模增大之后，拓扑结构发生变化的概率也增大，网络会经常处于“动荡”之中，造成网络中会有大量的 OSPF 协议报文在传递，降低了网络的带宽利用率。更为严重的是，每一次变化都会导致网络中所有的设备重新进行路由计算。OSPF 协议通过将自治系统划分成不同的区域解决 LSDB 频繁更新的问题，提高网络的利用率。区域是从逻辑上将设备划分为不同的组，每个组用区域号（Area ID）来标识。区域的边界是设备，而不是链路。一个网段（链路）只能属于一个区域，或者说每个运行 OSPF 的接口必须指明属于哪一个区域，如图 3-7 所示。

OSPF 的区域 ID 是一个 32bit 的非负整数，按点分十进制的形式（与 IPv4 地址的格式一样）呈现，例如 Area0.0.0.1。为了简便起见，有时也会采用十进制的形式来表示。

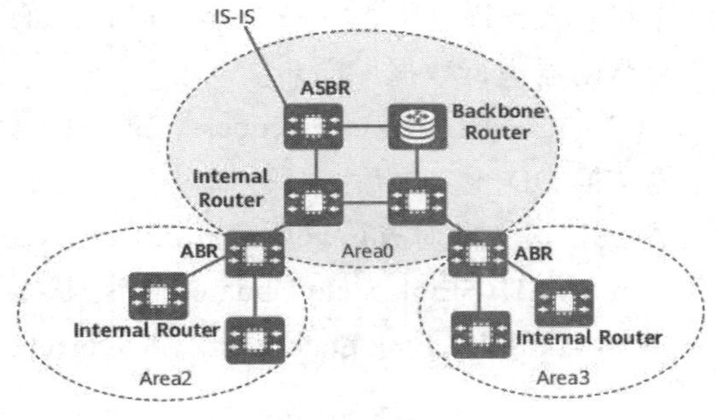

图 3-7 OSPF 区域划分

3. 设备的角色

根据在自治系统 AS 中的不同位置，如图 3-7 所示，设备角色可以分为以下几类：

（1）区域内路由器（Internal Router，IR）：该类设备的所有接口都属于同一个 OSPF 区域。

（2）区域边界路由器（Area Border Router，ABR）：该类设备可以同时属于两个以上的区域，但其中一个必须是骨干区域。

（3）骨干路由器（Backbone Router，BR）：该类设备至少有一个接口属于骨干区域。

（4）自治系统边界路由器（AS Boundary Router，ASBR）：与其他 AS 交换路由信息的设备称为 ASBR。

4. 度量值

OSPF 使用 Cost（开销）作为路由的度量值。每一个激活了 OSPF 的接口都会维护一个接口 Cost 值，默认的接口 Cost = "100 Mbit/s " /"接口带宽"。其中 100 Mbit/s 为 OSPF 指定的默认参考值，该值是可配置的。如图 3-8 所示，由于 OSPF 接口的带宽不同，因此有不同的 Cost 值。

OSPF 以“累计 Cost”为开销值，也就是流量从源网络到目的网络经过所有路由器的出接口的 Cost 总和。如图 3-9 所示，在 R3 的路由表中，到达 10.0.1.1/32 的 OSPF 路由的 Cost 值=1+64，即 65。

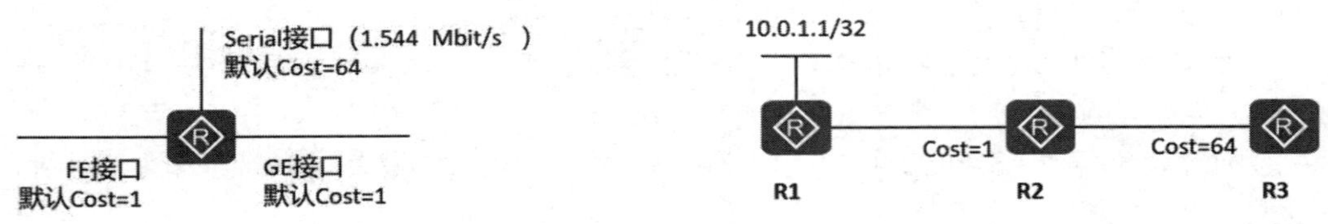

图 3-8　OSPF 接口的 Cost 值　　图 3-9　OSPF 路径累计 Cost 值

5．OSPF 报文类型

OSPF 有五种类型的协议报文。

（1）Hello 报文：周期性发送，用来发现和维持 OSPF 邻接关系，以及进行 DR（Designated Router，指定路由器）/BDR（Backup Designated Router，备份指定路由器）的选举。

（2）DD（Database Description，数据库描述）报文：描述了本地 LSDB（Link State DataBase，链路状态数据库）中每一条 LSA（Link State Advertisement，链路状态通告）的摘要信息，用于两台路由器进行数据库同步。

（3）LSR（Link State Request，链路状态请求）报文：向对方请求所需的 LSA。两台路由器互相交换 DD 报文之后，会得知对端的路由器有哪些 LSA 是本地的 LSDB 所缺少的，这时需要发送 LSR 报文向对方请求所需的 LSA。

（4）LSU（Link State Update，链路状态更新）报文：向对方发送其所需要的 LSA。

（5）LSAck（Link State Acknowledgment，链路状态确认）报文：用来对收到的 LSA 进行确认。

3.4　OSPF 的基本原理

3.4.1　OSPF 邻接关系建立和路由计算

下面详细介绍 OSPF 是怎样建立邻接关系和路由计算的。

1．OSPF 建立邻接关系

在不同的网络类型中，OSPF 邻接关系建立的过程不同，分为广播网络、NBMA 网络、点到点/点到多点网络。如图 3-10 所示，在广播网络中建立 OSPF 邻接关系的过程如下：

（1）建立邻接关系。

①RouterA 的一个连接到广播类型网络的接口上激活了 OSPF 协议，并发送了一个 Hello 报文（使用组播地址 224.0.0.5）。此时，RouterA 认为自己是 DR 路由器（DR=1.1.1.1），但不确

定邻居是哪台路由器（Neighbors Seen=0）。

②RouterB 收到 RouterA 发送的 Hello 报文后，发送一个 Hello 报文回应给 RouterA，并且在报文中的 Neighbors Seen 字段中填入 RouterA 的 Router ID（Neighbors Seen=1.1.1.1），表示已收到 RouterA 的 Hello 报文，并且通告 DR 路由器是 RouterB（DR=2.2.2.2），然后 RouterB 的邻居状态设置为 Init。

③RouterA 收到 RouterB 回应的 Hello 报文后，将邻居状态设置为 2-Way 状态，下一步双方开始发送各自的链路状态数据库。

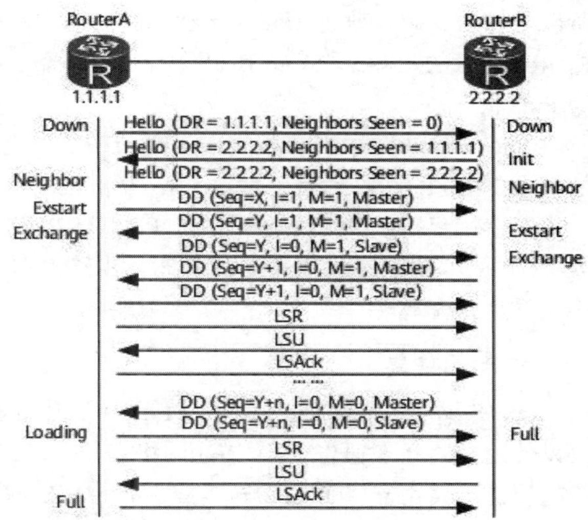

图 3-10　广播网络中建立 OSPF 邻接关系

（2）主/从关系协商、DD 报文交换。

①RouterA 首先发送一个 DD 报文，宣称自己是 Master（MS=1），并规定序列号 Seq=X。I=1 表示这是第一个 DD 报文，报文中并不包含 LSA 的摘要，只是为了协商主从关系。M=1 说明这不是最后一个报文。为了提高发送的效率，RouterA 和 RouterB 首先了解对端数据库中哪些 LSA 是需要更新的，如果某一条 LSA 在 LSDB 中已经存在，就不再需要请求更新了。为了达到这个目的，RouterA 和 RouterB 先发送 DD 报文，DD 报文中包含了对 LSDB 里 LSA 的摘要描述（每一条摘要可以唯一标识一条 LSA）。为了保证在传输的过程中报文传输的可靠性，在 DD 报文的发送过程中需要确定双方的主从关系，作为 Master 的一方定义一个序列号 Seq，每发送一个新的 DD 报文将 Seq 加一，作为 Slave 的一方，每次发送 DD 报文时使用接收到的上一个 Master 的 DD 报文中的 Seq。

②RouterB 在收到 RouterA 的 DD 报文后，将 RouterA 的邻居状态机改为 Exstart，并且回应了一个 DD 报文（该报文中同样不包含 LSA 的摘要信息）。由于 RouterB 的 Router ID 较大，所以在报文中 RouterB 认为自己是 Master，并且重新规定了序列号 Seq=Y。

③RouterA 收到报文后，同意了 RouterB 为 Master，并将 RouterB 的邻居状态机改为 Exchange。RouterA 使用 RouterB 的序列号 Seq=Y 来发送新的 DD 报文，该报文开始正式地传送 LSA 的摘要。在报文中 RouterA 将 MS=0，说明自己是 Slave。

④RouterB 收到报文后，将 RouterA 的邻居状态机改为 Exchange，并发送新的 DD 报文来描述自己的 LSA，此时 RouterB 将报文的序列号改为 Seq=Y+1。

上述过程持续进行，RouterA 通过重复 RouterB 的序列号来确认已收到 RouterB 的报文。RouterB 通过将序列号 Seq 加 1 来确认已收到 RouterA 的报文。当 RouterB 发送最后一个 DD 报文时，在报文中写上 M=0。

（3）LSDB 同步（LSA 请求、LSA 传输、LSA 应答）。

①RouterA 收到最后一个 DD 报文后，发现 RouterB 的数据库中有许多 LSA 是自己没有的，

所以将邻居状态机改为 Loading 状态。此时 RouterB 也收到了 RouterA 的最后一个 DD 报文，但 RouterA 的 LSA，RouterB 已经有了，不需要再请求，所以直接将 RouterA 的邻居状态机改为 Full 状态。

②RouterA 发送 LSR 报文向 RouterB 请求更新 LSA，RouterB 用 LSU 报文来回应 RouterA 的请求。RouterA 收到后，发送 LSAck 报文确认。

上述过程持续到 RouterA 中的 LSA 与 RouterB 中的 LSA 完全同步为止，此时 RouterA 将 RouterB 的邻居状态机改为 Full 状态。当路由器交换完 DD 报文并更新所有的 LSA 后，此时邻接关系建立完成。

2. 路由计算

OSPF 采用 SPF（Shortest Path First）算法计算路由，可以达到路由快速收敛的目的。OSPF 协议使用链路状态通告 LSA 描述网络拓扑，即有向图。Router LSA 描述路由器之间的链接和链路的属性。路由器将 LSDB 转换成一张带权的有向图，这张图是对整个网络拓扑结构的真实反映。各个路由器得到的有向图是完全相同的，如图 3-11 所示。

每台路由器根据有向图，使用 SPF 算法计算出一棵以自己为根的“最短路径树”，这棵“树”给出了到自治系统中各节点的路由，如图 3-12 所示。

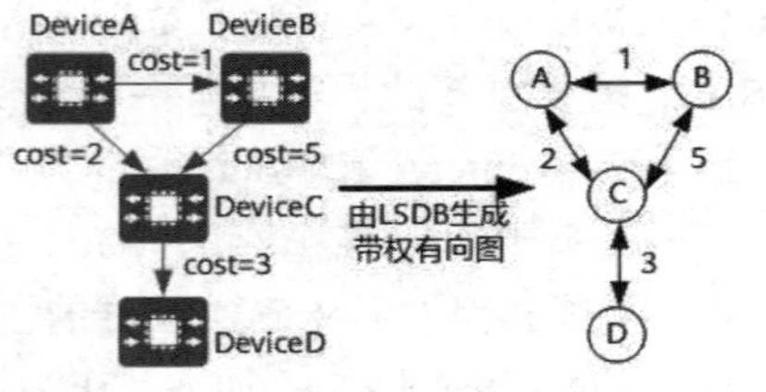

图 3-11 由 LSDB 生成带权有向图

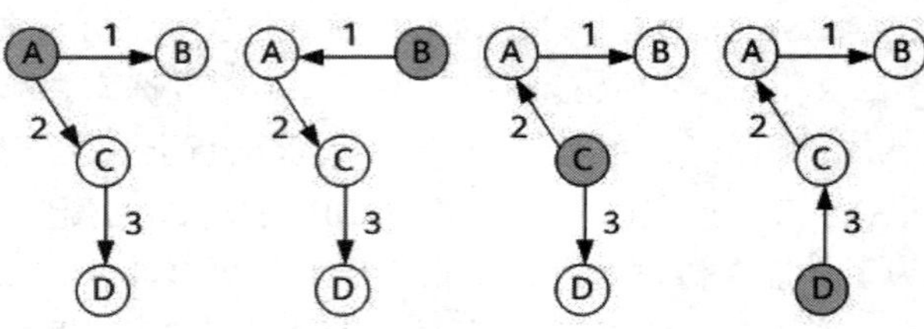

图 3-12 最小生成树

当 OSPF 的链路状态数据库（LSDB）发生改变时，需要重新计算最短路径树。如果每次改变都立即计算最短路径，将占用大量资源，并会影响路由器的效率。通过调节 SPF 的计算间隔时间，可以抑制由于网络频繁变化导致的资源过度占用。默认情况下，SPF 的计算时间间隔为 5s。

扫一扫，看视频

3.4.2 实验 1：配置单区域 OSPF

1. 实验目的

（1）实现单区域 OSPF 的配置。

（2）描述 OSPF 在多路访问网络中邻接关系建立的过程。

2. 实验拓扑

配置单区域 OSPF 的实验拓扑如图 3-13 所示。

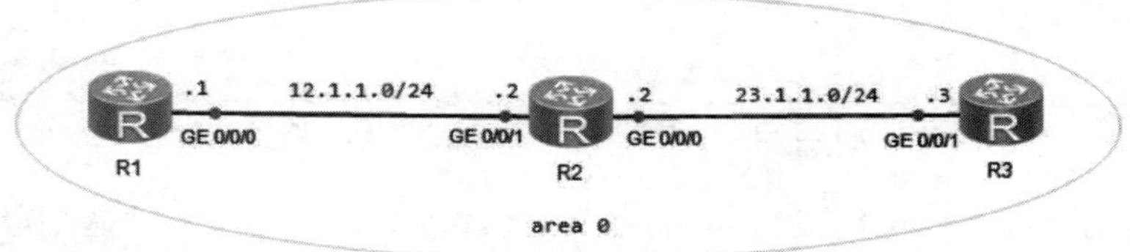

图 3-13　配置单区域 OSPF 的实验拓扑

3. 实验步骤

（1）IP 地址的配置。

R1 的配置：

```
<Huawei>system-view
[Huawei]undo info-center enable
[Huawei]sysname R1
[R1]interface g0/0/0
[R1-GigabitEthernet0/0/0]ip address 12.1.1.1 24
[R1-GigabitEthernet0/0/0]quit
[R1]interface LoopBack 0
[R1-LoopBack0]ip address 1.1.1.1 24
[R1-LoopBack0]quit
```

R2 的配置：

```
<Huawei>system-view
[Huawei]undo info-center enable
[Huawei]sysname R2
[R2]interface g0/0/1
[R2-GigabitEthernet0/0/1]ip address 12.1.1.2 24
[R2-GigabitEthernet0/0/1]quit
[R2]interface g0/0/0
[R2-GigabitEthernet0/0/0]ip address 23.1.1.2 24
[R2-GigabitEthernet0/0/0]quit
[R2]interface LoopBack 0
[R2-LoopBack0]ip address 2.2.2.2 24
[R2-LoopBack0]quit
```

R3 的配置：

```
<Huawei>system-view
[Huawei]undo info-center enable
[Huawei]sysname R3
[R3]interface g0/0/1
[R3-GigabitEthernet0/0/1]ip address 23.1.1.3 24
[R3-GigabitEthernet0/0/1]quit
[R3]interface LoopBack 0
[R3-LoopBack0]ip address 3.3.3.3 32
[R3-LoopBack0]quit
```

（2）运行 OSPF。

R1 的配置：

```
[R1]ospf router-id 1.1.1.1    //启用OSPF，设置它的Router-ID 1.1.1.1
[R1-ospf-1]area 0             //区域0
[R1-ospf-1-area-0.0.0.0]network 12.1.1.0 0.0.0.255   //通告网络12.1.1.0
[R1-ospf-1-area-0.0.0.0]network 1.1.1.0 0.0.0.255    //通告网络1.1.1.0
[R1-ospf-1-area-0.0.0.0]quit
```

R2 的配置：

```
[R2]ospf router-id 2.2.2.2
[R2-ospf-1]area 0
[R2-ospf-1-area-0.0.0.0]network 12.1.1.0 0.0.0.255
[R2-ospf-1-area-0.0.0.0]network 23.1.1.0 0.0.0.255
[R2-ospf-1-area-0.0.0.0]network 2.2.2.0 0.0.0.255
[R2-ospf-1-area-0.0.0.0]quit
```

R3 的配置：

```
[R3]ospf router-id 3.3.3.3
[R3-ospf-1]are
[R3-ospf-1]area 0
[R3-ospf-1-area-0.0.0.0]net
[R3-ospf-1-area-0.0.0.0]network 23.1.1.0 0.0.0.255
[R3-ospf-1-area-0.0.0.0]net
[R3-ospf-1-area-0.0.0.0]network 3.3.3.0 0.0.0.255
[R3-ospf-1-area-0.0.0.0]quit
```

【技术要点】进程 ID

OSPF 进程 ID 的编号范围为 1～65535，只在本地有效，不同路由器的进程 ID 号可以不同。

4．实验调试

（1）在 R1 上查看当前设备所有激活 OSPF 的接口信息。

```
<R1>display ospf interface all
        OSPF Process 1 with Router ID 1.1.1.1
        //OSPF的进程为1，Router-id为1.1.1.1
                Interfaces
 Area: 0.0.0.0          (MPLS TE not enabled) //OSPF的区域为0
 Interface: 12.1.1.1 (GigabitEthernet0/0/0)
 Cost: 1       State: DR        Type: Broadcast    MTU: 1500
 Priority: 1  //GE0/0/0的开销为1，它是DR，网络类型为广播，MTU为1500，优先级为1
 Designated Router: 12.1.1.1                       //DR为12.1.1.1
 Backup Designated Router: 12.1.1.2                //BDR为12.1.1.2
 Timers: Hello 10 , Dead 40 , Poll  120 , Retransmit 5 , Transmit Delay 1
 Interface: 1.1.1.1 (LoopBack0)
 Cost: 0       State: P-2-P     Type: P2P      MTU: 1500
```

```
Timers: Hello 10 , Dead 40 , Poll  120 , Retransmit 5 , Transmit Delay 1
```

（2）在 R1 上查看当前设备的邻居状态。

```
<R1>display ospf peer
         OSPF Process 1 with Router ID 1.1.1.1
                 Neighbors
 Area 0.0.0.0 interface 12.1.1.1(GigabitEthernet0/0/0)'s neighbors
 Router ID: 2.2.2.2          Address: 12.1.1.2
   State: Full  Mode:Nbr is  Master  Priority: 1  //邻居状态为 full，邻居为 Master
   DR: 12.1.1.1  BDR: 12.1.1.2  MTU: 0
   Dead timer due in 34  sec
   Retrans timer interval: 5
   Neighbor is up for 00:29:56
   Authentication Sequence: [ 0 ]
```

（3）在 R1 上查看当前设备的 LSDB。

```
<R1>display ospf lsdb

         OSPF Process 1 with Router ID 1.1.1.1
                 Link State Database

                         Area: 0.0.0.0
 Type      LinkState ID    AdvRouter          Age  Len   Sequence   Metric
 Router    2.2.2.2         2.2.2.2            109  60    8000000A     1
 Router    1.1.1.1         1.1.1.1            169  48    80000007     1
 Router    3.3.3.3         3.3.3.3            114  48    80000005     1
 Network   23.1.1.2        2.2.2.2            109  32    80000003     0
 Network   12.1.1.1        1.1.1.1            169  32    80000003     0
```

（4）在 R1 上查看当前设备的 OSPF 路由表。

```
<R1>display ospf routing

         OSPF Process 1 with Router ID 1.1.1.1
                 Routing Tables

 Routing for Network
 Destination        Cost  Type       NextHop         AdvRouter       Area
 1.1.1.1/32         0     Stub       1.1.1.1         1.1.1.1         0.0.0.0
 12.1.1.0/24        1     Transit    12.1.1.1        1.1.1.1         0.0.0.0
 2.2.2.2/32         1     Stub       12.1.1.2        2.2.2.2         0.0.0.0
 3.3.3.3/32         2     Stub       12.1.1.2        3.3.3.3         0.0.0.0
 23.1.1.0/24        2     Transit    12.1.1.2        2.2.2.2         0.0.0.0

 Total Nets: 5
 Intra Area: 5  Inter Area: 0  ASE: 0  NSSA: 0
```

（5）在 R1 上开启以下命令，观察 OSPF 的状态机。

```
<R1>terminal debugging         //使能终端显示 Debug 信息功能
```

```
<R1>terminal monitor          //使能终端显示信息中心发送信息的功能
<R1>debugging ospf event      //查看 OSPF 协议工作过程中的所有事件
<R1>debugging ospf packet     //查看 OSPF 协议工作过程中的所有报文
<R1>system-view
[R1]interface g0/0/0
[R1-GigabitEthernet0/0/0]shutdown
[R1-GigabitEthernet0/0/0]quit
[R1]interface g0/0/0
[R1-GigabitEthernet0/0/0]undo shutdown
[R1-GigabitEthernet0/0/0]quit
[R1]info-center enable
```

```
Sep  2 2022 15:13:00-08:00 R1 %%01IFPDT/4/IF_STATE(l)[0]:Interface
 GigabitEthernet0/0/0 has turned into UP state.
[R1]
Sep  2 2022 15:13:00-08:00 R1 %%01IFNET/4/LINK_STATE(l)[1]:The line
 protocol IP on the interface GigabitEthernet0/0/0 has entered the UP state.
[R1]
[R1]
Sep  2 2022 15:13:00.191.7-08:00 R1 RM/6/RMDEBUG:
 FileID: 0xd017802c Line: 1295 Level: 0x20
  OSPF 1: Intf 12.1.1.1 Rcv InterfaceUp State Down -> Waiting.
//接口 UP 后，OSPF 从 Down 状态进入 Waiting 状态
[R1]
Sep  2 2022 15:13:00.191.8-08:00 R1 RM/6/RMDEBUG:
 FileID: 0xd0178025 Line: 559 Level: 0x20
 OSPF 1: SEND Packet. Interface: GigabitEthernet0/0/0
[R1]
Sep  2 2022 15:13:00.191.9-08:00 R1 RM/6/RMDEBUG: Source Address: 12.1.1.1
[R1]
Sep  2 2022 15:13:00.191.10-08:00 R1 RM/6/RMDEBUG: Destination Address: 224.0.0.5
[R1]
[R1]
Sep  2 2022 15:13:00.191.11-08:00 R1 RM/6/RMDEBUG: Ver# 2, Type: 1 (Hello)
[R1]
Sep  2 2022 15:13:00.191.12-08:00 R1 RM/6/RMDEBUG: Length: 44, Router: 1.1.1.1
[R1]
Sep  2 2022 15:13:00.191.13-08:00 R1 RM/6/RMDEBUG: Area: 0.0.0.0, Chksum: fa9c
[R1]
Sep  2 2022 15:13:00.191.14-08:00 R1 RM/6/RMDEBUG: AuType: 00
[R1]
Sep  2 2022 15:13:00.191.15-08:00 R1 RM/6/RMDEBUG: Key(ascii): * * * * * * * *
[R1]
Sep  2 2022 15:13:00.191.16-08:00 R1 RM/6/RMDEBUG: Net Mask: 255.255.255.0
[R1]
Sep  2 2022 15:13:00.191.17-08:00 R1 RM/6/RMDEBUG: Hello Int: 10, Option: _E_
```

```
[R1]
Sep 2 2022 15:13:00.191.18-08:00 R1 RM/6/RMDEBUG: Rtr Priority: 1, Dead Int: 40
[R1]
Sep 2 2022 15:13:00.191.19-08:00 R1 RM/6/RMDEBUG: DR: 0.0.0.0
[R1]
Sep 2 2022 15:13:00.191.20-08:00 R1 RM/6/RMDEBUG: BDR: 0.0.0.0
[R1]
Sep 2 2022 15:13:00.191.21-08:00 R1 RM/6/RMDEBUG: # Attached Neighbors: 0
[R1]
Sep 2 2022 15:13:00.191.22-08:00 R1 RM/6/RMDEBUG:
[R1]
Sep 2 2022 15:13:00.191.23-08:00 R1 RM/6/RMDEBUG:
 FileID: 0xd017802c Line: 1409 Level: 0x20
  OSPF 1 Send Hello Interface Up on 12.1.1.1      //R1在接口上发送Hello包
[R1]
Sep 2 2022 15:13:00.641.1-08:00 R1 RM/6/RMDEBUG:
 FileID: 0xd0178024 Line: 2236 Level: 0x20
 OSPF 1: RECV Packet. Interface: GigabitEthernet0/0/0
[R1]
Sep 2 2022 15:13:00.641.2-08:00 R1 RM/6/RMDEBUG: Source Address: 12.1.1.2
[R1]
Sep 2 2022 15:13:00.641.3-08:00 R1 RM/6/RMDEBUG: Destination Address: 224.0.0.5
[R1]
Sep 2 2022 15:13:00-08:00 R1 %%01OSPF/4/NBR_CHANGE_E(l)[2]:Neighbor
changes event: neighbor status changed. (ProcessId=256, NeighborAddress=
2.1.1.12, NeighborEvent=HelloReceived, NeighborPreviousState=Down,
NeighborCurrentState=Init)
//从邻居收到Hello包，状态从Down进入Init
[R1]
Sep 2 2022 15:13:00.641.5-08:00 R1 RM/6/RMDEBUG: Ver# 2, Type: 1 (Hello)
[R1]
Sep 2 2022 15:13:00.641.6-08:00 R1 RM/6/RMDEBUG: Length: 44, Router: 2.2.2.2
[R1]
Sep 2 2022 15:13:00.641.7-08:00 R1 RM/6/RMDEBUG: Area: 0.0.0.0, Chksum: f89a
[R1]
Sep 2 2022 15:13:00.641.8-08:00 R1 RM/6/RMDEBUG: AuType: 00
[R1]
Sep 2 2022 15:13:00.641.9-08:00 R1 RM/6/RMDEBUG: Key(ascii): * * * * * * * *
[R1]
Sep 2 2022 15:13:00.641.10-08:00 R1 RM/6/RMDEBUG: Net Mask: 255.255.255.0
[R1]
Sep 2 2022 15:13:00.641.11-08:00 R1 RM/6/RMDEBUG: Hello Int: 10, Option: _E_
[R1]
Sep 2 2022 15:13:00.641.12-08:00 R1 RM/6/RMDEBUG: Rtr Priority: 1, Dead Int: 40
[R1]
Sep 2 2022 15:13:00.641.13-08:00 R1 RM/6/RMDEBUG: DR: 0.0.0.0
[R1]
```

```
Sep  2 2022 15:13:00.641.14-08:00 R1 RM/6/RMDEBUG: BDR: 0.0.0.0
[R1]
Sep  2 2022 15:13:00.641.15-08:00 R1 RM/6/RMDEBUG: # Attached Neighbors: 0
[R1]
Sep  2 2022 15:13:00.641.16-08:00 R1 RM/6/RMDEBUG:
[R1]
Sep  2 2022 15:13:00.641.17-08:00 R1 RM/6/RMDEBUG:
 FileID: 0xd017802d Line: 1136 Level: 0x20
  OSPF 1: Nbr 12.1.1.2 Rcv HelloReceived State Down -> Init.
[R1]
Sep  2 2022 15:13:10-08:00 R1 %%01OSPF/4/NBR_CHANGE_E(l)[3]:Neighbor
 changes event: neighbor status changed. (ProcessId=256, NeighborAddress=
2.1.1.12, NeighborEvent=2WayReceived, NeighborPreviousState=Init,
NeighborCurrentState=2Way)
//从邻居收到 Hello 包，并在 Hello 包中看到了自己的 Router-ID，状态从 Init 进入 2-Way
[R1]
Sep  2 2022 15:13:39-08:00 R1 %%01OSPF/4/NBR_CHANGE_E(l)[4]:Neighbor changes
event: neighbor status changed. (ProcessId=256, NeighborAddress= 2.1.1.12,
NeighborEvent=AdjOk?, NeighborPreviousState=2Way, NeighborCurrentState=ExStart)
//发送 DD 报文，进入 ExStart 状态
[R1]
Sep  2 2022 15:13:44-08:00 R1 %%01OSPF/4/NBR_CHANGE_E(l)[5]:Neighbor
changes event: neighbor status changed. (ProcessId=256, NeighborAddress=
2.1.1.12, NeighborEvent=NegotiationDone,NeighborPreviousState=ExStart,
NeighborCurrentState=Exchange)  //交互 DD 报文并发送 LSR，LSU 进入 Exchange
[R1]
Sep  2 2022 15:13:44-08:00 R1 %%01OSPF/4/NBR_CHANGE_E(l)[6]:Neighbor
changes event: neighbor status changed. (ProcessId=256, NeighborAddress=
2.1.1.12, NeighborEvent=ExchangeDone,NeighborPreviousState=Exchange,
NeighborCurrentState=Loading)  //交互完毕进入 Loading 状态
[R1]
Sep  2 2022 15:13:44-08:00 R1 %%01OSPF/4/NBR_CHANGE_E(l)[7]:Neighbor
changes event: neighbor status changed. (ProcessId=256,
NeighborAddress=2.1.1.12, NeighborEvent=LoadingDone, NeighborPreviousState=
Loading, NeighborCurrentState=Full)
//LSA 同步完成进入 Full 状态
```

3.4.3 实验 2：配置 OSPF 报文分析和验证

1. 实验目的

（1）通过抓包分析 OSPF 的报文。

（2）实现 OSPF 区域认证的配置。

2. 实验拓扑

配置 OSPF 报文分析和验证的实验拓扑如图 3-14 所示。

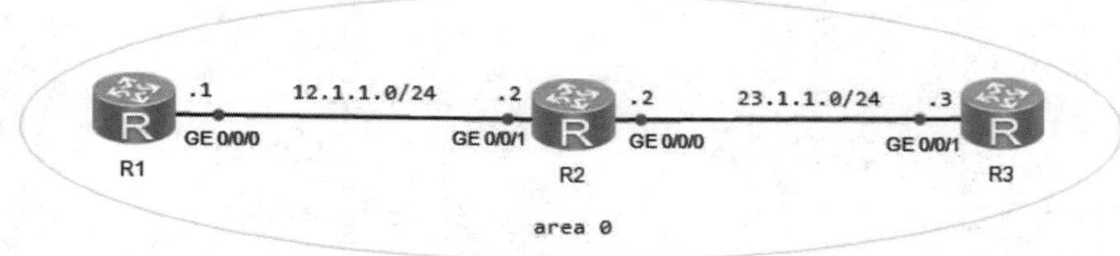

图 3-14　配置 OSPF 报文分析和验证的实验拓扑

3. 实验步骤

（1）IP 地址的配置、运行 OSPF 的步骤与实验 1 相同，此处略。

（2）在 R1 的 g0/0/0 抓包。

第 1 步：分析报头。OSPF 所有的包都有一个共同的报头，报文格式如图 3-15 所示。

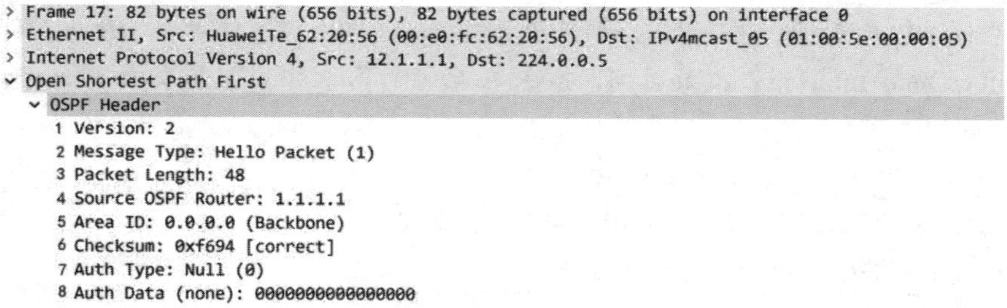

```
> Frame 17: 82 bytes on wire (656 bits), 82 bytes captured (656 bits) on interface 0
> Ethernet II, Src: HuaweiTe_62:20:56 (00:e0:fc:62:20:56), Dst: IPv4mcast_05 (01:00:5e:00:00:05)
> Internet Protocol Version 4, Src: 12.1.1.1, Dst: 224.0.0.5
v Open Shortest Path First
  v OSPF Header
     1 Version: 2
     2 Message Type: Hello Packet (1)
     3 Packet Length: 48
     4 Source OSPF Router: 1.1.1.1
     5 Area ID: 0.0.0.0 (Backbone)
     6 Checksum: 0xf694 [correct]
     7 Auth Type: Null (0)
     8 Auth Data (none): 0000000000000000
```

图 3-15　OSPF 的报文格式

【技术要点】OSPF 报文头格式字段解析

①版本：OSPF 的版本号。对于 OSPFv2 来说，其值为 2。

②类型：OSPF 报文的类型，有下面几种类型：hello、DD、LSR、LSU、LSAck。

③OSPF 报文的总长度：包括报文头在内，单位为字节。

④路由器标识：发送该报文的路由器标识。

⑤所属区域：发送该报文的所属区域。

⑥校验和：包含除了认证字段的整个报文的校验和。

⑦验证类型：值有如下几种表示，0 表示不验证，1 表示简单认证，2 表示 MD5 认证。

⑧认证字段：0 表示未作定义，1 表示密码信息，2 表示 KEY ID、MD5 等信息。

第 2 步：分析 Hello 包。Hello 包的报文格式如图 3-16 所示。

```
v OSPF Hello Packet
  1 Network Mask: 255.255.255.0
  2 Hello Interval [sec]: 10
  v Options: 0x02, (E) External Routing
      0... .... = DN: Not set
      .0.. .... = O: Not set
      ..0. .... = (DC) Demand Circuits: Not supported
      ...0 .... = (L) LLS Data block: Not Present
    3 .... 0... = (N) NSSA: Not supported
    4 .... .0.. = (MC) Multicast: Not capable
    5 .... ..1. = (E) External Routing: Capable
      .... ...0 = (MT) Multi-Topology Routing: No
  6 Router Priority: 1
  7 Router Dead Interval [sec]: 40
  8 Designated Router: 0.0.0.0
  9 Backup Designated Router: 0.0.0.0
  10 Active Neighbor: 2.2.2.2
```

图 3-16　Hello 的报文格式

【技术要点】Hello 报文格式字段解析

①Network Mask：发送 Hello 报文的接口所在网络的掩码。

②Hello Interval：发送 Hello 报文的时间间隔。

③N：处理 Type-7 LSAs。

④MC：转发 IP 组播报文。

⑤E：允许泛洪 AS-External-LSAs。

⑥Rtr Pri：DR 优先级。默认为 1。如果设置为 0，则路由器不能参与 DR 或 BDR 的选举。

⑦Router Dead Interval：失效时间。如果在此时间内未收到邻居发来的 Hello 报文，则认为邻居失效。

⑧Designated Router：DR 的接口地址。

⑨Backup Designated Router：BDR 的接口地址。

⑩Neighbor：邻居，以 Router ID 标识。

第 3 步：分析 DD 包。DD 包的报文格式如图 3-17 所示。

```
v OSPF DB Description
  1  Interface MTU: 0
  2> Options: 0x02, (E) External Routing
  v DB Description: 0x00
       .... 0... = (R) OOBResync: Not set
      3.... .0.. = (I) Init: Not set
      4.... ..0. = (M) More: Not set
      5.... ...0 = (MS) Master: No
   6 DD Sequence: 2225
7 > LSA-type 1 (Router-LSA), len 48
  > LSA-type 1 (Router-LSA), len 60
  > LSA-type 1 (Router-LSA), len 48
  > LSA-type 2 (Network-LSA), len 32
  > LSA-type 2 (Network-LSA), len 32
```

图 3-17　DD 的报文格式

【技术要点】DD 报文头部格式字段解析

①Interface MTU：在不分片的情况下，此接口最大可发出的 IP 报文长度。

②Options：可选项。

③I：当发送连续多个 DD 报文时，如果这是第一个 DD 报文，则设置为 1，否则设置为 0。

④M (More)：当发送连续多个 DD 报文时，如果这是最后一个 DD 报文，则设置为 0。

否则设置为 1，表示后面还有其他的 DD 报文。

⑤M/S (Master/Slave)：当两台 OSPF 路由器交换 DD 报文时，首先需要确定双方的主从关系，Router-ID 大的一方会成为 Master。当值为 1 时表示发送方为 Master。

⑥DD sequence：DD 报文序列号。主从双方利用序列号来保证 DD 报文传输的可靠性和完整性。

⑦LSA Headers：该 DD 报文中所包含的 LSA 的头部信息。

第 4 步：分析 LSR。LSR 的报文格式如图 3-18 所示。

```
v Link State Request
   1 LS Type: Router-LSA (1)
   2 Link State ID: 2.2.2.2
   3 Advertising Router: 2.2.2.2
```

图 3-18　LSR 的报文格式

【技术要点】LSR 报文头部格式字段解析

①LS type：LSA 的类型号。

②Link State ID：根据 LSA 中的 LS Type 和 LSA description 在路由域中描述一个 LSA。

③Advertising Router：产生 LSA 的路由器的 Router-ID。

第 5 步：分析 LSU。LSU 的报文格式如图 3-19 所示。

```
v LS Update Packet
    Number of LSAs: 1
  v LSA-type 1 (Router-LSA), len 48
     1 .000 0000 0000 0001 = LS Age (seconds): 1
       0... .... .... .... = Do Not Age Flag: 0
    2> Options: 0x02, (E) External Routing
     3 LS Type: Router-LSA (1)
     4 Link State ID: 1.1.1.1
     5 Advertising Router: 1.1.1.1
     6 Sequence Number: 0x80000010
     7 Checksum: 0x4abe
     8 Length: 48
```

图 3-19　LSU 的报文格式

【技术要点】LSU 报文头部格式字段解析

①LS age：LSA 产生后所经过的时间，以秒为单位。无论 LSA 是在链路上传送，还是保存在 LSDB 中，其值都会在不停地增长。

②Options：可选项。

③LS Type：LSA 的类型。

④Link State ID：与 LSA 中的 LS Type 和 LSA description 一起在路由域中描述一个 LSA。

⑤Advertising Router：产生此 LSA 的路由器的 Router ID。

⑥Sequence Number：LSA 的序列号。其他路由器根据这个值可以判断哪个 LSA 是最新的。

⑦Checksum：除了 LS age 外其他各域的校验和。

⑧Length：LSA 的总长度，包括 LSA Header，以字节为单位。

注：所有的 LSA 都有一个这样的 LSU 报头。

第 6 步：分析 LSAck。LSAck 的报文格式如图 3-20 所示。

```
⌄ LSA-type 1 (Router-LSA), len 48
    .000 0000 0000 0010 = LS Age (seconds): 2
    0... .... .... .... = Do Not Age Flag: 0
  › Options: 0x02, (E) External Routing
    LS Type: Router-LSA (1)
    Link State ID: 1.1.1.1
    Advertising Router: 1.1.1.1
    Sequence Number: 0x80000010
    Checksum: 0x4abe
    Length: 48
```

图 3-20　LSAck 的报文格式

LSAck（Link State Acknowledgment Packet）是用来对接收到的 LSU 报文进行确认。内容是需要确认的 LSA 的 Header（一个 LSAck 报文可对多个 LSA 进行确认）。LSAck 报文根据不同的链路以单播或组播的形式发送。

（3）R1 和 R2 之间采用接口认证。

R1 的配置：

```
[R1]interface g0/0/0
[R1-GigabitEthernet0/0/0]ospf authentication-mode md5 1 cipher joinlabs
```

R2 的配置：

```
[R2]interface g0/0/1
[R2-GigabitEthernet0/0/1]ospf authentication-mode md5 1 cipher joinlabs
```

在 R1 的接口 GE0/0/0 抓包，认证报文格式如图 3-21 所示。

```
› Frame 40: 98 bytes on wire (784 bits), 98 bytes captured (784 bits) on interface 0
› Ethernet II, Src: HuaweiTe_62:20:56 (00:e0:fc:62:20:56), Dst: IPv4mcast_05 (01:00:5e:00:00:05)
› Internet Protocol Version 4, Src: 12.1.1.1, Dst: 224.0.0.5
⌄ Open Shortest Path First
  ⌄ OSPF Header
      Version: 2
      Message Type: Hello Packet (1)
      Packet Length: 48
      Source OSPF Router: 1.1.1.1
      Area ID: 0.0.0.0 (Backbone)
      Checksum: 0x0000 (None)
    1 Auth Type: Cryptographic (2)
    2 Auth Crypt Key id: 1
    3 Auth Crypt Data Length: 16
    4 Auth Crypt Sequence Number: 505
    5 Auth Crypt Data: b93b24a774016af91a7b9b6217a5a246
```

图 3-21　认证报文格式

【技术要点】认证报文字段解析

①Auth Type：认证类型为 MD5。

②Auth Crypt key id：配置的 ID 号。

③Auth Crypt Data Length：数据长度为 16。

④Auth Crypt Sequence Number：认证的序列号为 505。

⑤Auth Crypt Data：认证数据为哈希得到的字符串。

（4）在区域 0 配置区域认证。

R1 的配置：

```
[R1]ospf
[R1-ospf-1]are
[R1-ospf-1]area 0
[R1-ospf-1-area-0.0.0.0]authentication-mode md5 1 cipher joinlabs
```

R2 的配置：

```
[R2]ospf
[R2-ospf-1]area 0
[R2-ospf-1-area-0.0.0.0]authentication-mode md5 1 cipher joinlabs
```

R3 的配置：

```
[R3]ospf
[R3-ospf-1]area 0
[R3-ospf-1-area-0.0.0.0]authentication-mode md5 1 cipher joinlabs
```

【技术要点】

OSPF 支持报文验证功能，只有通过验证的 OSPF 报文才能接收，否则将不能正常建立邻居。

路由器支持两种验证方式：

①区域验证方式：属于区域的接口发出的 OSPF 报文都会携带认证信息。

②接口验证方式：通过本接口发送的报文都会携带认证信息。

当两种验证方式都存在时，优先使用接口验证方式。

3.5 OSPF 网络类型

3.5.1 OSPF 网络类型的分类

OSPF 根据链路层协议类型，将网络分为如下四种类型。

1．广播类型（Broadcast）

当链路层协议是 Ethernet 或 FDDI（Fiber Distributed Digital Interface）时，在默认情况下，OSPF 认为网络类型是 Broadcast。在该类型的网络中：

（1）通常以组播形式发送 Hello 报文、LSU 报文和 LSAck 报文。其中，224.0.0.5 的组播地址为 OSPF 设备的预留 IP 组播地址；224.0.0.6 的组播地址为 OSPF DR/BDR 的预留 IP 组播地址。

（2）以单播形式发送 DD 报文和 LSR 报文。

2．非广播式多路访问类型（Non-Broadcast Multi-Access，NBMA）

当链路层协议是帧中继或 X.25 时，默认情况下，OSPF 认为网络类型是 NBMA。

在该类型的网络中，以单播形式发送协议报文（Hello 报文、DD 报文、LSR 报文、LSU 报文、LSAck 报文）。

3．点到多点类型（Point-to-Multipoint，P2MP）

没有一种链路层协议会在默认的情况下被认为是 P2MP 类型。点到多点必须由其他的网络类型强制更改。常用做法是将非全连通的 NBMA 改为点到多点的网络。在该类型的网络中：

（1）以组播形式（224.0.0.5）发送 Hello 报文。

（2）以单播形式发送其他协议报文（DD 报文、LSR 报文、LSU 报文、LSAck 报文）。

4．点到点类型（Point-to-Point，P2P）

当链路层协议是 PPP、HDLC 或 LAPB 时，默认情况下，OSPF 认为网络类型是 P2P。

在该类型的网络中，以组播形式（224.0.0.5）发送协议报文（Hello 报文、DD 报文、LSR 报文、LSU 报文、LSAck 报文）。

3.5.2 DR 和 BDR

在广播网络和 NBMA 网络中，任意两台路由器之间都要传递路由信息。如图 3-22 所示，网络中有 n 台路由器，则需要建立 n×(n−1)/2 个邻接关系。这使得任何一台路由器的路由变化都会导致多次传递，浪费带宽资源。为解决这一问题，OSPF 定义了 DR。通过选举产生 DR 后，所有其他设备都只将信息发送给 DR，由 DR 将网络链路状态 LSA 广播出去。为了防止 DR 发生故障，重新选举 DR 时会造成业务中断，除了 DR 之外，还会选举一个备份指定路由器 BDR。这样除 DR 和 BDR 之外的路由器（称为 DR Other）之间将不再建立邻接关系，也不再交换任何路由信息，这样就减少了广播网络和 NBMA 网络上各路由器之间邻接关系的数量。

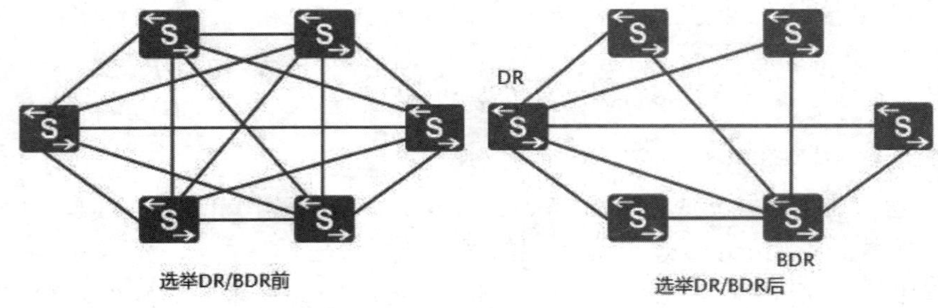

图 3-22　DR 和 BDR 的选举

在广播网络和 NBMA 网络中，为了稳定地进行 DR 和 BDR 选举，OSPF 规定了一系列的选举规则：选举制、终身制和继承制。

1．选举制

选举制是指 DR 和 BDR 不是人为指定的，而是由本网段中所有的路由器共同选举出来的。如图 3-23 所示，路由器接口的 DR 优先级决定了该接口在选举 DR、BDR 时所具有的资格，本网段内 DR 优先级大于 0 的路由器都可作为“候选人”。选举中使用的“选票”就是 Hello 报文，每台路由器将自己选出的 DR 写入 Hello 报文中，发给网段上的其他路由器。当处于同一网段的两台路由器同时宣布自己是 DR 时，DR 优先级高者胜出。如果优先级相等，则 Router-ID 大者胜出。如果一台路由器的优先级为 0，则它不会被选举为 DR 或 BDR。

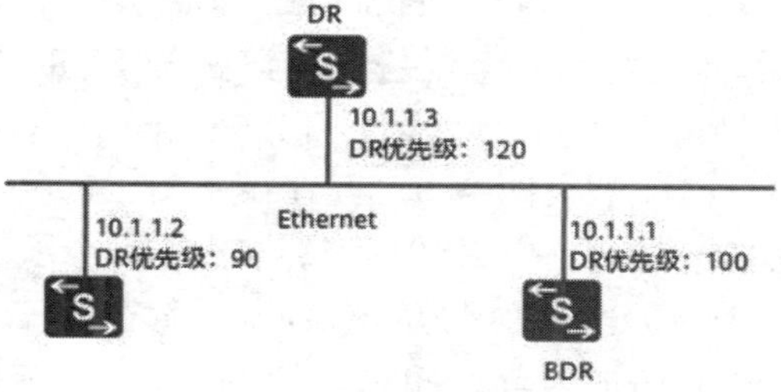

图 3-23　DR 和 BDR 选举原则——选举制

2．终身制

终身制也叫非抢占制。每一台新加入的路由器并不急于参加选举，而是先考察一下本网段中是否已存在 DR。如图 3-24 所示，如果目前网段中已经存在 DR，即使本路由器的 DR 优先级比现有的 DR 还高，也不会再声称自己是 DR，而是承认现有的 DR。因为网段中的每台路由器都只和 DR、BDR 建立邻接关系，如果 DR 频繁更换，则会引起本网段内的所有路由器重新与新的 DR、BDR 建立邻接关系。这样会导致短时间内网段中有大量的 OSPF 协议报文在传输，降低网络的可用带宽。终身制有利于增加网络的稳定性、提高网络的可用带宽。实际上，在一个广播网络或 NBMA 网络上，最先启动的两台具有 DR 选举资格的路由器将成为 DR 和 BDR。

3．继承制

继承制是指如果 DR 发生故障，那么下一个当选为 DR 的一定是 BDR，其他的路由器只能竞选 BDR 的位置。这个原则可以保证 DR 的稳定，避免频繁地进行选举，并且 DR 是有备份的（BDR），一旦 DR 失效，可以立刻由 BDR 来承担 DR 的角色。由于 DR 和 BDR 的数据库是完全同步的，这样当 DR 故障后，BDR 立即成为 DR，履行 DR 的职责，而且邻接关系已经建立，所以从角色切换到承载业务的时间会很短。同时，在 BDR 成为新的 DR 之后，还会选举出一个新的 BDR，虽然这个过程所需的时间比较长，但已经不会影响路由的计算了，如图 3-25 所示。

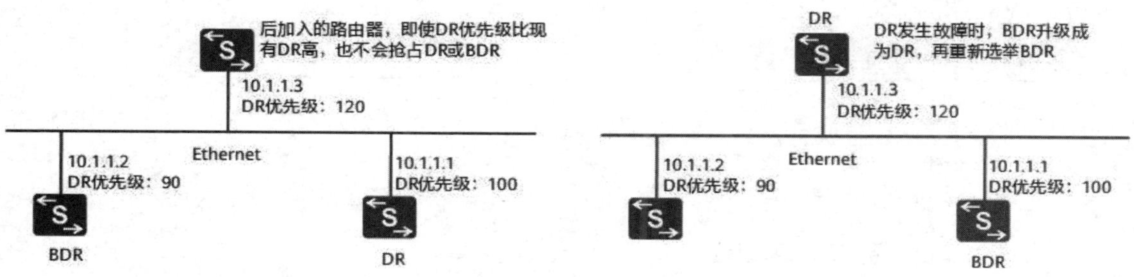

图 3-24　DR 和 BDR 选举原则——终身制

图 3-25　DR 和 BDR 选举原则——继承制

广播链路或者 NBMA 链路上 DR 和 BDR 的选举过程如下：

（1）接口 UP 后，发送 Hello 报文，同时进入 Waiting 状态。在 Waiting 状态下会有一个 WaitingTimer，该计时器的长度与 DeadTimer 是一样的。默认值为 40 秒，用户不可自行调整。

（2）在 WaitingTimer 触发前，发送的 Hello 报文是没有 DR 和 BDR 字段的。在 Waiting 阶段，如果收到 Hello 报文中有 DR 和 BDR，则直接承认网络中的 DR 和 BDR，而不会触发选举。直接离开 Waiting 状态，开始邻居同步。

（3）假设网络中已经存在一个 DR 和一个 BDR，这时新加入网络中的路由器，不论它的 Router ID 或者 DR 优先级有多大，都会承认现网中已有的 DR 和 BDR。

（4）当 DR 因为故障 Down 掉之后，BDR 会继承 DR 的位置，剩下的优先级大于 0 的路由器会竞争成为新的 BDR。

（5）只有当不同 Router-ID 或者配置不同 DR 优先级的路由器同时起来，在同一时刻进行 DR 选举才会应用 DR 选举规则产生 DR。该规则是：优先选择 DR 优先级最高的作为 DR，次高的作为 BDR。DR 优先级为 0 的路由器只能成为 DR Other；如果优先级相同，则优先选择 Router-ID 较大的路由器成为 DR，次大的成为 BDR，其余路由器成为 DR Other。

扫一扫，看视频

3.5.3 实验 3：配置 P2P 网络类型

1．实验目的

（1）实现单区域 OSPF 的配置。

（2）实现通过 display 命令查看 OSPF 的网络类型。

2．实验拓扑

配置 P2P 网络类型的实验拓扑如图 3-26 所示。

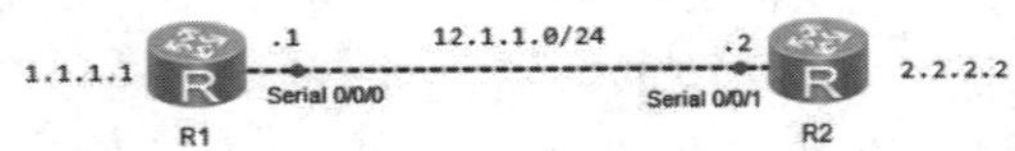

图 3-26　配置 P2P 网络类型的实验拓扑

3．实验步骤

（1）配置 IP 地址。

路由器 R1 的配置：

```
<Huawei>system-view
Enter system view, return user view with Ctrl+Z.
[Huawei]undo info-center enable
[Huawei]sysname R1
[R1]interface s0/0/0
[R1-Serial0/0/0]ip address 12.1.1.1 24
[R1-Serial0/0/0]quit
[R1]interface LoopBack 0
```

```
[R1-LoopBack0]ip address 1.1.1.1 32
[R1-LoopBack0]quit
```

路由器 R2 的配置：

```
<Huawei>system-view
Enter system view, return user view with Ctrl+Z.
[Huawei]undo info-center enable
[Huawei]sysname R2
[R2]interface s0/0/1
[R2-Serial0/0/1]ip address 12.1.1.2 24
[R2-Serial0/0/1]quit
[R2]interface LoopBack 0
[R2-LoopBack0]ip address 2.2.2.2 32
[R2-LoopBack0]quit
```

（2）运行 OSPF。

路由器 R1 的配置：

```
[R1]ospf router-id 1.1.1.1
[R1-ospf-1]area 0
[R1-ospf-1-area-0.0.0.0]network 12.1.1.0 0.0.0.255
[R1-ospf-1-area-0.0.0.0]network 1.1.1.1 0.0.0.0
[R1-ospf-1-area-0.0.0.0]quit
```

路由器 R2 的配置：

```
[R2]ospf router-id 2.2.2.2
[R2-ospf-1]area 0
[R2-ospf-1-area-0.0.0.0]network 12.1.1.0 0.0.0.255
[R2-ospf-1-area-0.0.0.0]network 2.2.2.2 0.0.0.0
[R2-ospf-1-area-0.0.0.0]quit
```

4. 实验调试

（1）在 R1 上查看 S0/0/0 的二层封装。

```
[R1]display interface s0/0/0  //查看接口 S0/0/0 信息
Serial0/0/0 current state : UP
Line protocol current state : UP
Last line protocol up time : 2022-04-28 17:13:04 UTC-08:00
Description:
Route Port,The Maximum Transmit Unit is 1500, Hold timer is 10(sec)
Internet Address is 12.1.1.1/24
Link layer protocol is PPP   //二层封装为 PPP
LCP opened, IPCP opened
Last physical up time: 2022-04-28 17:08:25 UTC-08:00
Last physical down time: 2022-04-28 17:08:22 UTC-08:00
Current system time: 2022-04-28 17:19:13-08:00Interface is V35
    Last 300 seconds input rate 7 bytes/sec, 0 packets/sec
    Last 300 seconds output rate 9 bytes/sec, 0 packets/sec
    Input: 3742 bytes, 169 Packets
```

```
    Ouput: 4310 bytes, 177 Packets
    Input bandwidth utilization  : 0.08%
Output bandwidth utilization : 0.11%
```

（2）在 R1 上查看 OSPF 的网络类型。

```
[R1]display ospf interface s0/0/0
           OSPF Process 1 with Router ID 1.1.1.1
              Interfaces
 Interface: 12.1.1.1 (Serial0/0/0) --> 12.1.1.2
 Cost: 1562    State: P-2-P    Type: P2P     MTU: 1500
 Timers: Hello 10 , Dead 40 , Poll  120 , Retransmit 5 , Transmit Delay 1
```

通过本实验可以看到，如果链路层封装的是 PPP，那么 OSPF 的网络类型为 P2P。

扫一扫，看视频

3.5.4 实验 4：配置 broadcast 网络类型

1. 实验目的

（1）控制 OSPF DR 的选举。

（2）实现通过 display 命令查看 OSPF 的网络类型。

2. 实验拓扑

配置 broadcast 网络类型的实验拓扑如图 3-27 所示。

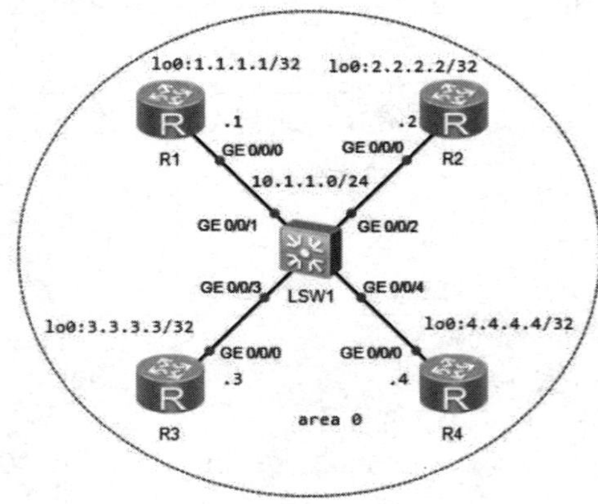

图 3-27　配置 broadcast 网络类型的实验拓扑

3. 实验步骤

（1）配置 IP 地址。

R1 的配置：

```
<Huawei>system-view
Enter system view, return user view with Ctrl+Z.
[Huawei]undo info-center enable
[Huawei]sysname R1
```

```
[R1]interface g0/0/0
[R1-GigabitEthernet0/0/0]ip address 10.1.1.1 24
[R1-GigabitEthernet0/0/0]quit
[R1]interface LoopBack 0
[R1-LoopBack0]ip address 1.1.1.1 32
[R1-LoopBack0]quit
```

R2 的配置：

```
<Huawei>system-view
Enter system view, return user view with Ctrl+Z.
[Huawei]undo info-center enable
[Huawei]sysname R2
[R2]interface g0/0/0
[R2-GigabitEthernet0/0/0]ip address 10.1.1.2 24
[R2-GigabitEthernet0/0/0]quit
[R2]interface LoopBack 0
[R2-LoopBack0]ip address 2.2.2.2 32
[R2-LoopBack0]quit
```

R3 的配置：

```
<Huawei>system-view
[Huawei]undo info-center enable
[Huawei]sysname R3
[R3]interface g0/0/0
[R3-GigabitEthernet0/0/0]ip address 10.1.1.3 24
[R3-GigabitEthernet0/0/0]quit
[R3]interface LoopBack 0
[R3-LoopBack0]ip address 3.3.3.3 32
[R3-LoopBack0]quit
```

R4 的配置：

```
<Huawei>system-view
Enter system view, return user view with Ctrl+Z.
[Huawei]undo info-center enable
[Huawei]sysname R4
[R4]interface g0/0/0
[R4-GigabitEthernet0/0/0]ip address 10.1.1.4 24
[R4-GigabitEthernet0/0/0]quit
[R4]interface LoopBack 0
[R4-LoopBack0]ip address 4.4.4.4 32
[R4-LoopBack0]quit
```

（2）运行 OSPF。

R1 的配置：

```
[R1]ospf router-id 1.1.1.1
[R1-ospf-1]area 0
[R1-ospf-1-area-0.0.0.0]network 10.1.1.0 0.0.0.255
[R1-ospf-1-area-0.0.0.0]network 1.1.1.1 0.0.0.0
```

```
[R1-ospf-1-area-0.0.0.0]quit
```

R2 的配置：

```
[R2]ospf router-id 2.2.2.2
[R2-ospf-1]area 0
[R2-ospf-1-area-0.0.0.0]network 10.1.1.0 0.0.0.255
[R2-ospf-1-area-0.0.0.0]network 2.2.2.2 0.0.0.0
[R2-ospf-1-area-0.0.0.0]quit
```

R3 的配置：

```
[R3]ospf router-id 3.3.3.3
[R3-ospf-1]area 0
[R3-ospf-1-area-0.0.0.0]network 10.1.1.0 0.0.0.255
[R3-ospf-1-area-0.0.0.0]network 3.3.3.3 0.0.0.0
[R3-ospf-1-area-0.0.0.0]quit
```

R4 的配置：

```
[R4]ospf router-id 4.4.4.4
[R4-ospf-1]area 0
[R4-ospf-1-area-0.0.0.0]network 10.1.1.0 0.0.0.255
[R4-ospf-1-area-0.0.0.0]network 4.4.4.4 0.0.0.0
[R4-ospf-1-area-0.0.0.0]quit
```

4. 实验调试

（1）在 R1 上查看 g0/0/0 的二层封装。

```
<R1>display interface g0/0/0
GigabitEthernet0/0/0 current state : UP
Line protocol current state : UP
Last line protocol up time : 2022-04-28 17:42:07 UTC-08:00
Description:
Route Port,The Maximum Transmit Unit is 1500
Internet Address is 10.1.1.1/24
IP Sending Frames' Format is PKTFMT_ETHNT_2, Hardware address is 5489-98ab-3a55
Last physical up time   : 2022-04-28 17:41:34 UTC-08:00
Last physical down time : 2022-04-28 17:41:23 UTC-08:00
Current system time: 2022-04-28 18:06:52-08:00
Hardware address is 5489-98ab-3a55
     Last 300 seconds input rate 82 bytes/sec, 0 packets/sec
     Last 300 seconds output rate 9 bytes/sec, 0 packets/sec
     Input: 106447 bytes, 962 packets
     Output: 13822 bytes, 154 packets
     Input:
        Unicast: 14 packets, Multicast: 943 packets
        Broadcast: 5 packets
     Output:
        Unicast: 17 packets, Multicast: 137 packets
        Broadcast: 0 packets
```

```
    Input bandwidth utilization  :    0%
    Output bandwidth utilization :    0%
```

通过以上输出可以看到，二层封装为 PKTFMT_ETHNT_2。

（2）在 R1 上查看 OSPF 的网络类型。

```
<R1>display ospf interface g0/0/0
            OSPF Process 1 with Router ID 1.1.1.1
                Interfaces
 Interface: 10.1.1.1 (GigabitEthernet0/0/0)
 Cost: 1      State: DR        Type: Broadcast    MTU: 1500
 Priority: 1
 Designated Router: 10.1.1.1
 Backup Designated Router: 10.1.1.2
 Timers: Hello 10 , Dead 40 , Poll  120 , Retransmit 5 , Transmit Delay 1
```

通过以上输出可以看到，二层封装为 PKTFMT_ETHNT_2，则 OSPF 的网络类型为 broadcast。

【思考】10.1.1.1 成为了 DR，10.1.1.2 成为了 BDR。为什么？怎么操作才能让 10.1.1.4 成为 DR，10.1.1.3 成为 BDR？

方法 1：所有设备重启 OSPF 进程 reset ospf 1 process。

方法 2：把 R1 和 R2 的接口的优先级设置为 0。

3.5.5　实验 5：配置 NBMA 和 P2MP 网络类型

1．实验目的

（1）控制 OSPF DR 的选举。

（2）修改 OSPF 的网络类型。

2．实验拓扑

配置 NBMA 和 P2MP 网络类型的实验拓扑如图 3-28 所示。

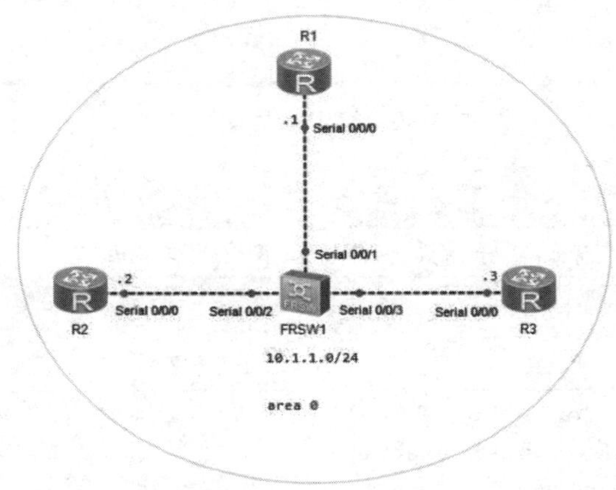

图 3-28　配置 NBMA 和 P2MP 网络类型的实验拓扑

3．实验步骤

（1）帧中继的配置如图 3-29 和图 3-30 所示。

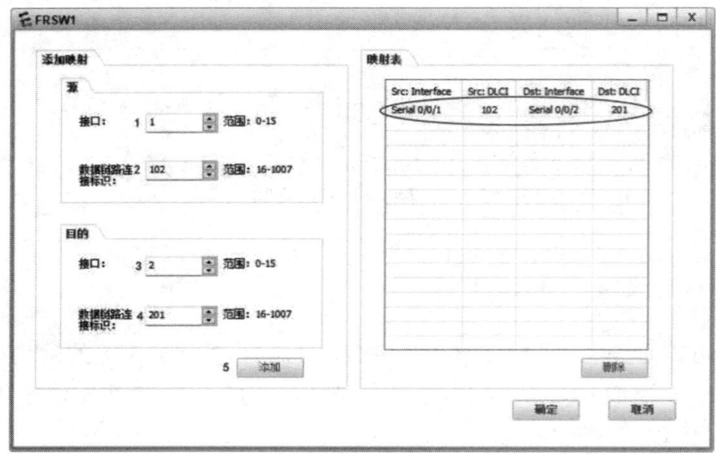

图 3-29 帧中继的配置一

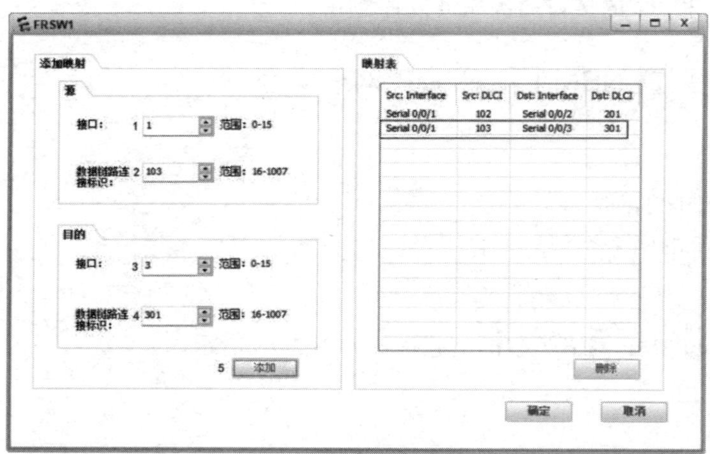

图 3-30 帧中继的配置二

【注意】

帧中继要在拓扑搭建前配置好，设备启动后不用做任何配置。

（2）配置 IP 地址。

R1 的配置：

```
<Huawei>system-view
[Huawei]undo info-center enable
[Huawei]sysname R1
[R1]interface s0/0/0
```

```
[R1-Serial0/0/0]link-protocol fr           //二层的封装协议为 FR
Warning: The encapsulation protocol of the link will be changed.
Continue? [Y/N]:y                          //选择 Y

[R1-Serial0/0/0]fr map ip 10.1.1.2 102 broadcast//去 10.1.1.2 打上 102 的标记然后广播

[R1-Serial0/0/0]fr map ip 10.1.1.3 103 broadcast//去 10.1.1.3 打上 103 的标记然后广播
[R1-Serial0/0/0]ip address 10.1.1.1 24     //配置接口 IP 地址
[R1-Serial0/0/0]quit
[R1]interface LoopBack 0
[R1-LoopBack0]ip address 1.1.1.1 24
[R1-LoopBack0]quit
```

R2 的配置：

```
<Huawei>system-view
[Huawei]undo info-center enable
Info: Information center is disabled.
[Huawei]sysname R2
[R2]interface s0/0/0
[R2-Serial0/0/0]link-protocol fr
Warning: The encapsulation protocol of the link will be changed.
Continue? [Y/N]:y
[R2-Serial0/0/0]fr map ip 10.1.1.1 201 broadcast
[R2-Serial0/0/0]ip address 10.1.1.2 24
[R2-Serial0/0/0]quit
[R2]interface LoopBack 0
[R2-LoopBack0]ip address 2.2.2.2 24
[R2-LoopBack0]quit
```

R3 的配置：

```
<Huawei>system-view
[Huawei]undo info-center enable
[Huawei]sysname R3
[R3]interface s0/0/0
[R3-Serial0/0/0]link-protocol fr
Warning: The encapsulation protocol of the link will be changed.
Continue? [Y/N]:y
[R3-Serial0/0/0]fr map ip 10.1.1.1 301 broadcast
[R3-Serial0/0/0]ip address 10.1.1.3 24
[R3-Serial0/0/0]quit
[R3]interface LoopBack 0
[R3-LoopBack0]ip address 3.3.3.3 24
[R3-LoopBack0]quit
```

（3）运行 OSPF。

R1 的配置：

```
[R1]ospf router-id 1.1.1.1
```

```
[R1-ospf-1]area 0
[R1-ospf-1-area-0.0.0.0]network 10.1.1.0 0.0.0.255
[R1-ospf-1-area-0.0.0.0]network 1.1.1.0 0.0.0.255
[R1-ospf-1-area-0.0.0.0]quit
```

R2 的配置：

```
[R2]ospf router-id 2.2.2.2
[R2-ospf-1]area 0
[R2-ospf-1-area-0.0.0.0]network 10.1.1.0 0.0.0.255
[R2-ospf-1-area-0.0.0.0]network 2.2.2.0 0.0.0.255
[R2-ospf-1-area-0.0.0.0]quit
```

R3 的配置：

```
[R3]ospf router-id 3.3.3.3
[R3-ospf-1]area 0
[R3-ospf-1-area-0.0.0.0]network 10.1.1.0 0.0.0.255
[R3-ospf-1-area-0.0.0.0]network 3.3.3.0 0.0.0.255
[R3-ospf-1-area-0.0.0.0]quit
```

4. 实验调试

（1）在 R1 上查看 OSPF 的邻接关系。

```
[R1]display ospf peer brief
   OSPF Process 1 with Router ID 1.1.1.1
        Peer Statistic Information
 ----------------------------------------------------------------------
 Area Id        Interface           Neighbor id      State
 ----------------------------------------------------------------------
```

通过以上输出可以看到，OSPF 没有任何邻接关系。

（2）查看 R1 的 OSPF 的接口状态。

```
[R1]display ospf interface s0/0/0
   OSPF Process 1 with Router ID 1.1.1.1
       Interfaces
  Interface: 10.1.1.1 (Serial0/0/0)
  Cost: 1562    State: DR       Type: NBMA     MTU: 1500
  Priority: 1
  Designated Router: 10.1.1.1
  Backup Designated Router: 0.0.0.0
  Timers: Hello 30, Dead 120, Poll  120, Retransmit 5, Transmit Delay 1
```

通过以上输出可以看到，OSPF 的网络类型为 NBMA。

【技术要点】

二层封装的为帧中继，在这样的网络上面运行 OSPF 协议，默认的网络类型为 NBMA，所以在帧中继的网络环境中布置 OSPF 时要注意：

①NB 代表不支持广播，OSPF 的 Hello 包默认使用组播发送，但是 NBMA 不支持广播

和组播，所以要单播建立邻居。

②MA代表多路由访问，会选择DR和BDR，我们要让中心站点R1成为DR，没有必要选择BDR，因为若中心站点出问题，分支站点间也就不能通信。

（3）配置单播建立邻居。

R1的配置：

```
[R1]ospf
[R1-ospf-1]peer 10.1.1.2                //和10.1.1.2单播建立邻接关系
[R1-ospf-1]peer 10.1.1.3                //和10.1.1.3单播建立邻接关系
```

R2的配置：

```
[R2]ospf
[R2-ospf-1]peer 10.1.1.1                //和10.1.1.1单播建立邻接关系
[R2-ospf-1]quit
```

R3的配置：

```
[R3]ospf
[R3-ospf-1]peer 10.1.1.1                //和10.1.1.1单播建立邻接关系
[R3-ospf-1]quit
```

（4）配置R1为DR，不选择BDR。

R2的配置：

```
[R2]interface s0/0/0
[R2-Serial0/0/0]ospf dr-priority 0   //优先级设置为0
[R2-Serial0/0/0]quit
```

R3的配置：

```
[R3]interface s0/0/0
[R3-Serial0/0/0]ospf dr-priority 0   //优先级设置为0
[R3-Serial0/0/0]quit
```

（5）在R1上查看OSPF的邻接关系。

```
[R1]display ospf peer brief
   OSPF Process 1 with Router ID 1.1.1.1
       Peer Statistic Information
 ----------------------------------------------------------------------------
  Area Id          Interface                       Neighbor id      State
  0.0.0.0          Serial0/0/0                      2.2.2.2         Full
  0.0.0.0          Serial0/0/0                      3.3.3.3         Full
 ----------------------------------------------------------------------------
```

通过以上输出可以看到，R1与R2、R1与R3的邻接关系为Full。

（6）删除（3）和（4）的配置。

R1的配置：

```
[R1]ospf
[R1-ospf-1]undo peer 10.1.1.2
[R1-ospf-1]undo peer 10.1.1.3
```

```
[R1-ospf-1]quit
```

R2 的配置：

```
[R2]ospf
[R2-ospf-1]undo peer 10.1.1.1
[R2-ospf-1]quit
```

R3 的配置：

```
[R3]ospf
[R3-ospf-1]undo peer 10.1.1.1
[R3-ospf-1]quit
```

（7）查看 OSPF 的邻接关系。

```
[R1]display ospf peer brief
   OSPF Process 1 with Router ID 1.1.1.1
     Peer Statistic Information
 ----------------------------------------------------------------------------
 Area Id         Interface                           Neighbor id     State
 ----------------------------------------------------------------------------
```

通过以上输出可以看到，OSPF 的邻接关系为无。

（8）把网络类型改成 P2MP。

R1 的配置：

```
[R1]interface s0/0/0
[R1-Serial0/0/0]ospf network-type p2mp        //设置 OSPF 的网络类型为 P2MP
[R1-Serial0/0/0]quit
```

R2 的配置：

```
[R2]interface s0/0/0
[R2-Serial0/0/0]ospf network-type p2mp        //设置 OSPF 的网络类型为 P2MP
[R2-Serial0/0/0]quit
```

R3 的配置：

```
[R3]interface s0/0/0
[R3-Serial0/0/0]ospf network-type p2mp        //设置 OSPF 的网络类型为 P2MP
[R3-Serial0/0/0]quit
```

（9）查看 OSPF 的邻接关系。

```
[R1]display ospf peer brief
   OSPF Process 1 with Router ID 1.1.1.1
         Peer Statistic Information
 ----------------------------------------------------------------------------
 Area Id         Interface                           Neighbor id    State
 0.0.0.0         Serial0/0/0                          2.2.2.2        Full
 0.0.0.0         Serial0/0/0                          3.3.3.3        Full
 ----------------------------------------------------------------------------
```

通过以上输出可以看到，OSPF 的邻接关系为 Full。

3.6 OSPF 的 LSA

3.6.1 LSA 的类型

OSPF 网络中划分了不同的区域，每个区域都维护自己独立的 LSDB，同时路由器也被定义成不同的类型。封装了路由描述信息的 LSA 根据路由器的类型也可以分门别类。图 3-31 是一个被划分区域的 OSPF 网络。R4 上配置了静态路由，在 R4 上将静态路由引入 OSPF 进程中。

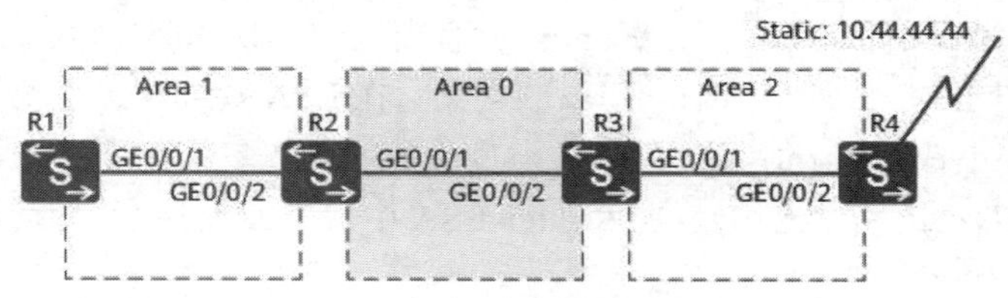

图 3-31 划分区域的 OSPF 网络

R1、R2、R3、R4 的 Router-ID 及各接口的 IP 地址如表 3-1 所示。

表 3-1 设备 Router-ID 和接口 IP 地址

设　　备	Router-ID	接口 IP 地址
R1	10.1.1.1/32	GE0/0/1：192.168.12.1
R2	10.2.2.2/32	GE0/0/2：192.168.12.2 GE0/0/1：192.168.23.2
R3	10.3.3.3/32	GE0/0/2：192.168.23.3 GE0/0/1：192.168.34.3
R4	10.4.4.4/32	GE0/0/2：192.168.34.4

1. Router-LSA

Router-LSA 是一种最基本的 LSA，即 Type1 LSA。OSPF 网络里的每一台路由设备都会发布 Type1 LSA。这种类型的 LSA 用于描述设备的链路状态和开销，在路由器所属的区域内传播。以 R2 为例，如图 3-32 所示，R2 在 Area 0、Area 1 会分别发布 Router-LSA。

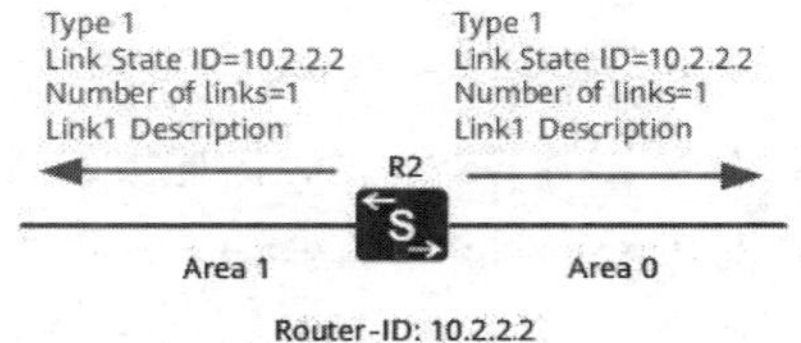

图 3-32 Type1 Router-LSA

以 R2 在接口 GE0/0/1 上泛洪的一条 Router-LSA 为例，该 LSA 中包含的信息如图 3-33 所示。

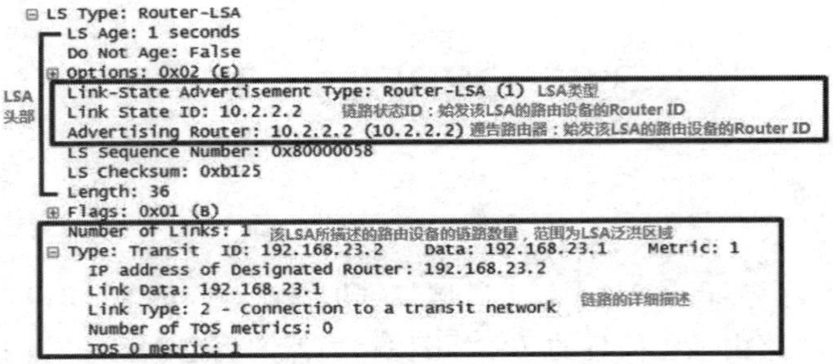

```
⊟ LS Type: Router-LSA
    LS Age: 1 seconds
    Do Not Age: False
  ⊞ Options: 0x02 (E)
    Link-State Advertisement Type: Router-LSA (1)  LSA类型
    Link State ID: 10.2.2.2     链路状态ID：始发该LSA的路由设备的Router ID
    Advertising Router: 10.2.2.2 (10.2.2.2) 通告路由器：始发该LSA的路由设备的Router ID
    LS Sequence Number: 0x80000058
    LS Checksum: 0xb125
    Length: 36
  ⊞ Flags: 0x01 (B)
    Number of Links: 1   该LSA所描述的路由设备的链路数量，范围为LSA泛洪区域
  ⊟ Type: Transit  ID: 192.168.23.2    Data: 192.168.23.1    Metric: 1
      IP address of Designated Router: 192.168.23.2
      Link Data: 192.168.23.1
      Link Type: 2 - Connection to a transit network   链路的详细描述
      Number of TOS metrics: 0
      TOS 0 metric: 1
```

LSA 头部

图 3-33　Router-LSA 信息

LSA 报文包括 LSA 头部和 LSA 信息字段。所有类型的 LSA 报文，其 LSA 头部包含的字段都是一样的，唯一不同的是 Link State ID 字段的含义。在 LSA 头部中，主要关注以下三个字段：

（1）Link-State Advertisement Type：LSA 类型。

（2）Link State ID：链路状态 ID。在 Router-LSA 中代表始发该 LSA 设备的 Router-ID，这里即 R2 自己的 Router-ID。

（3）Advertising Router：通告路由器。

Router-LSA 的信息字段有三个，用于将自己连接的所有链路的状况以及开销告诉该 LSA 泛洪区域的其他路由器。图 3-33 所示的 LSA 描述的信息为：链路类型（Type）为一个传送网络（Transit），DR 接口的 IP 地址（ID）为 192.168.23.2，和网络相连的通告路由器接口的 IP 地址是 192.168.23.1（Data），到达该网络的开销（Metric）是 1。收到该 LSA 报文的路由器根据这些链路状态的描述信息生成拓扑。其中，Link Type 有四种类型，并且 ID 和 Data 的值会根据 Link Type 而有不同。

（1）P2P（点对点）：此时 ID 表示邻居路由设备的 Router-ID，Data 表示和网络相连的通告路由器接口的 IP 地址。

（2）Transit（传送网络）：此时 ID 表示 DR 接口的 IP 地址，Data 表示和网络相连的通告路由器接口的 IP 地址。

（3）Stub（末梢网络）：此时 ID 表示 IP 网络或子网地址，Data 表示网络的 IP 地址或子网掩码。

（4）Virtual Link（虚链路）：此时 ID 表示邻居路由设备的 Router ID，Data 表示通告路由器接口的 MIB-II ifIndex 值。

2．Network-LSA

Network-LSA，也就是 Type2 LSA，由 DR 产生，描述本网段的链路状态，在所属的区域内传播。如图 3-34 所示，R3 向 R2 发送一条 Network-LSA，列出了所有与 DR 形成完全邻接关系的路由器的 Router-ID。

该 Network-LSA 中包含的信息如图 3-35 所示。

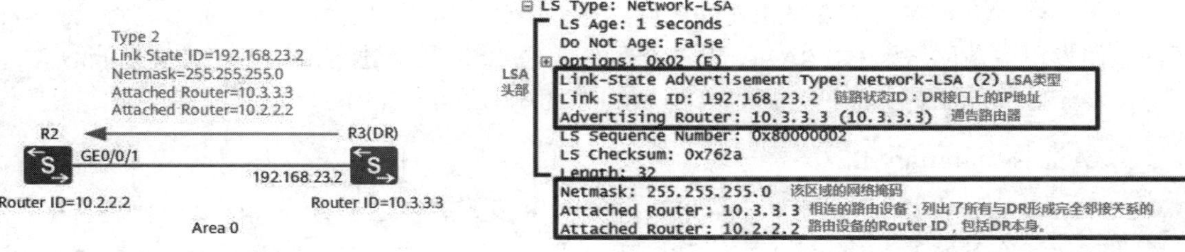

图 3-34　Type2 Network-LSA　　　　图 3-35　Network-LSA 信息

在 Network-LSA 中，Link State ID 字段的含义是 DR 接口上的 IP 地址。通过 Router-LSA 和 Network-LSA 在区域内洪泛，区域内的每个路由器可以完成 LSDB 同步，这就解决了区域内部的通信问题。

3. Network-summary-LSA

Network-summary-LSA，也叫 Type3 LSA，由 ABR 发布，用来描述区域间的路由信息。ABR 将 Network-summary-LSA 发布到一个区域，通告该区域到其他区域的目的地址。实际上，ABR 是将区域内部的 Type1 和 Type2 的信息收集起来并汇总之后扩散出去，这就是 Summary 的含义。如图 3-36 所示，R2 作为 ABR，将 Area 0 和 Area 1 中的路由信息分别发布到对方区域。

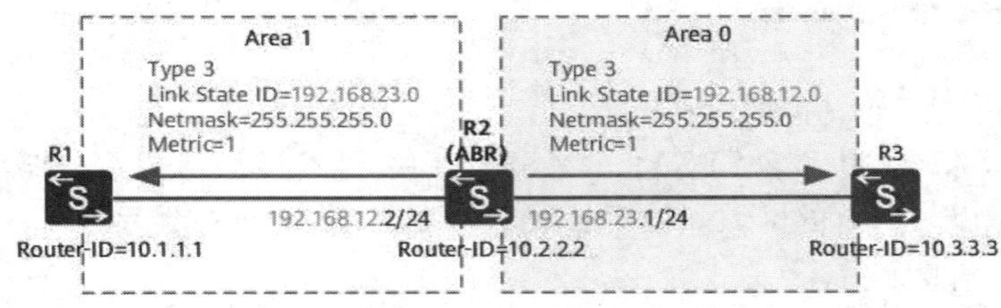

图 3-36　Type3 Network-summary-LSA

R2 在接口 GE0/0/1 上发布的一条 Network-summary-LSA，如图 3-37 所示。

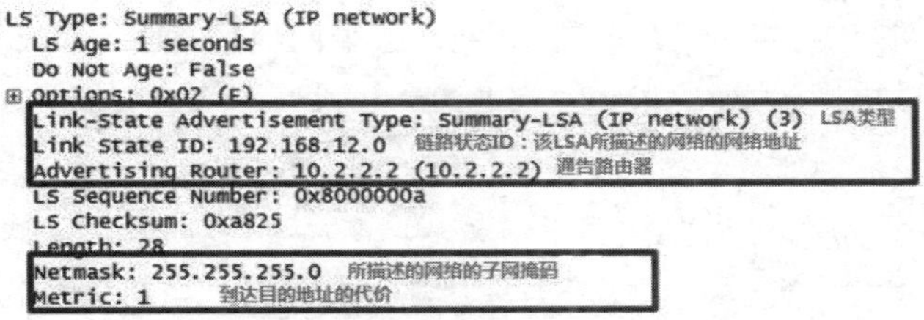

```
⊟ LS Type: Summary-LSA (IP network)
    LS Age: 1 seconds
    Do Not Age: False
  ⊞ Options: 0x02 (E)
    Link-State Advertisement Type: Summary-LSA (IP network) (3)  LSA类型
    Link State ID: 192.168.12.0   链路状态ID：该LSA所描述的网络的网络地址
    Advertising Router: 10.2.2.2 (10.2.2.2)  通告路由器
    LS Sequence Number: 0x8000000a
    LS Checksum: 0xa825
    Length: 28
    Netmask: 255.255.255.0  所描述的网络的子网掩码
    Metric: 1          到达目的地址的代价
```

图 3-37　Network-summary-LSA 信息

在 Network-summary-LSA 中，Link State ID 字段代表该 LSA 所描述网络的网络地址。从 LSA 的信息中可以看出，该 LSA 由 R2 发布（10.2.2.2），可以到达 192.168.12.0，掩码为 255.255.255.0 的网络，代价为 1。R2 将 Area 1 中的网络地址在 Area 0 中发布，从而让 Area 0 中的路由器知道该网络的路径，实现区域间的通信。

如果一台 ABR 在与它本身相连的区域内有多条路由可以到达目的地，那么它将只会向骨干区域始发单一条网络汇总 LSA，而且这条网络汇总 LSA 是上述多条路由中代价最低的。

Network-summary-LSA 不会通告给 Totally Stub 和 Totally NSSA 区域。

4. ASBR-summary-LSA

ASBR-summary-LSA，也叫 Type4 LSA，由 ABR 发布，描述到 ASBR 的路由信息，并通告给除 ASBR 所在区域的其他相关区域。如图 3-38 所示，R3 作为 ABR 通告 ASBR-summary-LSA 到 Area 0 中。

ASBR-summary-LSA 信息如图 3-39 所示。其中，Link State ID 表示该 LSA 所描述的 ASBR 的 Router ID（10.4.4.4），即 R4，发布该 LSA 的路由设备是 R3（10.3.3.3），R3 到达 R4 的代价是 1。

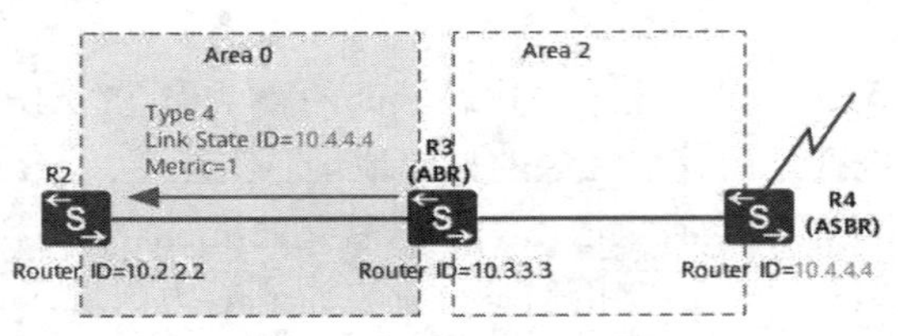

图 3-38　Type4 ASBR-summary-LSA

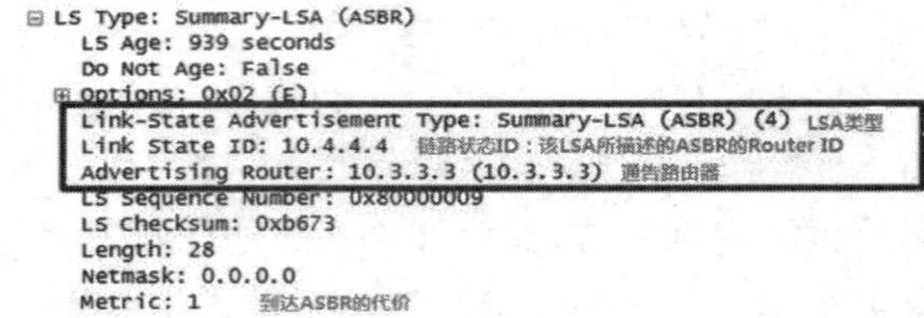

```
⊟ LS Type: Summary-LSA (ASBR)
    LS Age: 939 seconds
    Do Not Age: False
  ⊞ Options: 0x02 (E)
    Link-State Advertisement Type: Summary-LSA (ASBR) (4) LSA类型
    Link State ID: 10.4.4.4   链路状态ID：该LSA所描述的ASBR的Router ID
    Advertising Router: 10.3.3.3 (10.3.3.3) 通告路由器
    LS Sequence Number: 0x80000009
    LS Checksum: 0xb673
    Length: 28
    Netmask: 0.0.0.0
    Metric: 1      到达ASBR的代价
```

图 3-39　ASBR-summary-LSA 信息

5. AS-external-LSA

AS-external-LSA，也叫 Type5 LSA，由 ASBR 产生，描述到 AS 外部的路由，通告到除 Stub 区域和 NSSA 区域以外所有的区域。如图 3-40 所示，R4 作为 ASBR 发布了一条 OSPF AS 到外部目的网络的路由信息。

AS-external-LSA 中包含的信息如图 3-41 所示。其中，Link State ID 代表外部网络目的 IP 地址，转发地址是指到达该外部网络的数据包应该被转发的地址。此处的转发地址为 0.0.0.0，表示数据包将被转发到始发 ASBR 上。

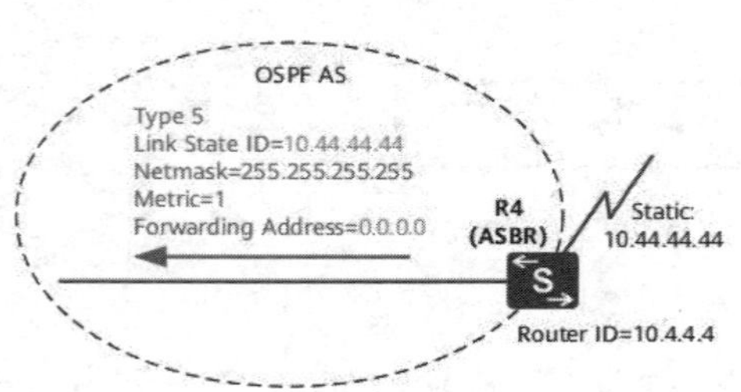

图 3-40　Type5 AS-external-LSA

```
⊟ LS Type: AS-External-LSA (ASBR)
    LS Age: 1 seconds
    Do Not Age: False
  ⊞ Options: 0x02 (E)
    Link-State Advertisement Type: AS-External-LSA (ASBR) (5) LSA类型
    Link State ID: 10.44.44.44   链路状态ID：外部网络目的IP地址
    Advertising Router: 10.4.4.4 (10.4.4.4) 通告路由器
    LS Sequence Number: 0x80000002
    LS Checksum: 0x1a11
    Length: 36
    Netmask: 255.255.255.255   外部网络的子网掩码
    External Type: Type 2 (metric is larger than any other link state path)
    Metric: 1    路由代价
    Forwarding Address: 0.0.0.0  转发地址
    External Route Tag: 1
```

图 3-41　AS-external-LSA 信息

6. NSSA LSA

除了上述几种 LSA 之外，还有一种比较特殊的 LSA，即 NSSA LSA，也叫 Type7 LSA。NSSA LSA 由 ASBR 产生，描述到 AS 外部的路由，仅在 NSSA 区域内传播。NSSA 区域的 ABR

收到 NSSA LSA 时，会有选择地将其转化为 Type5 LSA，以便将外部路由信息通告到 OSPF 网络的其他区域。

如果图 3-38 中的 Area 2 为 NSSA 区域，R4 的接口 GE0/0/2 会始发一条 NSSA LSA，如图 3-42 所示。

```
⊟ LS Type: NSSA AS-External-LSA
    LS Age: 6 seconds
    Do Not Age: False
  ⊞ Options: 0x08 (NP)
    Link-State Advertisement Type: NSSA AS-External-LSA (7) LSA类型
    Link State ID: 10.44.44.44    链路状态ID：外部网络IP地址
    Advertising Router: 10.4.4.4 (10.4.4.4)  通告路由器
    LS Sequence Number: 0x80000001
    LS Checksum: 0xade8
    Length: 36
    Netmask: 255.255.255.255
    External Type: Type 2 (metric is larger than any other link state path)
    Metric: 1
    Forwarding Address: 192.168.34.2
    External Route Tag: 1
```

图 3-42　NSSA LSA 信息

NSSA LSA 所有的字段与 AS-external-LSA 字段均相同，但这两种 LSA 泛洪的区域不同。AS-external-LSA 是在整个 AS 泛洪，而 NSSA LSA 仅在 NSSA 区域中泛洪。

NSSA 区域允许引入外部路由，但描述这些外部路由信息的 NSSA LSA 只能在本区域泛洪。为了让外部路由能被引入除 NSSA 区域以外的其他区域，NSSA LSA 在 ABR（R3）上会转换成 AS-external-LSA，并且泛洪到骨干区直至整个自治系统中。

（1）P-bit（Propagate bit）用于指示转化路由器是否需要转换该条 Type7 LSA。

（2）默认情况下，转化路由器是 NSSA 区域中 Router-ID 最大的 ABR。

（3）只有 P-bit 置位并且 FA（Forwarding Address）不为 0 的 NSSA LSA 才能转化为 AS-external-LSA。FA 用来表示发送的某个目的地址的报文将被转发到 FA 所指定的地址。

（4）区域边界路由器产生的 NSSA LSA 默认路由不会置位 P-bit。

3.6.2　实验 6：配置多区域 OSPF

扫一扫，看视频

1．实验目的

（1）实现 OSPF 多区域配置。

（2）阐明 OSPF 的 LSA 的类型。

（3）阐明 OSPF 引入外部路由的配置方法。

（4）阐明向 OSPF 引入默认路由的方法。

2．实验拓扑

配置多区域 OSPF 的实验拓扑如图 3-43 所示。

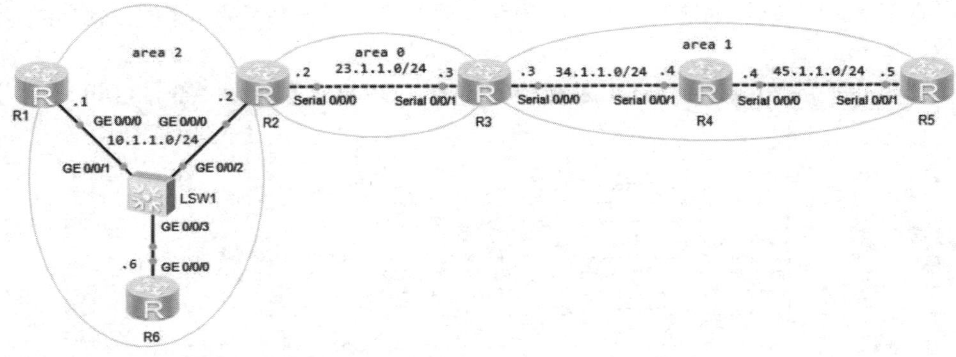

图 3-43　配置多区域 OSPF 的实验拓扑

3．实验步骤

（1）IP 地址配置。

R1 的配置：

```
<Huawei>system-view
[Huawei]sysname R1
[R1]interface g0/0/0
[R1-GigabitEthernet0/0/0]ip address 10.1.1.1 24
[R1-GigabitEthernet0/0/0]quit
[R1]interface LoopBack 0
[R1-LoopBack0]ip address 1.1.1.1 32
[R1-LoopBack0]quit
```

R2 的配置：

```
<Huawei>system-view
[Huawei]undo info-center enable
[Huawei]sysname R2
[R2]interface g0/0/0
[R2-GigabitEthernet0/0/0]ip address 10.1.1.2 24
[R2-GigabitEthernet0/0/0]quit
[R2]interface s0/0/0
[R2-Serial0/0/0]ip address 23.1.1.2 24
[R2-Serial0/0/0]quit
[R2]interface LoopBack 0
[R2-LoopBack0]ip address 2.2.2.2 32
[R2-LoopBack0]quit
```

R3 的配置：

```
<Huawei>system-view
[Huawei]undo info-center enable
[Huawei]sysname R3
[R3]interface s0/0/1
[R3-Serial0/0/1]ip address 23.1.1.3 24
```

```
[R3-Serial0/0/1]quit
[R3]interface s0/0/0
[R3-Serial0/0/0]ip address 34.1.1.3 24
[R3-Serial0/0/0]undo shutdown
[R3-Serial0/0/0]quit
[R3]interface LoopBack 0
[R3-LoopBack0]ip address 3.3.3.3 32
[R3-LoopBack0]quit
```

R4 的配置：

```
<Huawei>system-view
[Huawei]undo info-center enable
[Huawei]sysname R4
[R4]interface s0/0/1
[R4-Serial0/0/1]ip address 34.1.1.4 24
[R4-Serial0/0/1]quit
[R4]interface s0/0/0
[R4-Serial0/0/0]ip address 45.1.1.4 24
[R4-Serial0/0/0]quit
[R4]interface LoopBack 0
[R4-LoopBack0]ip address 4.4.4.4 32
[R4-LoopBack0]quit
```

R5 的配置：

```
<Huawei>system-view
[Huawei]undo info-center enable
[Huawei]sysname R5
[R5]interface s0/0/1
[R5-Serial0/0/1]ip address 45.1.1.5 24
[R5-Serial0/0/1]quit
[R5]interface LoopBack 0
[R5-LoopBack0]ip address 5.5.5.5 32
[R5-LoopBack0]quit
```

R6 的配置：

```
<Huawei>system-view
[Huawei]undo info-center enable
[Huawei]sysname R6
[R6]interface g0/0/0
[R6-GigabitEthernet0/0/0]ip address 10.1.1.6 24
[R6-GigabitEthernet0/0/0]quit
[R6]interface LoopBack 0
[R6-LoopBack0]ip address 6.6.6.6 32
[R6-LoopBack0]quit
```

（2）运行 OSPF。

R1 的配置：

```
[R1]ospf router-id 1.1.1.1
```

```
[R1-ospf-1]area 2
[R1-ospf-1-area-0.0.0.2]network 10.1.1.0 0.0.0.255
[R1-ospf-1-area-0.0.0.2]network 1.1.1.1 0.0.0.0
[R1-ospf-1-area-0.0.0.2]quit
[R1-ospf-1]quit
```

R2 的配置：

```
[R2]ospf router-id 2.2.2.2
[R2-ospf-1]area 2
[R2-ospf-1-area-0.0.0.2]network 10.1.1.0 0.0.0.255
[R2-ospf-1-area-0.0.0.2]network 2.2.2.2 0.0.0.0
[R2-ospf-1-area-0.0.0.2]quit
[R2-ospf-1]area 0
[R2-ospf-1-area-0.0.0.0]network 23.1.1.0 0.0.0.255
[R2-ospf-1-area-0.0.0.0]quit
```

R3 的配置：

```
[R3]ospf router-id 3.3.3.3
[R3-ospf-1]area 0
[R3-ospf-1-area-0.0.0.0]network 23.1.1.0 0.0.0.255
[R3-ospf-1-area-0.0.0.0]quit
[R3-ospf-1]area 1
[R3-ospf-1-area-0.0.0.1]network 34.1.1.0 0.0.0.255
[R3-ospf-1-area-0.0.0.1]network 3.3.3.3 0.0.0.0
[R3-ospf-1-area-0.0.0.1]quit
[R3-ospf-1]quit
```

R4 的配置：

```
[R4]ospf router-id 4.4.4.4
[R4-ospf-1]area 1
[R4-ospf-1-area-0.0.0.1]network 34.1.1.0 0.0.0.255
[R4-ospf-1-area-0.0.0.1]network 45.1.1.0 0.0.0.255
[R4-ospf-1-area-0.0.0.1]network 4.4.4.4 0.0.0.0
[R4-ospf-1-area-0.0.0.1]quit
```

R5 的配置：

```
[R5]ospf router-id 5.5.5.5
[R5-ospf-1]area 1
[R5-ospf-1-area-0.0.0.1]network 45.1.1.0 0.0.0.255
[R5-ospf-1-area-0.0.0.1]network 5.5.5.5 0.0.0.0
[R5-ospf-1-area-0.0.0.1]quit
```

R6 的配置：

```
[R6]ospf router-id 6.6.6.6
[R6-ospf-1]area 2
[R6-ospf-1-area-0.0.0.2]network 10.1.1.0 0.0.0.255
[R6-ospf-1-area-0.0.0.2]network 6.6.6.6 0.0.0.0
[R6-ospf-1-area-0.0.0.2]quit
```

4. 实验调试

（1）在路由器上查看 1 类 LSA。

```
[R1]display ospf lsdb router 1.1.1.1 //查看1.1.1.1产生的1类LSA
        OSPF Process 1 with Router ID 1.1.1.1
                         Area: 0.0.0.2    //所属区域
                  Link State Database
    Type        : Router                  //LSA的类型为router
    Ls id       : 1.1.1.1                 //链路状态ID为路由器的Router-ID
    Adv rtr     : 1.1.1.1                 //生成LSA的路由器的Router-ID
    Ls age      : 327                     //表示LSA已经生存的时间，单位是s（秒）
    Len         : 48                      //长度
    Options     :  E                      //选项，E代表支持外部路由
    seq#        : 8000000f                //序列号
    chksum      : 0x1ef0                  //检验和
    Link count: 2
     * Link ID: 10.1.1.6                  //DR的接口IP地址
       Data    : 10.1.1.1                 //自己接口的IP地址
       Link Type: TransNet                //MA类型链路
       Metric : 1                         //开销
     * Link ID: 1.1.1.1                   //网络号
       Data    : 255.255.255.255          //网络掩码
       Link Type: StubNet                 //末节类型链路
       Metric : 0                         //开销
       Priority : Medium
```

【技术要点 1】老化时间

LSA 的最大年龄是 3600s（秒），LSA 在路由器间泛洪时，每经过一跳，年龄增加 1，在 LSDB 中存放时年龄也增加 1。当 LSA 的年龄达到 3600s（秒）（即 Maxage），路由器会从 LSDB 中清除该 LSA。在拓扑稳定的场合下，每份存放在 LSDB 中的 ISA 间隔 1800s（秒）都会被周期产生的新 LSA 刷新。

【技术要点 2】序列号

①取值范围为 0X80000001 ~ 0X7FFFFFFE。

②路由器每发送同一条 LSA 信息，则将携带一个序列号，并且序列号依次加 1。

③当一条 LSA 信息的序列号达到 0X7FFFFFFE 时，发出的路由器会将其老化时间改为 3600s；其他设备收到该 LSA 信息后，会根据序号判断出这是一条最新的 LSA 信息，将该信息刷新到本地 LSDB 中。之后，如果该 LSA 信息老化时间达到 3600s，则将这条 LSA 信息删除。始发的路由器会再发送一条相同的 LSA 信息，其序列号使用 0X80000001，其他设备收到后将会把最新的 LSA 信息刷新到 LSDB 中，从而刷新了序列号空间。

【技术要点 3】校验和

①确保数据完整性。

②校验和也会参与 LSA 的新旧比较。

【技术要点 4】判断 LSA 新旧的规则如下：

①序列号越大，LSA 越新。

②若序列号相同，则 Checksum 数值越大，LSA 越新。

③上述一致的情况下，继续比较 Age。

a. 若 LSA 的 Age 为 MaxAge，即 3600s，则该 LSA 被认定更“新”。

b. 若 LSA 间 Age 差额超过 15min，则 Age 小的 LSA 被认定更“新”。

c. 若 LSA Age 差额在 15min 以内，则二者视为相同“新”的 LSA，只保留先收到的。

【技术要点 5】Router-LSA 定义了四种 Link 类型，如表 3-2 所示。

表 3-2 Router-LSA Link 类型

Type	描述	Link ID	Link data
Point-to-point	点到点链路类型	邻居路由器的 RID	自己接口的 IP 地址
Transnetwork	MA 类型链路	DR 的接口 IP 地址	自己接口的 IP 地址
Stubnetwork	末节类型链路-环回口	网络号	网络掩码
Virtual Link	虚拟点到点链路	Vlink 对端 ABR 的 RID	本地 VLINK 的 IP 地址

（2）在路由器上查看 2 类 LSA。

```
<R1>display ospf lsdb network
      OSPF Process 1 with Router ID 1.1.1.1
                  Area: 0.0.0.2
            Link State Database
Type: Network                        //LSA 的类型为 2 类
Ls id: 10.1.1.6                      //链路状态 ID 为 DR 的接口 IP 地址
Adv rtr: 6.6.6.6                     //产生 LSA2 的通告路由器
Ls age: 1015
Len: 36
Options:  E
seq#: 80000007
chksum: 0x768b
Net mask: 255.255.255.0              //子网掩码
Priority: Low
   Attached Router    6.6.6.6        //连接到本网络的所有邻居路由器的 Router-ID
   Attached Router    1.1.1.1
   Attached Router    2.2.2.2
```

【技术要点】LSA2 的特征

①由 DR（Designated Router）产生，描述本网段的链路状态。

②在所属的区域内传播。

（3）在路由器上查看 3 类 LSA。

```
<R1>display ospf lsdb summary    //查看 3 类 LSA
      OSPF Process 1 with Router ID 10.1.1.1
                     Area: 0.0.0.2
               Link State Database
  Type: Sum-Net                        //LSA 的类型为 3 类
  Ls id: 23.1.1.0                      //网络号
  Adv rtr: 2.2.2.2                     //产生 LSA3 的路由器
  Ls age: 158
  Len: 28
  Options:  E
  seq#: 80000001
  chksum: 0x27f4
  Net mask: 255.255.255.0              //子网掩码
  Tos 0  metric: 1562                  //开销值（为 ABR 到目标网络的最小开销值）
  Priority: Low
  Type: Sum-Net
  Ls id: 3.3.3.3
  Adv rtr: 2.2.2.2
  Ls age: 153
  Len: 28
  Options:  E
  seq#: 80000001
  chksum: 0xdf49
  Net mask: 255.255.255.255
  Tos 0  metric: 1562
  Priority: Medium

  Type: Sum-Net
  Ls id: 2.2.2.2
  Adv rtr: 2.2.2.2
  Ls age: 158
  Len: 28
  Options:  E
  seq#: 80000001
  chksum: 0xd27a
  Net mask: 255.255.255.255
  Tos 0  metric: 0
  Priority: Medium
```

【技术要点】3 类 LSA 的特性

①边界路由器 ABR 为区域内的每条 OSPF 路由各产生一份 LSA3 并向其他区域通告。

②边界若有多个 ABR，则每个 ABR 都产生 ISA3 来通告区域间路由，通过 Adveritsing Router 字段来区分。

③区域间传递的是路由，LSA3 是由每个区域的 ABR 产生的，并仅在该区域内泛洪的一类 LSA。路由进入其他区域后，再由该区域的 ABR 产生 LSA3 继续泛洪。

④OSPF 在区域边界上具备矢量特性，只有出现在 ABR 路由表里的路由才会被通告给邻居区域。

⑤计算路由时，路由器计算自己区域内到 ABR 的成本加上 LSA3 传递的区域间成本，得到的是当前路由器到目标网络端到端的成本。

⑥如果 ABR 路由器上路由表中的某条 OSPF 路由不再可达，则 ABR 会立即产生一份 Age 为 3600s 的 LSA3 向区域内泛洪，用于在区域内撤销该网络。

（4）在 R5 上创建一个环回口 loopback100，地址设置为 100.100.100.100/32，并把它引入 OSPF。

```
[R5]interface LoopBack 100
[R5-LoopBack100]ip address 100.100.100.100 32
[R5-LoopBack100]quit
[R5]ospf
[R5-ospf-1]import-route direct  //引入直连路由
[R5-ospf-1]quit
```

（5）在 R5 上查看 5 类 LSA。

```
<R5>display ospf lsdb ase 100.100.100.100  //查看 5 类 LSA
        OSPF Process 1 with Router ID 5.5.5.5
                Link State Database
 Type: External                         //LSA 的类型为 5 类
 Ls id: 100.100.100.100                 //引入外部路由的网络号
 Adv rtr: 5.5.5.5                       //ASBR 的 Router-ID
 Ls age: 140
 Len: 36
 Options:  E
 seq#: 80000001
 chksum: 0x5ecc
 Net mask: 255.255.255.255              //外部路由的子网掩码
 TOS 0 Metric: 1                        //ASBR 到外部网络的成本
 E type: 2                              //开销类型，默认为 2
 Forwarding Address: 0.0.0.0            //如果是 0，访问外部网络的报文转发给 ASBR；如果
                                        //是非 0，报文转发给非 0 的地址
 Tag      : 1
 Priority  : Low
```

【技术要点 1】区分 OSPF 外部路由的两种度量值类型，如表 3-3 所示。

表 3-3 OSPF 外部路由的两种度量值类型

Type	描述	开销计算
Type-1	可信任程度高	AS 内部开销+AS 外部开销
Type-2	可信任程度低，AS 外部开销远大于 AS 内部开销	AS 外部开销

【技术要点 2】FA 非 0 的三个必要条件

①引入的这条外部路由，其对应的出接口启用了 OSPF。

②引入的这条外部路由，其对应的出接口未设置为 passive-interface。

③引入的这条外部路由，其对应的出接口的 OSPF 网络类型为 broadcast。

满足以上三个条件，则产生的 Type 5 LSA，其 FA 地址等于该引入的外部路由的下一跳地址，否则为 0.0.0.0。

（6）在 R3 上查看 4 类 LSA。

```
<R3>display ospf lsdb asbr   //查看 4 类 LSA
          OSPF Process 1 with Router ID 3.3.3.3
                   Area: 0.0.0.0
              Link State Database
  Type: Sum-Asbr                    //LSA 的类型为 4 类
  Ls id: 5.5.5.5                    //ASBR 的 Router-ID
  Adv rtr: 3.3.3.3                  //产生 4 类 LSA 的路由器的 Router-ID
  Ls age: 1689
  Len: 28
  Options:  E
  seq#: 80000001
  chksum: 0x9269
  Tos 0  metric: 3124               //ABR 到 ASBR 的开销
  Area: 0.0.0.1
  Link State Database
```

【技术要点】4 类 LSA 的特性

由 ABR 产生，描述本区域到其他区域的 ASBR 的路由，通告给除 ASBR 所在区域的其他区域（除了 Stub 区域、Totally Stub、NSSA 区域和 Totally NSSA 区域）。

3.7 OSPF 的高级配置

3.7.1 OSPF 的高级技术介绍

1. OSPF 路由聚合

路由聚合是指 ABR 可以将具有相同前缀的路由信息聚合到一起，只发布一条路由到其他区域。通过路由聚合，可以减少路由信息，从而减小路由表的规模，提高设备的性能。OSPF 有两种路由聚合方式。

（1）区域间路由聚合。

区域间路由聚合在 ABR 上完成，主要用于聚合 AS 内区域之间的路由。ABR 向其他区域发送路由信息时，以网段为单位生成 Type3 LSA。如果该区域中存在一些连续的网段，ABR 可以将这些连续的网段聚合成一个网段。这样 ABR 只发送一条聚合后的 LSA，所有属于命令指定的聚合网段范围的 LSA 将不会再被单独发送。

（2）外部路由聚合。

外部路由聚合在 ASBR 上完成，主要用于聚合 OSPF 引入的外部路由。ASBR 将对引入的聚合地址范围内的 Type5 LSA 进行聚合。当配置了 NSSA 区域时，还要对引入的聚合地址范围内的 Type7 LSA 进行聚合。如果本地设备既是 ASBR 又是 ABR，则对由 Type7 LSA 转化成的 Type5 LSA 进行聚合处理。

2. OSPF 区域类型

OSPF 的区域类型如表 3-4 所示。

表 3-4　OSPF 的区域类型

区域类型	作　用
骨干区域	骨干区域是连接所有其他 OSPF 区域的中央区域，通常用 area 0 表示
标准区域	标准区域是最通用的区域，它传输区域内、区域间路由和外部路由
STUB 区域	拒绝 4、5 类 LSA 自动下发一条 3 类的 LSA 的默认路由
Totally STUB 区域	拒绝 3、4、5 类 LSA 自动下发一条 3 类的 LSA 的默认路由
NSSA 区域	拒绝 4、5 类 LSA，引入 7 类 LSA 自动下发一条 7 类的 LSA 的默认路由
Totally NSSA 区域	拒绝 3、4、5 类 LSA，引入 7 类 LSA 自动下发一条 3 类和 7 类的 LSA 的默认路由

3. OSPF 虚连接

虚连接（Virtual link）是指在两台 ABR 之间通过一个非骨干区域建立的一条逻辑上的连接通道。根据 RFC 2328，在部署 OSPF 时，要求所有的非骨干区域与骨干区域相连，否则会出现有的区域不可达的问题。但是在实际应用中，可能会因为各方面条件的限制，无法满足所有非骨干区域与骨干区域保持连通的要求，此时可以通过配置 OSPF 虚连接来解决这个问题。如图 3-44 所示，Area 2 没有连接到骨干区 Area 0，所以 RouterA 不能作为 ABR 向 Area 2 生成 Area 0 中 Network1 的路由信息，RouterB 上没有到达 Network1 的路由。此时可以考虑部署虚连接来解决这个问题。

如图 3-45 所示，通过虚连接，两台 ABR 之间直接传递 OSPF 报文信息，两者之间的 OSPF 设备只是起到一个转发报文的作用。由于 OSPF 协议报文的目的地址不是这些设备，所以这些报文对于两者而言是透明的，只是当作普通的 IP 报文来转发。

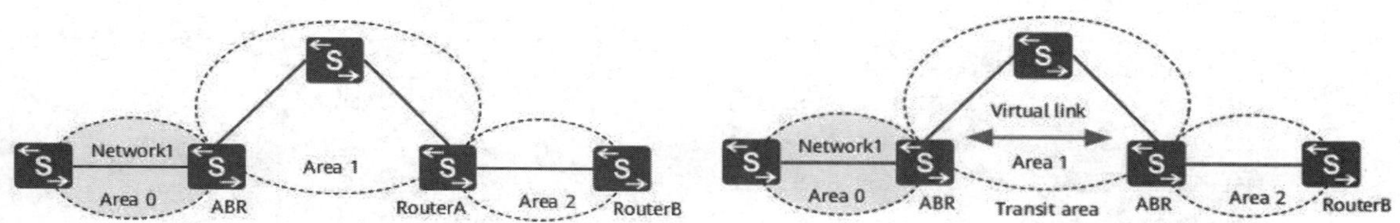

图 3-44　OSPF 非骨干区没有连接骨干区　　　　图 3-45　OSPF 虚连接实现原理

虚连接相当于在两个 ABR 之间形成了一个点到点的连接，因此，虚连接的两端和物理接口一样可以配置接口的各参数，如发送 Hello 报文间隔等。为虚连接两端提供一条非骨干区域内部路由的区域称为传输区域（Transit Area）。配置虚连接时，必须在两端同时配置方可生效。然而，虚连接的存在不但增加了网络的复杂程度，而且使故障的排除更加困难。因此，在网络规划中应该尽量避免使用虚连接。虚连接仅是作为修复无法避免的网络拓扑问题的一种临时手段。虚链路可以看作是一个标明网络的某个部分是否需要重新规划设计的标志。

3.7.2　实验 7：配置 OSPF 手动汇总

1. 实验目的

（1）实现 OSPF 路由汇总的配置。

（2）阐明 OSPF 引入的外部路由时进行路由汇总的方法。

2. 实验拓扑

配置 OSPF 手动汇总的实验拓扑如图 3-46 所示。

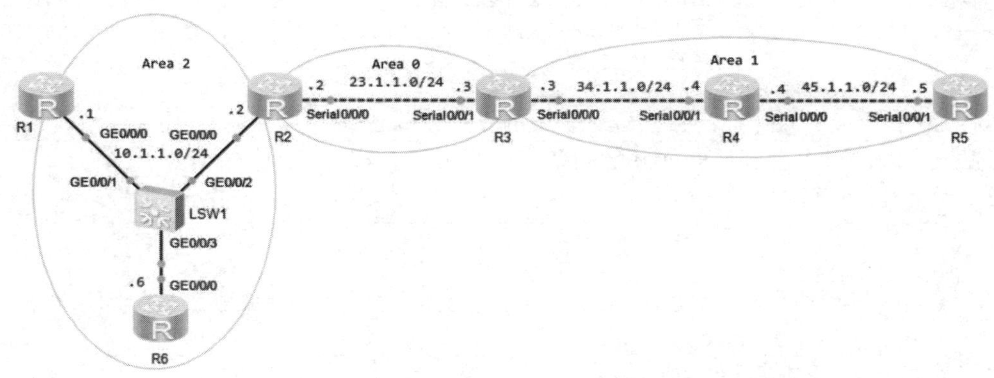

图 3-46　配置 OSPF 手动汇总的实验拓扑

3. 实验步骤

（1）配置 IP 地址，配置 OSPF（和实验 6 一致，此处略）。

（2）在 R1 上创建四个环回口 8.8.0.1/24、8.8.1.1/24、8.8.2.1、8.8.3.1，通告进 OSPF 区域 2。

R1 的配置：

```
[R1]interface LoopBack 1
[R1-LoopBack1]ip address 8.8.0.1 24          //配置主地址
[R1-LoopBack1]ip address 8.8.1.1 24 sub      //配置子地址
[R1-LoopBack1]ip address 8.8.2.1 24 sub      //配置子地址
[R1-LoopBack1]ip address 8.8.3.1 24 sub      //配置子地址
[R1-LoopBack1]ospf network-type broadcast    //OSPF 的网络类型为广播
[R1-LoopBack1]ospf enable 1 area 2           //接口启用 OSPF，它们属于区域 2
[R1-LoopBack1]quit
```

（3）在 R5 上查看 OSPF 的路由表。

```
<R5>display ospf routing
         OSPF Process 1 with Router ID 5.5.5.5
                Routing Tables
Routing for Network
Destination        Cost  Type         NextHop       AdvRouter       Area
5.5.5.5/32         0     Stub         5.5.5.5       5.5.5.5         0.0.0.1
45.1.1.0/24        1562  Stub         45.1.1.5      5.5.5.5         0.0.0.1
1.1.1.1/32         4687  Inter-area   45.1.1.4      3.3.3.3         0.0.0.1
2.2.2.2/32         4686  Inter-area   45.1.1.4      3.3.3.3         0.0.0.1
3.3.3.3/32         3124  Stub         45.1.1.4      3.3.3.3         0.0.0.1
4.4.4.4/32         1562  Stub         45.1.1.4      4.4.4.4         0.0.0.1
6.6.6.6/32         4687  Inter-area   45.1.1.4      3.3.3.3         0.0.0.1
8.8.0.0/24         4687  Inter-area   45.1.1.4      3.3.3.3         0.0.0.1
8.8.1.0/24         4687  Inter-area   45.1.1.4      3.3.3.3         0.0.0.1
8.8.2.0/24         4687  Inter-area   45.1.1.4      3.3.3.3         0.0.0.1
8.8.3.0/24         4687  Inter-area   45.1.1.4      3.3.3.3         0.0.0.1
10.1.1.0/24        4687  Inter-area   45.1.1.4      3.3.3.3         0.0.0.1
23.1.1.0/24        4686  Inter-area   45.1.1.4      3.3.3.3         0.0.0.1
34.1.1.0/24        3124  Stub         45.1.1.4      4.4.4.4         0.0.0.1
Total Nets: 14
Intra Area: 5  Inter Area: 9  ASE: 0  NSSA: 0
```

通过以上输出可以看到，8.0.0.0 的四条明细路由。

（4）在 R2 上做汇总。

```
[R2]ospf
[R2-ospf-1]area 2
[R2-ospf-1-area-0.0.0.2]abr-summary 8.8.0.0 255.255.252.0  //ABR 汇总
[R2-ospf-1-area-0.0.0.2]quit
```

（5）再次在 R5 上查看 OSPF 的路由。

```
<R5>display ospf routing
         OSPF Process 1 with Router ID 5.5.5.5
                Routing Tables
Routing for Network
Destination        Cost  Type         NextHop       AdvRouter       Area
```

```
5.5.5.5/32          0     Stub          5.5.5.5        5.5.5.5        0.0.0.1
45.1.1.0/24         1562  Stub          45.1.1.5       5.5.5.5        0.0.0.1
1.1.1.1/32          4687  Inter-area    45.1.1.4       3.3.3.3        0.0.0.1
2.2.2.2/32          4686  Inter-area    45.1.1.4       3.3.3.3        0.0.0.1
3.3.3.3/32          3124  Stub          45.1.1.4       3.3.3.3        0.0.0.1
4.4.4.4/32          1562  Stub          45.1.1.4       4.4.4.4        0.0.0.1
6.6.6.6/32          4687  Inter-area    45.1.1.4       3.3.3.3        0.0.0.1
8.8.0.0/22          4687  Inter-area    45.1.1.4       3.3.3.3        0.0.0.1
10.1.1.0/24         4687  Inter-area    45.1.1.4       3.3.3.3        0.0.0.1
23.1.1.0/24         4686  Inter-area    45.1.1.4       3.3.3.3        0.0.0.1
34.1.1.0/24         3124  Stub          45.1.1.4       4.4.4.4        0.0.0.1
Total Nets: 11
Intra Area: 5  Inter Area: 6  ASE: 0  NSSA: 0
```

通过以上输出可以看到，只有一条 8.8.0.0/22 的汇总路由。

（6）在 R5 上创建四个环回口 9.9.0.1/24、9.9.1.1/24、9.9.2.1/24、9.9.3.1/24，引入 OSPF。

```
[R5]interface LoopBack 1
[R5-LoopBack1]ip address 9.9.0.1 24
[R5-LoopBack1]ip address 9.9.1.1 24 sub
[R5-LoopBack1]ip address 9.9.2.1 24 sub
[R5-LoopBack1]ip address 9.9.3.1 24 sub
[R5-LoopBack1]quit
[R5]ospf
[R5-ospf-1]import-route direct  //引入直连路由
[R5-ospf-1]quit
```

（7）在 R1 上查看 OSPF 的路由。

```
<R1>display ospf routing
         OSPF Process 1 with Router ID 1.1.1.1
                Routing Tables
Routing for Network
Destination         Cost  Type          NextHop        AdvRouter      Area
1.1.1.1/32          0     Stub          1.1.1.1        1.1.1.1        0.0.0.2
8.8.0.0/24          0     Stub          8.8.0.1        1.1.1.1        0.0.0.2
8.8.1.0/24          0     Stub          8.8.1.1        1.1.1.1        0.0.0.2
8.8.2.0/24          0     Stub          8.8.2.1        1.1.1.1        0.0.0.2
8.8.3.0/24          0     Stub          8.8.3.1        1.1.1.1        0.0.0.2
10.1.1.0/24         1     Transit       10.1.1.1       1.1.1.1        0.0.0.2
2.2.2.2/32          1     Inter-area    10.1.1.2       2.2.2.2        0.0.0.2
3.3.3.3/32          1563  Inter-area    10.1.1.2       2.2.2.2        0.0.0.2
4.4.4.4/32          3125  Inter-area    10.1.1.2       2.2.2.2        0.0.0.2
5.5.5.5/32          4687  Inter-area    10.1.1.2       2.2.2.2        0.0.0.2
6.6.6.6/32          1     Stub          10.1.1.6       6.6.6.6        0.0.0.2
23.1.1.0/24         1563  Inter-area    10.1.1.2       2.2.2.2        0.0.0.2
34.1.1.0/24         3125  Inter-area    10.1.1.2       2.2.2.2        0.0.0.2
45.1.1.0/24         4687  Inter-area    10.1.1.2       2.2.2.2        0.0.0.2
Routing for ASEs
```

```
Destination          Cost     Type       Tag         NextHop          AdvRouter
9.9.0.0/24           1        Type2      1           10.1.1.2         5.5.5.5
9.9.1.0/24           1        Type2      1           10.1.1.2         5.5.5.5
9.9.2.0/24           1        Type2      1           10.1.1.2         5.5.5.5
9.9.3.0/24           1        Type2      1           10.1.1.2         5.5.5.5
45.1.1.4/32          1        Type2      1           10.1.1.2         5.5.5.5
Total Nets: 19
Intra Area: 7  Inter Area: 7  ASE: 5  NSSA: 0
```

通过以上输出，可以看到 4 条明细路由。

（8）在 ASBR 上汇总。

```
[R5]ospf
[R5-ospf-1]asbr-summary 9.9.0.0 255.255.252.0  //ASBR 汇总
[R5-ospf-1]quit
```

（9）在 R1 上再次查看 OSPF 路由表。

```
<R1>display ospf routing
         OSPF Process 1 with Router ID 1.1.1.1
              Routing Tables
Routing for Network
Destination          Cost  Type          NextHop         AdvRouter        Area
1.1.1.1/32           0     Stub          1.1.1.1         1.1.1.1          0.0.0.2
8.8.0.0/24           0     Stub          8.8.0.1         1.1.1.1          0.0.0.2
8.8.1.0/24           0     Stub          8.8.1.1         1.1.1.1          0.0.0.2
8.8.2.0/24           0     Stub          8.8.2.1         1.1.1.1          0.0.0.2
8.8.3.0/24           0     Stub          8.8.3.1         1.1.1.1          0.0.0.2
10.1.1.0/24          1     Transit       10.1.1.1        1.1.1.1          0.0.0.2
2.2.2.2/32           1     Inter-area    10.1.1.2        2.2.2.2          0.0.0.2
3.3.3.3/32           1563  Inter-area    10.1.1.2        2.2.2.2          0.0.0.2
4.4.4.4/32           3125  Inter-area    10.1.1.2        2.2.2.2          0.0.0.2
5.5.5.5/32           4687  Inter-area    10.1.1.2        2.2.2.2          0.0.0.2
6.6.6.6/32           1     Stub          10.1.1.6        6.6.6.6          0.0.0.2
23.1.1.0/24          1563  Inter-area    10.1.1.2        2.2.2.2          0.0.0.2
34.1.1.0/24          3125  Inter-area    10.1.1.2        2.2.2.2          0.0.0.2
45.1.1.0/24          4687  Inter-area    10.1.1.2        2.2.2.2          0.0.0.2
Routing for ASEs
Destination          Cost     Type       Tag         NextHop          AdvRouter
9.9.0.0/22           2        Type2      1           10.1.1.2         5.5.5.5
45.1.1.4/32          1        Type2      1           10.1.1.2         5.5.5.5
Total Nets: 16
Intra Area: 7  Inter Area: 7  ASE: 2  NSSA: 0
```

通过以上输出可以看到，只有一条 9.9.0.0/22 的汇总路由。

【技术要点】OSPF 路由汇总的类型

①在 ABR 执行路由汇总：对区域间的路由执行路由汇总。

②在 ASBR 执行路由汇总：对引入的外部路由执行路由汇总。

3.7.3 实验 8：配置 OSPF 特殊区域

1. 实验目的

（1）实现 OSPF Stub 区域的配置。

（2）实现 OSPF NSSA 区域的配置。

（3）描述 Type-7 LSA 的内容。

（4）描述 Type-7 LSA 与 Type-5 LSA 之间的转换过程。

2. 实验拓扑

配置 OSPF 特殊区域的实验拓扑如图 3-47 所示。

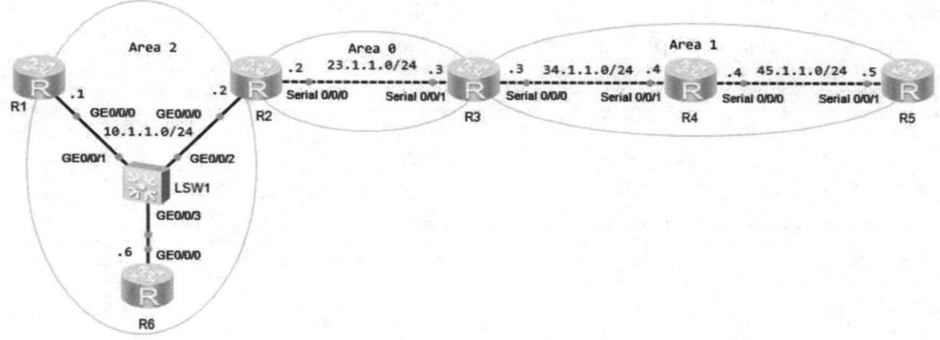

图 3-47 配置 OSPF 特殊区域的实验拓扑

3. 实验步骤

（1）配置 IP 地址、配置 OSPF 协议（步骤省略）。

（2）在 R5 上创建一个环回口 100.100.100.100，把它引入 OSPF。

```
[R5]interface LoopBack 100
[R5-LoopBack100]ip address 100.100.100.100 32
[R5-LoopBack100]quit
[R5]ospf
[R5-ospf-1]import-route direct
[R5-ospf-1]quit
```

（3）在 R1 上查看 OSPF 的路由表。

```
<R1>display ospf routing
         OSPF Process 1 with Router ID 1.1.1.1
              Routing Tables
Routing for Network
Destination          Cost  Type          NextHop        AdvRouter        Area
1.1.1.1/32           0     Stub           1.1.1.1       1.1.1.1          0.0.0.2
10.1.1.0/24          1     Transit       10.1.1.1       1.1.1.1          0.0.0.2
```

```
2.2.2.2/32        1     Inter-area  10.1.1.2     2.2.2.2      0.0.0.2
3.3.3.3/32        1563  Inter-area  10.1.1.2     2.2.2.2      0.0.0.2
4.4.4.4/32        3125  Inter-area  10.1.1.2     2.2.2.2      0.0.0.2
5.5.5.5/32        4687  Inter-area  10.1.1.2     2.2.2.2      0.0.0.2
6.6.6.6/32        1     Stub        10.1.1.6     6.6.6.6      0.0.0.2
23.1.1.0/24       1563  Inter-area  10.1.1.2     2.2.2.2      0.0.0.2
34.1.1.0/24       3125  Inter-area  10.1.1.2     2.2.2.2      0.0.0.2
45.1.1.0/24       4687  Inter-area  10.1.1.2     2.2.2.2      0.0.0.2
Routing for ASEs
Destination       Cost      Type      Tag      NextHop      AdvRouter
45.1.1.4/32        1        Type2     1        10.1.1.2     5.5.5.5
100.100.100.100/32 1        Type2     1        10.1.1.2     5.5.5.5
Total Nets: 12
Intra Area: 3  Inter Area: 7  ASE: 2  NSSA: 0
```

通过以上输出可以看到，区域 2 有域内、域间和外部路由。

（4）把区域 2 设置成 STUB 区域。

R1 的配置：

```
[R1]ospf
[R1-ospf-1]area 2                     //进入区域 2
[R1-ospf-1-area-0.0.0.2]stub          //设置成 STUB 区域
[R1-ospf-1-area-0.0.0.2]quit
```

R2 的配置：

```
[R2]ospf
[R2-ospf-1]area 2
[R2-ospf-1-area-0.0.0.2]stub
[R2-ospf-1-area-0.0.0.2]quit
```

R6 的配置：

```
[R6]ospf
[R6-ospf-1]area 2
[R6-ospf-1-area-0.0.0.2]stub
[R6-ospf-1-area-0.0.0.2]quit
```

（5）在 R1 上查看 OSPF 的路由表。

```
[R1]display ospf routing
         OSPF Process 1 with Router ID 1.1.1.1
                Routing Tables
Routing for Network
Destination       Cost  Type        NextHop      AdvRouter    Area
1.1.1.1/32        0     Stub        1.1.1.1      1.1.1.1      0.0.0.2
10.1.1.0/24       1     Transit     10.1.1.1     1.1.1.1      0.0.0.2
0.0.0.0/0         2     Inter-area  10.1.1.2     2.2.2.2      0.0.0.2
2.2.2.2/32        1     Inter-area  10.1.1.2     2.2.2.2      0.0.0.2
3.3.3.3/32        1563  Inter-area  10.1.1.2     2.2.2.2      0.0.0.2
4.4.4.4/32        3125  Inter-area  10.1.1.2     2.2.2.2      0.0.0.2
5.5.5.5/32        4687  Inter-area  10.1.1.2     2.2.2.2      0.0.0.2
```

```
23.1.1.0/24         1563  Inter-area  10.1.1.2       2.2.2.2        0.0.0.2
34.1.1.0/24         3125  Inter-area  10.1.1.2       2.2.2.2        0.0.0.2
45.1.1.0/24         4687  Inter-area  10.1.1.2       2.2.2.2        0.0.0.2
Total Nets: 10
Intra Area: 2  Inter Area: 8  ASE: 0  NSSA: 0
```

通过以上输出，可以看到区域 2 的外部路由消失了，但是 R2（ABR）产生了一条 3 类的默认路由。

【技术要点 1】STUB 区域对 LSA 的支持，如表 3-5 所示。

表 3-5　STUB 区域对 LSA 的支持

区域类型	1	2	3	4	5	7	备注
STUB	是	是	是	否	否	否	ABR 自动下发一条 3 类的默认路由

注：1、2、3、4、5、7 分别代表 LSA 的类型。

【技术要点 2】配置 STUB 区域时需要注意下列几点：

①骨干区域不能被配置为 STUB 区域。

②STUB 区域中的所有路由器都必须将该区域配置为 STUB。

③STUB 区域内不能引入也不接收 AS 外部路由。

④虚连接不能穿越 STUB 区域。

（6）把区域 2 设置成 Totally STUB。

```
[R2]ospf
[R2-ospf-1]area 2
[R2-ospf-1-area-0.0.0.2]stub no-summary
[R2-ospf-1-area-0.0.0.2]quit
```

（7）在 R1 上查看 OSPF 的路由表。

```
<R1>display ospf routing
          OSPF Process 1 with Router ID 1.1.1.1
                Routing Tables
Routing for Network
Destination       Cost   Type            NextHop      AdvRouter        Area
1.1.1.1/32        0      Stub            1.1.1.1      1.1.1.1          0.0.0.2
10.1.1.0/24       1      Transit         10.1.1.1     1.1.1.1          0.0.0.2
0.0.0.0/0         2      Inter-area      10.1.1.2     2.2.2.2          0.0.0.2

Total Nets: 3
Intra Area: 2  Inter Area: 1  ASE: 0  NSSA: 0
```

通过以上输出可以看到，区域 2 只有域内路由，R2(ABR)下发了一条 3 类 LSA。

【技术要点 1】Totally STUB 区域对 LSA 的支持如表 3-6 所示。

表 3-6　Totally STUB 区域对 LSA 的支持

区域类型	1	2	3	4	5	7	备注
STUB	是	是	否	否	否	否	ABR 自动下发一条 3 类的默认路由

注：1、2、3、4、5、7 分别代表 LSA 的类型。

【技术要点 2】

STUB 区域、Totally STUB 区域解决了末端区域维护过大时 LSDB 带来的问题，但对于某些特定场景，它们并不是最佳解决方案。因为它们都不能引入外部路由。

4. 实验调试

（1）把区域 2 设置成 NSSA 区域。

R1 的配置：

```
[R1]ospf
[R1-ospf-1]area 2
[R1-ospf-1-area-0.0.0.2]undo stub    //撤销 STUB 区域
[R1-ospf-1-area-0.0.0.2]nssa         //设置为 NSSA 区域
```

R2 的配置：

```
[R2]ospf
[R2-ospf-1]area 2
[R2-ospf-1-area-0.0.0.2]undo stub
[R2-ospf-1-area-0.0.0.2]nssa
[R2-ospf-1-area-0.0.0.2]quit
```

R6 的配置：

```
[R6]ospf
[R6-ospf-1]area 2
[R6-ospf-1-area-0.0.0.2]undo stub
[R6-ospf-1-area-0.0.0.2]nssa
[R6-ospf-1-area-0.0.0.2]quit
```

（2）在 R1 上查看 OSPF 的路由表。

```
[R1]display ospf routing
         OSPF Process 1 with Router ID 1.1.1.1
              Routing Tables
Routing for Network
Destination        Cost  Type         NextHop        AdvRouter        Area
1.1.1.1/32         0     Stub         1.1.1.1        1.1.1.1          0.0.0.2
10.1.1.0/24        1     Transit      10.1.1.1       1.1.1.1          0.0.0.2
2.2.2.2/32         1     Inter-area   10.1.1.2       2.2.2.2          0.0.0.2
3.3.3.3/32         1563  Inter-area   10.1.1.2       2.2.2.2          0.0.0.2
4.4.4.4/32         3125  Inter-area   10.1.1.2       2.2.2.2          0.0.0.2
```

```
5.5.5.5/32          4687  Inter-area  10.1.1.2       2.2.2.2        0.0.0.2
6.6.6.6/32          1     Stub        10.1.1.6       6.6.6.6        0.0.0.2
23.1.1.0/24         1563  Inter-area  10.1.1.2       2.2.2.2        0.0.0.2
34.1.1.0/24         3125  Inter-area  10.1.1.2       2.2.2.2        0.0.0.2
45.1.1.0/24         4687  Inter-area  10.1.1.2       2.2.2.2        0.0.0.2
Routing for NSSAs
Destination         Cost      Type      Tag       NextHop        AdvRouter
0.0.0.0/0           1         Type2     1         10.1.1.2       2.2.2.2
Total Nets: 11
Intra Area: 3  Inter Area: 7  ASE: 0  NSSA: 1
```

通过以上输出可以看到，区域 2 没有外部路由，但是R2下发了一条 7 类的默认路由。

【技术要点】NSSA 区域对 LSA 的支持如表 3-7 所示。

表 3-7　NSSA 区域对 LSA 的支持

区域类型	1	2	3	4	5	7	备　注
NSSA	是	是	是	否	否	是	ABR 自动下发一条 7 类的默认路由

注：1、2、3、4、5、7 分别代表 LSA 的类型。

（3）在 R1 上引入外部路由 200.200.200.200。

```
[R1]interface LoopBack 200
[R1-LoopBack200]ip address 200.200.200.200 32
[R1-LoopBack200]quit
[R1]ospf
[R1-ospf-1]import-route direct
[R1-ospf-1]quit
```

（4）在 R2 上查看 OSPF 的路由表。

```
[R2]display ospf routing
          OSPF Process 1 with Router ID 2.2.2.2
                Routing Tables
Routing for Network
Destination         Cost  Type        NextHop        AdvRouter      Area
2.2.2.2/32          0     Stub        2.2.2.2        2.2.2.2        0.0.0.0
10.1.1.0/24         1     Transit     10.1.1.2       2.2.2.2        0.0.0.2
23.1.1.0/24         1562  Stub        23.1.1.2       2.2.2.2        0.0.0.0
1.1.1.1/32          1     Stub        10.1.1.1       1.1.1.1        0.0.0.2
3.3.3.3/32          1562  Inter-area  23.1.1.3       3.3.3.3        0.0.0.0
4.4.4.4/32          3124  Inter-area  23.1.1.3       3.3.3.3        0.0.0.0
5.5.5.5/32          4686  Inter-area  23.1.1.3       3.3.3.3        0.0.0.0
6.6.6.6/32          1     Stub        10.1.1.6       6.6.6.6        0.0.0.2
34.1.1.0/24         3124  Inter-area  23.1.1.3       3.3.3.3        0.0.0.0
45.1.1.0/24         4686  Inter-area  23.1.1.3       3.3.3.3        0.0.0.0
Routing for ASEs
Destination         Cost      Type      Tag       NextHop        AdvRouter
45.1.1.4/32         1         Type2     1         23.1.1.3       5.5.5.5
```

```
100.100.100.100/32 1        Type2     1          23.1.1.3         5.5.5.5
Routing for NSSAs
Destination         Cost      Type      Tag        NextHop          AdvRouter
200.200.200.200/32 1        Type2     1          10.1.1.1         1.1.1.1
Total Nets: 13
Intra Area: 5  Inter Area: 5  ASE: 2  NSSA: 1
```

通过以上输出可以看到，NSSA 区域可以引入外部路由。

（5）在 R2 上查看关于 200.200.200.200 的 7 类 LSA。

```
[R2]display ospf lsdb nssa 200.200.200.200
        OSPF Process 1 with Router ID 2.2.2.2
                        Area: 0.0.0.0
                Link State Database
                        Area: 0.0.0.1
                Link State Database
                        Area: 0.0.0.2
                Link State Database
 Type          : NSSA                         //LSA类型为7类
 Ls id         : 200.200.200.200              //外部路由网络号
 Adv rtr       : 1.1.1.1                      //ASBR的router-id
 Ls age        : 154
 Len           : 36
 Options       :  NP
 seq#          : 80000001
 chksum        : 0x8815
 Net mask      : 255.255.255.255
 TOS 0  Metric: 1
 E type        : 2
 Forwarding Address : 1.1.1.1                 //转发地址为1.1.1.1
 Tag           : 1
 Priority      : Medium
```

【技术要点】LSA7 的作用

①Type-7 LSA 是为了支持 NSSA 区域而新增的一种 LSA 类型，用于通告引入的外部路由信息。

②Type-7 LSA 由 NSSA 区域的自治域边界路由器(ASBR)产生，其扩散范围仅限于 ASBR 所在的 NSSA 区域。

③NSSA 区域的区域边界路由器（ABR）收到 Type-7 LSA 时，会有选择地将其转化为 Type-5 LSA，以便将外部路由信息通告到 OSPF 网络的其他区域。

④LSA5/LSA4 不会流入 NSSA 区域，所以 ABR 会注入 LSA7 的默认路由，这样区域内路由器可以通过默认路由访问外部网络，ABR 同时也是 ASBR。

⑤LSA7 的 FA 一定要为非 0，用于在区域间选路。

（6）在 R2 上查看关于 200.200.200.200 的 5 类 LSA。

```
[R2]display ospf lsdb ase 200.200.200.200
        OSPF Process 1 with Router ID 2.2.2.2
                Link State Database
 Type       : External
 Ls id      : 200.200.200.200
 Adv rtr     : 2.2.2.2
 Ls age      : 275
 Len        : 36
 Options     :  E
 seq#       : 80000001
 chksum      : 0xe0c0
 Net mask    : 255.255.255.255
 TOS 0  Metric: 1
 E type      : 2
 Forwarding Address : 1.1.1.1
 Tag        : 1
 Priority    : Low
```

通过以上输出可以看到，7 类 LSA 只能在区域 2 内传递，必须在 R2 上进行 7 类到 5 类的转换，才能传递到区域 0 和区域 1 中。

（7）把区域 1 设置成 totally nssa 区域。

```
[R2]ospf
[R2-ospf-1]area 2
[R2-ospf-1-area-0.0.0.2]nssa no-summary
[R2-ospf-1-area-0.0.0.2]quit
```

（8）在 R1 上查看 OSPF 的路由表。

```
<R1>display ospf routing
        OSPF Process 1 with Router ID 1.1.1.1
                Routing Tables
Routing for Network
Destination      Cost  Type        NextHop        AdvRouter       Area
1.1.1.1/32       0     Stub        1.1.1.1        1.1.1.1         0.0.0.2
10.1.1.0/24      1     Transit     10.1.1.1       1.1.1.1         0.0.0.2
0.0.0.0/0        2     Inter-area  10.1.1.2       2.2.2.2         0.0.0.2
6.6.6.6/32       1     Stub        10.1.1.6       6.6.6.6         0.0.0.2
Total Nets: 4
Intra Area: 3  Inter Area: 1  ASE: 0  NSSA: 0
```

（9）在 R1 查看 7 类的默认路由。

```
<R1>display ospf lsdb nssa 0.0.0.0
        OSPF Process 1 with Router ID 1.1.1.1
                    Area: 0.0.0.1
                Link State Database
                    Area: 0.0.0.2
                Link State Database
```

```
Type       : NSSA
Ls id      : 0.0.0.0
Adv rtr     : 2.2.2.2
Ls age     : 129
Len        : 36
Options     : None
seq#       : 80000003
chksum     : 0xc006
Net mask   : 0.0.0.0
TOS 0  Metric: 1
E type     : 2
Forwarding Address : 0.0.0.0
Tag        : 1
Priority   : Low
```

（10）在 R1 上查看 3 类的默认路由。

```
<R1>display ospf lsdb summary 0.0.0.0
       OSPF Process 1 with Router ID 1.1.1.1
                     Area: 0.0.0.1
               Link State Database
                     Area: 0.0.0.2
               Link State Database
 Type       : Sum-Net
 Ls id      : 0.0.0.0
 Adv rtr     : 2.2.2.2
 Ls age     : 171
 Len        : 28
 Options     : None
 seq#       : 80000001
 chksum     : 0x57fe
 Net mask   : 0.0.0.0
 Tos 0  metric: 1
 Priority   : Low
```

【技术要点】

在 Totally STUB 区域，ABR 可以下发 7 类的默认路由，也可以下发 3 类的默认路由。

3.7.4 实验 9：配置 OSPF 虚链路

1. 实验目的

（1）实现 OSPF 虚链路的配置。

（2）描述虚链路的作用。

2. 实验拓扑

配置 OSPF 虚链路的实验拓扑如图 3-48 所示。

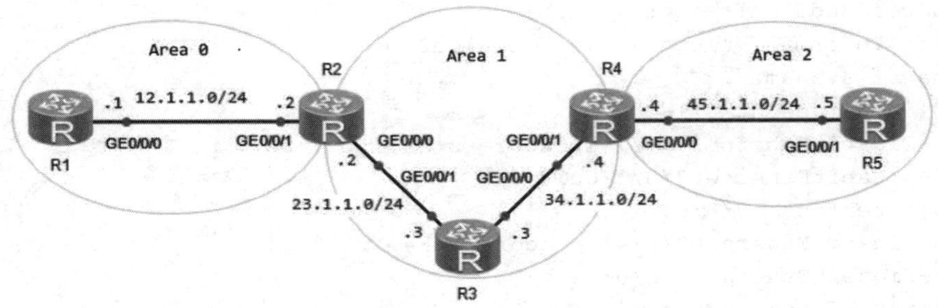

图 3-48　配置 OSPF 虚链路的实验拓扑

3. 实验步骤

（1）配置 IP 地址。

R1 的配置：

```
<Huawei>system-view
Enter system view, return user view with Ctrl+Z.
[Huawei]undo info-center enable
Info: Information center is disabled.
[Huawei]sysname R1
[R1]interface g0/0/0
[R1-GigabitEthernet0/0/0]ip address 12.1.1.1 24
[R1-GigabitEthernet0/0/0]quit
[R1]interface LoopBack 0
[R1-LoopBack0]ip address 1.1.1.1 32
[R1-LoopBack0]quit
```

R2 的配置：

```
<Huawei>system-view
Enter system view, return user view with Ctrl+Z.
[Huawei]undo info-center enable
Info: Information center is disabled.
[Huawei]sysname R2
[R2]interface g0/0/1
[R2-GigabitEthernet0/0/1]ip address 12.1.1.2 24
[R2-GigabitEthernet0/0/1]quit
[R2]interface g0/0/0
[R2-GigabitEthernet0/0/0]ip address 23.1.1.2 24
[R2-GigabitEthernet0/0/0]quit
[R2]interface LoopBack 0
[R2-LoopBack0]ip address 2.2.2.2 32
[R2-LoopBack0]quit
```

R3 的配置：

```
<Huawei>system-view
Enter system view, return user view with Ctrl+Z.
[Huawei]undo info-center enable
Info: Information center is disabled.
[Huawei]sysname R3
[R3]interface g0/0/1
[R3-GigabitEthernet0/0/1]ip address 23.1.1.3 24
[R3-GigabitEthernet0/0/1]quit
[R3]interface g0/0/0
[R3-GigabitEthernet0/0/0]ip address 34.1.1.3 24
[R3-GigabitEthernet0/0/0]quit
[R3]interface LoopBack 0
[R3-LoopBack0]ip address 3.3.3.3 32
[R3-LoopBack0]quit
```

R4 的配置：

```
<Huawei>system-view
Enter system view, return user view with Ctrl+Z.
[Huawei]undo info-center enable
Info: Information center is disabled.
[Huawei]sysname R4
[R4]interface g0/0/1
[R4-GigabitEthernet0/0/1]ip address 34.1.1.4 24
[R4-GigabitEthernet0/0/1]quit
[R4]interface g0/0/0
[R4-GigabitEthernet0/0/0]ip address 45.1.1.4 24
[R4-GigabitEthernet0/0/0]quit
[R4]interface LoopBack 0
[R4-LoopBack0]ip address 4.4.4.4 32
[R4-LoopBack0]quit
```

R5 的配置：

```
<Huawei>system-view
Enter system view, return user view with Ctrl+Z.
[Huawei]undo info-center enable
Info: Information center is disabled.
[Huawei]sysname R5
[R5]interface g0/0/1
[R5-GigabitEthernet0/0/1]ip address 45.1.1.5 24
[R5-GigabitEthernet0/0/1]quit
[R5]interface LoopBack 0
[R5-LoopBack0]ip address 5.5.5.5 32
[R5-LoopBack0]quit
```

（2）配置 OSPF 协议。

R1 的配置：

```
[R1]ospf router-id 1.1.1.1
[R1-ospf-1]area 0
[R1-ospf-1-area-0.0.0.0]network 12.1.1.0 0.0.0.255
[R1-ospf-1-area-0.0.0.0]network 1.1.1.1 0.0.0.0
[R1-ospf-1-area-0.0.0.0]quit
```

R2 的配置：

```
[R2]ospf router-id 2.2.2.2
[R2-ospf-1]area 0
[R2-ospf-1-area-0.0.0.0]network 12.1.1.0 0.0.0.255
[R2-ospf-1-area-0.0.0.0]quit
[R2-ospf-1]area 1
[R2-ospf-1-area-0.0.0.1]network 23.1.1.0 0.0.0.255
[R2-ospf-1-area-0.0.0.1]network 2.2.2.2 0.0.0.0
[R2-ospf-1-area-0.0.0.1]quit
```

R3 的配置：

```
[R3]ospf router-id 3.3.3.3
[R3-ospf-1]area 1
[R3-ospf-1-area-0.0.0.1]network 23.1.1.0 0.0.0.255
[R3-ospf-1-area-0.0.0.1]network 34.1.1.0 0.0.0.255
[R3-ospf-1-area-0.0.0.1]network 3.3.3.3 0.0.0.0
[R3-ospf-1-area-0.0.0.1]quit
```

R4 的配置：

```
[R4]ospf router-id 4.4.4.4
[R4-ospf-1]area 1
[R4-ospf-1-area-0.0.0.1]network 34.1.1.0 0.0.0.255
[R4-ospf-1-area-0.0.0.1]network 4.4.4.4 0.0.0.0
[R4-ospf-1-area-0.0.0.1]quit
[R4-ospf-1]area 2
[R4-ospf-1-area-0.0.0.2]network 45.1.1.0 0.0.0.255
[R4-ospf-1-area-0.0.0.2]quit
```

R5 的配置：

```
[R5]ospf router-id 5.5.5.5
[R5-ospf-1]area 2
[R5-ospf-1-area-0.0.0.2]network 45.1.1.0 0.0.0.255
[R5-ospf-1-area-0.0.0.2]network 5.5.5.5 0.0.0.0
[R5-ospf-1-area-0.0.0.2]quit
```

4．实验调试

（1）在 R1 上查看 OSPF 路由表。

```
<R1>display ospf routing
       OSPF Process 1 with Router ID 1.1.1.1
```

```
                   Routing Tables
 Routing for Network
 Destination         Cost  Type         NextHop       AdvRouter       Area
 1.1.1.1/32          0     Stub          1.1.1.1       1.1.1.1        0.0.0.0
 12.1.1.0/24         1     Transit     12.1.1.1        1.1.1.1        0.0.0.0
 2.2.2.2/32          1     Inter-area  12.1.1.2        2.2.2.2        0.0.0.0
 3.3.3.3/32          2     Inter-area  12.1.1.2        2.2.2.2        0.0.0.0
 4.4.4.4/32          3     Inter-area  12.1.1.2        2.2.2.2        0.0.0.0
 23.1.1.0/24         2     Inter-area  12.1.1.2        2.2.2.2        0.0.0.0
 34.1.1.0/24         3     Inter-area  12.1.1.2        2.2.2.2        0.0.0.0
 Total Nets: 7
 Intra Area: 2  Inter Area: 5  ASE: 0  NSSA: 0
```

通过以上输出可以看到，R1 学不到 R5 的路由。

（2）在 R5 上查看路由表。

```
<R5>display ospf routing
        OSPF Process 1 with Router ID 5.5.5.5
                 Routing Tables
 Routing for Network
 Destination         Cost  Type         NextHop        AdvRouter       Area
 5.5.5.5/32          0     Stub          5.5.5.5        5.5.5.5        0.0.0.2
 45.1.1.0/24         1     Transit     45.1.1.5         5.5.5.5        0.0.0.2
 Total Nets: 2
 Intra Area: 2  Inter Area: 0  ASE: 0  NSSA: 0
```

通过以上输出可以看到，R5 学不到域间的路由。

（3）配置虚拟路由。

R2 的配置：

```
[R2]ospf
[R2-ospf-1]are
[R2-ospf-1]area 1
[R2-ospf-1-area-0.0.0.1]vlink-peer 4.4.4.4
```

R4 的配置：

```
[R4]ospf
[R4-ospf-1]area 1
[R4-ospf-1-area-0.0.0.1]vlink-peer 2.2.2.2
[R4-ospf-1-area-0.0.0.1]quit
```

（4）在 R5 上查看 OSPF 的路由表。

```
<R5>display ospf routing
        OSPF Process 1 with Router ID 5.5.5.5
                 Routing Tables
 Routing for Network
 Destination         Cost  Type          NextHop         AdvRouter        Area
 5.5.5.5/32          0     Stub          5.5.5.5         5.5.5.5         0.0.0.2
 45.1.1.0/24         1     Transit       45.1.1.5        5.5.5.5         0.0.0.2
 1.1.1.1/32          4     Inter-area    45.1.1.4        4.4.4.4         0.0.0.2
```

```
2.2.2.2/32          3     Inter-area  45.1.1.4          4.4.4.4           0.0.0.2
3.3.3.3/32          2     Inter-area  45.1.1.4          4.4.4.4           0.0.0.2
4.4.4.4/32          1     Inter-area  45.1.1.4          4.4.4.4           0.0.0.2
12.1.1.0/24         4     Inter-area  45.1.1.4          4.4.4.4           0.0.0.2
23.1.1.0/24         3     Inter-area  45.1.1.4          4.4.4.4           0.0.0.2
34.1.1.0/24         2     Inter-area  45.1.1.4          4.4.4.4           0.0.0.2
Total Nets: 9
Intra Area: 2  Inter Area: 7  ASE: 0  NSSA: 0
```

通过以上输出可以看到，R5可以学习到路由了。

3.8 练习题

1．（多选题）OSPF定义了哪几种特殊区域？（ ）

A．Not-So-Stubby Area B．Stub-Area C．Total ly NSSA D．Total ly Stub Area

2．（多选题）OSPF划分区域的优势包括以下哪些项？（ ）

A．能够减小LSDB，从而降低了对路由器内存的消耗

B．LSA也能够随着区域的划分而减少，降低了对路由器CPU的消耗

C．一个区域的路由器能够了解它们所在区域外部的拓扑细节

D．大量的LSA泛洪扩散被限制在单个区域

3．（判断题）在OSPF中，若网络类型为NBMA或广播型，且路由器为两台或多台时，必须指定DR和BDR。（ ）

A．正确 B．错误

4．（单选题）以下关于OSPF DD报文的描述，正确的是哪一项？（ ）

A．DD报文出现在ExStart、Exchange和Loading三个阶段

B．OSPF在交互DD报文时，必须确定主从关系，Router-ID小的一方作为Master

C．只有在Exchange状态下传输的DD报文才会携带链路状态信息

D．DD报文携带完整的OSPF链路状态信息

5．（判断题）OSPF的STUB区域和Totally STUB区域解决了末端区域维护过大时LSDB带来的问题，但对于某些特定场景，它们并不是最佳解决方案。（ ）

A．正确 B．错误

‖ 第 4 章 ‖

IS-IS

本章阐述了集成 IS-IS 协议的网络结构、IS-IS 报文的具体内容及作用，通过实验让读者掌握集成的 IS-IS 在各种场景中的配置。

本章包含以下内容：

- IS-IS 的优势
- IS-IS 的基本原理
- IS-IS 的邻接关系
- IS-IS 的配置

4.1 IS-IS 的优势

IS-IS 最初是国际标准化组织（International Organization for Standardization，ISO）为它的无连接网络协议（Connection Less Network Protocol，CLNP）设计的一种动态路由协议。随着 TCP/IP 协议的流行，为了提供对 IP 路由的支持，IETF 在相关标准中对 IS-IS 进行了扩充和修改，使它能够同时应用在 TCP/IP 和 OSI 环境中，称为集成 IS-IS（Integrated IS-IS 或 Dual IS-IS）。IS-IS 使用最短路径优先（Shortest Path First，SPF）算法进行路由计算，收敛速度快，拓展性强，运行在数据链路层，抗攻击能力强，可以实现大规模网络的互通。

在 IS-IS 出现前，网络上广泛使用路由信息协议（Routing Information Protocol，RIP）作为内部网关协议。由于 RIP 是基于距离矢量算法的路由协议，存在着收敛慢、路由环路、可扩展性差等问题，所以逐渐被 IS-IS 取代。IS-IS 存在如下优势：

（1）IS-IS 报文中采用 TLV 格式，扩展性很高。

（2）一个路由器可配置多个区域地址，可以实现多区域的平滑合并。

（3）报文结构简单，邻居交互效率高。

（4）由于 IS-IS 工作在数据链路层，因此不依赖 IP 地址。

（5）采用最短路径 SPF 算法，收敛速度快。

（6）可应用于规模较大的网络中，如大型互联网服务提供商（Internet Service Provider，ISP）中。

4.2 IS-IS 的基本原理

4.2.1 IS-IS 的路由器分类

为了支持大规模的路由网络，IS-IS 在路由域内采用两级的分层结构，即一个大的 Domain（域）可以被分为多个 Areas（区域）。IS-IS 网络中三种不同级别的路由器：一般来说，将 Level-1 路由器部署在区域内，Level-2 路由器部署在区域间，Level-1-2 路由器部署在 Level-1 和 Level-2 路由器的中间。如图 4-1 所示，一个运行 IS-IS 协议的网络，整个骨干区域（backbone）不仅包括 Area1 中的所有 Level-2 路由器，还包括其他区域的 Level-1-2 路由器。

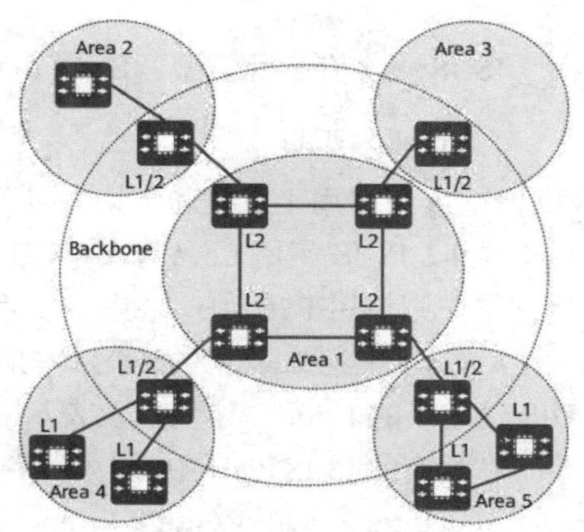

图 4-1　IS-IS 拓扑示意图

1. Level-1 路由器

Level-1 路由器负责区域内的路由，它只与属于同一区域的 Level-1 和 Level-1-2 路由器形成邻接关系。一个 Level-1 路由器只负责维护本区域内的链路状态数据库（Link State Database，LSDB），对于目的地不在本区域内的路由，Level-1 路由器会将该路由的目的地标识为最近的 Level-1-2 路由器。

2. Level-2 路由器

Level-2 路由器负责区域间的路由，可以与 Level-2 或其他区域的 Level-1-2 路由器形成邻接关系，维护一个 Level-2 的 LSDB，该 LSDB 包含区域间的路由信息。所有 Level-2 级别的路由器组成路由域的骨干网，负责在不同区域间通信，路由域中 Level-2 级别的路由器必须是连续的，以保证骨干网的连续性。只有 Level-2 级别的路由器才能直接与区域外的路由器交换数据报文或路由信息。

3. Level-1-2 路由器

同时属于 Level-1 和 Level-2 的路由器称为 Level-1-2 路由器，可以与同一区域的 Level-1 和 Level-1-2 路由器形成 Level-1 邻接关系，也可以与其他区域的 Level-2 和 Level-1-2 路由器形成 Level-2 邻接关系。Level-1 路由器必须通过 Level-1-2 路由器才能连接至其他区域。Level-1-2 路由器维护两个 LSDB，Level-1 的 LSDB 用于区域内路由，Level-2 的 LSDB 用于区域间路由。

4.2.2 IS-IS 的网络类型

IS-IS 可以运行在广播链路和点到点链路上，广播链路包括 Ethernet、Token-Ring 等；点到点链路如 PPP。IS-IS 包括两种网络类型：广播网络类型和 P2P 网络类型，广播链路可以配置成广播网络类型也可以配置成 P2P 网络类型，点到点链路仅支持 P2P 网络类型。

4.2.3 IS-IS 的报文类型

IS-IS 报文有三种类型：Hello PDU（Protocol Data Unit）、LSP 和 SNP。

1. Hello PDU

Hello 报文用于建立和维持邻接关系，也称为 IIH（IS-to-IS Hello PDUs）。其中，广播网中的 Level-1 IS-IS 使用 Level-1 LAN IIH；广播网中的 Level-2 IS-IS 使用 Level-2 LAN IIH；非广播网络中则使用 P2P IIH。如图 4-2 和图 4-3 所示，它们的报文格式有所不同。P2P IIH 中相对于 LAN IIH 来说，多了一个表示本地链路 ID 的 Local Circuit ID 字段，但缺少了表示广播网中 DIS 优先级的 Priority 字段以及表示 DIS 和伪节点 System ID 的 LAN ID 字段。

在所有的 IS-IS PDU 中，前八个字节是公用的，Hello PDU 中各个主要字段的含义及作用如下：

（1）Intradomain Routing Protocol Discriminator：域内路由选择协议鉴别符，用来标识网络层协议数据单元。在 IS-IS 中，该字段的值固定为 0x83。

（2）Length Indicator：长度标识符，用来标识该固定头部的长度。

（3）ID Length：用来标识该路由选择域内 System ID 的长度。

Intradomain Routeing Protocol Discriminator
Length Indicator
Version/Protocol ID Extension
ID Length
R R R PDU Type
Version
Reserved
Maximum Area Address
Reserved/Circuit Type
Source ID
Holding Time
PDU Length
R Priority
LAN ID
Variable Length Fields

图 4-2　广播网络中的 Hello 报文格式

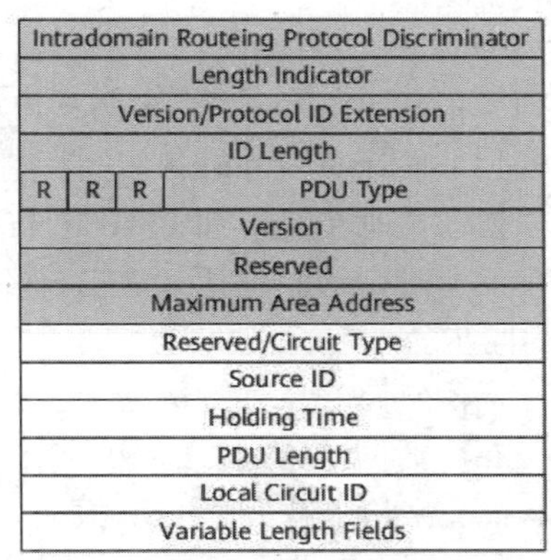

图 4-3　P2P 网络中的 Hello 报文格式

（4）PDU Type：用来标识 PDU 的类型。

（5）Maximum Area Address：最大区域地址数，表示该 IS-IS 区域所允许的最大区域地址数量。目前，该字段固定为 0，表示最多支持 3 个区域地址。

（6）TLV：即 Type/Length/Value（类型/长度/值），不同 PDU 类型所包含的 TLV 也不同。

2．LSP

链路状态报文 LSP（Link State PDUs）用于交换链路状态信息。LSP 分为两种：Level-1 LSP 和 Level-2 LSP。Level-1 LSP 由 Level-1 IS-IS 传送，Level-2 LSP 由 Level-2 IS-IS 传送，Level-1-2 IS-IS 则可传送以上两种 LSP。两类 LSP 有相同的报文格式，如图 4-4 所示。

主要字段的解释如下：

（1）ATT（Attached）：区域关联位。

由 Level-1-2 路由器产生，用来指明始发路由器是否与其他区域相连。当 L1 区域中的路由器收到 Level-1-2 路由器发送的 ATT 位被置位的 L1 LSP 后，它将创建一条指向 Level-1-2 路由器的默认路由，以便数据可以被路由到其他区域。虽然 ATT 位同时在 L1 LSP 和 L2 LSP 中进行了定义，但是它只会在 L1 LSP 中被置位，并且只有 L1/2 路由器会设置这个字段。

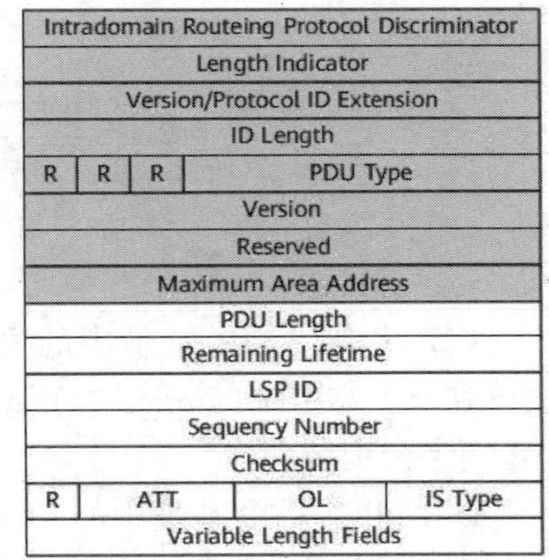

图 4-4　LSP 报文格式

（2）OL（LSDB Overload）：过载标志位。

设置了过载标志位的 LSP 虽然还会在网络中扩散，但是在计算通过过载路由器的路由时不会被采用。即对路由器设置过载位后，其他路由器在进行 SPF 计算时不会使用这台路由器做转发，只计算该节点上的直连路由。

（3）IS Type：生成 LSP 的 IS-IS 类型。

用来指明是 Level-1 还是 Level-2 IS-IS（01 表示 Level-1，11 表示 Level-2）。

3. SNP

序列号报文（Sequence Number PDUs，SNP）通过描述全部或部分 LSP 的摘要信息来同步各 LSDB（Link-State DataBase），它包括 CSNP（Complete Sequence Number Protocol Data Unit，全序列号协议数据单元）和 PSNP（Partial Sequence Number Protocol Data Unit，部分序列号协议数据单元）。CSNP 包括 LSDB 中所有 LSP 的摘要信息，从而可以在相邻路由设备间保持 LSDB 的同步。

在广播网链路和点到点链路中，SNP 运行机制略有不同：

（1）在广播网链路上，CSNP 由 DIS 设备周期性地发送。当邻居发现 LSDB 不同步时，发送 PSNP 报文来请求缺失的 LSP 报文。

（2）在点到点链路上，CSNP 只在第一次建立邻接关系时发送，邻居发送 PSNP 报文来做应答。当邻居发现 LSDB 不同步时，同样发送 PSNP 报文来请求缺失的 LSP 报文。

4.2.4 IS-IS 的地址结构

IS-IS 的地址结构——网络服务访问点 NSAP（Network Service Access Point）是 OSI 协议中用于定位资源的地址。NSAP 的结构如图 4-5 所示，它由 IDP（Initial Domain Part）和 DSP（Domain Specific Part）组成。IDP 和 DSP 的长度都是可变的，NSAP 总长最多 20 个字节，最少 8 个字节。

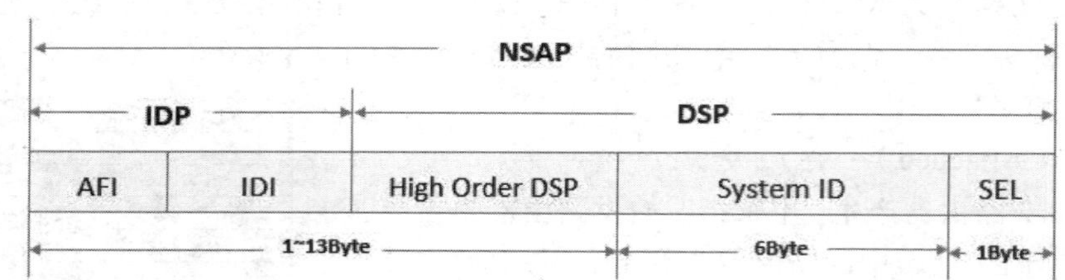

图 4-5　NSAP 的地址结构示意图

IDP 相当于 IP 地址中的主网络号。它由 ISO 规定，并由 AFI（Authority and Format Identifier）与 IDI（Initial Domain Identifier）两部分组成。AFI 表示地址分配机构和地址格式，IDI 用来标识域。

DSP 相当于 IP 地址中的子网号和主机地址，它由 High Order DSP、System ID 和 SEL（NSAP Selector）三个部分组成。High Order DSP 用来分割区域，System ID 用来区分主机，SEL 用来指示服务类型。

NET（Network Entity Title，网络实体名称）是 OSI 协议栈中设备的网络层信息，主要用于路由计算，由区域地址（Area ID）和 System ID 组成，可以看作特殊的 NSAP（SEL 为 00 的 NSAP）。如图 4-6 所示，NET 的长度与 NSAP 的长度相同，最长为 20B，最短为 8B。在 IP 网络中运行 IS-IS 时，只需配置 NET，根据 NET 地址设备可以获取 Area ID 以及 System ID。

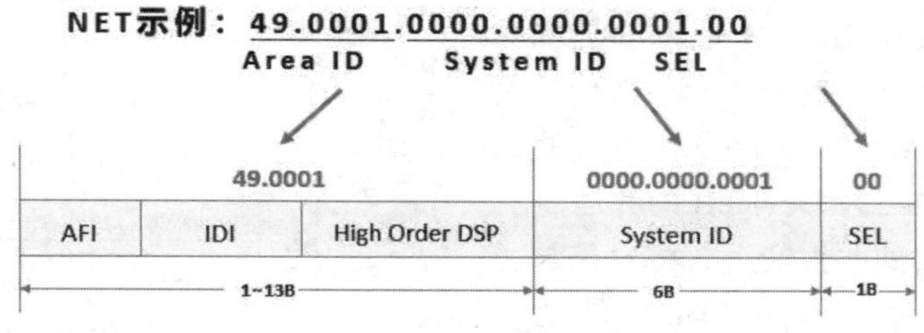

图 4-6　NET 地址结构示意图

4.2.5　选举 DIS

在广播网中，任意两台路由器之间都要传递信息。如果网络中有 n 台路由器，则需要建立 $n\times(n-1)/2$ 个邻接关系。这使得任何一台路由器的状态变化都会导致多次传递，浪费了带宽资源。为解决这一问题，IS-IS 协议定义了 DIS，所有路由器都只将信息发送给 DIS，由 DIS 将网络链路状态广播出去。使用 DIS 和伪节点可以简化网络拓扑，使路由器产生的 LSP 报文长度较小。另外，当网络发生变化时，需要产生的 LSP 数量也会变少，从而减少 SPF 的资源消耗。

DIS 选举发生在邻接关系建立之后，Level-1 和 Level-2 区域的 DIS 是分别选举的，用户可以为不同级别的 DIS 选举设置不同的优先级。IS-IS 协议选举 DIS 的过程是每一台路由器接口都被指定一个 L1 类型的优先级和 L2 类型的优先级，路由器通过其每一个接口发送 Hello 数据包，并在 Hello 数据包中通告它的优先级。DIS 优先级数值最大的被选举为 DIS。如果优先级数值最大的路由器有多台，则其中 MAC 地址最大的路由器会被选中。不同级别的 DIS 可以是同一台路由器，也可以是不同的路由器。

在选举 DIS 的过程中，IS-IS 协议与 OSPF 协议的不同点是：

（1）优先级为 0 的路由器也参与 DIS 的选举。

（2）当有新的路由器加入，并符合成为 DIS 的条件时，这个路由器会被选中成为新的 DIS，此更改会引起一组新的 LSP 泛洪。

4.3　IS-IS 的邻接关系

两台运行 IS-IS 的路由设备在交互协议报文实现路由功能之前必须先建立邻接关系。在不同类型的网络上，IS-IS 的邻接建立方式并不相同。

1．广播链路邻接关系的建立

如图 4-7 所示以 Level-2 路由设备为例，描述了广播链路中建立邻接关系的过程。Level-1 路由设备之间建立邻居与此相同。

广播链路邻接关系的建立过程如下：

（1）DeviceA 广播发送 Level-2 LAN IIH，此报文中无邻接标识。

（2）DeviceB 收到此报文后，将自己和 DeviceA 的邻居状态标识为 Initial。然后，DeviceB 再向 DeviceA 回复 Level-2 LAN IIH，此报文中标识 DeviceA 为 DeviceB 的邻居。

（3）DeviceA 收到此报文后，将自己与 DeviceB 的邻居状态标识为 Up。然后 DeviceA 再向 DeviceB 发送一个标识 DeviceB 为 DeviceA 邻居的 Level-2 LAN IIH。

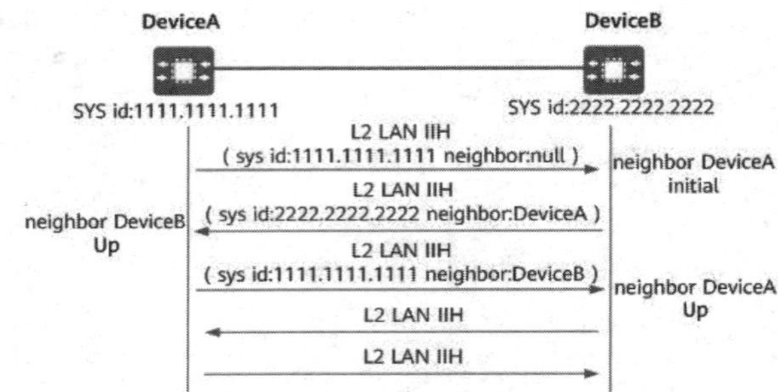

图 4-7　广播链路邻接关系的建立过程

（4）DeviceB 收到此报文后，将自己与 DeviceA 的邻居状态标识为 Up。这样，两个路由设备成功建立了邻接关系。

因为是广播网络，需要选举 DIS，所以在邻接关系建立后，路由设备会等待两个 Hello 报文间隔，再进行 DIS 的选举。Hello 报文中包含 Priority 字段，Priority 值最大的将被选举为该广播网的 DIS。若优先级相同，接口 MAC 地址较大的被选举为 DIS。

2．P2P 链路邻接关系的建立

在 P2P 链路上，邻接关系的建立不同于广播链路。它分为两次握手机制和三次握手机制。

（1）两次握手机制：只要路由设备收到对端发来的 Hello 报文，就单方面宣布邻居为 Up 状态，建立邻接关系。

（2）三次握手机制：此方式通过三次发送 P2P 的 IS-IS Hello PDU 最终建立起邻接关系，类似广播邻接关系的建立。

两次握手机制存在明显的缺陷。当路由设备间存在两条及以上的链路时，如果某条链路上到达对端的单向状态为 Down，而另一条链路同方向的状态为 Up，路由设备之间才能建立起邻接关系。SPF 在计算时会使用状态为 Up 的链路上的参数，这就导致没有检测到故障的路由设备在转发报文时仍然试图通过状态为 Down 的链路。三次握手机制解决了上述不可靠点到点链路中存在的问题。这种方式下，路由设备只有在知道邻接路由设备也接收到它的报文时，才宣布邻接路由设备处于 Up 状态，从而建立邻接关系。

4.4　IS-IS 的配置

扫一扫，看视频

4.4.1　实验 1：单区域集成 IS-IS

1．实验目的

实现 IS-IS 协议的基本配置。

2．实验拓扑

单区域集成 IS-IS 的实验拓扑如图 4-8 所示。

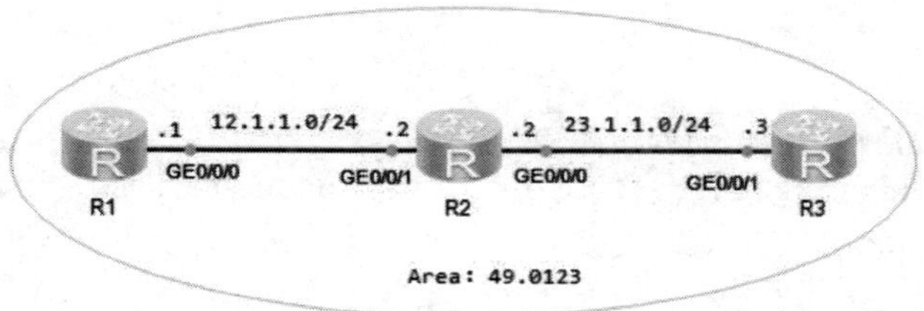

图 4-8 单区域集成 IS-IS 的实验拓扑

3. 实验步骤

（1）配置 IP 地址。

R1 的配置：

```
<Huawei>system-view
[Huawei]undo info-center enable
[Huawei]sysname R1
[R1]interface g0/0/0
[R1-GigabitEthernet0/0/0]ip address 12.1.1.1 24
[R1-GigabitEthernet0/0/0]quit
[R1]interface LoopBack 0
[R1-LoopBack0]ip address 1.1.1.1 32
[R1-LoopBack0]quit
```

R2 的配置：

```
<Huawei>system-view
[Huawei]undo info-center enable
[Huawei]sysname R2
[R2]interface g0/0/1
[R2-GigabitEthernet0/0/1]ip address 12.1.1.2 24
[R2-GigabitEthernet0/0/1]quit
[R2]interface g0/0/0
[R2-GigabitEthernet0/0/0]ip address 23.1.1.2 24
[R2-GigabitEthernet0/0/0]quit
[R2]interface LoopBack 0
[R2-LoopBack0]ip address 2.2.2.2 32
[R2-LoopBack0]quit
```

R3 的配置：

```
<Huawei>system-view
[Huawei]undo info-center enable
[Huawei]sysname R3
[R3]interface g0/0/1
[R3-GigabitEthernet0/0/1]ip address 23.1.1.3 24
[R3-GigabitEthernet0/0/1]quit
[R3]interface LoopBack 0
[R3-LoopBack0]ip address 3.3.3.3 32
[R3-LoopBack0]quit
```

（2）配置 IS-IS。

R1 的配置：

```
[R1]isis  //启用 IS-IS 进程，进程默认为 1
[R1-isis-1]network-entity 49.0123.0000.0000.0001.00  //配置 NET 地址
[R1-isis-1]quit
[R1]interface g0/0/0
[R1-GigabitEthernet0/0/0]isis enable                    //接口下启用 IS-IS
[R1-GigabitEthernet0/0/0]quit
[R1]interface LoopBack 0
[R1-LoopBack0]isis enable
[R1-LoopBack0]quit
```

R2 的配置：

```
[R2]isis
[R2-isis-1]network-entity 49.0123.0000.0000.0002.00
[R2-isis-1]quit
[R2]interface g0/0/1
[R2-GigabitEthernet0/0/1]isis enable
[R2-GigabitEthernet0/0/1]quit
[R2]interface g0/0/0
[R2-GigabitEthernet0/0/0]isis enable
[R2-GigabitEthernet0/0/0]quit
[R2]interface LoopBack 0
[R2-LoopBack0]isis enable
[R2-LoopBack0]quit
```

R3 的配置：

```
[R3]isis
[R3-isis-1]network-entity 49.0123.0000.0000.0003.00
[R3-isis-1]quit
[R3]interface g0/0/1
[R3-GigabitEthernet0/0/1]isis enable
[R3-GigabitEthernet0/0/1]quit
[R3]interface LoopBack 0
[R3-LoopBack0]isis enable
[R3-LoopBack0]quit
```

4．实验调试

（1）查看 R1 的邻接表。

```
<R1>display isis peer   //查看 IS-IS 邻接表
                          Peer information for ISIS(1)
  System Id     Interface        Circuit Id        State HoldTime Type     PRI
--------------------------------------------------------------------------------
0000.0000.0002  GE0/0/0         0000.0000.0001.01 Up   23s      L1(L1L2) 64
0000.0000.0002  GE0/0/0         0000.0000.0001.01 Up   28s      L2(L1L2) 64
Total Peer(s): 2
```

通过以上输出，可以看到路由器维护两个邻接关系，分别为 L1 和 L2，各种参数的含义如下：

①System Id：描述邻接的系统 ID。

②Interface：描述通过该路由器哪个端口与邻居建立邻接关系。

③Circuit Id：电路 ID。

④State：状态为 Up。

⑤HoldTime：保持时间为 30s，Hello 包的间隔时间为 10s。

⑥Type：邻居类型。

⑦PRI：邻居选举 DIS 时的优先级，默认为 64。

（2）查看路由器 R1 的链路状态数据库。

```
<R1>display isis lsdb    //查看 IS-IS 的链路状态数据库
                         Database information for ISIS(1)
                         --------------------------------
                         Level-1 Link State Database

LSPID                   Seq Num      Checksum    Holdtime    Length  ATT/P/OL
-------------------------------------------------------------------------------
0000.0000.0001.00-00*  0x00000007   0x74c8      667         86      0/0/0
0000.0000.0001.01-00*  0x00000003   0xb3d5      667         55      0/0/0
0000.0000.0002.00-00   0x0000000a   0x4481      583         113     0/0/0
0000.0000.0002.02-00   0x00000002   0xd3b2      583         55      0/0/0
0000.0000.0003.00-00   0x00000007   0x7997      665         86      0/0/0
Total LSP(s): 5
   *(In TLV)-Leaking Route, *(By LSPID)-Self LSP, +-Self LSP(Extended),
        ATT-Attached, P-Partition, OL-Overload
                      Level-2 Link State Database
LSPID                  Seq Num      Checksum    Holdtime     Length  ATT/P/OL
-------------------------------------------------------------------------------
0000.0000.0001.00-00* 0x0000000a   0x72b        667          122     0/0/0
0000.0000.0001.01-00* 0x00000003   0xb3d5       667          55      0/0/0
0000.0000.0002.00-00  0x0000000d   0xf989       583          137     0/0/0
0000.0000.0002.02-00  0x00000002   0xd3b2       583          55      0/0/0
0000.0000.0003.00-00  0x0000000a   0xe236       665          122     0/0/0
 Total LSP(s): 5
   *(In TLV)-Leaking Route, *(By LSPID)-Self LSP, +-Self LSP(Extended),
        ATT-Attached, P-Partition, OL-Overload
```

通过以上输出可以看出，路由器 R1 维护两个链路状态数据库，分别为 L1 和 L2，各种参数介绍如下：

①LSPID：链路状态报文 ID，由三部分组成：系统 ID、伪节点 ID、分片号。

②Seq Num：LSP 序列号。

③Checksum：LSP 校验和。

④Holdtime：LSP 保持时间。

⑤Length：LSP 长度。

⑥ATT/P/OL：连接位、分区位、过载位。

（3）查看 IS-IS 的路由表。

```
<R1>display isis route
                        Route information for ISIS(1)
                        -----------------------------
                       ISIS(1) Level-1 Forwarding Table
                       --------------------------------
IPV4 Destination   IntCost    ExtCost ExitInterface   NextHop        Flags
--------------------------------------------------------------------------
3.3.3.3/32         20         NULL    GE0/0/0         12.1.1.2       A/-/L/-
2.2.2.2/32         10         NULL    GE0/0/0         12.1.1.2       A/-/L/-
1.1.1.1/32         0          NULL    Loop0           Direct         D/-/L/-
12.1.1.0/24        10         NULL    GE0/0/0         Direct         D/-/L/-
23.1.1.0/24        20         NULL    GE0/0/0         12.1.1.2       A/-/L/-
     Flags: D-Direct, A-Added to URT, L-Advertised in LSPs, S-IGP Shortcut,
                          U-Up/Down Bit Set
                       ISIS(1) Level-2 Forwarding Table
                       --------------------------------
IPV4 Destination   IntCost    ExtCost ExitInterface   NextHop        Flags
--------------------------------------------------------------------------
3.3.3.3/32         20         NULL
2.2.2.2/32         10         NULL
1.1.1.1/32         0          NULL    Loop0           Direct         D/-/L/-
12.1.1.0/24        10         NULL    GE0/0/0         Direct         D/-/L/-
23.1.1.0/24        20         NULL
     Flags: D-Direct, A-Added to URT, L-Advertised in LSPs, S-IGP Shortcut,
                          U-Up/Down Bit Set
```

通过以上输出可以看到，它有两张路由表，一张为 L1，另一张为 L2。

【技术要点】Flags 路由信息标记

①D-Direct：表示直连路由。

②A-Added to URT：表示此路由被加入单播路由表中。

③L-Advertised in LSPs：表示此路由通过 LSP 发布出去。

④S-IGP Shortcut：表示到达该前缀的路径上存在 IGP-Shortcut。

⑤U-Up/Down Bit Set：表示 Up/Down 比特位。

4.4.2 实验 2：多区域集成 IS-IS

扫一扫，看视频

1. 实验目的

（1）实现 IS-IS 协议 DIS 优先级修改。

（2）实现 IS-IS 协议网络类型修改。

（3）实现 IS-IS 协议外部路由引入。

（4）实现 IS-IS 接口 cost 修改。

（5）实现 IS-IS 路由渗透配置。

2．实验拓扑

多区域集成 IS-IS 的实验拓扑如图 4-9 所示。

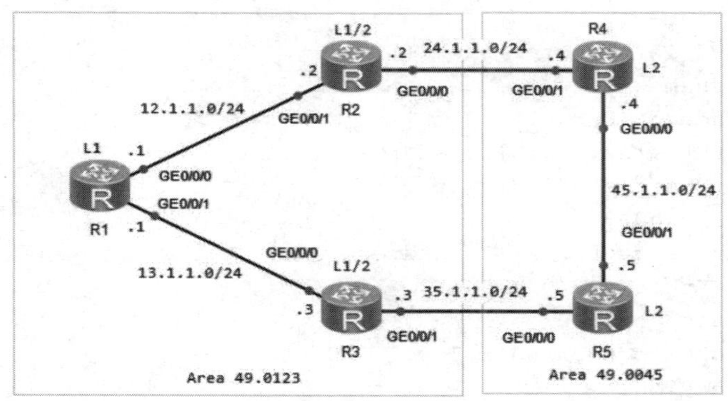

图 4-9　多区域集成 IS-IS 的实验拓扑

3．实验步骤

（1）配置 IP 地址。

R1 的配置：

```
<Huawei>system-view
[Huawei]undo info-center enable
[Huawei]sysname R1
[R1]interface g0/0/0
[R1-GigabitEthernet0/0/0]ip address 12.1.1.1 24
[R1-GigabitEthernet0/0/0]quit
[R1]interface g0/0/1
[R1-GigabitEthernet0/0/1]ip address 13.1.1.1 24
[R1-GigabitEthernet0/0/1]quit
[R1]interface LoopBack 0
[R1-LoopBack0]ip address 1.1.1.1 32
[R1-LoopBack0]quit
```

R2 的配置：

```
<Huawei>system-view
[Huawei]undo info-center enable
Info: Information center is disabled.
[Huawei]sysname R2
[R2]interface g0/0/1
[R2-GigabitEthernet0/0/1]ip address 12.1.1.2 24
[R2-GigabitEthernet0/0/1]quit
```

```
[R2]interface g0/0/0
[R2-GigabitEthernet0/0/0]ip address 24.1.1.2 24
[R2-GigabitEthernet0/0/0]quit
[R2]interface LoopBack 0
[R2-LoopBack0]ip address 2.2.2.2 32
[R2-LoopBack0]quit
```

R3 的配置：

```
<Huawei>system-view
[Huawei]undo info-center enable
[Huawei]sysname R3
[R3]interface g0/0/0
[R3-GigabitEthernet0/0/0]ip address 13.1.1.3 24
[R3-GigabitEthernet0/0/0]quit
[R3]interface g0/0/1
[R3-GigabitEthernet0/0/1]ip address 35.1.1.3 24
[R3-GigabitEthernet0/0/1]quit
[R3]interface LoopBack 0
[R3-LoopBack0]ip address 3.3.3.3 32
[R3-LoopBack0]quit
```

R4 的配置：

```
<Huawei>system-view
[Huawei]undo info-center enable
[Huawei]sysname R4
[R4]interface G0/0/1
[R4-GigabitEthernet0/0/1]IP address 24.1.1.4 24
[R4-GigabitEthernet0/0/1]quit
[R4]interface g0/0/0
[R4-GigabitEthernet0/0/0]ip address 45.1.1.4 24
[R4-GigabitEthernet0/0/0]quit
[R4]interface LoopBack 0
[R4-LoopBack0]ip address 4.4.4.4 32
[R4-LoopBack0]quit
```

R5 的配置：

```
<Huawei>system-view
[Huawei]undo info-center enable
[Huawei]sysname R5
[R5]interface g0/0/0
[R5-GigabitEthernet0/0/0]ip address 35.1.1.5 24
[R5-GigabitEthernet0/0/0]quit
[R5]interface g0/0/1
[R5-GigabitEthernet0/0/1]ip address 45.1.1.5 24
[R5-GigabitEthernet0/0/1]quit
[R5]interface LoopBack 0
[R5-LoopBack0]ip address 5.5.5.5 32
[R5-LoopBack0]quit
```

（2）配置 IS-IS。

R1 的配置：

```
[R1]isis
[R1-isis-1]network-entity 49.0123.0000.0000.0001.00  //配置 NET 地址
[R1-isis-1]is-level level-1                          //路由器的类型为 L1
[R1-isis-1]cost-style wide                           //设置宽度量值
[R1-isis-1]quit
[R1]interface g0/0/0
[R1-GigabitEthernet0/0/0]isis enable
[R1-GigabitEthernet0/0/0]quit
[R1]interface g0/0/1
[R1-GigabitEthernet0/0/1]isis enable
[R1-GigabitEthernet0/0/1]quit
[R1]interface LoopBack 0
[R1-LoopBack0]isis enable
[R1-LoopBack0]quit
```

R2 的配置：

```
[R2]isis
[R2-isis-1]net
[R2-isis-1]network-entity 49.0123.0000.0000.0002.00
[R2-isis-1]cost-style wide
[R2-isis-1]quit
[R2]interface g0/0/1
[R2-GigabitEthernet0/0/1]isis enable
[R2-GigabitEthernet0/0/1]quit
[R2]interface g0/0/0
[R2-GigabitEthernet0/0/0]isis enable
[R2-GigabitEthernet0/0/0]quit
[R2]interface LoopBack 0
[R2-LoopBack0]isis enable
[R2-LoopBack0]quit
```

R3 的配置：

```
[R3]isis
[R3-isis-1]network-entity 49.0123.0000.0000.0003.00
[R3-isis-1]cost-style wide
[R3-isis-1]quit
[R3]interface g0/0/0
[R3-GigabitEthernet0/0/0]isis enable
[R3-GigabitEthernet0/0/0]quit
[R3]interface g0/0/1
[R3-GigabitEthernet0/0/1]isis enable
[R3-GigabitEthernet0/0/1]quit
[R3]interface LoopBack 0
[R3-LoopBack0]isis enable
[R3-LoopBack0]quit
```

R4 的配置：

```
[R4]isis
[R4-isis-1]network-entity 49.0045.0000.0000.0004.00
[R4-isis-1]is-level level-2
[R4-isis-1]cost-style wide
[R4-isis-1]quit
[R4]interface g0/0/1
[R4-GigabitEthernet0/0/1]isis enable
[R4-GigabitEthernet0/0/1]quit
[R4]interface g0/0/0
[R4-GigabitEthernet0/0/0]isis enable
[R4-GigabitEthernet0/0/0]quit
[R4]interface LoopBack 0
[R4-LoopBack0]isis enable
[R4-LoopBack0]quit
```

R5 的配置：

```
[R5]isis
[R5-isis-1]network-entity 49.0045.0000.0000.0005.00
[R5-isis-1]cost-style wide
[R5-isis-1]is-level level-2
[R5-isis-1]quit
[R5]interface g0/0/1
[R5-GigabitEthernet0/0/1]isis enable
[R5-GigabitEthernet0/0/1]quit
[R5]interface g0/0/0
[R5-GigabitEthernet0/0/0]isis enable
[R5-GigabitEthernet0/0/0]quit
[R5]interface LoopBack 0
[R5-LoopBack0]isis enable
[R5-LoopBack0]quit
```

4．实验调试

（1）查看 R1 的 IS-IS 邻接关系。

```
<R1>display isis peer
                         Peer information for ISIS(1)
  System Id     Interface        Circuit Id       State HoldTime Type     PRI
-------------------------------------------------------------------------------
0000.0000.0002  GE0/0/0         0000.0000.0002.01 Up   7s         L1       64
0000.0000.0003  GE0/0/1         0000.0000.0003.01 Up   8s         L1       64

Total Peer(s): 2
```

通过以上输出可以看到，路由器 R1 与 R2 和 R3 是 L1 的邻接关系。

（2）在 R1 上查看路由表。

```
<R1>display ip routing-table
Route Flags: R - relay, D - download to fib
```

```
------------------------------------------------------------------------------
Routing Tables: Public
         Destinations : 12        Routes : 13
Destination/Mask  Proto   Pre  Cost  Flags NextHop     Interface
        0.0.0.0/0  ISIS-L1 15   10      D   12.1.1.2    GigabitEthernet0/0/0
                   ISIS-L1 15   10      D   13.1.1.3    GigabitEthernet0/0/1
        1.1.1.1/32 Direct  0    0       D   127.0.0.1   LoopBack0
        2.2.2.2/32 ISIS-L1 15   10      D   12.1.1.2    GigabitEthernet0/0/0
        3.3.3.3/32 ISIS-L1 15   10      D   13.1.1.3    GigabitEthernet0/0/1
       12.1.1.0/24 Direct  0    0       D   12.1.1.1    GigabitEthernet0/0/0
       12.1.1.1/32 Direct  0    0       D   127.0.0.1   GigabitEthernet0/0/0
       13.1.1.0/24 Direct  0    0       D   13.1.1.1    GigabitEthernet0/0/1
       13.1.1.1/32 Direct  0    0       D   127.0.0.1   GigabitEthernet0/0/1
       24.1.1.0/24 ISIS-L1 15   20      D   12.1.1.2    GigabitEthernet0/0/0
       35.1.1.0/24 ISIS-L1 15   20      D   13.1.1.3    GigabitEthernet0/0/1
      127.0.0.0/8  Direct  0    0       D   127.0.0.1   InLoopBack0
      127.0.0.1/32 Direct  0    0       D   127.0.0.1   InLoopBack0
```

通过以上输出可以看到，默认情况下，L1 区域的路由会传给 L2 区域，但是 L2 区域的路由不会传给 L1 区域，L1 和 L2 的路由器会自动下发默认路由给 L1 区域的路由器。

【技术要点】

①通常情况下，Level-1 区域内的路由通过 Level-1 路由器进行管理。所有的 Level-2 和 Level-1-2 路由器构成一个连续的骨干区域。Level-1 区域必须且只能与骨干区域相连，而不同的 Level-1 区域之间并不相连。

②Level-1-2 路由器将学习到的 Level-1 路由信息装进 Level-2 LSP，再泛洪 LSP 给其他 Level-2 和 Level-1-2 路由器。因此，Level-1-2 和 Level-2 路由器知道整个 IS-IS 路由域的路由信息。但是，为了有效减小路由表的规模，在默认情况下，Level-1-2 路由器并不将自己知道的其他 Level-1 区域以及骨干区域的路由信息通报给他所在的 Level-1 区域。

（3）分别在 R4 和 R5 上引入一条外部路由。

R4 的配置：

```
[R4]interface LoopBack 100
[R4-LoopBack100]ip address 100.1.1.1 32
[R4-LoopBack100]quit
[R4]isis
[R4-isis-1]import-route direct   //引入直连路由
[R4-isis-1]quit
```

R5 的配置：

```
[R5]interface LoopBack 200
[R5-LoopBack200]ip address 200.1.1.1 32
[R5-LoopBack200]quit
[R5]isis
[R5-isis-1]import-route direct
```

```
[R5-isis-1]quit
```

（4）再次查看 R1 的路由表。

```
<R1>display ip routing-table
Route Flags: R - relay, D - download to fib
------------------------------------------------------------------------------
Routing Tables: Public
        Destinations : 12       Routes : 13
Destination/Mask  Proto   Pre  Cost   Flags NextHop    Interface
       0.0.0.0/0  ISIS-L1 15  10       D   12.1.1.2   GigabitEthernet0/0/0
                  ISIS-L1 15  10       D   13.1.1.3   GigabitEthernet0/0/1
       1.1.1.1/32 Direct  0   0        D   127.0.0.1  LoopBack0
       2.2.2.2/32 ISIS-L1 15  10       D   12.1.1.2   GigabitEthernet0/0/0
       3.3.3.3/32 ISIS-L1 15  10       D   13.1.1.3   GigabitEthernet0/0/1
      12.1.1.0/24 Direct  0   0        D   12.1.1.1   GigabitEthernet0/0/0
      12.1.1.1/32 Direct  0   0        D   127.0.0.1  GigabitEthernet0/0/0
      13.1.1.0/24 Direct  0   0        D   13.1.1.1   GigabitEthernet0/0/1
      13.1.1.1/32 Direct  0   0        D   127.0.0.1  GigabitEthernet0/0/1
      24.1.1.0/24 ISIS-L1 15  20       D   12.1.1.2   GigabitEthernet0/0/0
      35.1.1.0/24 ISIS-L1 15  20       D   13.1.1.3   GigabitEthernet0/0/1
     127.0.0.0/8  Direct  0   0        D   127.0.0.1  InLoopBack0
     127.0.0.1/32 Direct  0   0        D   127.0.0.1  InLoopBack0
```

通过以上输出可以看到，R1 没有收到外部路由。

（5）分别在 R2 上和 R4 上把路由泄露给 R1。

R2 的配置：

```
[R2]isis
[R2-isis-1]import-route isis level-2 into level-1   //把 L2 的路由泄露给 L1
```

R3 的配置：

```
[R3]isis
[R3-isis-1]import-route isis level-2 into level-1
```

（6）查看 R1 的路由表。

```
<R1>display ip routing-table
Route Flags: R - relay, D - download to fib
------------------------------------------------------------------------------
Routing Tables: Public
        Destinations : 17       Routes : 19
Destination/Mask  Proto   Pre  Cost   Flags NextHop    Interface
       0.0.0.0/0  ISIS-L1 15  10       D   12.1.1.2   GigabitEthernet0/0/0
                  ISIS-L1 15  10       D   13.1.1.3   GigabitEthernet0/0/1
       1.1.1.1/32 Direct  0   0        D   127.0.0.1  LoopBack0
       2.2.2.2/32 ISIS-L1 15  10       D   12.1.1.2   GigabitEthernet0/0/0
       3.3.3.3/32 ISIS-L1 15  10       D   13.1.1.3   GigabitEthernet0/0/1
       4.4.4.4/32 ISIS-L1 15  20       D   12.1.1.2   GigabitEthernet0/0/0
       5.5.5.5/32 ISIS-L1 15  20       D   13.1.1.3   GigabitEthernet0/0/1
      12.1.1.0/24 Direct  0   0        D   12.1.1.1   GigabitEthernet0/0/0
```

```
  12.1.1.1/32 Direct  0   0     D  127.0.0.1  GigabitEthernet0/0/0
  13.1.1.0/24 Direct  0   0     D  13.1.1.1   GigabitEthernet0/0/1
  13.1.1.1/32 Direct  0   0     D  127.0.0.1  GigabitEthernet0/0/1
  24.1.1.0/24 ISIS-L1 15  20    D  12.1.1.2   GigabitEthernet0/0/0
  35.1.1.0/24 ISIS-L1 15  20    D  13.1.1.3   GigabitEthernet0/0/1
  45.1.1.0/24 ISIS-L1 15  30    D  12.1.1.2   GigabitEthernet0/0/0
              ISIS-L1 15  30    D  13.1.1.3   GigabitEthernet0/0/1
100.1.1.1/32 ISIS-L1 15  20    D  12.1.1.2   GigabitEthernet0/0/0
127.0.0.0/8  Direct  0   0     D  127.0.0.1  InLoopBack0
127.0.0.1/32 Direct  0   0     D  127.0.0.1  InLoopBack0
200.1.1.1/32 ISIS-L1 15  20    D  13.1.1.3   GigabitEthernet
```

通过以上输出可以看到，L2 区域的路由都传递给了 L1 区域。

4.5 练 习 题

1. （单选题）在 IS-IS 的广播网络中，Level-1 路由器使用哪个组播 MAC 地址作为发送 IIH 的目的地址？（　　）

   A．0180-c200-0000　　B．0180-c200-0015　　C．0100-5EOO-0001　　D．0180-c200-0014

2. （多选题）IS-IS 协议所使用的 SNAP 地址主要由哪几部分构成？（　　）

   A．AREA ID　　B．SEL　　C．DSCP　　D．SYSTEM ID

3. （单选题）运行 IS-IS 的路由器在以下哪种情况下不会产生 LSP？（　　）

   A．修改 IS-IS 接口的 IP 地址　　B．修改路由器的 sysmane

   C．IS-IS 的邻居 UP 或者 Down　　D．修改 IS-IS 接口的 Cost 值

4. （单选题）以下关于 IS-IS 协议说法错误的是？（　　）

   A．IS-IS 协议支持 CLNP 网络　　B．IS-IS 协议支持 IP 网络

   C．IS-IS 协议的报文直接由数据链路层封装　　D．IS-IS 协议是运行在 AS 之间的链路状态协议

5. （单选题）默认情况下，广播型网络中运行 IS-IS 的路由器 DIS 发送 CSNP 报文的周期为多少秒？（　　）

   A．10　　B．3.3　　C．30　　D．40

第5章 路由引入

本章阐述了路由引入的作用和方向，路由协议的外部优先级，通过实例让读者掌握 OSPF 与 ISIS 在各种场景中的配置。

本章包含以下内容：

- 路由引入的作用和方向
- 路由协议的外部优先级
- 配置 OSPF 与 IS-IS 的路由引入

5.1　路由引入概述

在大型企业网络中，网络规模十分庞大，选用单一的路由协议无法满足网络的需求，因此多种路由协议共存的情况十分常见。出于业务逻辑或行政管理的考虑，会在不同的网络结构中设计和部署不同的路由协议，使路由的层次结构更加清晰可控。为实现全网路由互通，我们要用到路由引入。

1．路由引入的作用

通过路由引入，可以实现路由信息在不同路由协议间传递。

执行路由引入时，还可以部署路由控制，从而实现对业务流量的灵活把控。

2．路由引入的方向

路由引入是具有方向性的，将路由信息从路由协议 A 引入到路由协议 B（A-to-B），则路由协议 B 可获知路由协议 A 中的路由信息，但是此时，路由协议 A 还并不知晓路由协议 B 中的路由信息，除非配置 B-to-A 的路由引入。

3．路由协议的外部优先级

各种路由协议的外部优先级如表 5-1 所示。

表 5-1　各种路由协议的外部优先级

路由协议的类型	路由协议的外部优先级
Direct	0
OSPF	10
IS-IS	15
Static	60
RIP	100
OSPF ASE	150
OSPF NSSA	150
IBGP	255
EBGP	255

5.2　路由引入实验

5.2.1　实验 1：OSPF 引入路由

扫一扫，看视频

1．实验目的

（1）掌握 OSPF 引入静态路由的办法。

（2）掌握 OSPF 引入直连路由的办法。

2. 实验拓扑

OSPF 引入路由的实验拓扑如图 5-1 所示。

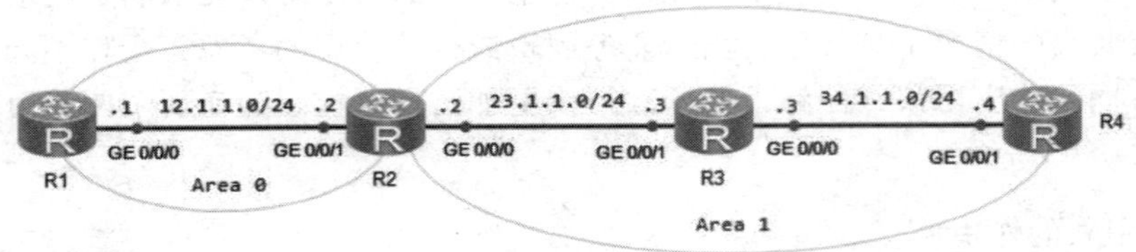

图 5-1　OSPF 引入路由的实验拓扑

3. 实验步骤

（1）配置 IP 地址。

R1 的配置：

```
<Huawei>system-view
[Huawei]undo info-center enable
[Huawei]sysname R1
[R1]interface g0/0/0
[R1-GigabitEthernet0/0/0]ip address 12.1.1.1 24
[R1-GigabitEthernet0/0/0]quit
[R1]interface LoopBack 0
[R1-LoopBack0]ip address 1.1.1.1 32
[R1-LoopBack0]quit
```

R2 的配置：

```
<Huawei>system-view
[Huawei]undo info-center enable
[Huawei]sysname R2
[R2]interface g0/0/1
[R2-GigabitEthernet0/0/1]ip address 12.1.1.2 24
[R2-GigabitEthernet0/0/1]quit
[R2]interface g0/0/0
[R2-GigabitEthernet0/0/0]ip address 23.1.1.2 24
[R2-GigabitEthernet0/0/0]quit
[R2]interface LoopBack 0
[R2-LoopBack0]ip address 2.2.2.2 32
[R2-LoopBack0]quit
```

R3 的配置：

```
<Huawei>system-view
[Huawei]undo info-center enable
[Huawei]sysname R3
[R3]interface g0/0/1
```

```
[R3-GigabitEthernet0/0/1]ip address 23.1.1.3 24
[R3-GigabitEthernet0/0/1]quit
[R3]interface g0/0/0
[R3-GigabitEthernet0/0/0]ip address 34.1.1.3 24
[R3-GigabitEthernet0/0/0]quit
[R3]interface LoopBack 0
[R3-LoopBack0]ip address 3.3.3.3 32
[R3-LoopBack0]quit
```

R4 的配置：

```
<Huawei>system-view
[Huawei]undo info-center enable
[Huawei]sysname R4
[R4]interface g0/0/1
[R4-GigabitEthernet0/0/1]ip address 34.1.1.4 24
[R4-GigabitEthernet0/0/1]quit
[R4]interface LoopBack 0
[R4-LoopBack0]ip address 4.4.4.4 32
[R4-LoopBack0]quit
```

（2）配置 OSPF。

R1 的配置：

```
[R1]ospf router-id 1.1.1.1
[R1-ospf-1]area 0
[R1-ospf-1-area-0.0.0.0]network 12.1.1.0 0.0.0.255
[R1-ospf-1-area-0.0.0.0]network 12.1.1.0 0.0.0.255
[R1-ospf-1-area-0.0.0.0]quit
```

R2 的配置：

```
[R2]ospf router-id 2.2.2.2
[R2-ospf-1]area 0
[R2-ospf-1-area-0.0.0.0]network 12.1.1.0 0.0.0.255
[R2-ospf-1-area-0.0.0.0]network 2.2.2.2 0.0.0.0
[R2-ospf-1-area-0.0.0.0]quit
[R2-ospf-1]area 1
[R2-ospf-1-area-0.0.0.1]network 23.1.1.0 0.0.0.255
[R2-ospf-1-area-0.0.0.1]quit
```

R3 的配置：

```
[R3]ospf router-id 3.3.3.3
[R3-ospf-1]area 1
[R3-ospf-1-area-0.0.0.1]network 23.1.1.0 0.0.0.255
[R3-ospf-1-area-0.0.0.1]network 34.1.1.0 0.0.0.255
[R3-ospf-1-area-0.0.0.1]network 3.3.3.3 0.0.0.0
[R3-ospf-1-area-0.0.0.1]quit
```

R4 的配置：

```
[R4]ospf router-id 4.4.4.4
[R4-ospf-1]area 1
```

```
[R4-ospf-1-area-0.0.0.1]network 34.1.1.0 0.0.0.255
[R4-ospf-1-area-0.0.0.1]network 4.4.4.4 0.0.0.0
[R4-ospf-1-area-0.0.0.1]quit
```

4. 实验调试

（1）引入直连路由，在 R1 上创建 100.100.100.100，并引入 OSPF。

```
[R1]interface LoopBack 100
[R1-LoopBack100]ip address 100.100.100.100 32
[R1-LoopBack100]quit
[R1]ospf
[R1-ospf-1]import-route direct
[R1-ospf-1]quit
```

（2）在 R4 上查看路由表。

```
[R4]display ip routing-table
Route Flags: R - relay, D - download to fib
------------------------------------------------------------------------------
Routing Tables: Public
         Destinations : 11       Routes : 11

Destination/Mask   Proto   Pre  Cost    Flags NextHop   Interface

        1.1.1.1/32 O_ASE   150  1        D   34.1.1.3   GigabitEthernet0/0/1
        2.2.2.2/32 OSPF    10   2        D   34.1.1.3   GigabitEthernet0/0/1
        3.3.3.3/32 OSPF    10   1        D   34.1.1.3   GigabitEthernet0/0/1
        4.4.4.4/32 Direct  0    0        D   127.0.0.1  LoopBack0
       12.1.1.0/24 OSPF    10   3        D   34.1.1.3   GigabitEthernet0/0/1
       23.1.1.0/24 OSPF    10   2        D   34.1.1.3   GigabitEthernet0/0/1
       34.1.1.0/24 Direct  0    0        D   34.1.1.4   GigabitEthernet0/0/1
       34.1.1.4/32 Direct  0    0        D   127.0.0.1  GigabitEthernet0/0/1
100.100.100.100/32 O_ASE   150  1        D   34.1.1.3   GigabitEthernet0/0/1
      127.0.0.0/8  Direct  0    0        D   127.0.0.1  InLoopBack0
      127.0.0.1/32 Direct  0    0        D   127.0.0.1  InLoopBack0
```

通过以上输出可以看到，把直连路由引入 OSPF，默认的外部开销为 1，默认的开销类型为 Type-2。

【技术要点】把直连路由引入 OSPF

①外部开销为 1。
②开销类型为 Type-2。
③协议优先级为 150。
④默认为 O_ASE。

（3）在 R1 上修改引入直连路由的开销和开销类型。

```
[R1]ospf
//外部开销为 100，开销类型为 1，标记为 8888
[R1-ospf-1]import-route direct cost 100 type 1 tag 8888
[R1-ospf-1]quit
```

（4）在 R4 上查看 OSPF 路由表。

```
<R4>display ospf routing
        OSPF Process 1 with Router ID 4.4.4.4
                 Routing Tables
Routing for Network
Destination        Cost  Type        NextHop      AdvRouter    Area
4.4.4.4/32         0     Stub        4.4.4.4      4.4.4.4      0.0.0.1
34.1.1.0/24        1     Transit     34.1.1.4     4.4.4.4      0.0.0.1
2.2.2.2/32         2     Inter-area 34.1.1.3      2.2.2.2      0.0.0.1
3.3.3.3/32         1     Stub        34.1.1.3     23.1.1.3     0.0.0.1
12.1.1.0/24        3     Inter-area 34.1.1.3      2.2.2.2      0.0.0.1
23.1.1.0/24        2     Transit     34.1.1.3     2.2.2.2      0.0.0.1
Routing for ASEs
Destination            Cost      Type      Tag        NextHop       AdvRouter
1.1.1.1/32             103       Type1     8888       34.1.1.3      1.1.1.1
100.100.100.100/32     103       Type1     8888       34.1.1.3      1.1.1.1
Total Nets: 8
Intra Area: 4  Inter Area: 2  ASE: 2  NSSA: 0
```

通过以上输出可以看到，100.100.100.100/32 的开销为 103，因为外部开销为 100，内部开销为 3。开销类型为 Type1，标记为 8888。

（5）在 R1 上设置一条静态路由。

```
[R1]ip route-static 200.200.200.0 24 NULL 0
//设置静态路由 200.200.200.0 指向 null 0
[R1]ospf
[R1-ospf-1]import-route static  //引入静态路由
[R1-ospf-1]quit
```

（6）在 R4 上查看路由表。

```
<R4>display ip routing-table
Route Flags: R - relay, D - download to fib
------------------------------------------------------------------------------
Routing Tables: Public
        Destinations : 12       Routes : 12
Destination/Mask   Proto   Pre  Cost  Flags NextHop     Interface
       1.1.1.1/32  O_ASE   150  103     D   34.1.1.3    GigabitEthernet0/0/1
       2.2.2.2/32  OSPF    10   2       D   34.1.1.3    GigabitEthernet0/0/1
       3.3.3.3/32  OSPF    10   1       D   34.1.1.3    GigabitEthernet0/0/1
       4.4.4.4/32  Direct  0    0       D   127.0.0.1   LoopBack0
      12.1.1.0/24  OSPF    10   3       D   34.1.1.3    GigabitEthernet0/0/1
      23.1.1.0/24  OSPF    10   2       D   34.1.1.3    GigabitEthernet0/0/1
      34.1.1.0/24  Direct  0    0       D   34.1.1.4    GigabitEthernet0/0/1
```

```
      34.1.1.4/32  Direct  0    0       D   127.0.0.1    GigabitEthernet0/0/1
 100.100.100.100/32  O_ASE  150  103     D   34.1.1.3     GigabitEthernet0/0/1
       127.0.0.0/8  Direct  0    0       D   127.0.0.1    InLoopBack0
      127.0.0.1/32  Direct  0    0       D   127.0.0.1    InLoopBack0
  200.200.200.0/24  O_ASE   150  1       D   34.1.1.3     GigabitEthernet0/0/1
```

通过以上输出可以看到，静态路由也引入了 OSPF，默认外部开销为 1。

5.2.2 实验 2：IS-IS 引入路由

扫一扫，看视频

1. 实验目的

（1）掌握 IS-IS 引入直连路由的方法。

（2）掌握 IS-IS 引入静态路由的方法。

2. 实验拓扑

IS-IS 引入路由的实验拓扑如图 5-2 所示。

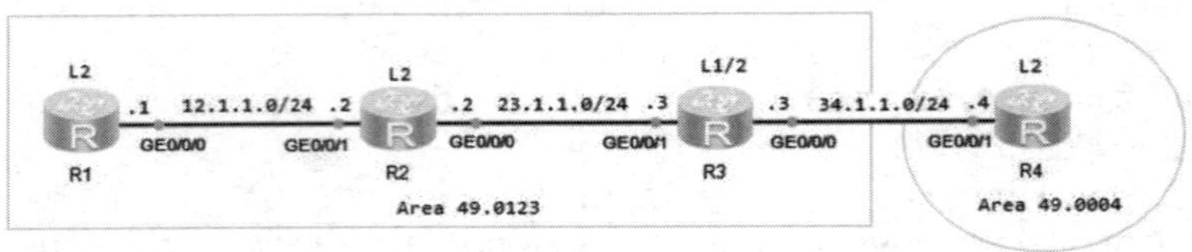

图 5-2 IS-IS 引入路由的实验拓扑

3. 实验步骤

（1）IP 地址的配置。

R1 的配置：

```
<Huawei>system-view
[Huawei]undo info-center enable
[Huawei]sysname R1
[R1]interface g0/0/0
[R1-GigabitEthernet0/0/0]ip address 12.1.1.1 24
[R1-GigabitEthernet0/0/0]quit
[R1]interface LoopBack 0
[R1-LoopBack0]ip address 1.1.1.1 32
[R1-LoopBack0]quit
```

R2 的配置：

```
<Huawei>system-view
[Huawei]undo info-center enable
[Huawei]sysname R2
[R2]interface g0/0/1
[R2-GigabitEthernet0/0/1]ip address 12.1.1.2 24
[R2-GigabitEthernet0/0/1]quit
```

```
[R2]interface g0/0/0
[R2-GigabitEthernet0/0/0]ip address 23.1.1.2 24
[R2-GigabitEthernet0/0/0]quit
[R2]interface LoopBack 0
[R2-LoopBack0]ip address 2.2.2.2 32
[R2-LoopBack0]quit
```

R3 的配置：

```
<Huawei>system-view
[Huawei]undo info-center enable
[Huawei]sysname R3
[R3]interface g0/0/1
[R3-GigabitEthernet0/0/1]ip address 23.1.1.3 24
[R3-GigabitEthernet0/0/1]quit
[R3]interface g0/0/0
[R3-GigabitEthernet0/0/0]ip address 34.1.1.3 24
[R3-GigabitEthernet0/0/0]quit
[R3]interface LoopBack 0
[R3-LoopBack0]ip address 3.3.3.3 32
[R3-LoopBack0]quit
```

R4 的配置：

```
<Huawei>system-view
[Huawei]undo info-center enable
[Huawei]sysname R4
[R4]interface g0/0/1
[R4-GigabitEthernet0/0/1]ip address 34.1.1.4 24
[R4-GigabitEthernet0/0/1]quit
[R4]interface LoopBack 0
[R4-LoopBack0]ip address 4.4.4.4 24
[R4-LoopBack0]quit
```

（2）IS-IS 的配置。

R1 的配置：

```
[R1]isis
[R1-isis-1]network-entity 49.0123.0000.0000.0001.00
[R1-isis-1]is-level level-2
[R1-isis-1]cost-style wide
[R1-isis-1]quit
[R1]interface g0/0/0
[R1-GigabitEthernet0/0/0]isis enable
[R1-GigabitEthernet0/0/0]quit
[R1]interface LoopBack 0
[R1-LoopBack0]isis enable
[R1-LoopBack0]quit
```

R2 的配置：

```
[R2]isis
```

```
[R2-isis-1]network-entity 49.0123.0000.0000.0002.00
[R2-isis-1]is-level level-2
[R2-isis-1]cost-style wide
[R2-isis-1]quit
[R2]interface g0/0/0
[R2-GigabitEthernet0/0/0]isis enable
[R2-GigabitEthernet0/0/0]quit
[R2]interface g0/0/1
[R2-GigabitEthernet0/0/1]isis enable
[R2-GigabitEthernet0/0/1]quit
[R2]interface LoopBack 0
[R2-LoopBack0]isis enable
[R2-LoopBack0]quit
```

R3 的配置：

```
[R3]isis
[R3-isis-1]network-entity 49.0123.0000.0000.0003.00
[R3-isis-1]is-level level-2
[R3-isis-1]cost-style wide
[R3-isis-1]quit
[R3]interface g0/0/1
[R3-GigabitEthernet0/0/1]isis enable
[R3-GigabitEthernet0/0/1]quit
[R3]interface g0/0/0
[R3-GigabitEthernet0/0/0]isis enable
[R3-GigabitEthernet0/0/0]quit
[R3]interface LoopBack 0
[R3-LoopBack0]isis enable
[R3-LoopBack0]quit
```

R4 的配置：

```
[R4]isis
[R4-isis-1]network-entity 49.0004.0000.0000.0004.00
[R4-isis-1]is-level level-2
[R4-isis-1]cost-style wide
[R4-isis-1]quit
[R4]interface g0/0/1
[R4-GigabitEthernet0/0/1]isis enable
[R4-GigabitEthernet0/0/1]quit
[R4]interface LoopBack 0
[R4-LoopBack0]isis enable
[R4-LoopBack0]quit
```

4. 实验调试

（1）在 R1 上创建一个环回口 100.100.100.100/32，引入 IS-IS。

R1 的配置：

```
[R1]interface LoopBack 100
```

```
[R1-LoopBack100]ip address 100.100.100.100 32
[R1-LoopBack100]quit
[R1]isis
[R1-isis-1]import-route direct
[R1-isis-1]quit
```

（2）在 R3 上查看路由表。

```
[R3]display ip routing-table
Route Flags: R - relay, D - download to fib
------------------------------------------------------------------------------
Routing Tables: Public
        Destinations : 11       Routes : 11
Destination/Mask   Proto   Pre  Cost     Flags NextHop    Interface
       1.1.1.1/32  ISIS-L2 15   20         D   23.1.1.2    GigabitEthernet0/0/1
       2.2.2.2/32  ISIS-L2 15   10         D   23.1.1.2    GigabitEthernet0/0/1
       3.3.3.3/32  Direct  0    0          D   127.0.0.1   LoopBack0
      12.1.1.0/24  ISIS-L2 15   20         D   23.1.1.2    GigabitEthernet0/0/1
      23.1.1.0/24  Direct  0    0          D   23.1.1.3    GigabitEthernet0/0/1
      23.1.1.3/32  Direct  0    0          D   127.0.0.1   GigabitEthernet0/0/1
      34.1.1.0/24  Direct  0    0          D   34.1.1.3    GigabitEthernet0/0/0
      34.1.1.3/32  Direct  0    0          D   127.0.0.1   GigabitEthernet0/0/0
100.100.100.100/32 ISIS-L2 15   20         D   23.1.1.2    GigabitEthernet0/0/1
     127.0.0.0/8   Direct  0    0          D   127.0.0.1   InLoopBack0
     127.0.0.1/32  Direct  0    0          D   127.0.0.1   InLoopBack0
```

通过以上输出可以看到，把直连路由导入 IS-IS，默认的外部开销为 0，内部开销累加。

【技术要点】把直接路由引入 IS-IS

①外部开销为 0。

②内部开销累加。

（3）在 R1 上写一条静态路由，引入 IS-IS。

```
[R1]ip route-static 8.8.8.0 24 NULL 0
[R1]isis
[R1-isis-1]import-route static cost 30 tag 888
[R1-isis-1]quit
```

（4）在 R3 上查看 IS-IS 的明细路由。

```
[R3]display isis route 8.8.8.0 verbose

                         Route information for ISIS(1)
                         -----------------------------

                        ISIS(1) Level-2 Forwarding Table
                        --------------------------------
```

```
IPV4 Dest   : 8.8.8.0/24       Int. Cost : 50          Ext. Cost : NULL
Admin Tag   : 888              Src Count : 1           Flags     : A/-/-/-
Priority    : Low
NextHop     :                  Interface :             ExitIndex :
   23.1.1.2                    GE0/0/1                 0x00000003

    Flags: D-Direct, A-Added to URT, L-Advertised in LSPs, S-IGP Shortcut,
                         U-Up/Down Bit Set
```

通过以上输出可以看到，8.8.8.0/24 这条路由的开销为 50，打了 888 的标记。

【技术要点】把静态路由引入 IS-IS 的注意点：

①外部开销为 30。

②内部开销累加。

（5）在 R4 上查看 IS-IS 的路由表。

```
<R4>display ip routing-table
Route Flags: R - relay, D - download to fib
------------------------------------------------------------------------------
Routing Tables: Public
        Destinations : 13       Routes : 13
Destination/Mask    Proto   Pre  Cost   Flags NextHop    Interface
       1.1.1.1/32   ISIS-L2 15   30     D     34.1.1.3   GigabitEthernet0/0/1
       2.2.2.2/32   ISIS-L2 15   20     D     34.1.1.3   GigabitEthernet0/0/1
       3.3.3.3/32   ISIS-L2 15   10     D     34.1.1.3   GigabitEthernet0/0/1
       4.4.4.0/24   Direct  0    0      D     4.4.4.4    LoopBack0
       4.4.4.4/32   Direct  0    0      D     127.0.0.1  LoopBack0
       8.8.8.0/24   ISIS-L2 15   60     D     34.1.1.3   GigabitEthernet0/0/1
      12.1.1.0/24   ISIS-L2 15   30     D     34.1.1.3   GigabitEthernet0/0/1
      23.1.1.0/24   ISIS-L2 15   20     D     34.1.1.3   GigabitEthernet0/0/1
      34.1.1.0/24   Direct  0    0      D     34.1.1.4   GigabitEthernet0/0/1
      34.1.1.4/32   Direct  0    0      D     127.0.0.1  GigabitEthernet0/0/1
100.100.100.100/32  ISIS-L2 15   30     D     34.1.1.3   GigabitEthernet0/0/1
     127.0.0.0/8    Direct  0    0      D     127.0.0.1  InLoopBack0
     127.0.0.1/32   Direct  0    0      D     127.0.0.1  InLoopBack0
```

通过以上输出可以看到，路由传递给下一跳路由时，开销是累加的。

5.2.3 实验 3：IS-IS 和 OSPF 之间路由引入

1. 实验目的

（1）掌握在 IS-IS 中引入 OSPF 路由的方法。

（2）掌握在 OSPF 中引入 IS-IS 路由的方法。

2. 实验拓扑

IS-IS 和 OSPF 之间路由引入的实验拓扑如图 5-3 所示。

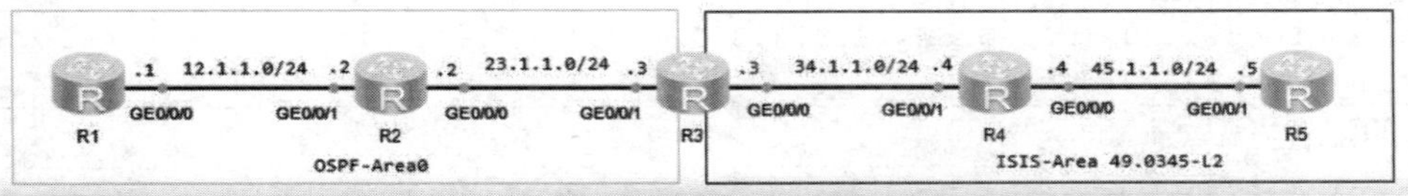

图 5-3　IS-IS 和 OSPF 之间路由引入的实验拓扑

3. 实验步骤

（1）IP 地址的配置。

R1 的配置：

```
<Huawei>system-view
[Huawei]undo info-center enable
[Huawei]sysname R1
[R1]interface g0/0/0
[R1-GigabitEthernet0/0/0]ip address 12.1.1.1 24
[R1-GigabitEthernet0/0/0]quit
[R1]interface LoopBack 0
[R1-LoopBack0]ip address 1.1.1.1 32
[R1-LoopBack0]quit
```

R2 的配置：

```
<Huawei>system-view
[Huawei]undo info-center enable
Info: Information center is disabled.
[Huawei]sysname R2
[R2]interface g0/0/1
[R2-GigabitEthernet0/0/1]ip address 12.1.1.2 24
[R2-GigabitEthernet0/0/1]quit
[R2]interface g0/0/0
[R2-GigabitEthernet0/0/0]ip address 23.1.1.2 24
[R2-GigabitEthernet0/0/0]quit
[R2]interface LoopBack 0
[R2-LoopBack0]ip address 2.2.2.2 32
[R2-LoopBack0]quit
```

R3 的配置：

```
<Huawei>system-view
[Huawei]undo info-center enable
Info: Information center is disabled.
[Huawei]sysname R3
[R3]interface g0/0/1
[R3-GigabitEthernet0/0/1]ip address 23.1.1.3 24
[R3-GigabitEthernet0/0/1]quit
```

```
[R3]interface g0/0/0
[R3-GigabitEthernet0/0/0]ip address 34.1.1.3 24
[R3-GigabitEthernet0/0/0]quit
[R3]interface LoopBack 0
[R3-LoopBack0]ip address 3.3.3.3 32
[R3-LoopBack0]quit
```

R4 的配置：

```
<Huawei>system-view
[Huawei]undo info-center enable
[Huawei]sysname R4
[R4]interface g0/0/1
[R4-GigabitEthernet0/0/1]ip address 34.1.1.4 24
[R4-GigabitEthernet0/0/1]quit
[R4]interface g0/0/0
[R4-GigabitEthernet0/0/0]ip address 45.1.1.4 24
[R4-GigabitEthernet0/0/0]quit
[R4]interface LoopBack 0
[R4-LoopBack0]ip address 4.4.4.4 32
[R4-LoopBack0]quit
```

R5 的配置：

```
<Huawei>system-view
[Huawei]undo info-center enable
Info: Information center is disabled.
[Huawei]sysname R5
[R5]interface g0/0/1
[R5-GigabitEthernet0/0/1]ip address 45.1.1.5 24
[R5-GigabitEthernet0/0/1]quit
[R5]interface LoopBack 0
[R5-LoopBack0]ip address 5.5.5.5 32
[R5-LoopBack0]quit
```

（2）OSPF 的配置。

R1 的配置：

```
[R1]ospf router-id 1.1.1.1
[R1-ospf-1]area 0
[R1-ospf-1-area-0.0.0.0]network 12.1.1.0 0.0.0.255
[R1-ospf-1-area-0.0.0.0]network 1.1.1.1 0.0.0.0
[R1-ospf-1-area-0.0.0.0]quit
```

R2 的配置：

```
[R2]ospf router-id 2.2.2.2
[R2-ospf-1]area 0
[R2-ospf-1-area-0.0.0.0]network 12.1.1.0 0.0.0.255
[R2-ospf-1-area-0.0.0.0]network 23.1.1.0 0.0.0.255
[R2-ospf-1-area-0.0.0.0]network 2.2.2.2 0.0.0.0
[R2-ospf-1-area-0.0.0.0]quit
```

R3 的配置：

```
[R3]ospf router-id 3.3.3.3
[R3-ospf-1]area 0
[R3-ospf-1-area-0.0.0.0]network 23.1.1.0 0.0.0.255
[R3-ospf-1-area-0.0.0.0]network 3.3.3.0 0.0.0.255
[R3-ospf-1-area-0.0.0.0]quit
```

（3）IS-IS 的配置。

R3 的配置：

```
[R3]isis
[R3-isis-1]network-entity 49.0345.0000.0000.0003.00
[R3-isis-1]is-level level-2
[R3-isis-1]quit
[R3]interface g0/0/0
[R3-GigabitEthernet0/0/0]isis enable
[R3-GigabitEthernet0/0/0]quit
```

R4 的配置：

```
[R4]isis
[R4-isis-1]network-entity 49.0345.0000.0000.0004.00
[R4-isis-1]is-level level-2
[R4-isis-1]quit
[R4]interface g0/0/1
[R4-GigabitEthernet0/0/1]isis enable
[R4-GigabitEthernet0/0/1]quit
[R4]interface g0/0/0
[R4-GigabitEthernet0/0/0]isis enable
[R4-GigabitEthernet0/0/0]quit
[R4]interface LoopBack 0
[R4-LoopBack0]isis enable
[R4-LoopBack0]quit
```

R5 的配置：

```
[R5]isis
[R5-isis-1]network-entity 49.0345.0000.0000.0005.00
[R5-isis-1]is-level level-2
[R5-isis-1]quit
[R5]interface g0/0/1
[R5-GigabitEthernet0/0/1]isis enable
[R5-GigabitEthernet0/0/1]quit
[R5]interface LoopBack 0
[R5-LoopBack0]isis enable
[R5-LoopBack0]quit
```

4. 实验调试

（1）在 R1 上查看路由表。

```
[R1]display ip routing-table
```

```
Route Flags: R - relay, D - download to fib
------------------------------------------------------------------------------
Routing Tables: Public
         Destinations : 8        Routes : 8
Destination/Mask    Proto   Pre  Cost     Flags NextHop    Interface
        1.1.1.1/32  Direct  0    0        D    127.0.0.1  LoopBack0
        2.2.2.2/32  OSPF    10   1        D    12.1.1.2   GigabitEthernet0/0/0
        3.3.3.3/32  OSPF    10   2        D    12.1.1.2   GigabitEthernet0/0/0
       12.1.1.0/24  Direct  0    0        D    12.1.1.1   GigabitEthernet0/0/0
       12.1.1.1/32  Direct  0    0        D    127.0.0.1  GigabitEthernet0/0/0
       23.1.1.0/24  OSPF    10   2        D    12.1.1.2   GigabitEthernet0/0/0
      127.0.0.0/8   Direct  0    0        D    127.0.0.1  InLoopBack0
      127.0.0.1/32  Direct  0    0        D    127.0.0.1  InLoopBack0
```

通过以上输出可以看到，IS-IS 的路由没有传递给 OSPF。

（2）在 R5 上查看路由表。

```
[R5]display ip routing-table
Route Flags: R - relay, D - download to fib
------------------------------------------------------------------------------
Routing Tables: Public
         Destinations : 7        Routes : 7
Destination/Mask    Proto     Pre  Cost  Flags NextHop     Interface
        4.4.4.4/32  ISIS-L2   15   10     D     45.1.1.4    GigabitEthernet0/0/1
        5.5.5.5/32  Direct    0    0      D     127.0.0.1   LoopBack0
       34.1.1.0/24  ISIS-L2   15   20     D     45.1.1.4    GigabitEthernet0/0/1
       45.1.1.0/24  Direct    0    0      D     45.1.1.5    GigabitEthernet0/0/1
       45.1.1.5/32  Direct    0    0      D     127.0.0.1   GigabitEthernet0/0/1
      127.0.0.0/8   Direct    0    0      D     127.0.0.1   InLoopBack0
      127.0.0.1/32  Direct    0    0      D     127.0.0.1   InLoopBack0
```

通过以上输出可以看到，OSPF 的路由没有传递给 IS-IS。

（3）在 R3 上把 IS-IS 的路由引入 OSPF。

```
[R3]ospf
[R3-ospf-1]import-route isis
[R3-ospf-1]quit
```

（4）在 R1 上查看路由表。

```
[R1]display ip routing-table
Route Flags: R - relay, D - download to fib
------------------------------------------------------------------------------
Routing Tables: Public
         Destinations : 12       Routes : 12
Destination/Mask    Proto   Pre  Cost      Flags NextHop    Interface
        1.1.1.1/32  Direct  0    0         D    127.0.0.1  LoopBack0
        2.2.2.2/32  OSPF    10   1         D    12.1.1.2   GigabitEthernet0/0/0
        3.3.3.3/32  OSPF    10   2         D    12.1.1.2   GigabitEthernet0/0/0
        4.4.4.4/32  O_ASE   150  1         D    12.1.1.2   GigabitEthernet0/0/0
```

```
    5.5.5.5/32 O_ASE  150 1     D  12.1.1.2    GigabitEthernet0/0/0
    12.1.1.0/24 Direct 0   0     D  12.1.1.1    GigabitEthernet0/0/0
    12.1.1.1/32 Direct 0   0     D  127.0.0.1   GigabitEthernet0/0/0
    23.1.1.0/24 OSPF   10  2     D  12.1.1.2    GigabitEthernet0/0/0
    34.1.1.0/24 O_ASE  150 1     D  12.1.1.2    GigabitEthernet0/0/0
    45.1.1.0/24 O_ASE  150 1     D  12.1.1.2    GigabitEthernet0/0/0
   127.0.0.0/8  Direct 0   0     D  127.0.0.1   InLoopBack0
   127.0.0.1/32 Direct 0   0     D  127.0.0.1   InLoopBack0
```

通过以上输出可以看到，IS-IS 的路由被引入 OSPF。

【技术要点】OSPF 引入外部路由的默认参数

①OSPF 引入外部路由的默认度量值为 1。

②一次可引入外部路由数量的上限为 2147483647 条。

③引入的外部路由类型为 Type2。

④引入外部路由时，默认标记值设置为 1。

（5）在 R3 上把 OSPF 的路由引入 IS-IS。

```
[R3]isis
[R3-isis-1]import-route ospf
```

（6）在 R5 上查看路由表。

```
<R5>display ip routing-table
Route Flags: R - relay, D - download to fib
------------------------------------------------------------------------------
Routing Tables: Public
         Destinations : 12       Routes : 12
Destination/Mask    Proto   Pre  Cost      Flags NextHop         Interface
        1.1.1.1/32  ISIS-L2 15   84          D   45.1.1.4        GigabitEthernet0/0/1
        2.2.2.2/32  ISIS-L2 15   84          D   45.1.1.4        GigabitEthernet0/0/1
        3.3.3.3/32  ISIS-L2 15   84          D   45.1.1.4        GigabitEthernet0/0/1
        4.4.4.4/32  ISIS-L2 15   10          D   45.1.1.4        GigabitEthernet0/0/1
        5.5.5.5/32  Direct  0    0           D   127.0.0.1       LoopBack0
       12.1.1.0/24  ISIS-L2 15   84          D   45.1.1.4        GigabitEthernet0/0/1
       23.1.1.0/24  ISIS-L2 15   84          D   45.1.1.4        GigabitEthernet0/0/1
       34.1.1.0/24  ISIS-L2 15   20          D   45.1.1.4        GigabitEthernet0/0/1
       45.1.1.0/24  Direct  0    0           D   45.1.1.5        GigabitEthernet0/0/1
       45.1.1.5/32  Direct  0    0           D   127.0.0.1       GigabitEthernet0/0/1
      127.0.0.0/8   Direct  0    0           D   127.0.0.1       InLoopBack0
      127.0.0.1/32  Direct  0    0           D   127.0.0.1       InLoopBack0
```

通过以上输出可以看到，OSPF 的路由引入到了 IS-IS 中。

【技术要点】IS-IS 引入外部路由的默认参数如下：

①开销类型为 external (cost=源 cost+64)。

②默认引入到 L2。

5.3 练习题

1. （判断题）IGP 路由要想成为 BGP 路由，只能通过 Network 命令。（　　）

A. 正确　　B. 错误

2. （多选题）路由引入指的是将路由信息从一种路由协议发布到另一种路由协议的操作。下列关于路由引入说法正确的是？（　　）

A. 执行路由引入时，还可以部署路由控制，从而实现正确业务流量的灵活把控

B. 通过路由引入，可以实现路由信息在不同路由协议间传递

C. 路由协议自身都具有防环特性，所以在路由相互引入时不需要考虑环路问题

D. 执行路由引入时，需要注意不同厂商的路由优先级的协定可能不同

3.（多选题）路由引入可实现不同协议之间的通信，在配置路由引入时需要注意以下哪些问题？（　　）

A. 路由优先级　　B. 路由收敛时间　　C. 路由度量值　　D. 路由回灌

4. （多选题）以下关于外部路由引入 BGP 时的描述，正确的是哪些项？（　　）

A. 外部路由在引入时，Preferred_Value 默认为 150

B. 外部路由在引入时，可以直接对同类型路由定义其 MED 值

C. 外部路由在引入时，可以通过 Route-Policy 工具修改其 AsPath

D. 外部路由在引入时，默认起源属性为 igp，可以通过 Route-Policy 工具修改其属性为 incomplete

5.（单选题）关于通过 import-route 命令方式把路由引入 BGP 的问题，下面哪种描述是正确的？（　　）

A. import- route 命令只能将 IGP 路由、静态路由引入 BGP

B. 默认情况下，引入路由的 Origin 值为 IGP

C. 当引入路由协议为 IS-IS 时，必须指定进程号

D. import-route 不能与 route- policy 配合使用来过滤通过其他协议引入 BGP 的路由

第6章 路由控制

本章介绍 ACL、ip-prefix、Filter-policy 和 Route-Policy 等工具的使用，并通过实验阐述如何使用工具实现路由的过滤、引入及优化等。

本章包含以下内容：

- 路由控制概述
- 配置路由策略
- 配置策略路由

6.1 路由控制概述

在复杂的数据通信网络中，根据实际组网需求，往往需要实施一些路由策略对路由信息进行过滤、属性设置等操作，通过对路由的控制，可以影响数据流量的转发。路由策略并非单一的技术或者协议，而是一个技术专题或方法论，里面包含多种工具及方法。本节主要介绍网络中常用的路由选择工具以及路由策略工具。

6.1.1 路由控制的目的

路由控制的目的有以下几点。

（1）控制路由的发布：通过路由策略对发布的路由进行过滤，只发布满足条件的路由。

（2）控制路由的接收：通过路由策略对接收的路由进行过滤，只接收满足条件的路由。

（3）控制路由的引入：通过路由策略控制从其他路由协议引入的路由条目，只有满足条件的路由才会被引入。

6.1.2 路由匹配工具

路由匹配工具有 ACL 和 ip-prefix 两种。

1. ACL 的分类

ACL 的分类如图 6-1 所示。

分类	编号范围	规则定义描述
基本 ACL	2000 ~ 2999	仅使用报文的源 IP 地址、分片信息和生效时间段信息来定义规则
高级 ACL	3000 ~ 3999	可使用 IPv4 报文的源 IP 地址、目的 IP 地址、IP 协议类型、ICMP 类型、TCP 源/目的端口、UDP 源/目的端口号、生效时间段等来定义规则
二层 ACL	4000 ~ 4999	使用报文的以太网帧头信息来定义规则，如根据源 MAC 地址、目的 MAC 地址、二层协议类型等
用户自定义 ACL	5000 ~ 5999	使用报文头、偏移位置、字符串掩码和用户自定义字符串来定义规则
用户 ACL	6000 ~ 6999	既可使用 IPv4 报文的源 IP 地址或源 UCL（User Control List）组，也可使用目的 IP 地址或目的 UCL 组、IP 协议类型、ICMP 类型、TCP 源端口 / 目的端口、UDP 源端口 / 目的端口号等来定义规则

图 6-1　ACL 的分类

2. IP 前缀列表命令解析

IP 前缀列表命令解析如图 6-2 所示。

（1）ip-prefix-name：地址前缀列表名称。

（2）序号：本匹配项在地址前缀列表中的序号，匹配时根据序号从小到大进行顺序匹配。

（3）动作：permit/deny，地址前缀列表的匹配模式为允许/拒绝，表示匹配/不匹配。

（4）IP 网段与掩码：匹配路由的网络地址，以及限定网络地址的前多少位需严格匹配。

（5）掩码范围：匹配路由前缀长度，掩码长度的匹配范围为 mask-length<=greater-equal-value<=less-equal-value<=32。

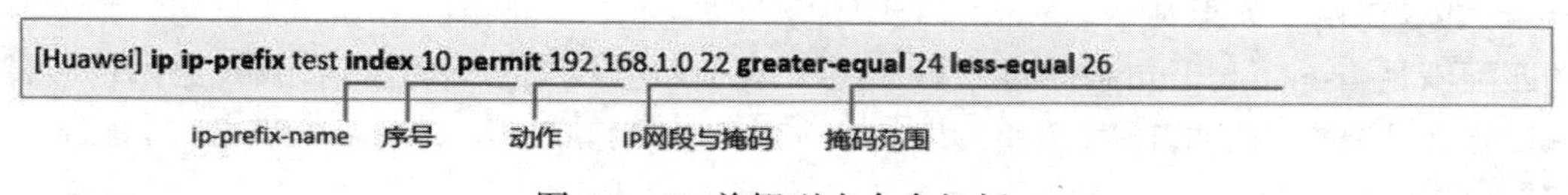

图 6-2 IP 前缀列表命令解析

6.1.3 路由策略工具

路由策略工具主要有 filter-policy 和 route-policy 两种。

1. filter-policy（过滤策略）

（1）filter-policy 在距离矢量路由协议中的应用。

filter-policy import：不发布路由。

filter-policy export：不接收路由。

（2）filter-policy：在链路状态路由协议中的应用。

filter-policy import：不把路由加入路由表。

filter-policy export：过滤路由信息、过滤从其他协议引入的路由。

2. route-policy 的组成

一个 route-policy 由一个或多个节点构成，每个节点包括多个 if-match 和 apply 子句，如图 6-3 所示。

（1）节点号：一个 route-policy 可以由多个节点（node）构成，路由匹配 route-policy 时遵循以下两个规则。

①顺序匹配：在匹配过程中，系统按节点号从小到大的顺序依次检查各个表项，因此在指定节点号时，要注意符合期望的匹配顺序。

②唯一匹配：route-policy 各节点号之间是“或”的关系，只要通过一个节点的匹配，就认为通过该过滤器，不再进行其他节点的匹配。

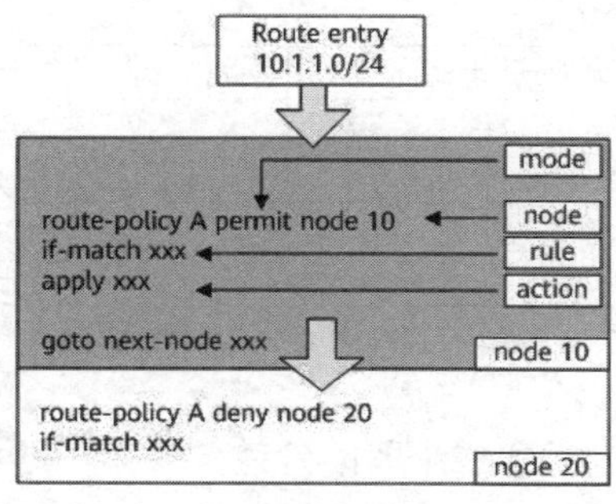

图 6-3 route-policy 的组成

（2）匹配模式：节点的匹配模式有两种：permit 和 deny。

①permit 指定节点的匹配模式为允许。当路由项通过该节点的过滤后，将执行该节点的 apply 子句，不进入下一个节点；如果路由项没有通过该节点过滤，将进入下一个节点继续匹配。

②deny 指定节点的匹配模式为拒绝，这时 apply 子句不会被执行。当路由项满足该节点的所有 if-match 子句时，将被拒绝通过该节点，不能进入下一个节点；如果路由项不满足该节点的 if-match 子句，将进入下一个节点继续匹配。

（3）if-match 子句：该子句定义一些匹配条件。

route-policy 的每一个节点可以含有多个 if-match 子句，也可以不含 if-match 子句。以 permit 匹配模式举例，如果某个 permit 节点没有配置任何 if-match 子句，则该节点会成功匹配所有的 IPv4 和 IPv6 路由；如果某个 permit 节点只配置了匹配 IPv4 路由的 if-match 子句，则该节点会成功匹配满足 if-match 子句条件的 IPv4 路由，同时也会成功匹配所有的 IPv6 路由；如果某个 permit 节点只配置了匹配 IPv6 路由的 if-match 子句，则该节点会成功匹配满足 if-match 子句条件的 IPv6 路由，同时也会成功匹配所有的 IPv4 路由。deny 匹配模式同理。

（4）apply 子句：apply 子句用来指定动作。路由通过 route-policy 过滤时，系统按照 apply 子句指定的动作对路由信息的一些属性进行设置。route-policy 的每一个节点可以含有多个 apply 子句，也可以不含 apply 子句。如果只需要过滤路由，不需要设置路由的属性，则不使用 apply 子句。

（5）goto next-node 子句：goto next-node 子句用来设置路由通过当前节点匹配后，跳转到指定的节点继续匹配。

6.1.4 策略路由

1．PBR 的作用

PBR（Policy-Based Routing，策略路由）使得网络设备不仅能够基于报文的目的 IP 地址进行数据转发，更能基于其他元素进行数据转发，例如源 IP 地址、源 MAC 地址、目的 MAC 地址、源端口号、目的端口号、VLAN-ID 等。

2．PBR 与路由策略的区别

PBR 与路由策略的区别如图 6-4 所示。

名称	操作对象	描述
路由策略（Route-Policy）	路由信息	路由策略是一套用于对路由信息进行过滤、属性设置等操作的方法，通过对路由的操作或控制，来影响数据报文的转发路径
PBR	数据报文	PBR 直接对数据报文进行操作，通过多种手段匹配感兴趣的报文，然后执行丢弃或强制转发路径等操作

图 6-4　PBR 与路由策略的区别

3．PBR 的分类

（1）接口 PBR。

①接口 PBR 只对转发的报文起作用，对本地始发的报文无效。

②接口 PBR 调用在接口下，对接口的入方向报文生效。默认情况下，设备按照路由表的下一跳进行报文转发，如果配置了接口 PBR，则设备按照接口 PBR 指定的下一跳进行转发。

（2）本地 PBR。

①本地 PBR 对本地始发的流量生效，如本地始发的 ICMP 报文。

②本地 PBR 在系统视图中调用。

6.1.5　MQC

1．概念

MQC（Modular QoS Command-Line Interface，模块化 QoS 命令行）是指通过将具有某类共同特征的数据流划分为一类，并为同一类数据流提供相同的服务，也可以为不同类的数据流提供不同的服务。

2．MQC 三要素

（1）流分类（Traffic Classifier）。

①配置流分类，用于匹配感兴趣的数据流。

②可基于 VLAN Tag、DSCP、ACL 规则。

（2）流行为（Traffic Behavior）。

①将感兴趣的报文进行重定向。

②可以设置重定向的下一跳 IP 地址或出接口。

（3）流策略（Traffic Policy）。

①在接口的入方向上应用流策略。

②对属于该 VLAN 并匹配流分类中规则的入方向报文实施策略控制。

③在全局或板卡上应用流策略。

6.2　路由策略实验

6.2.1　实验 1：filter-policy

扫一扫，看视频

1．实验目的

（1）熟悉 filter-policy 的应用场景。

（2）掌握 filter-policy 的配置方法。

2．实验拓扑

filter-policy 的实验拓扑如图 6-5 所示。

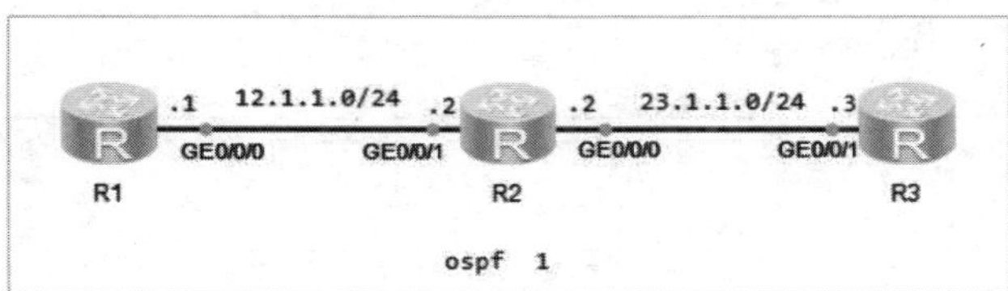

图 6-5　filter-policy 的实验拓扑

3. 实验步骤

（1）配置网络连通性。

R1 的配置：

```
<Huawei>system-view
Enter system view, return user view with Ctrl+Z.
[Huawei]sysname R1
[R1]undo info-center enable
Info: Information center is disabled.
[R1]interface g0/0/0
[R1-GigabitEthernet0/0/0]ip address 12.1.1.1 24
[R1-GigabitEthernet0/0/0]quit
```

R2 的配置：

```
<Huawei>system-view
Enter system view, return user view with Ctrl+Z.
[Huawei]undo info-center enable
Info: Information center is disabled.
[Huawei]sysname R2
[R2]interface g0/0/1
[R2-GigabitEthernet0/0/1]ip address 12.1.1.2 24
[R2-GigabitEthernet0/0/1]quit
[R2]interface g0/0/0
[R2-GigabitEthernet0/0/0]ip address 23.1.1.2 24
[R2-GigabitEthernet0/0/0]quit
[R2]interface LoopBack 0
[R2-LoopBack0]ip address 2.2.2.2 32
[R2-LoopBack0]quit
```

R3 的配置：

```
<Huawei>system-view
Enter system view, return user view with Ctrl+Z.
[Huawei]undo info-center enable
Info: Information center is disabled.
[Huawei]sysname R3
[R3]interface g0/0/1
[R3-GigabitEthernet0/0/1]ip address 23.1.1.3 24
[R3-GigabitEthernet0/0/1]quit
[R3]interface LoopBack 0
[R3-LoopBack0]ip address 3.3.3.3 32
[R3-LoopBack0]quit
```

（2）配置 OSPF。

R1 的配置：

```
[R1]ospf router-id 1.1.1.1
[R1-ospf-1]area 0
[R1-ospf-1-area-0.0.0.0]network 12.1.1.0 0.0.0.255
```

```
[R1-ospf-1-area-0.0.0.0]quit
```

R2 的配置：

```
[R2]ospf router-id 2.2.2.2
[R2-ospf-1]area 0
[R2-ospf-1-area-0.0.0.0]network 2.2.2.2 0.0.0.0
[R2-ospf-1-area-0.0.0.0]network 12.1.1.0 0.0.0.255
[R2-ospf-1-area-0.0.0.0]network 23.1.1.0 0.0.0.255
[R2-ospf-1-area-0.0.0.0]quit
```

R3 的配置：

```
[R3]ospf router-id 3.3.3.3
[R3-ospf-1]area 0
[R3-ospf-1-area-0.0.0.0]network 23.1.1.0 0.0.0.255
[R3-ospf-1-area-0.0.0.0]network 3.3.3.3 0.0.0.0
[R3-ospf-1-area-0.0.0.0]quit
```

4．实验调试

（1）在 R1 上创建四个环回口，IP 地址分别为 192.168.1.0/24、192.168.2.0/24、192.168.3.0/24、192.168.4.0/24，并且全部通告进 OSPF。

```
[R1]interface LoopBack 0
[R1-LoopBack0]ip address 192.168.1.1 24
[R1-LoopBack0]ip address 192.168.2.1 24 sub
[R1-LoopBack0]ip address 192.168.3.1 24 sub
[R1-LoopBack0]ip address 192.168.4.1 24 sub
[R1-LoopBack0]ospf enable area 0              //接口的地址都通告在区域 0
[R1-LoopBack0]ospf network-type broadcast     //网络类型为广播
```

（2）在 R2 和 R3 上分别查看 OSPF 路由表。

在 R2 上查看 OSPF 路由表：

```
[R2]display ospf routing
       OSPF Process 1 with Router ID 2.2.2.2
             Routing Tables
 Routing for Network
 Destination       Cost  Type      NextHop        AdvRouter      Area
 2.2.2.2/32        0     Stub      2.2.2.2        2.2.2.2        0.0.0.0
 12.1.1.0/24       1     Transit   12.1.1.2       2.2.2.2        0.0.0.0
 23.1.1.0/24       1     Transit   23.1.1.2       2.2.2.2        0.0.0.0
 3.3.3.3/32        1     Stub      23.1.1.3       3.3.3.3        0.0.0.0
 192.168.1.0/24    1     Stub      12.1.1.1       1.1.1.1        0.0.0.0
 192.168.2.0/24    1     Stub      12.1.1.1       1.1.1.1        0.0.0.0
 192.168.3.0/24    1     Stub      12.1.1.1       1.1.1.1        0.0.0.0
 192.168.4.0/24    1     Stub      12.1.1.1       1.1.1.1        0.0.0.0
 Total Nets: 8
 Intra Area: 8  Inter Area: 0  ASE: 0  NSSA: 0
```

在 R3 上查看 OSPF 路由表：

```
[R3]display ospf routing
        OSPF Process 1 with Router ID 3.3.3.3
                Routing Tables
 Routing for Network
 Destination        Cost  Type      NextHop        AdvRouter      Area
 3.3.3.3/32         0     Stub      3.3.3.3        3.3.3.3        0.0.0.0
 23.1.1.0/24        1     Transit   23.1.1.3       3.3.3.3        0.0.0.0
 2.2.2.2/32         1     Stub      23.1.1.2       2.2.2.2        0.0.0.0
 12.1.1.0/24        2     Transit   23.1.1.2       1.1.1.1        0.0.0.0
 192.168.1.0/24     2     Stub      23.1.1.2       1.1.1.1        0.0.0.0
 192.168.2.0/24     2     Stub      23.1.1.2       1.1.1.1        0.0.0.0
 192.168.3.0/24     2     Stub      23.1.1.2       1.1.1.1        0.0.0.0
 192.168.4.0/24     2     Stub      23.1.1.2       1.1.1.1        0.0.0.0
 Total Nets: 8
 Intra Area: 8  Inter Area: 0  ASE: 0  NSSA: 0
```

通过以上输出可以看到，路由器 R2 和 R3 都学习到了这 4 条路由。

（3）通过 filter-policy 实现在 R2 上看不到 192.168.1.0 这条路由，但是在 R3 上可以看到。

第 1 步，抓取路由。

```
[R2]ip ip-prefix ly index 10 permit 192.168.2.0 24  //创建前缀列表ly允许192.168.2.0
[R2]ip ip-prefix ly index 20 permit 192.168.3.0 24  //创建前缀列表ly允许192.168.3.0
[R2]ip ip-prefix ly index 30 permit 192.168.4.0 24  //创建前缀列表ly允许192.168.4.0
```

第 2 步，通过 filter-policy 调用。

```
[R2]ospf
[R2-ospf-1]filter-policy ip-prefix ly import
```

【技术要点】

filter-policy import 命令对接收的路由设置过滤策略，只有通过过滤策略的路由才会被添加到路由表中，没有通过过滤策略的路由不会被添加进路由表，但不影响对外发布。

（4）分别查看 R3 和 R2 的路由表。

第 1 步，查看 R3 的 OSPF 路由表。

```
[R3]display ospf routing
        OSPF Process 1 with Router ID 3.3.3.3
                Routing Tables
 Routing for Network
 Destination        Cost  Type      NextHop        AdvRouter      Area
 3.3.3.3/32         0     Stub      3.3.3.3        3.3.3.3        0.0.0.0
 23.1.1.0/24        1     Transit   23.1.1.3       3.3.3.3        0.0.0.0
 2.2.2.2/32         1     Stub      23.1.1.2       2.2.2.2        0.0.0.0
 12.1.1.0/24        2     Transit   23.1.1.2       1.1.1.1        0.0.0.0
 192.168.1.0/24     2     Stub      23.1.1.2       1.1.1.1        0.0.0.0
```

```
192.168.2.0/24   2    Stub      23.1.1.2       1.1.1.1       0.0.0.0
192.168.3.0/24   2    Stub      23.1.1.2       1.1.1.1       0.0.0.0
192.168.4.0/24   2    Stub      23.1.1.2       1.1.1.1       0.0.0.0
Total Nets: 8
Intra Area: 8  Inter Area: 0  ASE: 0  NSSA: 0
```

通过以上输出可以看到，R3 上的 4 条路由都在路由表里。

第 2 步，查看 R2 的 OSPF 路由表。

```
[R2]display ospf routing
      OSPF Process 1 with Router ID 2.2.2.2
            Routing Tables
Routing for Network
Destination       Cost  Type       NextHop        AdvRouter      Area
2.2.2.2/32        0     Stub       2.2.2.2        2.2.2.2        0.0.0.0
12.1.1.0/24       1     Transit    12.1.1.2       2.2.2.2        0.0.0.0
23.1.1.0/24       1     Transit    23.1.1.2       2.2.2.2        0.0.0.0
3.3.3.3/32        1     Stub       23.1.1.3       3.3.3.3        0.0.0.0
192.168.1.0/24    1     Stub       12.1.1.1       1.1.1.1        0.0.0.0
192.168.2.0/24    1     Stub       12.1.1.1       1.1.1.1        0.0.0.0
192.168.3.0/24    1     Stub       12.1.1.1       1.1.1.1        0.0.0.0
192.168.4.0/24    1     Stub       12.1.1.1       1.1.1.1        0.0.0.0
Total Nets: 8
Intra Area: 8  Inter Area: 0  ASE: 0  NSSA: 0
```

通过以上输出可以看到，这 4 条路由也在 OSPF 路由表里。

第 3 步，查看全局路由表。

```
[R2]display ip routing-table
Route Flags: R - relay, D - download to fib
------------------------------------------------------------------------------
Routing Tables: Public
      Destinations : 10       Routes : 10
Destination/Mask    Proto   Pre  Cost      Flags NextHop         Interface
      2.2.2.2/32    Direct  0    0           D   127.0.0.1       LoopBack0
     12.1.1.0/24    Direct  0    0           D   12.1.1.2        GigabitEthernet0/0/1
     12.1.1.2/32    Direct  0    0           D   127.0.0.1       GigabitEthernet0/0/1
     23.1.1.0/24    Direct  0    0           D   23.1.1.2        GigabitEthernet0/0/0
     23.1.1.2/32    Direct  0    0           D   127.0.0.1       GigabitEthernet0/0/0
    127.0.0.0/8     Direct  0    0           D   127.0.0.1       InLoopBack0
    127.0.0.1/32    Direct  0    0           D   127.0.0.1       InLoopBack0
  192.168.2.0/24    OSPF    10   1           D   12.1.1.1        GigabitEthernet0/0/1
  192.168.3.0/24    OSPF    10   1           D   12.1.1.1        GigabitEthernet0/0/1
  192.168.4.0/24    OSPF    10   1           D   12.1.1.1        GigabitEthernet0/0/1
```

通过以上输出可以看到，全局路由表里没有 192.168.1.0 这条路由。

【技术要点】

在链路状态路由协议中，各路由设备之间传递的是 LSA 信息，然后设备根据 LSA 汇总成的 LSDB 信息计算出路由表。但是 filter-policy 只能过滤路由信息，无法过滤 LSA。

（5）在 R1 上撤销对 192.168.1.0/24、192.168.2.0/24、192.168.3.0/24、192.168.4.0/24 这 4 条路由的通告，改为引入直连，但是要保证 R2 和 R3 上只能收到 192.168.1.0 这条路由。

第 1 步，撤销路由通告并删除 filter-policy 策略。

```
[R1]interface LoopBack 0
[R1-LoopBack0]undo ospf enable 1 area 0
```

```
[R2]undo ip ip-prefix ly
[R2]ospf
[R2-ospf-1]undo filter-policy ip-prefix ly import
```

第 2 步，引入直连路由。

```
[R1]ospf
[R1-ospf-1]import-route direct
[R1-ospf-1]quit
```

第 3 步，查看 R2 的路由表。

```
[R2]display ip routing-table
Route Flags: R - relay, D - download to fib
------------------------------------------------------------------------------
Routing Tables: Public
       Destinations : 12       Routes : 12
Destination/Mask    Proto   Pre  Cost  Flags NextHop    Interface
      2.2.2.2/32    Direct  0    0      D   127.0.0.1   LoopBack0
      3.3.3.3/32    OSPF    10   1      D   23.1.1.3    GigabitEthernet0/0/0
     12.1.1.0/24    Direct  0    0      D   12.1.1.2    GigabitEthernet0/0/1
     12.1.1.2/32    Direct  0    0      D   127.0.0.1   GigabitEthernet0/0/1
     23.1.1.0/24    Direct  0    0      D   23.1.1.2    GigabitEthernet0/0/0
     23.1.1.2/32    Direct  0    0      D   127.0.0.1   GigabitEthernet0/0/0
    127.0.0.0/8     Direct  0    0      D   127.0.0.1   InLoopBack0
    127.0.0.1/32    Direct  0    0      D   127.0.0.1   InLoopBack0
  192.168.1.0/24    O_ASE   150  1      D   12.1.1.1    GigabitEthernet0/0/1
  192.168.2.0/24    O_ASE   150  1      D   12.1.1.1    GigabitEthernet0/0/1
  192.168.3.0/24    O_ASE   150  1      D   12.1.1.1    GigabitEthernet0/0/1
  192.168.4.0/24    O_ASE   150  1      D   12.1.1.1    GigabitEthernet0/0/1
```

通过以上输出可以看到，引入了 4 条外部路由。

第 4 步，查看 R3 的路由表。

```
<R3>display ip routing-table
Route Flags: R - relay, D - download to fib
------------------------------------------------------------------------------
Routing Tables: Public
       Destinations : 11       Routes : 11
Destination/Mask    Proto   Pre  Cost  Flags NextHop    Interface
      2.2.2.2/32    OSPF    10   1      D   23.1.1.2    GigabitEthernet0/0/1
```

```
        3.3.3.3/32  Direct 0    0       D   127.0.0.1      LoopBack0
       12.1.1.0/24  OSPF   10   2       D   23.1.1.2       GigabitEthernet0/0/1
       23.1.1.0/24  Direct 0    0       D   23.1.1.3       GigabitEthernet0/0/1
       23.1.1.3/32  Direct 0    0       D   127.0.0.1      GigabitEthernet0/0/1
      127.0.0.0/8   Direct 0    0       D   127.0.0.1      InLoopBack0
      127.0.0.1/32  Direct 0    0       D   127.0.0.1      InLoopBack0
    192.168.1.0/24  O_ASE  150  1       D   23.1.1.2       GigabitEthernet0/0/1
    192.168.2.0/24  O_ASE  150  1       D   23.1.1.2       GigabitEthernet0/0/1
    192.168.3.0/24  O_ASE  150  1       D   23.1.1.2       GigabitEthernet0/0/1
    192.168.4.0/24  O_ASE  150  1       D   23.1.1.2       GigabitEthernet0/0/1
```

通过以上输出可以看到，也引入了 4 条外部路由。

第 5 步，通过 filter-policy 让 R2 和 R3 只能收到 192.168.1.0 这条路由。

```
[R1]ip ip-prefix ly permit 192.168.1.0 24
[R1]ospf
[R1-ospf-1]filter-policy ip-prefix ly export
```

【技术要点】

①OSPF 通过命令 import-route 引入外部路由后，为了避免产生路由环路，在发布时通过 filter-policy export 命令对引入的路由进行过滤，只将满足条件的外部路由转换为 Type5 LSA（AS-external-LSA）再发布。

②当网络中同时部署了 IS-IS 和其他路由协议时，如果已经在边界设备上引入其他路由协议的路由，在默认情况下，该设备将把引入的全部外部路由发布给 IS-IS 邻居。如果只希望将引入的部分外部路由发布给邻居，可以使用 filter-policy export 命令实现。

第 6 步，查看 R2 的路由表。

```
[R2]display ip routing-table
Route Flags: R - relay, D - download to fib
------------------------------------------------------------------------------
Routing Tables: Public
         Destinations : 9        Routes : 9
Destination/Mask    Proto   Pre  Cost      Flags NextHop         Interface
        2.2.2.2/32  Direct  0    0           D   127.0.0.1       LoopBack0
        3.3.3.3/32  OSPF    10   1           D   23.1.1.3        GigabitEthernet0/0/0
       12.1.1.0/24  Direct  0    0           D   12.1.1.2        GigabitEthernet0/0/1
       12.1.1.2/32  Direct  0    0           D   127.0.0.1       GigabitEthernet0/0/1
       23.1.1.0/24  Direct  0    0           D   23.1.1.2        GigabitEthernet0/0/0
       23.1.1.2/32  Direct  0    0           D   127.0.0.1       GigabitEthernet0/0/0
      127.0.0.0/8   Direct  0    0           D   127.0.0.1       InLoopBack0
      127.0.0.1/32  Direct  0    0           D   127.0.0.1       InLoopBack0
    192.168.1.0/24  O_ASE   150  1           D   12.1.1.1        GigabitEthernet0/0/1
```

通过以上输出可以看到，R2 的路由表里只有一条 192.168.1.0 的外部路由。

第 7 步，查看 R3 的路由表。

```
[R3]display ip routing-table
Route Flags: R - relay, D - download to fib
------------------------------------------------------------------------------
Routing Tables: Public
         Destinations : 8        Routes : 8
Destination/Mask    Proto   Pre  Cost    Flags NextHop         Interface
        2.2.2.2/32  OSPF    10   1        D   23.1.1.2        GigabitEthernet0/0/1
        3.3.3.3/32  Direct  0    0        D   127.0.0.1       LoopBack0
       12.1.1.0/24  OSPF    10   2        D   23.1.1.2        GigabitEthernet0/0/1
       23.1.1.0/24  Direct  0    0        D   23.1.1.3        GigabitEthernet0/0/1
       23.1.1.3/32  Direct  0    0        D   127.0.0.1       GigabitEthernet0/0/1
      127.0.0.0/8   Direct  0    0        D   127.0.0.1       InLoopBack0
      127.0.0.1/32  Direct  0    0        D   127.0.0.1       InLoopBack0
    192.168.1.0/24  O_ASE   150  1        D   23.1.1.2        GigabitEthernet0/0/1
```

6.2.2 实验 2：配置双点双向路由重发布

1. 实验目的

（1）熟悉双点双向路由重发布的应用场景。

（2）掌握双点双向路由重发布的配置方法。

2. 实验拓扑

配置双点双向路由重发布的实验拓扑如图 6-6 所示。

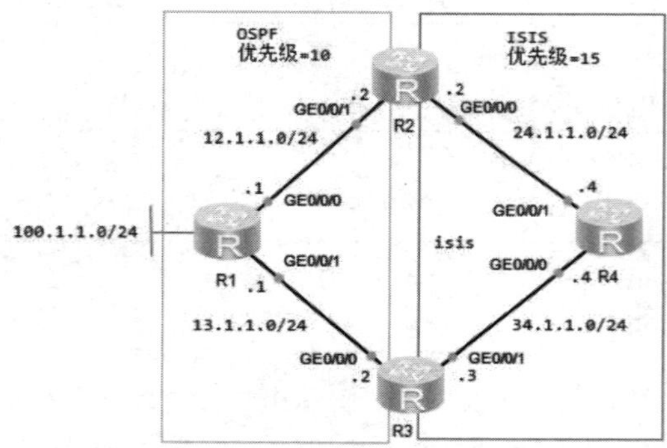

图 6-6　配置双点双向路由重发布的实验拓扑

3. 实验步骤

（1）配置 IP 地址。

R1 的配置：

```
<Huawei>system-view
[Huawei]undo info-center enable
```

```
[Huawei]sysname R1
[R1]interface g0/0/0
[R1-GigabitEthernet0/0/0]ip address 12.1.1.1 24
[R1-GigabitEthernet0/0/0]quit
[R1]interface g0/0/1
[R1-GigabitEthernet0/0/1]ip address 13.1.1.1 24
[R1-GigabitEthernet0/0/1]quit
[R1]interface LoopBack 0
[R1-LoopBack0]ip address 1.1.1.1 32
[R1-LoopBack0]quit
```

R2 的配置：

```
<Huawei>system-view
Enter system view, return user view with Ctrl+Z.
[Huawei]undo info-center enable
Info: Information center is disabled.
[Huawei]sysname R2
[R2]interface g0/0/1
[R2-GigabitEthernet0/0/1]ip address 12.1.1.2 24
[R2-GigabitEthernet0/0/1]quit
[R2]interface g0/0/0
[R2-GigabitEthernet0/0/0]ip address 24.1.1.2 24
[R2-GigabitEthernet0/0/0]quit
[R2]interface LoopBack 0
[R2-LoopBack0]ip address 2.2.2.2 32
[R2-LoopBack0]quit
```

R3 的配置：

```
<Huawei>system-view
[Huawei]undo info-center enable
[Huawei]sysname R3
[R3]interface g0/0/0
[R3-GigabitEthernet0/0/0]ip address 13.1.1.3 24
[R3-GigabitEthernet0/0/0]quit
[R3]interface g0/0/1
[R3-GigabitEthernet0/0/1]ip address 34.1.1.3 24
[R3-GigabitEthernet0/0/1]quit
[R3]interface LoopBack 0
[R3-LoopBack0]ip address 3.3.3.3 32
[R3-LoopBack0]quit
```

R4 的配置：

```
<Huawei>system-view
Enter system view, return user view with Ctrl+Z.
[Huawei]undo info-center enable
Info: Information center is disabled.
[Huawei]sysname R4
[R4]interface g0/0/0
```

```
[R4-GigabitEthernet0/0/0]ip address 34.1.1.4 24
[R4-GigabitEthernet0/0/0]quit
[R4]interface g0/0/1
[R4-GigabitEthernet0/0/1]ip address 24.1.1.4 24
[R4-GigabitEthernet0/0/1]quit
[R4]interface LoopBack 0
[R4-LoopBack0]ip address 4.4.4.4 32
[R4-LoopBack0]quit
```

（2）配置 OSPF。

R1 的配置：

```
[R1]ospf router-id 1.1.1.1
[R1-ospf-1]area 0
[R1-ospf-1-area-0.0.0.0]network 1.1.1.1 0.0.0.0
[R1-ospf-1-area-0.0.0.0]network 12.1.1.0 0.0.0.255
[R1-ospf-1-area-0.0.0.0]network 13.1.1.0 0.0.0.255
[R1-ospf-1-area-0.0.0.0]quit
```

R2 的配置：

```
[R2]ospf router-id 2.2.2.2
[R2-ospf-1]area 0
[R2-ospf-1-area-0.0.0.0]network 12.1.1.0 0.0.0.255
[R2-ospf-1-area-0.0.0.0]network 2.2.2.2 0.0.0.0
[R2-ospf-1-area-0.0.0.0]quit
```

R3 的配置：

```
[R3]ospf router-id 3.3.3.3
[R3-ospf-1]area 0
[R3-ospf-1-area-0.0.0.0]network 13.1.1.0 0.0.0.255
[R3-ospf-1-area-0.0.0.0]network 3.3.3.3 0.0.0.0
[R3-ospf-1-area-0.0.0.0]quit
```

（3）配置 IS-IS。

R2 的配置：

```
[R2]isis
[R2-isis-1]network-entity 49.0234.0000.0000.0002.00
[R2-isis-1]cost-style wide
[R2]interface g0/0/0
[R2-GigabitEthernet0/0/0]isis enable
[R2-GigabitEthernet0/0/0]quit
```

R3 的配置：

```
[R3]isis
[R3-isis-1]network-entity 49.0234.0000.0000.0003.00
[R3-isis-1]cost-style wide
[R3-isis-1]quit
[R3]interface g0/0/1
[R3-GigabitEthernet0/0/1]isis enable
```

```
[R3-GigabitEthernet0/0/1]quit
```

R4 的配置：

```
[R4]isis
[R4-isis-1]network-entity 49.0234.0000.0000.0004.00
[R4-isis-1]cost-style wide
[R4-isis-1]quit
[R4]interface g0/0/0
[R4-GigabitEthernet0/0/0]isis enable
[R4-GigabitEthernet0/0/0]quit
[R4]interface g0/0/1
[R4-GigabitEthernet0/0/1]isis enable
[R4-GigabitEthernet0/0/1]quit
[R4]interface LoopBack 0
[R4-LoopBack0]isis enable
[R4-LoopBack0]quit
```

4．实验调试

（1）在 R1 上创建一个环回口，IP 地址为 100.1.1.0/24，引入 OSPF。

```
[R1]interface LoopBack 100
[R1-LoopBack100]ip address 100.1.1.1 24
[R1-LoopBack100]quit
[R1]ip ip-prefix 100.0 permit 100.1.1.0 24          //抓取路由 100.1.1.0
[R1]route-policy ly permit node 10                  //设置策略 ly
[R1-route-policy]if-match ip-prefix 100.0
[R1-route-policy]quit
[R1]ospf
[R1-ospf-1]import-route direct route-policy ly   //引入直连路由时调用路由策略
[R1-ospf-1]quit
```

（2）在 R2 上查看路由表。

```
[R2]display ip routing-table
Route Flags: R - relay, D - download to fib
------------------------------------------------------------------------------
Routing Tables: Public
         Destinations : 13       Routes : 13
Destination/Mask  Proto   Pre  Cost  Flags NextHop     Interface
       1.1.1.1/32 OSPF    10   1      D   12.1.1.1     GigabitEthernet0/0/1
       2.2.2.2/32 Direct  0    0      D   127.0.0.1    LoopBack0
       3.3.3.3/32 OSPF    10   2      D   12.1.1.1     GigabitEthernet0/0/1
       4.4.4.4/32 ISIS-L1 15   10     D   24.1.1.4     GigabitEthernet0/0/0
      12.1.1.0/24 Direct  0    0      D   12.1.1.2     GigabitEthernet0/0/1
      12.1.1.2/32 Direct  0    0      D   127.0.0.1    GigabitEthernet0/0/1
      13.1.1.0/24 OSPF    10   2      D   12.1.1.1     GigabitEthernet0/0/1
      24.1.1.0/24 Direct  0    0      D   24.1.1.2     GigabitEthernet0/0/0
      24.1.1.2/32 Direct  0    0      D   127.0.0.1    GigabitEthernet0/0/0
      34.1.1.0/24 ISIS-L1 15   20     D   24.1.1.4     GigabitEthernet0/0/0
```

```
100.1.1.0/24 O_ASE    150  1      D   12.1.1.1      GigabitEthernet0/0/1
127.0.0.0/8  Direct   0    0      D   127.0.0.1     InLoopBack0
127.0.0.1/32 Direct   0    0      D   127.0.0.1     InLoopBack0
```

（3）在 R2 上把 OSPF 的路由引入 IS-IS。

```
[R2]isis
[R2-isis-1]import-route ospf
[R2-isis-1]quit
```

（4）在 R3 上查看路由表。

```
<R3>display ip routing-table
Route Flags: R - relay, D - download to fib
------------------------------------------------------------------------------
Routing Tables: Public
      Destinations : 13       Routes : 13
Destination/Mask  Proto    Pre  Cost Flags NextHop     Interface
      1.1.1.1/32  OSPF     10   1     D   13.1.1.1     GigabitEthernet0/0/0
      2.2.2.2/32  OSPF     10   2     D   13.1.1.1     GigabitEthernet0/0/0
      3.3.3.3/32  Direct   0    0     D   127.0.0.1    LoopBack0
      4.4.4.4/32  ISIS-L1  15   10    D   34.1.1.4     GigabitEthernet0/0/1
     12.1.1.0/24  OSPF     10   2     D   13.1.1.1     GigabitEthernet0/0/0
     13.1.1.0/24  Direct   0    0     D   13.1.1.3     GigabitEthernet0/0/0
     13.1.1.3/32  Direct   0    0     D   127.0.0.1    GigabitEthernet0/0/0
     24.1.1.0/24  ISIS-L1  15   20    D   34.1.1.4     GigabitEthernet0/0/1
     34.1.1.0/24  Direct   0    0     D   34.1.1.3     GigabitEthernet0/0/1
     34.1.1.3/32  Direct   0    0     D   127.0.0.1    GigabitEthernet0/0/1
    100.1.1.0/24  ISIS-L2  15   84    D   34.1.1.4     GigabitEthernet0/0/1
    127.0.0.0/8   Direct   0    0     D   127.0.0.1    InLoopBack0
    127.0.0.1/32  Direct   0    0     D   127.0.0.1    InLoopBack
```

通过以上输出可以看到，R3 访问 100.1.1.0 的下一跳为 34.1.1.4，而不是 12.1.1.1，产生了次优路径。

【技术要点 1】产生次优路径的原因

①R1 将直连路由 100.1.1.0/24 引入 OSPF。

②R2 先将 100.1.1.0/24 重新发布到 IS-IS 中，R3 将会学习到来自 R4 的 IS-IS 路由。

③对 R3 而言，IS-IS 路由（优先级 15）优于 OSPF 外部路由（优先级 150），因此优先选择来自 R4 的 IS-IS 路由。后续 R3 访问 100.1.1.0/24 网段的路径为 R3—R4—R2—R1，这是次优路径。

（5）在 R3 上使用 filter-policy，把 R4 传过来的路由过滤掉，解决次优路径。

```
[R3]acl 2000  //创建基本的 ACL，编号为 2000
[R3-acl-basic-2000]rule 5 deny source 100.1.1.0 0      //规则 5 拒绝 100.1.1.0
[R3-acl-basic-2000]rule 10 permit                      //规则 10 允许所有
[R3-acl-basic-2000]quit
```

```
[R3]isis
[R3-isis-1]filter-policy 2000 import  //filter-policy调用ACL2000，方向为import
[R3-isis-1]quit
```

【技术要点2】次优路径解决办法一

在R3的IS-IS进程内，通过filter-policy禁止来自R4的100.1.1.0/24路由加入本地路由表。

（6）在R3上再次查看路由表。

```
[R3]display ip routing-table
Route Flags: R-relay, D-download to fib
------------------------------------------------------------------------------
Routing Tables: Public
         Destinations : 13        Routes : 13
Destination/Mask    Proto    Pre  Cost   Flags NextHop    Interface
        1.1.1.1/32  OSPF     10   1       D   13.1.1.1    GigabitEthernet0/0/0
        2.2.2.2/32  OSPF     10   2       D   13.1.1.1    GigabitEthernet0/0/0
        3.3.3.3/32  Direct   0    0       D   127.0.0.1   LoopBack0
        4.4.4.4/32  ISIS-L1  15   10      D   34.1.1.4    GigabitEthernet0/0/1
       12.1.1.0/24  OSPF     10   2       D   13.1.1.1    GigabitEthernet0/0/0
       13.1.1.0/24  Direct   0    0       D   13.1.1.3    GigabitEthernet0/0/0
       13.1.1.3/32  Direct   0    0       D   127.0.0.1   GigabitEthernet0/0/0
       24.1.1.0/24  ISIS-L1  15   20      D   34.1.1.4    GigabitEthernet0/0/1
       34.1.1.0/24  Direct   0    0       D   34.1.1.3    GigabitEthernet0/0/1
       34.1.1.3/32  Direct   0    0       D   127.0.0.1   GigabitEthernet0/0/1
      100.1.1.0/24  O_ASE    150  1       D   13.1.1.1    GigabitEthernet0/0/0
      127.0.0.0/8   Direct   0    0       D   127.0.0.1   InLoopBack0
      127.0.0.1/32  Direct   0    0       D   127.0.0.1   InLoopBack0
```

通过以上输出可以看到，R3访问100.1.1.0/24的下一跳为13.1.1.1，次优路径解决了。同理，在R3上把OSPF引入IS-IS，在R2上也会产生次优路径，这个问题也需要解决。

（7）在R3上把OSPF引入IS-IS。

```
[R3]ISIS
[R3-ISIS-1]import-route ospf
[R3-ISIS-1]quit
```

（8）查看R2的路由表。

```
<R2>display ip routing-table
Route Flags: R - relay, D - download to fib
------------------------------------------------------------------------------
Routing Tables: Public
         Destinations : 13        Routes : 13
Destination/Mask    Proto    Pre  Cost  Flags NextHop    Interface
        1.1.1.1/32  OSPF     10   1      D   12.1.1.1    GigabitEthernet0/0/1
        2.2.2.2/32  Direct   0    0      D   127.0.0.1   LoopBack0
        3.3.3.3/32  OSPF     10   2      D   12.1.1.1    GigabitEthernet0/0/1
```

```
     4.4.4.4/32  ISIS-L1 15   10    D   24.1.1.4      GigabitEthernet0/0/0
    12.1.1.0/24  Direct  0    0     D   12.1.1.2      GigabitEthernet0/0/1
    12.1.1.2/32  Direct  0    0     D   127.0.0.1     GigabitEthernet0/0/1
    13.1.1.0/24  OSPF    10   2     D   12.1.1.1      GigabitEthernet0/0/1
    24.1.1.0/24  Direct  0    0     D   24.1.1.2      GigabitEthernet0/0/0
    24.1.1.2/32  Direct  0    0     D   127.0.0.1     GigabitEthernet0/0/0
    34.1.1.0/24  ISIS-L1 15   20    D   24.1.1.4      GigabitEthernet0/0/0
   100.1.1.0/24  ISIS-L2 15   84    D   24.1.1.4      GigabitEthernet0/0/0
   127.0.0.0/8   Direct  0    0     D   127.0.0.1     InLoopBack0
   127.0.0.1/32  Direct  0    0     D   127.0.0.1     InLoopBack0
```

通过以上输出可以看到，R2 访问 100.1.1.0/24 的下一跳为 24.1.1.4，也产生了次优路径。

（9）在 R2 上，把 OSPF 关于 100.1.1.0 的这条路由的优先级修改为 14。

```
[R2]acl 2000    //创建基本的 ACL2000
[R2-acl-basic-2000]rule permit source 100.1.1.0 0    //允许 100.1.1.0
[R2-acl-basic-2000]quit
[R2]route-policy ly permit node 10
[R2-route-policy]if-match acl 2000            //匹配 ACL2000
[R2-route-policy]apply preference 14          //把优先级修改为 14
[R2-route-policy]quit
[R2]ospf
[R2-ospf-1]preference ase route-policy ly    //优先级调用 route-policy ly
[R2-ospf-1]quit
```

（10）再一次查看 R2 的路由表。

```
[R2]display ip routing-table
Route Flags: R - relay, D - download to fib
------------------------------------------------------------------------------
Routing Tables: Public
        Destinations : 13      Routes : 13
Destination/Mask    Proto   Pre  Cost  Flags NextHop    Interface
       1.1.1.1/32   OSPF    10   1      D   12.1.1.1      GigabitEthernet0/0/1
       2.2.2.2/32   Direct  0    0      D   127.0.0.1     LoopBack0
       3.3.3.3/32   OSPF    10   2      D   12.1.1.1      GigabitEthernet0/0/1
       4.4.4.4/32   ISIS-L1 15   10     D   24.1.1.4      GigabitEthernet0/0/0
      12.1.1.0/24   Direct  0    0      D   12.1.1.2      GigabitEthernet0/0/1
      12.1.1.2/32   Direct  0    0      D   127.0.0.1     GigabitEthernet0/0/1
      13.1.1.0/24   OSPF    10   2      D   12.1.1.1      GigabitEthernet0/0/1
      24.1.1.0/24   Direct  0    0      D   24.1.1.2      GigabitEthernet0/0/0
      24.1.1.2/32   Direct  0    0      D   127.0.0.1     GigabitEthernet0/0/0
      34.1.1.0/24   ISIS-L1 15   20     D   24.1.1.4      GigabitEthernet0/0/0
     100.1.1.0/24   O_ASE   14   1      D   12.1.1.1      GigabitEthernet0/0/1
     127.0.0.0/8    Direct  0    0      D   127.0.0.1     InLoopBack0
     127.0.0.1/32   Direct  0    0      D   127.0.0.1     InLoopBack0
```

通过以上输出可以看到，R2 访问 100.1.1.0 的下一跳为 12.1.1.1，次优路径得到解决。

【技术要点 1】次优路径解决办法二

R3 通过 ACL 匹配 100.1.1.0/24 路由，在 route-policy 中调用该条 ACL，将匹配这条 ACL 的路由的优先级设置为 14（优于 IS-IS）。在 OSPF 视图下，使用 preference ase 命令可以调用 Route-Policy 修改外部路由的优先级。

（11）分别在 R2 和 R3 上把 IS-IS 的路由引入 OSPF。

```
[R2]ospf
[R2-ospf-1]import-route isis
[R2-ospf-1]quit
[R3]ospf
[R3-ospf-1]import-route isis
[R3-ospf-1]quit
```

双点双向重分布后会引起路由环路，如图 6-7 所示。

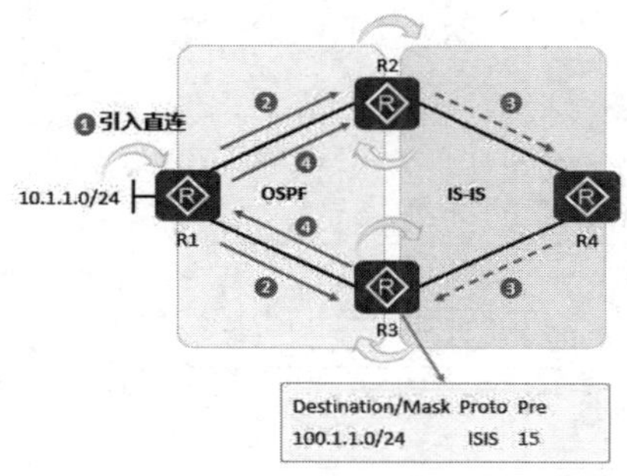

图 6-7　双点双向重分布路由环路

环路形成的原因如下：

①R1 将直连路由 100.1.1.0/24 引入 OSPF。

②R1、R2、R3 运行 OSPF 协议，10.1.1.0/24 网段路由在全 OSPF 域内通告。

③R2 执行了双向路由重发布。

④R2、R3、R4 运行 IS-IS 协议，10.1.1.0/24 网段路由在全 IS-IS 域内通告。

⑤R3 执行了双向路由重发布。

⑥10.1.1.0/24 网段路由再次被通告进 OSPF 域内，形成路由环路。

（12）解决第一个环路：100.1.1.0—R1—R2—R4—R3—R1。

```
[R3]acl 2001
[R3-acl-basic-2001]rule 5 deny source 100.1.1.0 0
[R3-acl-basic-2001]rule 10 permit
[R3-acl-basic-2001]quit
[R3]route-policy hcip permit node 10
[R3-route-policy]if-match acl 2001
[R3-route-policy]quit
[R3]ospf
```

```
[R3-ospf-1]import-route isis route-policy hcip
[R3-ospf-1]
```

【技术要点】环路解决办法一

在 R3 的 OSPF 中引入 IS-IS 路由时，通过 route-policy 过滤掉 10.1.1.0/24 路由。

（13）解决第二个环路：100.1.1.0—R1—R3—R4—R2—R1。

第 1 步，在 R3 上将路由 100.1.1.0/24 从 OSPF 引入 IS-IS 时添加标记（Tag）888。

```
[R3]acl 2500
[R3-acl-basic-2500]rule permit source 100.1.1.0 0
[R3-acl-basic-2500]quit
[R3]route-policy tag permit node 10
[R3-route-policy]if-match acl 2500
[R3-route-policy]apply TAG 888
[R3-route-policy]quit
[R3]isis
[R3-isis-1]import-route ospf route-policy tag
```

第 2 步，在 R2 上查看 100.1.1.0 的详细信息。

```
[R2]display ip routing-table 100.1.1.0 verbose
Route Flags: R - relay, D - download to fib
------------------------------------------------------------------------------
Routing Table : Public
Summary Count : 2

Destination: 100.1.1.0/24
     Protocol: O_ASE               Process ID: 1
     Preference: 14                Cost: 1
     NextHop: 12.1.1.1             Neighbour: 0.0.0.0
     State: Active Adv             Age: 00h53m39s
     Tag: 1                        Priority: low
     Label: NULL                   QoSInfo: 0x0
     IndirectID: 0x0
     RelayNextHop: 0.0.0.0         Interface: GigabitEthernet0/0/1
     TunnelID: 0x0                 Flags:  D

Destination: 100.1.1.0/24
     Protocol: ISIS-L2             Process ID: 1
     Preference: 15                Cost: 20
     NextHop: 24.1.1.4             Neighbour: 0.0.0.0
     State: Inactive Adv           Age: 00h01m43s
     Tag: 888                      Priority: low
     Label: NULL                   QoSInfo: 0x0
     IndirectID: 0x0
     RelayNextHop: 0.0.0.0         Interface: GigabitEthernet0/0/0
     TunnelID: 0x0                 Flags:
```

通过以上输出可以看到，R4 传给 R2 的路由的 Tag 为 888。

【技术要点】

只有把 IS-IS 的 Cost-type 改成 wide，Tag 才生效。

第 3 步，在 R2 上看到标记为 888 的路由，把它过滤掉。

```
[R2]route-policy hl deny node 10
[R2-route-policy]if-match tag 888
[R2-route-policy]quit
[R2]route-policy hl permit node 20
[R2-route-policy]quit
[R2]ospf
[R2-ospf-1]import-route isis route-policy hl
[R2-ospf-1]quit
```

【技术要点】环路解决办法二

使用 Tag 实现有选择性的路由引入，在 R3 上将路由 100.1.1.0/24 从 OSPF 引入 IS-IS 时添加 Tag 200，在 R2 上将 IS-IS 引入 OSPF 中时，过滤携带 Tag 888 的路由。

6.3　策略路由实验

6.3.1　实验 3：基于策略的路由

扫一扫，看视频

1．实验目的

（1）熟悉 PBR 的应用场景。

（2）掌握 PBR 的配置方法。

2．实验拓扑

配置 PBR 的实验拓扑如图 6-8 所示。

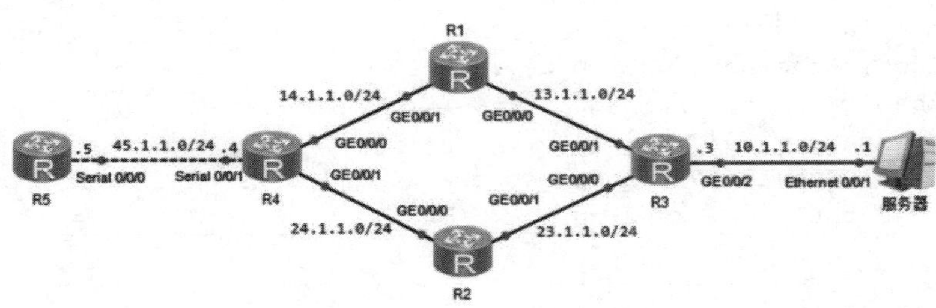

图 6-8　配置 PBR 的实验拓扑

3. 实验步骤

（1）配置 IP 地址。

R1 的配置：

```
<Huawei>system-view
Enter system view, return user view with Ctrl+Z.
[Huawei]undo info-center enable
[Huawei]sysname R1
[R1]interface g0/0/0
[R1-GigabitEthernet0/0/0]ip address 13.1.1.1 24
[R1-GigabitEthernet0/0/0]quit
[R1]interface g0/0/1
[R1-GigabitEthernet0/0/1]ip address 14.1.1.1 24
[R1-GigabitEthernet0/0/1]quit
```

R2 的配置：

```
<Huawei>system-view
Enter system view, return user view with Ctrl+Z.
[Huawei]sysname R2
[R2]undo info-center enable
Info: Information center is disabled.
[R2]interface g0/0/0
[R2-GigabitEthernet0/0/0]ip address 24.1.1.2 24
[R2-GigabitEthernet0/0/0]quit
[R2]int
[R2]interface g0/0/1
[R2-GigabitEthernet0/0/1]ip address 23.1.1.2 24
[R2-GigabitEthernet0/0/1]quit
```

R3 的配置：

```
<Huawei>system-view
Enter system view, return user view with Ctrl+Z.
[Huawei]undo info-center enable
Info: Information center is disabled.
[Huawei]sysname R3
[R3]interface g0/0/0
[R3-GigabitEthernet0/0/0]ip address 23.1.1.3 24
[R3-GigabitEthernet0/0/0]quit
[R3]interface g0/0/1
[R3-GigabitEthernet0/0/1]ip address 13.1.1.3 24
[R3-GigabitEthernet0/0/1]quit
[R3]interface g0/0/2
[R3-GigabitEthernet0/0/2]ip address 10.1.1.3 24
[R3-GigabitEthernet0/0/2]quit
```

R4 的配置：

```
<Huawei>system-view
Enter system view, return user view with Ctrl+Z.
```

```
[Huawei]undo info-center enable
[Huawei]sysname R4
[R4]interface g0/0/0
[R4-GigabitEthernet0/0/0]ip address 14.1.1.4 24
[R4-GigabitEthernet0/0/0]quit
[R4]interface g0/0/1
[R4-GigabitEthernet0/0/1]ip address 24.1.1.4 24
[R4-GigabitEthernet0/0/1]quit
[R4]interface s0/0/1
[R4-Serial0/0/1]ip address 45.1.1.4 24
[R4-Serial0/0/1]quit
[R4]interface LoopBack 0
[R4-LoopBack0]ip ad
[R4-LoopBack0]ip address 4.4.4.4 24
[R4-LoopBack0]quit
```

R5 的配置：

```
[R5]interface s0/0/0
[R5-Serial0/0/0]ip adderss 45.1.1.5 24
[R5-Serial0/0/0]quit
```

服务器的配置如图 6-9 所示。

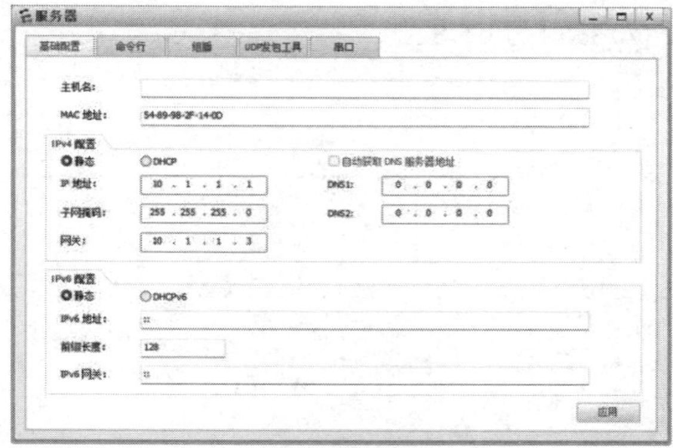

图 6-9　服务器的配置

（2）配置 OSPF。

R1 的配置：

```
[R1]ospf router-id 1.1.1.1
[R1-ospf-1]area 0
[R1-ospf-1-area-0.0.0.0]network 13.1.1.0 0.0.0.255
[R1-ospf-1-area-0.0.0.0]network 14.1.1.0 0.0.0.255
[R1-ospf-1-area-0.0.0.0]quit
```

R2 的配置：

```
[R2]ospf router-id 2.2.2.2
[R2-ospf-1]area 0
```

```
[R2-ospf-1-area-0.0.0.0]network 24.1.1.0 0.0.0.255
[R2-ospf-1-area-0.0.0.0]network 23.1.1.0 0.0.0.255
[R2-ospf-1-area-0.0.0.0]quit
```

R3 的配置：

```
[R3]ospf router-id 3.3.3.3
[R3-ospf-1]area 0
[R3-ospf-1-area-0.0.0.0]network 13.1.1.0 0.0.0.255
[R3-ospf-1-area-0.0.0.0]network 23.1.1.0 0.0.0.255
[R3-ospf-1-area-0.0.0.0]network 10.1.1.0 0.0.0.255
[R3-ospf-1-area-0.0.0.0]quit
```

R4 的配置：

```
[R4]ospf router-id 4.4.4.4
[R4-ospf-1]area 0
[R4-ospf-1-area-0.0.0.0]network 14.1.1.0 0.0.0.255
[R4-ospf-1-area-0.0.0.0]network 24.1.1.0 0.0.0.255
[R4-ospf-1-area-0.0.0.0]network 45.1.1.0 0.0.0.255
[R4-ospf-1-area-0.0.0.0]network 4.4.4.0 0.0.0.255
[R4-ospf-1-area-0.0.0.0]quit
```

R5 的配置：

```
[R5]ip route-static 0.0.0.0 0.0.0.0 45.1.1.4
```

（3）修改 R4 的 GE0/0/0 接口的 COST。

```
[R4]interface g0/0/0
[R4-GigabitEthernet0/0/0]ospf cost 40
[R4-GigabitEthernet0/0/0]quit
```

（4）在 R5 上跟踪 10.1.1.1。

```
[R5]tracert 10.1.1.1
 traceroute to  10.1.1.1(10.1.1.1), max hops: 30 ,packet length: 40,press
 CTRL_C to break
 1 45.1.1.4 40 ms  70 ms  30 ms
 2 24.1.1.2 120 ms  110 ms  100 ms
 3 23.1.1.3 150 ms  140 ms  130 ms
 4 10.1.1.1 150 ms  180 ms  150 ms
```

通过以上输出可以看到，R5 访问服务器的路径为 R5—R4—R2—R3—服务器。

（5）设置 PBR 让 R5 访问服务器的路径为 R5—R4—R1—R3—服务器。

第 1 步，匹配流量。

```
[R4]acl 3000
[R4-acl-adv-3000]rule 10 permit ip source 45.1.1.0 0.0.0.255 destination 10.1.1.1 0
[R4-acl-adv-3000]quit
```

第 2 步，创建 PBR。

```
[R4]policy-based-route hcip permit node 10
[R4-policy-based-route-hcip-10]if-match acl 3000
[R4-policy-based-route-hcip-10]apply ip-address next-hop 14.1.1.1
```

```
[R4-policy-based-route-hcip-10]quit
```

第3步，接口下调用PBR。

```
[R4]interface s0/0/1
[R4-Serial0/0/1]ip policy-based-route hcip
[R4-Serial0/0/1]quit
```

4．实验调试

（1）在R5上跟踪10.1.1.1。

```
<R5>tracert 10.1.1.1
 traceroute to 10.1.1.1(10.1.1.1), max hops: 30,packet length: 40,press
CTRL_C to break
 1 45.1.1.4 60  ms  60 ms  60 ms
 2 14.1.1.1 130 ms  80 ms  90 ms
 3 13.1.1.3 130 ms  100 ms  160 ms
 4 10.1.1.1 160 ms  180 ms  160 ms
```

通过以上输出可以看到，R5访问服务器的路径变成了R5—R4—R1—R3—服务器。

（2）在R4上跟踪10.1.1.1。

```
<R4>tracert 10.1.1.1
 traceroute to 10.1.1.1(10.1.1.1), max hops: 30,packet length: 40,press
CTRL_C to break
 1 24.1.1.2 60 ms  60 ms  60 ms
 2 23.1.1.3 80 ms  100 ms  90 ms
 3 10.1.1.1 110 ms  90 ms  80 ms
```

通过以上输出可以看到，R4的本地流量路径还是R4—R2—服务器。

【技术要点】

PBR在接口下应用，只对通过的流量起作用，对本地产生的流量不起作用。

（3）让R4产生的流量也走PBR路径。

第1步：抓取流量。

```
[R4]acl 3000
[R4-acl-adv-3000]rule 20 permit ip source 4.4.4.0 0.0.0.255 destination
10.1.1.1 0
```

第2步：全局调用。

```
[R4]ip local policy-based-route hcip
```

（4）在R4上访问10.1.1.1，源地址为4.4.4.4。

```
[R4]tracert -a 4.4.4.4 10.1.1.1
 traceroute to  10.1.1.1(10.1.1.1), max hops: 30 ,packet length: 40,press
CTRL_C to break
 1 14.1.1.1 70 ms  30 ms  30 ms
 2 13.1.1.3 120 ms  110 ms  130 ms
```

```
   3 10.1.1.1 120 ms  140 ms  160 ms
```

通过以上输出可以看到，R4 的本地流量路径是 R4—R3—服务器。

6.3.2 实验 4：配置 MQC

1. 实验目的

（1）熟悉 MQC 的应用场景。

（2）掌握 MQC 的配置方法。

2. 实验拓扑

配置 MQC 的实验拓扑如图 6-10 所示。

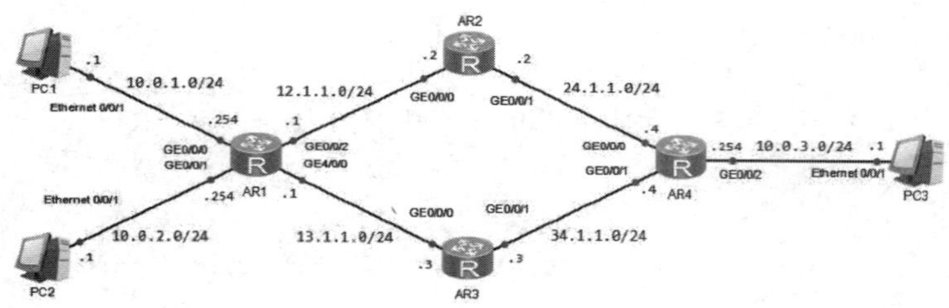

图 6-10　配置 MQC 的实验拓扑

3. 实验步骤

（1）配置 IP 地址。

AR1 的配置：

```
<Huawei>system-view
[Huawei]undo info-center enable
[Huawei]sysname AR1
[AR1]int g0/0/0
[AR1-GigabitEthernet0/0/0]ip address 10.0.1.254 24
[AR1-GigabitEthernet0/0/0]quit
[AR1]int g0/0/1
[AR1-GigabitEthernet0/0/1]ip address 10.0.2.254 24
[AR1-GigabitEthernet0/0/1]quit
[AR1]int g0/0/2
[AR1-GigabitEthernet0/0/2]ip address 12.1.1.1 24
[AR1-GigabitEthernet0/0/2]quit
[AR1]int g4/0/0
[AR1-GigabitEthernet4/0/0]ip ad
[AR1-GigabitEthernet4/0/0]ip address 13.1.1.1 24
[AR1-GigabitEthernet4/0/0]quit
```

AR2 的配置：

```
<Huawei>system-view
```

```
[Huawei]undo info-center enable
[Huawei]sysname AR2
[AR2]int g0/0/0
[AR2-GigabitEthernet0/0/0]ip address 12.1.1.2 24
[AR2-GigabitEthernet0/0/0]quit
[AR2]int g0/0/1
[AR2-GigabitEthernet0/0/1]ip address 24.1.1.2 24
[AR2-GigabitEthernet0/0/1]quit
```

AR3 的配置：

```
<Huawei>system-view
[Huawei]undo info-center enable
[Huawei]sysname AR3
[AR3]int g0/0/0
[AR3-GigabitEthernet0/0/0]ip address 13.1.1.3 24
[AR3-GigabitEthernet0/0/0]quit
[AR3]int g0/0/1
[AR3-GigabitEthernet0/0/1]ip address 34.1.1.3 24
[AR3-GigabitEthernet0/0/1]quit
```

AR4 的配置：

```
<Huawei>system-view
[Huawei]undo info-center enable
[Huawei]sysname AR4
[AR4]int g0/0/0
[AR4-GigabitEthernet0/0/0]ip address 24.1.1.4 24
[AR4-GigabitEthernet0/0/0]quit
[AR4]int g0/0/1
[AR4-GigabitEthernet0/0/1]ip address 34.1.1.4 24
[AR4-GigabitEthernet0/0/1]quit
[AR4]int g0/0/2
[AR4-GigabitEthernet0/0/2]ip address 10.0.3.254 24
[AR4-GigabitEthernet0/0/2]quit
```

PC1 的配置如图 6-11 所示。

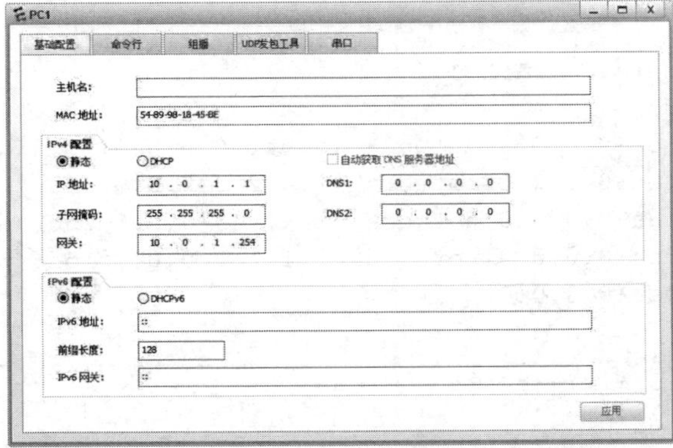

图 6-11　PC1 的配置

PC2 的配置如图 6-12 所示。

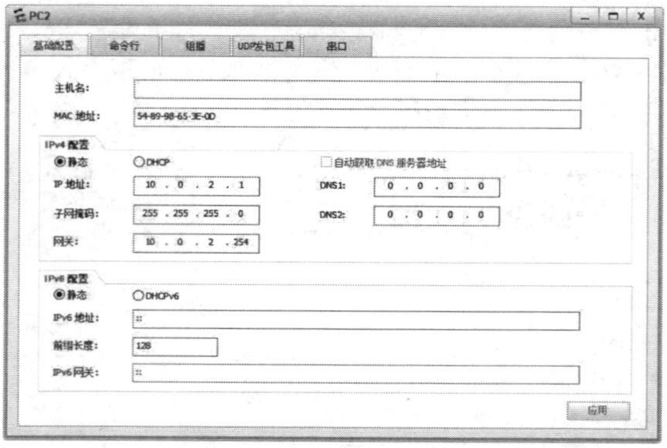

图 6-12　PC2 的配置

PC3 的配置如图 6-13 所示。

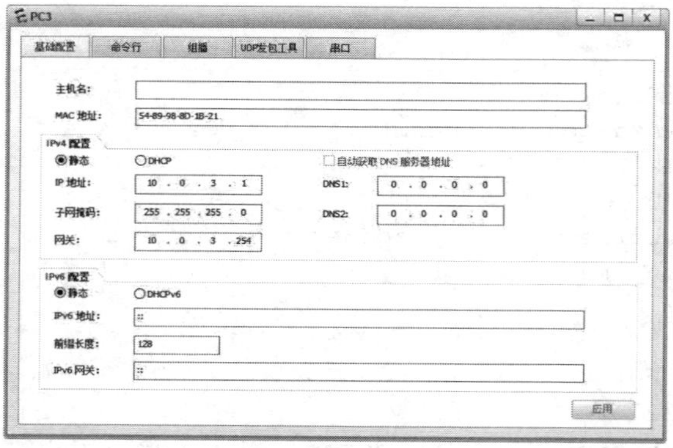

图 6-13　PC3 的配置

（2）配置 OSPF。

AR1 的配置：

```
[AR1]ospf router-id 1.1.1.1
[AR1-ospf-1]area 0
[AR1-ospf-1-area-0.0.0.0]network 10.0.1.0 0.0.0.255
[AR1-ospf-1-area-0.0.0.0]network 10.0.2.0 0.0.0.255
[AR1-ospf-1-area-0.0.0.0]network 12.1.1.0 0.0.0.255
[AR1-ospf-1-area-0.0.0.0]network 13.1.1.0 0.0.0.255
[AR1-ospf-1-area-0.0.0.0]quit
```

AR2 的配置：

```
[AR2]ospf router-id 2.2.2.2
[AR2-ospf-1]area 0
[AR2-ospf-1-area-0.0.0.0]network 12.1.1.0 0.0.0.255
[AR2-ospf-1-area-0.0.0.0]network 24.1.1.0 0.0.0.255
```

```
[AR2-ospf-1-area-0.0.0.0]quit
```

AR3 的配置：

```
[AR3]ospf router-id 3.3.3.3
[AR3-ospf-1]area 0
[AR3-ospf-1-area-0.0.0.0]network 13.1.1.0 0.0.0.255
[AR3-ospf-1-area-0.0.0.0]network 34.1.1.0 0.0.0.255
[AR3-ospf-1-area-0.0.0.0]quit
```

AR4 的配置：

```
[AR4]ospf router-id 4.4.4.4
[AR4-ospf-1]area 0
[AR4-ospf-1-area-0.0.0.0]network 24.1.1.0 0.0.0.255
[AR4-ospf-1-area-0.0.0.0]network 34.1.1.0 0.0.0.255
[AR4-ospf-1-area-0.0.0.0]network 10.0.3.0 0.0.0.255
[AR4-ospf-1-area-0.0.0.0]quit
```

（3）查看 AR1 上的 OSPF 路由表。

```
[AR1]display ip routing-table protocol ospf
Route Flags: R - relay, D - download to fib
------------------------------------------------------------------------------
Public routing table : OSPF
        Destinations : 3        Routes : 4
OSPF routing table status : <Active>
        Destinations : 3        Routes : 4
Destination/Mask    Proto  Pre  Cost  Flags  NextHop    Interface
      10.0.3.0/24   OSPF   10   3      D      12.1.1.2  GigabitEthernet0/0/2
                    OSPF   10   3      D      13.1.1.3  GigabitEthernet4/0/0
      24.1.1.0/24   OSPF   10   2      D      12.1.1.2  GigabitEthernet0/0/2
      34.1.1.0/24   OSPF   10   2      D      13.1.1.3  GigabitEthernet4/0/0
OSPF routing table status : <Inactive>
        Destinations : 0        Routes : 0
```

通过以上输出可以发现，从 AR1 去往 PC3 时存在等价路由，也就是说，PC1 访问 PC3 的流量路径可能是 PC1—AR1—AR2—AR4—PC3，也可能是 PC1—AR1—AR3—AR4—PC3。

（4）配置 MQC 使得 PC1 访问 PC3 的流量路径为 PC1—AR1—AR2—AR4—PC3，PC2 访问 PC3 的流量路径为 PC2—AR1—AR3—AR4—PC3。

PC1 访问 PC3 的配置：

```
[AR1]acl 3000
[AR1-acl-adv-3000]rule 5 permit ip source  10.0.1.1 0 destination 10.0.3.1 0
[AR1-acl-adv-3000]quit
[AR1]traffic classifier pc1-pc3 operator or      //定义流分类
[AR1-classifier-pc1-pc3]if-match acl 3000
[AR1-classifier-pc1-pc3]quit
[AR1]traffic behavior pc1-pc3                    //定义流行为
[AR1-behavior-pc1-pc3]redirect ip-nexthop 12.1.1.2
[AR1-behavior-pc1-pc3]quit
```

```
[AR1]traffic policy pc1-pc3                          //绑定流分类和流行为
[AR1-trafficpolicy-pc1-pc3]classifier pc1-pc3 behavior pc1-pc3
[AR1-trafficpolicy-pc1-pc3]quit
[AR1]interface g0/0/0                                //接口调用流策略
[AR1-GigabitEthernet0/0/0]traffic-policy pc1-pc3 inbound
[AR1-GigabitEthernet0/0/0]quit
```

PC2 访问 PC3 的配置：

```
[AR1]acl 3001
[AR1-acl-adv-3001]rule 5 permit ip source 10.0.2.1 0 destination 10.0.3.1 0
[AR1-acl-adv-3001]quit
[AR1]traffic classifier pc2-pc3 operator or
[AR1-classifier-pc2-pc3]if-match acl 3000
[AR1-classifier-pc2-pc3]quit
[AR1]traffic behavior pc2-pc3
[AR1-behavior-pc2-pc3]redirect ip-nexthop 13.1.1.3
[AR1-behavior-pc2-pc3]quit
[AR1]traffic policy pc2-pc3
[AR1-trafficpolicy-pc2-pc3]classifier pc2-pc3 behavior pc2-pc3
[AR1-trafficpolicy-pc2-pc3]quit
[AR1]int g0/0/1
[AR1-GigabitEthernet0/0/1]traffic-policy pc2-pc3 inbound
[AR1-GigabitEthernet0/0/1]quit
```

4. 实验调试

（1）在 PC1 上跟踪 10.0.3.1。PC1 的配置如图 6-14 所示。

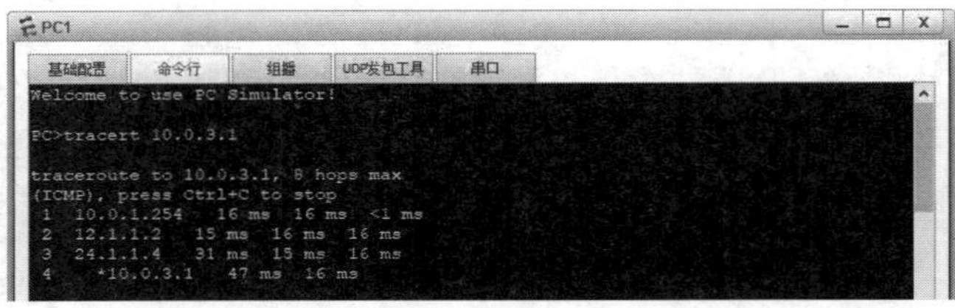

图 6-14　在 PC1 上跟踪 10.0.3.1

通过以上输出可以看到，PC1 访问 PC3 的路径为 PC1—AR1—AR2—AR4—PC3。

（2）在 PC2 上跟踪 10.0.3.1。PC2 的配置如图 6-15 所示。

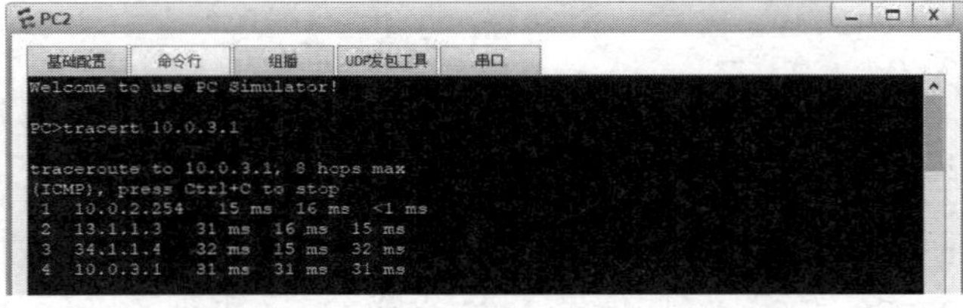

图 6-15　在 PC2 上跟踪 10.0.3.1

通过以上输出可以看到，PC2 访问 PC3 的路径为 PC2—AR1—AR3—AR4—PC3。

6.4 练 习 题

1．（多选）以下关于路由策略和策略路由的描述，正确的是（　　）。

A．路由策略主要控制路由信息的引入、发布和接收

B．策略路由主要控制路由信息的引入、发布和接收

C．路由策略主要是控制报文的转发，即可以不按照路由表进行报文的转发

D．策略路由主要是控制报文的转发，即可以不按照路由表进行报文的转发

2．（多选题）在 VRP 系统中，前缀列表（ip ip-prefix）可以被（　　）工具调用。

A．route-policy　　B．filter-policy　　C．policy-based-route　　D．traffic-policy

3．（判断题）一个 route-policy 下可以有多个节点，设备在调用 route-policy 时按顺序开始匹配。（　　）

A．正确　　B．错误

4．（多选题）使用路由策略进行路由过滤时，（　　）路由前缀，在匹配下面的 iP- prefix 时会被 deny 掉。

[HUAWEI]ip ip-prefix aa index 10 permit 1.1.1.1 24 greater-equal 26 less-equal 32

A．1.1.1.1/24　　B．1.1.1.1/26　　C．1.1.1.1/32　　D．1.1.1.2/16

5．（判断题）策略路由和路由策略都可以影响数据包的转发过程，但它们对数据包的影响方式是不同的。策略路由是基于策略的转发，作用于转发平面。路由策略基于控制平面，为路由协议和路由表服务。（　　）

A．正确　　B．错误

第7章 BGP

本章阐述了 BGP 协议的特征、术语，BGP 的报文类型、邻居状态、路径属性和 BGP 的选路原则，并通过实验让读者掌握 BGP 在各种场景中的配置。

本章包含以下内容：

- BGP 概述
- BGP 的基本原理
- BGP 路由反射器
- BGP 的路径属性和优先选择规则
- BGP 的基本配置
- BGP 的高级配置
- BGP 的选路原则

7.1 BGP 概述

为方便管理规模不断扩大的网络，网络被分成了不同的 AS（Autonomous System，自治系统）。早期，EGP（Exterior Gateway Protocol，外部网关协议）被用于在 AS 之间动态地交换路由信息。但是，EGP 设计得比较简单，只发布网络可达的路由信息，而不对路由信息进行优先选择，同时也没有考虑环路避免等问题，很快就无法满足网络管理的需求。BGP（Border Gateway Protocol，边界网关协议）是为取代最初的 EGP 而设计的另一种外部网关协议。不同于最初的 EGP，BGP 能够进行路由优先选择、避免路由环路、更高效率地传递路由和维护大量的路由信息。

BGP 是一种用于实现自治系统（AS）之间路由可达性，并选择最佳路由的矢量协议。早期发布的三个版本分别是 BGP-1（RFC1105）、BGP-2（RFC1163）和 BGP-3（RFC1267）。1994 年开始使用 BGP-4（RFC1771），2006 年之后单播 IPv4 网络使用的版本是 BGP-4（RFC4271），其他网络（如 IPv6 等）使用的版本是 MP-BGP（RFC4760）。

7.1.1 BGP 的特点

BGP 的特点如下：

（1）BGP 使用 TCP 作为其传输层协议（端口号为 179），使用触发式路由更新，而不是周期性路由更新。

（2）BGP 能够承载大批量的路由信息，能够支撑大规模网络。

（3）BGP 提供了丰富的路由策略，能够灵活地进行路由选路，并能指导对等体按策略发布路由。

（4）BGP 能够支撑 MPLS/VPN 的应用，传递客户 VPN 路由。

（5）BGP 提供了路由聚合和路由衰减功能，用于防止路由振荡，有效地提高了网络稳定性。

7.1.2 BGP 的基本概念

1. 自治系统

AS 是指在一个实体管辖下的拥有相同选路策略的 IP 网络。BGP 网络中的每个 AS 都被分配一个唯一的 AS 号，用于区分不同的 AS。AS 号分为 2 字节 AS 号和 4 字节 AS 号。其中，2 字节 AS 号的范围为 1 ~ 65535，4 字节 AS 号的范围为 1 ~ 4294967295。支持 4 字节 AS 号的设备能够与支持 2 字节 AS 号的设备兼容。

2. BGP 邻接关系

BGP 邻接类型按照运行方式分为 EBGP（External/Exterior BGP）和 IBGP（Internal/Interior BGP），如图 7-1 所示。

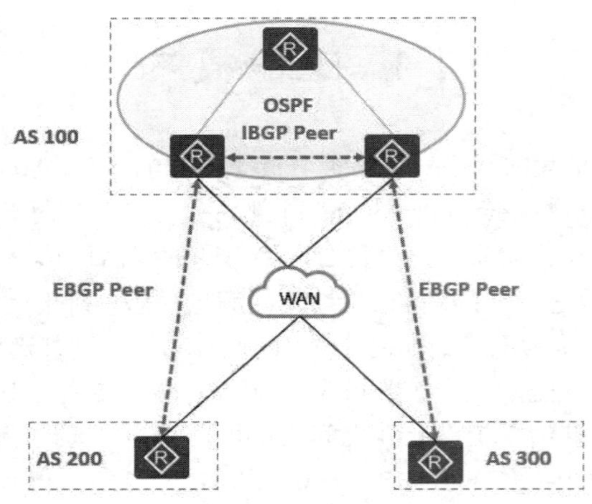

图 7-1 BGP 邻接类型

（1）EBGP：运行于不同 AS 之间的 BGP 称为 EBGP。为了防止 AS 间产生环路，当 BGP 设备接收 EBGP 对等体发送的路由时，会将带有本地 AS 号的路由丢弃。

（2）IBGP：运行于同一 AS 内部的 BGP 称为 IBGP。为了防止 AS 内产生环路，BGP 设备不将从 IBGP 对等体学到的路由通告给其他 IBGP 对等体，并与所有 IBGP 对等体建立全连接。为了解决 IBGP 对等体的连接数量太多的问题，BGP 设计了路由反射器和 BGP 联盟。

3. BGP 报文交互中的角色

BGP 报文交互中有 Speaker 和 Peer 两种角色。

（1）Speaker：发送 BGP 报文的设备称为 BGP 发言者（Speaker），它接收或产生新的报文信息，并发布（Advertise）给其他 BGP Speaker。

（2）Peer：相互交换报文的 Speaker 之间互称对等体（Peer）。若干相关的对等体可以构成对等体组（Peer Group）。

4. Router-ID

BGP 的 Router-ID 是一个用于标识 BGP 设备的 32 位值，通常是以 IPv4 地址的形式呈现，并在 BGP 会话建立时发送的 Open 报文中携带。对等体之间建立 BGP 会话时，每个 BGP 设备都必须有唯一的 Router-ID，否则对等体之间不能建立 BGP 连接。

BGP 的 Router-ID 在 BGP 网络中必须是唯一的，可以采用手工配置，也可以让设备自动选取。默认情况下，BGP 选择设备上的 Loopback 接口的 IPv4 地址作为 BGP 的 Router-ID。如果设备上没有配置 Loopback 接口，系统会选择接口中最大的 IPv4 地址作为 BGP 的 Router-ID。一旦选出 Router-ID，除非发生接口地址删除等事件，否则即使配置了更大的地址，也保持原来的 Router-ID。

7.2　BGP 的基本原理

1. BGP 的报文

BGP 对等体间通过以下五种报文进行交互，其中 Keepalive 报文为周期性发送，其余报文为触发式发送。

（1）Open 报文：用于建立 BGP 对等体连接。

（2）Update 报文：用于在对等体之间交换路由信息。

（3）Notification 报文：用于中断 BGP 连接。

（4）Keepalive 报文：用于保持 BGP 连接。

（5）Route-refresh 报文：用于在改变路由策略后，请求对等体重新发送路由信息。只有支持路由刷新（Route-refresh）能力的 BGP 设备才会发送和响应此报文。

2. BGP 对等体关系的建立

启动 BGP 的一端先发起 TCP 连接，如图 7-2 所示，R1 先启动 BGP，R1 使用随机端口号向 R2 的 179 端口发起 TCP 连接，完成 TCP 连接的建立。三次握手建立完成之后，R1、R2 之间相互发送 Open 报文，携带用于对等体建立的参数，参数协商正常之后双方相互发送 Keepalive 报文，收到对端发送的 Keepalive 报文之后对等体建立成功。此后，双方定期发送 Keepalive 报文用于保持连接。

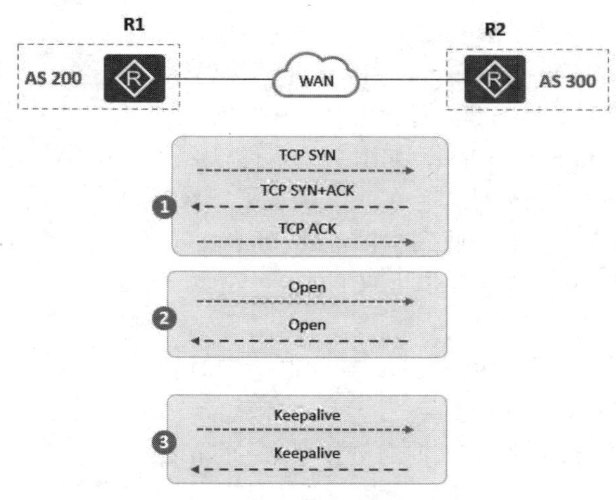

图 7-2　建立 BGP 对等体关系（1）

Open 报文中携带以下信息。

（1）My Autonomous System：自身 AS 号。

（2）Hold Time：用于协商后续 Keepalive 报文的发送时间。

（3）BGP Identifier：自身的 Router-ID。

BGP 对等体关系建立之后，BGP 路由器发送 BGP Update（更新）报文向对等体通告路由，如图 7-3 所示。

3. TCP 连接源地址

默认情况下，BGP 使用报文出接口作为 TCP 连接的本地接口，如图 7-4 所示。在部署 IBGP 对等体关系时，建议使用 Loopback 地址作为更新源地址。Loopback 接口非常稳定，而且可以借助 AS 内的 IGP 和冗余拓扑来保证可靠性。在部署 EBGP 对等体关系时，通常使用直连接口的 IP 地址作为源地址，如若使用 Loopback 接口建立 EBGP 对等体关系，则应注意 EBGP 多跳问题。

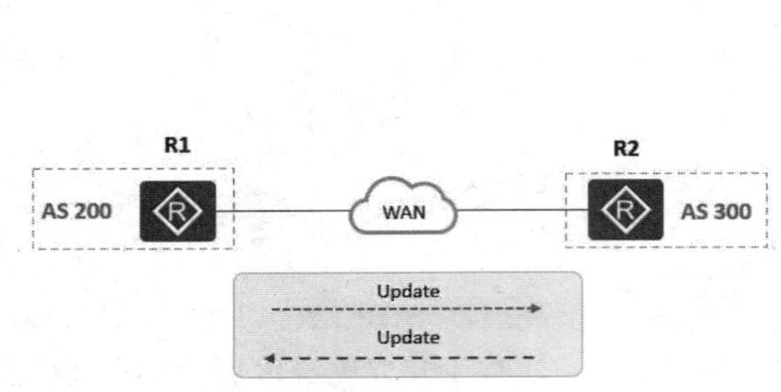

图 7-3　建立 BGP 对等体关系（2）

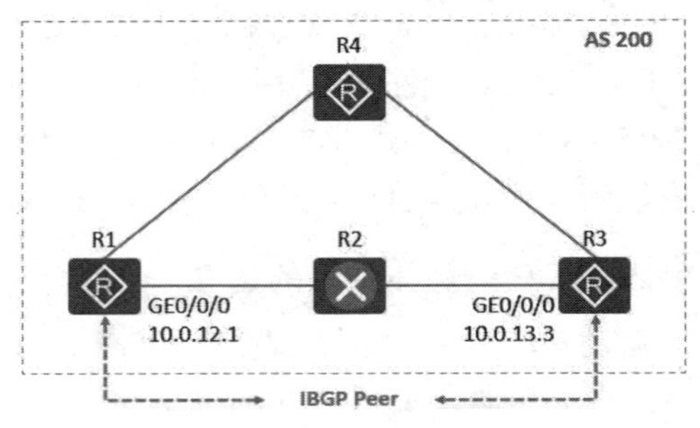

图 7-4　TCP 连接源地址

4. BGP 状态机

BGP 对等体的交互过程中存在 6 种状态：空闲（Idle）、连接（Connect）、活跃（Active）、Open 报文已发送（OpenSent）、Open 报文已确认（OpenConfirm）和连接已建立（Established）。在 BGP 对等体的建立过程中，通常可见到的 3 个状态是 Idle、Active 和 Established，如图 7-5 所示。

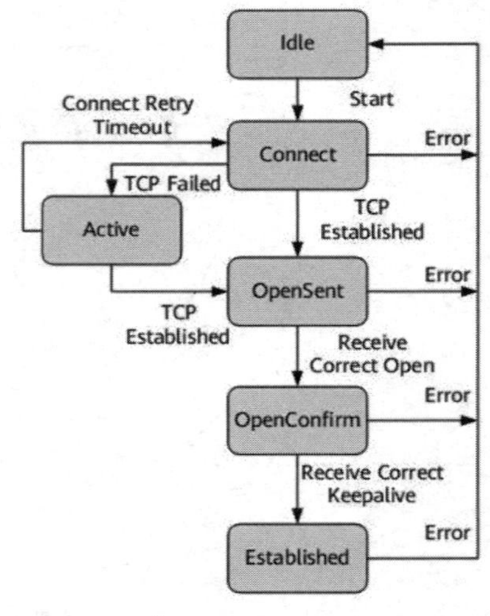

图 7-5　BGP 状态机

（1）Idle 状态是 BGP 的初始状态。在 Idle 状态下，BGP 拒绝邻居发送的连接请求。只有在收到本设备的 Start 事件后，BGP 才开始尝试和 BGP 对等体进行 TCP 连接，并转至 Connect 状态。

（2）在 Connect 状态下，BGP 启动连接重传定时器（Connect Retry），等待 TCP 完成连接。

①如果 TCP 连接成功，那么 BGP 向对等体发送 Open 报文，并转至 OpenSent 状态。

②如果 TCP 连接失败，那么 BGP 转至 Active 状态。

③如果连接重传定时器超时，BGP 仍没有收到 BGP 对等体的响应，那么 BGP 继续尝试和 BGP 对等体进行 TCP 连接，停留在 Connect 状态。

（3）在 Active 状态下，BGP 总是在试图建立 TCP 连接。

①如果 TCP 连接成功，那么 BGP 向对等体发送 Open 报文，关闭连接重传定时器，并转至 OpenSent 状态。

②如果 TCP 连接失败，那么 BGP 停留在 Active 状态。

③如果连接重传定时器超时，BGP 仍没有收到 BGP 对等体的响应，那么 BGP 转至 Connect 状态。

（4）在 OpenSent 状态下，BGP 等待对等体的 Open 报文，并对收到的 Open 报文中的 AS 号、版本号、认证码等进行检查。

①如果收到的 Open 报文正确，那么 BGP 发送 Keepalive 报文，并转至 OpenConfirm 状态。

②如果发现收到的 Open 报文有错误，那么 BGP 发送 Notification 报文给对等体，并转至 Idle 状态。

（5）在 OpenConfirm 状态下，BGP 等待 Keepalive 或 Notification 报文。如果收到 Keepalive 报文，则转至 Established 状态；如果收到 Notification 报文，则转至 Idle 状态。

（6）在 Established 状态下，BGP 可以和对等体交换 Update、Keepalive、Route-refresh 报文和 Notification 报文。

①如果收到正确的 Update 或 Keepalive 报文，那么 BGP 就认为对端处于正常运行状态，将保持 BGP 连接。

②如果收到错误的 Update 或 Keepalive 报文，那么 BGP 发送 Notification 报文通知对端，并转至 Idle 状态。

③Route-refresh 报文不会改变 BGP 状态。

④如果收到 Notification 报文，那么 BGP 转至 Idle 状态。

⑤如果收到 TCP 拆链通知，那么 BGP 断开连接，转至 Idle 状态。

5. BGP 对等体之间的交互原则

BGP 设备将最优路由加入 BGP 路由表，形成 BGP 路由。BGP 设备与对等体建立邻接关系后，采取以下交互原则：

①从 IBGP 对等体获得的 BGP 路由，BGP 设备只发布给它的 EBGP 对等体。

②从 EBGP 对等体获得的 BGP 路由，BGP 设备发布给它的所有 EBGP 和 IBGP 对等体。

③当存在多条到达同一目的地址的有效路由时，BGP 设备只将最优路由发布给对等体。

④路由更新时，BGP 设备只发送更新的 BGP 路由。

⑤所有对等体发送的路由，BGP 设备都会接收。

7.3 BGP 路由反射器

1. AS 中 IBGP 的问题

为保证 IBGP 对等体之间的连通性，需要在 IBGP 对等体之间建立全连接关系。假设在一个 AS 内部有 n 台设备，那么建立的 IBGP 连接数就为 n(n−1)/2。当设备数目很多时，设备配置将十分复杂，而且配置后网络资源和 CPU 资源的消耗都很大。在 IBGP 对等体间使用路由反射器可以解决以上问题。

2．路由反射器角色

AS 内部的路由反射器有以下几种角色，如图 7-6 所示。

（1）路由反射器 RR（Route Reflector）：允许把从 IBGP 对等体学到的路由反射到其他 IBGP 对等体的 BGP 设备上，类似 OSPF 网络中的 DR。

（2）客户机（Client）：与 RR 形成反射邻接关系的 IBGP 设备。在 AS 内部客户机只需要与 RR 直连。

（3）非客户机（Non-Client）：既不是 RR 也不是客户机的 IBGP 设备。在 AS 内部非客户机与 RR 之间，以及所有的非客户机之间仍然必须建立全连接关系。

（4）始发者（Originator）：在 AS 内部始发路由的设备。Originator_ID 属性用于防止集群内产生路由环路。

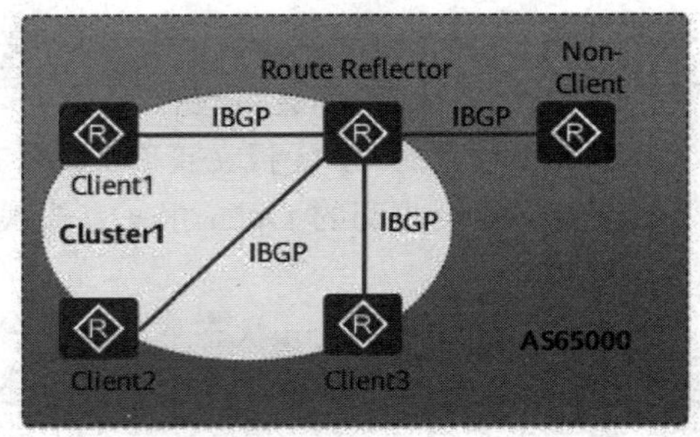

图 7-6　路由反射器角色

（5）集群（Cluster）：路由反射器及其客户机的集合。Cluster_List 属性用于防止集群间产生路由环路。

3．路由反射器的工作原理

同一集群内的客户机只需要与该集群中的 RR 直接交换路由信息，因此客户机只需要与 RR 之间建立 IBGP 连接，不需要与其他客户机建立 IBGP 连接，从而减少了 IBGP 的连接数量。如图 7-6 所示，在 AS65000 内，一台设备作为 RR，三台设备作为客户机，形成 Cluster1。此时 AS65000 中 IBGP 的连接数从配置 RR 前的 10 条减少到 4 条，不仅简化了设备的配置，也减轻了网络和 CPU 的负担。

RR 突破了 BGP 设备通常只将从 IBGP 对等体获得的路由发布给其 EBGP 对等体的限制，并采用独有的 Cluster_List 属性和 Originator_ID 属性防止路由环路的产生。RR 向 IBGP 邻居发布路由规则如下：

（1）从非客户机学到的路由，发布给所有客户机。

（2）从客户机学到的路由，发布给所有非客户机和客户机（发起此路由的客户机除外）。

（3）从 EBGP 对等体学到的路由，发布给所有的非客户机和客户机。

7.4　BGP 的路径属性和优先选择规则

在 BGP 路由表中，到达同一目的地可能存在多条路由。此时 BGP 会选择其中一条路由作为最佳路由，并只把此路由发送给其对等体。BGP 为了选出最佳路由，会根据 BGP 的路由优先选择规则依次比较这些路由的 BGP 属性。

7.4.1　BGP 属性

路由属性是对路由的特定描述，所有的 BGP 路由属性都可以分为以下 4 类，常见的 BGP 属性类型如表 7-1 所示。

- 公认必须遵循（Well-known mandatory）：所有 BGP 设备都可以识别此类属性，且必须存在于 Update 报文中。如果缺少这类属性，路由信息就会出错。
- 公认任意（Well-known discretionary）：所有 BGP 设备都可以识别此类属性，但不要求必须存在于 Update 报文中，即就算缺少这类属性，路由信息也不会出错。
- 可选过渡（Optional transitive）：BGP 设备可以不识别此类属性，如果 BGP 设备不识别此类属性，但它仍然会接收这类属性，并通告给其他对等体。
- 可选非过渡（Optional non-transitive）：BGP 设备可以不识别此类属性，如果 BGP 设备不识别此类属性，则会忽略该属性，且不会通告给其他对等体。

表 7-1　常见的 BGP 属性类型

属性名	类型
Origin 属性	公认必须遵循
AS-Path 属性	公认必须遵循
Next_Hop 属性	公认必须遵循
Local_Pref 属性	公认任意
MED 属性	可选非过渡
团体属性	可选过渡
Originator_ID 属性	可选非过渡
Cluster_List 属性	可选非过渡

1. Origin 属性

Origin 属性用来定义路径信息的来源，标记一条路由是怎么成为 BGP 路由的。它有以下 3 种类型。

（1）IGP：具有最高的优先级。通过 network 命令注入 BGP 路由表的路由，其 Origin 属性为 IGP。

（2）EGP：优先级次之。通过 EGP 得到的路由信息，其 Origin 属性为 EGP。

（3）Incomplete：优先级最低。通过其他方式学习到的路由信息。比如 BGP 通过 import-route 命令引入的路由，其 Origin 属性为 Incomplete。

2. AS-Path 属性

AS-Path 属性按矢量顺序记录了某条路由从本地到目的地址要经过的所有 AS 编号。在接收路由时，设备如果发现 AS-Path 列表中有本地 AS 的编号，则不接收该路由，从而避免了 AS 间的路由环路。

当 BGP Speaker 传播自身引入的路由时：

（1）当 BGP Speaker 将这条路由通告给 EBGP 对等体时，便会在 Update 报文中创建一个携带本地 AS 号的 AS-Path 列表。

（2）当 BGP Speaker 将这条路由通告给 IBGP 对等体时，便会在 Update 报文中创建一个空的 AS-Path 列表。

当 BGP Speaker 传播从其他 BGP Speaker 的 Update 报文中学习到的路由时：

（1）当 BGP Speaker 将这条路由通告给 EBGP 对等体时，便会把本地 AS 编号添加在 AS-Path 列表的最前面（最左面）。收到此路由的 BGP 设备根据 AS-Path 属性就可以知道去目的地址所要经过的 AS。离本地 AS 最近的相邻 AS 号排在前面，其他 AS 号按顺序依次排列。

（2）当 BGP Speaker 将这条路由通告给 IBGP 对等体时，不会改变这条路由相关的 AS-Path 属性。

3. Next_Hop 属性

Next_Hop 属性记录了路由的下一跳信息。BGP 的下一跳属性和 IGP 的有所不同，不一定就是邻居设备的 IP 地址。通常情况下，Next_Hop 属性遵循下面的规则：

（1）BGP Speaker 在向 EBGP 对等体发布某条路由时，会把该路由信息的下一跳属性设置为本地与对端建立 BGP 邻接关系的接口地址。

（2）BGP Speaker 将本地始发路由发布给 IBGP 对等体时，会把该路由信息的下一跳属性设置为本地与对端建立 BGP 邻接关系的接口地址。

（3）BGP Speaker 在向 IBGP 对等体发布从 EBGP 对等体学来的路由时，并不改变该路由信息的下一跳属性。

4. Local_Pref 属性

Local_Pref 属性表明路由器的 BGP 优先级，用于判断流量离开 AS 时的最佳路由。当 BGP 的设备通过不同的 IBGP 对等体得到目的地址相同但下一跳不同的多条路由时，将优先选择 Local_Pref 属性值较高的路由。Local_Pref 属性仅在 IBGP 对等体之间有效，不通告给其他 AS。Local_Pref 属性可以手动配置，如果路由没有配置 Local_Pref 属性，BGP 选路时将该路由的 Local_Pref 值按默认值 100 来处理。

5. MED 属性

MED（Multi-Exit Discriminator）属性用于判断流量进入 AS 时的最佳路由，当一个运行 BGP 的设备通过不同的 EBGP 对等体得到目的地址相同但下一跳不同的多条路由时，在其他条件相同的情况下，将优先选择 MED 值较小者作为最佳路由。

MED 属性仅在相邻两个 AS 之间传递，收到此属性的 AS 一方不会再将其通告给任何其他第三方 AS。MED 属性可以手动配置，如果路由没有配置 MED 属性，BGP 选路时将该路由的 MED 值按默认值 0 来处理。

6. 团体属性

团体（Community）属性用于标识具有相同特征的 BGP 路由，使路由策略的应用更加灵活，同时降低了维护管理的难度。

团体属性分为自定义团体属性和公认团体属性。公认团体属性如表 7-2 所示。

表 7-2　公认团体属性

团体属性名称	说　明
Internet	设备在收到具有此属性的路由后，可以向任何 BGP 对等体发送该路由
No_Advertise	设备收到具有此属性的路由后，将不向任何 BGP 对等体发送该路由
No_Export	设备收到具有此属性的路由后，将不向 AS 外发送该路由
No_Export_Subconfed	设备收到具有此属性的路由后，将不向 AS 外发送该路由，也不向 AS 内其他子 AS 发布此路由

7. Originator_ID 属性和 Cluster_List 属性

Originator_ID 属性和 Cluster_List 属性用于解决路由反射器场景中的环路问题。

7.4.2　BGP 选择路由的策略

当到达同一目的地存在多条路由时，BGP 依次对比下列属性来选择路由：

（1）优先选择协议首选值（PrefVal）最高的路由。

协议首选值是华为设备的特有属性，该属性仅在本地有效。

（2）优先选择本地优先级（Local_Pref）最高的路由。

如果路由没有本地优先级，BGP 选路时将该路由按默认的本地优先级 100 来处理。

（3）依次优先选择手动聚合路由、自动聚合路由、network 命令引入的路由、import-route 命令引入的路由、从对等体学习的路由。

（4）优先选择 AS 路径（AS-Path）最短的路由。当 AS-Path 为空时，会优先选择 AS-Path 为空的路由。

（5）依次优先选择 Origin 类型为 IGP、EGP、Incomplete 的路由。

（6）对于来自同一 AS 的路由，优先选择 MED 值最低的路由。

（7）依次优先选择 EBGP 路由、IBGP 路由。

（8）优先选择到 BGP 下一跳 IGP 度量值（metric）最小的路由。

（9）优先选择 Cluster_List 最短的路由。

（10）优先选择 Router-ID 最小的设备发布的路由。

如果路由携带 Originator_ID 属性，选择路由的过程中将比较 Originator_ID 的大小（不再比较 Router-ID），并优先选择 Originator_ID 最小的路由。

（11）优先选择从具有最小 IP Address 的对等体学来的路由。

7.5 基本的 BGP 配置实验

7.5.1 实验 1：配置 IBGP 和 EBGP

扫一扫，看视频

1. 实验目的

（1）熟悉 IBGP 和 EBGP 的应用场景。

（2）掌握 IBGP 和 EBGP 的配置方法。

2. 实验拓扑

配置 IBGP 和 EBGP 的实验拓扑如图 7-7 所示。

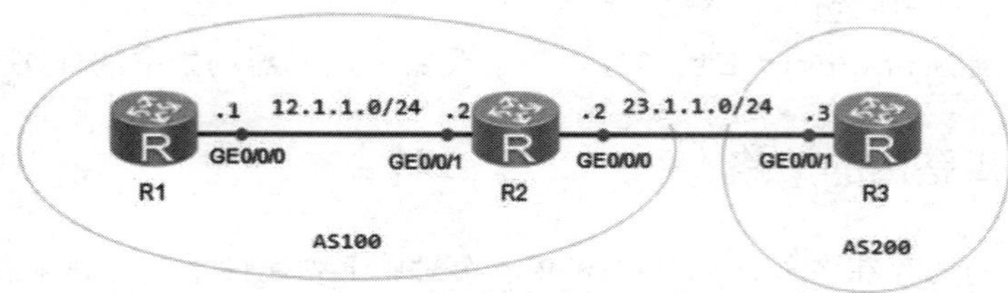

图 7-7 配置 IBGP 和 EBGP 的实验拓扑

3. 实验步骤

（1）配置 IP 地址。

R1 的配置：

```
<Huawei>system-view
Enter system view, return user view with Ctrl+Z.
[Huawei]undo info-center enable
[Huawei]sysname R1
[R1]interface g0/0/0
[R1-GigabitEthernet0/0/0]ip address 12.1.1.1 24
[R1-GigabitEthernet0/0/0]quit
[R1]interface LoopBack 0
[R1-LoopBack0]ip address 1.1.1.1 32
[R1-LoopBack0]quit
```

R2 的配置：

```
<Huawei>system-view
Enter system view, return user view with Ctrl+Z.
[Huawei]undo info-center enable
[Huawei]sysname R2
[R2]interface g0/0/1
[R2-GigabitEthernet0/0/1]ip address 12.1.1.2 24
[R2-GigabitEthernet0/0/1]quit
```

```
[R2]interface g0/0/0
[R2-GigabitEthernet0/0/0]ip address 23.1.1.2 24
[R2-GigabitEthernet0/0/0]quit
[R2]interface LoopBack 0
[R2-LoopBack0]ip address 2.2.2.2 32
[R2-LoopBack0]quit
```

R3 的配置：

```
<Huawei>system-view
Enter system view, return user view with Ctrl+Z.
[Huawei]undo info-center enable
[Huawei]sysname R3
[R3]interface g0/0/1
[R3-GigabitEthernet0/0/1]ip address 23.1.1.3 24
[R3-GigabitEthernet0/0/1]quit
[R3]interface LoopBack0
[R3-LoopBack0]ip address 3.3.3.3 32
[R3-LoopBack0]quit
```

（2）配置 IGP：R1 与 R2 运行 OSPF 协议。

R1 的配置：

```
[R1]ospf router-id 1.1.1.1
[R1-ospf-1]area 0
[R1-ospf-1-area-0.0.0.0]network 12.1.1.0 0.0.0.255
[R1-ospf-1-area-0.0.0.0]network 1.1.1.1 0.0.0.0
[R1-ospf-1-area-0.0.0.0]quit
[R1-ospf-1]quit
```

R2 的配置：

```
[R2]ospf router-id 2.2.2.2
[R2-ospf-1]area 0
[R2-ospf-1-area-0.0.0.0]network 12.1.1.0 0.0.0.255
[R2-ospf-1-area-0.0.0.0]network 2.2.2.2 0.0.0.0
[R2-ospf-1-area-0.0.0.0]quit
```

（3）配置 IBGP。

R1 的配置：

```
[R1]bgp 100                             //启动 BGP 进程，进程号为 100
[R1-bgp]undo synchronization            //关闭同步，默认配置
[R1-bgp]undo summary automatic          //关闭自动汇总，默认配置
[R1-bgp]router-id 1.1.1.1               //设置 BGP 的 Router-ID
[R1-bgp]peer 2.2.2.2 as-number 100      //指定邻居和邻居的 AS 号
[R1-bgp]peer 2.2.2.2 connect-interface LoopBack 0  //用环回口建邻居
[R1-bgp]quit
```

R2 的配置：

```
[R2]bgp 100
[R2-bgp]undo synchronization
```

```
[R2-bgp]undo summary automatic
[R2-bgp]bgp
[R2-bgp]router-id 2.2.2.2
[R2-bgp]peer 1.1.1.1 as-number 100
[R2-bgp]peer 1.1.1.1 connect-interface LoopBack 0
[R2-bgp]quit
```

（4）配置 EBGP。

R2 的配置：

```
[R2]bgp 100
[R2-bgp]peer 23.1.1.3 as-number 200  //EBGP 用直连接口建邻居
```

R3 的配置：

```
[R3]bgp 200
[R3-bgp]undo synchronization
[R3-bgp]undo summary automatic
[R3-bgp]peer 23.1.1.2 as-number 100
[R3-bgp]quit
```

【技术要点】配置 BGP 对等体关系的建议

①IBGP 用环回口建邻居。

②EBGP 用直连接口建邻居。

③如果 EBGP 用环回口建邻居，则必须配置 peer ebgp-max-hop 命令。

4. 实验调试

（1）查看 TCP 连接。

```
<R1>display tcp status
TCPCB    Tid/Soid Local Add:port    Foreign Add:port    VPNID  State
1d322414 59 /1    0.0.0.0:23        0.0.0.0:0            -1    Listening
172ede3c 107/2    0.0.0.0:179       2.2.2.2:0             0    Listening
172ed4fc 107/36   1.1.1.1:179       2.2.2.2:65309         0    Established
```

通过以上输出可以看到，TCP 连接是成功的。

（2）查看对等体的状态。

```
<R1>display bgp peer
 BGP local router ID : 1.1.1.1        //BGP 本地 Router-ID
 Local AS number : 100                //本地 AS 编号
 Total number of peers : 1            //对等体总个数
 Peers in established state : 1       //处于建立状态的对等体个数
  Peer       V     AS  MsgRcvd  MsgSent  OutQ  Up/Down       State PrefRcv
  2.2.2.2    4    100      146      147     0 02:24:44 Established       0
```

以上输出邻居表的各个字段的含义如下：

①Peer：对等体的 IP 地址。

②V：对等体使用的 BGP 版本。

③AS：自治系统号。

④MsgRcvd：接收的信息统计数。

⑤MsgSent：发送的信息统计数。

⑥OutQ：等待发往指定对等体的消息。

⑦Up/Down：邻接关系建立的时间。

⑧State：邻居的状态。

⑨PrefRcv：本端从对等体上收到的路由前缀的数目。

（3）产生 BGP 路由。

在 R3 上用 network 通告的方式产生一条 BGP 路由，在 R1 上以引入的方式产生一条 BGP 路由。

R3 的配置：

```
[R3]bgp 200
[R3-bgp]network 3.3.3.3 32
[R3-bgp]quit
```

R1 的配置：

```
[R1]bgp 100
[R1-bgp]import-route ospf 1
```

【技术要点】BGP 路由生成的三种方式

①network。

②import-route。

③与 IGP 协议相同，BGP 支持根据已有的路由条目进行聚合，生成聚合路由。

（4）在 R1 上查看路由表。

```
[R1]display bgp routing-table
 BGP Local router ID is 1.1.1.1
 Status codes: * - valid, > - best, d - damped,
               h - history,  i - internal, s - suppressed, S - Stale
               Origin : i - IGP, e - EGP, ? - incomplete
 Total Number of Routes: 4
     Network          NextHop        MED      LocPrf    PrefVal Path/Ogn

 *>   1.1.1.1/32      0.0.0.0        0                     0      ?
 *>   2.2.2.2/32      0.0.0.0        1                     0      ?
   i  3.3.3.3/32      23.1.1.3       0          100        0      200i
 *>   12.1.1.0/24     0.0.0.0        0                     0      ?
```

以上输出中，路由条目表项的状态码解析如下。

①*：代表路由条目有效。

②>：代表路由条目最优，可以被传递，只有下一跳可达路由才会最优。

③i：代表路由是从 IBGP 学到的。

④Network：显示 BGP 路由表中的网络地址。

⑤NextHop：报文发送的下一跳地址。

⑥MED：路由度量值。

⑦LocPrf：本地优先级。

⑧PrefVal：协议首选值。

⑨Path/Ogn：显示 AS 路径号及 Origin 属性。

从以上输出我们可以发现 3.3.3.3 不是最优的，如果不是最优就不会再加载进全局路由表，也不会传给其他路由器，本例不是最优的原因为下一跳不可达，解决办法如下：

R2 的配置：

```
[R2]bgp 100
[R2-bgp]peer 1.1.1.1 next-hop-local   //配置下一跳本地地址
[R2-bgp]quit
```

（5）再次查看 R1 的路由表。

```
[R1]display bgp routing-table
 BGP Local router ID is 1.1.1.1
 Status codes: * - valid, > - best, d - damped,
               h - history,  i - internal, s - suppressed, S - Stale
               Origin : i - IGP, e - EGP, ? - incomplete
 Total Number of Routes: 4
      Network          NextHop          MED        LocPrf      PrefVal Path/Ogn

 *>   1.1.1.1/32     0.0.0.0          0                      0          ?
 *>   2.2.2.2/32     0.0.0.0          1                      0          ?
 *>i  3.3.3.3/32     2.2.2.2          0          100         0          200i
 *>   12.1.1.0/24    0.0.0.0          0                      0          ?
```

【技术要点】什么情况下要配置命令 next-hop-local

对从 EBGP 邻居收到的路由，在传给 IBGP 邻居时，修改下一跳地址为本地的 connect interface。

（6）查看 R2 的 BGP 路由表。

```
<R2>display bgp routing-table

 BGP Local router ID is 2.2.2.2
 Status codes: * - valid, > - best, d - damped,
               h - history,  i - internal, s - suppressed, S - Stale
               Origin : i - IGP, e - EGP, ? - incomplete
 Total Number of Routes: 4
      Network          NextHop          MED     LocPrf    PrefVal Path/Ogn
```

```
  i  1.1.1.1/32     1.1.1.1         0       100       0        ?
 *>i  2.2.2.2/32     1.1.1.1         1       100       0        ?
 *>   3.3.3.3/32     23.1.1.3        0                 0        200i
 *>i  12.1.1.0/24    1.1.1.1         0       100       0        ?
```

通过以上输出可以发现，1.1.1.1 这条路由虽然下一跳可达，但是不是有效和最优的，原因是如果 IGP 表里通告了这条路由，然后再在 IBGP 里通告，路由只能本地有效。

7.5.2　实验 2：配置 BGP 水平分割

扫一扫，看视频

1. 实验目的

（1）熟悉 BGP 水平分割的应用场景。

（2）掌握 BGP 水平分割的配置方法。

2. 实验拓扑

配置 BGP 水平分割的实验拓扑如图 7-8 所示。

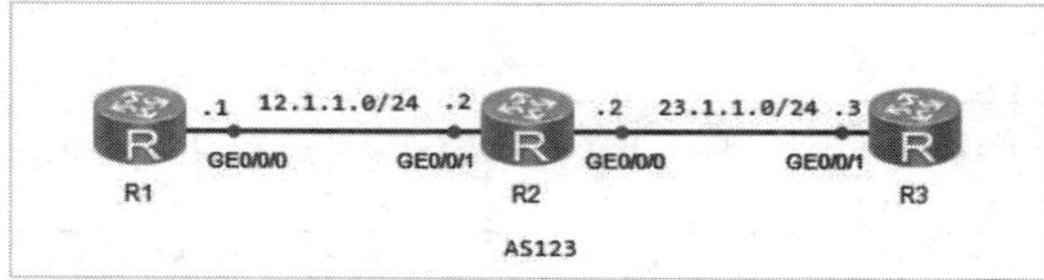

图 7-8　配置 BGP 水平分割的实验拓扑

3. 实验步骤

（1）配置 IP 地址。

R1 的配置：

```
<Huawei>system-view
Enter system view, return user view with Ctrl+Z.
[Huawei]undo info-center enable
Info: Information center is disabled.
[Huawei]sysname R1
[R1]interface g0/0/0
[R1-GigabitEthernet0/0/0]ip address 12.1.1.1 24
[R1-GigabitEthernet0/0/0]quit
[R1]interface LoopBack 0
[R1-LoopBack0]ip address 1.1.1.1 32
[R1-LoopBack0]quit
```

R2 的配置：

```
<Huawei>system-view
Enter system view, return user view with Ctrl+Z.
[Huawei]undo info-center enable
Info: Information center is disabled.
```

```
[Huawei]sysname R2
[R2]interface g0/0/1
[R2-GigabitEthernet0/0/1]ip address 12.1.1.2 24
[R2-GigabitEthernet0/0/1]quit
[R2]interface g0/0/0
[R2-GigabitEthernet0/0/0]ip address 23.1.1.2 24
[R2-GigabitEthernet0/0/0]quit
[R2]interface LoopBack 0
[R2-LoopBack0]ip address 2.2.2.2 32
[R2-LoopBack0]quit
```

R3 的配置：

```
<Huawei>system-view
Enter system view, return user view with Ctrl+Z.
[Huawei]undo info-center enable
Info: Information center is disabled.
[Huawei]sysname R3
[R3]interface g0/0/1
[R3-GigabitEthernet0/0/1]ip address 23.1.1.3 24
[R3-GigabitEthernet0/0/1]quit
[R3]interface LoopBack 0
[R3-LoopBack0]ip address 3.3.3.3 32
[R3-LoopBack0]quit
```

（2）配置 IGP：R1、R2、R3 运行 OSPF 协议，且都属于区域 0。

R1 的配置：

```
[R1]ospf router-id 1.1.1.1
[R1-ospf-1]area 0
[R1-ospf-1-area-0.0.0.0]network 12.1.1.0 0.0.0.255
[R1-ospf-1-area-0.0.0.0]network 1.1.1.1 0.0.0.0
[R1-ospf-1-area-0.0.0.0]quit
```

R2 的配置：

```
[R2]ospf router-id 2.2.2.2
[R2-ospf-1]area 0
[R2-ospf-1-area-0.0.0.0]network 12.1.1.0 0.0.0.255
[R2-ospf-1-area-0.0.0.0]network 23.1.1.0 0.0.0.255
[R2-ospf-1-area-0.0.0.0]network 2.2.2.2 0.0.0.0
[R2-ospf-1-area-0.0.0.0]quit
```

R3 的配置：

```
[R3]ospf router-id 3.3.3.3
[R3-ospf-1]area 0
[R3-ospf-1-area-0.0.0.0]network 23.1.1.0 0.0.0.255
[R3-ospf-1-area-0.0.0.0]network 3.3.3.3 0.0.0.0
[R3-ospf-1-area-0.0.0.0]quit
```

（3）配置 IBGP：R2 分别与 R1 和 R3 建立 IBGP 的对等体关系。

R1 的配置：

```
[R1]bgp 123
[R1-bgp]undo summary automatic
[R1-bgp]undo synchronization
[R1-bgp]router-id 1.1.1.1
[R1-bgp]peer 2.2.2.2 as-number 123
[R1-bgp]peer 2.2.2.2 connect-interface LoopBack 0
[R1-bgp]quit
```

R2 的配置：

```
[R2]bgp 123
[R2-bgp]undo synchronization
[R2-bgp]undo summary automatic
[R2-bgp]peer 1.1.1.1 as-number 123
[R2-bgp]peer 1.1.1.1 connect-interface LoopBack 0
[R2-bgp]peer 3.3.3.3 as-number 123
[R2-bgp]peer 3.3.3.3 connect-interface LoopBack 0
[R2-bgp]quit
```

R3 的配置：

```
[R3]bgp 123
[R3-bgp]undo synchronization
[R3-bgp]undo summary automatic
[R3-bgp]router-id 3.3.3.3
[R3-bgp]peer 2.2.2.2 as-number 123
[R3-bgp]peer 2.2.2.2 connect-interface LoopBack 0
[R3-bgp]quit
```

（4）在 R2 上查看 BGP 对等体表。

```
[R2]display bgp peer
 BGP local router ID : 12.1.1.2
 Local AS number : 123
 Total number of peers : 2                 Peers in established state : 0
  Peer        V    AS  MsgRcvd  MsgSent  OutQ  Up/Down       State    PrefRcv
  1.1.1.1     4    123    0        0       0    00:02:46      Connect   0
  3.3.3.3     4    123    0        0       0    00:02:35      Connect
```

通过以上输出可以看到，R2 分别与 R1 和 R3 建立了 IBGP 的对等体关系。

4. 实验调试

（1）在 R1 上创建一个环回口，IP 地址为 100.100.100.100，并在 BGP 中通告。

```
[R1]interface LoopBack 100
[R1-LoopBack100]ip address 100.100.100.100 32
[R1-LoopBack100]quit
[R1]bgp
[R1]bgp 123
[R1-bgp]network 100.100.100.100 32
[R1-bgp]quit
```

（2）在 R1 上查看 BGP 路由表。

```
[R1]display bgp routing-table
 BGP Local router ID is 1.1.1.1
 Status codes: * - valid, > - best, d - damped,
               h - history,  i - internal, s - suppressed, S - Stale
               Origin : i - IGP, e - EGP, ? - incomplete
 Total Number of Routes: 1
      Network            NextHop        MED        LocPrf    PrefVal  Path/Ogn
 *>   100.100.100.100/32 0.0.0.0         0                      0       i
```

通过以上输出可以看到，100.100.100.100 这条路由是最优的，会传递给 R2。

（3）在 R2 上查看 BGP 路由表。

```
[R2]display bgp routing-table
 BGP Local router ID is 12.1.1.2
 Status codes: * - valid, > - best, d - damped,
               h - history,  i - internal, s - suppressed, S - Stale
               Origin : i - IGP, e - EGP, ? - incomplete
 Total Number of Routes: 1
      Network            NextHop        MED        LocPrf    PrefVal Path/Ogn
 *>i  100.100.100.100/32 1.1.1.1         0          100        0      i
```

通过以上输出可以看到，100.100.100.100 这条路由在 R2 中也是最优的，它会不会传递给 R3 呢？

（4）在 R3 上查看 BGP 路由表。

```
[R3]display bgp routing-table
```

通过以上输出可以看到，R3 的路由表为空，这是由于水平分割的原因：从 IBGP 对等体获取的路由，不会发送给 IBGP 对等体，它的目的是防止出现 IBGP 的环路问题。

【技术要点】水平分割解决办法

①全互联。

②路由反射器。

③联邦。

接下来用路由反射器解决水平分割的问题，其他办法请读者自行配置。

（5）用路由反射器的办法解决水平分割的问题。

```
[R2]bgp 123
[R2-bgp]peer 1.1.1.1 reflect-client
[R2-bgp]quit
```

【技术要点】路由反射器

①路由反射器的角色

a. 路由反射器（Route Reflector，RR）：允许把从 IBGP 对等体学到的路由反射到其他

IBGP 对等体的 BGP 设备，类似 OSPF 网络中的 DR。

b. 客户机（Client）：与 RR 形成反射邻接关系的 IBGP 设备。在 AS 内部客户机只需要与 RR 直连。

c. 非客户机（Non-Client）：既不是 RR 也不是客户机的 IBGP 设备。在 AS 内部非客户机与 RR 之间，以及所有的非客户机之间仍然必须建立全连接关系。

d. 始发者（Originator）：在 AS 内部始发路由的设备。Originator_ID 属性用于防止集群内产生路由环路。

e. 集群（Cluster）：路由反射器及其客户机的集合。Cluster_List 属性用于防止集群间产生路由环路。

②路由反射器的原理

a. 从非客户机学到的路由，发布给所有客户机。

b. 从客户机学到的路由，发布给所有非客户机和客户机（发起此路由的客户机除外）。

c. 从 EBGP 对等体学到的路由，发布给所有的非客户机和客户机。

注意：总结为四个字：非非不传。

（6）在 R3 上查看 BGP 的路由表。

```
<R3>display bgp routing-table
 BGP Local router ID is 3.3.3.3
 Status codes: * - valid, > - best, d - damped,
               h - history,  i - internal, s - suppressed, S - Stale
               Origin : i - IGP, e - EGP, ? - incomplete
 Total Number of Routes: 1
      Network            NextHop        MED        LocPrf    PrefVal Path/Ogn
 *>i  100.100.100.100/32 1.1.1.1         0          100        0      i
```

通过以上输出可以看到，R3 收到了 100.100.100.100 这条路由，因为 R2 为路由反射器，R1 为路由反射器的客户机，R3 为路由反射器的非客户机，只有“非非不传”，所以对 R2 来说，它从客户端收到一条路由后会传给其非客户端。

7.5.3 实验 3：配置 BGP 路由黑洞

1. 实验目的

（1）熟悉 BGP 路由黑洞的应用场景。

（2）掌握 BGP 路由黑洞的配置方法。

2. 实验拓扑

配置 BGP 路由黑洞的实验拓扑如图 7-9 所示。

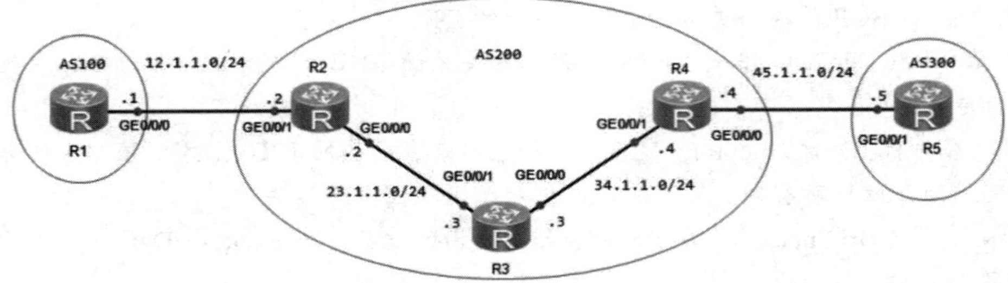

图 7-9 配置 BGP 路由黑洞的实验拓扑

3. 实验步骤

（1）配置 IP 地址。

R1 的配置：

```
<Huawei>system-view
Enter system view, return user view with Ctrl+Z.
[Huawei]undo info-center enable
[Huawei]sysname R1
[R1]interface g0/0/0
[R1-GigabitEthernet0/0/0]IP address 12.1.1.1 24
[R1-GigabitEthernet0/0/0]quit
[R1]interface LoopBack 0
[R1-LoopBack0]ip address 1.1.1.1 32
[R1-LoopBack0]quit
```

R2 的配置：

```
<Huawei>system-view
Enter system view, return user view with Ctrl+Z.
[Huawei]undo info-center enable
[Huawei]sysname R2
[R2]interface g0/0/1
[R2-GigabitEthernet0/0/1]ip address 12.1.1.2 24
[R2-GigabitEthernet0/0/1]quit
[R2]interface g0/0/0
[R2-GigabitEthernet0/0/0]ip address 23.1.1.2 24
[R2-GigabitEthernet0/0/0]quit
[R2]interface LoopBack 0
[R2-LoopBack0]ip address 2.2.2.2 32
[R2-LoopBack0]quit
```

R3 的配置：

```
<Huawei>system-view
Enter system view, return user view with Ctrl+Z.
[Huawei]undo info-center enable
[Huawei]sysname R3
[R3]interface g0/0/1
```

```
[R3-GigabitEthernet0/0/1]ip address 23.1.1.3 24
[R3-GigabitEthernet0/0/1]quit
[R3]interface g0/0/0
[R3-GigabitEthernet0/0/0]ip address 34.1.1.3 24
[R3-GigabitEthernet0/0/0]quit
[R3]interface LoopBack 0
[R3-LoopBack0]ip address 3.3.3.3 32
[R3-LoopBack0]quit
```

R4 的配置：

```
<Huawei>system-view
Enter system view, return user view with Ctrl+Z.
[Huawei]undo info-center enable
[Huawei]sysname R4
[R4]interface g0/0/1
[R4-GigabitEthernet0/0/1]ip address 34.1.1.4 24
[R4-GigabitEthernet0/0/1]quit
[R4]interface g0/0/0
[R4-GigabitEthernet0/0/0]ip address 45.1.1.4 24
[R4-GigabitEthernet0/0/0]quit
[R4]interface LoopBack 0
[R4-LoopBack0]ip address 4.4.4.4 32
[R4-LoopBack0]quit
```

R5 的配置：

```
<Huawei>system-view
Enter system view, return user view with Ctrl+Z.
[Huawei]undo info-center enable
[Huawei]sysname R5
[R5]interface g0/0/1
[R5-GigabitEthernet0/0/1]ip address 45.1.1.5 24
[R5-GigabitEthernet0/0/1]quit
[R5]interface LoopBack 0
[R5-LoopBack0]ip address 5.5.5.5 32
[R5-LoopBack0]quit
```

（2）配置 IGP：R2、R3、R4 运行 OSPF 协议。

R2 的配置：

```
[R2]ospf router-id 2.2.2.2
[R2-ospf-1]area 0
[R2-ospf-1-area-0.0.0.0]network 23.1.1.0 0.0.0.255
[R2-ospf-1-area-0.0.0.0]network 2.2.2.2 0.0.0.0
[R2-ospf-1-area-0.0.0.0]quit
```

R3 的配置：

```
[R3]ospf router-id 3.3.3.3
[R3-ospf-1]area 0
[R3-ospf-1-area-0.0.0.0]network 23.1.1.0 0.0.0.255
```

```
[R3-ospf-1-area-0.0.0.0]network 34.1.1.0 0.0.0.255
[R3-ospf-1-area-0.0.0.0]network 3.3.3.3 0.0.0.0
[R3-ospf-1-area-0.0.0.0]quit
```

R4 的配置：

```
[R4]ospf router-id 4.4.4.4
[R4-ospf-1]area 0
[R4-ospf-1-area-0.0.0.0]network 34.1.1.0 0.0.0.255
[R4-ospf-1-area-0.0.0.0]network 4.4.4.4 0.0.0.0
[R4-ospf-1-area-0.0.0.0]quit
```

（3）配置 IBGP：R2 与 R4 用环回口建立 IBGP 的邻接关系。

R2 的配置：

```
[R2]bgp 200
[R2-bgp]undo synchronization
[R2-bgp]undo summary automatic
[R2-bgp]router-id 2.2.2.2
[R2-bgp]peer 4.4.4.4 as-number 200
[R2-bgp]peer 4.4.4.4 connect-interface LoopBack 0
```

R4 的配置：

```
[R4]bgp 200
[R4-bgp]undo synchronization
[R4-bgp]undo summary automatic
[R4-bgp]router-id 4.4.4.4
[R4-bgp]peer 2.2.2.2 as-number 200
[R4-bgp]peer 2.2.2.2 connect-interface LoopBack 0
[R4-bgp]quit
```

（4）配置 EBGP 邻居：R1 与 R2、R4 与 R5 分别用直连接口建立邻接关系。

R1 的配置：

```
[R1]bgp 100
[R1-bgp]undo synchronization
[R1-bgp]undo summary automatic
[R1-bgp]router-id 1.1.1.1
[R1-bgp]peer 12.1.1.2 as-number 200
```

R2 的配置：

```
[R2]bgp 200
[R2-bgp]peer 12.1.1.1 as-number 100
[R2-bgp]quit
```

R4 的配置：

```
[R4]bgp 200
[R4-bgp]peer 45.1.1.5 as-number 300
[R4-bgp]quit
```

R5 的配置：

```
[R5]bgp 300
```

```
[R5-bgp]undo synchronization
[R5-bgp]undo summary automatic
[R5-bgp]router-id 5.5.5.5
[R5-bgp]peer 45.1.1.4 as-number 200
[R5-bgp]quit
```

（5）通告路由：在 R1 上通告 1.1.1.1，在 R5 上通告 5.5.5.5。

R1 的配置：

```
[R1]bgp 100
[R1-bgp]network 1.1.1.1 32
[R1-bgp]quit
```

R5 的配置：

```
[R5]bgp 300
[R5-bgp]network 5.5.5.5 32
[R5-bgp]quit
```

（6）在 R2 和 R4 上配置 next-hop-local 命令。

R2 的配置：

```
[R2]bgp 200
[R2-bgp]peer 4.4.4.4 next-hop-local
[R2-bgp]quit
```

R4 的配置：

```
[R4]bgp 200
[R4-bgp]peer 2.2.2.2 next-hop-local
[R4-bgp]quit
```

⌘【思考】在 R2 上为什么要设置命令 peer 4.4.4.4 next-hop-local？

因为 1.1.1.1 这条 BGP 路由传给 R2 时，下一跳为 12.1.1.1，R2 传递给 R4 时，下一跳也为 12.1.1.1，在 R4 上会造成下一跳不可达。这样 R4 就不会传递给 R5，所以要修改下一跳。

4．实验调试

（1）在 R1 上查看 BGP 路由表。

```
[R1]display bgp routing-table
 BGP Local router ID is 1.1.1.1
 Status codes: * - valid, > - best, d - damped,
               h - history,  i - internal, s - suppressed, S - Stale
               Origin : i - IGP, e - EGP, ? - incomplete
 Total Number of Routes: 2
      Network            NextHop        MED        LocPrf    PrefVal Path/Ogn
 *>   1.1.1.1/32         0.0.0.0         0                    0       i
 *>   5.5.5.5/32         12.1.1.2                             0       200 300i
```

通过以上输出可以看到，R1 上有 5.5.5.5 的路由。

（2）在 R5 上查看 BGP 的路由表。

```
[R5]display bgp routing-table
 BGP Local router ID is 5.5.5.5
 Status codes: * - valid, > - best, d - damped,
               h - history,  i - internal, s - suppressed, S - Stale
               Origin : i - IGP, e - EGP, ? - incomplete
 Total Number of Routes: 2
      Network            NextHop        MED        LocPrf    PrefVal Path/Ogn
 *>   1.1.1.1/32         45.1.1.4                             0      200 100i
 *>   5.5.5.5/32         0.0.0.0         0                    0      i
```

通过以上输出可以看到，R5 上有 1.1.1.1 的路由。

（3）在 R1 上测试 1.1.1.1 是否可以访问 5.5.5.5。

```
<R1>ping -a 1.1.1.1  5.5.5.5
  PING 5.5.5.5: 56  data bytes, press CTRL_C to break
    Request time out
    Request time out
    Request time out
    Request time out
    Request time out
  --- 5.5.5.5 ping statistics ---
    5 packet(s) transmitted
    0 packet(s) received
    100.00% packet loss
```

通过以上输出可以看到，1.1.1.1 不能访问 5.5.5.5，原因在于数据到达 R3 后，R3 没有去 5.5.5.5 的路由。R1 和 R5 之间有路由但是不能访问，这种现象叫作路由黑洞。

【技术要点】

路由黑洞的解决办法：把 BGP 的路由引入 OSPF、全互联、MPLS。

以上三种办法，最优的解决方案为 MPLS，第 23 章会讲解。

下面我们用全互联的办法解决路由黑洞。

（4）配置全互联：R2、R3 和 R4 两两之间建立 IBGP 邻接关系（R2 与 R4 之间已建立）。

R2 的配置：

```
[R2]bgp 200
[R2-bgp]peer 3.3.3.3 as-number 200
[R2-bgp]peer 3.3.3.3 connect-interface LoopBack 0
[R2-bgp]peer 3.3.3.3 next-hop-local
[R2-bgp]quit
```

R3 的配置：

```
[R3]bgp 200
[R3-bgp]undo synchronization
[R3-bgp]undo summary automatic
```

```
[R3-bgp]peer 2.2.2.2 as-number 200
[R3-bgp]peer 2.2.2.2 connect-interface LoopBack 0
[R3-bgp]peer 4.4.4.4 as-number 200
[R3-bgp]peer 4.4.4.4 connect-interface LoopBack 0
```

R4 的配置：

```
[R4]bgp 200
[R4-bgp]peer 3.3.3.3 as-number 200
[R4-bgp]peer 3.3.3.3 connect-interface LoopBack 0
[R4-bgp]peer 3.3.3.3 next-hop-local
[R4-bgp]quit
```

（5）在 R1 上测试 1.1.1.1 访问 5.5.5.5。

```
<R1>ping -a 1.1.1.1 5.5.5.5
  PING 5.5.5.5: 56  data bytes, press CTRL_C to break
    Reply from 5.5.5.5: bytes=56 Sequence=1 ttl=252 time=240 ms
    Reply from 5.5.5.5: bytes=56 Sequence=2 ttl=252 time=180 ms
    Reply from 5.5.5.5: bytes=56 Sequence=3 ttl=252 time=140 ms
    Reply from 5.5.5.5: bytes=56 Sequence=4 ttl=252 time=140 ms
    Reply from 5.5.5.5: bytes=56 Sequence=5 ttl=252 time=240 ms
    --- 5.5.5.5 ping statistics ---
    5 packet(s) transmitted
    5 packet(s) received
    0.00% packet loss
    round-trip min/avg/max = 140/188/240 ms
```

通过以上输出可以看到，1.1.1.1 可以访问 5.5.5.5，路由黑洞的问题解决了。

7.5.4　实验 4：配置 BGP 地址聚合

1. 实验目的

（1）熟悉 BGP 地址聚合的应用场景。

（2）掌握 BGP 地址聚合的配置方法。

2. 实验拓扑

配置 BGP 地址聚合的实验拓扑如图 7-10 所示。

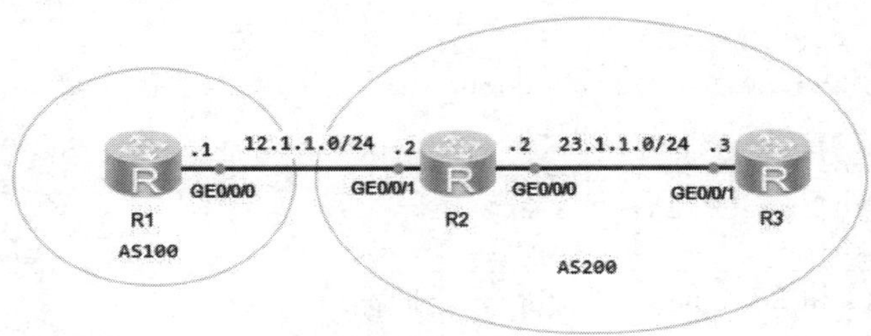

图 7-10　配置 BGP 地址聚合的实验拓扑

3. 实验步骤

（1）配置 IP 地址。

R1 的配置：

```
<Huawei>system-view
Enter system view, return user view with Ctrl+Z.
[Huawei]undo info-center enable
Info: Information center is disabled.
[Huawei]sysname R1
[R1]interface g0/0/0
[R1-GigabitEthernet0/0/0]ip address 12.1.1.1 24
[R1-GigabitEthernet0/0/0]quit
[R1]interface LoopBack 0
[R1-LoopBack0]ip address 1.1.1.1 32
[R1-LoopBack0]quit
```

R2 的配置：

```
<Huawei>system-view
Enter system view, return user view with Ctrl+Z.
[Huawei]undo info-center enable
Info: Information center is disabled.
[Huawei]sysname R2
[R2]interface g0/0/1
[R2-GigabitEthernet0/0/1]ip address 12.1.1.2 24
[R2-GigabitEthernet0/0/1]quit
[R2]interface g0/0/0
[R2-GigabitEthernet0/0/0]ip address 23.1.1.2 24
[R2-GigabitEthernet0/0/0]quit
[R2]interface LoopBack 0
[R2-LoopBack0]ip address 2.2.2.2 32
[R2-LoopBack0]quit
```

R3 的配置：

```
<Huawei>system-view
Enter system view, return user view with Ctrl+Z.
[Huawei]undo info-center enable
Info: Information center is disabled.
[Huawei]sysname R3
[R3]interface g0/0/1
[R3-GigabitEthernet0/0/1]ip address 23.1.1.3 24
[R3-GigabitEthernet0/0/1]quit
[R3]interface LoopBack 0
[R3-LoopBack0]ip address 3.3.3.3 32
[R3-LoopBack0]quit
```

（2）配置 IGP：R2 和 R3 之间运行 OSPF，它们都属于区域 0。

R2 的配置：

```
[R2]ospf router-id 2.2.2.2
[R2-ospf-1]area 0
[R2-ospf-1-area-0.0.0.0]network 23.1.1.0 0.0.0.255
[R2-ospf-1-area-0.0.0.0]network 2.2.2.2 0.0.0.0
[R2-ospf-1-area-0.0.0.0]quit
```

R3 的配置：

```
[R3]ospf router-id 3.3.3.3
[R3-ospf-1]area 0
[R3-ospf-1-area-0.0.0.0]network 23.1.1.0 0.0.0.255
[R3-ospf-1-area-0.0.0.0]network 3.3.3.3 0.0.0.0
[R3-ospf-1-area-0.0.0.0]quit
```

（3）配置 IBGP：R2 与 R3 以环回口建立 IBGP 的对等体关系。

R2 的配置：

```
[R2]bgp 200
[R2-bgp]undo synchronization
[R2-bgp]undo summary automatic
[R2-bgp]router-id 2.2.2.2
[R2-bgp]peer 3.3.3.3 as-number 200
[R2-bgp]peer 3.3.3.3 connect-interface LoopBack 0
[R2-bgp]peer 3.3.3.3 next-hop-local
[R2-bgp]quit
```

R3 的配置：

```
[R3]bgp 200
[R3-bgp]undo synchronization
[R3-bgp]undo summary automatic
[R3-bgp]router-id 3.3.3.3
[R3-bgp]peer 2.2.2.2 as-number 200
[R3-bgp]peer 2.2.2.2 connect-interface LoopBack 0
[R3-bgp]quit
```

（4）配置 EBGP。

R1 的配置：

```
[R1]bgp 100
[R1-bgp]undo synchronization
[R1-bgp]undo summary automatic
[R1-bgp]router-id 1.1.1.1
[R1-bgp]peer 12.1.1.2 as-number 200
[R1-bgp]quit
```

R2 的配置：

```
[R2]bgp 200
[R2-bgp]peer 12.1.1.1 as-number 100
```

4．实验调试

（1）在 R1 上创建四条路由，分别为 10.1.0.1/24、10.1.1.1/24、10.1.2.1/24、10.1.3.1/24，并

在 BGP 中通告。

```
[R1]interface LoopBack 10
[R1-LoopBack10]ip address 10.1.0.1 24
[R1-LoopBack10]ip address 10.1.1.1 24 sub
[R1-LoopBack10]ip address 10.1.2.1 24 sub
[R1-LoopBack10]ip address 10.1.3.1 24 sub
[R1-LoopBack10]quit
[R1]bgp 100
[R1-bgp]network 10.1.0.0 24
[R1-bgp]network 10.1.1.0 24
[R1-bgp]network 10.1.2.0 24
[R1-bgp]network 10.1.3.0 24
[R1-bgp]quit
```

（2）在 R3 上查看 BGP 路由表。

```
[R3]display bgp routing-table
 BGP Local router ID is 3.3.3.3
 Status codes: * - valid, > - best, d - damped,
                         h - history,  i - internal, s - suppressed, S - Stale
                         Origin : i - IGP, e - EGP, ? - incomplete
  Total Number of Routes: 4
      Network             NextHop         MED         LocPrf     PrefVal Path/Ogn
 *>i  10.1.0.0/24          2.2.2.2          0           100         0       100i
 *>i  10.1.1.0/24          2.2.2.2          0           100         0       100i
 *>i  10.1.2.0/24          2.2.2.2          0           100         0       100i
 *>i  10.1.3.0/24          2.2.2.2          0           100         0       100i
```

通过以上输出可以看到，R3 上有 4 条明细路由。

（3）在 R2 上手动汇总并在 R3 上查看 BGP 路由器。

手动汇总如下：

```
[R2]bgp 200
[R2-bgp]aggregate 10.1.0.0 22
[R2-bgp]quit
```

在 R3 上查看 BGP 路由表：

```
[R3]display bgp routing-table
 BGP Local router ID is 3.3.3.3
 Status codes: * - valid, > - best, d - damped,
                          h - history,  i - internal, s - suppressed, S - Stale
                          Origin : i - IGP, e - EGP, ? - incomplete
 Total Number of Routes: 5
      Network             NextHop         MED         LocPrf     PrefVal Path/Ogn
 *>i  10.1.0.0/22          2.2.2.2                     100         0       i
 *>i  10.1.0.0/24          2.2.2.2          0           100         0       100i
 *>i  10.1.1.0/24          2.2.2.2          0           100         0       100i
 *>i  10.1.2.0/24          2.2.2.2          0           100         0       100i
 *>i  10.1.3.0/24          2.2.2.2          0           100         0       100i
```

通过以上输出可以看到，R3 上不仅有汇总路由，还有明细路由。

【技术要点】

aggregate 10.1.0.0 22 命令的意义：发送明细路由和发送汇总路由。

（4）在 R2 上进行手动汇总并在 R3 上查看 BGP 路由器。

手动汇总如下：

```
[R2]bgp 200
[R2-bgp]aggregate 10.1.0.0 22 detail-suppressed
```

在 R3 上查看 BGP 路由表：

```
[R3]display bgp routing-table
 BGP Local router ID is 3.3.3.3
 Status codes: * - valid, > - best, d - damped,
               h - history,  i - internal, s - suppressed, S - Stale
               Origin : i - IGP, e - EGP, ? - incomplete
 Total Number of Routes: 1
      Network            NextHop        MED        LocPrf    PrefVal Path/Ogn
 *>i  10.1.0.0/22         2.2.2.2                   100        0      i
```

通过以上输出可以看到，R3 上只有一条明细路由。

【技术要点】

aggregate 10.1.0.0 22 detail-suppressed 命令的意义：只发送汇总路由和不发送明细路由。

（5）在 R2 上进行手动汇总，并在 R3 上查看 BGP 路由表。

手动汇总如下：

```
[R2] ip ip-prefix ly index 10 permit 10.1.0.0 24  //前缀列表编号为 10 匹配 10.1.0.0/24
[R2] ip ip-prefix ly index 20 permit 10.1.1.0 24  //前缀列表编号为 20 匹配 10.1.0.0/24
[R2]route-policy joinlabs permit node 10        //创建路由策略名字为 joinlabs
[R2-route-policy]if-match ip-prefix ly          //匹配到前缀列表 ly 的路由
[R2-route-policy]quit
[R2]bgp 200
[R2-bgp]aggregate 10.1.0.0 22 suppress-policy joinlabs
```

在 R3 上查看 BGP 路由表：

```
<R3>display bgp routing-table
 BGP Local router ID is 3.3.3.3
 Status codes: * - valid, > - best, d - damped,
               h - history,  i - internal, s - suppressed, S - Stale
               Origin : i - IGP, e - EGP, ? - incomplete
 Total Number of Routes: 3
      Network            NextHop        MED        LocPrf    PrefVal Path/Ogn
 *>i  10.1.0.0/22         2.2.2.2                   100        0      i
```

```
*>i  10.1.2.0/24       2.2.2.2         0          100        0     100i
*>i  10.1.3.0/24       2.2.2.2         0          100        0     100i
```

通过以上输出可以看到，有汇总路由和没有被 suppress-policy 匹配的路由。

【技术要点】

aggregate 10.1.0.0 22 suppress-policy joinlabs 命令的意义：只发送汇总路由和发送没有被 suppress-policy 匹配的路由。

（6）在 R1 上查看 BGP 路由表。

```
<R1>display bgp routing-table
 BGP Local router ID is 1.1.1.1
 Status codes: * - valid, > - best, d - damped,
               h - history,  i - internal, s - suppressed, S - Stale
               Origin : i - IGP, e - EGP, ? - incomplete
 Total Number of Routes: 5
      Network            NextHop        MED        LocPrf    PrefVal Path/Ogn
 *>   10.1.0.0/22        12.1.1.2                             0      200i
 *>   10.1.0.0/24        0.0.0.0         0                    0      i
 *>   10.1.1.0/24        0.0.0.0         0                    0      i
 *>   10.1.2.0/24        0.0.0.0         0                    0      i
 *>   10.1.3.0/24        0.0.0.0         0                    0      i
```

通过以上输出可以看到，汇总的路由又传给了 R1，因为汇总后的路由丢失了，可能会出现路由环路问题。

（7）修改 R2 的汇总命令。

```
[R2]bgp 200
[R2-bgp]aggregate 10.1.0.0 255.255.252.0 suppress-policy joinlabs as-set
```

（8）再次查看 R1 的路由表。

```
<R1>display bgp routing-table
 BGP Local router ID is 1.1.1.1
 Status codes: * - valid, > - best, d - damped,
                       h - history,  i - internal, s - suppressed, S - Stale
                       Origin : i - IGP, e - EGP, ? - incomplete
 Total Number of Routes: 4
      Network            NextHop        MED        LocPrf    PrefVal Path/Ogn
 *>   10.1.0.0/24        0.0.0.0         0                    0      i
 *>   10.1.1.0/24        0.0.0.0         0                    0      i
 *>   10.1.2.0/24        0.0.0.0         0                    0      i
 *>   10.1.3.0/24        0.0.0.0         0                    0      i
```

通过以上输出可以看到，汇总路由消失了。

【技术要点】as-set 命令的作用

为了避免路由聚合可能引起的路由环路，BGP 设计了 AS_Set 属性。AS_Set 属性是一种无序的 AS-Path 属性，标明聚合路由所经过的 AS 号。当聚合路由重新进入 AS_Set 属性中列出的任何一个 AS 时，BGP 将会检测到自己的 AS 号在聚合路由的 AS_Set 属性中，于是会丢弃该聚合路由，从而避免了路由环路的形成。

7.5.5 实验 5：配置路由反射器

1. 实验目的

（1）熟悉路由反射器的应用场景。

（2）掌握路由反射器的配置方法。

2. 实验拓扑

配置路由反射器的实验拓扑如图 7-11 所示。

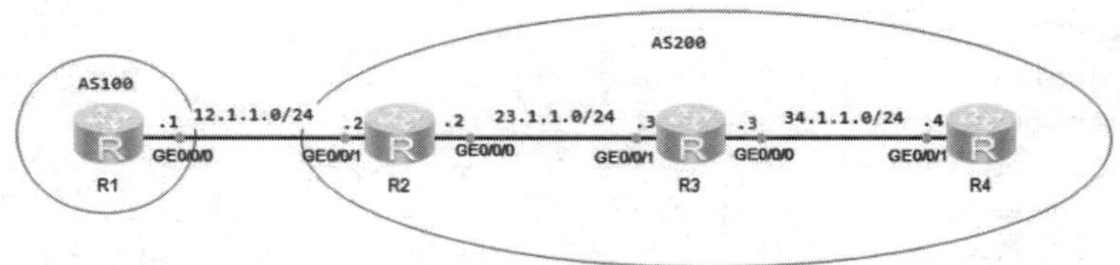

图 7-11 配置路由反射器的实验拓扑

3. 实验步骤

（1）配置 IP 地址。

R1 的配置：

```
<Huawei>system-view
Enter system view, return user view with Ctrl+Z.
[Huawei]undo info-center enable
[Huawei]sysname R1
[R1]interface g0/0/0
[R1-GigabitEthernet0/0/0]ip address 12.1.1.1 24
[R1-GigabitEthernet0/0/0]quit
[R1]interface LoopBack 0
[R1-LoopBack0]ip address 1.1.1.1 32
[R1-LoopBack0]quit
```

R2 的配置：

```
<Huawei>system-view
Enter system view, return user view with Ctrl+Z.
[Huawei]undo info-center enable
[Huawei]sysname R2
```

```
[R2]interface g0/0/1
[R2-GigabitEthernet0/0/1]ip address 12.1.1.2 24
[R2-GigabitEthernet0/0/1]quit
[R2]interface g0/0/0
[R2-GigabitEthernet0/0/0]ip address 23.1.1.2 24
[R2-GigabitEthernet0/0/0]quit
[R2]interface LoopBack 0
[R2-LoopBack0]ip address 2.2.2.2 32
[R2-LoopBack0]quit
```

R3 的配置：

```
<Huawei>system-view
Enter system view, return user view with Ctrl+Z.
[Huawei]undo info-center enable
Info: Information center is disabled.
[Huawei]sysname R3
[R3]interface g0/0/1
[R3-GigabitEthernet0/0/1]ip address 23.1.1.3 24
[R3-GigabitEthernet0/0/1]quit
[R3]interface g0/0/0
[R3-GigabitEthernet0/0/0]ip address 34.1.1.3 24
[R3-GigabitEthernet0/0/0]quit
[R3]interface LoopBack 0
[R3-LoopBack0]ip address 3.3.3.3 32
[R3-LoopBack0]quit
```

R4 的配置：

```
<Huawei>system-view
Enter system view, return user view with Ctrl+Z.
[Huawei]undo info-center enable
Info: Information center is disabled.
[Huawei]sysname R4
[R4]interface g0/0/1
[R4-GigabitEthernet0/0/1]ip address 34.1.1.4 24
[R4-GigabitEthernet0/0/1]quit
[R4]interface LoopBack 0
[R4-LoopBack0]ip address 4.4.4.4 32
[R4-LoopBack0]quit
```

（2）配置 IGP。

R2 的配置：

```
[R2]ospf router-id 2.2.2.2
[R2-ospf-1]area 0
[R2-ospf-1-area-0.0.0.0]network 2.2.2.2 0.0.0.0
[R2-ospf-1-area-0.0.0.0]network 23.1.1.10 0.0.0.255
[R2-ospf-1-area-0.0.0.0]quit
```

R3 的配置：

```
[R3]ospf router-id 3.3.3.3
[R3-ospf-1]area 0
[R3-ospf-1-area-0.0.0.0]network 23.1.1.0 0.0.0.255
[R3-ospf-1-area-0.0.0.0]network 34.1.1.0 0.0.0.255
[R3-ospf-1-area-0.0.0.0]network 3.3.3.3 0.0.0.0
[R3-ospf-1-area-0.0.0.0]quit
```

R4 的配置：

```
[R4]ospf router-id 4.4.4.4
[R4-ospf-1]area 0
[R4-ospf-1-area-0.0.0.0]network 4.4.4.4 0.0.0.0
[R4-ospf-1-area-0.0.0.0]network 34.1.1.0 0.0.0.255
[R4-ospf-1-area-0.0.0.0]quit
```

（3）配置 BGP：R1 与 R2 建立 EBGP 的邻接关系，R2 与 R3、R3 与 R4 建立 IBGP 的邻接关系。

R1 的配置：

```
[R1]bgp 100
[R1-bgp]router-id 1.1.1.1
[R1-bgp]peer 12.1.1.2 as-number 200
[R1-bgp]quit
```

R2 的配置：

```
[R2]bgp 200
[R2-bgp]router-id 2.2.2.2
[R2-bgp]peer 12.1.1.1 as-number 100
[R2-bgp]peer 3.3.3.3 as-number 200
[R2-bgp]peer 3.3.3.3 connect-interface LoopBack 0
[R2-bgp]peer 3.3.3.3 next-hop-local
[R2-bgp]quit
```

R3 的配置：

```
[R3]bgp 200
[R3-bgp]router-id 3.3.3.3
[R3-bgp]peer 2.2.2.2 as-number 200
[R3-bgp]peer 2.2.2.2 connect-interface LoopBack 0
[R3-bgp]peer 4.4.4.4 as-number 200
[R3-bgp]peer 4.4.4.4 connect-interface LoopBack 0
[R3-bgp]quit
```

R4 的配置：

```
[R4]bgp 200
[R4-bgp]router-id 4.4.4.4
[R4-bgp]peer 3.3.3.3 as-number 200
```

4. 实验调试

（1）在 R1 上通告 1.1.1.1/32 的路由。

```
[R1]bgp 100
[R1-bgp]network 1.1.1.1 32
[R1-bgp]quit
```

（2）在 R3 上查看路由表。

```
[R3]display bgp routing-table
 BGP Local router ID is 3.3.3.3
 Status codes: * - valid, > - best, d - damped,
               h - history,  i - internal, s - suppressed, S - Stale
               Origin : i - IGP, e - EGP, ? - incomplete
 Total Number of Routes: 1
      Network            NextHop        MED        LocPrf    PrefVal Path/Ogn
 *>i  1.1.1.1/32          2.2.2.2        0          100        0      100i
```

通过以上输出可以看到，1.1.1.1 是最优的路由，但是在 R4 上是看不到 1.1.1.1 这条路由的。

（3）在 R3 上查看 BGP 详细路由表，看它是否传递给了 R4。

```
 [R3]display bgp peer 4.4.4.4 verbose   //显示 BGP 对等体的详细信息。
         BGP Peer is 4.4.4.4,  remote AS 200
         Type: IBGP link
         BGP version 4, Remote router ID 4.4.4.4
         Update-group ID: 1
         BGP current state: Established, Up for 00h41m07s
         BGP current event: RecvKeepalive
         BGP last state: OpenConfirm
         BGP Peer Up count: 1
         Received total routes: 0
         Received active routes total: 0
         Advertised total routes: 0
         Port:  Local - 65228   Remote - 179
         Configured: Connect-retry Time: 32 sec
         Configured: Active Hold Time: 180 sec   Keepalive Time:60 sec
         Received  : Active Hold Time: 180 sec
         Negotiated: Active Hold Time: 180 sec   Keepalive Time:60 sec
         Peer optional capabilities:
         Peer supports bgp multi-protocol extension
         Peer supports bgp route refresh capability
         Peer supports bgp 4-byte-as capability
         Address family IPv4 Unicast: advertised and received
 Received: Total 43 messages
                          Update messages               0
                          Open messages                 1
                          KeepAlive messages            42
                          Notification messages         0
                          Refresh messages              0
 Sent: Total 44 messages
                          Update messages               0
                          Open messages                 2
```

```
                KeepAlive messages          42
                Notification messages       0
                Refresh messages            0
Authentication type configured: None
Last keepalive received: 2022-05-31 13:04:21-08:00
Minimum route advertisement interval is 15 seconds
Optional capabilities:
Route refresh capability has been enabled
4-byte-as capability has been enabled
Connect-interface has been configured
Peer Preferred Value: 0
Routing policy configured:
No routing policy is configured
```

通过以上输出可以看到，R3 没有把路由传给 R4，这是由于 BGP 水平分割的问题。

【技术要点】

BGP 水平分割：BGP 路由器从 IBGP 邻居收到一条路由，不会传给其他 IBGP 邻居。

（4）将 R3 配置为路由反射器，指定 R4 为其客户端。

```
[R3]bgp 200
[R3-bgp]peer 4.4.4.4 reflect-client
[R3-bgp]quit
```

（5）在 R3 上查看 RR。

```
[R3]display bgp peer 4.4.4.4 verbose
        BGP Peer is 4.4.4.4,  remote AS 200
        Type: IBGP link
        BGP version 4, Remote router ID 4.4.4.4
        Update-group ID: 0
        BGP current state: Established, Up for 00h49m17s
        BGP current event: RecvKeepalive
        BGP last state: OpenConfirm
        BGP Peer Up count: 1
        Received total routes: 0
        Received active routes total: 0
        Advertised total routes: 1
        Port:  Local - 65228   Remote - 179
        Configured: Connect-retry Time: 32 sec
        Configured: Active Hold Time: 180 sec   Keepalive Time:60 sec
        Received  : Active Hold Time: 180 sec
        Negotiated: Active Hold Time: 180 sec   Keepalive Time:60 sec
        Peer optional capabilities:
        Peer supports bgp multi-protocol extension
        Peer supports bgp route refresh capability
        Peer supports bgp 4-byte-as capability
        Address family IPv4 Unicast: advertised and received
```

```
Received: Total 51  messages
                    Update messages             0
                    Open messages               1
                    KeepAlive messages          50
                    Notification messages       0
                    Refresh messages            0
Sent: Total 53 messages
               Update messages                  1
               Open messages                    2
               KeepAlive messages               50
               Notification messages            0
               Refresh messages                 0
Authentication type configured: None
Last keepalive received: 2022-05-31 13:12:21-08:00
Minimum route advertisement interval is 15 seconds
Optional capabilities:
Route refresh capability has been enabled
4-byte-as capability has been enabled
It's route-reflector-client
Connect-interface has been configured
Peer Preferred Value: 0
Routing policy configured:
No routing policy is configured
```

通过以上输出可以看到，R4 为 RR 的客户端。

（6）在 R4 上查看路由表。

```
<R4>display bgp routing-table
 BGP Local router ID is 4.4.4.4
 Status codes: * - valid, > - best, d - damped,
               h - history,  i - internal, s - suppressed, S - Stale
               Origin : i - IGP, e - EGP, ? - incomplete
 Total Number of Routes: 1
     Network            NextHop        MED        LocPrf    PrefVal Path/Ogn
 *>i  1.1.1.1/32         2.2.2.2        0          100        0      100i
```

通过以上输出可以看到，R4 的 BGP 路由表里有 1.1.1.1 这条路由了。

（7）查看 1.1.1.1 的 BGP 明细路由。

```
<R4>display bgp routing-table 1.1.1.1
 BGP local router ID : 4.4.4.4
 Local AS number : 200
 Paths: 1 available, 1 best, 1 select
 BGP routing table entry information of 1.1.1.1/32:
 From: 3.3.3.3 (3.3.3.3)
 Route Duration: 00h06m33s
 Relay IP Nexthop: 34.1.1.3
 Relay IP Out-Interface: GigabitEthernet0/0/1
 Original nexthop: 2.2.2.2
 Qos information : 0x0
```

```
    AS-path 100, origin igp, MED 0, localpref 100, pref-val 0, valid,
internal, best, select, active, pre 255, IGP cost 2
    //本地 AS 中通告该路由的 BGP 路由器 Router-ID，存在多个 RR 也不会改变，防环
    Originator:  2.2.2.2
    Cluster list: 3.3.3.3  //当 RR 收到一条携带 Cluster_list 属性的 BGP 路由，且该属性
    //值中包含该簇的 Cluster_ID 时，RR 认为该条路由存在环路，因此将忽略关于该条路由的更新
```

【技术要点】

路由反射器和它的客户机组成一个集群（Cluster），使用 AS 内唯一的 Cluster_ID 作为标识。为了防止集群间产生路由环路，路由反射器使用 Cluster_List 属性，记录路由经过的所有集群的 Cluster_ID。

当一条路由第一次被 RR 反射时，RR 会把本地 Cluster_ID 添加到 Cluster_List 的前面。如果没有 Cluster_List 属性，RR 就创建一个。

当 RR 接收到一条更新路由时，RR 会检查 Cluster_List。如果 Cluster_List 中已经有本地 Cluster_ID，则丢弃该路由；如果没有本地 Cluster_ID，则将其加入 Cluster_List，然后反射该更新路由。

7.6 BGP 属性控制选路配置实验

7.6.1 实验 6：配置 BGP ORIGIN 属性控制选路

扫一扫，看视频

1. 实验目的

（1）熟悉 BGP ORIGIN 属性控制选路的应用场景。

（2）掌握 BGP ORIGIN 属性控制选路的配置方法。

2. 实验拓扑

配置 BGP ORIGIN 属性控制选路的实验拓扑如图 7-12 所示。

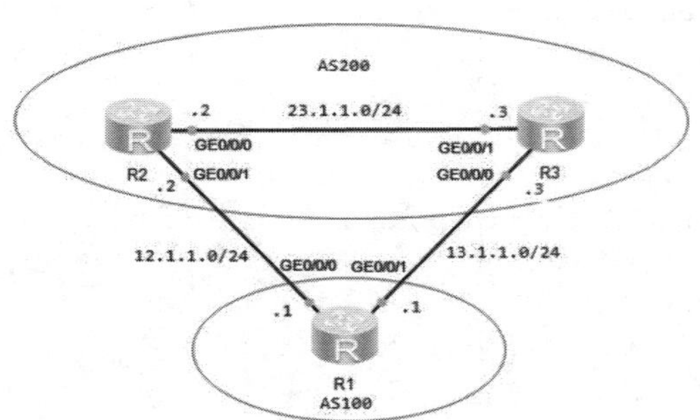

图 7-12　配置 BGP ORIGIN 属性控制选路的实验拓扑

3. 实验步骤

（1）配置 IP 地址。

R1 的配置：

```
<Huawei>system-view
Enter system view, return user view with Ctrl+Z.
[Huawei]undo info-center enable
[Huawei]sysname R1
[R1]interface g0/0/0
[R1-GigabitEthernet0/0/0]ip address 12.1.1.1 24
[R1-GigabitEthernet0/0/0]quit
[R1]interface g0/0/1
[R1-GigabitEthernet0/0/1]ip address 13.1.1.1 24
[R1-GigabitEthernet0/0/1]quit
[R1]interface LoopBack 0
[R1-LoopBack0]ip address 1.1.1.1 32
[R1-LoopBack0]quit
```

R2 的配置：

```
<Huawei>system-view
Enter system view, return user view with Ctrl+Z.
[Huawei]undo info-center enable
[Huawei]sysname R2
[R2]interface g0/0/0
[R2-GigabitEthernet0/0/0]ip address 23.1.1.2 24
[R2-GigabitEthernet0/0/0]quit
[R2]interface g0/0/1
[R2-GigabitEthernet0/0/1]ip address 12.1.1.2 24
[R2-GigabitEthernet0/0/1]quit
[R2]interface LoopBack 0
[R2-LoopBack0]ip address 2.2.2.2 32
[R2-LoopBack0]quit
```

R3 的配置：

```
<Huawei>system-view
Enter system view, return user view with Ctrl+Z.
[Huawei]undo info-center enable
Info: Information center is disabled.
[Huawei]sysname R3
[R3]interface g0/0/0
[R3-GigabitEthernet0/0/0]ip address 13.1.1.3 24
[R3-GigabitEthernet0/0/0]quit
[R3]interface g0/0/1
[R3-GigabitEthernet0/0/1]ip address 23.1.1.3 24
[R3-GigabitEthernet0/0/1]quit
[R3]interface LoopBack 0
[R3-LoopBack0]ip address 3.3.3.3 32
```

```
[R3-LoopBack0]quit
```

（2）配置 IGP。

R2 的配置：

```
[R2]ospf router-id 2.2.2.2
[R2-ospf-1]area 0
[R2-ospf-1-area-0.0.0.0]network 23.1.1.0 0.0.0.255
[R2-ospf-1-area-0.0.0.0]network 2.2.2.2 0.0.0.0
[R2-ospf-1-area-0.0.0.0]quit
```

R3 的配置：

```
[R3]ospf router-id 3.3.3.3
[R3-ospf-1]area 0
[R3-ospf-1-area-0.0.0.0]network 23.1.1.0 0.0.0.255
[R3-ospf-1-area-0.0.0.0]network 3.3.3.3 0.0.0.0
[R3-ospf-1-area-0.0.0.0]quit
```

（3）配置 BGP。

R1 的配置：

```
[R1]bgp 100
[R1-bgp]peer 12.1.1.2 as-number 200
[R1-bgp]peer 13.1.1.3 as-number 200
[R1-bgp]quit
```

R2 的配置：

```
[R2]bgp 200
[R2-bgp]router-id 2.2.2.2
[R2-bgp]peer 12.1.1.1 as-number 100
[R2-bgp]peer 3.3.3.3 as-number 200
[R2-bgp]peer 3.3.3.3 connect-interface LoopBack 0
[R2-bgp]peer 3.3.3.3 next-hop-local
[R2-bgp]quit
```

R3 的配置：

```
[R3]bgp 200
[R3-bgp]router-id 3.3.3.3
[R3-bgp]peer 13.1.1.1 as-number 100
[R3-bgp]peer 2.2.2.2 as-number 200
[R3-bgp]peer 2.2.2.2 connect-interface LoopBack 0
[R3-bgp]peer 2.2.2.2 next-hop-local
[R3-bgp]quit
```

4. 实验调试

（1）在 R1 上通过 BGP 通告 1.1.1.1。

```
[R1]bgp 100
[R1-bgp]network 1.1.1.1 32
[R1-bgp]quit
```

（2）在 R2 上查看 1.1.1.1 的路由详细信息。

```
[R2]display bgp routing-table 1.1.1.1
 BGP local router ID : 2.2.2.2
 Local AS number : 200
 Paths:   2 available, 1 best, 1 select
 BGP routing table entry information of 1.1.1.1/32:
 From: 12.1.1.1 (12.1.1.1)
 Route Duration: 00h03m24s
 Direct Out-interface: GigabitEthernet0/0/1
 Original nexthop: 12.1.1.1
 Qos information : 0x0
 AS-path 100, origin igp, MED 0, pref-val 0, valid, external, best,
 select, active, pre 255
 Advertised to such 1 peers:
 3.3.3.3
 BGP routing table entry information of 1.1.1.1/32:
 From: 3.3.3.3 (3.3.3.3)
 Route Duration: 00h03m24s
 Relay IP Nexthop: 23.1.1.3
 Relay IP Out-Interface: GigabitEthernet0/0/0
 Original nexthop: 3.3.3.3
 Qos information : 0x0
 AS-path 100, origin igp, MED 0, localpref 100, pref-val 0, valid,
 internal, pre 255, IGP cost 1, not preferred for peer type
 Not advertised to any peer yet
```

通过以上输出可以看到，针对 1.1.1.1 这条路由有两条起源，从 R1 和 R3 传过来的起源都属于 IGP。

（3）在 R2 上查看路由表。

```
[R2]display bgp routing-table
 BGP Local router ID is 2.2.2.2
 Status codes: * - valid, > - best, d - damped,
               h - history,  i - internal, s - suppressed, S - Stale
               Origin : i - IGP, e - EGP, ? - incomplete
 Total Number of Routes: 2
     Network          NextHop        MED        LocPrf    PrefVal Path/Ogn
 *>   1.1.1.1/32        12.1.1.1       0                     0       100i
 * i                    3.3.3.3        0          100        0       100i
```

通过以上输出可以看到，从 R1 传过来的路由是最优的。

（4）把从 R1 传过来的路由的起源改为 Incomplete。

```
[R2]ip ip-prefix 1.1 permit 1.1.1.1 32
[R2]route-policy orig permit node 10
[R2-route-policy]if-match ip-prefix 1.1
[R2-route-policy]apply origin incomplete
[R2-route-policy]quit
[R2]bgp 200
[R2-bgp]peer 12.1.1.1 route-policy orig import
[R2-bgp]quit
```

（5）再次查看 R2 的路由表。

```
[R2]display bgp routing-table
 BGP Local router ID is 2.2.2.2
 Status codes: * - valid, > - best, d - damped,
               h - history,  i - internal, s - suppressed, S - Stale
               Origin : i - IGP, e - EGP, ? - incomplete
 Total Number of Routes: 2
      Network            NextHop        MED        LocPrf    PrefVal Path/Ogn
 *>i  1.1.1.1/32         3.3.3.3         0          100        0      100i
 *                      12.1.1.1         0                     0      100?
```

通过以上输出可以看到，路由表选择了 R3 发过来的路由，因为 R1 的路由起源为？，而 R2 传过来的路由起源为 i。

【技术要点】origin 的类型有以下 3 种。

①IGP：该路由是由始发的 BGP 路由器使用 network 命令注入 BGP 的。

②EGP：该路由是通过 EGP 学习到的。

③Incomplete：该路由是通过其他方式学习到的，例如通过 import-route 命令引入 BGP 的路由。

注意：当去往同一个目的地存在多条不同 Origin 属性的路由时，在其他条件都相同的情况下，BGP 将按 Origin 的如下顺序优先选择路由：IGP > EGP > Incomplete。

7.6.2　实验 7：配置 BGP AS-Path 属性控制选路

扫一扫，看视频

1．实验目的

熟悉 BGP AS-Path 属性控制选路的应用场景。

掌握 BGP AS-Path 属性控制选路的配置方法。

2．实验拓扑

配置 BGP AS-Path 属性控制选路的实验拓扑如图 7-13 所示。

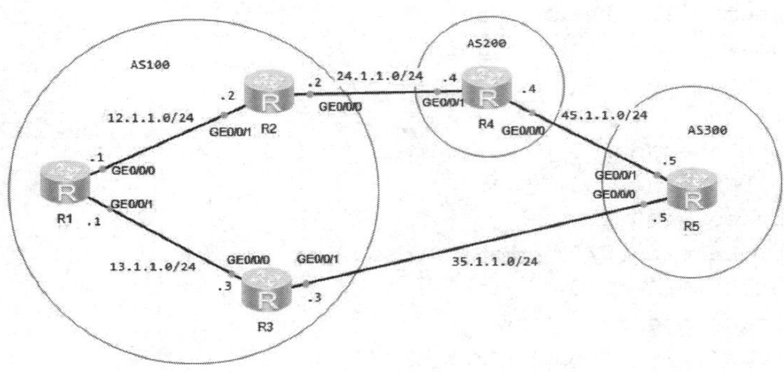

图 7-13　配置 BGP AS-Path 属性控制选路的实验拓扑

3. 实验步骤

（1）配置网络连通性。

R1 的配置：

```
<Huawei>system-view
Enter system view, return user view with Ctrl+Z.
[Huawei]undo info-center enable
[Huawei]sysname R1
[R1]interface g0/0/0
[R1-GigabitEthernet0/0/0]ip address 12.1.1.1 24
[R1-GigabitEthernet0/0/0]quit
[R1]interface g0/0/1
[R1-GigabitEthernet0/0/1]ip address 13.1.1.1 24
[R1-GigabitEthernet0/0/1]quit
[R1]interface LoopBack 0
[R1-LoopBack0]ip address 1.1.1.1 32
[R1-LoopBack0]quit
```

R2 的配置：

```
<Huawei>system-view
Enter system view, return user view with Ctrl+Z.
[Huawei]undo info-center enable
[Huawei]sysname R2
[R2]interface g0/0/1
[R2-GigabitEthernet0/0/1]ip address 12.1.1.2 24
[R2-GigabitEthernet0/0/1]quit
[R2]interface g0/0/0
[R2-GigabitEthernet0/0/0]ip address 24.1.1.2 24
[R2-GigabitEthernet0/0/0]quit
[R2]interface LoopBack 0
[R2-LoopBack0]ip address 2.2.2.2 32
[R2-LoopBack0]quit
```

R3 的配置：

```
<Huawei>system-view
Enter system view, return user view with Ctrl+Z.
[Huawei]undo info-center enable
[Huawei]sysname R3
[R3]interface g0/0/0
[R3-GigabitEthernet0/0/0]ip address 13.1.1.3 24
[R3-GigabitEthernet0/0/0]quit
[R3]interface g0/0/1
[R3-GigabitEthernet0/0/1]ip address 35.1.1.3 24
[R3-GigabitEthernet0/0/1]quit
[R3]interface LoopBack 0
[R3-LoopBack0]ip address 3.3.3.3 32
[R3-LoopBack0]quit
```

R4 的配置：

```
<Huawei>system-view
Enter system view, return user view with Ctrl+Z.
[Huawei]undo info-center enable
Info: Information center is disabled.
[Huawei]sysname R4
[R4]interface g0/0/1
[R4-GigabitEthernet0/0/1]ip address 24.1.1.4 24
[R4-GigabitEthernet0/0/1]quit
[R4]interface g0/0/0
[R4-GigabitEthernet0/0/0]ip address 45.1.1.4 24
[R4-GigabitEthernet0/0/0]quit
[R4]interface LoopBack 0
[R4-LoopBack0]ip address 4.4.4.4 32
[R4-LoopBack0]quit
```

R5 的配置：

```
<Huawei>system-view
Enter system view, return user view with Ctrl+Z.
[Huawei]undo info-center enable
[Huawei]sysname R5
[R5]interface g0/0/1
[R5-GigabitEthernet0/0/1]ip address 45.1.1.5 24
[R5-GigabitEthernet0/0/1]quit
[R5]interface g0/0/0
[R5-GigabitEthernet0/0/0]ip address 35.1.1.5 24
[R5-GigabitEthernet0/0/0]quit
[R5]interface LoopBack 0
[R5-LoopBack0]ip address 5.5.5.5 32
[R5-LoopBack0]quit
```

（2）配置 IGP。

R1 的配置：

```
[R1]ospf router-id 1.1.1.1
[R1-ospf-1]area 0
[R1-ospf-1-area-0.0.0.0]network 12.1.1.0 0.0.0.255
[R1-ospf-1-area-0.0.0.0]network 13.1.1.0 0.0.0.255
[R1-ospf-1-area-0.0.0.0]network 1.1.1.1 0.0.0.0
[R1-ospf-1-area-0.0.0.0]quit
```

R2 的配置：

```
[R2]ospf router-id 2.2.2.2
[R2-ospf-1]area 0
[R2-ospf-1-area-0.0.0.0]network 2.2.2.2 0.0.0.0
[R2-ospf-1-area-0.0.0.0]network 12.1.1.0 0.0.0.255
[R2-ospf-1-area-0.0.0.0]quit
```

R3 的配置：

```
[R3]ospf router-id 3.3.3.3
[R3-ospf-1]area 0
[R3-ospf-1-area-0.0.0.0]network 13.1.1.0 0.0.0.255
[R3-ospf-1-area-0.0.0.0]network 3.3.3.3 0.0.0.0
[R3-ospf-1-area-0.0.0.0]quit
```

（3）配置 BGP。

R1 的配置：

```
[R1-bgp]router-id 1.1.1.1
[R1-bgp]peer 2.2.2.2 as-number 100
[R1-bgp]peer 2.2.2.2 connect-interface LoopBack 0
[R1-bgp]peer 3.3.3.3 as-number 100
[R1-bgp]peer 3.3.3.3 connect-interface LoopBack 0
[R1-bgp]quit
```

R2 的配置：

```
[R2]bgp 100
[R2-bgp]router-id 2.2.2.2
[R2-bgp]peer 1.1.1.1 as-number 100
[R2-bgp]peer 1.1.1.1 connect-interface LoopBack 0
[R2-bgp]peer 1.1.1.1 next-hop-local
[R2-bgp]peer 24.1.1.4 as-number 200
[R2-bgp]quit
```

R3 的配置：

```
[R3]bgp 100
[R3-bgp]router-id 3.3.3.3
[R3-bgp]peer 1.1.1.1 as-number 100
[R3-bgp]peer 1.1.1.1 connect-interface LoopBack 0
[R3-bgp]peer 1.1.1.1 next-hop-local
[R3-bgp]peer 35.1.1.5 as-number 300
[R3-bgp]quit
```

R4 的配置：

```
[R4]bgp 200
[R4-bgp]router-id 4.4.4.4
[R4-bgp]peer 24.1.1.2 as-number 100
[R4-bgp]peer 45.1.1.5 as-number 300
[R4-bgp]quit
```

R5 的配置：

```
[R5]bgp 300
[R5-bgp]router-id 5.5.5.5
[R5-bgp]peer 45.1.1.4 as-number 200
[R5-bgp]peer 35.1.1.3 as-number 100
[R5-bgp]quit
```

（4）在 R1 上创建并通告 100.1.1.1。

```
[R1]interface LoopBack 100
[R1-LoopBack100]ip address 100.1.1.1 32
[R1-LoopBack100]quit
[R1]bgp 100
[R1-bgp]network 100.1.1.1 32
[R1-bgp]quit
```

4. 实验调试

（1）在 R5 上查看 BGP 路由表。

```
[R5]display bgp routing-table
BGP Local router ID is 5.5.5.5
Status codes: * - valid, > - best, d - damped,
              h - history,  i - internal, s - suppressed, S - Stale
              Origin : i - IGP, e - EGP, ? - incomplete
Total Number of Routes: 2
     Network          NextHop        MED        LocPrf    PrefVal Path/Ogn
 *>   100.1.1.1/32    35.1.1.3                              0      100i
 *                    45.1.1.4                              0      200 100i
```

通过以上输出可以看到，从 R3 传过来的路由 AS-Path 为 100，从 R4 传过来的路由 AS-Path 为 200 100。R5 选择了最短的 AS-Path。

【技术要点】

AS-Path 的作用：BGP 防环和 BGP 选路。

（2）在 R5 上做策略，将从 R3 经过的路由在 AS-Path 属性上增加 600、700、800 的属性。

```
[R5]ip ip-prefix 100 permit 100.1.1.1 32
[R5]route-policy aspath permit node 10
[R5-route-policy]if-match ip-prefix 100
[R5-route-policy]apply as-path 600 700 800 additive
[R5-route-policy]quit
[R5]bgp 300
[R5-bgp]peer 35.1.1.3 route-policy aspath import
[R5-bgp]quit
```

（3）在 R5 上查看 BGP 路由表。

```
[R5]display bgp routing-table
BGP Local router ID is 5.5.5.5
Status codes: * - valid, > - best, d - damped,
              h - history,  i - internal, s - suppressed, S - Stale
              Origin : i - IGP, e - EGP, ? - incomplete
Total Number of Routes: 2
     Network          NextHop        MED       LocPrf    PrefVal Path/Ogn
 *>   100.1.1.1/32    45.1.1.4                             0      200 100i
 *                    35.1.1.3                             0      600 700 800 100i
```

通过以上输出可以看到，从 R3 传过来的关于 100.1.1.1 这条路由 AS-Path 在左边加上了 600、700、800。

（4）把 R5 上的策略删除，在 R3 上做策略，看看结果会发生什么变化。

R5 的配置：

```
[R5]undo ip ip-prefix 100
[R5]undo route-policy aspath
[R5]bgp 300
[R5-bgp]undo peer 35.1.1.3 route-policy aspath import
```

R3 的配置：

```
[R3]ip ip-prefix 100 permit 100.1.1.1 32
[R3]route-policy aspath permit node 10
[R3-route-policy]if-match ip-prefix 100
[R3-route-policy]apply as-path 600 700 800 additive
[R3-route-policy]quit
[R3]bgp 100
[R3-bgp]peer 35.1.1.5 route-policy aspath export
[R3-bgp]quit
```

（5）在 R5 上查看路由表。

```
[R5]display bgp routing-table
 BGP Local router ID is 5.5.5.5
 Status codes: * - valid, > - best, d - damped,
               h - history,  i - internal, s - suppressed, S - Stale
               Origin : i - IGP, e - EGP, ? - incomplete
 Total Number of Routes: 2
      Network          NextHop        MED      LocPrf     PrefVal Path/Ogn
 *>   100.1.1.1/32     45.1.1.4                            0      200 100i
 *                     35.1.1.3                            0      100 600 700 800i
```

通过以上输出可以看到，600、700、800 也加上去了，但是加在了右边。

【技术要点】AS-Path 加在左边还是右边？

①Import：先收路由，再做策略，则加在左边。

②Export：先做策略，再收路由，则加在右边。

7.6.3 实验 8：配置 BGP LOCAL_PREF 属性控制选路

1．实验目的

（1）熟悉 BGP LOCAL_PREF 属性控制选路的应用场景。

（2）掌握 BGP LOCAL_PREF 属性控制选路的配置方法。

2．实验拓扑

配置 BGP LOCAL_PREF 属性控制选路的实验拓扑如图 7-14 所示。

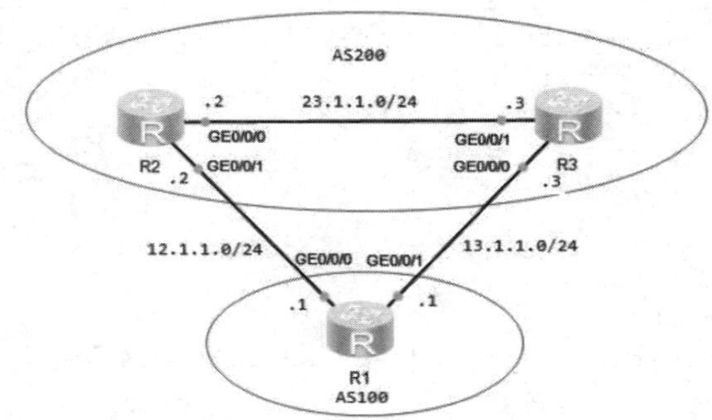

图 7-14　配置 BGP LOCAL_PREF 属性控制选路的实验拓扑

3. 实验步骤

（1）配置网络连通性。

R1 的配置：

```
<Huawei>system-view
Enter system view, return user view with Ctrl+Z.
[Huawei]undo info-center enable
[Huawei]sysname R1
[R1]interface g0/0/0
[R1-GigabitEthernet0/0/0]ip address 12.1.1.1 24
[R1-GigabitEthernet0/0/0]quit
[R1]interface g0/0/1
[R1-GigabitEthernet0/0/1]ip address 13.1.1.1 24
[R1-GigabitEthernet0/0/1]quit
[R1]interface LoopBack 0
[R1-LoopBack0]ip address 1.1.1.1 32
[R1-LoopBack0]quit
```

R2 的配置：

```
<Huawei>system-view
Enter system view, return user view with Ctrl+Z.
[Huawei]undo info-center enable
[Huawei]sysname R2
[R2]interface g0/0/0
[R2-GigabitEthernet0/0/0]ip address 23.1.1.2 24
[R2-GigabitEthernet0/0/0]quit
[R2]interface g0/0/1
[R2-GigabitEthernet0/0/1]ip address 12.1.1.2 24
[R2-GigabitEthernet0/0/1]quit
[R2]interface LoopBack 0
[R2-LoopBack0]ip address 2.2.2.2 32
[R2-LoopBack0]quit
```

R3 的配置：

```
<Huawei>system-view
```

```
Enter system view, return user view with Ctrl+Z.
[Huawei]undo info-center enable
Info: Information center is disabled.
[Huawei]sysname R3
[R3]interface g0/0/0
[R3-GigabitEthernet0/0/0]ip address 13.1.1.3 24
[R3-GigabitEthernet0/0/0]quit
[R3]interface g0/0/1
[R3-GigabitEthernet0/0/1]ip address 23.1.1.3 24
[R3-GigabitEthernet0/0/1]quit
[R3]interface LoopBack 0
[R3-LoopBack0]ip address 3.3.3.3 32
[R3-LoopBack0]quit
```

（2）配置 IGP。

R2 的配置：

```
[R2]ospf router-id 2.2.2.2
[R2-ospf-1]area 0
[R2-ospf-1-area-0.0.0.0]network 23.1.1.0 0.0.0.255
[R2-ospf-1-area-0.0.0.0]network 2.2.2.2 0.0.0.0
[R2-ospf-1-area-0.0.0.0]quit
```

R3 的配置：

```
[R3]ospf router-id 3.3.3.3
[R3-ospf-1]area 0
[R3-ospf-1-area-0.0.0.0]network 23.1.1.0 0.0.0.255
[R3-ospf-1-area-0.0.0.0]network 3.3.3.3 0.0.0.0
[R3-ospf-1-area-0.0.0.0]quit
```

（3）配置 BGP。

R1 的配置：

```
[R1]bgp 100
[R1-bgp]peer 12.1.1.2 as-number 200
[R1-bgp]peer 13.1.1.3 as-number 200
[R1-bgp]quit
```

R2 的配置：

```
[R2]bgp 200
[R2-bgp]router-id 2.2.2.2
[R2-bgp]peer 12.1.1.1 as-number 100
[R2-bgp]peer 3.3.3.3 as-number 200
[R2-bgp]peer 3.3.3.3 connect-interface LoopBack 0
[R2-bgp]peer 3.3.3.3 next-hop-local
[R2-bgp]quit
```

R3 的配置：

```
[R3]bgp 200
[R3-bgp]router-id 3.3.3.3
```

```
[R3-bgp]peer 13.1.1.1 as-number 100
[R3-bgp]peer 2.2.2.2 as-number 200
[R3-bgp]peer 2.2.2.2 connect-interface LoopBack 0
[R3-bgp]peer 2.2.2.2 next-hop-local
[R3-bgp]quit
```

4. 实验调试

（1）在 R1 上用通告的方式产生一条路由 1.1.1.1/32。

```
[R1]bgp 100
[R1-bgp]network 1.1.1.1 32
[R1-bgp]quit
```

（2）在 R2 上查看 BGP 路由表。

```
<R2>display bgp routing-table
 BGP Local router ID is 2.2.2.2
 Status codes: * - valid, > - best, d - damped,
                 h - history,  i - internal, s - suppressed, S - Stale
                 Origin : i - IGP, e - EGP, ? - incomplete
 Total Number of Routes: 2
     Network          NextHop      MED       LocPrf    PrefVal Path/Ogn
 *>   1.1.1.1/32      12.1.1.1     0                    0       100i
 * i                  3.3.3.3      0          100       0       100i
```

通过以上输出可以看到，IBGP 邻居传给 R2 的本地优先级为 100，EBGP 邻居传给 R2 的本地优先级没有显示。

（3）在 R2 上将 R1 传过来的路由 1.1.1.1 的本地优先级改成 2000。

```
[R2]ip ip-prefix 1.1 permit 1.1.1.1 32
[R2]route-policy local permit node 10
[R2-route-policy]if-match ip-prefix 1.1
[R2-route-policy]apply local-preference 2000
[R2-route-policy]quit
[R2]bgp 200
[R2-bgp]peer 12.1.1.1 route-policy local import
[R2-bgp]quit
```

（4）再次查看 R2 的路由表。

```
<R2>display bgp routing-table
 BGP Local router ID is 2.2.2.2
 Status codes: * - valid, > - best, d - damped,
                 h - history,  i - internal, s - suppressed, S - Stale
                 Origin : i - IGP, e - EGP, ? - incomplete
 Total Number of Routes: 1
     Network          NextHop        MED       LocPrf    PrefVal Path/Ogn
 *>   1.1.1.1/32      12.1.1.1       0         2000       0      100i
```

通过以上输出可以看到，R1 传过来的路由本地优先级变成了 2000，但是为什么 R2 只有一条路由？下面查看 R3 的路由表来寻找原因。

（5）查看 R3 的路由表。

```
<R3>display bgp routing-table
 BGP Local router ID is 3.3.3.3
 Status codes: * - valid, > - best, d - damped,
               h - history,  i - internal, s - suppressed, S - Stale
               Origin : i - IGP, e - EGP, ? - incomplete
 Total Number of Routes: 2
     Network          NextHop        MED        LocPrf  PrefVal Path/Ogn
 *>i  1.1.1.1/32       2.2.2.2         0          2000     0       100i
 *                     13.1.1.1        0                   0       100i
```

通过以上输出可以发现，R2 和 R1 都把 1.1.1.1 传递给了 R3，因为 R2 传递过来的路由本地优先级为 2000，所以选择了 R2，R1 传过来的路由不是最优的，所以 R2 上只会有一条路由，实验结束。

【技术要点】本地优先级注意事项

①Local_Preference 属性只能在 IBGP 对等体间传递（除非做了策略，否则 Local_Preference 属性在 IBGP 对等体间传递的过程中不会丢失），而不能在 EBGP 对等体间传递。如果在 EBGP 对等体间收到的路由的路径属性中携带了 Local_Preference，则会进行错误处理。

②可以在 AS 边界路由器上使用 Import 方向的策略来修改 Local_Preference 属性值。也就是在收到路由之后，在本地为路由赋予 Local_Preference 属性。

③可以使用 BGP default local-preference 命令修改默认 Local_Preference 值，该值默认为 100。

④路由器在向其 EBGP 对等体发送路由更新时，不能携带 Local_Preference 属性，但是对方接收路由之后，会在本地为这条路由赋一个默认的 Local_Preference 值（100），然后再将路由传递给自己的 IBGP 对等体。

⑤在本地使用 network 命令及 import-route 命令引入的路由，Local_Preference 默认值为 100，并能在 AS 内向其他 IBGP 对等体传递。传递过程中除非受路由策略的影响，否则 Local_Preference 值不变。

7.6.4 实验 9：配置 BGP MED 属性控制选路

1. 实验目的

（1）熟悉 BGP MED 属性控制选路的应用场景。

（2）掌握 BGP MED 属性控制选路的配置方法。

2. 实验拓扑

配置 BGP MED 属性控制选路的实验拓扑如图 7-15 所示。

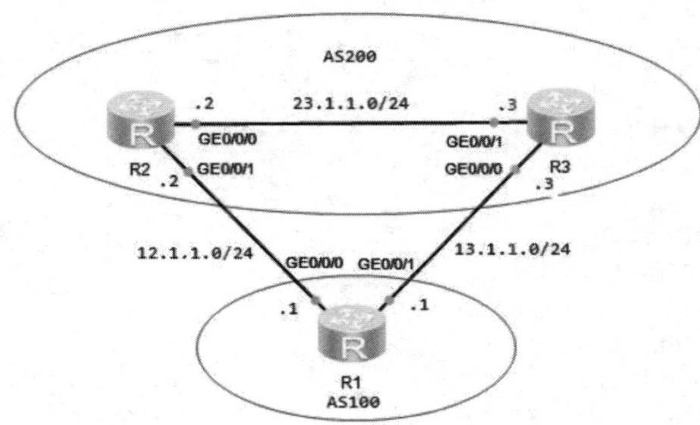

图 7-15　配置 BGP MED 属性控制选路的实验拓扑

3. 实验步骤

（1）配置网络连通性。

R1 的配置：

```
<Huawei>system-view
Enter system view, return user view with Ctrl+Z.
[Huawei]undo info-center enable
[Huawei]sysname R1
[R1]interface g0/0/0
[R1-GigabitEthernet0/0/0]ip address 12.1.1.1 24
[R1-GigabitEthernet0/0/0]quit
[R1]interface g0/0/1
[R1-GigabitEthernet0/0/1]ip address 13.1.1.1 24
[R1-GigabitEthernet0/0/1]quit
[R1]interface LoopBack 0
[R1-LoopBack0]ip address 1.1.1.1 32
[R1-LoopBack0]quit
```

R2 的配置：

```
<Huawei>system-view
Enter system view, return user view with Ctrl+Z.
[Huawei]undo info-center enable
[Huawei]sysname R2
[R2]interface g0/0/0
[R2-GigabitEthernet0/0/0]ip address 23.1.1.2 24
[R2-GigabitEthernet0/0/0]quit
[R2]interface g0/0/1
[R2-GigabitEthernet0/0/1]ip address 12.1.1.2 24
[R2-GigabitEthernet0/0/1]quit
[R2]interface LoopBack 0
[R2-LoopBack0]ip address 2.2.2.2 32
[R2-LoopBack0]quit
```

R3 的配置：

```
<Huawei>system-view
Enter system view, return user view with Ctrl+Z.
[Huawei]undo info-center enable
Info: Information center is disabled.
[Huawei]sysname R3
[R3]interface g0/0/0
[R3-GigabitEthernet0/0/0]ip address 13.1.1.3 24
[R3-GigabitEthernet0/0/0]quit
[R3]interface g0/0/1
[R3-GigabitEthernet0/0/1]ip address 23.1.1.3 24
[R3-GigabitEthernet0/0/1]quit
[R3]interface LoopBack 0
[R3-LoopBack0]ip address 3.3.3.3 32
[R3-LoopBack0]quit
```

（2）配置 IGP。

R2 的配置：

```
[R2]ospf router-id 2.2.2.2
[R2-ospf-1]area 0
[R2-ospf-1-area-0.0.0.0]network 23.1.1.0 0.0.0.255
[R2-ospf-1-area-0.0.0.0]network 2.2.2.2 0.0.0.0
[R2-ospf-1-area-0.0.0.0]quit
```

R3 的配置：

```
[R3]ospf router-id 3.3.3.3
[R3-ospf-1]area 0
[R3-ospf-1-area-0.0.0.0]network 23.1.1.0 0.0.0.255
[R3-ospf-1-area-0.0.0.0]network 3.3.3.3 0.0.0.0
[R3-ospf-1-area-0.0.0.0]quit
```

（3）配置 BGP。

R1 的配置：

```
[R1]bgp 100
[R1-bgp]peer 12.1.1.2 as-number 200
[R1-bgp]peer 13.1.1.3 as-number 200
[R1-bgp]quit
```

R2 的配置：

```
[R2]bgp 200
[R2-bgp]router-id 2.2.2.2
[R2-bgp]peer 12.1.1.1 as-number 100
[R2-bgp]peer 3.3.3.3 as-number 200
[R2-bgp]peer 3.3.3.3 connect-interface LoopBack 0
[R2-bgp]peer 3.3.3.3 next-hop-local
[R2-bgp]quit
```

R3 的配置：

```
[R3]bgp 200
[R3-bgp]router-id 3.3.3.3
[R3-bgp]peer 13.1.1.1 as-number 100
[R3-bgp]peer 2.2.2.2 as-number 200
[R3-bgp]peer 2.2.2.2 connect-interface LoopBack 0
[R3-bgp]peer 2.2.2.2 next-hop-local
[R3-bgp]quit
```

4. 实验调试

（1）在 R1 上通告 1.1.1.1/32。

```
[R1]bgp 100
[R1-bgp]network 1.1.1.1 32
[R1-bgp]quit
```

（2）在 R2 上查看 BGP 路由表。

```
[R2]display bgp routing-table
 BGP Local router ID is 2.2.2.2
 Status codes: * - valid, > - best, d - damped,
                    h - history,  i - internal, s - suppressed, S - Stale
                    Origin : i - IGP, e - EGP, ? - incomplete
 Total Number of Routes: 2
       Network            NextHop          MED         LocPrf      PrefVal Path/Ogn
 *>    1.1.1.1/32         12.1.1.1          0                        0       100i
 * i                      3.3.3.3           0           100          0        100i
```

通过以上输出可以看到，R2 的路由表里面关于 1.1.1.1 这条路由的 MED 都等于 0，路由优先从 R1 传递过来。

（3）在 R2 上通过策略把 R1 传递过来的路由的 MED 改成 1000。

```
[R2]ip ip-prefix 1.1 permit 1.1.1.1 32
[R2]route-policy med permit node 10
[R2-route-policy]if-match ip-prefix 1.1
[R2-route-policy]apply MED
[R2-route-policy]apply cost 1000
[R2-route-policy]quit
[R2]bgp 200
[R2-bgp]peer 12.1.1.1 route-policy med import
[R2-bgp]quit
```

（4）查看 R2 的 BGP 路由表。

```
[R2]display bgp routing-table
 BGP Local router ID is 2.2.2.2
 Status codes: * - valid, > - best, d - damped,
             h - history,  i - internal, s - suppressed, S - Stale
             Origin : i - IGP, e - EGP, ? - incomplete
 Total Number of Routes: 2
       Network            NextHop          MED         LocPrf      PrefVal Path/Ogn
```

```
*>i  1.1.1.1/32      3.3.3.3          0          100        0      100i
*                    12.1.1.1         1000                  0      100i
```

通过以上输出可以看到，从 R1 传过来的路由的 MED 变成了 1000，因为 MED 越小则越优，所以 R2 选择从 R3 传递过来的路由。

【技术要点】MED 的默认操作如下

①如果路由器通过 IGP 学习到一条路由，并通过 network 或 import-route 命令将路由引入 BGP，则产生的 BGP 路由的 MED 值继承路由在 IGP 中的 metric。

②如果路由器将本地直连、静态路由通过 network 或 import-route 命令引入 BGP，那么这条 BGP 路由的 MED 为 0，因为直连、静态路由的 cost 为 0。

③如果路由器通过 BGP 学习到其他对等体传递过来的路由，则将路由更新给自己的 EBGP 对等体时，默认是不携带 MED 的。这就是所谓的“MED 不会跨 AS 传递”。

④可以使用 default med 命令修改默认的 MED 值，default med 命令只对本设备上用 import-route 命令引入的路由和 BGP 的聚合路由生效。

7.6.5 实验 10：配置 Preferred-Value 属性控制选路

1. 实验目的

（1）熟悉 Preferred-Value 属性控制选路的应用场景。

（2）掌握 Preferred-Value 属性控制选路的配置方法。

2. 实验拓扑

配置 Preferred-Value 属性控制选路的实验拓扑如图 7-16 所示。

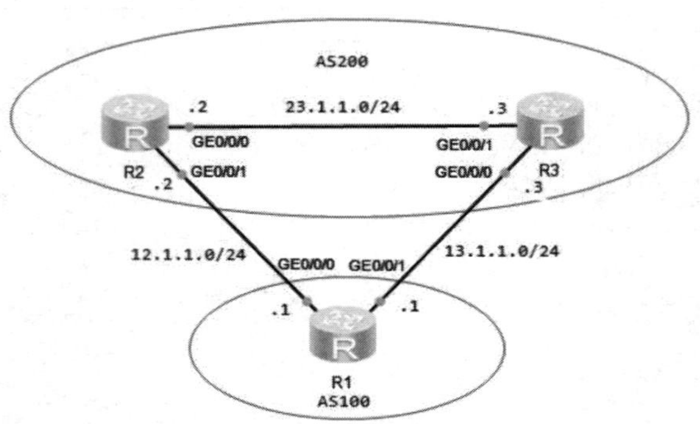

图 7-16　配置 Preferred-Value 属性控制选路的实验拓扑

3. 实验步骤

（1）配置网络连通性。

R1 的配置：

```
<Huawei>system-view
Enter system view, return user view with Ctrl+Z.
[Huawei]undo info-center enable
[Huawei]sysname R1
[R1]interface g0/0/0
[R1-GigabitEthernet0/0/0]ip address 12.1.1.1 24
[R1-GigabitEthernet0/0/0]quit
[R1]interface g0/0/1
[R1-GigabitEthernet0/0/1]ip address 13.1.1.1 24
[R1-GigabitEthernet0/0/1]quit
[R1]interface LoopBack 0
[R1-LoopBack0]ip address 1.1.1.1 32
[R1-LoopBack0]quit
```

R2 的配置：

```
<Huawei>system-view
Enter system view, return user view with Ctrl+Z.
[Huawei]undo info-center enable
[Huawei]sysname R2
[R2]interface g0/0/0
[R2-GigabitEthernet0/0/0]ip address 23.1.1.2 24
[R2-GigabitEthernet0/0/0]quit
[R2]interface g0/0/1
[R2-GigabitEthernet0/0/1]ip address 12.1.1.2 24
[R2-GigabitEthernet0/0/1]quit
[R2]interface LoopBack 0
[R2-LoopBack0]ip address 2.2.2.2 32
[R2-LoopBack0]quit
```

R3 的配置：

```
<Huawei>system-view
Enter system view, return user view with Ctrl+Z.
[Huawei]undo info-center enable
Info: Information center is disabled.
[Huawei]sysname R3
[R3]interface g0/0/0
[R3-GigabitEthernet0/0/0]ip address 13.1.1.3 24
[R3-GigabitEthernet0/0/0]quit
[R3]interface g0/0/1
[R3-GigabitEthernet0/0/1]ip address 23.1.1.3 24
[R3-GigabitEthernet0/0/1]quit
[R3]interface LoopBack 0
[R3-LoopBack0]ip address 3.3.3.3 32
[R3-LoopBack0]quit
```

（2）配置 IGP。

R2 的配置：

```
[R2]ospf router-id 2.2.2.2
```

```
[R2-ospf-1]area 0
[R2-ospf-1-area-0.0.0.0]network 23.1.1.0 0.0.0.255
[R2-ospf-1-area-0.0.0.0]network 2.2.2.2 0.0.0.0
[R2-ospf-1-area-0.0.0.0]quit
```

R3 的配置：

```
[R3]ospf router-id 3.3.3.3
[R3-ospf-1]area 0
[R3-ospf-1-area-0.0.0.0]network 23.1.1.0 0.0.0.255
[R3-ospf-1-area-0.0.0.0]network 3.3.3.3 0.0.0.0
[R3-ospf-1-area-0.0.0.0]quit
```

（3）配置 BGP。

R1 的配置：

```
[R1]bgp 100
[R1-bgp]peer 12.1.1.2 as-number 200
[R1-bgp]peer 13.1.1.3 as-number 200
[R1-bgp]quit
```

R2 的配置：

```
[R2]bgp 200
[R2-bgp]router-id 2.2.2.2
[R2-bgp]peer 12.1.1.1 as-number 100
[R2-bgp]peer 3.3.3.3 as-number 200
[R2-bgp]peer 3.3.3.3 connect-interface LoopBack 0
[R2-bgp]peer 3.3.3.3 next-hop-local
[R2-bgp]quit
```

R3 的配置：

```
[R3]bgp 200
[R3-bgp]router-id 3.3.3.3
[R3-bgp]peer 13.1.1.1 as-number 100
[R3-bgp]peer 2.2.2.2 as-number 200
[R3-bgp]peer 2.2.2.2 connect-interface LoopBack 0
[R3-bgp]peer 2.2.2.2 next-hop-local
[R3-bgp]quit
```

4. 实验调试

（1）在 R1 上通告 1.1.1.1/32。

```
[R1]bgp 100
[R1-bgp]network 1.1.1.1 32
[R1-bgp]quit
```

（2）在 R2 上查看 BGP 路由表。

```
<R2>display bgp routing-table
 BGP Local router ID is 2.2.2.2
 Status codes: * - valid, > - best, d - damped,
               h - history,  i - internal, s - suppressed, S - Stale
```

```
              Origin : i - IGP, e - EGP, ? - incomplete
 Total Number of Routes: 2
     Network          NextHop        MED        LocPrf    PrefVal Path/Ogn
 *>   1.1.1.1/32      12.1.1.1        0                    0       100i
 * i                  3.3.3.3         0          100       0       100i
```

通过以上输出可以看到，关于 1.1.1.1 这条路由，不管是从 R1 还是从 R2 传递过来的路由，它的 PrefVal 都为 0，因为华为的设置在默认情况下 PrefVal 为 0。

（3）修改从 R3 传递过来的路由 1.1.1.1 的 PrefVal。

```
[R2]bgp 200
[R2-bgp]peer 3.3.3.3 preferred-value 100
[R2-bgp]quit
```

（4）再次查看 R2 的 BGP 路由表。

```
[R2]display bgp routing-table
 BGP Local router ID is 2.2.2.2
 Status codes: * - valid, > - best, d - damped,
               h - history,  i - internal, s - suppressed, S - Stale
               Origin : i - IGP, e - EGP, ? - incomplete
 Total Number of Routes: 2
     Network          NextHop        MED        LocPrf    PrefVal Path/Ogn
 *>i  1.1.1.1/32      3.3.3.3         0          100       100     100i
 *                    12.1.1.1        0                    0       100i
```

通过以上输出可以看到，路由优先从 R3 传递过来的，因为它的 PrefVal 为 100。

（5）通过策略修改从 R1 传递过来的路由 1.1.1.1 的 PrefVal。

```
[R2]ip ip-prefix 1.1 permit 1.1.1.1 32
[R2]route-policy pre permit node 10
Info: New Sequence of this List.
[R2-route-policy]if-match ip-prefix 1.1
[R2-route-policy]apply preferred-value 1000
[R2-route-policy]quit
[R2]bgp 200
[R2-bgp]peer 12.1.1.1 route-policy pre import
[R2-bgp]quit
```

（6）继续查看 R2 的 BGP 路由表。

```
[R2]display bgp routing-table
 BGP Local router ID is 2.2.2.2
 Status codes: * - valid, > - best, d - damped,
               h - history,  i - internal, s - suppressed, S - Stale
               Origin : i - IGP, e - EGP, ? - incomplete
 Total Number of Routes: 2
     Network          NextHop        MED        LocPrf    PrefVal Path/Ogn
 *>   1.1.1.1/32      12.1.1.1        0                    1000    100i
 * i                  3.3.3.3         0          100       100     100i
```

通过以上输出可以看到，R1 传递过来的路由 1.1.1.1 的 PrefVal 变成了 1000，所以选择 R1

的路由，实验结束。

7.7 BGP 选路原则配置实验

1. 实验目的

（1）熟悉 BGP 选路原则的应用场景。

（2）掌握 BGP 选路原则的配置方法。

2. 实验拓扑

配置 BGP 选路原则的实验拓扑如图 7-17 所示。

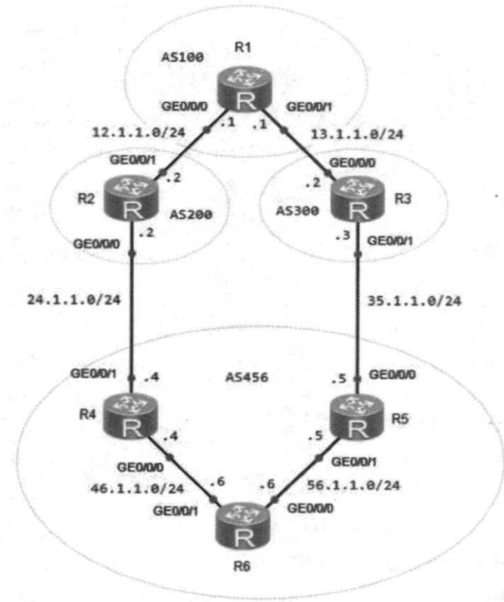

图 7-17　配置 BGP 选路原则的实验拓扑

3. 实验步骤

（1）配置 IP 地址。

R1 的配置：

```
<Huawei>system-view
Enter system view, return user view with Ctrl+Z.
[Huawei]undo info-center enable
Info: Information center is disabled.
[Huawei]sysname R1
[R1]interface LoopBack 0
[R1-LoopBack0]ip address 1.1.1.1 32
[R1-LoopBack0]quit
```

```
[R1]interface g0/0/0
[R1-GigabitEthernet0/0/0]ip address 12.1.1.1 24
[R1-GigabitEthernet0/0/0]quit
[R1]interface g0/0/1
[R1-GigabitEthernet0/0/1]ip address 13.1.1.1 24
[R1-GigabitEthernet0/0/1]quit
```

R2 的配置：

```
<Huawei>system-view
Enter system view, return user view with Ctrl+Z.
[Huawei]undo info-center enable
Info: Information center is disabled.
[Huawei]sysname R2
[R2]interface LoopBack 0
[R2-LoopBack0]ip address 2.2.2.2 32
[R2-LoopBack0]quit
[R2]interface g0/0/1
[R2-GigabitEthernet0/0/1]ip address 12.1.1.2 24
[R2-GigabitEthernet0/0/1]quit
[R2]interface g0/0/0
[R2-GigabitEthernet0/0/0]ip address 24.1.1.2 24
[R2-GigabitEthernet0/0/0]quit
```

R3 的配置：

```
<Huawei>system-view
Enter system view, return user view with Ctrl+Z.
[Huawei]undo info-center enable
Info: Information center is disabled.
[Huawei]sysname R3
[R3]interface LoopBack 0
[R3-LoopBack0]ip address 3.3.3.3 32
[R3-LoopBack0]quit
[R3]interface g0/0/0
[R3-GigabitEthernet0/0/0]ip address 13.1.1.3 24
[R3-GigabitEthernet0/0/0]quit
[R3]interface g0/0/1
[R3-GigabitEthernet0/0/1]ip address 35.1.1.3 24
[R3-GigabitEthernet0/0/1]quit
```

R4 的配置：

```
<Huawei>system-view
Enter system view, return user view with Ctrl+Z.
[Huawei]undo info-center enable
Info: Information center is disabled.
[Huawei]sysname R4
[R4]interface LoopBack 0
[R4-LoopBack0]ip address 4.4.4.4 32
[R4-LoopBack0]quit
```

```
[R4]interface g0/0/1
[R4-GigabitEthernet0/0/1]ip address 24.1.1.4 24
[R4-GigabitEthernet0/0/1]quit
[R4]interface g0/0/0
[R4-GigabitEthernet0/0/0]ip address 46.1.1.4 24
[R4-GigabitEthernet0/0/0]quit
```

R5 的配置：

```
<Huawei>system-view
Enter system view, return user view with Ctrl+Z.
[Huawei]undo info-center enable
Info: Information center is disabled.
[Huawei]sysname R5
[R5]interface LoopBack 0
[R5-LoopBack0]ip address 5.5.5.5 32
[R5-LoopBack0]quit
[R5]interface g0/0/0
[R5-GigabitEthernet0/0/0]ip address 35.1.1.5 24
[R5-GigabitEthernet0/0/0]quit
[R5]interface g0/0/1
[R5-GigabitEthernet0/0/1]ip address 56.1.1.5 24
[R5-GigabitEthernet0/0/1]quit
```

R6 的配置：

```
<Huawei>system-view
Enter system view, return user view with Ctrl+Z.
[Huawei]undo info-center enable
Info: Information center is disabled.
[Huawei]sysname R6
[R6]interface g0/0/1
[R6-GigabitEthernet0/0/1]ip address 46.1.1.6 24
[R6-GigabitEthernet0/0/1]quit
[R6]interface g0/0/0
[R6-GigabitEthernet0/0/0]ip address 56.1.1.6 24
[R6-GigabitEthernet0/0/0]quit
[R6]interface LoopBack 0
[R6-LoopBack0]ip ad
[R6-LoopBack0]ip address 6.6.6.6 32
[R6-LoopBack0]quit
```

（2）配置 IGP。

R4 的配置：

```
[R4]ospf router-id 4.4.4.4
[R4-ospf-1]area 0
[R4-ospf-1-area-0.0.0.0]network 46.1.1.0 0.0.0.255
[R4-ospf-1-area-0.0.0.0]network 4.4.4.4 0.0.0.0
[R4-ospf-1-area-0.0.0.0]quit
```

R5 的配置：

```
[R5]ospf router-id 5.5.5.5
[R5-ospf-1]area 0
[R5-ospf-1-area-0.0.0.0]network 56.1.1.0 0.0.0.255
[R5-ospf-1-area-0.0.0.0]network 5.5.5.5 0.0.0.0
[R5-ospf-1-area-0.0.0.0]quit
```

R6 的配置：

```
[R6]ospf router-id 6.6.6.6
[R6-ospf-1]area 0
[R6-ospf-1-area-0.0.0.0]network 46.1.1.0 0.0.0.255
[R6-ospf-1-area-0.0.0.0]network 56.1.1.0 0.0.0.255
[R6-ospf-1-area-0.0.0.0]network 6.6.6.6 0.0.0.0
[R6-ospf-1-area-0.0.0.0]quit
```

（3）配置 IBGP。

R4 的配置：

```
[R4]bgp 456
[R4-bgp]undo synchronization
[R4-bgp]undo summary automatic
[R4-bgp]router-id 4.4.4.4
[R4-bgp]peer 6.6.6.6 as-number 456
[R4-bgp]peer 6.6.6.6 connect-interface LoopBack 0
[R4-bgp]peer 6.6.6.6 next-hop-local
```

R5 的配置：

```
[R5]bgp 456
[R5-bgp]undo synchronization
[R5-bgp]undo summary automatic
[R5-bgp]router-id 5.5.5.5
[R5-bgp]peer 6.6.6.6 as-number 456
[R5-bgp]peer 6.6.6.6 connect-interface LoopBack 0
[R5-bgp]peer 6.6.6.6 next-hop-local
```

R6 的配置：

```
[R6]bgp 456
[R6-bgp]undo synchronization
[R6-bgp]undo summary automatic
[R6-bgp]router-id 6.6.6.6
[R6-bgp]peer 4.4.4.4 as-number 456
[R6-bgp]peer 4.4.4.4 connect-interface LoopBack 0
[R6-bgp]peer 5.5.5.5 as-number 456
[R6-bgp]peer 5.5.5.5 connect-interface LoopBack 0
[R6-bgp]quit
```

（4）配置 EBGP。

R1 的配置：

```
[R1]bgp 100
[R1-bgp]undo summary automatic
[R1-bgp]undo synchronization
[R1-bgp]router-id 1.1.1.1
[R1-bgp]peer 12.1.1.2 as-number 200
[R1-bgp]peer 13.1.1.3 as-number 300
[R1-bgp]quit
```

R2 的配置：

```
[R2]bgp 200
[R2-bgp]undo synchronization
[R2-bgp]undo summary automatic
[R2-bgp]router-id 2.2.2.2
[R2-bgp]peer 12.1.1.1 as-number 100
[R2-bgp]peer 24.1.1.4 as-number 456
[R2-bgp]quit
```

R3 的配置：

```
[R3]bgp 300
[R3-bgp]undo synchronization
[R3-bgp]undo summary automatic
[R3-bgp]router-id 3.3.3.3
[R3-bgp]peer 13.1.1.1 as-number 100
[R3-bgp]peer 35.1.1.5 as-number 456
```

R4 的配置：

```
[R4]bgp 456
[R4-bgp]peer 24.1.1.2 as-number 200
[R4-bgp]quit
```

R5 的配置：

```
[R5]bgp 456
[R5-bgp]peer 35.1.1.3 as-number 300
[R5-bgp]quit
```

（5）通告路由。

```
[R1]bgp 100
[R1-bgp]network 1.1.1.1 32
[R1-bgp]quit
```

（6）在 R6 上查看 BGP 路由表。

```
<R6>display bgp routing-table
 BGP Local router ID is 6.6.6.6
 Status codes: * - valid, > - best, d - damped,
               h - history,  i - internal, s - suppressed, S - Stale
               Origin : i - IGP, e - EGP, ? - incomplete
 Total Number of Routes: 2
      Network           NextHop        MED        LocPrf    PrefVal Path/Ogn
 *>i  1.1.1.1/32        4.4.4.4                    100        0       200 100i
```

```
* i                    5.5.5.5                    100       0       300
```

通过以上输出可以看到，R6 选择的是来自 R4 的路由。

（7）在 R6 上查看 1.1.1.1 路由的详细信息。

```
<R6>display bgp routing-table 1.1.1.1 32
 BGP local router ID : 6.6.6.6
 Local AS number : 456
 Paths:   2 available, 1 best, 1 select
 BGP routing table entry information of 1.1.1.1/32:
 From: 4.4.4.4 (4.4.4.4)   //从 R4 过来的路由
 Route Duration: 00h04m41s
 Relay IP Nexthop: 46.1.1.4
 Relay IP Out-Interface: GigabitEthernet0/0/1
 Original nexthop: 4.4.4.4
 Qos information : 0x0
 AS-path 200 100, origin igp, localpref 100, pref-val 0, valid, internal,
 best, select, active, pre 255, IGP cost 1
 Not advertised to any peer yet
 BGP routing table entry information of 1.1.1.1/32:
 From: 5.5.5.5 (5.5.5.5)    //从 R5 过来的路由
 Route Duration: 00h00m39s
 Relay IP Nexthop: 56.1.1.5
 Relay IP Out-Interface: GigabitEthernet0/0/0
 Original nexthop: 5.5.5.5
 Qos information : 0x0
 AS-path 300 100, origin igp, localpref 100, pref-val 0, valid, internal,
 pre 255, IGP cost 1, not preferred for router ID
 //没有被选中是因为 Rouer-ID 的原因
 Not advertised to any peer yet
```

通过以上输出可以看到，R5 传递过来的路由没有选中的原因是它的 Router-ID 比 R4 的 Router-ID 大。

4. 实验调试

（1）设置路由优先选择原则第 11 条：优先选择具有最小 IP 地址的对等体通告的路由。

第 1 步，把 R5 的 BGP 的 Router-ID 改成 4.4.4.4。

```
[R5]bgp 456
[R5-bgp]router-id 4.4.4.4
Warning: Changing the parameter in this command resets the peer session.
Continue?[Y/N]:y
[R5-bgp]quit
```

第 2 步，在 R6 上查看 1.1.1.1 路由的详细信息。

```
[R6]display bgp routing-table 1.1.1.1
 BGP local router ID : 6.6.6.6
 Local AS number : 456
 Paths: 2 available, 1 best, 1 select
```

```
BGP routing table entry information of 1.1.1.1/32:
From: 4.4.4.4 (4.4.4.4)
Route Duration: 00h58m32s
Relay IP Nexthop: 46.1.1.4
Relay IP Out-Interface: GigabitEthernet0/0/1
Original nexthop: 4.4.4.4
Qos information : 0x0
AS-path 200 100, origin igp, localpref 100, pref-val 0, valid, internal,
best, select, active, pre 255, IGP cost 1
Not advertised to any peer yet
BGP routing table entry information of 1.1.1.1/32:
From: 5.5.5.5 (4.4.4.4)
Route Duration: 00h01m55s
Relay IP Nexthop: 56.1.1.5
Relay IP Out-Interface: GigabitEthernet0/0/0
Original nexthop: 5.5.5.5
Qos information : 0x0
AS-path 300 100, origin igp, localpref 100, pref-val 0, valid, internal,
pre 255, IGP cost 1, not preferred for peer address
Not advertised to any peer yet
```

通过以上输出可以看到，R6 优先选择 R4 传过来的路由，因为 R4 是通过 4.4.4.4 与 R6 建立的邻接关系，R5 是通过 5.5.5.5 与 R6 建立的邻接关系，4.4.4.4<5.5.5.5，所以选择 R4 传过来的路由。

（2）设置路由优先选择原则第 10 条：优先选择 Router-ID（Orginator_ID）最小的设备通告的路由。

第 1 步，把 R5 的 Router-ID 改成 5.5.5.5。

```
[R5]bgp 456
[R5-bgp]router-id 5.5.5.5
Warning: Changing the parameter in this command resets the peer session.
Continue?[Y/N]:y
[R5-bgp]quit
```

第 2 步，在 R6 上查看 1.1.1.1 路由的详细信息。

```
[R6]display bgp routing-table 1.1.1.1
 BGP local router ID : 6.6.6.6
 Local AS number : 456
 Paths: 2 available, 1 best, 1 select
 BGP routing table entry information of 1.1.1.1/32:
 From: 4.4.4.4 (4.4.4.4)
 Route Duration: 00h10m59s
 Relay IP Nexthop: 46.1.1.4
 Relay IP Out-Interface: GigabitEthernet0/0/1
 Original nexthop: 4.4.4.4
 Qos information : 0x0
 AS-path 200 100, origin igp, localpref 100, pref-val 0, valid, internal,
```

```
best, select, active, pre 255, IGP cost 1
Not advertised to any peer yet
BGP routing table entry information of 1.1.1.1/32:
From: 5.5.5.5 (5.5.5.5)
Route Duration: 00h00m19s
Relay IP Nexthop: 56.1.1.5
Relay IP Out-Interface: GigabitEthernet0/0/0
Original nexthop: 5.5.5.5
Qos information : 0x0
AS-path 300 100, origin igp, localpref 100, pref-val 0, valid, internal,
pre 255, IGP cost 1, not preferred for router ID
Not advertised to any peer yet
```

通过以上输出可以看到，路由优先选择 R4 传递过来的路由，因为 R4 的 Router-ID 为 4.4.4.4，R5 的 Router-ID 为 5.5.5.5，所以选择 R4 传递过来的路由，R5 传递过来的路由没有被优先选择是因为 Router-ID 太大了。

（3）设置路由优先选择原则第 9 条：优先选择 Cluster_List 最短的路由。

第 1 步，把 R6 设置为路由反射器，让 R4 成为它的客户端。

```
[R6]bgp 456
[R6-bgp]peer 4.4.4.4 reflect-client
[R6-bgp]quit
```

第 2 步，R4 和 R5 用环回口建立 IBGP 的邻接关系。

R4 的配置：

```
[R4]bgp 456
[R4-bgp]peer 5.5.5.5 as-number 456
[R4-bgp]peer 5.5.5.5 connect-interface LoopBack 0
[R4-bgp]peer 5.5.5.5 next-hop-local
```

R5 的配置：

```
[R5]bgp 456
[R5-bgp]peer 4.4.4.4 as-number 456
[R5-bgp]peer 4.4.4.4 connect-interface LoopBack 0
```

第 3 步，在 R2 上通告 2.2.2.2。

```
[R2]bgp 200
[R2-bgp]network 2.2.2.2 32
[R2-bgp]quit
```

第 4 步，在 R5 上查看 2.2.2.2 的 BGP 明细路由。

```
[R5]display bgp routing-table 2.2.2.2
 BGP local router ID : 5.5.5.5
 Local AS number : 456
 Paths: 3 available, 1 best, 1 select
 BGP routing table entry information of 2.2.2.2/32:
 From: 4.4.4.4 (4.4.4.4)
 Route Duration: 00h08m01s
```

```
Relay IP Nexthop: 56.1.1.6
Relay IP Out-Interface: GigabitEthernet0/0/1
Original nexthop: 4.4.4.4
Qos information : 0x0
AS-path 200, origin igp, MED 0, localpref 100, pref-val 0, valid,
internal, best, select, active, pre 255, IGP cost 2
Advertised to such 1 peers:
  35.1.1.3
BGP routing table entry information of 2.2.2.2/32:
From: 6.6.6.6 (6.6.6.6)
Route Duration: 00h17m32s
Relay IP Nexthop: 56.1.1.6
Relay IP Out-Interface: GigabitEthernet0/0/1
Original nexthop: 4.4.4.4
Qos information : 0x0
AS-path 200, origin igp, MED 0, localpref 100, pref-val 0, valid,
internal, pre 255, IGP cost 2, not preferred for Cluster List
Originator: 4.4.4.4
Cluster list: 6.6.6.6
Not advertised to any peer yet
BGP routing table entry information of 2.2.2.2/32:
From: 35.1.1.3 (3.3.3.3)
Route Duration: 00h05m56s
Direct Out-interface: GigabitEthernet0/0/0
Original nexthop: 35.1.1.3
Qos information : 0x0
AS-path 300 100 200, origin igp, pref-val 0, valid, external, pre 255,
not preferred for AS-Path
Not advertised to any peer yet
```

通过以上输出可以看到，R5 收到了三条关于 2.2.2.2 的路由，它选择了 R4 传递过来的路由，R6 传递过来的路由没有被优先选择是因为其 Cluster-List 比 R4 传递过来的路由的 Cluster List 长（R4 传递过来的路由的 Cluster List 为 0），R3 的路由不是最优的原因是 AS-Path 太长。

第 5 步，为了不影响下面的实验步骤，删除 R4 和 R5 的对等体关系，在 R2 上取消通告 2.2.2.2 路由，并取消 RR 的设置。

删除对等体关系：

```
[R4]bgp 456
[R4-bgp]undo peer 5.5.5.5 enable      //关闭与 R5 的邻接关系
[R4-bgp]quit
```

取消通告路由：

```
[R2]bgp 200
[R2-bgp]undo network 2.2.2.2 32
[R2-bgp]quit
```

取消 R6 的设置：

```
[R6]bgp 456
[R6-bgp]undo peer 4.4.4.4 reflect-client
[R6-bgp]quit
```

（4）设置路由优先选择原则第 8 条：优先选择到 Next Hop 的 IGP 度量值最小的路由。

第 1 步，在 R6 上查看 OSPF 的路由表。

```
[R6]display ospf routing
          OSPF Process 1 with Router ID 6.6.6.6
              Routing Tables
 Routing for Network
 Destination        Cost  Type     NextHop        AdvRouter      Area
 6.6.6.6/32         0     Stub     6.6.6.6        6.6.6.6        0.0.0.0
 46.1.1.0/24        1     Transit  46.1.1.6       6.6.6.6        0.0.0.0
 56.1.1.0/24        1     Transit  56.1.1.6       6.6.6.6        0.0.0.0
 4.4.4.4/32         1     Stub     46.1.1.4       4.4.4.4        0.0.0.0
 5.5.5.5/32         1     Stub     56.1.1.5       5.5.5.5        0.0.0.0
 9.9.9.9/32         1     Stub     46.1.1.4       4.4.4.4        0.0.0.0
 Total Nets: 6
 Intra Area: 6  Inter Area: 0  ASE: 0  NSSA: 0
```

通过以上输出可以看到，R6 上 4.4.4.4 和 5.5.5.5 路由的开销都为 1。

第 2 步，修改 R6 上接口的 OSPF 开销值为 100。

```
[R6]interface g0/0/1
[R6-GigabitEthernet0/0/1]ospf cost 100   //修改 OSPF 的开销值为 100
[R6-GigabitEthernet0/0/1]quit
```

第 3 步，在 R6 上再次查看 OSPF 路由表。

```
[R6]display ospf routing
      OSPF Process 1 with Router ID 6.6.6.6
           Routing Tables
 Routing for Network
 Destination        Cost  Type     NextHop        AdvRouter      Area
 6.6.6.6/32         0     Stub     6.6.6.6        6.6.6.6        0.0.0.0
 46.1.1.0/24        100   Transit  46.1.1.6       6.6.6.6        0.0.0.0
 56.1.1.0/24        1     Transit  56.1.1.6       6.6.6.6        0.0.0.0
 4.4.4.4/32         100   Stub     46.1.1.4       4.4.4.4        0.0.0.0
 5.5.5.5/32         1     Stub     56.1.1.5       5.5.5.5        0.0.0.0
 9.9.9.9/32         100   Stub     46.1.1.4       4.4.4.4        0.0.0.0
 Total Nets: 6
 Intra Area: 6  Inter Area: 0  ASE: 0  NSSA: 0
```

通过以上输出可以看到，4.4.4.4 的路由开销为 100。

第 4 步，在 R6 上查看 1.1.1.1 的 BGP 路由表的详细信息。

```
[r6]display bgp routing-table 1.1.1.1
 BGP local router ID : 6.6.6.6
 Local AS number : 456
 Paths: 2 available, 1 best, 1 select
```

```
BGP routing table entry information of 1.1.1.1/32:
From: 5.5.5.5 (5.5.5.5)
Route Duration: 00h29m09s
Relay IP Nexthop: 56.1.1.5
Relay IP Out-Interface: GigabitEthernet0/0/0
Original nexthop: 5.5.5.5
Qos information : 0x0
AS-path 300 100, origin igp, localpref 100, pref-val 0, valid, internal,
best, select, active, pre 255, IGP cost 1
Not advertised to any peer yet
BGP routing table entry information of 1.1.1.1/32:
From: 4.4.4.4 (4.4.4.4)
Route Duration: 00h47m12s
Relay IP Nexthop: 46.1.1.4
Relay IP Out-Interface: GigabitEthernet0/0/1
Original nexthop: 4.4.4.4
Qos information : 0x0
AS-path 200 100, origin igp, localpref 100, pref-val 0, valid, internal,
pre 255, IGP cost 100, not preferred for IGP cost
Not advertised to any peer yet
```

通过以上输出可以看到，BGP 路由的下一跳 4.4.4.4 的开销为 100，5.5.5.5 的开销为 1，所以优先选择 R5 传递过来的路由。

（5）设置路由优先选择原则第 7 条：优先选择从 EBGP 对等体学习到的路由（EBGP 路由优先级高于 IBGP 路由）。

第 1 步，查看 R6 的 BGP 路由表。

```
[R6]display bgp routing-table
 BGP Local router ID is 6.6.6.6
 Status codes: * - valid, > - best, d - damped,
               h - history,  i - internal, s - suppressed, S - Stale
               Origin : i - IGP, e - EGP, ? - incomplete
 Total Number of Routes: 2
      Network          NextHop        MED        LocPrf    PrefVal Path/Ogn
 *>i  1.1.1.1/32       5.5.5.5                    100        0      300 100i
 * i                   4.4.4.4                    100        0      200 100i
```

通过以上输出可以看到，R6 优先选择了 R5 传递过来的路由。

第 2 步，把 R6 设置为 RR，让 R4 成为它的客户端。

```
[R6]bgp 456
[R6-bgp]peer 4.4.4.4 reflect-client
[R6-bgp]quit
```

通过以上步骤，R6 中的 1.1.1.1 路由就传递给了 R4。

第 3 步，在 R4 上查看 BGP 路由表。

```
<R4>display bgp routing-table
 BGP Local router ID is 4.4.4.4
```

```
Status codes: * - valid, > - best, d - damped,
              h - history,  i - internal, s - suppressed, S - Stale
              Origin : i - IGP, e - EGP, ? - incomplete
Total Number of Routes: 2
    Network          NextHop        MED        LocPrf    PrefVal Path/Ogn
*>   1.1.1.1/32      24.1.1.2                              0      200 100i
* i                  5.5.5.5                    100        0      300 100i
```

通过以上输出可以看到，R4 收到关于 1.1.1.1 的路由有 2 条，一条是通过 R2（为 R4 的 EBGP 邻居）传递过来的，另一条是通过 R6（为 R4 的 IBGP 邻居）传递过来的。

第 4 步，在 R4 上查看 BGP 的 1.1.1.1 路由的详细信息。

```
<R4>display bgp routing-table 1.1.1.1
 BGP local router ID : 4.4.4.4
 Local AS number : 456
 Paths: 2 available, 1 best, 1 select
 BGP routing table entry information of 1.1.1.1/32:
 From: 24.1.1.2 (2.2.2.2)
 Route Duration: 02h01m40s
 Direct Out-interface: GigabitEthernet0/0/1
 Original nexthop: 24.1.1.2
 Qos information : 0x0
 AS-path 200 100, origin igp, pref-val 0, valid, external, best, select,
 active, pre 255
 Advertised to such 1 peers:
 6.6.6.6
 BGP routing table entry information of 1.1.1.1/32:
 From: 6.6.6.6 (6.6.6.6)
 Route Duration: 00h04m13s
 Relay IP Nexthop: 46.1.1.6
 Relay IP Out-Interface: GigabitEthernet0/0/0
 Original nexthop: 5.5.5.5
 Qos information : 0x0
 AS-path 300 100, origin igp, localpref 100, pref-val 0, valid, internal,
 pre 255, IGP cost 2, not preferred for peer type
 Originator: 5.5.5.5
 Cluster list: 6.6.6.6
 Not advertised to any peer yet
```

通过以上输出可以看到，R4 选择了 R2 传递过来的路由，没有选择 R6 传递过来的路由，这是因为 R4 与 R6 为 IBGP 邻接关系，而 R4 与 R2 为 EBGP 邻接关系。

（6）设置路由优先选择原则第 6 条：优先选择 MED 属性值最小的路由。

第 1 步，在 R6 上查看 BGP 路由表。

```
<R6>display bgp routing-table
 BGP Local router ID is 6.6.6.6
 Status codes: * - valid, > - best, d - damped,
          h - history,  i - internal, s - suppressed, S - Stale
```

```
               Origin : i - IGP, e - EGP, ? - incomplete
 Total Number of Routes: 2
     Network          NextHop        MED        LocPrf    PrefVal Path/Ogn
 *>i  1.1.1.1/32      5.5.5.5                    100        0      300 100i
 * i                  4.4.4.4                    100        0      200 100i
```

第 2 步，把从 R5 传递过来的路由的 MED 改成 800。

```
[R5]ip ip-prefix 1.1 permit 1.1.1.1 32
[R5]route-policy med permit node 10
[R5-route-policy]if-match ip-prefix 1.1
[R5-route-policy]apply cost 800
[R5-route-policy]quit
[R5]bgp 456
[R5-bgp]peer 35.1.1.3 route-policy med import
[R5-bgp]quit
```

第 3 步，在 R6 上查看 BGP 路由表。

```
<R6>display bgp routing-table
 BGP Local router ID is 6.6.6.6
 Status codes: * - valid, > - best, d - damped,
                    h - history,  i - internal, s - suppressed, S - Stale
                    Origin : i - IGP, e - EGP, ? - incomplete
 Total Number of Routes: 2
     Network          NextHop        MED        LocPrf    PrefVal Path/Ogn
 *>i  1.1.1.1/32      5.5.5.5        800        100        0      300 100i
 * i                  4.4.4.4                    100        0      200 100i
```

通过以上输出可以看到，R5 传递过来的路由的 MED 为 800。

第 4 步，在 R6 上查看 1.1.1.1 路由的详细信息。

```
<R6>display bgp routing-table 1.1.1.1
 BGP local router ID : 6.6.6.6
 Local AS number : 456
 Paths: 2 available, 1 best, 1 select
 BGP routing table entry information of 1.1.1.1/32:
 From: 5.5.5.5 (5.5.5.5)
 Route Duration: 00h02m46s
 Relay IP Nexthop: 56.1.1.5
 Relay IP Out-Interface: GigabitEthernet0/0/0
 Original nexthop: 5.5.5.5
 Qos information : 0x0
 AS-path 300 100, origin igp, MED 800, localpref 100, pref-val 0, valid,
 internal, best, select, active, pre 255, IGP cost 1
 Advertised to such 1 peers:
 4.4.4.4
 BGP routing table entry information of 1.1.1.1/32:
 RR-client route.
 From: 4.4.4.4 (4.4.4.4)
 Route Duration: 01h38m05s
```

```
Relay IP Nexthop: 46.1.1.4
Relay IP Out-Interface: GigabitEthernet0/0/1
Original nexthop: 4.4.4.4
Qos information : 0x0
AS-path 200 100, origin igp, localpref 100, pref-val 0, valid, internal,
pre 255, IGP cost 100, not preferred for IGP cost
Not advertised to any peer yet
```

通过以上输出可以看到，虽然从 R5 传递过来的路由的 MED 为 800，但是它还是最优的，这个因为默认情况下 MED 只会在同一个 AS 里进行比较。

第 5 步，在 R6 上设置 MED。

```
[R6]bgp 456
[R6-bgp]compare-different-as-med  //来自不同 AS 的路由也可以比较 MED
```

第 6 步，在 R6 上查看 1.1.1.1 路由的详细信息。

```
[R6]display bgp routing-table 1.1.1.1
 BGP local router ID : 6.6.6.6
 Local AS number : 456
 Paths: 2 available, 1 best, 1 select
 BGP routing table entry information of 1.1.1.1/32:
 RR-client route.
 From: 4.4.4.4 (4.4.4.4)
 Route Duration: 01h42m06s
 Relay IP Nexthop: 46.1.1.4
 Relay IP Out-Interface: GigabitEthernet0/0/1
 Original nexthop: 4.4.4.4
 Qos information : 0x0
 AS-path 200 100, origin igp, localpref 100, pref-val 0, valid, internal,
 best, select, active, pre 255, IGP cost 100
 Advertised to such 1 peers:
 5.5.5.5
 BGP routing table entry information of 1.1.1.1/32:
 From: 5.5.5.5 (5.5.5.5)
 Route Duration: 00h06m47s
 Relay IP Nexthop: 56.1.1.5
 Relay IP Out-Interface: GigabitEthernet0/0/0
 Original nexthop: 5.5.5.5
 Qos information : 0x0
 AS-path 300 100, origin igp, MED 800, localpref 100, pref-val 0, valid,
 internal, pre 255, IGP cost 1, not preferred for MED
 Not advertised to any peer yet
```

通过以上输出可以看到，从 R5 传递过来的路由是因为 MED 较高没有被优先选择。

（7）设置路由优先选择原则第 5 条：优先选择 Origin 属性最优的路由。Origin 属性优先级为 IGP>EGP>Incomplete。

第 1 步，查看 R6 的 BGP 路由表。

```
[R6]display bgp routing-table
 BGP Local router ID is 6.6.6.6
 Status codes: * - valid, > - best, d - damped,
                    h - history,  i - internal, s - suppressed, S - Stale
                    Origin : i - IGP, e - EGP, ? - incomplete
 Total Number of Routes: 2
      Network            NextHop        MED     LocPrf     PrefVal Path/Ogn
 *>i  1.1.1.1/32         4.4.4.4                100        0       200 100i
 * i                     5.5.5.5        800     100        0       300 100i
```

通过以上输出可以看到，R6 优先选择了从 R4 传递过来的路由。

第 2 步，在 R4 上把路由的起源改成 Incomplete。

```
[R4]ip ip-prefix 1.1 permit 1.1.1.1 32
[R4]route-policy orgin permit node 10
[R4-route-policy]if-match ip-prefix 1.1
[R4-route-policy]apply origin incomplete
[R4-route-policy]quit
[R4]bgp 456
[R4-bgp]peer 6.6.6.6 route-policy orgin export
[R4-bgp]quit
```

第 3 步，再次查看 R6 的 BGP 路由表。

```
[R6]display bgp routing-table
 BGP Local router ID is 6.6.6.6
 Status codes: * - valid, > - best, d - damped,
             h - history,  i - internal, s - suppressed, S - Stale
             Origin : i - IGP, e - EGP, ? - incomplete
 Total Number of Routes: 2
      Network            NextHop        MED        LocPrf     PrefVal Path/Ogn
 *>i  1.1.1.1/32         5.5.5.5        800        100        0       300 100i
 * i                     4.4.4.4                   100        0       200 100?
```

通过以上输出可以看到，从 4.4.4.4 传递过来的路由的起源变成了？。

第 4 步，在 R6 上查看 1.1.1.1 路由的详细信息。

```
[R6]display bgp routing-table 1.1.1.1
 BGP local router ID : 6.6.6.6
 Local AS number : 456
 Paths: 2 available, 1 best, 1 select
 BGP routing table entry information of 1.1.1.1/32:
 From: 5.5.5.5 (5.5.5.5)
 Route Duration: 00h24m39s
 Relay IP Nexthop: 56.1.1.5
 Relay IP Out-Interface: GigabitEthernet0/0/0
 Original nexthop: 5.5.5.5
 Qos information : 0x0
 AS-path 300 100, origin igp, MED 800, localpref 100, pref-val 0, valid,
 internal, best, select, active, pre 255, IGP cost 1
```

```
Advertised to such 1 peers:
4.4.4.4
BGP routing table entry information of 1.1.1.1/32:
RR-client route.
From: 4.4.4.4 (4.4.4.4)
Route Duration: 00h07m55s
Relay IP Nexthop: 46.1.1.4
Relay IP Out-Interface: GigabitEthernet0/0/1
Original nexthop: 4.4.4.4
Qos information : 0x0
AS-path 200 100, origin incomplete, localpref 100, pref-val 0, valid,
internal, pre 255, IGP cost 100, not preferred for Origin
Not advertised to any peer yet
```

通过以上输出可以看到，R4 传递过来的路由没有被优先选择是因为起源。

（8）设置路由优先选择原则第 4 条：优先选择 AS-Path 属性值最短的路由。

第 1 步，查看 R6 的 BGP 路由表。

```
[R6]display bgp routing-table
 BGP Local router ID is 6.6.6.6
 Status codes: * - valid, > - best, d - damped,
               h - history,  i - internal, s - suppressed, S - Stale
               Origin : i - IGP, e - EGP, ? - incomplete
 Total Number of Routes: 2
      Network          NextHop        MED        LocPrf     PrefVal  Path/Ogn
 *>i  1.1.1.1/32       5.5.5.5        800        100        0        300 100i
 * i                   4.4.4.4                   100        0        200 100?
```

通过以上输出可以看到，R6 优先选择了 R5 传递过来的路由。

第 2 步，在 R6 上把 AS-Path 改成 500 600 700 800。

```
[R6]ip ip-prefix 1.1 permit 1.1.1.1 32
[R6]route-policy as-path permit node 10
[R6-route-policy]if-match ip-prefix 1.1
[R6-route-policy]apply as-path 600 700 additive
[R6-route-policy]quit
[R6]bgp 456
[R6-bgp]peer 5.5.5.5 route-policy as-path import
[R6-bgp]quit
```

第 3 步，查看 R6 的 BGP 路由表。

```
[R6]display bgp routing-table
 BGP Local router ID is 6.6.6.6
 Status codes: * - valid, > - best, d - damped,
               h - history,  i - internal, s - suppressed, S - Stale
               Origin : i - IGP, e - EGP, ? - incomplete
 Total Number of Routes: 2
      Network          NextHop        MED        LocPrf     PrefVal  Path/Ogn
 *>i  1.1.1.1/32       4.4.4.4                   100        0        200 100?
```

```
 * i                    5.5.5.5     800      100        0      600 700 300 100i
```

通过以上输出可以看到，R5 传递过来的路由的 AS-Path 变成了 600 700 300 100。

第 4 步，在 R6 上查看 BGP 路由表中 1.1.1.1 的详细信息。

```
[R6]display bgp routing-table 1.1.1.1
 BGP local router ID : 6.6.6.6
 Local AS number : 456
 Paths: 2 available, 1 best, 1 select
 BGP routing table entry information of 1.1.1.1/32:
 RR-client route.
 From: 4.4.4.4 (4.4.4.4)
 Route Duration: 00h14m40s
 Relay IP Nexthop: 46.1.1.4
 Relay IP Out-Interface: GigabitEthernet0/0/1
 Original nexthop: 4.4.4.4
 Qos information : 0x0
 AS-path 200 100, origin incomplete, localpref 100, pref-val 0, valid,
 internal, best, select, active, pre 255, IGP cost 100
 Advertised to such 1 peers:
 5.5.5.5
 BGP routing table entry information of 1.1.1.1/32:
 From: 5.5.5.5 (5.5.5.5)
 Route Duration: 00h02m08s
 Relay IP Nexthop: 56.1.1.5
 Relay IP Out-Interface: GigabitEthernet0/0/0
 Original nexthop: 5.5.5.5
 Qos information : 0x0
 AS-path 600 700 300 100, origin igp, MED 800, localpref 100, pref-val 0,
 valid, internal, pre 255, IGP cost 1, not preferred for AS-Path
 Not advertised to any peer yet
```

通过以上输出可以看到，从 R5 传递过来的路由没有被优先选择是因为 AS-Path 更长。

（9）设置路由优先选择原则第 3 条：本地始发的 BGP 路由优于从其他对等体学习到的路由，本地始发的路由优先级为手动聚合>自动聚合>network>import>从对等体学习到的。

第 1 步，在 R1 上把环回口的路由改为 8.8.8.8/24 并在 BGP 中通告。

```
[R1]interface LoopBack 0
[R1-LoopBack0]ip address 8.8.8.8 24
[R1-LoopBack0]quit
[R1]bgp 100
[R1-bgp]network 8.8.8.0 255.255.255.0
[R1-bgp]quit
```

第 2 步，在 R3 上查看 BGP 路由表。

```
[R3]display bgp routing-table
 BGP Local router ID is 3.3.3.3
 Status codes: * - valid, > - best, d - damped,
               h - history,  i - internal, s - suppressed, S - Stale
```

```
            Origin : i - IGP, e - EGP, ? - incomplete
 Total Number of Routes: 2
     Network            NextHop        MED        LocPrf    PrefVal Path/Ogn
 *>   1.1.1.1/32        13.1.1.1        0                      0      100i
 *>   8.8.8.0/24        13.1.1.1        0                      0      100i
```

通过以上输出可以看到，8.8.8.0 路由在 BGP 路由表中了。

第 3 步，在 R3 上设置两条静态路由指向 NULL0，并导入 BGP 中，然后手动聚合。

```
[R2]ip route-static 8.8.8.0 255.255.255.128 NULL 0
[R3]ip route-static 8.8.8.128 255.255.255.128 NULL 0
[R3]bgp 456
[R3-bgp]aggregate 8.8.8.0 255.255.255.0 detail-suppressed
[R3-bgp]import-route static
```

第 4 步，在 R3 上查看 BGP 路由表。

```
[R3]display bgp routing-table
 BGP Local router ID is 3.3.3.3
 Status codes: * - valid, > - best, d - damped,
               h - history,  i - internal, s - suppressed, S - Stale
               Origin : i - IGP, e - EGP, ? - incomplete
 Total Number of Routes: 5
     Network          NextHop        MED        LocPrf    PrefVal Path/Ogn
 *>   1.1.1.1/32      13.1.1.1        0                     0      100i
 *>   8.8.8.0/24      127.0.0.1                             0      ?
 *                    13.1.1.1        0                     0      100i
 s>   8.8.8.0/25      0.0.0.0         0                     0      ?
 s>   8.8.8.128/25    0.0.0.0         0                     0      ?
```

通过以上输出可以看到，选择了手动聚合的路由。

第 5 步，在 R3 上查看 8.8.8.0 255.255.255.0 的详细路由。

```
[R3]display bgp routing-table 8.8.8.0 255.255.255.0
 BGP local router ID : 3.3.3.3
 Local AS number : 300
 Paths: 2 available, 1 best, 1 select
 BGP routing table entry information of 8.8.8.0/24:
 Aggregated route.
 Route Duration: 00h06m08s
 Direct Out-interface: NULL0
 Original nexthop: 127.0.0.1
 Qos information : 0x0
 AS-path Nil, origin incomplete, pref-val 0, valid, local, best, select,
 active, pre 255
 Aggregator: AS 300, Aggregator ID 3.3.3.3, Atomic-aggregate
 Advertised to such 2 peers:
 13.1.1.1
 35.1.1.5
 BGP routing table entry information of 8.8.8.0/24:
```

```
From: 13.1.1.1 (1.1.1.1)
Route Duration: 00h22m22s
Direct Out-interface: GigabitEthernet0/0/0
Original nexthop: 13.1.1.1
Qos information : 0x0
AS-path 100, origin igp, MED 0, pref-val 0, valid, external, pre 255,
not preferred for route type
Not advertised to any peer yet
```

（10）设置路由优先选择原则第 2 条：优先选择 Local_Preference 属性值最大的路由。

第 1 步，查看 R6 的 BGP 路由表。

```
<R6>display bgp routing-table
 BGP Local router ID is 6.6.6.6
 Status codes: * - valid, > - best, d - damped,
               h - history,  i - internal, s - suppressed, S - Stale
               Origin : i - IGP, e - EGP, ? - incomplete
 Total Number of Routes: 3
      Network          NextHop        MED    LocPrf    PrefVal Path/Ogn
 *>i  1.1.1.1/32       4.4.4.4               100       0        200 100?
 * i                   5.5.5.5        800    100       0        600 700 300 100i
 *>i  8.8.8.0/24       5.5.5.5               100       0        300?
```

通过以上输出可以看到，1.1.1.1 这条路由优先选择从 R4 传递过来的路由。

第 2 步，在 R6 上把 R5 传递过来的路由的本地优先级改成 9999。

```
[Rr6]route-policy local permit node 10
[R6-route-policy]if-match ip-prefix 1.1
[R6-route-policy]apply local-preference 9999
[R6-route-policy]quit
[R6]bgp 456
[R6-bgp]peer 5.5.5.5 route-policy local import
[R6-bgp]quit
```

第 3 步，在 R4 上查看 BGP 路由表。

```
<R4>display bgp routing-table 1.1.1.1
 BGP local router ID : 4.4.4.4
 Local AS number : 456
 Paths: 2 available, 1 best, 1 select
 BGP routing table entry information of 1.1.1.1/32:
 From: 6.6.6.6 (6.6.6.6)
 Route Duration: 00h01m44s
 Relay IP Nexthop: 46.1.1.6
 Relay IP Out-Interface: GigabitEthernet0/0/0
 Original nexthop: 5.5.5.5
 Qos information : 0x0
 AS-path 300 100, origin igp, MED 800, localpref 9999, pref-val 0, valid,
 internal, best, select, active, pre 255, IGP cost 2
 Originator:  5.5.5.5
```

```
Cluster list: 6.6.6.6
Advertised to such 1 peers:
24.1.1.2
BGP routing table entry information of 1.1.1.1/32:
From: 24.1.1.2 (2.2.2.2)
Route Duration: 00h33m36s
Direct Out-interface: GigabitEthernet0/0/1
Original nexthop: 24.1.1.2
Qos information : 0x0
AS-path 200 100, origin igp, pref-val 0, valid, external, pre 255, not
preferred for Local_Pref
Not advertised to any peer yet
```

通过以上输出可以看到，R6 传递过来的路由没有优先选择是因为本地优先低。

（11）设置路由优先选择原则第 1 条：优先选择 Preferred-Value 属性值最大的路由。

第 1 步，查看 R6 的 BGP 路由表。

```
[R6]display bgp routing-table
 BGP Local router ID is 6.6.6.6
 Status codes: * - valid, > - best, d - damped,
               h - history,  i - internal, s - suppressed, S - Stale
               Origin : i - IGP, e - EGP, ? - incomplete
 Total Number of Routes: 2
      Network            NextHop        MED        LocPrf    PrefVal Path/Ogn
 *>i  1.1.1.1/32         5.5.5.5                    9999       0      300 100i
 * i                     4.4.4.4                    100        0      200 100i
```

通过以上输出可以看到，R6 去往 1.1.1.1 路由的过程选择了 R5，因为从 R5 传递过来的路由的本地优先级为 9999。

第 2 步，在 R6 上进行配置，使 R4 传递过来的路由的 Preferred-Value 为 3000。

```
[R6]route-policy pre permit node 10
[R6-route-policy]if-match ip-prefix 1.1
[R6-route-policy]apply preferred-value 3000
[R6-route-policy]quit
[R6]bgp 456
[R6-bgp]peer 4.4.4.4 route-policy pre import
[R6-bgp]quit
```

第 3 步，在 R6 上查看 BGP 路由表。

```
[R6]display bgp routing-table
 BGP Local router ID is 6.6.6.6
 Status codes: * - valid, > - best, d - damped,
               h - history,  i - internal, s - suppressed, S - Stale
               Origin : i - IGP, e - EGP, ? - incomplete
 Total Number of Routes: 2
      Network            NextHop        MED        LocPrf    PrefVal Path/Ogn
 *>i  1.1.1.1/32         4.4.4.4                    100        3000   200 100i
 * i                     5.5.5.5                    9999       0      300 100i
```

通过以上输出可以看到，R6 去往 1.1.1.1 路由的过程选择了 R4，因为 R4 的 Preferred-Value 为 3000。

7.8 练 习 题

1. （单选题）关于 BGP 的 Keepalive 报文消息的描述，错误的是（　　）。
   A．Keepalive 周期性地在两个 BGP 邻居之间发送
   B．Keepalive 报文主要用于对等路由器间的运行状态和链路的可用性确认
   C．Keepalive 报文只包含一个 BGP 数据报头
   D．默认情况下，Keepalive 的时间间隔是 180s
2. （单选题）下面关于 EGP 中的 OPEN 报文所包含的信息描述，错误的是（　　）。
   A．OPEN 报文中包含本地 AS 编号信息　　B．OPEN 报文中包含 VERSION 信息
   C．OPEN 报文中包含 Hold time 消息　　D．OPEN 报文仅含有 BGP 报文头部
3. （单选题）关于 IBGP 邻居和 EBGP 邻居描述错误的是（　　）。
   A．如果两个交换 BGP 报文的对等体属于不同的自治系统，那么这两个对等体就是 EBGP 对等体
   B．如果两个交换 BGP 报文的对等体位于同一个自治系统，那么这两个对等体就是 IBGP 对等体
   C．IBGP 对等体之间必须物理上直连
   D．两个运行 BGP 的路由器要建立 TCP 的会话就必须具备 IP 连通性
4. （多选题）在 BGP 路由的 Update 消息中，不是必须包含的属性是（　　）。
   A．Origin　　B．AS_path　　C．Local-Preference　　D．MED
5. （多选题）通过 network 命令将路由注入 BGP 中，下面描述错误的是（　　）。
   A．匹配前缀即可，掩码长度不必严格匹配
   B．掩码长度必须严格匹配
   C．该路由不能是 IGP 路由，只能是直连路由
   D．该路由必须存在于 IP 路由表中，并且是最佳路由

第8章 RSTP

本章阐述了STP的缺点，以及RSTP对STP的改进，通过实验使读者能够掌握RSTP在各种场景中的应用。

本章包含以下内容：

- RSTP概述
- RSTP的工作原理
- RSTP配置实验

8.1 RSTP 概述

以太网交换网络中为了进行链路备份，提高网络可靠性，通常会使用冗余链路，但是这也带来了网络环路的问题。网络环路会引发广播风暴和 MAC 地址表不稳定等问题，从而导致用户通信质量差，甚至通信中断。为了解决交换网络中的环路问题，IEEE（电气电子工程师学会）提出了基于 802.1D 标准的 STP（Spanning Tree Protocol，生成树协议）。随着局域网规模的不断增长，STP 拓扑收敛速度慢的问题逐渐凸显，因此，IEEE 在 2001 年发布了 802.1W 标准，定义了 RSTP（Rapid Spanning Tree Protocol，快速生成树协议），RSTP 在 STP 的基础上进行了改进，可实现网络拓扑的快速收敛。

扫一扫，看视频

8.2 RSTP 的工作原理

8.2.1 RSTP 的优势

STP 协议的收敛速度慢主要体现如下。

- STP 算法是被动的算法，依赖定时器等待的方式判断拓扑变化。
- 在稳定的拓扑中，STP 算法要求根桥主动发出配置 BPDU 报文，而非根桥设备只能被动中继配置 BPDU 报文并将其传遍整个 STP 网络。

此外，STP 协议也没有细致区分端口状态和端口角色。例如，从用户的角度来说，Listening、Learning 和 Blocking 状态都不转发用户流量，三种状态没有区别；从使用和配置的角度来说，端口之间最本质的区别在于端口的角色，而不在于端口状态。而网络协议的优劣往往取决于协议是否对各种情况加以细致区分。

因此，针对 STP 的不足，RSTP 所做的改进如下。

- 新增了 2 种端口角色，删除了 3 种端口状态，并将端口状态和端口角色解耦。而且在配置 BPDU 的格式中，充分利用 Flag 字段，明确了端口角色。
- 配置 BPDU 的处理方式发生了变化。
- 拓扑稳定后，对于非根桥设备，无论是否收到根桥传来的配置 BPDU 报文，都会自主地按照 Hello Timer 规定的时间间隔发送配置 BPDU。
- 如果一个端口在超时时间（超时时间＝Hello Time × 3 × Timer Factor）内没有收到上游设备发送过来的配置 BPDU，那么该设备认为与此邻居之间的协商失败。而不像 STP 那样需要先等待一个 Max Age。
- 当一个端口收到上游的指定桥发来的 RST BPDU 报文时，该端口会将其与自身存储的 RST BPDU 进行比较。如果该端口存储的 RST BPDU 的优先级较高，则直接丢弃收到的 RST BPDU，并立即向上游设备回应自身存储的 RST BPDU。当上游设备收到回应的 RST BPDU 后，会根据其中相应的字段立即更新自己存储的 RST BPDU。由此，RSTP 处理次等 BPDU 报文不再依赖任何定时器通过超时解决拓扑收敛，从而加快了拓扑收敛。

- 引入快速收敛机制，包括 Proposal/Agreement 机制、根端口快速切换机制、新增边缘端口。
- 引入多种保护功能，包括 BPDU 保护、根保护、环路保护、防 TC-BPDU 攻击。

8.2.2 RSTP 的端口角色和端口状态

1. RSTP 的端口角色

RSTP 的端口角色共有 4 种：根端口、指定端口、Alternate 端口和 Backup 端口，与 STP 相比，新增加了 2 种端口角色。

Alternate（替代）端口就是由于学习到其他网桥发送的配置 BPDU 报文而阻塞的端口，它提供了从指定桥到根的另一条可切换路径，作为根端口的备份端口，如图 8-1 所示。

Backup（备份）端口就是由于学习到自己发送的配置 BPDU 报文而阻塞的端口，它作为指定端口的备份，提供了另一条从根桥到相应网段的备份通路，如图 8-2 所示。

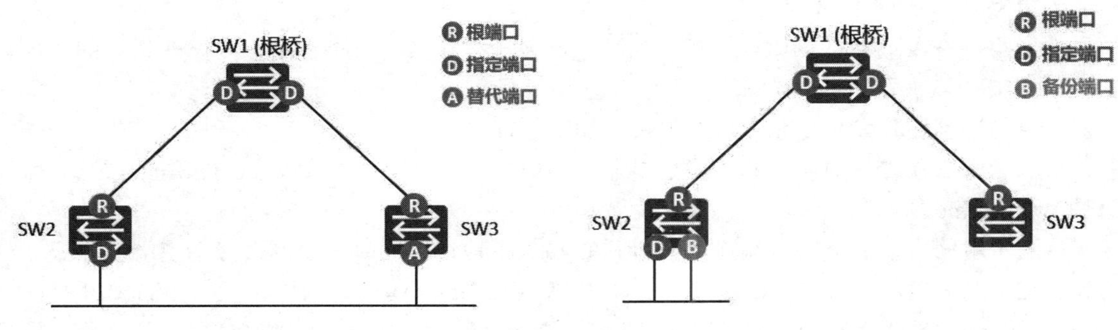

图 8-1　替代端口　　　　图 8-2　备份端口

替代端口和备份端口的区别如表 8-1 所示。

表 8-1　替代端口和备份端口的区别

分　类	Alternate 端口	Backup 端口
从配置 BPDU 报文发送角度来看	由于学习到其他网桥发送的配置 BPDU 报文而阻塞的端口	由于学习到自己发送的配置 BPDU 报文而阻塞的端口
从用户流量角度来看	提供了从指定桥到根的另一条可切换路径，作为根端口的备份端口	作为指定端口的备份，提供了另一条从根桥到相应网段的备份通路

2. RSTP 的端口状态

不同于 STP 的 5 种端口状态，RSTP 将端口状态缩减为 3 种。根据端口是否转发用户流量和学习 MAC 地址，RETP 端口状态可分为以下 3 种。

（1）Discarding：既不转发用户流量也不学习 MAC 地址。

（2）Learning：不转发用户流量但是学习 MAC 地址。

（3）Forwarding：既转发用户流量又学习 MAC 地址。

表 8-2 显示了 RSTP 与 STP 端口状态的对应关系，以及各种端口角色能够具有的端口状态，端口状态和端口角色没有必然联系。

表 8-2 STP 和 RSTP 的端口状态

STP 端口状态	RSTP 端口状态	端口角色
Forwarding	Forwarding	包括根端口、指定端口
Learning	Learning	包括根端口、指定端口
Listening	Discarding	包括根端口、指定端口
Blocking	Discarding	包括 Alternate 端口、Backup 端口
Disabled	Discarding	包括 Disable 端口

8.2.3 RSTP 的快速收敛

1. RSTP 的拓扑变化机制

在一个运行 RSTP 的网络中，检测拓扑是否发生变化只有一个标准：一个非边缘端口迁移到 Forwarding 状态。

一旦检测到拓扑发生变化，设备将进行如下处理：

（1）为本交换设备的所有非边缘指定端口和根端口启动一个 TC While Timer，该计时器的值是 Hello Time 的两倍。

在这个时间内，清空所有端口上学习到的 MAC 地址。同时，由非边缘指定端口和根端口向外发送 RST BPDU，其中 TC 置位。一旦 TC While Timer 超时，则停止发送 RST BPDU。

（2）其他交换设备接收到 RST BPDU 后，清空所有端口学习到的 MAC 地址，这些交换机也会为所有的非边缘指定端口和根端口启动 TC While Timer，重复上述过程。

上述过程实现了 RST BPDU 在网络中的泛洪。

相比于 STP，RSTP 的一个突出优势就在于快速收敛能力，而 RSTP 实现快速收敛的关键在于引入了 Proposal/Agreement 机制、根端口快速切换机制、边缘端口。

2. Proposal/Agreement 机制

Proposal/Agreement 机制简称 P/A 机制，其目的是使一个指定端口尽快进入 Forwarding 状态。如图 8-3 所示，根桥 S1 和 S2 之间新添加了一条链路。在当前状态下，S2 的另外几个端口如 p2 是 Alternate 端口，p3 是指定端口且处于 Forwarding 状态，p4 是边缘端口。

新链路连接成功后，P/A 机制协商过程如下：

（1）p0 和 p1 两个端口马上都先成为指定端口，发送 RST BPDU。

（2）S2 的 p1 口收到更优的 RST BPDU，马上意识到自己将成为根端口，而不是指定端口，停止发送 RST BPDU。

（3）S1 的 p0 进入 Discarding 状态，于是发送的 RST BPDU 中把 Proposal 和 Agreement 置 1。

（4）S2 收到根桥发送来的携带 Proposal 的 RST BPDU，开始将自己的所有端口进入 sync 变量置位（即同步变量：临时阻塞除边缘端口外的其他端口）。

（5）p2 已经阻塞，状态不变；p4 是边缘端口，不参与运算；所以只需要阻塞非边缘指定端口 p3。

（6）各端口的 sync 变量置位后，p2、p3 进入 Discarding 状态，p1 进入 Forwarding 状态并向 S1 返回 Agreement 位置位的回应 RST BPDU。

（7）当 S1 判断出这是对刚刚发出的 Proposal 的回应，于是端口 p0 马上进入 Forwarding 状态。

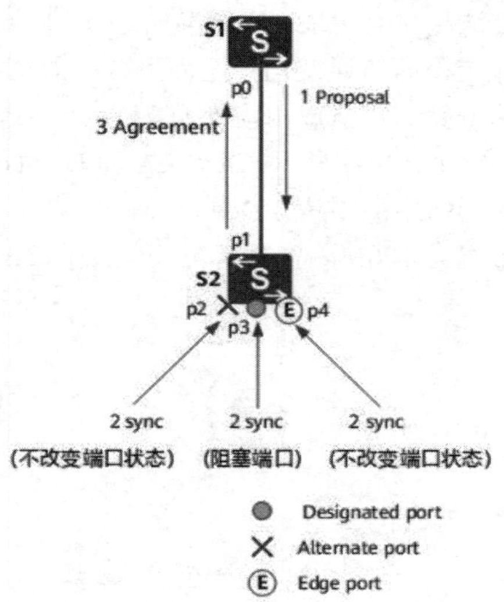

图 8-3　Proposal/Agreement

下游设备继续执行 P/A 协商过程。

事实上对于 STP，指定端口的选择可以很快完成，主要的速度瓶颈在于：为了避免环路，必须等待足够长的时间，使全网的端口状态全部确定，至少要等待一个 Forward Delay，也就是 15 秒，所有的端口才能转发数据。而 RSTP 的主要目的就是消除这个瓶颈，通过阻塞自己的非根端口来保证不会出现环路。而使用 P/A 机制加快了上游端口转到 Forwarding 状态的速度。

8.2.4　RSTP 的保护功能

1．BPDU 保护

在 RSTP 网络中，正常情况下，边缘端口不会收到 RST BPDU。启用 BPDU 保护功能后，如果有人伪造 RST BPDU 恶意攻击交换机，边缘端口将被 Error-Down。

S3 上将与 PC 相连的端口设置为边缘端口，当边缘端口接收到 RST BPDU 时，交换机会自动将边缘端口设置为非边缘端口，并重新进行生成树计算，如图 8-4 所示。当攻击者发送的 RST BPDU 报文中的桥优先级高于现有网络中根桥优先级时会改变当前网络拓扑，可能会导致业务流量中断。这是网络中一种简单的 DoS（Denial of Service，拒绝服务）攻击方式。

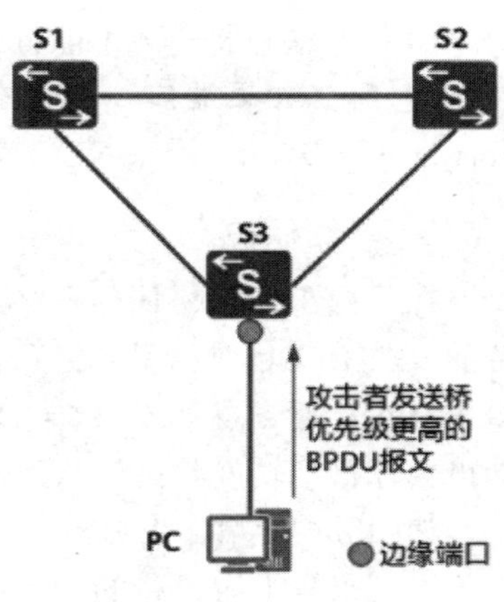

图 8-4　BPDU 保护

2．根保护

由于维护人员的错误配置或网络中的恶意攻击，网络中的合法根桥有可能会收到优先级更高的 RST BPDU，使得合法根桥失去根地位，从而引起网络拓扑结构的错误变动。这种不合法的拓扑变化，会导致原来应该通过高速链路的流量被牵引到低速链路上，造成网络拥塞。

如图 8-5 所示，DeviceA 和 DeviceB 处于网络核心层，两者间的链路带宽为 1000M，DeviceA 为网络中的根桥。DeviceC 处于接入层，DeviceC 和 DeviceA、DeviceC 和 DeviceB 之间的链路带宽为 100M。正常情况下，DeviceB 和 DeviceC 之间的链路被阻塞。

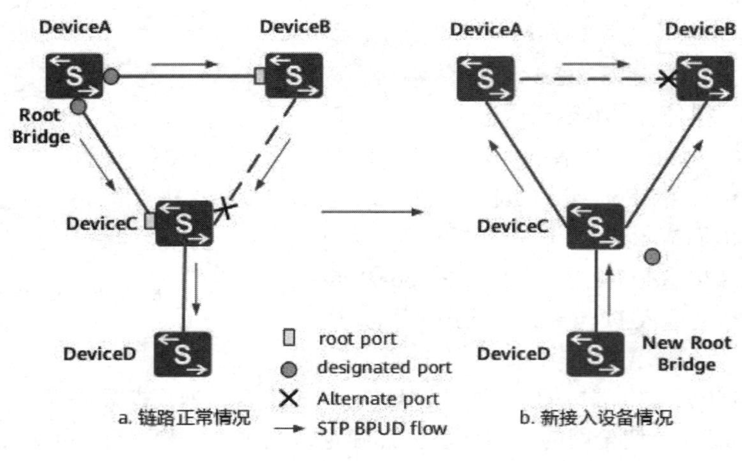

图 8-5 根保护

当 DeviceD 新接入 DeviceC 时，由于 DeviceD 的桥优先级高于 DeviceA，此时 DeviceD 会被选举为新的根桥，如果两个核心交换机 DeviceA 和 DeviceB 之间的千兆链路被阻塞，会导致 VLAN 中的流量都通过两条 100M 链路传输，可能会引起网络拥塞及流量丢失。

此时可以在 DeviceC 连接 DeviceD 的端口上，配置根保护。对于启用 Root 保护功能的指定端口，其端口角色只能保持为指定端口。一旦启用 Root 保护功能的指定端口收到优先级更高的 RST BPDU，端口将进入 Discarding 状态，不再转发报文。在经过一段时间（通常为两倍的 Forward Delay）后，如果端口一直没有再收到优先级较高的 RST BPDU，端口会自动恢复到正常的 Forwarding 状态。

3. 环路保护

在运行 RSTP 协议的网络中，根端口和其他阻塞端口状态是依靠不断接收来自上游交换设备的 RST BPDU 维持。当链路拥塞或者单向链路故障导致这些端口收不到来自上游交换设备的 RST BPDU 时，交换设备会重新选择根端口。原先的根端口会转变为指定端口，而原先的阻塞端口会迁移到转发状态，从而造成交换网络中可能产生环路。

如图 8-6 所示，当 BP2-CP1 之间的链路发生拥塞时，DeviceC 由于根端口 CP1 在超时时间内收不到来自上游设备的 BPDU 报文，Alternate 端口 CP2 转变成根端口，根端口 CP1 转变成指定端口，从而形成了环路。

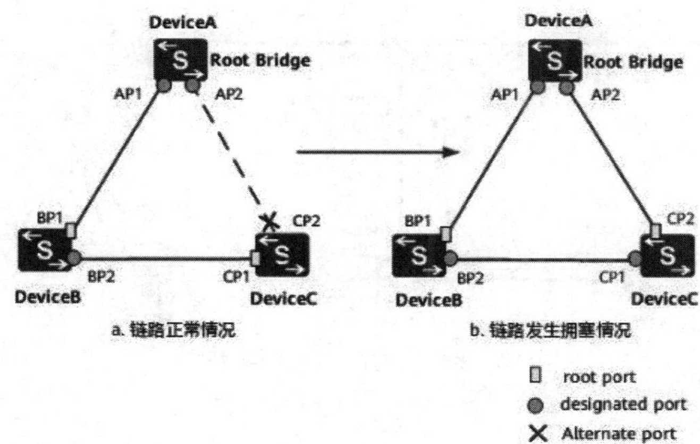

图 8-6 链路发生拥塞情况拓扑的变化

在启动环路保护功能后，如果根端口或 Alternate 端口长时间收不到来自上游设备的 BPDU 报文,则向网管设备发出通知信息(此时根端口会进入 Discarding 状态,角色切换为指定端口)，而 Alternate 端口则会一直保持在阻塞状态（角色也会切换为指定端口），不转发报文，从而不会在网络中形成环路。直到链路不再拥塞或单向链路故障恢复，端口重新收到 BPDU 报文进行协商，并恢复到链路拥塞或者单向链路故障前的角色和状态。

4. 防 TC BPDU 攻击

交换设备在接收到 TC BPDU 报文后，会执行 MAC 地址表项和 ARP 表项的删除操作。如果有人伪造 TC BPDU 报文恶意攻击交换设备时，交换设备短时间内会收到很多 TC BPDU 报文，频繁的删除操作会给设备造成很大的负担，给网络的稳定带来很大隐患。

启用防 TC BPDU 报文攻击功能后，在单位时间内，交换设备处理 TC BPDU 报文的次数可配置。如果在单位时间内，交换设备在收到 TC BPDU 报文数量大于配置的阈值，那么设备只会处理阈值指定的次数。对于其他超出阈值的 TC BPDU 报文，定时器到期后设备只对其统一处理一次。这样可以避免频繁地删除 MAC 地址表项和 ARP 表项，从而达到保护设备的目的。

8.3 RSTP 配置实验

1. 实验目的

（1）熟悉 RSTP 的应用场景。
（2）掌握 RSTP 的配置方法。

2. 实验拓扑

配置 RSTP 的实验拓扑如图 8-7 所示。

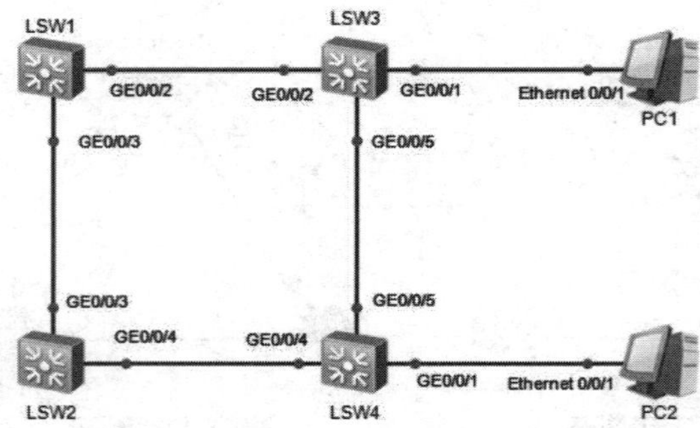

图 8-7 配置 RSTP 的实验拓扑

3. 实验步骤

（1）开启 RSTP。

LSW1 的配置：

```
<Huawei>system-view
Enter system view, return user view with Ctrl+Z.
[Huawei]undo info-center enable
[Huawei]sysname LSW1
[LSW1]stp mode rstp    //stp 的模型为 rstp，默认为 mstp
```

LSW2 的配置：

```
<Huawei>system-view
Enter system view, return user view with Ctrl+Z.
[Huawei]undo info-center enable
[Huawei]sysname LSW2
[LSW2]stp mode rstp
```

LSW3 的配置：

```
<Huawei>system-view
Enter system view, return user view with Ctrl+Z.
[Huawei]undo info-center enable
[Huawei]sysname LSW3
[LSW3]stp mode rstp
```

LSW4 的配置：

```
<Huawei>system-view
Enter system view, return user view with Ctrl+Z.
[Huawei]undo info-center enable
[Huawei]sysname LSW4
[LSW4]stp mode rstp
```

（2）把 LSW1 设置为根网桥，LSW2 设置为备用根网桥。

LSW1 的配置：

```
[LSW1]stp root primary
```

LSW2 的配置：

```
[LSW2]stp root secondary
```

（3）查看每台交换机的 STP 摘要信息。

LSW1 的配置：

```
[LSW1]display stp brief
 MSTID  Port                        Role  STP State     Protection
   0    GigabitEthernet0/0/2        DESI  FORWARDING    NONE
   0    GigabitEthernet0/0/3        DESI  FORWARDING    NONE
```

LSW2 的配置：

```
[LSW2]display stp brief
 MSTID  Port                        Role  STP State     Protection
   0    GigabitEthernet0/0/3        ROOT  FORWARDING    NONE
   0    GigabitEthernet0/0/4        DESI  FORWARDING    NONE
```

LSW3 的配置：

```
<LSW3>display stp brief
 MSTID  Port                        Role  STP State     Protection
   0    GigabitEthernet0/0/1        DESI  FORWARDING    NONE
   0    GigabitEthernet0/0/2        ROOT  FORWARDING    NONE
   0    GigabitEthernet0/0/5        DESI  FORWARDING    NONE
```

LSW4 的配置：

```
<LSW4>display stp brief
 MSTID  Port                        Role  STP State     Protection
   0    GigabitEthernet0/0/1        DESI  FORWARDING    NONE
   0    GigabitEthernet0/0/4        ROOT  FORWARDING    NONE
   0    GigabitEthernet0/0/5        ALTE  DISCARDING    NONE
```

通过以上输出可以看到，端口角色如图 8-8 所示。

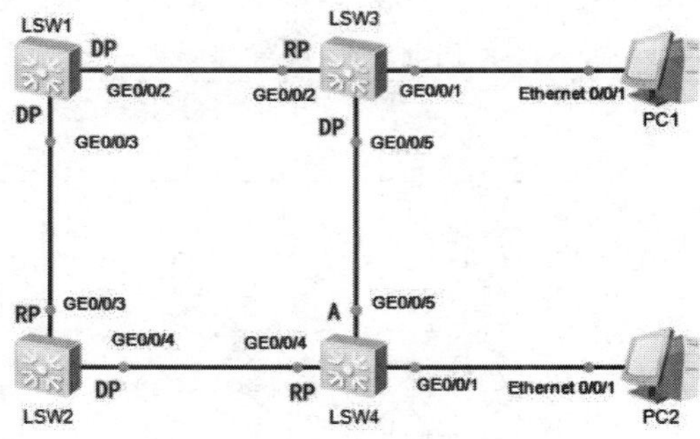

图 8-8　端口角色

（4）设置边缘端口。

LSW3 的配置：

```
[LSW3]interface g0/0/1
[LSW3-GigabitEthernet0/0/1]stp edged-port enable
```

```
[LSW3-GigabitEthernet0/0/1]quit
```

LSW4 的配置：

```
[LSW4]interface g0/0/1
[LSW4-GigabitEthernet0/0/1]stp edged-port enable
[LSW4-GigabitEthernet0/0/1]quit
```

【技术要点】

①在 RSTP 里面，如果某个端口位于整个网络的边缘，即不再与其他交换设备连接，而是与终端设备直连，这种端口可以设置为边缘端口。

②边缘端口不参与 RSTP 计算，可以由 Discarding 状态直接进入 Forwarding 状态。

③边缘端口一旦收到配置 BPDU，就丧失了边缘端口属性，成为普通 STP 端口，并重新进行生成树计算，从而引起网络振荡。

（5）设置 BPDU 保护。

LSW3 的配置：

```
[LSW3]stp bpdu-protection
```

LSW4 的配置：

```
[LSW4]stp bpdu-protection
```

【技术要点】

①正常情况下，边缘端口不会收到 RST BPDU。如果有人伪造 RST BPDU 恶意攻击交换设备，当边缘端口接收到 RST BPDU 时，交换设备会自动将边缘端口设置为非边缘端口，并重新进行生成树计算，从而引起网络振荡。

②交换设备上启动了 BPDU 保护功能后，如果边缘端口收到 RST BPDU，边缘端口将被 error-down，但是边缘端口属性不变，同时通知网管系统。

（6）设置根保护。

```
[LSW1]interface g0/0/2
[LSW1-GigabitEthernet0/0/2]stp root-protection
[LSW1-GigabitEthernet0/0/2]quit
[LSW1]interface g0/0/3
[LSW1-GigabitEthernet0/0/3]stp root-protection
[LSW1-GigabitEthernet0/0/3]quit
```

【技术要点】

①对于启用根保护功能的指定端口，其端口角色只能保持为指定端口。

②一旦启用根保护功能的指定端口收到优先级更高的 RST BPDU，端口将进入

Discarding 状态，不再转发报文。经过一段时间（通常为两倍的 Forward Delay）后，如果端口一直没有再收到优先级较高的 RST BPDU，则端口会自动恢复到正常的 Forwarding 状态。

③根保护功能确保了根桥的角色不会因为一些网络问题而改变。

4．实验调试

抓取 LSW1 的 GE0/0/2 接口的数据包进行分析，其报文格式如图 8-9 所示。

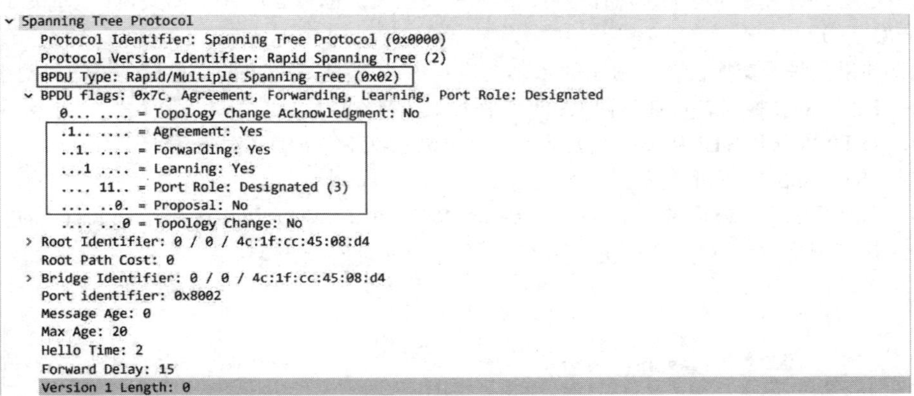

图 8-9　BPDU 报文格式

通过以上输出可以看到，RSTP 与 STP 的区别如下。

①Type 字段：配置 BPDU 类型不再是 0 而是 2，所以运行 STP 的设备收到 RSTP 的配置 BPDU 时会丢弃。

②Flag 字段：使用了原来保留的中间 6 位，这样改变的配置 BPDU 叫作 RST BPDU。

8.4　练　习　题

1．（判断题）RSTP 中定义了 4 种端口角色，其中 Alternate 端口和 Backup 端口的 Port Role 值在报文的 Flags 字段内一致，都为 01。（　　）

A．正确　　　　B．错误

2．（单选题）STP 协议虽然能够解决环路问题，但是由于网络拓扑收敛慢，影响了用户通信质量。RSTP 针对 STP 做了很多改进，以下不是 RSTP 对 STP 的改进的是（　　）。

A．RSTP 的端口状态规范是根据端口是否转发用户流量和学习 MAC 地址来划分的，把原来的 5 种端口状态缩减为 3 种

B．如果一个端口连续 4 个 Hello Time 时间内没有收到上游设备发送过来的配置 BPDU，那么该设备认为与此邻居之间的协商失败

C．运行 RSTP 的非根交换机按照 Hello Time 规定的时间间隔发送配置 BPDU，该行为完全由每台设备自主进行

D．RSTP 删除了 3 种端口状态，新增加了 2 种端口角色

3．（多选题）以下关于 RSTP 根保护的描述，正确的选项是（　　）。

A．开启根保护的端口接收到优先级更高的 RST BDPU 之后将会进入到 error-down 状态

B．开启根保护的端口在收到优先级更高的 RST BFDU 之后如果一段时间没有继续收到优先级更高的 RST BPDU 将会恢复正常的 forwarding 状态

C．建议在处于网络边缘的交换机上开启

D．根端口上开启根保护功能会生效

4．（多选题）某网络环境中，既有运行 RSTP 的交换机，也有运行 STP 的交换机，那么该网络会出现的现象是（　　）。

A．如果是华为交换设备，则 RSTP 会转换到 STP 模式。STP 的交换设备被撤离网络后，运行 RSTP 的交换设备可迁移回 RSTP 工作模式

B．RSTP 可以和 STP 互操作，但是此时丧失快速收敛等 RSTP 优势

C．RSTP 和 STP 不可互操作，会进行独立运算

D．如果是华为交换设备，则 STP 会转换到 RSTP 模式，并且可以配置运行 RSTP 的交换设备被撤离网络后，运行 STP 的交换设备可迁移回 RSTP 工作模式

第 9 章 MSTP

本章阐述了 RSTP 和 STP 的缺点，MSTP 的专业术语、端口角色，通过实例使读者掌握 MSTP 在各种场景中的配置。

本章包含以下内容：

- RSTP/STP 的不足
- MSTP 的专业术语
- MSTP 的端口角色
- MSTP 的配置

9.1 MSTP 概述

9.1.1 MSTP 的优势

RSTP 在 STP 的基础上进行了改进，实现了网络拓扑快速收敛。但 RSTP 和 STP 还存在同一个缺陷：由于局域网内所有的 VLAN 共享一棵生成树，因此无法在 VLAN 间实现数据流量的负载均衡，链路被阻塞后将不承载任何流量，还有可能造成部分 VLAN 的报文无法转发。

在局域网内应用 STP 或 RSTP，生成树结构在图中用虚线表示，S6 为根交换设备。S2 和 S5 之间、S1 和 S4 之间的链路被阻塞，如图 9-1 所示标注的“VLAN”为链路允许通过的 VLAN 报文。

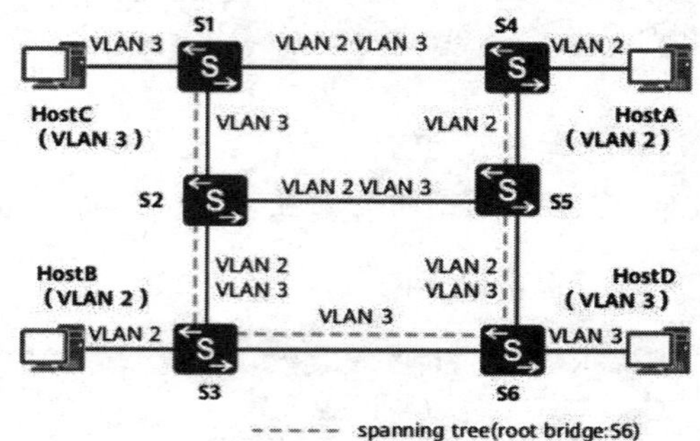

图 9-1　RSTP/STP 的不足

MSTP 是 IEEE 802.1S 标准中定义的多生成树协议（Multiple Spanning Tree Protocal，MSTP），MSTP 兼容 STP 和 RSTP，既可以快速收敛，又提供了数据转发的多个冗余路径，在数据转发过程中实现 VLAN 数据的负载均衡。

MSTP 可以将一个或多个 VLAN 映射到一个 Instance（实例），再基于 Instance 计算生成树，映射到同一个 Instance 的 VLAN 共享同一棵生成树，如图 9-2 所示。

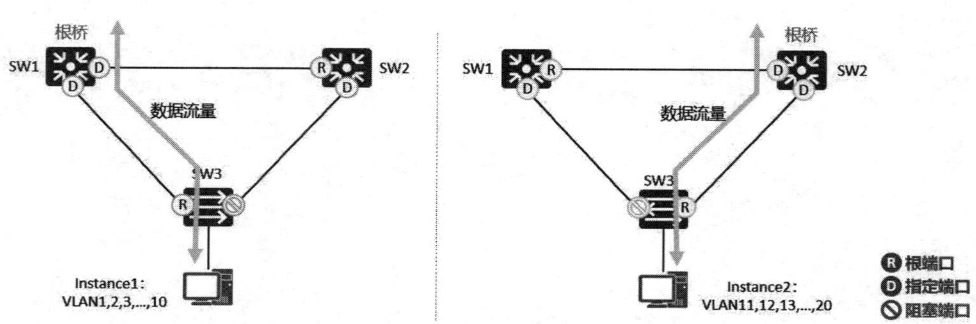

图 9-2　MSTP 实例示意图

9.1.2 MSTP 的专业术语

1. MSTP 的网络层次

MSTP 网络中包含 1 个或多个 MST 域（MST Region），每个 MST Region 中包含一个或多个 MSTI，如图 9-3 所示。组成 MSTI 的是运行 STP/RSTP/MSTP 的交换设备，MSTI 是所有运行 STP/RSTP/MSTP 的交换设备经 MSTP 协议计算后形成的树状网络。

CST（Common Spanning Tree，公共生成树）是连接交换网络内所有 MST 域的一棵生成树。

如果把每个 MST 域看作是一个节点，CST 就是这些节点通过 STP 或 RSTP 协议计算生成的一棵生成树。

IST（Internal Spanning Tree，内部生成树）是各 MST 域内的一棵生成树。

IST 是一个特殊的 MSTI，MSTI 的 ID 为 0，通常称为 MSTI0。

IST 是 CIST 在 MST 域中的一个片段。

CIST（Common and Internal Spanning Tree，公共和内部生成树）是通过 STP 或 RSTP 协议计算生成的，连接一个交换网络内所有交换设备的单生成树。

2. 总根、域根和主桥

总根（CIST Root）是 CIST 的根桥，如图 9-4 中的 SW1。

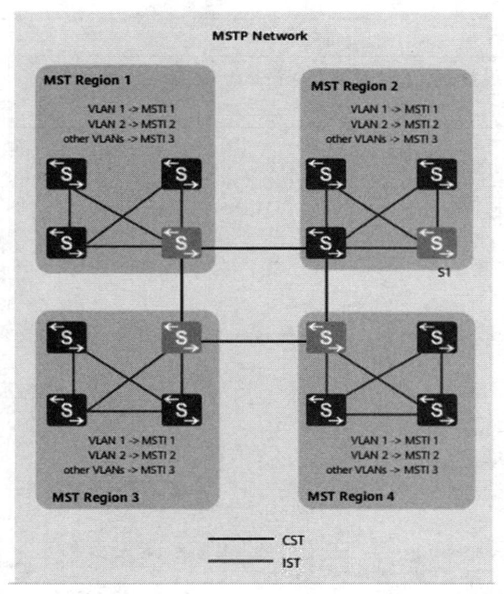

图 9-3　MSTP 网络层次示意图

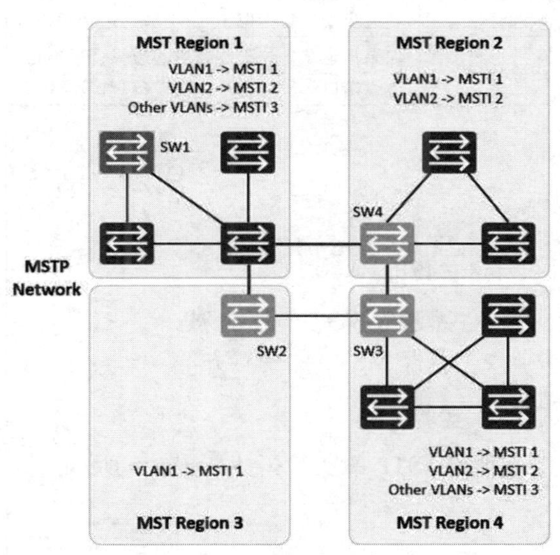

图 9-4　总根、域根和主桥

域根（Regional Root）分为 IST 域根和 MSTI 域根。在 MST 域中 IST 生成树中距离总根最近的交换设备是 IST 域根，如图 9-4 中的 SW2、SW3、SW4。MSTI 域根是每个多生成树实例的树根。

主桥（Master Bridge）即 IST Master，它是域内距离总根最近的交换设备，如图 9-4 中的 SW1、SW2、SW3、SW4。如果总根在 MST 域中，则总根为该域的主桥。

3. MSTP 的端口角色

MSTP 中定义的所有端口角色包括根端口、指定端口、Alternate 端口、Backup 端口、Master 端口、域边缘端口和边缘端口，具体说明如表 9-1 所示。

表 9-1　MSTP 的端口角色及说明

端口角色	说　明
根端口	在非根桥上，离根桥最近的端口是本交换设备的根端口，根端口负责向树根方向转发数据
指定端口	对一台交换设备而言，它的指定端口是向下游交换设备转发 BPDU 报文的端口
Alternate 端口	从配置 BPDU 报文发送角度来看，Alternate 端口就是由于学习到其他网桥发送的配置 BPDU 报文而阻塞的端口。 从用户流量角度来看，Alternate 端口提供了从指定桥到根的另一条可切换路径，作为根端口的备份端口
Backu 端口	从配置 BPDU 报文发送角度来看，Backup 端口就是由于学习到自己发送的配置 BPDU 报文而阻塞的端口。 从用户流量角度来看，Backup 端口作为指定端口的备份，提供了另外一条从根节点到叶节点的备份通路
Maste 端口	Master 端口是 MST 域和总根相连的所有路径中最短路径上的端口，它是交换设备上连接 MST 域到总根的端口。 ➘Master 端口是域中的报文去往总根的必经之路。 ➘Master 端口是特殊域边缘端口，Master 端口在 CIST 上的角色是 Root Port，在其他各实例上的角色都是 Master 端口
域边缘端口	域边缘端口是指位于 MST 域的边缘并连接其他 MST 域或 SST 的端口
边缘端口	如果指定端口位于整个域的边缘，不再与任何交换设备连接，这种端口叫做边缘端口。 边缘端口一般与用户终端设备直接连接

扫一扫，看视频

9.2　MSTP 配置实验

1. 实验目的

（1）熟悉 MSTP 的应用场景。

（2）掌握 MSTP 的配置方法。

2. 实验拓扑

配置 MSTP 的实验拓扑如图 9-5 所示。

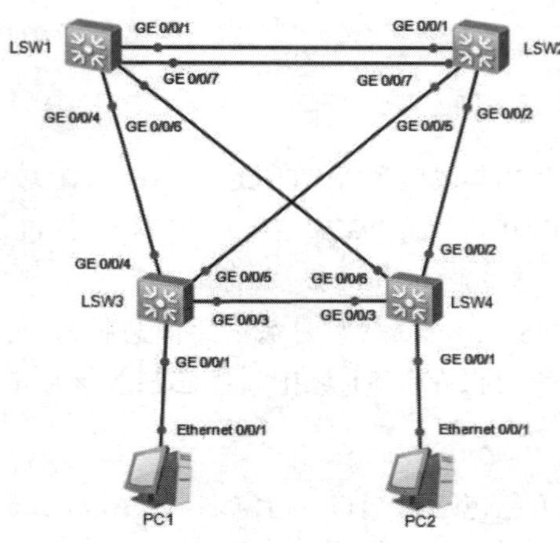

图 9-5　配置 MSTP 的实验拓扑

3. 实验步骤

（1）创建 VLAN。

LSW1 的配置：

```
<Huawei>system-view
Enter system view, return user view with Ctrl+Z.
[Huawei]undo info-center enable
[Huawei]sysname LSW1
[LSW1]vlan batch 10 20 30 40 50 60 70 80
```

LSW2 的配置：

```
<Huawei>system-view
Enter system view, return user view with Ctrl+Z.
[Huawei]undo info-center enable
Info: Information center is disabled.
[Huawei]sysname LSW2
[LSW2]vlan batch 10 20 30 40 50 60 70 80
```

LSW3 的配置：

```
<Huawei>system-view
Enter system view, return user view with Ctrl+Z.
[Huawei]undo info-center enable
Info: Information center is disabled.
[Huawei]sysname LSW3
[LSW3]vlan batch 10 20 30 40 50 60 70 80
```

LSW4 的配置：

```
<Huawei>system-view
Enter system view, return user view with Ctrl+Z.
[Huawei]undo info-center enable
Info: Information center is disabled.
[Huawei]sysname LSW4
[LSW4]vlan batch 10 20 30 40 50 60 70 80
```

（2）设置 trunk。

LSW1 的配置：

```
[LSW1]port-group 1
[LSW1-port-group-1]group-member GigabitEthernet 0/0/1
[LSW1-port-group-1]group-member GigabitEthernet 0/0/7
[LSW1-port-group-1]group-member g0/0/6
[LSW1-port-group-1]group-member g0/0/4
[LSW1-port-group-1]port link-type trunk
[LSW1-port-group-1]port trunk allow-pass vlan all
[LSW1-port-group-1]quit
```

LSW2 的配置：

```
[LSW2]port-group 1
[LSW2-port-group-1]group-member GigabitEthernet 0/0/1
```

```
[LSW2-port-group-1]group-member g0/0/7
[LSW2-port-group-1]group-member g0/0/5
[LSW2-port-group-1]group-member g0/0/2
[LSW2-port-group-1]port link-type trunk
[LSW2-port-group-1]port trunk allow-pass vlan all
[LSW2-port-group-1]quit
```

LSW3 的配置：

```
[LSW3]port-group 1
[LSW3-port-group-1]group-member g0/0/4
[LSW3-port-group-1]group-member g0/0/3
[LSW3-port-group-1]group-member g0/0/5
[LSW3-port-group-1]port link-type trunk
[LSW3-port-group-1]port trunk allow-pass vlan all
[LSW3-port-group-1]quit
```

LSW4 的配置：

```
[LSW4]port-group 1
[LSW4-port-group-1]group-member g0/0/3
[LSW4-port-group-1]group-member g0/0/6
[LSW4-port-group-1]group-member g0/0/2
[LSW4-port-group-1]port link-type trunk
[LSW4-port-group-1]port trunk allow-pass vlan all
[LSW4-port-group-1]quit
```

（3）配置 MSTP。

LSW1 的配置：

```
[LSW1]stp enable                                  //启用 STP，默认配置
[LSW1]stp mode mstp                               //STP 的模式为 MSTP，默认配置
[LSW1]stp region-configuration                    //进入 MST 域视图
[LSW1-mst-region]region-name hcip                 //MSTP 的域名为 hcip
[LSW1-mst-region]revision-level 1                 //MST 域的修订级别为 1，默认为 0
[LSW1-mst-region]instance 1 vlan 10 30 50 70 //实例 1 关联 vlan 10 30 50 70
[LSW1-mst-region]instance 2 vlan 20 40 60 80 //实验 2 关联 vlan 20 40 60 80
[LSW1-mst-region]active region-configuration //激活 MST 域的配置
[LSW1-mst-region]quit
```

LSW2 的配置：

```
[LSW2]stp enable
[LSW2]stp mode mstp
[LSW2]stp region-configuration
[LSW2-mst-region]region-name hcip
[LSW2-mst-region]region-name
[LSW2-mst-region]revision-level 1
[LSW2-mst-region]instance 1 vlan 10 30 50 70
[LSW2-mst-region]instance 2 vlan 20 40 60 80
[LSW2-mst-region]active region-configuration
[LSW2-mst-region]quit
```

LSW3 的配置：

```
[LSW3]stp enable
[LSW3]stp mode mstp
[LSW3]stp region-configuration
[LSW3-mst-region]region-name hcip
[LSW3-mst-region]revision-level 1
[LSW3-mst-region]instance 1 vlan 10 30 50 70
[LSW3-mst-region]instance 2 vlan 20 40 60 80
[LSW3-mst-region]active region-configuration
[LSW3-mst-region]quit
```

LSW4 的配置：

```
[LSW4]stp enable
[LSW4]stp mode mstp
[LSW4]stp region-configuration
[LSW4-mst-region]region-name hcip
[LSW4-mst-region]revision-level 1
[LSW4-mst-region]instance 1 vlan 10 30 50 70
[LSW4-mst-region]instance 2 vlan 20 40 60 80
[LSW4-mst-region]active region-configuration
[LSW4-mst-region]quit
```

（4）配置主根网桥和备用根网桥。

LSW1 的配置：

```
[LSW1]stp instance 1 root primary
[LSW1]stp instance 2 root secondary
```

LSW2 的配置：

```
[LSW2]stp instance  1 root secondary
[LSW2]stp instance 2 root primary
```

（5）设置边缘端口。

LSW3 的配置：

```
[LSW3]interface g0/0/1
[LSW3-GigabitEthernet0/0/1]stp edged-port enable
```

LSW4 的配置：

```
[LSW4]interface g0/0/1
[LSW4-GigabitEthernet0/0/1]stp edged-port enable
[LSW4-GigabitEthernet0/0/1]quit
```

4. 实验调试

（1）查看实例 1 的接口角色。

查看 LSW1 实例 1 的信息：

```
[LSW1]display stp instance 1 brief
 MSTID  Port                        Role  STP State     Protection
   1    GigabitEthernet0/0/1        DESI  FORWARDING      NONE
```

```
  1    GigabitEthernet0/0/4         DESI  FORWARDING      NONE
  1    GigabitEthernet0/0/6         DESI  FORWARDING      NONE
  1    GigabitEthernet0/0/7         DESI  FORWARDING      NONE
```

查看 LSW2 实例 1 的信息：

```
[LSW2]display stp instance 1 brief
 MSTID  Port                        Role  STP State     Protection
   1    GigabitEthernet0/0/1         ROOT  FORWARDING      NONE
   1    GigabitEthernet0/0/2         DESI  FORWARDING      NONE
   1    GigabitEthernet0/0/5         DESI  FORWARDING      NONE
   1    GigabitEthernet0/0/7         ALTE  DISCARDING      NONE
```

查看 LSW3 实例 1 的信息：

```
<LSW3>display stp instance 1 brief
 MSTID  Port                        Role  STP State     Protection
   1    GigabitEthernet0/0/3         DESI  FORWARDING      NONE
   1    GigabitEthernet0/0/4         ROOT  FORWARDING      NONE
   1    GigabitEthernet0/0/5         ALTE  DISCARDING      NONE
```

查看 LSW4 实例 1 的信息：

```
<LSW4>display stp  instance 1 brief
 MSTID  Port                        Role  STP State     Protection
   1    GigabitEthernet0/0/2         ALTE  DISCARDING      NONE
   1    GigabitEthernet0/0/3         ALTE  DISCARDING      NONE
   1    GigabitEthernet0/0/6         ROOT  FORWARDING      NONE
```

通过以上输出可以看到，在实例 1 中每个端口的角色如图 9-6 所示。

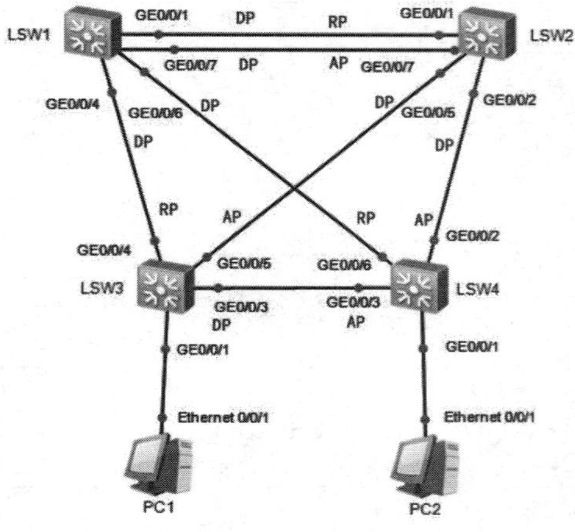

图 9-6　实例 1 中每个端口的角色

（2）查看实例 2 的端口角色。

查看 LSW1 实例 2 的信息：

```
[LSW1]display stp instance 2 brief
 MSTID  Port                        Role  STP State     Protection
```

```
  2    GigabitEthernet0/0/1        ROOT  FORWARDING       NONE
  2    GigabitEthernet0/0/4        DESI  FORWARDING       NONE
  2    GigabitEthernet0/0/6        DESI  FORWARDING       NONE
  2    GigabitEthernet0/0/7        ALTE  DISCARDING       NONE
```

查看 LSW2 实例 2 的信息：

```
[LSW2]display stp instance 2 brief
 MSTID  Port                        Role  STP State     Protection
  2    GigabitEthernet0/0/1        DESI  FORWARDING       NONE
  2    GigabitEthernet0/0/2        DESI  FORWARDING       NONE
  2    GigabitEthernet0/0/5        DESI  FORWARDING       NONE
  2    GigabitEthernet0/0/7        DESI  FORWARDING       NONE
```

查看 LSW3 实例 2 的信息：

```
<LSW3>display stp instance 2 brief
 MSTID  Port                        Role  STP State     Protection
  2    GigabitEthernet0/0/3        DESI  FORWARDING       NONE
  2    GigabitEthernet0/0/4        ALTE  DISCARDING       NONE
  2    GigabitEthernet0/0/5        ROOT  FORWARDING       NONE
```

查看 LSW4 实例 2 的信息：

```
<LSW4>display stp instance 2 brief
 MSTID  Port                        Role  STP State     Protection
  2    GigabitEthernet0/0/2        ROOT  FORWARDING       NONE
  2    GigabitEthernet0/0/3        ALTE  DISCARDING       NONE
  2    GigabitEthernet0/0/6        ALTE  DISCARDING       NONE
```

通过以上输出可以看到，每台交换机上端口的角色如图 9-7 所示。

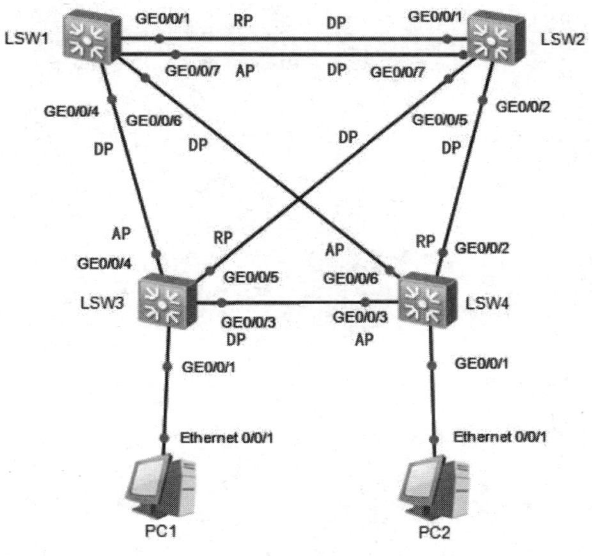

图 9-7　交换机上端口的角色

9.3 练　习　题

1. （判断题）在 MSTP 协议中，每个 MSTI 都单独使用 RSTP 算法计算单独的生成树。（　　）

A．正确　　B．错误

2. （多选题）MSTP 域内可基于实例计算生成多棵生成树，每棵生成树都被称为一个 MSTI。以下关于 MSTI 的描述，正确的是（　　）。

A．每个 MSTI 之间可以共享参数计算自己的生成树

B．每个端口在不同 MSTI 上的角色和状态可以不同

C．每个 MSTI 的生成树可以有不同的根，不同的拓扑

D．每个端口在不同 MSTI 上的生成树参数可以不同

3. （判断题）当一个运行 MSTP 协议的交换设备端口收到一个配置 BPDU 时，会与设备保存的全局配置消息进行对比。若新收到的配置 BPDU 更优，则会同步更新交换设备保存的全局配置消息；反之，则丢弃该配置 BPDU。（　　）

A．正确　　B．错误

4. （判断题）MSTP 使用 802.1D 标准，向下兼容 STP 和 RSTP，通过建立多棵无环路的树，解决广播风暴并实现冗余备份。（　　）

A．正确　　B．错误

5. （多选题）以下关于 MSTP 的描述，正确的是（　　）。

A．MSTP 的 BPDU 格式与 RSTP 相同

B．相较于 RSTP，MSTP 的端口角色更多

C．MSTP 可以实现流量在不同 VLAN 之间的负载分担

D．MSTP 支持与 RSTP 兼容运行

第10章 堆叠

本章包含以下内容：

- 堆叠的优势
- 堆叠的原理
- 堆叠的配置

10.1 堆叠的优势

堆叠是指将多台支持堆叠特性的交换机通过堆叠线缆连接在一起，从逻辑上虚拟成一台交换设备，作为一个整体参与数据转发。堆叠是目前广泛应用的一种横向虚拟化技术，具有提高可靠性、扩展端口数量、增大带宽、简化组网等作用。

传统的园区网络采用设备和链路冗余来保证高可靠性，但其链路利用率低、网络维护成本高，堆叠技术将多台交换机虚拟成一台交换机，可达到简化网络部署和降低网络维护工作量的目的。堆叠具有以下诸多优势。

1．提高可靠性

堆叠系统中的多台成员交换机之间形成冗余备份。如图 10-1 所示，SwitchA 和 SwitchB 组成堆叠系统，SwitchA 和 SwitchB 相互备份，SwitchA 故障时，SwitchB 可以接替 SwitchA 保证系统的正常运行。另外，堆叠系统支持跨设备的链路聚合功能，也可以实现链路的冗余备份。

2．增大带宽

当需要增大交换机上行带宽时，可以增加新交换机与原交换机组成堆叠系统，将成员交换机的多条物理链路配置成一个聚合组，提高交换机的上行带宽，如图 10-2 所示。

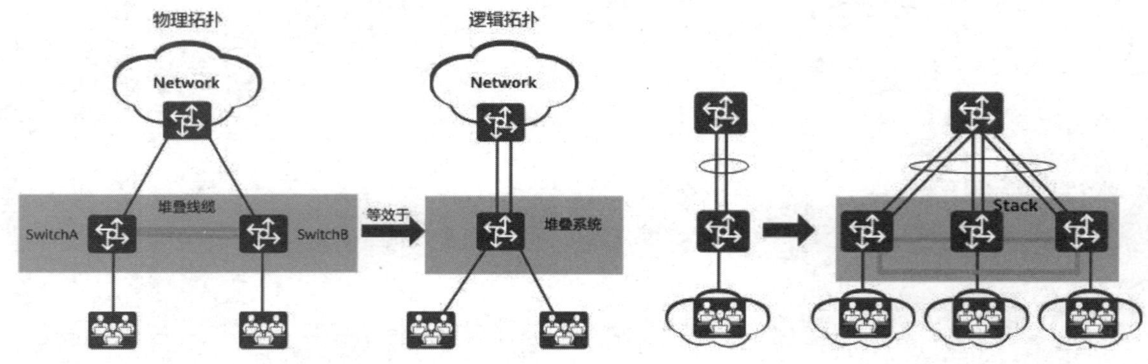

图 10-1　堆叠示意图　　图 10-2　增大带宽示意图

3．简化组网

网络中的多台设备组成堆叠，虚拟成单一的逻辑设备，如图 10-3 所示。简化后的组网不再需要使用 MSTP 等破环协议，简化了网络配置，同时依靠跨设备的链路聚合，实现单设备故障时的快速切换，提高可靠性。

4．长距离堆叠

如图 10-4 所示，每个楼层的用户通过楼道交换机接入外部网络，将相距较远的楼道交换机连接起来组成堆叠，这相当于每栋楼只有一个接入设备，网络结构变得更加简单。每栋楼有多条链路到达核心网络，网络变得更加健壮、可靠。对多台楼道交换机的配置简化成对堆叠系统的配置，降低了管理和维护的成本。

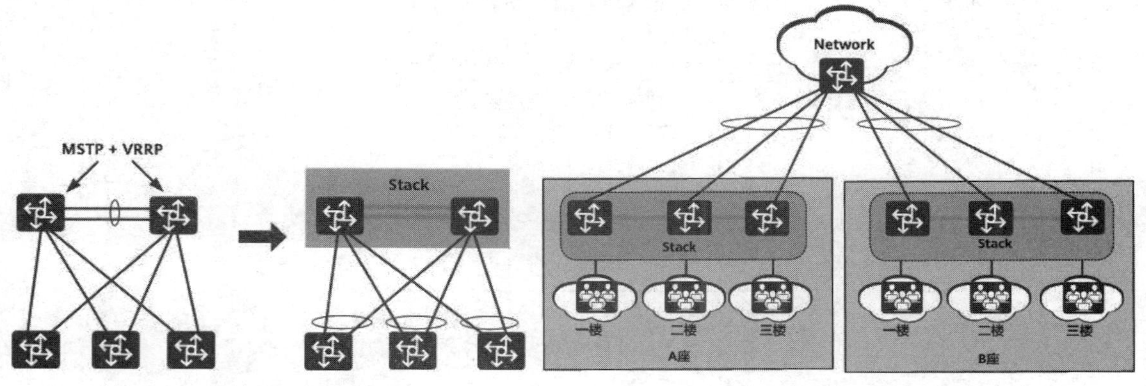

图 10-3　简化组网示意图　　　　图 10-4　长距离堆叠示意图

10.2　堆叠的基本概念

1. 堆叠交换机角色

堆叠系统中所有的单台交换机都称为成员交换机，按照功能不同，可以分为以下三种角色。

（1）主交换机（Master）：主交换机负责管理整个堆叠。堆叠系统中只有一台主交换机。

（2）备交换机（Standby）：备交换机是主交换机的备份交换机。堆叠系统中只有一台备交换机。当主交换机故障时，备交换机会接替主交换机的所有业务。

（3）从交换机（Slave）：从交换机用于业务转发，堆叠系统中可以有多台从交换机。从交换机的数量越多，堆叠系统的转发带宽越大。除主交换机和备交换机外，堆叠中其他所有的成员交换机都是从交换机。当备交换机不可用时，从交换机承担备交换机的角色。

2. 堆叠优先级

堆叠优先级是成员交换机的一个属性，主要用于角色选举过程中确定成员交换机的角色，优先级值越大表示优先级越高，优先级越高当选为主交换机的可能性越大。

3. 堆叠 ID

堆叠 ID，即成员交换机的槽位号（Slot ID），用来标识和管理成员交换机，堆叠中所有成员交换机的堆叠 ID 都是唯一的。设备堆叠 ID 默认为 0。堆叠时由堆叠主交换机对设备的堆叠 ID 进行管理，当堆叠系统有新成员加入时，如果新成员与已有成员堆叠 ID 冲突，则堆叠主交换机从 0 到最大的堆叠 ID 进行遍历，找到第一个空闲的 ID 分配给该新成员。

4. 堆叠逻辑接口

交换机之间用于建立堆叠的逻辑接口，每台交换机支持两个逻辑堆叠端口，分别为 stack-port n/1 和 stack-port n/2，其中 n 为成员交换机的堆叠 ID。一个逻辑堆叠端口可以绑定多个物理成员端口，用来提高堆叠的可靠性和堆叠带宽。堆叠成员设备之间，本端设备的逻辑堆叠端口 stack-port n/1 必须与对端设备的逻辑堆叠端口 stack-port m/1 相连，如图 10-5 所示。

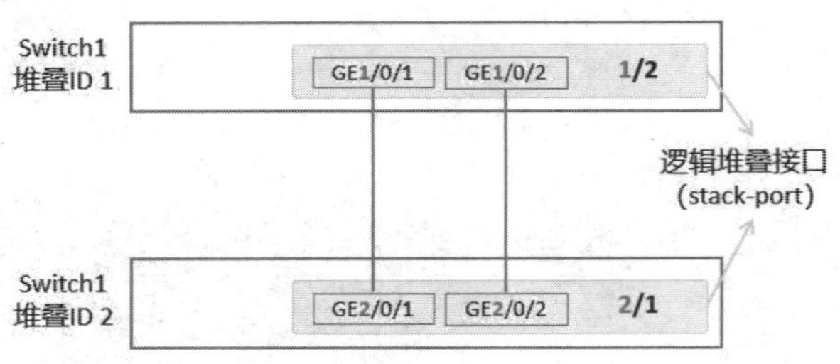

图 10-5　堆叠逻辑接口示意图

10.3　堆叠建立

堆叠建立的过程包括四个阶段，即物理连接、主交换机选举、堆叠 ID 分配和备交换机选举与软件版本和配置文件同步。

1．物理连接

根据网络需求，选择适当的连接方式和连接拓扑，组建堆叠网络。根据连接介质的不同，堆叠可分为堆叠卡堆叠和业务口堆叠，每种连接方式都可组成链状和环状两种连接拓扑，如图 10-6 所示。

图 10-6　物理连接方式

2．主交换机选举

确定了堆叠的连接方式和连接拓扑，并完成成员交换机之间的物理连接之后，所有成员交换机上电。此时，堆叠系统开始根据选举原则进行主交换机的选举。

主交换机的选举原则如下：

（1）运行状态比较，已经运行的交换机比处于启动状态的交换机优先竞争为主交换机，堆叠主交换机选举超时时间为 20s，堆叠成员交换机上电或重启时，由于不同成员交换机所需的启动时间可能差异比较大，因此不是所有成员交换机都有机会参与主交换机的第一次选举。

（2）堆叠优先级高的交换机优先竞争为主交换机。

（3）堆叠优先级相同时，MAC 地址小的交换机优先竞争为主交换机。

3. 堆叠 ID 分配和备交换机选举

主交换机选举完成后，主交换机会收集所有成员交换机的拓扑信息，并向所有成员交换机分配堆叠 ID。之后进行备交换机的选举，作为主交换机的备份交换机。

除主交换机外，最先完成设备启动的交换机优先被选为备份交换机。

当除主交换机外，其他交换机同时完成启动时，备交换机的选举规则如下（依次从第一条开始判断，直至找到最优的交换机才停止比较）：

（1）堆叠优先级最高的交换机成为备交换机。

（2）堆叠优先级相同时，MAC 地址最小的交换机成为备交换机。

4. 软件版本和配置文件同步

角色选举、拓扑收集完成之后，所有成员交换机会自动同步主交换机的系统软件和配置文件：

（1）堆叠具有自动加载系统软件的功能，待组成堆叠的成员交换机不需要具有相同的软件版本，只需要版本间兼容即可。当备交换机或从交换机与主交换机的软件版本不一致时，备交换机或从交换机会自动从主交换机下载系统软件，然后使用新的系统软件重启，并重新加入堆叠。

（2）堆叠具有配置文件同步机制，备交换机或从交换机会将主交换机的配置文件同步到本设备并执行，以保证堆叠中的多台设备能够像一台设备一样在网络中工作，并且在主交换机出现故障之后，其余交换机仍能够正常执行各项功能。

10.4　堆叠配置实验

1. 实验目的

（1）熟悉堆叠的应用场景。

（2）掌握堆叠的配置方法。

2. 实验拓扑

配置堆叠的实验拓扑如图 10-7 所示。

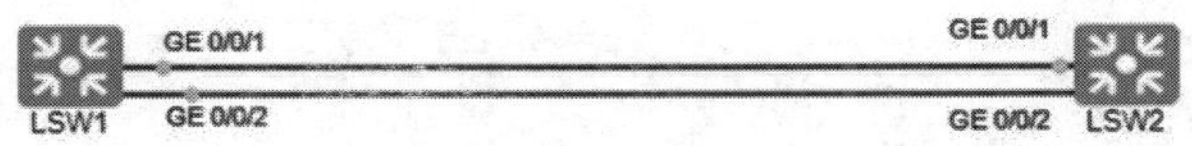

图 10-7　配置堆叠的实验拓扑

现某公司需要对交换网络进行扩容，需要将 SW1 和 SW2 两台设备使用业务接口进行堆叠（华为 ensp 模拟器不支持堆叠，此实验使用真实设备，型号为 S5735）。

3．实验步骤：

步骤 1：配置 SW1 的堆叠。

```
[HUAWEI]stack slot  0 priority 200   //配置设备的堆叠优先级为 200
[HUAWEI]interface  stack-port 0/1    //进入虚拟堆叠口
[HUAWEI-stack-port0/1]port interface g0/0/1 enable   //将物理接口加入堆叠口
[HUAWEI-stack-port0/1]shutdown  interface  g0/0/1    //关闭物理接口
[HUAWEI]interface  stack-port  0/2
[HUAWEI-stack-port0/2]port  interface  g0/0/2 enable
[HUAWEI-stack-port0/2]shutdown  interface  g0/0/2
```

步骤 2：配置 SW2 的堆叠。

```
[HUAWEI]stack slot  0 renumber  1  //配置设备的堆叠 ID 为 1
[HUAWEI]interface  stack-port 0/1
[HUAWEI-stack-port0/1]port interface  g0/0/2 enable
[HUAWEI]interface  stack-port 0/2
[HUAWEI-stack-port0/2]port  interface  g0/0/1 enable
```

步骤 3：进入 SW1 打开堆叠互联端口。

```
[HUAWEI]interface  stack-port  0/1
[HUAWEI-stack-port0/1]undo shutdown  interface  g0/0/1
[HUAWEI]interface  stack-port  0/2
[HUAWEI-stack-port0/2]undo shutdown  interface  g0/0/2
```

此时 SW2 会自动重启，完成设备堆叠。

步骤 4：为设备命名。

```
[HUAWEI]sysname SW1
```

查看堆叠信息：

```
[SW1]display  stack
Stack mode: Service-port
Stack topology type: Ring
Stack system MAC: 44a1-9169-e1bc
MAC switch delay time: 10 min
Stack reserved VLAN: 4093
Slot of the active management port: --
Slot      Role       MAC Address      Priority   Device Type
-------------------------------------------------------------
0        Master     44a1-9169-e1bc   200        S5735S-L24T4S-A
1        Standby    78b4-6a29-97de   100        S5735S-L24T4S-A
```

10.5 练　习　题

1．（判断题）堆叠是指通过专用的连接电缆将两台或多台交换机相互连接起来，比如要连接两台交换机，可以从一台堆叠交换机的 UP 堆叠端口直接连接到另一台堆叠交换机的 DOWN 堆叠端口，以实现单台交换机端口数的扩充。（　　）

A．正确 B．错误

2．（单选题）堆叠系统中的交换机角色不包括（ ）。

A．主交换机 B．候选交换机 C．从交换机 D．备交换机

3．（单选题）（ ）不是堆叠交换机的角色。

A．Master B．Backup C．Standby D．Slave

4．（判断题）一个交换机上电之后加入一个正在运行的堆叠系统，该行为被称为堆叠加入。（ ）

A．正确 B．错误

5．（多选题）堆叠中主交换机选举过程中涉及的参数包括（ ）。

A．MAC 地址 B．运行状态 C．堆叠 ID D．堆叠优先级

第11章 IP组播

本章介绍各种组播技术，包括 PIM、IGMP、IGMP Snooping。其中，PIM 组播路由协议分为密集模式和稀疏模式，本章将通过实验对两种模式的工作机制进行深入分析。同时，对于主机和路由器之间的 IGMP 协议及交换机上的 IGMP Snooping 机制，本章也将结合实验进行说明。

本章包含以下内容：

- IGMPv1、IGMPv2 及 IGMPv3 版本的工作机制
- IGMP Snooping 工作机制
- PIM-DM 模式下组播树建立机制
- PIM-SM 模式下组播树建立机制
- IGMPv1、IGMPv2 及 IGMPv3 版本的配置实验
- PIM 配置实验

11.1　IP 组播基础

作为 IP 传输的三种方式之一，IP 组播通信是指 IP 报文从一个源发出，被转发到一组特定的接收者的通信过程。相较于传统的单播和广播，IP 组播可以有效地节约网络带宽、降低网络负载，所以被广泛应用于 IPTV、实时数据传送和多媒体会议等网络业务中。

1．在点到多点的场景中组播的优势

（1）相比单播，由于被传递的信息在距信息源尽可能远的网络节点才开始被复制和分发，所以用户的增加不会导致信息源负载的加重以及网络资源消耗的显著增加。

（2）相比广播，由于被传递的信息只会发送给需要该信息的接收者，所以不会造成网络资源的浪费，并能提高信息传输的安全性。

2．组播的基本概念

组播方式示意图如图 11-1 所示。

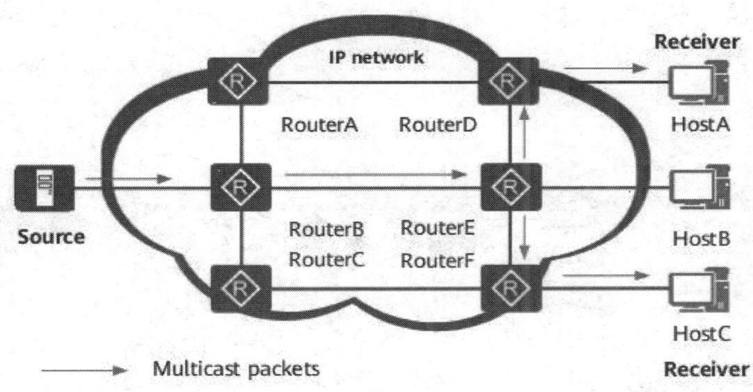

图 11-1　组播方式示意图

（1）组播组：用 IP 组播地址进行标识的一个集合。任何用户主机（或其他接收设备）加入一个组播组，就成为该组成员，可以识别并接收发往该组播组的组播数据。

（2）组播源：信息的发送者称为“组播源”，一个组播源可以同时向多个组播组发送数据，多个组播源也可以同时向一个组播组发送报文。组播源通常不需要加入组播组。

（3）组播组成员：所有加入某组播组的主机便成为该组播组的成员，组播组中的成员是动态的，主机可以在任何时刻加入或离开组播组。组播组成员可以广泛地分布在网络中的任何地方。

（4）组播路由器：支持三层组播功能的路由器或交换机，不仅能够提供组播路由功能，还能够在与用户连接的末梢网段上提供组播组成员的管理功能。

3．组播的服务模型

（1）ASM（任意源组播）：主机成员加入组播组以后，可以接收到任意源发送到该组的数据。

（2）SSM（指定源组播）：主机成员加入组播组以后，只会接收到指定源发送到该组的数据。

4. 组播 IP 地址

组播 IP 地址的范围和作用如表 11-1 所示。

表 11-1 组播 IP 地址的范围和作用

范　围	作　用
2240.0.0 ~ 224.0.0.255	永久组播 IP 地址，如 OSPF 中的 224.0.0.5/6
224.0.1.0 ~ 231.255.255.255 233.0.0.0 ~ 238.255.255.255	ASM 组播 IP 地址，全网范围内有效
232.0.0.0 ~ 232.255.255.255	SSM 组播 IP 地址，全网范围内有效
239.0.0.0 ~ 239.255.255.255	本地管理 IP 地址

5. 组播 MAC 地址

IANA 规定，IPv4 组播 MAC 地址的高 24 位为 0x01005e，第 25 位为 0，低 23 位为 IPv4 组播 IP 地址的低 23 位，映射关系如图 11-2 所示。例如，组播组 IP 地址 224.0.1.1 对应的组播 MAC 地址为 01-00-5e-00-01-01。

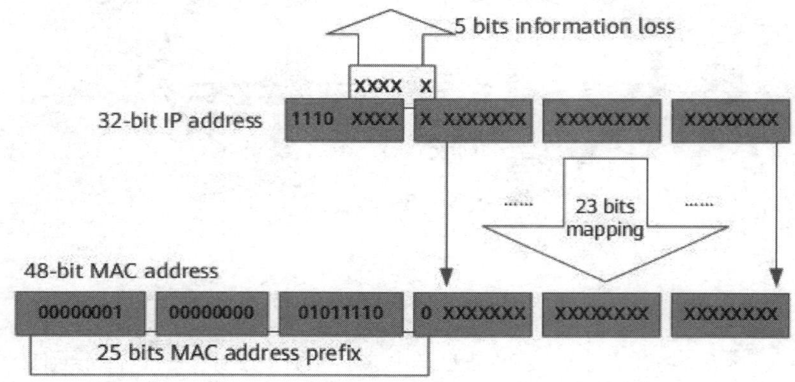

图 11-2 IPv4 组播地址与 IPv4 组播 MAC 地址的映射关系

11.2 IGMP 原理

IGMP（Internet Group Management Protocol，互联网组管理协议）是 TCP/IP 协议族中负责 IPv4 组播成员管理的协议。IGMP 用来在接收者主机和与其直接相邻的组播路由器之间建立和维护组播组成员关系。IGMP 通过在接收者主机和组播路由器之间交互 IGMP 报文实现组成员的管理功能，IGMP 报文封装在 IP 报文中。

11.2.1　IGMPv1

1．IGMPv1 的报文类型

（1）普遍组查询（General Query）报文：查询器向共享网络上所有主机和路由器发送的查询报文，用于了解哪些组播组存在成员。

（2）成员报告（Report）报文：主机向查询器发送的报告报文，用于申请加入某个组播组或者应答查询报文。

2．工作机制

（1）普遍组查询和响应机制的流程如图 11-3 所示。

①IGMP 查询路由器每隔 60s 发送一次 general query。

②组播组成员收到 general query 后启动 timer-g1 定时器，产生 0 ~ 10s 之间的随机值，定时器超时后发送 report。它有两个作用：回应 general query 和通知其他成员不用再发送了。

③IGMP 查询器接收到 HostA 的报告报文后，了解到本网段内存在组播组 G1 的成员，则由组播路由协议生成组播转发表项（*，G1）。

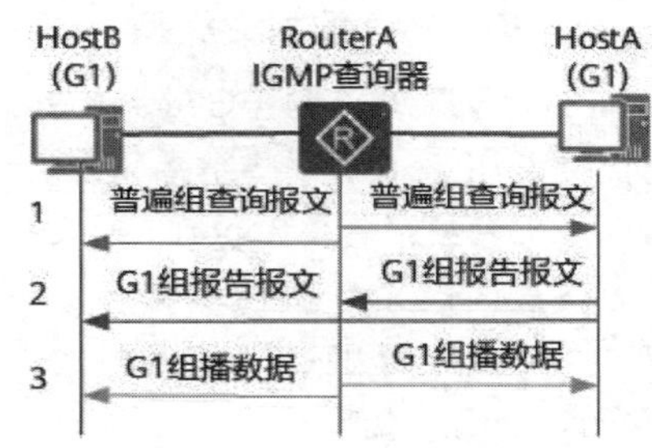

图 11-3　普遍组查询和响应机制

（2）新播组组成员加入机制，其流程如图 11-4 所示。

①主机 HostC 不等待普遍组查询报文的到来，主动发送针对组播组 G2 的报告报文以声明加入。

②IGMP 查询器接收到 HostC 的报告报文后，了解到本网段内出现了组播组 G2 的成员，则生成组播转发表项（*，G2）。网络中一旦有组播组 G2 的数据到达路由器，则将向该网段转发。

（3）组播组成员离开机制，其流程如图 11-5 所示。

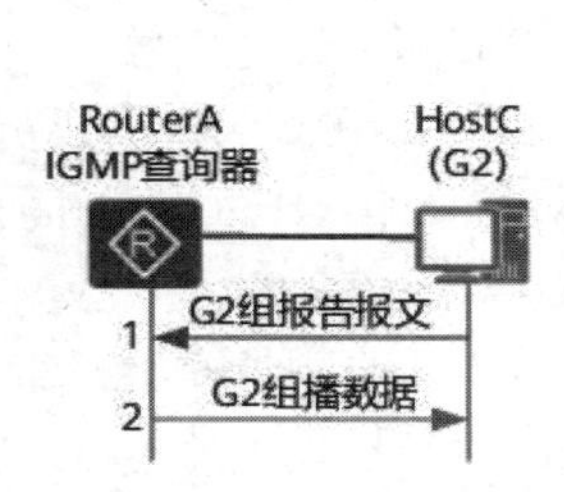

图 11-4　新播组成员加入机制

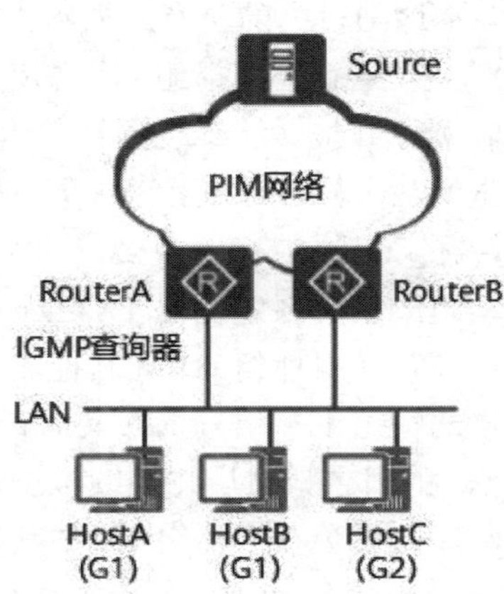

图 11-5　组播组成员离开机制

①假设 HostA 想要退出组播组 G1，HostA 收到 IGMP 查询器发送的普遍组查询报文时，不再发送针对组播组 G1 的报告报文。由于网段内还存在组播组 G1 的成员 HostB，而 HostB 会向 IGMP 查询器发送针对组播组 G1 的报告报文，因此 IGMP 查询器感知不到 HostA 的离开。

②假设 HostC 想要退出组播组 G2，HostC 收到 IGMP 查询器发送的普遍组查询报文时，不再发送针对组播组 G2 的报告报文。由于网段内不存在组播组 G2 的其他成员，IGMP 查询器不会收到组播组 G2 的成员的报告报文，则在一定时间（默认值为 130 秒）后，删除组播组 G2 所对应的组播转发表项。

11.2.2　IGMPv2

1. IGMPv2 的报文类型

（1）普遍组查询（General Query）报文：查询器向共享网络上所有主机和路由器发送的查询报文，用于了解哪些组播组存在成员。

（2）成员报告（Report）报文：主机向查询器发送的报告报文，用于申请加入某个组播组或者应答查询报文。

（3）成员离开（Leave）报文：成员离开组播组时主动向查询器发送的报文，用于通告自己离开了某个组播组。

（4）特定组查询（Group-Specific Query）报文：查询器向共享网段内指定组播组发送的查询报文，用于查询该组播组是否存在成员。

2. 工作机制

（1）查询器选举机制。

①路由器的分类：查询器、非查询器。

②选举原则：比较 IP 地址大小，越小越优。

（2）离开组机制，其流程如图 11-6 所示。

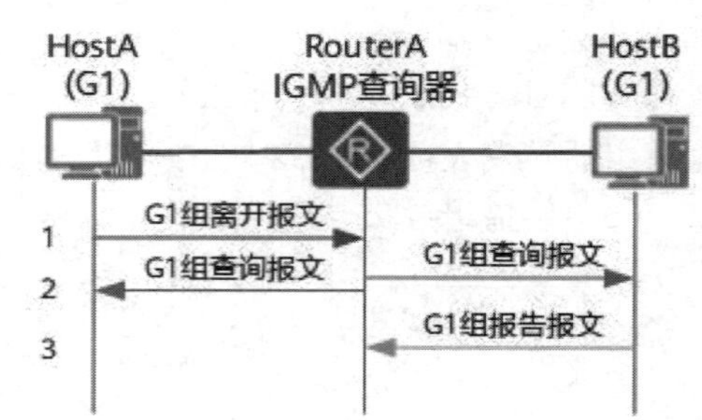

图 11-6　组成员离开组机制

①HostA 向本地网段内的所有组播路由器（目的地址为 224.0.0.2）发送针对组播组 G1 的离开报文。

②查询器收到离开报文，会发送针对组播组 G1 的特定组查询报文。发送间隔和发送次数可以通过命令配置，默认情况下每隔 1s 发送一次，共发送两次。同时查询器启动组成员关系定时器（Timer-Membership=发送间隔 × 发送次数）。

③该网段内还存在组播组 G1 的其他成员（见图 11-6 中的 HostB），这些成员（HostB）在收到查询器发送的特定组播组查询报文后，会立即发送针对组播组 G1 的报告报文。查询器收到针对组播组 G1 的报告报文后将继续维护该组播组成员关系。

④如果该网段内不存在组播组 G1 的其他成员，查询器将不会收到针对组播组 G1 的报告报文。在 Timer-Membership 超时后，查询器将删除对应的 IGMP 组播表项（*，G1）。当有组播

组 G1 的组播数据到达查询器时，查询器将不会向下游转发。

11.2.3　IGMPv3

与 IGMPv2 相比，IGMPv3 报文的变化如下：

（1）IGMPv3 报文包含两大类：查询报文和成员报告报文。IGMPv3 没有专门定义的成员离开报文，成员离开通过特定类型的报告报文来传达。

（2）查询报文中不仅包含普遍组查询报文和特定组查询报文，还新增了特定源组查询报文（Group-and-Source-Specific Query）。该报文由查询器向共享网段内特定组播组成员发送，用于查询该组播组成员是否愿意接收特定源发送的数据。特定源组查询通过在报文中携带一个或多个组播源地址来达到这一目的。

（3）成员报告报文不仅包含主机想要加入的组播组，而且包含主机想要接收来自哪些组播源的数据。IGMPv3 增加了针对组播源的过滤模式（INCLUDE/EXCLUDE），将组播组与源列表之间的对应关系简单地表示为（G，INCLUDE，【S1，S2，…】），表示只接收来自指定组播源 S1，S2，…发往组播组 G 的数据；或表示为（G，EXCLUDE，【S1，S2，…】），表示接收除了组播源 S1，S2，…之外的组播源发给组播组 G 的数据。当组播组与组播源列表的对应关系发生变化外，IGMPv3 报告报文会将该关系变化存放于组记录（Group Record）字段，发送给 IGMP 查询器。

（4）在 IGMPv3 中，一个成员报告报文可以携带多个组播组信息，而之前的版本，一个成员报告只能携带一个组播组信息。这样在 IGMPv3 中的报文数量将大大减少。

11.2.4　IGMP Snooping

IGMP Snooping（Internet Group Management Protocol Snooping）是一种 IPv4 二层组播协议，通过侦听三层组播设备和用户主机之间发送的组播协议报文来维护组播报文的出接口信息，从而管理和控制组播数据报文在数据链路层的转发。

1．IGMP Snooping 的作用

配置 IGMP Snooping 后，二层组播设备可以侦听和分析组播用户和上游路由器之间的 IGMP 报文，根据这些信息建立二层组播转发表项，控制组播数据报文的转发。这样就防止了组播数据在二层网络中的广播。

2．IGMP Snooping 的原理

（1）路由器端口。

①由协议生成的路由器端口叫作动态路由器端口。接收到源地址不为 0.0.0.0 的 IGMP 普遍组查询报文或 PIM Hello 报文（三层组播设备的 PIM 接口向外发送的用于发现并维持邻接关系的报文）的接口都将被视为动态路由器端口。

②手工配置的路由器端口叫作静态路由器端口。

（2）成员端口。

①由协议生成的成员端口叫作动态成员端口。收到 IGMP Report 报文的接口，二层组播设备会将其标识为动态成员端口。

②手工配置的成员端口叫作静态成员端口。

3．IGMP Snooping SSM Mapping

IGMPv1 和 IGMPv2 不支持 SSM，所以通过在二层设备上静态配置 SSM 地址的映射规则，将 IGMPv1 和 IGMPv2 报告报文中的（*，G）信息转化为对应的（S，G）信息（S 表示组播源，G 表示组播组，*表示任意组播源），以提供 SSM 组播服务。默认情况下，SSM 组地址范围为 232.0.0.0 ~ 232.255.255.255。

4．IGMP Snooping 代理

为了减少用户主机所在网段内的 IGMP 协议报文数量，可以在二层设备上部署 IGMP Snooping Proxy 功能，使其能够代理上游三层设备向下游主机发送 IGMP 查询报文，同时代理下游主机来向上游三层设备发送成员关系报告报文。配置了 IGMP Snooping Proxy 功能的设备称为 IGMP Snooping 代理，在其上游设备看来，它就相当于一台主机；在其下游设备看来，它相当于一台查询器。

11.3 PIM 的原理

11.3.1 PIM-DM 模式

PIM（Protocol Independent Multicast，协议无关组播）是指与单播路由协议无关，即 PIM 不需要维护专门的单播路由信息。作为组播路由解决方案，PIM 直接利用单播路由表的路由信息，对组播报文执行 RPF（Reverse Path Forwarding，逆向路径转发）检查，检查通过后创建组播路由表项，从而转发组播报文。

1．MDT（Multicast Distribution Tree，组播分发树）

（1）SPT（Shortest Path Tree）也叫源树，以组播源为根，组播组成员为叶子的组播分发树。

（2）RPT（RP Tree）也叫共享树，以 RP（Rendezvous Point）为根，组播组成员为叶子的组播分发树。

2．PIM 路由器

（1）叶子路由器：与用户主机相连的 PIM 路由器，但连接的用户主机不一定为组播组成员。

（2）第一跳路由器：组播转发路径上，与组播源相连且负责转发该组播源发出的组播数据的 PIM 路由器。

（3）最后一跳路由器：组播转发路径上，与组播组成员相连且负责向该组成员转发组播数

据的 PIM 路由器。

（4）中间路由器：组播转发路径上，第一跳路由器与最后一跳路由器之间的 PIM 路由器。

3．PIM 路由表项

（1）（S，G）路由表项：主要用于在 PIM 网络中建立 SPT、老化时间为 210s，每隔 180s 扩散一次。

（2）（*，G）路由表项：主要用于在 PIM 网络中建立 RPT。

4．PIM-DM 的特点和协议报文

（1）特点：PIM-DM 主要用在组成员较少且相对密集的网络中，通过“扩散-剪枝”的方式形成组播转发树（SPT）。

（2）协议报文：有 5 种，分别为 Hello（每隔 30s 发一次，超时时间为 105s，发往组播 224.0.0.13）、Join/prune（加入/剪枝）、Graft（嫁接）、Graft-ack（嫁接确认）和 Assert（断言）。

Assert 的选举原则如下：

①单播路由协议优先级较高者获胜。

②如果优先级相同，则到组播源的开销较小者获胜。

③如果以上都相同，则下游接口 IP 地址最大者获胜。

11.3.2　PIM-SM 模式

PIM-SM 模式主要用于组成员较多且相对稀疏的组播网络中。该模式建立组播分发树的基本思路是先收集组成员信息，然后再形成组播分发树。使用 PIM-SM 模式不需要全网泛洪组播，对现网的影响较小，因此现网多使用 PIM-SM 模式。

PIM-SM 的报文类型及其功能如表 11-2 所示。

表 11-2　PIM-SM 的报文类型及其功能

报文类型	报文功能
Hello（打招呼）	用于 PIM 邻居发现，协议参数协商，PIM 邻接关系维护等
Register（注册）	用于事先源的注册过程。这是一种单播报文，在源的注册过程中，组播数据被第一跳路由器封装在单播注册报文中发往 RP
Register-Stop（注册停止）	RP 使用该报文通知第一跳路由器停止通过注册报文发送组播流量
Join/Prune（加入/剪枝）	加入报文用于加入组播分发树，剪枝报文则用于修剪组播分发树
Assert（断言）	用于断言机制
Bootstrap（自举）	用于 BSR 选举。另外 BSR 也使用该报文向网络中扩散 C-RP（Candidate-RP，候选 RP）的汇总信息
Candidate-RP-Advertisement（候选 RP 通告）	C-RP 使用该报文向 BSR 发送通告，报文中包含该 C-RP 的 IP 地址及优先级等信息

1．静态 RP

每台路由上都要配置。

2．动态 RP-BSR（自举协议）

（1）C-BSR（candidate-bootstrap router）候选 BSR。

①BSR 的作用：收集 C-RP 的信息并形成 RP-Set 信息，BSR 通过 PIM 报文将 RP-Set 信息扩散给所有的 PIM 路由器。

②BSR 的选举原则：优先级最大的，默认为 0；优先级相同，IP 地址最大的，每隔 60s 发一次。

（2）C-RP（candidate-RP）候选 RP。

①作用：RP 是从 C-RP 中选出来的，相当于 RP 的备选者。

②RP 的选举原则：优先级越小越好，默认为 0；HASH 值最大；IP 地址最大。

3．PIM-SM 的建树过程

（1）成员接收者到 RP 建树过程（Join 报文）。

①叶路由器向上游发送 join 消息，直到 RP。

②RP 生成（＊G），确认上游和下游接口生成 RPT。

注意：每隔 60s 发一次 join，210s 没有收到就会把下游接口移除。

（2）第一跳路由器向 RP 注册。

①组播数据通过注册隧道发送给 RP。

②RP 知道组播源后开始建最短路径树（RPT）。

③源的组播数据通过 STP 到达 RP 后，RP 向 DR 发送注册停止报文。

11.4　IGMP 配置实验

11.4.1　实验 1：配置 IGMPv1

扫一扫，看视频

1．实验目的

（1）熟悉 IGMPv1 的应用场景。

（2）掌握 IGMPv1 的配置方法。

2．实验拓扑

配置 IGMPv1 的实验拓扑如图 11-7 所示。

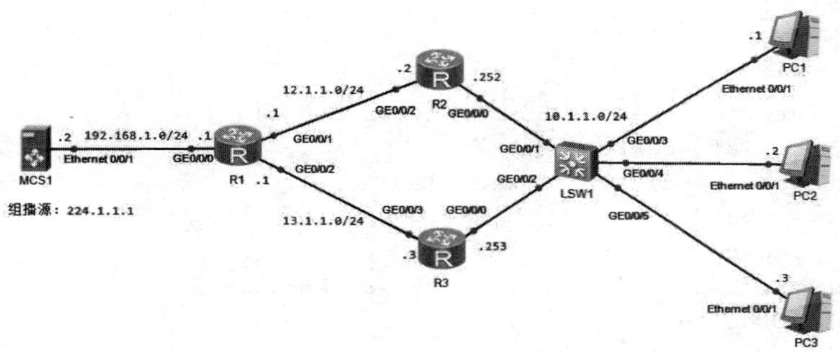

图 11-7　配置 IGMPv1 的实验拓扑

3．实验步骤

（1）配置 IP 地址。

MCS1 的 IP 地址配置如图 11-8 所示。

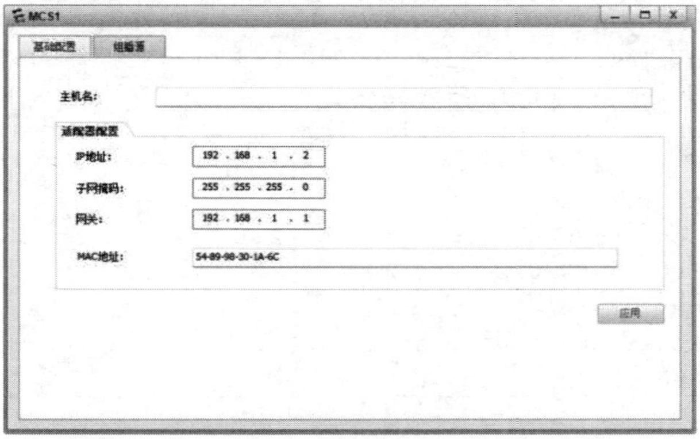

图 11-8　MCS1 的 IP 地址配置

MCS1 组播地址的配置如图 11-9 所示。

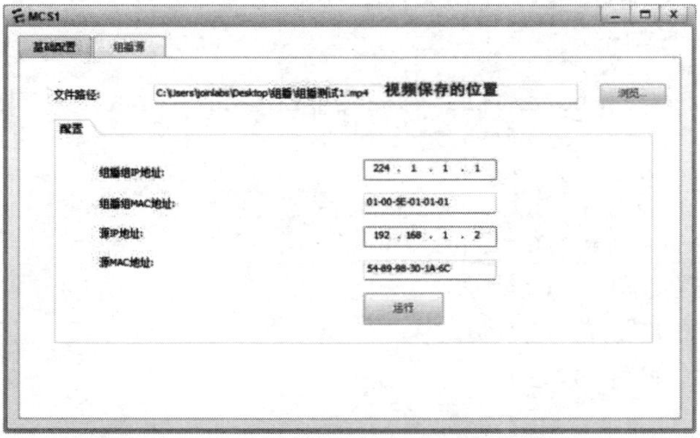

图 11-9　MCS1 组播地址的配置

R1 的配置：

```
<Huawei>system-view
Enter system view, return user view with Ctrl+Z.
[Huawei]undo info-center enable
Info: Information center is disabled.
[Huawei]sysname R1
[R1]interface g0/0/0
[R1-GigabitEthernet0/0/0]ip address 192.168.1.1 24
[R1-GigabitEthernet0/0/0]quit
[R1]interface g0/0/1
[R1-GigabitEthernet0/0/1]ip address 12.1.1.1 24
[R1-GigabitEthernet0/0/1]quit
[R1]interface g0/0/2
[R1-GigabitEthernet0/0/2]ip address 13.1.1.1 24
[R1-GigabitEthernet0/0/2]quit
```

R2 的配置：

```
<Huawei>system-view
Enter system view, return user view with Ctrl+Z.
[Huawei]undo info-center enable
Info: Information center is disabled.
[Huawei]sysname R2
[R2]interface g0/0/2
[R2-GigabitEthernet0/0/2]ip address 12.1.1.2 24
[R2-GigabitEthernet0/0/2]quit
[R2]interface g0/0/0
[R2-GigabitEthernet0/0/0]ip address 10.1.1.252 24
[R2-GigabitEthernet0/0/0]quit
```

R3 的配置：

```
<Huawei>system-view
Enter system view, return user view with Ctrl+Z.
[Huawei]undo info-center enable
Info: Information center is disabled.
[Huawei]sysname R3
[R3]interface g0/0/3
[R3-GigabitEthernet0/0/3]ip address 13.1.1.3 24
[R3-GigabitEthernet0/0/3]quit
[R3]interface g0/0/0
[R3-GigabitEthernet0/0/0]ip address 10.1.1.253 24
[R3-GigabitEthernet0/0/0]quit
```

PC1 的 IP 地址配置如图 11-10 所示。

PC2 的 IP 地址配置如图 11-11 所示。

PC3 的 IP 地址配置如图 11-12 所示。

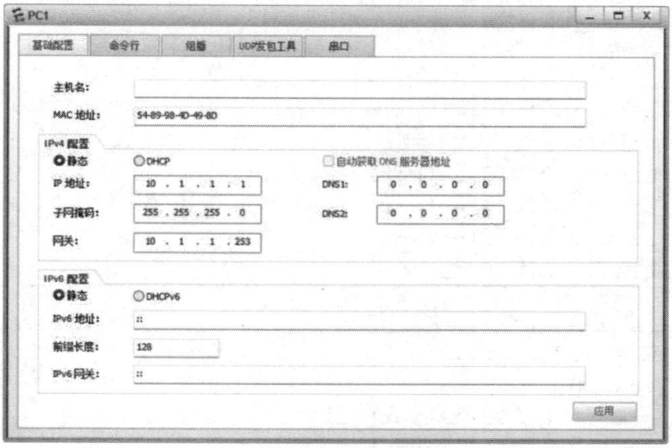

图 11-10　配置 PC1 的 IP 地址

图 11-11　配置 PC2 的 IP 地址

图 11-12　配置 PC3 的 IP 地址

（2）运行 IGP。

R1 的配置：

```
[R1]ospf router-id 1.1.1.1
[R1-ospf-1]area 0
[R1-ospf-1-area-0.0.0.0]network 192.168.1.0 0.0.0.255
[R1-ospf-1-area-0.0.0.0]network 12.1.1.0 0.0.0.255
[R1-ospf-1-area-0.0.0.0]network 13.1.1.0 0.0.0.255
[R1-ospf-1-area-0.0.0.0]quit
```

R2 的配置：

```
[R2]ospf router-id 2.2.2.2
[R2-ospf-1]area 0
[R2-ospf-1-area-0.0.0.0]network 12.1.1.0 0.0.0.255
[R2-ospf-1-area-0.0.0.0]network 10.1.1.0 0.0.0.255
[R2-ospf-1-area-0.0.0.0]quit
```

R3 的配置：

```
[R3]ospf router-id 3.3.3.3
[R3-ospf-1]area 0
[R3-ospf-1-area-0.0.0.0]network 13.1.1.0 0.0.0.255
[R3-ospf-1-area-0.0.0.0]network 10.1.1.0 0.0.0.255
[R3-ospf-1-area-0.0.0.0]quit
```

（3）运行 PIM-DM。

R1 的配置：

```
[R1]multicast routing-enable
[R1]interface g0/0/0
[R1-GigabitEthernet0/0/0]pim dm
[R1-GigabitEthernet0/0/0]quit
[R1]interface g0/0/1
[R1-GigabitEthernet0/0/1]pim dm
[R1-GigabitEthernet0/0/1]quit
[R1]interface g0/0/2
[R1-GigabitEthernet0/0/2]pim dm
[R1-GigabitEthernet0/0/2]quit
```

R2 的配置：

```
[R2]multicast routing-enable
[R2]interface g0/0/2
[R2-GigabitEthernet0/0/2]pim dim
[R2-GigabitEthernet0/0/2]quit
[R2]interface g0/0/0
[R2-GigabitEthernet0/0/0]pim dm
[R2-GigabitEthernet0/0/0]quit
```

R3 的配置：

```
[R3]multicast routing-enable
[R3]interface g0/0/3
```

```
[R3-GigabitEthernet0/0/3]pim dm
[R3-GigabitEthernet0/0/3]quit
[R3]interface g0/0/0
[R3-GigabitEthernet0/0/0]pim dm
[R3-GigabitEthernet0/0/0]quit
```

（4）运行 IGMPv1。

R2 的配置：

```
[R2]interface g0/0/0
[R2-GigabitEthernet0/0/0]igmp enable
[R2-GigabitEthernet0/0/0]igmp version 1
[R2-GigabitEthernet0/0/0]quit
```

R3 的配置：

```
[R3]interface g0/0/0
[R3-GigabitEthernet0/0/0]igmp enable
[R3-GigabitEthernet0/0/0]igmp version 1
[R3-GigabitEthernet0/0/0]quit
```

4. 实验调试

（1）查看 IGMP 的接口信息。

```
[R2]display igmp interface
Interface information of VPN-Instance: public net
 GigabitEthernet0/0/0(10.1.1.252):
   IGMP is enabled
   Current IGMP version is 1    //版本为 1
   IGMP state: up
   IGMP group policy: none
   IGMP limit: -
   Value of query interval for IGMP (negotiated): -
   Value of query interval for IGMP (configured): 60 s  //查询间隔时间为 60s
   Value of other querier timeout for IGMP: 0 s
   Value of maximum query response time for IGMP: ——最大查询响应时间
   Querier for IGMP: 10.1.1.253 //查询路由器，优先选择 IP 地址最大的
 Total 1 IGMP Group reported
```

【技术要点】

查询器的选举原则机制如下：

①依赖 PIM 选举接口 IP 地址大的路由器。

②只有查询器才会发送普通组查询报文。

③查询器与非查询器均能收到报告报文，生成 IGMP 表项。

（2）在 R2 上打开调试信息。

```
<R2>debugging igmp report
```

```
<R2>debugging igmp event
<R2>debugging igmp leave
<R2>terminal monitor
<R2>terminal debugging
[R2]info-center enable
```

（3）在 PC1 上单击“加入”按钮，加入组播 224.1.1.1，配置如图 11-13 所示。

图 11-13　配置 PC1 加入组播 224.1.1.1

（4）在 R2 上显示的信息。

```
<R2>
Jun 30 2022 17:04:08.880.1-08:00 R2 IGMP/7/REPORT:(public net): Received
v1 report for group 224.1.1.1 on interface GigabitEthernet0/0/0(10.1.1.252)
(G081904)
```

（5）查看组成员信息。

```
<R2>display igmp group
Interface group report information of VPN-Instance: public net
 GigabitEthernet0/0/0(10.1.1.252):
 Total 1 IGMP Group reported
   Group Address   Last Reporter   Uptime     Expires
   224.1.1.1       10.1.1.1        00:27:48   00:02:03
```

（6）在 R2 的 GE0/0/0 接口抓包。

第一个包是 Membership Query，其报文结构如图 11-14 所示。

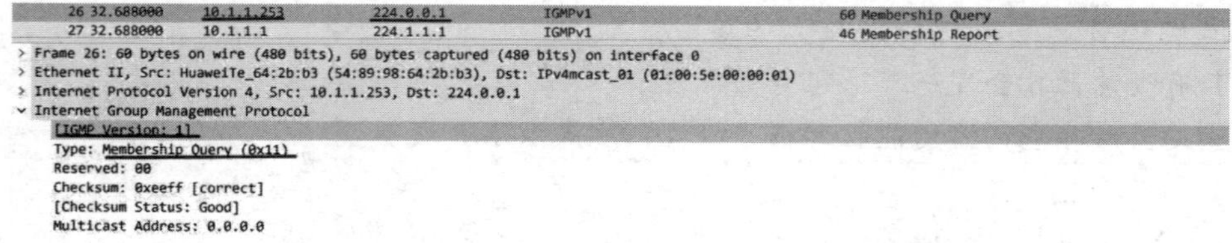

图 11-14　Membership Query 报文结构

第二个包是 Membership Report，其报文结构如图 11-15 所示。

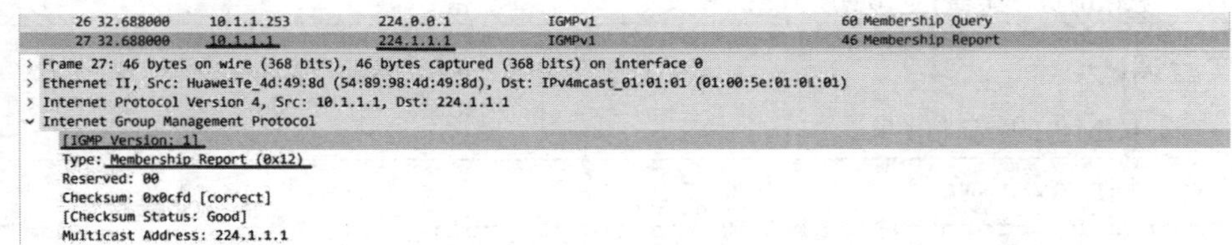

图 11-15　Membership Report 报文结构

11.4.2　实验 2：IGMPv2

1. 实验目的

（1）熟悉 IGMPv2 的应用场景。

（2）掌握 IGMPv2 的配置方法。

2. 实验拓扑

配置 IGMPv2 的实验拓扑如图 11-16 所示。

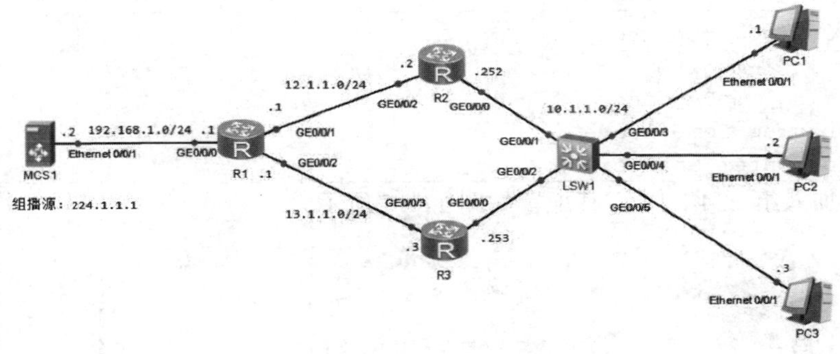

图 11-16　配置 IGMPv2 的实验拓扑

3. 实验步骤

（1）配置 IP 地址、运行 IGP、运行 PIM（此处略，请参考上一个实验）。

（2）运行 IGMPv2。

R2 的配置：

```
[R2]interface g0/0/0
[R2-GigabitEthernet0/0/0]igmp  enable
[R2-GigabitEthernet0/0/0]igmp  version 2
[R2-GigabitEthernet0/0/0]quit
```

R3 的配置：

```
[R3]interface g0/0/0
[R3-GigabitEthernet0/0/0]igmp  enable
```

```
[R3-GigabitEthernet0/0/0]igmp version 2
[R3-GigabitEthernet0/0/0]quit
```

4. 实验调试

（1）查看 IGMP 的接口信息。

```
[R3]display igmp interface
Interface information of VPN-Instance: public net
 GigabitEthernet0/0/0(10.1.1.253):
   IGMP is enabled
   Current IGMP version is 2                               //版本 2
   IGMP state: up
   IGMP group policy: none
   IGMP limit: -
   Value of query interval for IGMP (negotiated): -
   Value of query interval for IGMP (configured): 60 s  //查询间隔
   Value of other querier timeout for IGMP: 97 s
   Value of maximum query response time for IGMP: 10 s  //最大响应定时器为 10s
   Querier for IGMP: 10.1.1.252   //查询器优先选择 IP 地址最小的
  Total 1 IGMP Group reported
```

（2）打开调试信息。

```
<R2>debugging igmp query
<R2>terminal monitor
<R2>terminal debugging
<R2>debugging igmp leave
[R2]info-center enable
```

（3）让 PC1 加入组 224.1.1.1，其配置如图 11-17 所示。

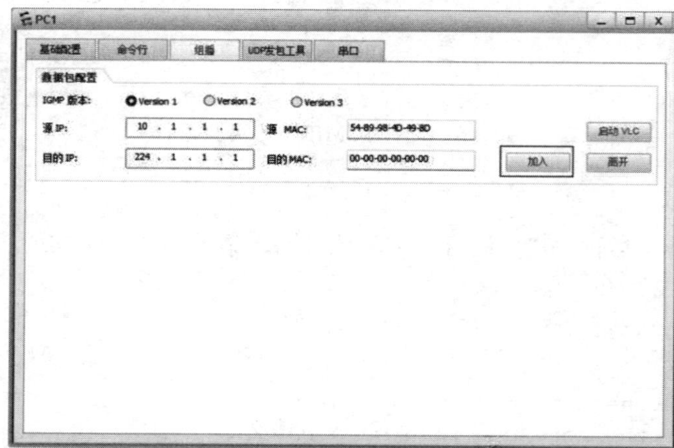

图 11-17　配置 PC1 加入组 224.1.1.1

（4）查看调试信息。

```
<R2>
```

```
   Jun 30 2022 17:42:25.660.1-08:00 R2 IGMP/7/QUERY:(public net): Send
version 2 general query on GigabitEthernet0/0/0(10.1.1.252) to destination
224.0.0.1 (G073310)
   Jun 30 2022 17:42:36.600.3-08:00 R2 IGMP/7/EVENT:(public net): (S,G)
creation event received for (192.168.1.2/32, 224.1.1.1/32). (G01985)
   Jun 30 2022 17:42:36.600.4-08:00 R2 IGMP/7/EVENT:(public net): No state
in global MRT. Not merging downstream for (192.168.1.2/32, 224.1.1.1/32) on
interface GigabitEthernet0/0/2(12.1.1.2). (G011016)
```

（5）配置 PC1 离开组 224.1.1.1，其配置如图 11-18 所示。

图 11-18　配置 PC1 离开组 224.1.1.1

（6）查看抓包情况

第 1 步，PC1 发送离开组消息，离开组报文的格式如图 11-19 所示。

```
74 93.656000   10.1.1.1     224.1.1.1   IGMPv2   46 Leave Group 224.1.1.1
75 93.656000   10.1.1.252   224.1.1.1   IGMPv2   60 Membership Query, specific for group 224.1.1…
76 94.672000   10.1.1.252   224.1.1.1   IGMPv2   60 Membership Query, specific for group 224.1.1…
> Frame 74: 46 bytes on wire (368 bits), 46 bytes captured (368 bits) on interface 0
> Ethernet II, Src: HuaweiTe_4d:49:8d (54:89:98:4d:49:8d), Dst: IPv4mcast_01:01:01 (01:00:5e:01:01:01)
> Internet Protocol Version 4, Src: 10.1.1.1, Dst: 224.1.1.1
v Internet Group Management Protocol
    [IGMP Version: 2]
    Type: Leave Group (0x17)
    Max Resp Time: 0.0 sec (0x00)
    Checksum: 0x07fd [correct]
    [Checksum Status: Good]
    Multicast Address: 224.1.1.1
```

图 11-19　离开组报文的格式

第 2 步，查询器会连发两个特定组查询，时间间隔为 1s，其报文格式如图 11-20 所示。

```
74 93.656000   10.1.1.1     224.1.1.1   IGMPv2   46 Leave Group 224.1.1.1
75 93.656000   10.1.1.252   224.1.1.1   IGMPv2   60 Membership Query, specific for group 224.1.1.1
76 94.672000   10.1.1.252   224.1.1.1   IGMPv2   60 Membership Query, specific for group 224.1.1.1
> Frame 75: 60 bytes on wire (480 bits), 60 bytes captured (480 bits) on interface 0
> Ethernet II, Src: HuaweiTe_b9:50:f1 (54:89:98:b9:50:f1), Dst: IPv4mcast_01:01:01 (01:00:5e:01:01:01)
> Internet Protocol Version 4, Src: 10.1.1.252, Dst: 224.1.1.1
v Internet Group Management Protocol
    [IGMP Version: 2]
    Type: Membership Query (0x11)
    Max Resp Time: 1.0 sec (0x0a)
    Checksum: 0x0df3 [correct]
    [Checksum Status: Good]
    Multicast Address: 224.1.1.1
```

图 11-20　查询报文格式

【技术要点】

leave、特定组查询是 IGMPv2 比 IGMP 新增加的包。

11.4.3 实验 3：配置 IGMPv3

1．实验目的

（1）熟悉 IGMPv3 的应用场景。

（2）掌握 IGMPv3 的配置方法。

2．实验拓扑

配置 IGMPv3 的实验拓扑如图 11-21 所示。

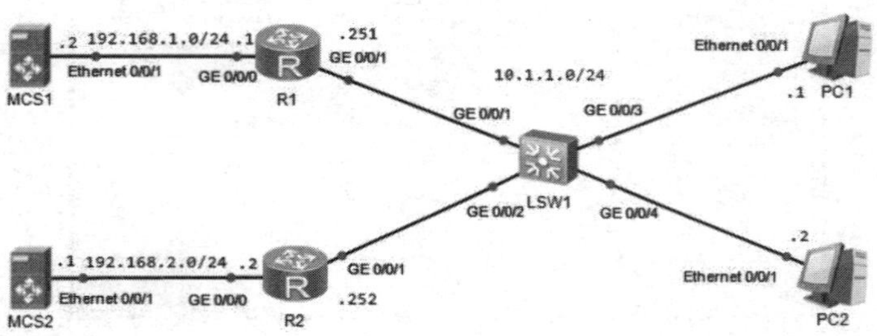

图 11-21 配置 IGMPv3 的实验拓扑

3．实验步骤

（1）配置 IP 地址。

MCS1 的 IP 地址配置如图 11-22 所示。

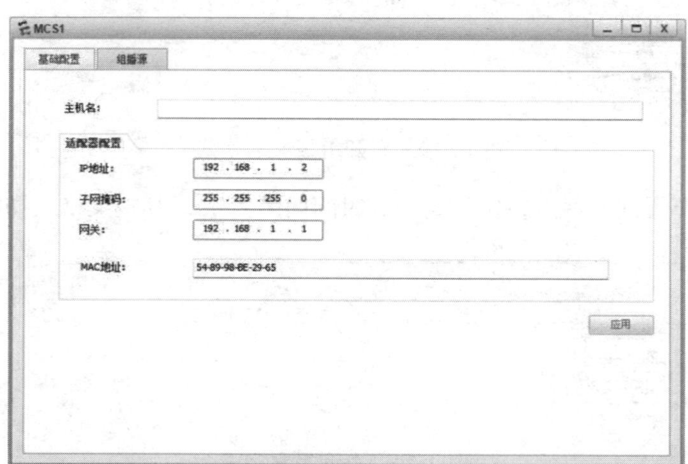

图 11-22 配置 MCS1 的 IP 地址

MCS2 的 IP 地址配置如图 11-23 所示。

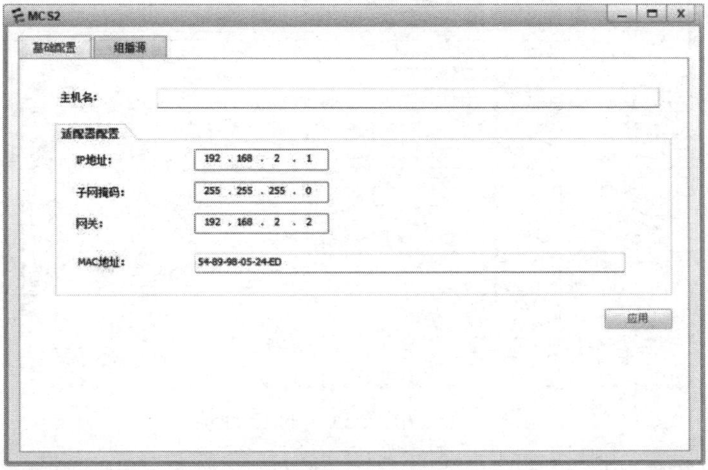

图 11-23　配置 MCS2 的 IP 地址

R1 的配置：

```
<Huawei>system-view
Enter system view, return user view with Ctrl+Z.
[Huawei]undo info-center enable
[Huawei]sysname R1
[R1]interface g0/0/0
[R1-GigabitEthernet0/0/0]ip address 192.168.1.1 24
[R1-GigabitEthernet0/0/0]quit
[R1]interface g0/0/1
[R1-GigabitEthernet0/0/1]ip address 10.1.1.251 24
[R1-GigabitEthernet0/0/1]quit
```

R2 的配置：

```
<Huawei>system-view
Enter system view, return user view with Ctrl+Z.
[Huawei]undo info-center enable
Info: Information center is disabled.
[Huawei]sysname R2
[R2]interface g0/0/0
[R2-GigabitEthernet0/0/0]ip address 192.168.2.2 24
[R2-GigabitEthernet0/0/0]quit
[R2]interface g0/0/1
[R2-GigabitEthernet0/0/1]ip address 10.1.1.252 24
[R2-GigabitEthernet0/0/1]quit
```

PC1 的 IP 地址配置如图 11-24 所示。

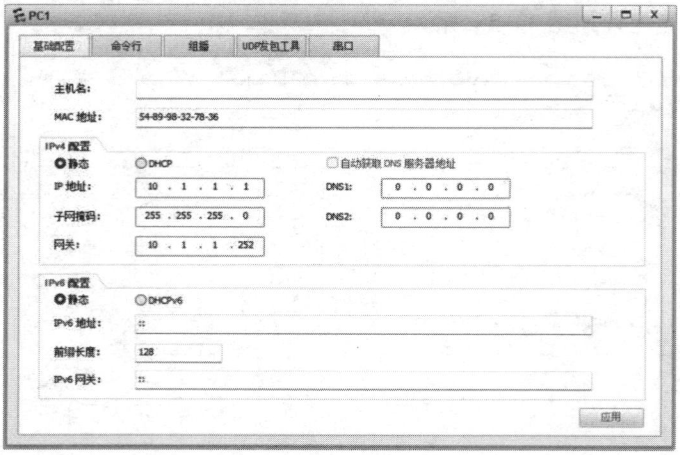

图 11-24 配置 PC1 的 IP 地址

PC2 的 IP 地址配置如图 11-25 所示。

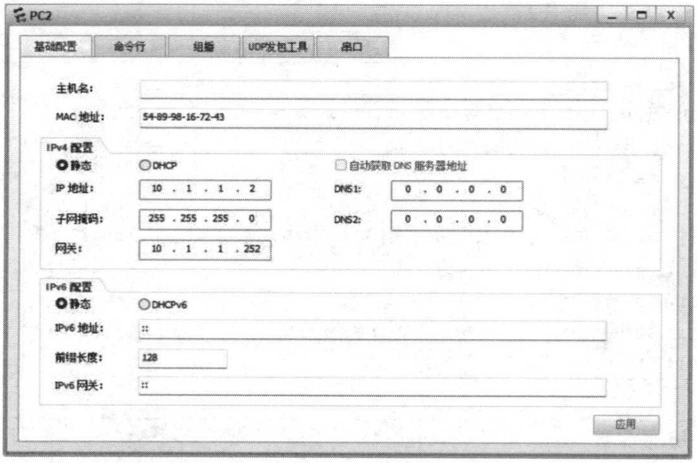

图 11-25 配置 PC2 的 IP 地址

（2）运行 OSPF。

R1 的配置：

```
[R1]ospf router-id 1.1.1.1
[R1-ospf-1]area 0
[R1-ospf-1-area-0.0.0.0]network 192.168.1.0 0.0.0.255
[R1-ospf-1-area-0.0.0.0]network 10.1.1.0 0.0.0.255
[R1-ospf-1-area-0.0.0.0]quit
```

R2 的配置：

```
[R2]ospf router-id 2.2.2.2
[R2-ospf-1]area 0
```

```
[R2-ospf-1-area-0.0.0.0]network 192.168.2.0 0.0.0.255
[R2-ospf-1-area-0.0.0.0]network 10.1.1.0 0.0.0.255
[R2-ospf-1-area-0.0.0.0]quit
```

（3）运行 PIM-DM。

R1 的配置：

```
[R1]multicast routing-enable
[R1]interface g0/0/0
[R1-GigabitEthernet0/0/0]pim dm
[R1-GigabitEthernet0/0/0]quit
[R1]interface g0/0/1
[R1-GigabitEthernet0/0/1]pim dm
[R1-GigabitEthernet0/0/1]quit
```

R2 的配置：

```
[R2]multicast routing-enable
[R2]interface g0/0/0
[R2-GigabitEthernet0/0/0]pim dm
[R2-GigabitEthernet0/0/0]quit
[R2]interface g0/0/1
[R2-GigabitEthernet0/0/1]pim dm
[R2-GigabitEthernet0/0/1]quit
```

（4）运行 IGMPv3。

R1 的配置：

```
[R1]interface g0/0/1
[R1-GigabitEthernet0/0/1]igmp  enable
[R1-GigabitEthernet0/0/1]igmp  version 3
```

R2 的配置：

```
[R2]interface g0/0/1
[R2-GigabitEthernet0/0/1]igmp  enable
[R2-GigabitEthernet0/0/1]igmp version  3
[R2-GigabitEthernet0/0/1]quit
```

4. 实验调试

（1）查看 IGMP 的接口信息。

```
[R2]display igmp interface
Interface information of VPN-Instance: public net
 GigabitEthernet0/0/1(10.1.1.252):
   IGMP is enabled
   Current IGMP version is 3
   IGMP state: up
   IGMP group policy: none
   IGMP limit: -
   Value of query interval for IGMP (negotiated): 60 s
   Value of query interval for IGMP (configured): 60 s
```

```
Value of other querier timeout for IGMP: 96 s
Value of maximum query response time for IGMP: 10 s
Querier for IGMP: 10.1.1.251
```

（2）配置 PC2，让其加入组播 224.1.1.1，如图 11-26 所示。

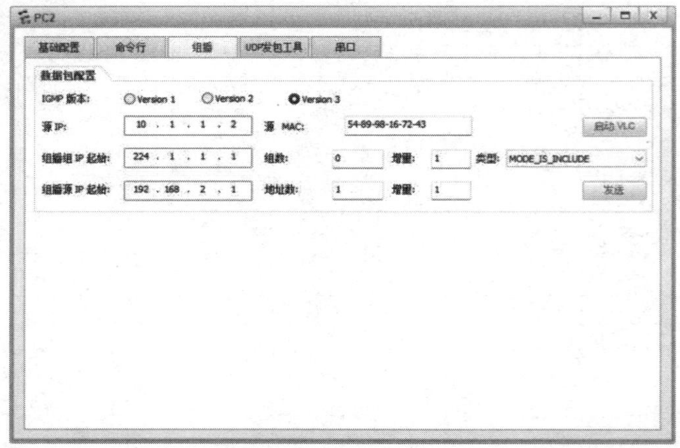

图 11-26　让 PC2 加入组播 224.1.1.1

11.5　PIM 配置实验

11.5.1　实验 4：配置 PIM-DM

扫一扫，看视频

1．实验目的

（1）熟悉 PIM-DM 的应用场景。

（2）掌握 PIM-DM 的配置方法。

2．实验拓扑

配置 PIM-DM 的实验拓扑如图 11-27 所示。

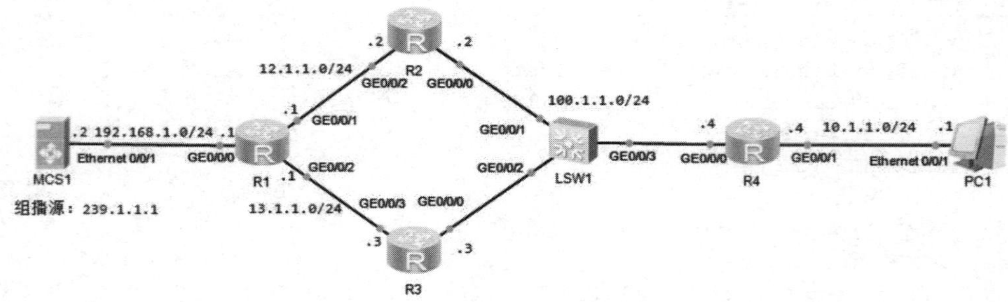

图 11-27　配置 PIM-DM 的实验拓扑

3. 实验步骤

(1) 配置 IP 地址。

MCS1 的 IP 地址配置如图 11-28 所示。

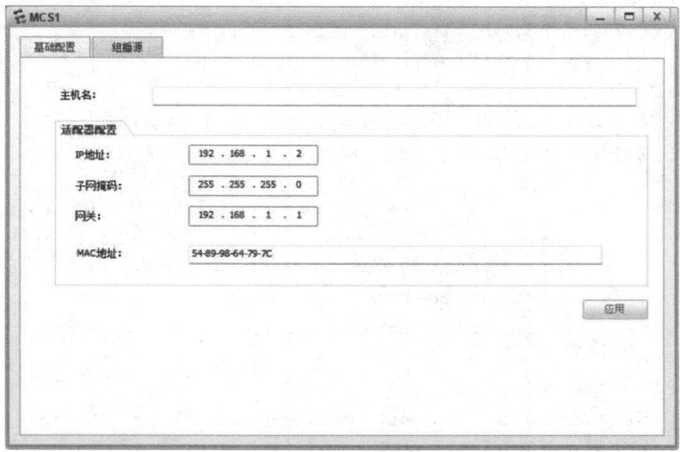

图 11-28　配置 MCS1 的 IP 地址

R1 的配置：

```
<Huawei>system-view
Enter system view, return user view with Ctrl+Z.
[Huawei]undo info-center enable
[Huawei]sysname R1
[R1]interface g0/0/0
[R1-GigabitEthernet0/0/0]ip address 192.168.1.1 24
[R1-GigabitEthernet0/0/0]quit
[R1]interface g0/0/1
[R1-GigabitEthernet0/0/1]ip address 12.1.1.1 24
[R1-GigabitEthernet0/0/1]quit
[R1]interface g0/0/2
[R1-GigabitEthernet0/0/2]ip address 13.1.1.1 24
[R1-GigabitEthernet0/0/2]quit
```

R2 的配置：

```
[Huawei]sysname R2
[R2]interface g0/0/2
[R2-GigabitEthernet0/0/2]ip address 12.1.1.2 24
[R2-GigabitEthernet0/0/2]quit
[R2]interface g0/0/0
[R2-GigabitEthernet0/0/0]ip address 100.1.1.2 24
[R2-GigabitEthernet0/0/0]quit
```

R3 的配置：

```
<Huawei>system-view
```

```
Enter system view, return user view with Ctrl+Z.
[Huawei]undo info-center enable
Info: Information center is disabled.
[Huawei]sysname R3
[R3]interface g0/0/3
[R3-GigabitEthernet0/0/3]ip address 13.1.1.3 24
[R3-GigabitEthernet0/0/3]quit
[R3]interface g0/0/0
[R3-GigabitEthernet0/0/0]ip address 100.1.1.3 24
[R3-GigabitEthernet0/0/0]quit
```

R4 的配置：

```
<Huawei>system-view
Enter system view, return user view with Ctrl+Z.
[Huawei]undo info-center enable
Info: Information center is disabled.
[Huawei]sysname R4
[R4]interface g0/0/0
[R4-GigabitEthernet0/0/0]ip address 100.1.1.4 24
[R4-GigabitEthernet0/0/0]quit
[R4]interface g0/0/1
[R4-GigabitEthernet0/0/1]ip address 10.1.1.4 24
[R4-GigabitEthernet0/0/1]quit
```

PC1 的 IP 地址配置如图 11-29 所示。

图 11-29　配置 PC1 的 IP 地址

（2）配置 OSPF。

R1 的配置：

```
[R1]ospf router-id 1.1.1.1
[R1-ospf-1]area 0
```

```
[R1-ospf-1-area-0.0.0.0]network 192.168.1.0 0.0.0.255
[R1-ospf-1-area-0.0.0.0]network 12.1.1.0 0.0.0.255
[R1-ospf-1-area-0.0.0.0]network 13.1.1.0 0.0.0.255
[R1-ospf-1-area-0.0.0.0]quit
```

R2 的配置：

```
[R2]ospf router-id 2.2.2.2
[R2-ospf-1]area 0
[R2-ospf-1-area-0.0.0.0]network 12.1.1.0 0.0.0.255
[R2-ospf-1-area-0.0.0.0]network 100.1.1.0 0.0.0.255
[R2-ospf-1-area-0.0.0.0]quit
```

R3 的配置：

```
[R3]ospf router-id 3.3.3.3
[R3-ospf-1]area 0
[R3-ospf-1-area-0.0.0.0]network 13.1.1.0 0.0.0.255
[R3-ospf-1-area-0.0.0.0]network 100.1.1.0 0.0.0.255
[R3-ospf-1-area-0.0.0.0]quit
```

R4 的配置：

```
[R4]ospf router-id 4.4.4.4
[R4-ospf-1]area 0
[R4-ospf-1-area-0.0.0.0]network 100.1.1.0 0.0.0.255
[R4-ospf-1-area-0.0.0.0]network 10.1.1.0 0.0.0.255
[R4-ospf-1-area-0.0.0.0]quit
```

（3）配置 PIM-DM。

R1 的配置：

```
[R1]multicast routing-enable
[R1]interface g0/0/0
[R1-GigabitEthernet0/0/0]pim dm
[R1-GigabitEthernet0/0/0]quit
[R1]interface g0/0/1
[R1-GigabitEthernet0/0/1]pim dm
[R1-GigabitEthernet0/0/1]quit
[R1]interface g0/0/2
[R1-GigabitEthernet0/0/2]pim dm
[R1-GigabitEthernet0/0/2]quit
```

R2 的配置：

```
[R2]multicast routing-enable
[R2]interface g0/0/2
[R2-GigabitEthernet0/0/2]pim dm
[R2-GigabitEthernet0/0/2]quit
[R2]interface g0/0/0
[R2-GigabitEthernet0/0/0]pim dm
[R2-GigabitEthernet0/0/0]quit
```

R3 的配置：

```
[R3]multicast routing-enable
[R3]interface g0/0/3
[R3-GigabitEthernet0/0/3]pim dm
[R3-GigabitEthernet0/0/3]quit
[R3]interface g0/0/0
[R3-GigabitEthernet0/0/0]pim dm
[R3-GigabitEthernet0/0/0]quit
```

R4 的配置：

```
[R4]multicast routing-enable
[R4]interface g0/0/0
[R4-GigabitEthernet0/0/0]pim dm
[R4-GigabitEthernet0/0/0]quit
[R4]interface g0/0/1
[R4-GigabitEthernet0/0/1]pim dm
[R4-GigabitEthernet0/0/1]quit
```

（4）开启 IGMP。

```
[R4]interface g0/0/1
[R4-GigabitEthernet0/0/1]igmp  enable
[R4-GigabitEthernet0/0/1]igmp version 2
[R4-GigabitEthernet0/0/1]quit
```

（5）设置组播服务器。MCS1 的配置如图 11-30 所示。

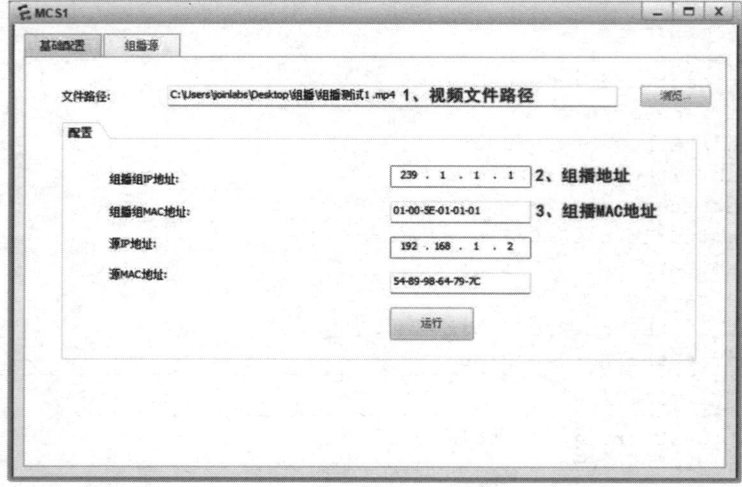

图 11-30　配置组播服务器

（6）设置组播组成员。PC1 的配置如图 11-31 所示。

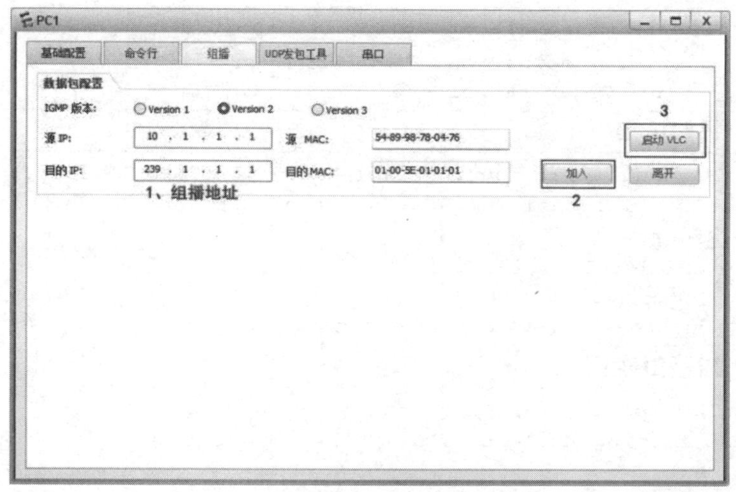

图 11-31　让 PC1 加入组 239.1.1.1

4. 实验调试

（1）在 R1 上查看 PIM 的邻接关系。

```
<R1>display pim  neighbor
 VPN-Instance: public net
 Total Number of Neighbors = 2
 Neighbor        Interface           Uptime   Expires  Dr-Priority  BFD-Session
 12.1.1.2        GE0/0/1             00:10:18 00:01:27 1                N
 13.1.1.3        GE0/0/2             00:09:35 00:01:40 1                N
```

【技术要点】

①Neighbor：邻居的接口 IP 地址。

②Interface：本机的哪个接口和邻居相连。

③Uptime：邻居建立的时间。

④Expires：失效时间，每隔 30s 发送一次 hello 报文，失效时间为 105s。

⑤Dr-Priority：DR 的优先级，默认为 1，范围是 0～4294967295。

⑥BFD-Session：没有双向转发检测会话。

（2）查看每台路由器的组播路由表。

查看 R1 的组播路由表：

```
<R1>display multicast routing-table
Multicast routing table of VPN-Instance: public net
 Total 1 entry
 00001. (192.168.1.2, 239.1.1.1)
         Uptime: 00:00:21
```

```
          Upstream Interface: GigabitEthernet0/0/0      //上游接口
          List of 1 downstream interface
             1:  GigabitEthernet0/0/2                   //下游接口
```

查看 R2 的组播路由表：

```
<R2>display multicast routing-table
Multicast routing table of VPN-Instance: public net
 Total 1 entry
 00001. (192.168.1.2, 239.1.1.1)
          Uptime: 00:00:24
          Upstream Interface: GigabitEthernet0/0/2      //上游接口
```

查看 R3 的组播路由表：

```
<R3>display multicast routing-table
Multicast routing table of VPN-Instance: public net
 Total 1 entry
 00001. (192.168.1.2, 239.1.1.1)
          Uptime: 00:00:29
          Upstream Interface: GigabitEthernet0/0/3      //上游接口
          List of 1 downstream interface
             1:  GigabitEthernet0/0/0                   //下游接口
```

查看 R4 的组播路由表：

```
<R4>display multicast routing-table
Multicast routing table of VPN-Instance: public net
 Total 1 entry
 00001. (192.168.1.2, 239.1.1.1)
           Uptime: 00:00:38
           Upstream Interface: GigabitEthernet0/0/0     //上游接口
           List of 1 downstream interface
              1:  GigabitEthernet0/0/1                  //下游接口
```

通过以上输出可以得到组播流量的走向，如图 11-32 所示。

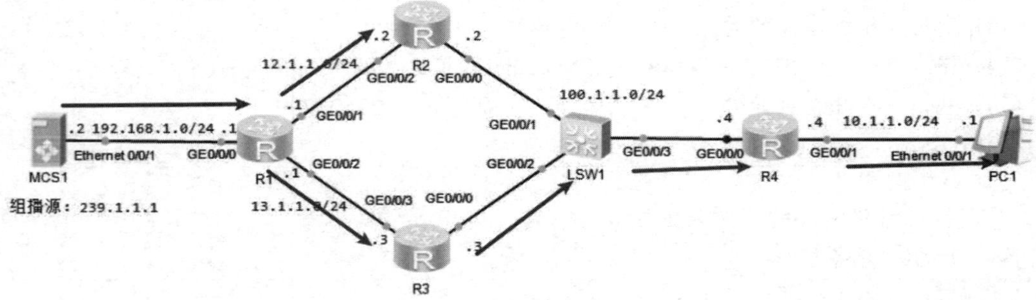

图 11-32　组播流量的走向

【技术要点】

R4 会收到 R2 和 R3 发送过来的组播流量，于是会产生 assert 机制，选举原则如下：

①单播路由协议优先级较高者获胜。

②如果优先级相同，则到组播源的开销较小者获胜。

③如果以上都相同，则下游接口 IP 地址最大者获胜。

在本项目中，R2 和 R3 都运行了 OSPF 路由协议，所以优先级都为 10，组播源的开销都为 2，R2 的 GE0/0/0 接口地址为 100.1.1.2，R3 的 GE0/0/0 接口地址为 100.1.1.3，所以 R3 成了 winner。

查看 R2 的组播路由表：

```
[R2]display pim  routing-table fsm
 VPN-Instance: public net
 Total 0 (*, G) entry; 1 (S, G) entry
 Abbreviations for FSM states and Timers:
      NI - no info, J - joined, NJ - not joined, P - pruned,
      NP - not pruned, PP - prune pending, W - winner, L - loser,
      F - forwarding, AP - ack pending, DR - designated router,
      NDR - non-designated router, RCVR - downstream receivers,
      PPT - prunepending timer, GRT - graft retry timer,
      OT - override timer, PLT - prune limit timer,
      ET - join expiry timer, JT - join timer,
      AT - assert timer, PT - prune timer
 (192.168.1.2, 239.1.1.1)
      Protocol: pim-dm, Flag: ACT
      UpTime: 00:01:00
      Upstream interface: GigabitEthernet0/0/2
         Upstream neighbor: 12.1.1.1
         RPF prime neighbor: 12.1.1.1
         Join/Prune FSM: [P, PLT Expires: 00:03:04]
      Downstream interface(s) information: None
      FSM information for non-downstream interfaces:
         1: GigabitEthernet0/0/2
            Protocol: pim-dm
            DR state: [DR]
            Join/Prune FSM: [NI]
            Assert FSM: [L, AT Expires: 00:02:34]
               Winner: 12.1.1.1, Pref: 0, Metric: 0
         2: GigabitEthernet0/0/0
            Protocol: pim-dm
            DR state: [NDR]
            Join/Prune FSM: [NI]
            Assert FSM: [L, AT Expires: 00:02:34]       //本路由器为 loser
               Winner: 100.1.1.3, Pref: 10, Metric: 2
               //winner 是 100.1.1.3 它的优先级为 10，开销为 2
```

（3）在 R1 的 GE0/0/1 接口抓包分析。

第一个包是 Hello 包，其报文格式如图 11-33 所示。

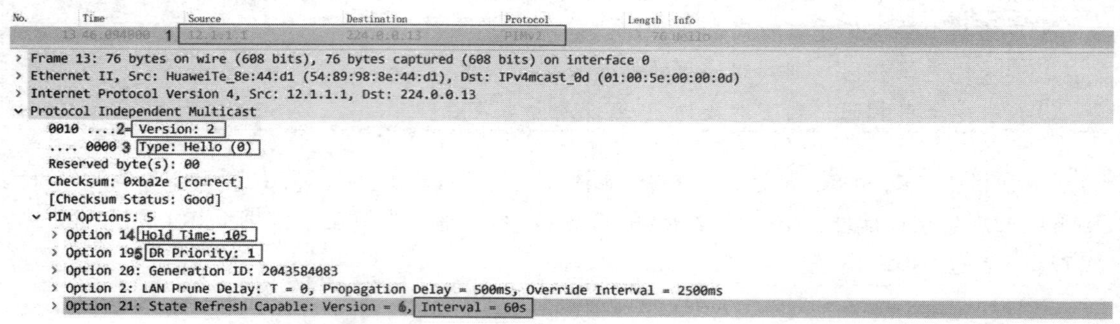

```
No.   Time          Source      Destination   Protocol   Length  Info
   13 46.094000  1  12.1.1.1    224.0.0.13    PIMv2          76  Hello
> Frame 13: 76 bytes on wire (608 bits), 76 bytes captured (608 bits) on interface 0
> Ethernet II, Src: HuaweiTe_8e:44:d1 (54:89:98:8e:44:d1), Dst: IPv4mcast_0d (01:00:5e:00:00:0d)
> Internet Protocol Version 4, Src: 12.1.1.1, Dst: 224.0.0.13
v Protocol Independent Multicast
    0010 ....2= Version: 2
    .... 0000 3 Type: Hello (0)
    Reserved byte(s): 00
    Checksum: 0xba2e [correct]
    [Checksum Status: Good]
  v PIM Options: 5
    > Option 14 Hold Time: 105
    > Option 195 DR Priority: 1
    > Option 20: Generation ID: 2043584083
    > Option 2: LAN Prune Delay: T = 0, Propagation Delay = 500ms, Override Interval = 2500ms
    > Option 21: State Refresh Capable: Version = 6, Interval = 60s
```

图 11-33　Hello 包的报文格式

【技术要点】

①Hello 包发往组播地址 224.0.0.13。

②组播的版本为 2。

③包的类型为 Hello。

④失效时间为 105s，Hello 的间隔时间为 30s。

⑤DR 的优先级为 1。

⑥状态刷新时间为 60s。

（4）开启组播源，然后在 PC1 上单击“加入”按钮再离开，在 R4 的 GE0/0/0 接口抓包。

第二个包是 Join/Prune 包，其报文格式如图 11-34 所示。

```
16661 18.422000    100.1.1.4    224.0.0.13    PIMv2    68 Join/Prune
Frame 16661: 68 bytes on wire (544 bits), 68 bytes captured (544 bits) on interface 0
Ethernet II, Src: HuaweiTe_5d:14:7b (54:89:98:5d:14:7b), Dst: IPv4mcast_0d (01:00:5e:00:00:0d)
Internet Protocol Version 4, Src: 100.1.1.4, Dst: 224.0.0.13
Protocol Independent Multicast
    0010 .... = Version: 2
    .... 0011 = Type: Join/Prune (3)
    Reserved byte(s): 00
    Checksum: 0xc239 [correct]
    [Checksum Status: Good]
  v PIM Options
      Upstream-neighbor: 100.1.1.3
      Reserved byte(s): 00
      Num Groups: 1
      Holdtime: 210
    v Group 0: 239.1.1.1/32
        Num Joins: 0
      v Num Prunes: 1
          IP address: 192.168.1.2/32
```

图 11-34　Join/Prune 包的报文格式

第三个包是 Graft 包，其报文格式如图 11-35 所示。

```
20224 21.437000     100.1.1.4          100.1.1.3          PIMv2          68 Graft

> Frame 20224: 68 bytes on wire (544 bits), 68 bytes captured (544 bits) on interface 0
> Ethernet II, Src: HuaweiTe_5d:14:7b (54:89:98:5d:14:7b), Dst: HuaweiTe_3a:53:36 (54:89:98:3a:53:36)
> Internet Protocol Version 4, Src: 100.1.1.4, Dst: 100.1.1.3
v Protocol Independent Multicast
    0010 .... = Version: 2
    .... 0110 = Type: Graft (6)
    Reserved byte(s): 00
    Checksum: 0xc00b [correct]
    [Checksum Status: Good]
  v PIM Options
      Upstream-neighbor: 100.1.1.3
      Reserved byte(s): 00
      Num Groups: 1
      Holdtime: 0
    v Group 0: 239.1.1.1/32
      v Num Joins: 1
          IP address: 192.168.1.2/32
        Num Prunes: 0
```

图 11-35　Graft 包的报文格式

第四个包是 Graft-Ack 包，其报文格式如图 11-36 所示。

```
20274 21.484000     100.1.1.3          100.1.1.4          PIMv2          68 Graft-Ack
20224 21.437000     100.1.1.4          100.1.1.3          PIMv2          68 Graft

> Frame 20274: 68 bytes on wire (544 bits), 68 bytes captured (544 bits) on interface 0
> Ethernet II, Src: HuaweiTe_3a:53:36 (54:89:98:3a:53:36), Dst: HuaweiTe_5d:14:7b (54:89:98:5d:14:7b)
> Internet Protocol Version 4, Src: 100.1.1.3, Dst: 100.1.1.4
v Protocol Independent Multicast
    0010 .... = Version: 2
    .... 0111 = Type: Graft-Ack (7)
    Reserved byte(s): 00
    Checksum: 0xbf0a [correct]
    [Checksum Status: Good]
  v PIM Options
      Upstream-neighbor: 100.1.1.4
      Reserved byte(s): 00
      Num Groups: 1
      Holdtime: 0
    v Group 0: 239.1.1.1/32
      v Num Joins: 1
          IP address: 192.168.1.2/32
        Num Prunes: 0
```

图 11-36　Graft-Ack 包的报文格式

第五个包是 Assert 包，其报文格式如图 11-37 所示。

```
145 7.453000     100.1.1.2          224.0.0.13          PIMv2          60 Assert
157 7.453000     100.1.1.3          224.0.0.13          PIMv2          60 Assert

> Frame 157: 60 bytes on wire (480 bits), 60 bytes captured (480 bits) on interface 0
> Ethernet II, Src: HuaweiTe_3a:53:36 (54:89:98:3a:53:36), Dst: IPv4mcast_0d (01:00:5e:00:00:0d)
> Internet Protocol Version 4, Src: 100.1.1.3, Dst: 224.0.0.13
v Protocol Independent Multicast
    0010 .... = Version: 2
    .... 0101 = Type: Assert (5)
    Reserved byte(s): 00
    Checksum: 0x2726 [correct]
    [Checksum Status: Good]
  v PIM Options
      Group: 239.1.1.1/32
      Source: 192.168.1.2
      0... .... = RP Tree: False
      .000 0000 0000 0000 0000 0000 0000 1010 = Metric Preference: 10
      Metric: 2
```

图 11-37　Assert 包的报文格式

第六个包是 State-Refresh 包，其报文格式如图 11-38 所示。

```
47970 39.516000    100.1.1.3        224.0.0.13        PIMv2        70 State-Refresh
> Frame 47970: 70 bytes on wire (560 bits), 70 bytes captured (560 bits) on interface 0
> Ethernet II, Src: HuaweiTe_3a:53:36 (54:89:98:3a:53:36), Dst: IPv4mcast_0d (01:00:5e:00:00:0d)
> Internet Protocol Version 4, Src: 100.1.1.3, Dst: 224.0.0.13
v Protocol Independent Multicast
    0010 .... = Version: 2
    .... 1001 = Type: State-Refresh (9)
    Reserved byte(s): 00
    Checksum: 0xfae9 [correct]
    [Checksum Status: Good]
  v PIM Options
      Group: 239.1.1.1/32
      Source: 192.168.1.2
      Originator: 13.1.1.1
      0... .... = RP Tree: False
      .000 0000 0000 0000 0000 0000 0000 1010 = Metric Preference: 10
      Metric: 2
      Masklen: 24
      TTL: 254
      0... .... = Prune indicator: Not set
      .0.. .... = Prune now: Not set
      ..0. .... = Assert override: Not set
      Interval: 60
```

图 11-38　State-Refresh 包的报文格式

11.5.2　实验 5：配置 PIM-SM

1. 实验目的

（1）熟悉 PIM-SM 的应用场景。

（2）掌握 PIM-SM 的配置方法。

2. 实验拓扑

配置 PIM-SM 的实验拓扑如图 11-39 所示。

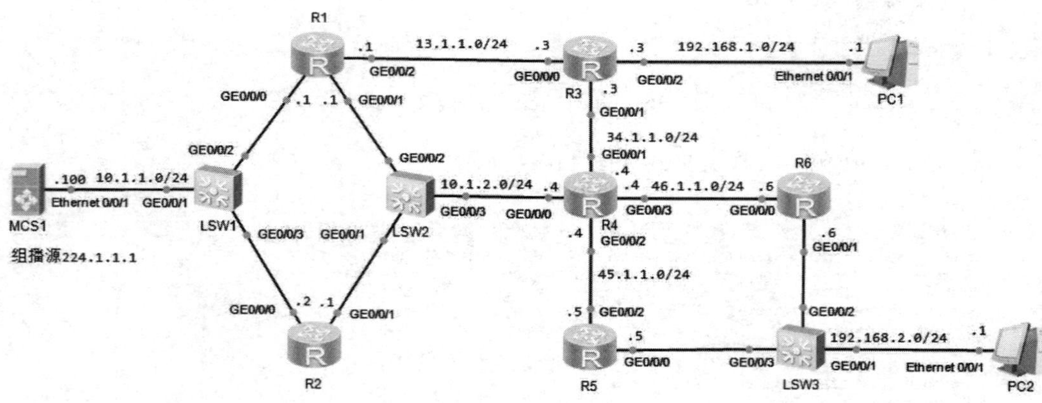

图 11-39　配置 PIM-SM 的实验拓扑

3. 实验步骤

（1）配置 IP 地址。

MCS1 的 IP 地址配置如图 11-40 所示。

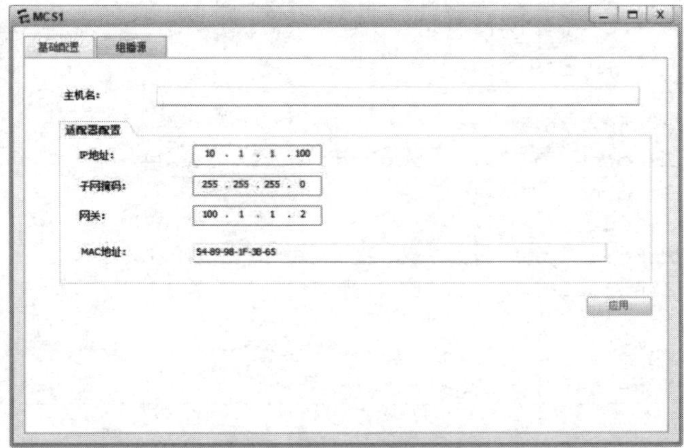

图 11-40　配置 MCS1 的 IP 地址

R1 的配置：

```
<Huawei>system-view
Enter system view, return user view with Ctrl+Z.
[Huawei]undo info-center enable
Info: Information center is disabled.
[Huawei]sysname R1
[R1]interface g0/0/0
[R1-GigabitEthernet0/0/0]ip address 10.1.1.1 24
[R1-GigabitEthernet0/0/0]quit
[R1]interface g0/0/1
[R1-GigabitEthernet0/0/1]ip address 10.1.2.1 24
[R1-GigabitEthernet0/0/1]quit
[R1]interface g0/0/2
[R1-GigabitEthernet0/0/2]ip address 13.1.1.1 24
[R1-GigabitEthernet0/0/2]quit
```

R2 的配置：

```
<Huawei>system-view
Enter system view, return user view with Ctrl+Z.
[Huawei]undo info-center enable
Info: Information center is disabled.
[Huawei]sysname R2
[R2]interface g0/0/0
[R2-GigabitEthernet0/0/0]ip address 10.1.1.2 24
[R2-GigabitEthernet0/0/0]quit
[R2]interface g0/0/1
[R2-GigabitEthernet0/0/1]ip address 10.1.2.2 24
[R2-GigabitEthernet0/0/1]quit
```

R3 的配置：

```
<Huawei>system-view
```

```
[Huawei]undo info-center enable
Info: Information center is disabled.
[Huawei]sysname R3
[R3]interface g0/0/0
[R3-GigabitEthernet0/0/0]ip address 13.1.1.3 24
[R3-GigabitEthernet0/0/0]quit
[R3]interface g0/0/1
[R3-GigabitEthernet0/0/1]ip address 34.1.1.3 24
[R3-GigabitEthernet0/0/1]quit
[R3]interface g0/0/2
[R3-GigabitEthernet0/0/2]ip address 192.168.1.3 24
[R3-GigabitEthernet0/0/2]quit
```

R4 的配置：

```
<Huawei>system-view
Enter system view, return user view with Ctrl+Z.
[Huawei]undo info-center enable
[Huawei]sysname R4
[R4]interface g0/0/0
[R4-GigabitEthernet0/0/0]ip address 10.1.2.4 24
[R4-GigabitEthernet0/0/0]quit
[R4]interface g0/0/1
[R4-GigabitEthernet0/0/1]ip address 34.1.1.4 24
[R4-GigabitEthernet0/0/1]quit
[R4]interface g0/0/2
[R4-GigabitEthernet0/0/2]ip address 45.1.1.4 24
[R4-GigabitEthernet0/0/2]quit
[R4]interface g0/0/3
[R4-GigabitEthernet0/0/3]ip address 46.1.1.4 24
[R4-GigabitEthernet0/0/3]quit
```

R5 的配置：

```
<Huawei>system-view
Enter system view, return user view with Ctrl+Z.
[Huawei]undo info-center enable
Info: Information center is disabled.
[Huawei]sysname R5
[R5]interface g0/0/0
[R5-GigabitEthernet0/0/0]ip address 192.168.2.5 24
[R5-GigabitEthernet0/0/0]quit
[R5]interface g0/0/2
[R5-GigabitEthernet0/0/2]ip address 45.1.1.5 24
[R5-GigabitEthernet0/0/2]quit
```

R6 的配置：

```
<Huawei>system-view
Enter system view, return user view with Ctrl+Z.
[Huawei]undo info-center enable
```

```
Info: Information center is disabled.
[Huawei]sysname R5
[R5]sysname R6
[R6]interface g0/0/0
[R6-GigabitEthernet0/0/0]ip address 46.1.1.6 24
[R6-GigabitEthernet0/0/0]quit
[R6]interface g0/0/1
[R6-GigabitEthernet0/0/1]ip address 192.168.2.6 24
[R6-GigabitEthernet0/0/1]quit
```

PC1 的 IP 地址配置如图 11-41 所示。

图 11-41　配置 PC1 的 IP 地址

PC2 的 IP 地址配置如图 11-42 所示。

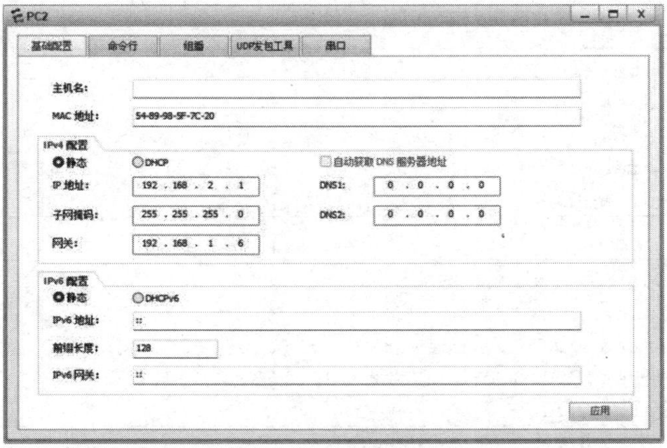

图 11-42　配置 PC2 的 IP 地址

（2）配置 OSPF。

R1 的配置：

```
[R1]ospf router-id 1.1.1.1
[R1-ospf-1]area 0
[R1-ospf-1-area-0.0.0.0]network 10.1.1.0 0.0.0.255
[R1-ospf-1-area-0.0.0.0]network 13.1.1.0 0.0.0.255
[R1-ospf-1-area-0.0.0.0]network 10.1.2.0 0.0.0.255
[R1-ospf-1-area-0.0.0.0]quit
```

R2 的配置：

```
[R2]ospf router-id 2.2.2.2
[R2-ospf-1]area 0
[R2-ospf-1-area-0.0.0.0]network 10.1.1.0 0.0.0.255
[R2-ospf-1-area-0.0.0.0]network 10.1.2.0 0.0.0.255
[R2-ospf-1-area-0.0.0.0]quit
```

R3 的配置：

```
[R3]ospf router-id 3.3.3.3
[R3-ospf-1]area 0
[R3-ospf-1-area-0.0.0.0]network 13.1.1.0 0.0.0.255
[R3-ospf-1-area-0.0.0.0]network 34.1.1.0 0.0.0.255
[R3-ospf-1-area-0.0.0.0]network 192.168.1.0 0.0.0.255
[R3-ospf-1-area-0.0.0.0]quit
```

R4 的配置：

```
[R4]ospf router-id 4.4.4.4
[R4-ospf-1]area 0
[R4-ospf-1-area-0.0.0.0]network 10.1.2.0 0.0.0.255
[R4-ospf-1-area-0.0.0.0]network 34.1.1.0 0.0.0.255
[R4-ospf-1-area-0.0.0.0]network 46.1.1.0 0.0.0.255
[R4-ospf-1-area-0.0.0.0]network 45.1.1.0 0.0.0.255
[R4-ospf-1-area-0.0.0.0]quit
```

R5 的配置：

```
[R5]ospf router-id 5.5.5.5
[R5-ospf-1]area 0
[R5-ospf-1-area-0.0.0.0]network 45.1.1.0 0.0.0.255
[R5-ospf-1-area-0.0.0.0]network 192.168.2.0 0.0.0.255
[R5-ospf-1-area-0.0.0.0]quit
```

R6 的配置：

```
[R6]ospf router-id 6.6.6.6
[R6-ospf-1]area 0
[R6-ospf-1-area-0.0.0.0]network 46.1.1.0 0.0.0.255
[R6-ospf-1-area-0.0.0.0]network 192.168.2.0 0.0.0.255
[R6-ospf-1-area-0.0.0.0]quit
```

（3）运行 PIM-SM。

R1 的配置：

```
[R1]multicast routing-enable
[R1]interface g0/0/0
[R1-GigabitEthernet0/0/0]pim sm
[R1-GigabitEthernet0/0/0]quit
[R1]interface g0/0/1
[R1-GigabitEthernet0/0/1]pim sm
[R1-GigabitEthernet0/0/1]quit
[R1]interface g0/0/2
[R1-GigabitEthernet0/0/2]pim sm
[R1-GigabitEthernet0/0/2]quit
```

R2 的配置：

```
[R2]multicast routing-enable
[R2]interface g0/0/0
[R2-GigabitEthernet0/0/0]pim sm
[R2-GigabitEthernet0/0/0]quit
[R2]interface g0/0/1
[R2-GigabitEthernet0/0/1]pim sm
[R2-GigabitEthernet0/0/1]quit
```

R3 的配置：

```
[R3]multicast routing-enable
[R3]interface g0/0/0
[R3-GigabitEthernet0/0/0]pim sm
[R3-GigabitEthernet0/0/0]quit
[R3]interface g0/0/1
[R3-GigabitEthernet0/0/1]pim sm
[R3-GigabitEthernet0/0/1]quit
[R3]interface g0/0/21
[R3]interface g0/0/2
[R3-GigabitEthernet0/0/2]pim sm
[R3-GigabitEthernet0/0/2]quit
```

R4 的配置：

```
[R4]multicast routing-enable
[R4]interface g0/0/0
[R4-GigabitEthernet0/0/0]pim sm
[R4-GigabitEthernet0/0/0]quit
[R4]interface g0/0/1
[R4-GigabitEthernet0/0/1]pim sm
[R4-GigabitEthernet0/0/1]quit
[R4]interface g0/0/2
[R4-GigabitEthernet0/0/2]pim sm
[R4-GigabitEthernet0/0/2]quit
[R4]interface g0/0/3
```

```
[R4-GigabitEthernet0/0/3]pim sm
[R4-GigabitEthernet0/0/3]quit
```

R5 的配置：

```
[R5]multicast routing-enable
[R5]interface g0/0/0
[R5-GigabitEthernet0/0/0]pim sm
[R5-GigabitEthernet0/0/0]quit
[R5]interface g0/0/2
[R5-GigabitEthernet0/0/2]pim sm
[R5-GigabitEthernet0/0/2]quit
```

R6 的配置：

```
[R6]multicast routing-enable
[R6]interface g0/0/0
[R6-GigabitEthernet0/0/0]pim sm
[R6-GigabitEthernet0/0/0]quit
[R6]interface g0/0/1
[R6-GigabitEthernet0/0/1]pim sm
[R6-GigabitEthernet0/0/1]quit
```

（4）设置静态 RP。在 R4 上创建一个环回口 0，IP 地址为 4.4.4.4，作为静态 RP 地址。

R4 的配置：

```
[R4]interface LoopBack 0
[R4-LoopBack0]ip address 4.4.4.4 32       //环回口比较稳定
[R4-LoopBack0]ospf enable area 0          //一定要通告进 OSPF
[R4-LoopBack0]quit
[R4]pim
[R4-pim]static-rp 4.4.4.4
[R4-pim]quit
```

R1 的配置：

```
[R1]pim
[R1-pim]static-rp 4.4.4.4
[R1-pim]quit
```

R2 的配置：

```
[R2]pim
[R2-pim]static-rp 4.4.4.4
[R2-pim]quit
```

R3 的配置：

```
[R3]pim
[R3-pim]static-rp 4.4.4.4
[R3-pim]quit
```

R5 的配置：

```
[R5]pim
[R5-pim]static-rp 4.4.4.4
```

```
[R5-pim]quit
```

R6 的配置：

```
[R6]pim
[R6-pim]static-rp 4.4.4.4
[R6-pim]quit
```

（5）配置组播服务器。

MCS1 的配置如图 11-43 所示。

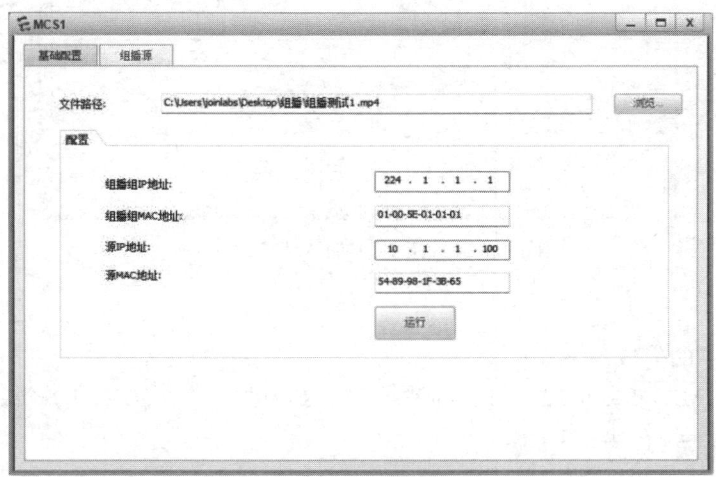

图 11-43　MCS1 的配置

（6）运行 IGMP。

R3 的配置：

```
[R3]interface g0/0/2
[R3-GigabitEthernet0/0/2]igmp enable
[R3-GigabitEthernet0/0/2]igmp version 2
[R3-GigabitEthernet0/0/2]quit
```

R5 的配置：

```
[R5]interface g0/0/0
[R5-GigabitEthernet0/0/0]igmp  enable
[R5-GigabitEthernet0/0/0]igmp version 2
[R5-GigabitEthernet0/0/0]quit
```

R6 的配置：

```
[R6]interface g0/0/1
[R6-GigabitEthernet0/0/1]igmp enable
[R6-GigabitEthernet0/0/1]igmp version 2
[R6-GigabitEthernet0/0/1]quit
```

（7）让 PC1 加入组 224.1.1.1。

PC1 的配置如图 11-44 所示。

图 11-44　让 PC1 加入组 224.1.1.1

4．实验调试

（1）观察 RPT 的形成。

当 R3 收到 IGMP 加入组 224.1.1.1 的请求后，R3 生成（* 224.1.1.1）条目，确认上游和下游接口，然后开始向 RP 建立 RPT。

```
[R3]display pim routing-table
 VPN-Instance: public net
 Total 1 (*, G) entry; 0 (S, G) entry
 (*, 224.1.1.1)                                         //生成（* G）
      RP: 4.4.4.4
      Protocol: pim-sm, Flag: WC
      UpTime: 00:00:45
      Upstream interface: GigabitEthernet0/0/1  //上游接口
         Upstream neighbor: 34.1.1.4
         RPF prime neighbor: 34.1.1.4
      Downstream interface(s) information:
      Total number of downstreams: 1
         1: GigabitEthernet0/0/2                        //下游接口
            Protocol: igmp, UpTime: 00:00:45, Expires: -
```

R4 收到（* 224.1.1.1）join 报文后，创建（* 224.1.1.1）条目。

```
<R4>display pim routing-table
 VPN-Instance: public net
 Total 1 (*, G) entry; 0 (S, G) entry
 (*, 224.1.1.1)                                         //形成（* G ）
    RP: 4.4.4.4 (local)
    Protocol: pim-sm, Flag: WC
    UpTime: 00:12:56
```

```
    Upstream interface: Register                    //上游接口
        Upstream neighbor: NULL
        RPF prime neighbor: NULL
    Downstream interface(s) information:
    Total number of downstreams: 1                  //下游接口
        1: GigabitEthernet0/0/1
            Protocol: pim-sm, UpTime: 00:12:56, Expires: 00:02:34
```

【技术要点】

Join 转发的路径及在每台路由器上生成的组播转发表构成 RPT 树，只要接收者存在，R3 会每隔 60s 向上游发送 Join，收到 Join 的接口重置接口计时器，超时时间为 210s。超时后这些接口会从下游接口列表中移除。其流程如图 11-45 所示。

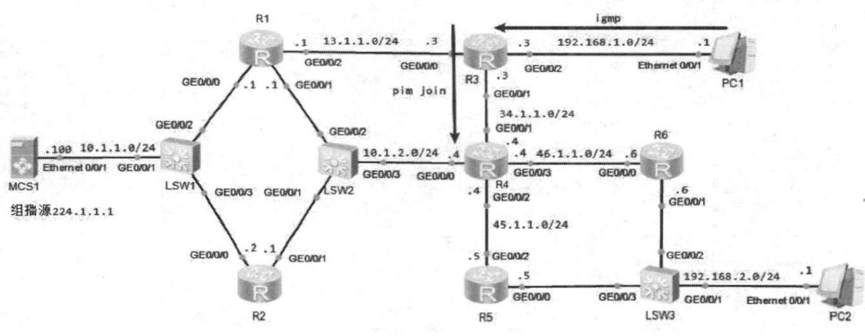

图 11-45 Join 转发的路径

（2）把 R1 的 GE0/0/0 优先级改成 100，让组播流量访问 RP 的路径为 MCS1—R1—R4。查看 R1 的 PIM 接口信息：

```
<R1>display pim interface g0/0/0
 VPN-Instance: public net
 Interface          State NbrCnt HelloInt   DR-Pri     DR-Address
 GE0/0/0             up     1       30        1          10.1.1.2
```

通过以上输出可以看到，DR-Address 是 10.1.1.2。

把 R1 的 GE0/0/0 接口 DR 的优先级改成 100：

```
[R1]interface g0/0/0
[R1-GigabitEthernet0/0/0]pim hello-option dr-priority 100
```

再次查看 R1 的 PIM 接口信息：

```
[R1]display pim interface g0/0/0
 VPN-Instance: public net
 Interface          State NbrCnt HelloInt   DR-Pri     DR-Address
 GE0/0/0             up     1       30        100      10.1.1.1          (local)
```

通过以上输出可以看到，OR-Address 变成了 10.1.1.1。

【技术要点】

PIM DR 的选举原则。

①优先级越大越优，默认为 1。

②优先级相同，接口 IP 地址越大越优。

（3）观察 SPT 的形成。

第 1 步，打开 MCS1 的组播流量，在 R1 的 GE0/0/0 接口抓包。在 MCS1 上运行组播，其配置如图 11-46 所示。

图 11-46　在 MCS1 上运行组播

第 2 步，组播第一跳路由 R1 收到组播报文后，把它封装成单播报文向 RP 注册，单播报文如图 11-47 所示。

图 11-47　单播注册报文的格式

第 3 步，RP 收到单播注册报文后，将其解封装，建立（S，G）表项，并将组播数据沿 RPT 发送到组播成员。

```
<R4>display pim routing-table
 VPN-Instance: public net
 Total 1 (*, G) entry; 1 (S, G) entry
 (*, 224.1.1.1)
     RP: 4.4.4.4 (local)
     Protocol: pim-sm, Flag: WC
     UpTime: 00:26:34
```

```
    Upstream interface: Register
        Upstream neighbor: NULL
        RPF prime neighbor: NULL
    Downstream interface(s) information:
    Total number of downstreams: 1
        1: GigabitEthernet0/0/1
            Protocol: pim-sm, UpTime: 00:26:34, Expires: 00:02:56
(10.1.1.100, 224.1.1.1)  //形成（S  G ）
    RP: 4.4.4.4 (local)
    Protocol: pim-sm, Flag: 2MSDP SWT ACT
    UpTime: 00:07:00
    Upstream interface: Register
        Upstream neighbor: NULL
        RPF prime neighbor: NULL
    Downstream interface(s) information:
    Total number of downstreams: 1
        1: GigabitEthernet0/0/1
            Protocol: pim-sm, UpTime: 00:02:10, Expires: -
```

第 4 步，RP 向组播源发送（S，G）Join 报文，报文到达 R1 后，R1 添加下游接口，并向 RP 同时发送组播报文和单播注册报文。

```
<R1>display pim routing-table
 VPN-Instance: public net
 Total 0 (*, G) entry; 1 (S, G) entry
 (10.1.1.100, 224.1.1.1)
    RP: 4.4.4.4
    Protocol: pim-sm, Flag: SPT LOC ACT
    UpTime: 00:05:30
    Upstream interface: GigabitEthernet0/0/0
        Upstream neighbor: NULL
        RPF prime neighbor: NULL
    Downstream interface(s) information:
    Total number of downstreams: 1
        1: GigabitEthernet0/0/2
            Protocol: pim-sm, UpTime: 00:05:28, Expires: 00:02:54
```

第 5 步，RP 收到单播注册报文和组播报文后，就发送 Register-Stop，其报文格式如图 11-48 所示。

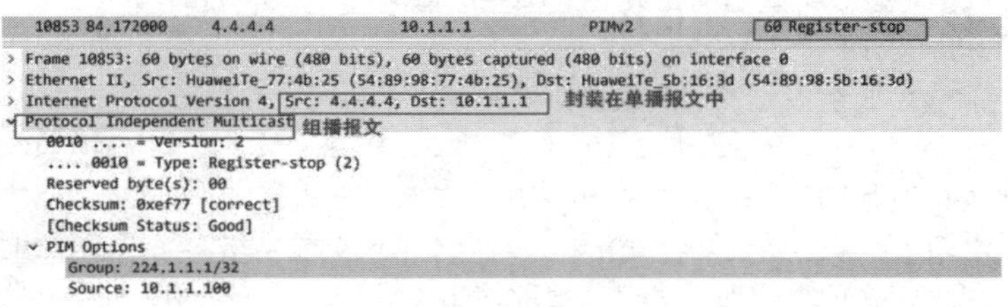

图 11-48　Register-Stop 报文格式

第 6 步，单播注册和单播注册停止流程如图 11-49 所示。

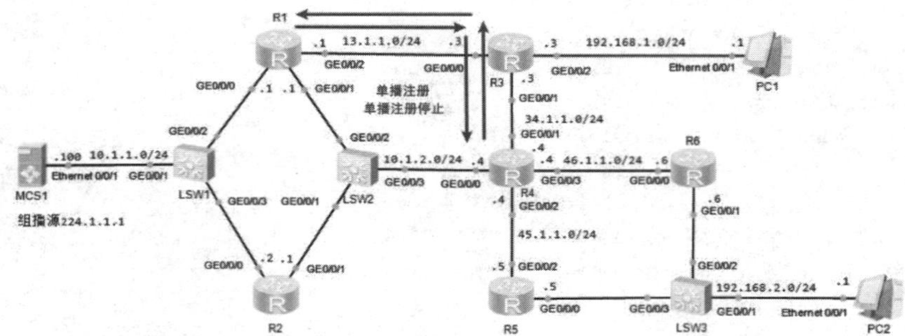

图 11-49　单播注册和单播注册停止流程

（4）由 RPT 切换到 STP，其流程如图 11-50 所示。

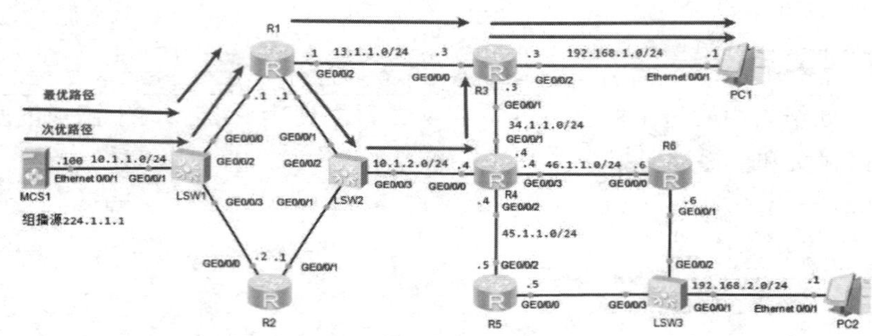

图 11-50　RPT 切换到 STP 流程

11.6　练　习　题

1．（判断题）从组播源到接收者的最短路径，称为最短路径树 SPT。（　　）

A．正确　　B．错误

2．（单选题）以下关于 IGMPv3 的描述，错误的是（　　）。

A．不仅可以指定组播组，还可以指定组播源

B．与 IGMPv1 版本的响应和查询机制相同

C．允许主机指定接收某些组播源发送的某些组播流量

D．服务于 SSM 模型

3．（单选题）能够生成组播分发树的组播协议是（　　）。

A．OSPF　　B．PIMv2　　C．BGP　　D．IGMPv2

4．（单选题）IGMP 协议应用在组播网络架构中的（　　）部分。

A．整个组播网络　　B．源端网络　　C．成员端网络　　D．组播转发网络

5．（多选题）PIM 报文的目的地址是单播地址的是（　　）。

A．Register Stop　　B．Assert　　C．Bootstrap　　D．Graft

第12章 IPv6

本章对 IPv6 进行简单介绍，并通过实验使读者能够了解 IPv6 地址的配置方法。

本章包含以下内容：

- IPv6 概述
- ICMPv6 和 NDP
- 配置 IPv6 地址
- 配置 6to4 隧道

12.1　IPv6 概述

IPv4 协议是目前广泛部署的因特网协议。在因特网发展初期，IPv4 以其协议简单、易于实现、互操作性好等优势而得到快速发展。但随着因特网的迅猛发展，IPv4 设计的不足也日益明显，IPv6 的出现，解决了 IPv4 的一些弊端。

12.1.1　IPv6 地址的结构

IPv6 地址的总长度为 128 位，通常分为 8 组，每组为十六进制数的形式，每组十六进制数间用冒号分隔，如 FC00:0000:130F:0000:0000:09C0:876A:130B，这是 IPv6 地址的首选格式。

为了书写方便，IPv6 还提供了压缩格式，以上述 IPv6 地址为例，具体压缩规则如下：

（1）每组中的前导“0”都可以省略，所以上述地址可写为 FC00:0:130F:0:0:9C0:876A:130B。

（2）地址中包含的连续两个或多个均为 0 的组，可以用双冒号“::”来代替，所以上述地址又可以进一步简写为 FC00:0:130F::9C0:876A:130B。

一个 IPv6 地址可以分为以下两部分：

（1）网络前缀：n 位，相当于 IPv4 地址中的网络 ID。

（2）接口标识：128-n 位，相当于 IPv4 地址中的主机 ID。

接口 ID 可通过三种方式生成：手工配置、系统自动生成，或基于 IEEE EUI-64 规范生成。其中，基于 IEEE EUI-64 规范自动生成接口 ID 的方式最为常用，该方式将接口的 MAC 地址转换为 IPv6 接口标识。

IEEE EUI-64 规范是将接口的 MAC 地址转换为 IPv6 接口标识的过程。如图 12-1 所示，MAC 地址的前 24 位为公司标识，后 24 位为扩展标识符。从高位数，第 7 位是 0，表示 MAC 地址本地唯一。转换的第一步是将 FFFE 插入 MAC 地址的公司标识和扩展标识符之间，第二步将从高位数，第 7 位的 0 改为 1，表示此接口标识全球唯一。

例：08-70-5A-90-1A-01 转换后的接口标识为 0A-70-5A-FF-FE-90-1A-01。

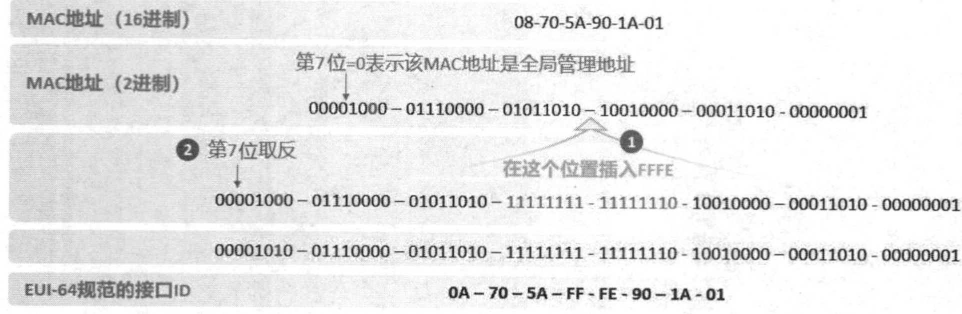

图 12-1　EUI-64 规范示意图

12.1.2 IPv6 地址的分类

IPv6 地址分为单播地址、任播地址（Anycast Address）和组播地址三种类型。和 IPv4 相比，取消了广播地址类型，以更丰富的组播地址代替，同时增加了任播地址类型。

1. IPv6 单播地址

IPv6 单播地址标识了一个接口，由于每个接口都属于一个节点，因此通过节点上任何接口的单播地址都可以标识这个节点。发往单播地址的报文，由此地址标识的接口接收。

IPv6 定义了多种单播地址，目前常用的单播地址有未指定地址、环回地址、全球单播地址、链路本地地址、唯一本地地址 ULA。

（1）未指定地址。

IPv6 中的未指定地址即 0:0:0:0:0:0:0:0/128 或者::/128。该地址可以表示某个接口或者节点还没有 IP 地址，可以作为某些报文的源 IP 地址（例如在 NS 报文的重复地址检测中会出现）。源 IP 地址是“::”的报文不会被路由设备转发。

（2）环回地址。

IPv6 中的环回地址即 0:0:0:0:0:0:0:1/128 或者::1/128。环回地址与 IPv4 中的 127.0.0.1 作用相同，主要用于设备给自己发送报文。该地址通常用来作为一个虚接口的地址（如 Loopback 接口）。实际发送的数据包中不能使用环回地址作为源 IP 地址或者目的 IP 地址。

（3）全球单播地址。

全球单播地址是带有全球单播前缀的 IPv6 地址，其作用类似于 IPv4 中的公网地址。这种类型的地址允许路由前缀的聚合，从而限制了全球路由表项的数量。

全球单播地址由全球路由前缀（Global routing prefix）、子网 ID（Subnet ID）和接口标识（Interface ID）组成，其格式如图 12-2 所示。

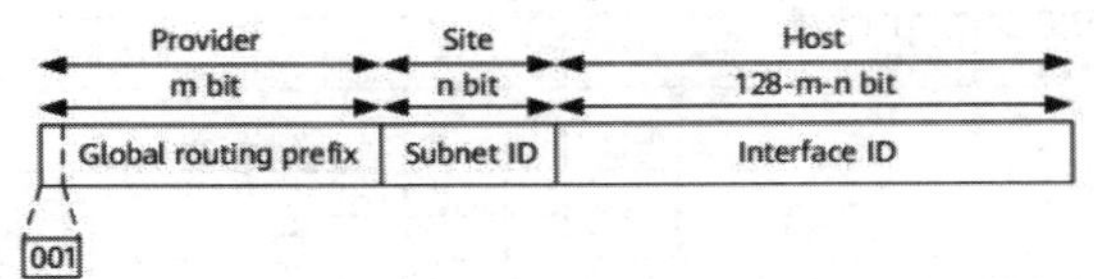

图 12-2 全球单播地址格式

①Global routing prefix：全球路由前缀。由提供商（Provider）指定给一个组织机构，通常全球路由前缀至少为 48 位。目前已经分配的全球路由前缀的前 3 位均为 001。

②Subnet ID：子网 ID。组织机构可以用子网 ID 来构建本地网络（Site）。子网 ID 通常最多分配到第 64 位。子网 ID 和 IPv4 中的子网号作用相似。

③Interface ID：接口标识。用来标识一个设备（Host）。

（4）链路本地地址。

链路本地地址是 IPv6 中的应用范围受限制的地址类型，只能在连接到同一本地链路的节点之间使用。它使用了特定的本地链路前缀 FE80::/10（最高 10 位值为 1111111010），同时将接口标识添加在后面作为地址的低 64 位。

当一个节点启动 IPv6 协议栈时，其每个接口会自动配置一个链路本地地址，该地址由固定的前缀和通过+EUI-64 规则形成的接口标识共同组成。这种机制使得两个连接到同一链路的 IPv6 节点不需要做任何配置就可以通信。所以链路本地地址广泛应用于邻居发现、无状态地址配置等应用。

（5）唯一本地地址。

唯一本地地址是另一种应用范围受限的地址，它仅能在一个站点内使用。由于本地站点地址（RFC3879）已被废除，唯一本地地址被用来代替本地站点地址。

唯一本地地址的作用类似于 IPv4 中的私网地址，任何没有申请到提供商分配的全球单播地址的组织机构都可以使用唯一本地地址。唯一本地地址只能在本地网络内部被路由转发，而不会在全球网络中被路由转发。

2. IPv6 组播地址

IPv6 组播地址用于标识某个组，发送给组播地址的报文会被送到该组内的所有成员。组播地址由前缀（FF::/8）、标志（Flag）字段、范围（Scope）字段以及组播组 ID（Group ID）四部分组成。

（1）前缀：IPv6 组播地址的前缀是 FF00::/8。

（2）标志字段：长度 4 位，目前只使用了后面 3 个位（第一位必须置 0）。当最后一位值为 0 时，表示当前的组播地址是由 IANA 所分配的一个永久分配地址；当最后一位值为 1 时，表示当前的组播地址是一个临时组播地址（非永久分配地址）。

（3）范围字段：长度 4 位，用来限制组播数据流在网络中发送的范围，该字段取值和含义的对应关系如图 12-3 所示。

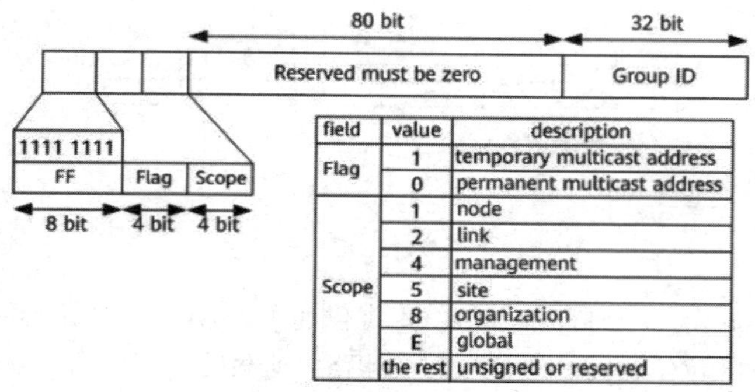

图 12-3　IPv6 组播地址格式

（4）组播组 ID：长度 112 位，用以标识组播组。目前，RFC2373 并没有将所有的 112 位都定义成组标识，而是建议仅使用该 112 位的最低 32 位作为组播组 ID，将剩余的 80 位都设置为 0。这样每个组播组 ID 都映射到一个唯一的以太网组播 MAC 地址。

3．被请求节点组播地址

被请求节点组播地址是通过节点的单播或任播地址生成的。一旦节点具有了单播或任播地址，就会对应生成一个被请求节点组播地址，并且该节点会加入这个组播组。每个单播地址或任播地址都对应一个被请求节点组播地址。该地址主要用于邻居发现机制和地址重复检测功能。

IPv6 中没有广播地址，也不使用 ARP 协议，但是仍然需要从 IP 地址解析到 MAC 地址的功能。在 IPv6 中，这个功能通过 NS（Neighbor Solicitation，邻居请求）报文完成。当一个节点需要解析某个 IPv6 地址对应的 MAC 地址时，会发送 NS 报文，该报文的目的 IP 就是需要解析的 IPv6 地址对应的被请求节点组播地址，只有具有该组播地址的节点才会检查和处理这个 NS 报文。

被请求节点组播地址由前缀 FF02::1:FF00:0/104 和单播地址的最后 24 位组成。

4．子网路由器任播地址

子网路由器任播地址是一种已经定义好的任播地址。发送到子网路由器任播地址的报文，会被发送到该地址标识的子网中路由意义上最近的一个设备。所有设备都必须支持子网路由器任播地址。子网路由器任播地址用于节点需要和远端子网上所有设备中的一个（不关心具体是哪一个）通信时使用。例如，一个移动节点需要和它的“家乡”子网上的所有移动代理中的一个进行通信。

子网路由器任播地址由 n 位子网前缀标识子网，其余用 0 填充。

12.2　ICMPv6 和 NDP

12.2.1　ICMPv6

ICMPv6（Internet Control Message Protocol for the IPv6）是 IPv6 的基础协议之一。

在 IPv4 中，Internet 控制报文协议（ICMP）向源节点报告关于向目的地传输 IP 数据包过程中的错误和信息。它为诊断、信息传递和管理目的定义了一些消息，如目的不可达、数据包超长、超时、回应请求和回应应答等。在 IPv6 中，ICMPv6 除了提供 ICMPv4 常用的功能之外，还是其他一些功能的基础，如邻接点发现、无状态地址配置（包括重复地址检测）、PMTU 发现等。

ICMPv6 报文载荷由 ICMPv6 报文类型决定，因报文类型的不同而不同。ICMPv6 中的关键字段介绍如下。

（1）Type：表示消息的类型。

（2）Code：对消息类型的细分。

（3）Checksum：表示 ICMPv6 报文的校验和。

ICMPv6 报文格式如图 12-4 所示。

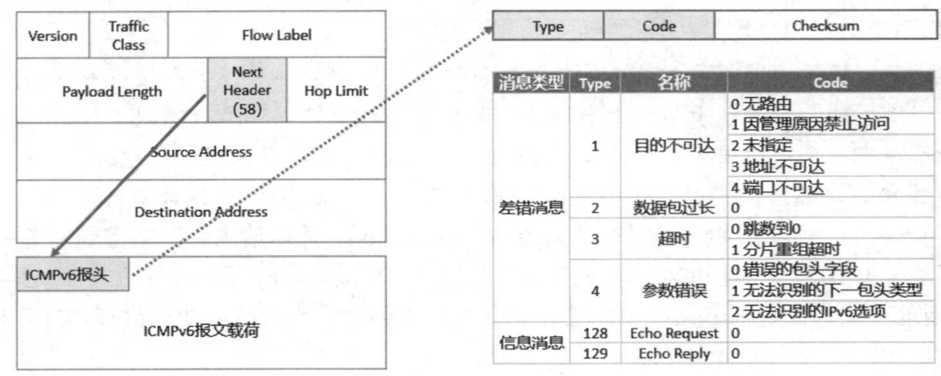

消息类型	Type	名称	Code
差错消息	1	目的不可达	0 无路由
			1 因管理原因禁止访问
			2 未指定
			3 地址不可达
			4 端口不可达
	2	数据包过长	0
	3	超时	0 跳数到0
			1 分片重组超时
	4	参数错误	0 错误的包头字段
			1 无法识别的下一包头类型
			2 无法识别的IPv6选项
信息消息	128	Echo Request	0
	129	Echo Reply	0

图 12-4　ICMPv6 报文格式

12.2.2　NDP

邻居发现协议（Neighbor Discovery Protocol，NDP）是 IPv6 协议体系中一个重要的基础协议。邻居发现协议替代了 IPv4 中的 ARP（Address Resolution Protocol）和 ICMP 路由器发现（Router Discovery）功能，通过 ICMPv6 报文实现了地址解析、邻居状态跟踪、重复地址检测、路由器发现以及重定向等功能。

1. 地址解析

在 IPv4 中，当主机需要和目标主机通信时，必须先通过 ARP 协议获得目的主机的链路层地址。在 IPv6 中，同样需要从 IP 地址解析到链路层地址的功能。邻居发现协议实现了这个功能。

ARP 报文是直接封装在以太网报文中，以太网协议类型为 0x0806，因此普遍将 ARP 视为第 2.5 层的协议。NDP 本身基于 ICMPv6 实现，以太网协议类型为 0x86DD，即 IPv6 报文，IPv6 的下一个报头字段值为 58 时，表示 ICMPv6 报文。由于 NDP 协议使用的所有报文均封装在 ICMPv6 报文中，一般来说，NDP 被看作第 3 层的协议。在第三层完成地址解析主要会带来以下几个好处：

（1）不同的二层介质可以采用相同的地址解析协议。

（2）可以使用三层的安全机制避免地址解析攻击。

（3）使用组播方式发送请求报文，减少了二层网络的性能压力。

在地址解析过程中，NDP 使用了两种 ICMPv6 报文：邻居请求报文 NS（Neighbor Solicitation）和邻居通告报文 NA（Neighbor Advertisement）。

（1）NS 报文：Type 字段值为 135，Code 字段值为 0，在地址解析中的作用类似于 IPv4 中的 ARP 请求报文。

（2）NA 报文：Type 字段值为 136，Code 字段值为 0，在地址解析中的作用类似于 IPv4 中的 ARP 应答报文。

如图 12-5 所示，当 PC1 要传送数据包到 PC2 时，如果不知道 PC2 的链路层地址，则需要完成以下协议交互过程：

①PC1 发送一个 NS 报文到网络上，目的地址为 PC2 对应的被请求节点组播地址（FF02::1:FF84:EFDC），选项字段中包含 PC1 的链路层地址 000D-88F8-03B0。

②PC2 侦听到该 NS 报文后，由于报文的目的地址 FF02::1:FF84:EFDC 与自己所在的组播组匹配，因此会处理该报文；同时，根据 NS 报文的源地址和源链路层地址选项更新自己的邻居缓存表项。

③PC2 发送一个 NA 报文应答 NS，同时在消息的目标链路层地址选项中带上自己的链路层地址 0013-7284-EFDC。

④PC1 接收到 NA 报文后，获悉了 PC2 的链路层地址，创建一个目标节点的邻居缓存表项。

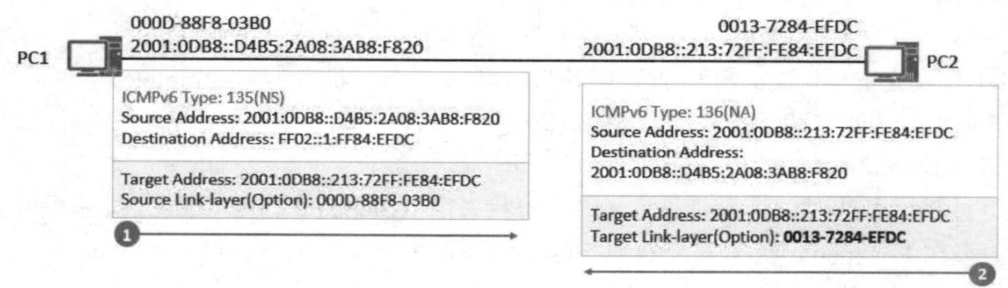

图 12-5 地址解析过程

这样通过交互后，PC1 和 PC2 就知道了对方的链路层地址，建立起对方的邻居缓存表项（类似于 IPv4 的 ARP 表），就可以相互通信了。

2. IPv6 邻居状态

IPv6 节点需要维护一张邻居表，每个邻居都有相应的状态，状态之间可以迁移。5 种邻居状态分别是未完成（Incomplete）、可达（Reachable）、陈旧（Stale）、延迟（Delay）、探查（Probe），如表 12-1 所示。

表 12-1 IPv6 邻居状态

状态	描述
Incomplete	邻居不可达。正在进行地址解析，邻居的链路层地址未探测到，如果解析成功，则进入 Reachable 状态
Reachable	邻居可达。表示在规定时间（邻居可达时间，默认情况下是 30 秒）内邻居可达。如果超过规定时间，该表项没有被使用，则表项进入 Stale 状态
Stale	邻居是否可达未知。表明该表项在规定时间（邻居可达时间，默认情况下是 30 秒）内没有被使用。此时除非有发送到邻居的报文，否则不对邻居是否可达进行探测
Delay	邻居是否可达未知。已向邻居发送报文，如果在指定时间内没有收到响应，则进入 Probe 状态
Probe	邻居是否可达未知。已向邻居发送 NS 报文，探测邻居是否可达。在规定时间内收到 NA 报文回复，则进入 Reachable 状态；否则进入 Incomplete 状态

3. 邻居状态迁移

邻居状态迁移如图 12-6 所示。

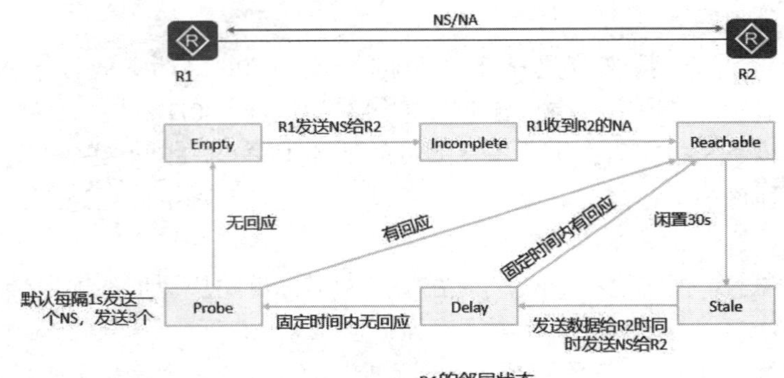

12-6　邻居状态迁移示意图

（1）R1 先发送 NS 报文，并生成缓存条目，此时，邻居状态为 Incomplete。

（2）若收到 R2 回复的 NA 报文，则邻居状态由 Incomplete 变为 Reachable，否则固定时间后邻居状态由 Incomplete 变为 Empty。

（3）经过邻居可达时间（默认 30s），邻居状态由 Reachable 变为 Stale，即是否可达未知。

（4）如果在 Reachable 状态下，R1 收到 R2 的非请求 NA 报文，且其中携带的 R2 的链路层地址和表项中不同，则邻居状态马上变为 Stale。

（5）在 Stale 状态下，若 R1 要向 R2 发送数据，则邻居状态由 Stale 变为 Delay，并发送 NS 报文请求。

（6）在经过一段固定时间后，邻居状态由 Delay 变为 Probe，其间若有 NA 应答，则邻居状态由 Delay 变为 Reachable。

（7）在 Probe 状态下，R1 每隔一定时间间隔（默认 1s）发送单播 NS，发送固定次数后，有应答则邻居状态变为 Reachable，否则邻居状态变为 Empty。

12.3　实验：配置 IPv6 地址

1．实验目的

（1）熟悉 IPv6 地址的应用场景。

（2）掌握 IPv6 地址的配置方法。

2．实验拓扑

配置 IPv6 地址的实验拓扑如图 12-7 所示。

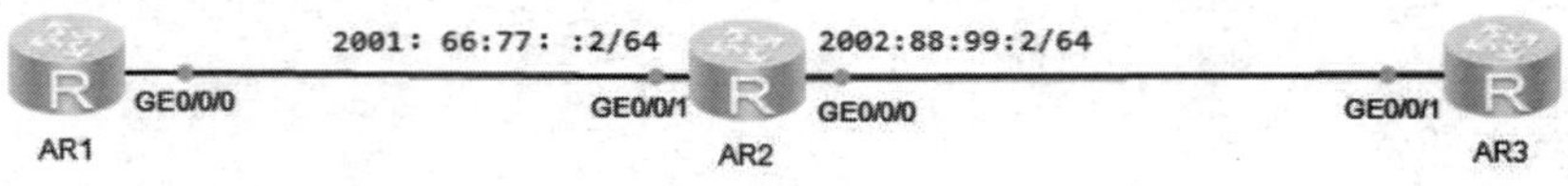

图 12-7　配置 IPv6 地址的实验拓扑

3. 实验步骤

（1）在 AR2 上通过静态配置的方法配置 IPv6 地址。

```
<Huawei>system-view
Enter system view, return user view with Ctrl+Z.
[Huawei]undo info-center enable
Info: Information center is disabled.
[Huawei]sysname AR2
[AR2]interface g0/0/0
[AR2-GigabitEthernet0/0/0]ipv6 enable
[AR2-GigabitEthernet0/0/0]ipv6 address 2002:88:99::2/64 //手动配置静态 IP 地址
[AR2-GigabitEthernet0/0/0]quit
[AR2]interface g0/0/1
[AR2-GigabitEthernet0/0/1]ipv6 enable
[AR2-GigabitEthernet0/0/1]ipv6 address 2001:66:77::2/64 //手动配置静态 IP 地址
[AR2-GigabitEthernet0/0/1]quit
```

（2）AR1 的接口 IP 地址通过无状态化地址自动配置。

AR1 的配置：

```
<Huawei>system-view
Enter system view, return user view with Ctrl+Z.
[Huawei]undo info-center enable
Info: Information center is disabled.
[Huawei]sysname AR1
[AR1]ipv6
[AR1]interface g0/0/0
[AR1-GigabitEthernet0/0/0]ipv6 enable
//IPv6 地址通过无状化自动配置获取
[AR1-GigabitEthernet0/0/0]ipv6 address auto global
[AR1-GigabitEthernet0/0/0]quit
```

AR2 的配置：

```
[AR2]interface g0/0/1
[AR2-GigabitEthernet0/0/1]undo ipv6 nd ra halt   //让路由器发送 RA（路由通告）
```

【技术要点】

无状态化配置获取地址的流程：

①AR1 根据本地的接口 ID 自动生成链路本地地址 FE80::2E0:FCFF:FE31:2B7C。

②AR1 对该链路本地地址进行 DAD 检测，如果该地址无冲突则可启用，此时 AR1 具备 IPv6 连接能力。

③AR1 发送 RS 报文，尝试在链路上发现 IPv6 路由器。

④AR2 发送 RA 报文，携带可用于无状态地址自动配置的 IPv6 地址前缀，路由器在没有收到 RS 报文时也能够主动发出 RA 报文。

⑤AR1 解析路由器发送的 RA 报文，获得 IPv6 地址前缀，使用该前缀加上本地的接口 ID 生成 IPv6 单播地址。

⑥AR1 对生成的 IPv6 单播地址进行 DAD 检测，如果没有检测到冲突，则启用该地址。

（3）在 AR3 上通过有状态化地址配置。

AR3 的配置：

```
<Huawei>system-view
Enter system view, return user view with Ctrl+Z.
[Huawei]undo info-center enable
Info: Information center is disabled.
[Huawei]sysname AR3
[AR3]dhcp enable
[AR3]ipv6
[AR3]interface g0/0/1
[AR3-GigabitEthernet0/0/1]ipv6 enable
[AR3-GigabitEthernet0/0/1]ipv6 address auto link-local
[AR3-GigabitEthernet0/0/1]ipv6 address auto dhcp
[AR3-GigabitEthernet0/0/1]quit
```

AR2 的配置：

```
[AR2]dhcp enable                //启用 DHCP
Info: The operation may take a few seconds. Please wait for a moment.done.
[AR2]dhcpv6 pool hcip           //创建 DHCP 地址池，名叫 HCIP
[AR2-dhcpv6-pool-hcip]address prefix 2002:88:99::/64      //地址网段
[AR2-dhcpv6-pool-hcip]excluded-address 2002:88:99::2      //去除地址
[AR2]interface g0/0/0
[AR2-GigabitEthernet0/0/0]dhcpv6 server hcip              //在接口下调用
```

【技术要点】

①DHCPv6 客户端发送 Solicit 消息，请求 DHCPv6 服务器为其分配 IPv6 地址/前缀和网络配置参数。

②DHCPv6 服务器回复 Advertise 消息，通知客户端为其分配地址/前缀和网络配置参数。

③如果 DHCPv6 客户端接收到多个服务器回复的 Advertise 消息，则根据消息接收的先后顺序、服务器优先级等，选择其中一台服务器，并向该服务器发送 Request 消息，请求服务器确认为其分配地址/前缀和网络配置参数。

④DHCPv6 服务器回复 Reply 消息，确认将地址/前缀和网络配置参数分配给客户端使用。

4．实验调试

（1）在 AR1 的 GE0/0/0 接口抓包分析。

RS 的报文格式如图 12-8 所示。

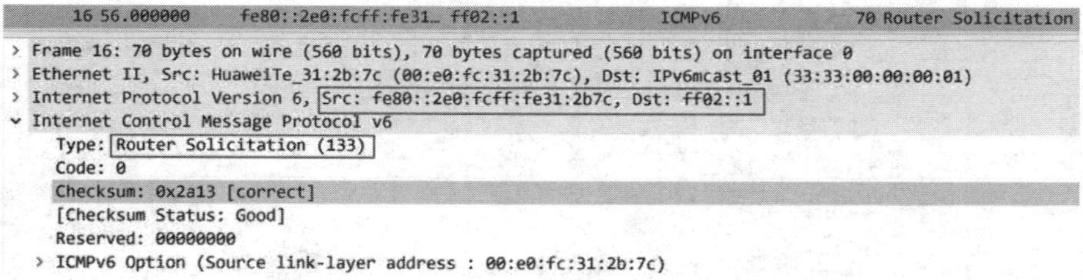

```
16 56.000000    fe80::2e0:fcff:fe31…  ff02::1    ICMPv6    70 Router Solicitation
> Frame 16: 70 bytes on wire (560 bits), 70 bytes captured (560 bits) on interface 0
> Ethernet II, Src: HuaweiTe_31:2b:7c (00:e0:fc:31:2b:7c), Dst: IPv6mcast_01 (33:33:00:00:00:01)
> Internet Protocol Version 6, Src: fe80::2e0:fcff:fe31:2b7c, Dst: ff02::1
v Internet Control Message Protocol v6
    Type: Router Solicitation (133)
    Code: 0
    Checksum: 0x2a13 [correct]
    [Checksum Status: Good]
    Reserved: 00000000
  > ICMPv6 Option (Source link-layer address : 00:e0:fc:31:2b:7c)
```

图 12-8　RS 的报文格式

RA 的报文格式如图 12-9 所示。

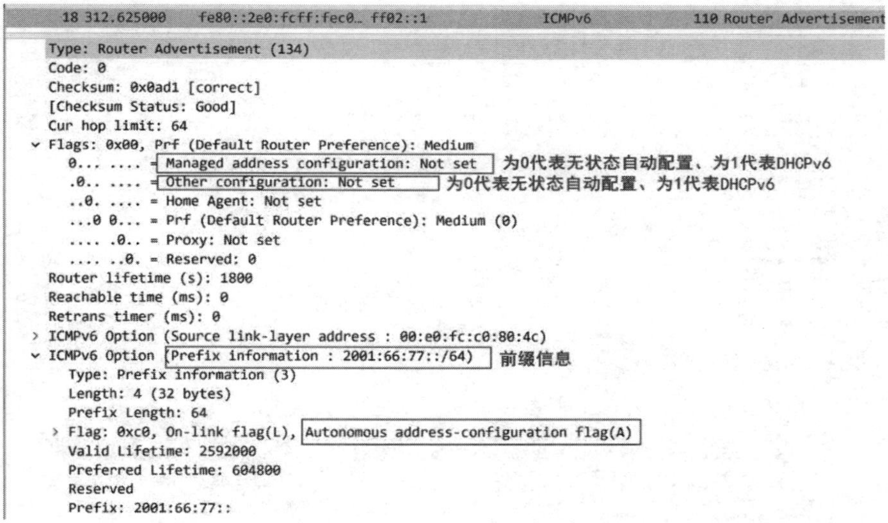

```
18 312.625000   fe80::2e0:fcff:fec0…  ff02::1    ICMPv6    110 Router Advertisement
    Type: Router Advertisement (134)
    Code: 0
    Checksum: 0x0ad1 [correct]
    [Checksum Status: Good]
    Cur hop limit: 64
  v Flags: 0x00, Prf (Default Router Preference): Medium
      0... .... = Managed address configuration: Not set   为0代表无状态自动配置、为1代表DHCPv6
      .0.. .... = Other configuration: Not set   为0代表无状态自动配置、为1代表DHCPv6
      ..0. .... = Home Agent: Not set
      ...0 0... = Prf (Default Router Preference): Medium (0)
      .... .0.. = Proxy: Not set
      .... ..0. = Reserved: 0
    Router lifetime (s): 1800
    Reachable time (ms): 0
    Retrans timer (ms): 0
  > ICMPv6 Option (Source link-layer address : 00:e0:fc:c0:80:4c)
  v ICMPv6 Option (Prefix information : 2001:66:77::/64)   前缀信息
      Type: Prefix information (3)
      Length: 4 (32 bytes)
      Prefix Length: 64
    > Flag: 0xc0, On-link flag(L), Autonomous address-configuration flag(A)
      Valid Lifetime: 2592000
      Preferred Lifetime: 604800
      Reserved
      Prefix: 2001:66:77::
```

图 12-9　RA 的报文格式

（2）抓包分析 DHCP。

Solicit 的报文格式如图 12-10 所示。

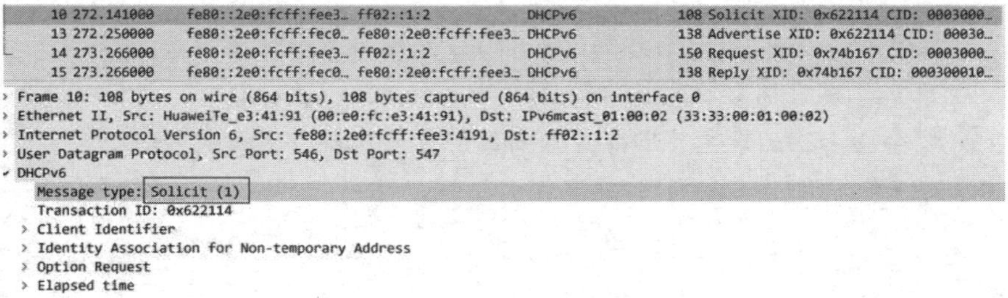

```
10 272.141000  fe80::2e0:fcff:fee3…  ff02::1:2              DHCPv6  108 Solicit XID: 0x622114 CID: 0003000…
13 272.250000  fe80::2e0:fcff:fec0…  fe80::2e0:fcff:fee3…  DHCPv6  138 Advertise XID: 0x622114 CID: 00030…
14 273.266000  fe80::2e0:fcff:fee3…  ff02::1:2              DHCPv6  150 Request XID: 0x74b167 CID: 0003000…
15 273.266000  fe80::2e0:fcff:fec0…  fe80::2e0:fcff:fee3…  DHCPv6  138 Reply XID: 0x74b167 CID: 000300010…
> Frame 10: 108 bytes on wire (864 bits), 108 bytes captured (864 bits) on interface 0
> Ethernet II, Src: HuaweiTe_e3:41:91 (00:e0:fc:e3:41:91), Dst: IPv6mcast_01:00:02 (33:33:00:01:00:02)
> Internet Protocol Version 6, Src: fe80::2e0:fcff:fee3:4191, Dst: ff02::1:2
> User Datagram Protocol, Src Port: 546, Dst Port: 547
v DHCPv6
    Message type: Solicit (1)
    Transaction ID: 0x622114
  > Client Identifier
  > Identity Association for Non-temporary Address
  > Option Request
  > Elapsed time
```

图 12-10　Solicit 的报文格式

Advertise 的报文格式如图 12-11 所示。

```
10 272.141000  fe80::2e0:fcff:fee3… ff02::1:2            DHCPv6    108 Solicit XID: 0x622114 CID: 0003000…
13 272.250000  fe80::2e0:fcff:fec0… fe80::2e0:fcff:fee3… DHCPv6    138 Advertise XID: 0x622114 CID: 00030…
14 273.266000  fe80::2e0:fcff:fee3… ff02::1:2            DHCPv6    150 Request XID: 0x74b167 CID: 0003000…
15 273.266000  fe80::2e0:fcff:fec0… fe80::2e0:fcff:fee3… DHCPv6    138 Reply XID: 0x74b167 CID: 000300010…
> Frame 13: 138 bytes on wire (1104 bits), 138 bytes captured (1104 bits) on interface 0
> Ethernet II, Src: HuaweiTe_c0:80:4b (00:e0:fc:c0:80:4b), Dst: HuaweiTe_e3:41:91 (00:e0:fc:e3:41:91)
> Internet Protocol Version 6, Src: fe80::2e0:fcff:fec0:804b, Dst: fe80::2e0:fcff:fee3:4191
> User Datagram Protocol, Src Port: 547, Dst Port: 546
v DHCPv6
    Message type: Advertise (2)
    Transaction ID: 0x622114
  > Client Identifier
  > Server Identifier
  > Identity Association for Non-temporary Address
```

图 12-11 Advertise 的报文格式

Request 的报文格式如图 12-12 所示。

```
10 272.141000  fe80::2e0:fcff:fee3… ff02::1:2            DHCPv6    108 Solicit XID: 0x622114 CID: 0003000…
13 272.250000  fe80::2e0:fcff:fec0… fe80::2e0:fcff:fee3… DHCPv6    138 Advertise XID: 0x622114 CID: 00030…
14 273.266000  fe80::2e0:fcff:fee3… ff02::1:2            DHCPv6    150 Request XID: 0x74b167 CID: 0003000…
15 273.266000  fe80::2e0:fcff:fec0… fe80::2e0:fcff:fee3… DHCPv6    138 Reply XID: 0x74b167 CID: 000300010…
Frame 14: 150 bytes on wire (1200 bits), 150 bytes captured (1200 bits) on interface 0
Ethernet II, Src: HuaweiTe_e3:41:91 (00:e0:fc:e3:41:91), Dst: IPv6mcast_01:00:02 (33:33:00:01:00:02)
Internet Protocol Version 6, Src: fe80::2e0:fcff:fee3:4191, Dst: ff02::1:2
User Datagram Protocol, Src Port: 546, Dst Port: 547
DHCPv6
    Message type: Request (3)
    Transaction ID: 0x74b167
  > Client Identifier
  > Server Identifier
  > Identity Association for Non-temporary Address
  > Option Request
  > Elapsed time
```

图 12-12 Request 的报文格式

Reply 的报文格式如图 12-13 所示。

```
10 272.141000  fe80::2e0:fcff:fee3… ff02::1:2            DHCPv6    108 Solicit XID: 0x622114 CID: 0003000…
13 272.250000  fe80::2e0:fcff:fec0… fe80::2e0:fcff:fee3… DHCPv6    138 Advertise XID: 0x622114 CID: 00030…
14 273.266000  fe80::2e0:fcff:fee3… ff02::1:2            DHCPv6    150 Request XID: 0x74b167 CID: 0003000…
15 273.266000  fe80::2e0:fcff:fec0… fe80::2e0:fcff:fee3… DHCPv6    138 Reply XID: 0x74b167 CID: 000300010…
> Frame 15: 138 bytes on wire (1104 bits), 138 bytes captured (1104 bits) on interface 0
> Ethernet II, Src: HuaweiTe_c0:80:4b (00:e0:fc:c0:80:4b), Dst: HuaweiTe_e3:41:91 (00:e0:fc:e3:41:91)
> Internet Protocol Version 6, Src: fe80::2e0:fcff:fec0:804b, Dst: fe80::2e0:fcff:fee3:4191
> User Datagram Protocol, Src Port: 547, Dst Port: 546
v DHCPv6
    Message type: Reply (7)
    Transaction ID: 0x74b167
  > Client Identifier
  > Server Identifier
  v Identity Association for Non-temporary Address
      Option: Identity Association for Non-temporary Address (3)
      Length: 40
      Value: 000000410000a8c000010e000005001820020088009900000…
      IAID: 00000041
      T1: 43200
      T2: 69120
    v IA Address
        Option: IA Address (5)
        Length: 24
        Value: 20020088009900000000000000000001000151800002a300
        IPv6 address: 2002:88:99::1
```

图 12-13 Reply 的报文格式

12.4 练　习　题

1. （多选题）关于 IPv6 通过 NDP 无状态自动配置地址的描述，正确的是（　　）。

   A. 在无状态地址配置过程中，除了 DAD 检测需要 NS 和 NA 报文交互外，其他过程只需要 RA 和 RS 两个报文参与

B．在无状态地址配置的过程中，两次 DAD 检测都被用来检测链路本地地址是否冲突

C．在无状态地址配置过程中传输的 RA 报文里，M 位被置位为 0

D．设备能够无状态配置地址的前提是，交互的两台设备都生成了链路本地地址

2．（多选题）以下关于 IPv6 优势的描述，正确的是（　　）。

A．底层自身携带安全特性

B．头部格式灵活，具有多个扩展头

C．加入了对自动配置地址的支持，能够无状态自动配置地址

D．路由表比 IPv4 会更大，寻址更加精确

3．（单选题）当载荷为 ICMPv6 报文时，若不考虑存在拓展头部，则 IPv6 头部中的 Next Header 字段的数值为（　　）。

A．68　　B．58　　C．55　　D．78

4．（多选题）NDP 是 IPv6 非常核心的组件，属于 NDP 的功能的是（　　）。

A．邻居状态跟踪　　B．链路最短路径计算　　C．重复地址检测

D．地址解析　　E．路由器发现

5．（单选题）IPv6 的地址类型不包括（　　）。

A．广播 IPv6 地址　　B．任播 IPv6 地址　　C．组播 IPv6 地址　　D．单播 IPv6 地址

第13章 防火墙

本章阐述了防火墙的发展历史、分类和基本原理，并通过实验使读者能够掌握防火墙的配置方法。

本章包含以下内容：

- 防火墙的发展历程
- 防火墙的分类
- 防火墙的工作原理
- 防火墙的配置

13.1　防火墙概述

防火墙（Firewall）是一种网络安全设备，根据预定的安全策略监视、过滤和控制传入与传出网络的流量，保护一个网络区域免受来自另一个网络区域的网络攻击和网络入侵。

这里所说的防火墙是指网络防火墙，它可以以硬件、软件、软件即服务（SaaS）等形式存在。防火墙作为网络部署中安全防护的第一道防线，可灵活应用于网络边界、子网隔离等位置，具体如企业网络出口、大型网络内部子网隔离、数据中心边界等。

13.1.1　防火墙的发展历史

防火墙的发展经历了从低级到高级、从功能简单到功能复杂的过程，如图 13-1 所示。在这一过程中，网络技术的不断发展，新需求的不断提出，推动着防火墙向前发展演进。

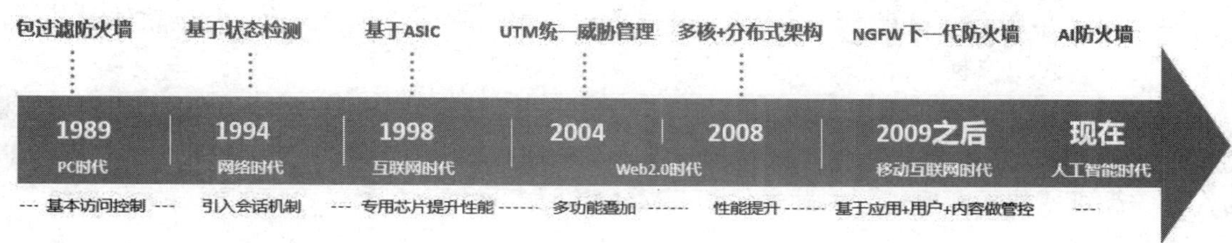

图 13-1　防火墙的发展历程

防火墙的发展历程大致可以划分为下面三个时期。

1．1989 年至 1994 年

（1）1989 年产生了包过滤防火墙，实现简单的访问控制，我们称之为第一代防火墙。

（2）随后出现了代理防火墙，在应用层代理内部网络和外部网络之间的通信，属于第二代防火墙。代理防火墙安全性较高，但处理速度慢，而且对每一种应用开发一个对应的代理服务是很难做到的，因此只能对少量的应用提供代理支持。

（3）1994 年 CheckPoint 公司发布了第一台基于状态检测技术的防火墙，通过动态分析报文的状态来决定对报文采取的动作，不需要为每个应用程序都进行代理，处理速度快而且安全性高。状态检测防火墙被称为第三代防火墙。

2．1995 年至 2004 年

（1）在这一时期，状态检测防火墙已经成为趋势。除了访问控制功能之外，防火墙上也开始增加一些其他功能，如 VPN。

（2）同时，一些专用设备也在这一时期出现了雏形。例如，专门保护 Web 服务器安全的 WAF（Web Application Firewall，Web 应用防火墙）设备。

（3）2004 年业界提出了 UTM（United Threat Management，统一威胁管理）的概念，将传统防火墙、入侵检测、防病毒、URL 过滤、应用程序控制、邮件过滤等功能融合到一台防火墙上，实现全面的安全防护。

3. 2005 年至今

（1）2004 年后，UTM 市场得到了快速的发展，UTM 产品如雨后春笋般涌现，但也出现了新的问题。首先是对应用层信息的检测程度受到限制，举个例子，假设防火墙允许“男人”通过，拒绝“女人”通过，那是否允许来自星星的都教授（外星人）通过呢？此时就需要更高级的检测手段，这使得业务感知技术得到广泛应用。其次是性能问题，多个功能同时运行，UTM 设备的处理性能将会严重下降。

（2）2008 年 Palo Alto Networks 公司发布了下一代防火墙，解决了多个功能同时运行时性能下降的问题。同时，还可以基于用户、应用和内容来进行管控。

（3）2009 年 Gartner 公司对下一代防火墙进行了定义，明确了下一代防火墙应具备的功能特性。随后各个安全厂商也推出了各自的下一代防火墙产品，防火墙自此进入了一个新的时代。

（4）2014 年左右，随着云计算和虚拟化技术的发展，防火墙开始云化，并以软件形式部署在云环境中，为用户提供弹性伸缩、灵活部署的安全服务。

（5）2018 年华为公司采用机器学习和深度学习构建威胁检测模型，首次发布了运用智能检测技术的 AI 防火墙，解决了传统威胁检测技术颗粒粗、威胁检测周期长等问题，以应对 APT 为代表的高级威胁不断演进，如勒索软件、M2M 攻击。

13.1.2 防火墙的性能指标

防火墙在网络安全中扮演着至关重要的角色，防火墙的性能直接关系到整个网络的安全性和稳定性。评估防火墙的性能是否满足网络需求的三个最基本的性能指标如下。

（1）最大并发连接数：表示同一时刻最大能够维持的流的数量。如果防火墙的并发连接数耗尽，新的流就无法创建，也无法通过防火墙。一般网络中存在大量终端、大量 API 服务器或者提供即时通信和在线游戏等服务时，需要防火墙较大的并发连接数。这个性能主要是由防火墙内部的内存大小来决定的。

（2）最大新建连接速率：表示每秒钟防火墙可以建立的新连接的数量。当防火墙新建连接速率满负荷时，用户上网就会卡顿，体验下降。一般提供云服务、实时性比较高的应用，或者碰到节假日促销等业务突增的场景，这个指标就会变得很重要。这个性能主要取决于防火墙内的中央处理器和软件的处理性能。

（3）最大吞吐量：表示每秒最大可以通过防火墙的数据量，一般用每秒通过的比特数或者每秒通过的报文数来衡量。值得注意的是，这个指标有很多细分项，比如小包吞吐量、大包吞吐量、开启内容安全以后的吞吐量等，它们都是在不同的前提条件下的吞吐量，要注意区分。关注吞吐量的场景主要包括流媒体服务器、大量下载活动或者云存储等。这个性能主要是由处理器和接口的性能决定的。有些防火墙产品会有专门的硬件加速芯片来提升这个性能。

13.1.3　防火墙安全区域

防火墙的默认安全区域一共分为以下 4 类，如图 13-2 所示。

（1）非受信区域（untrust）：低安全级别区域，优先级为 5。

（2）非军事化区域（dmz）：中等安全级别区域，优先级为 50。

（3）受信区域（trust）：较高安全级别区域，优先级为 85。

（4）本地区域（local）：local 区域定义的是设备本身，例如设备的接口。local 区域是最高安全级别区域，优先级为 100。

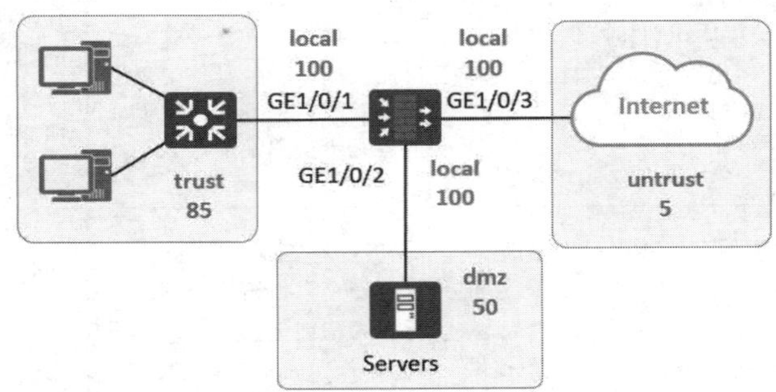

图 13-2　防火墙安全区域

13.2　防火墙的分类

从防火墙的发展历史可以看出，基于防火墙的实现技术手段划分，防火墙的分类如表 13-1 所示。

表 13-1　防火墙的类型、工作原理和优缺点

防火墙类型	工作原理	优　点	缺　点
包过滤防火墙	基于网络层和传输层，通过分析经过防火墙的每个 IP 数据包的源地址、目标地址、协议类型以及端口号等信息，与事先设定好的安全策略进行匹配，决定这些数据包是被允许通过，还是被拒绝或丢弃	简单高效：包过滤防火墙处理速度快，资源消耗相对较低。 兼容性好：几乎可以在任何网络层上进行配置和使用	安全性有限：仅能基于数据包的表面层面进行审查，无法深入应用层，因此无法识别复杂的攻击手段。 功能单一：缺乏更高级的网络安全功能，如状态检查、内容审查等
应用代理防火墙	基于应用层的防火墙技术，通过代理服务器来处理进出网络的数据包。应用代理防火墙可以对数据包的内容进行过滤和检查，可以识别应用层协议（如 HTTP、FTP），并可以对数据包进行加密和解密	安全性高：可以对数据包的内容进行深度检查。 精确控制：可以根据应用需求设置详尽的访问控制规则，实行更为精细化的流量管理	资源消耗大：由于需要深入分析数据包内容，会大幅增加 CPU 等资源的消耗。 处理速度慢：复杂的分析过程延长了处理时间，对于高速网络可能产生瓶颈

续表

防火墙类型	工作原理	优　　点	缺　　点
状态检测防火墙	在包过滤防火墙的基础上发展而来，除了具有包过滤防火墙的基础功能外，还能够跟踪和分析数据流的状态信息，如会话过程中的数据包顺序、连接状态等	安全性提升：通过跟踪连接状态，能够更准确地判断数据流的合法性，有效抵御一些简单攻击。 智能化：可以根据通信状态和历史记录作出更为精准的判断	资源消耗大：相比包过滤防火墙，状态检测防火墙在跟踪连接状态时需要消耗更多资源。 处理速度慢：处理速度相对较慢，面对极高速度的网络流量时，可能会成为瓶颈
统一威胁管理 UTM	将传统防火墙、入侵检测、反病毒、URL 过滤、应用识别和控制、邮件过滤等功能融合到一台防火墙上，实现全面的安全防护	综合防护：UTM 集成了多种安全功能，提供从网络层到应用层的全面防护。 简化管理：UTM 将多种安全功能集成到一台设备中，简化了网络安全管理，减少了部署和维护多个独立安全设备的复杂性	安全性有限：尽管 UTM 提供了比包过滤等防火墙更深入的安全检查，但它的安全性仍然受到限制。例如，可能无法完全防御零日攻击或高级持续性威胁等。 性能瓶颈：多个功能同时运行，可能会遇到性能瓶颈
下一代防火墙 NGFW	NGFW 解决了 UTM 多个功能同时运行时性能下降的问题，通过深入分析网络流量中的用户、应用和内容，基于高性能并行处理引擎，为用户提供应用层一体化安全防护，全面应对应用层威胁	深度检测：提供基于应用粒度的安全策略访问控制，实行更为精细化的上网行为管理。 性能更高：一体化引擎处理，大大提升了设备处理性能	管理复杂：无法基于意图进行智能管控，威胁处置人工程度高、花费时间长。 未知威胁难预测：高级威胁日益增多，而且衍生出很多变种，NGFW 的静态规则库检测方式难以为继
AI 防火墙	利用人工智能技术，如机器学习和深度学习，来识别和预测网络威胁。它能够自动学习和适应新的威胁模式，实时调整安全策略，并能够处理大量的数据来识别异常行为	自适应性：能够自动学习和适应新的威胁，减少了对人工干预的依赖。 预测能力：能够预测潜在的安全威胁，提前采取防御措施	计算算力依赖：引入智能检测技术后，对算力的要求更高，否则智能检测实力难以发挥。 管理运维复杂：机器学习和深度学习构建的威胁检测模型依赖海量的数据，运维和管理复杂，需要专业的运维技术人员投入

根据设备形态划分，防火墙又可分为硬件防火墙、软件防火墙和云防火墙。

（1）硬件防火墙：最常见的防火墙形态，是一个单独的硬件，这些独立设备有自己的资源。硬件防火墙再按照形态来细化，还可以分为框式防火墙、盒式防火墙和桌面式防火墙、插板形态的防火墙等。

（2）软件防火墙：以软件形式安装在计算机或服务器上的防火墙，既可以作为基于主机的防火墙来保护单个设备，也可以作为虚拟化环境中的网络防火墙来保护整个虚拟网络。把防火墙的处理放到虚拟机的环境下，让一台虚拟机变为防火墙，这类防火墙也就是虚拟机防火墙，有时候也叫 VM 防火墙、虚拟防火墙。

（3）云防火墙：部署在云服务提供商环境中的防火墙服务，然后通过服务订阅的方式提供给客户。这些服务也称为防火墙即服务（FWaaS），以基础设施即服务（IaaS）或平台即服务（PaaS）的形式运行。

尽管虚拟防火墙和云防火墙与硬件防火墙在形态上有差异，但它们的核心功能是一样的。

13.3　防火墙的工作原理

防火墙已经发展了几十年，功能非常多，如安全策略、网络攻击防范、用于安全接入的 IPsec VPN 和 SSL VPN、NAT 地址转换、入侵防御、反病毒等。但是，防火墙之所以被称为防火墙，最基本最核心的功能是安全策略。

安全策略其实就是网络的门禁系统，如图 13-3 所示。

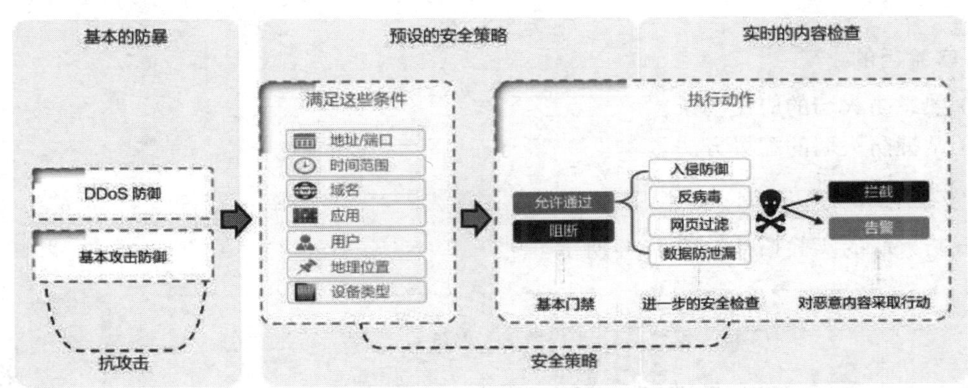

图 13-3　防火墙的门禁系统

（1）首先，它有最基本的“防暴”能力，能够抵御一些最基本的网络攻击和 DDoS 泛洪流量的攻击。

（2）然后，就是门禁系统的核心——预设的安全策略。通过预先设定好的规则，允许什么样的流量通过，或者不允许什么样的流量通过。条件包括传统的 IP 地址和端口，也可以包括流量所属的应用程序、流量发起的用户、所在的地理位置，甚至当前的时间是工作时间还是周末等，对于满足这些条件的流量，防火墙就可以指定是允许它通过还是不允许它通过。

（3）如果门禁系统允许流量通过，防火墙的功能并没有完结，还可以对流量做进一步的“搜身检查”，比如入侵检测、反病毒、网页过滤、数据防泄漏等，这些都是进一步的内容安全检查。如果发现了风险，防火墙可以按照既定设置拦截流量，或者发出告警事件。

流量一般都有两个方向，比如用户上网的时候，向网站发出的访问请求，在网站看来，是“入方向”，网站返回给用户的流量则是“出方向”。所以，流经防火墙的流量，也都有两个方向。

网络里的数据流量，并不像水流一样是连续的，所有的数据都被分成一个个报文，有点像快递包裹，所以防火墙看到的是大量的报文在两个方向上快速流淌、经过。

那安全策略是不是需要对经过的每一个报文进行检查和决策呢？答案是否定的，因为防火墙还是比较聪明的。尽管流过防火墙设备的流量是一个个的报文，但是防火墙能够看到它们之间的联系，也就是防火墙看到的并不是一个个孤立和随机的报文。例如，用户访问一个网站，访问请求可能比较小，是由两个报文组成的，返回的网页可能比较大，是由几十个报文组成的，那么这些报文其实是共同完成了用户上网获取网页这样一个使命，它们都具有相同的访问目的，这些报文就像是旅行团，过门禁的时候，就可以按照团体游客来处理。防火墙就是这么做的，防火墙看到的是一个个不同的“旅行团”，在防火墙的术语里，把它们叫做流。防火墙对每个“旅行团”也就是流，只需要做一次判断和决策。

扫一扫，看视频

13.4 防火墙的配置实验

1. 实验目的

（1）熟悉防火墙的应用场景。

（2）掌握防火墙的配置方法。

2. 实验拓扑

配置防火墙的实验拓扑如图 13-4 所示。

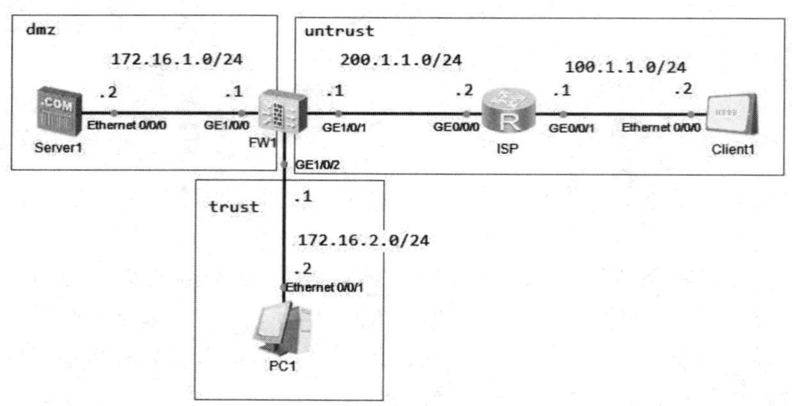

图 13-4　配置防火墙的实验拓扑

【技术要点】

某公司网络使用防火墙作为出口路由器，要求将公网设置为 untrust 区域，对外 http 服务器所在区域设置为 dmz 区域，内网的其他 PC 所在区域设置为 trust 区域。最终实现外网设备 Client1 能够通过 nat server 访问 Server1，内网 PC1 能够通过 nat 访问公网 ISP。

3. 实验步骤

（1）登录防火墙（防火墙使用 USG6000V1，默认登录的账户为 admin、密码为 Admin@123，登录后需要修改密码）。

```
Username:admin
Password: Admin@123
The password needs to be changed. Change now? [Y/N]: y
Please enter old password: Admin@123
Please enter new password: Huawei@123
Please confirm new password: Huawei@123
 Info: Your password has been changed. Save the change to survive a reboot.
*************************************************************************
*       Copyright (C) 2014-2018 Huawei Technologies Co., Ltd.        *
*                      All rights reserved.                       *
*               Without the owner's prior written consent,              *
*       no decompiling or reverse-engineering shall be allowed.        *
*************************************************************************
<USG6000V1>
```

（2）配置防火墙和路由器的接口 IP 地址。

FW1 的配置：

```
[USG6000V1]sysname FW1
[FW1]interface  g1/0/2
[FW1-GigabitEthernet1/0/2]ip address 172.16.2.1 24
[FW1]interface  g1/0/0
[FW1-GigabitEthernet1/0/0]ip address 172.16.2.1 24
[FW1]interface  g1/0/1
[FW1-GigabitEthernet1/0/1]ip address 200.1.1.1 24
```

ISP 的配置：

```
[Huawei]sysname ISP
[ISP]interface  g0/0/0
[ISP-GigabitEthernet0/0/0]ip address 200.1.1.2 2
[ISP]interface  g0/0/1
[ISP-GigabitEthernet0/0/1]ip address 100.1.1.1 24
```

（3）将对应接口的网络划分到防火墙的安全区域。

```
[FW1]firewall  zone  trust                  //进入 trust 区域视图
[FW1-zone-trust]add interface g1/0/2        //将 GE1/0/2 接口划分到 trust 区域
[FW1]firewall  zone  untrust                //进入 untrust 区域视图
[FW1-zone-untrust]add interface g1/0/1      //将 GE1/0/1 接口划分到 untrust 区域
[FW1]firewall  zone  dmz                    //进入 dmz 区域视图
[FW1-zone-dmz]add interface g1/0/0          //将 GE1/0/0 接口划分到 dmz 区域
```

（4）配置默认路由指向 ISP。

```
[FW1]ip route-static 0.0.0.0 0.0.0.0 200.1.1.2
```

（5）配置 nat、nat server 以及防火墙区域间策略。

第 1 步，配置 nat，让 PC1 能够访问 ISP 网络。

```
[FW1]nat-policy                                   //进入 nat 策略视图
[FW1-policy-nat]rule name 1                       //创建 nat 策略，命名为 1
[FW1-policy-nat-rule-1]source-zone trust          //源安全区域为 trust
```

```
[FW1-policy-nat-rule-1]destination-zone untrust  //目标安全区域为 untrust
//定义源 ip 地址为 172.16.2.0/24
[FW1-policy-nat-rule-1]source-address 172.16.2.0 24
//匹配以上调整则执行 esay-ip 动作
[FW1-policy-nat-rule-1]action  source-nat easy-ip
```

第 2 步，配置 PC 访问 ISP 网络的防火墙区域间策略。

```
[FW1]security-policy   //进入安全策略视图模式
[FW1-policy-security]rule name trusttountrust //策略命名为 trusttountrust
//源安全区域为 trust
[FW1-policy-security-rule-trusttountrust]source-zone trust
//目标安全区域为 untrust
[FW1-policy-security-rule-trusttountrust]destination-zone untrust
//定义源 ip 地址为 172.16.2.0/24
[FW1-policy-security-rule-trusttountrust]source-address 172.16.2.0 24
[FW1-policy-security-rule-trusttountrust]action permit   //执行动作为允许
```

（6）测试 PC1 是否能够访问 ISP。

PC1 的配置如图 13-5 所示。

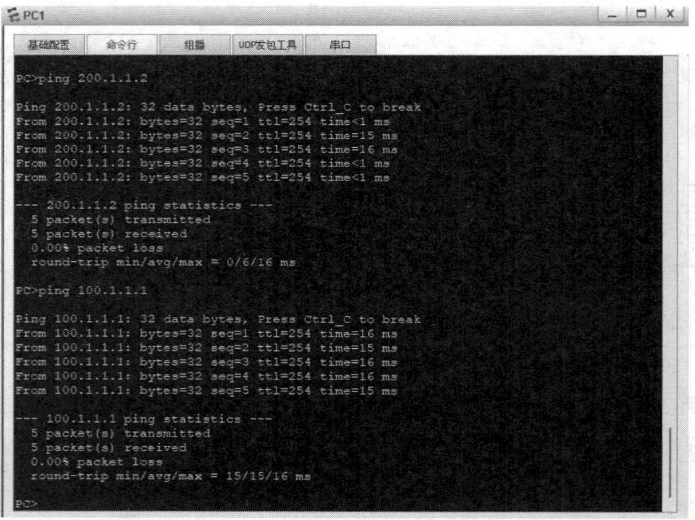

图 13-5　在 PC1 上访问 200.1.1.2

（7）查看防火墙的会话表项。

```
[FW1]display  firewall session table  verbose
2022-11-01 03:24:06.270
 Current Total Sessions : 5
 icmp  VPN: public --> public  ID: c387fcfe6a60878ca46360918c
 Zone: trust --> untrust  TTL: 00:00:20  Left: 00:00:17
 Recv Interface: GigabitEthernet1/0/2
 Interface: GigabitEthernet1/0/1  NextHop: 200.1.1.2  MAC: 00e0-fc83-073e
```

```
<--packets: 1 bytes: 60 --> packets: 1 bytes: 60
172.16.2.2:63377[200.1.1.1:2064] --> 200.1.1.2:2048 PolicyName: trusttountrust
```

可以看到会话的安全区域为 trust 到 untrust 区域，该会话的老化时间（TTL）为 20s，接收报文的接口为 GE1/0/2，发送报文的接口为 GE1/0/1。可以看到该会话匹配的安全策略规则名称为 trusttountrust。

（8）配置 nat server，让 Clinet1 能访问内部服务器 Server1。

```
[FW1]nat server http protocol tcp global 200.1.1.1 www inside 172.16.1.2
www //配置 nat server，将公网地址 200.1.1.1 的 80 端口映射到私网地址 172.16.1.2 的 80 端口
```

（9）配置外网 untrust 区域访问 dmz 区域的区域间策略。

```
[FW1]security-policy
[FW1-policy-security]rule name untrusttodmz
[FW1-policy-security-rule-untrusttodmz]source-zone untrust
[FW1-policy-security-rule-untrusttodmz]destination-zone dmz
[FW1-policy-security-rule-untrusttodmz]destination-address 172.16.1.2 24
[FW1-policy-security-rule-untrusttodmz]service http
[FW1-policy-security-rule-untrusttodmz]action permit
```

（10）测试 Client1 是否能够访问 Server1。

第 1 步，在 Server1 开启 HttpServer 服务，配置如图 13-6 所示。

图 13-6　在 Server1 开启 HttpServer 服务

第 2 步，在 Client1 测试，配置如图 13-7 所示。

结果表明，外网设备能够通过 nat server 访问服务器。

图 13-7　在 Client1 上访问 200.1.1.1

13.5　练　习　题

1. 在状态检测防火墙中开启状态检测机制时，三次握手的第二个报文（SYN+ACK）到达防火墙的时候，如果防火墙上还没有对应的会话表，则下面说法正确的是（　　）。

A. 如果防火墙安全策略允许报文通过，则创建会话表

B. 默认状态下，关闭状态功能并配置了允许策略即可通过

C. 报文一定通过防火墙，并建立会话表

D. 如果防火墙安全策略允许报文通过，则报文可以通过防火墙

2. 在 USG 系列防火墙中，untrust 区域的安全级别是（　　）。

A. 10　　B. 50　　C. 15　　D. 5

3. 下列关于不同类型防火墙的说法，错误的是（　　）。

A. 状态检测防火墙需要配置报文的“去”和“回”两个方向的安全策略

B. 包过滤防火墙对于通过防火墙的每个数据包都要进行 ACL 匹配检查

C. 代理防火墙代理内部网络和外部网络用户之间的业务

D. 状态检测防火墙只对没有命中会话的首包进行安全策略检查

4. 在 USG 系列防火墙中，DMZ 区域的安全级别是（　　）。

A. 85　　B. 5　　C. 50　　D. 100

5. 包过滤防火墙对（　　）的数据报文进行检查。

A. 链路层　　B. 应用层　　C. 网络层　　D. 物理层

第 14 章 VPN

本章阐述了 VPN 的基本知识、IPsec VPN 的关键技术，并结合实验演示了 IPsec VPN 的配置方法。

本章包含以下内容：

- VPN 的基本知识
- VPN 关键技术
- IPsec VPN

14.1　VPN 概述

虚拟专用网 VPN（Virtual Private Network）是依靠 Internet 服务提供商 ISP（Internet Service Provider）和网络服务提供商 NSP（Network Service Provider）在公共网络中建立的虚拟专用通信网络，可以满足企业在网络的灵活性、安全性、经济性、扩展性等方面的要求。

1. VPN 的发展历史

随着社会的发展，IT 技术对现代企业业务流程的影响越来越大，如企业资源规划、基于 IP 网络的语音、会议和教学活动等，为企业的自动化办公和信息的获取提供了构架。随着网络经济的发展，企业的分布范围日益扩大，合作伙伴日益增多，公司员工的移动性也不断上升。这使得企业迫切需要借助电信运营商网络连接企业总部和分支机构来组成自己的企业网，同时使移动办公人员能在企业以外的地方接入企业内部的网络。

最初，电信运营商是以租赁专线（Leased Line）的方式为企业提供二层链路，这种方式的主要缺点是建设时间长、价格昂贵和难以管理。

此后，随着 ATM（Asynchronous Transfer Mode）和 FR（Frame Relay，帧中继）技术的兴起，电信运营商转而使用虚电路方式为客户提供点到点的二层连接，客户再在此基础上建立自己的三层网络以承载 IP 等数据流。虚电路方式与租赁专线相比，运营商网络建设时间短、价格低，能在不同的专网之间共享运营商的网络结构。

这种传统专网的不足如下。

（1）依赖于专用的介质（如 ATM 或 FR）：为提供基于 ATM 的 VPN 服务，运营商需要建立覆盖全部服务范围的 ATM 网络；为提供基于 FR 的 VPN 服务，又需要建立覆盖全部服务范围的 FR 网络，网络建设成本高。

（2）速率较慢：不能满足当前 Internet 应用对速率的要求。

（3）部署复杂：向已有的私有网络加入新的站点时，需要同时修改所有接入此站点的边缘节点的配置。

传统专网的应用促使企业效益日益增长，但传统专网难以满足企业对网络的灵活性、安全性、经济性、扩展性等的要求。这促使一种新的替代方案的产生——虚拟专用网 VPN。

2. VPN 的特点

VPN 具有以下两个基本特征。

（1）专用（Private）：对于 VPN 用户，使用 VPN 与使用传统专网没有区别。VPN 与底层承载网络之间保持资源独立，即 VPN 资源不被网络中非该 VPN 的用户所使用；且 VPN 能够提供足够的安全保证，确保 VPN 内部信息不受外部侵扰。

（2）虚拟（Virtual）：VPN 用户内部的通信是通过公共网络进行的，而这个公共网络同时也可以被其他非 VPN 用户使用，VPN 用户获得的只是一个逻辑意义上的专网。这个公共网络称为 VPN 骨干网（VPN Backbone）。

利用 VPN 的专用和虚拟的特点，可以把现有的 IP 网络分解成逻辑上隔离的网络。这种逻辑上隔离的网络应用丰富，可以用于解决企业内部的互连、相同或不同办事部门的互连，也可以用于提供新的业务，如为 IP 电话业务专门开辟一个 VPN，以此解决 IP 网络地址不足、QoS 保证以及开展新的增值服务等问题。

14.2　IPsec VPN

随着互联网技术的发展，越来越多的企业将局域网与 Internet 进行互联。Internet 上存在大量不可信的用户和网络设备，由于 IP 报文本身并未集成任何安全特性，无法保证 IP 数据包的安全性，企业不同局域网之间的业务数据穿越 Internet 时存在被伪造、篡改或窃取的风险。IPsec 作为对 IP 协议安全性的补充，解决了 IP 层的安全性问题，有效地避免了企业间业务数据穿越 Internet 时面临的数据安全风险。

14.2.1　IPsec VPN 简介

IPsec（Internet Protocol Security）是为 IP 网络提供安全性的一系列协议和服务的集合，通过这些协议和服务，可以在两个设备之间建立一条 IPsec 加密隧道。数据通过 IPsec 加密隧道进行传输，能够有效保证数据的安全性。从组网需求的维度划分，IPsec 可分为点到点 IPsec 和点到多点 IPsec。其中，点到点 IPsec 主要用于两个设备之间建立 IPsec 隧道，实现两个局域网之间点到点的安全互通，如图 14-1 所示。

点到多点 IPsec 主要用于一个设备同时和多个设备之间建立 IPsec 隧道，实现一个局域网与多个局域网之间的安全互通，如图 14-2 所示。

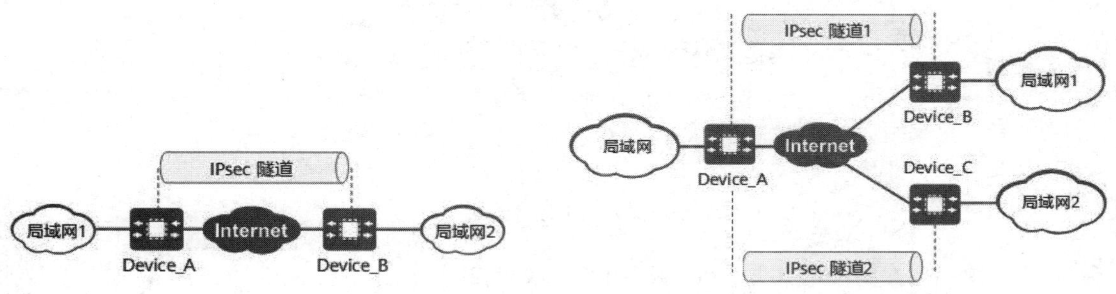

图 14-1　点到点 IPsec

图 14-2　点到多点 IPsec

IPsec 通过加密、验证等方式为 IP 数据包提供安全服务，可提供的安全服务如下。

（1）数据加密：发送方对数据进行加密，使数据以密文的形式在 Internet 上传输；接收方对接收到的加密数据解密后进行后续处理或直接转发。

（2）数据完整性验证：接收方对数据完整性进行验证，确保数据在传输路径上未被篡改。

（3）数据源验证：接收方对数据发送方的身份进行验证，确保数据来自身份真实且合法的发送者。

（4）防止数据重放：接收方拒绝旧的或重复的数据包，防止恶意用户通过重复发送捕获到的数据包进行攻击。

14.2.2 IPsec VPN 的关键技术

1. IPsec 安全联盟

IPsec 安全传输数据的前提是在 IPsec 对等体（即运行 IPsec 协议的两个端点）之间成功建立 IPsec 安全联盟（简称 IPsec SA）。通过该安全联盟，可以在 IPsec 对等体间形成一个安全互通的 IPsec 隧道。安全联盟（Security Association，SA）是通信对等体间对某些协商要素的约定，它描述了对等体间如何利用安全服务（例如数据加密服务）进行安全的通信。这些协商要素包括对等体间使用的安全协议、需要保护的数据流特征、数据传输采用的封装模式、协议采用的加密和验证算法，以及用于数据安全转换、传输的密钥和 SA 的生存周期等。

IPsec SA 通过 IKE 协议自动协商建立，需要保护的数据流需要被引入 IPsec 隧道中，在隧道两端的对等体中通过安全协议进行加密和验证，实现数据跨 Internet 安全传输。IPsec SA 由一个三元组来唯一标识，这个三元组包括安全参数索引（Security Parameter Index，SPI）、目的 IP 地址和安全协议（AH 或 ESP）。其中，SPI 是为唯一标识 SA 而生成的一个 32 比特的数值，它被封装在 AH 和 ESP 头中传输。IPsec SA 是单向的逻辑连接，通常成对建立（Inbound 和 Outbound）。因此，为实现两个 IPsec 对等体之间的双向通信，至少需要建立一对 IPsec SA 形成一个双向互通的 IPsec 隧道，分别对两个方向的数据流进行安全保护，如图 14-3 所示。

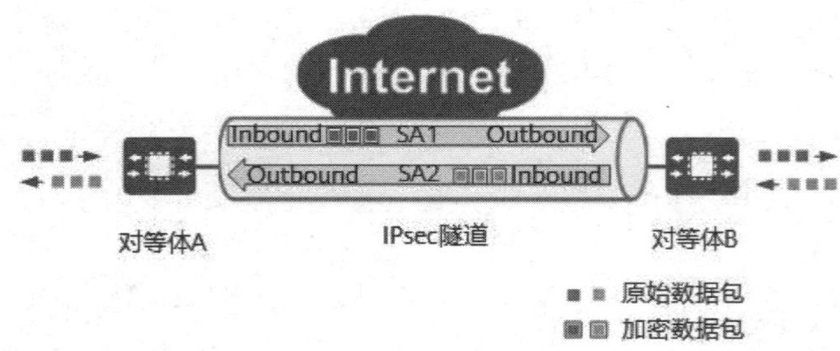

图 14-3　IPsec 安全联盟

另外，IPsec SA 的个数还与安全协议相关。如果仅使用 AH 或 ESP 中的某一种安全协议来保护两个对等体之间的流量，则对等体之间仅需要建立两个 IPsec SA（每个方向上各有一个）即可。如果对等体同时使用了 AH 和 ESP 两种安全协议，则对等体之间需要四个 IPsec SA（每个方向上各有两个，分别对应 AH 和 ESP）。因此不能将一个 IPsec SA 等同于一个“连接”。

2. IPsec 协议框架

IETF RFC 中定义了 IPsec 的框架标准，如图 14-4 所示。

IPsec 通过 AH（Authentication Header，验证头）和 ESP（Encapsulating Security Payload，封装安全载荷）两个安全协议实现 IP 报文的封装/解封装。加密和验证算法所使用的密钥是动态协商出来的。为了提升密钥的安全性，降低管理复杂度，IPsec 协议框架中引入因特网密钥交换（Internet Key Exchange，IKE）协议实现安全联盟的动态协商和密钥的管理功能。IKE 协议建立在 Internet 安全联盟和密钥管理协议（Internet Security Association and Key Management Protocol，ISAKMP）框架之上，采用 DH（Diffie-Hellman）算法在不安全的网络上安全地分发密钥、验证身份，以保证数据传输的安全性。

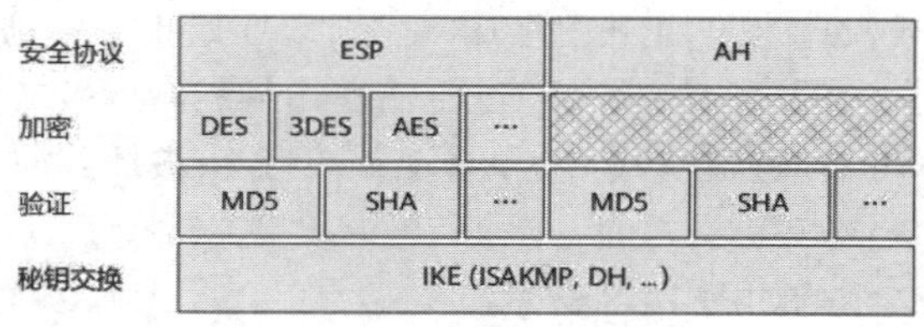

图 14-4　IPsec 协议框架

3．IPsec 安全协议

AH 协议仅支持验证功能，不支持加密功能。如图 14-5 所示，AH 协议在每个数据包的标准 IP 报头后方添加一个 AH 报文头，并对数据包和认证密钥进行 Hash 计算。接收方收到带有计算结果的数据包后，执行同样的 Hash 计算并与原计算结果进行比较，传输过程中对数据的任何更改将使计算结果无效，通过这一机制实现了数据来源验证和数据完整性校验。AH 协议的完整性验证范围为整个 IP 报文。

ESP 协议同时支持验证和加密功能。如图 14-6 所示，ESP 协议在每个数据包的标准 IP 报头后方添加一个 ESP 报文头，并在数据包后方追加一个 ESP 尾（ESP Trailer 和 ESP Auth data）。与 AH 协议不同的是，ESP 协议是将数据中的有效载荷进行加密后再封装到数据包中，以此保证数据的机密性，但 ESP 没有对 IP 头的内容进行保护，除非 IP 头被封装在 ESP 内部（采用隧道模式封装报文时的旧 IP 头）。

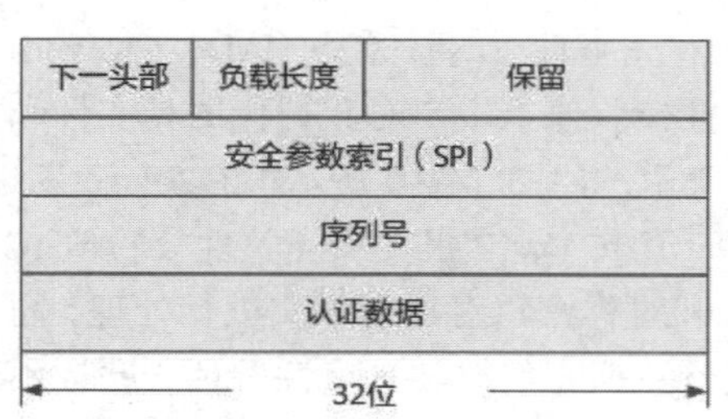

图 14-5　AH 报文头结构

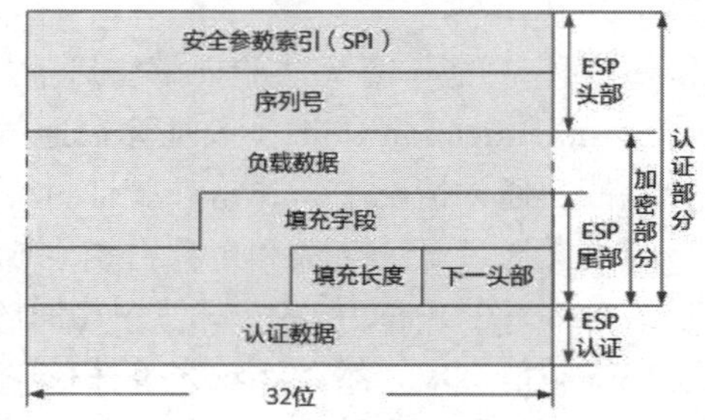

图 14-6　ESP 报文头结构

4．IPsec 封装模式

IPsec 封装是指将 AH 或 ESP 协议的相关字段插入原始 IP 报文中，以实现对报文的验证和加密。IPsec 封装模式包括传输模式和隧道模式。

在传输模式下，AH 头或 ESP 头被插入 IP 头与传输层协议头之间，保护报文载荷。由于传输模式未添加额外的 IP 头，所以原始报文中的 IP 地址在加密后报文的 IP 头中可见。以 TCP 报文为例，原始报文经过传输模式封装后，报文格式如图 14-7 所示。

在隧道模式下，AH 头或 ESP 头被插到原始 IP 头之前，另外生成一个新的报文头放到 AH 头或 ESP 头之前，保护 IP 头和报文载荷。以 TCP 报文为例，原始报文经隧道模式封装后的报文结构如图 14-8 所示。

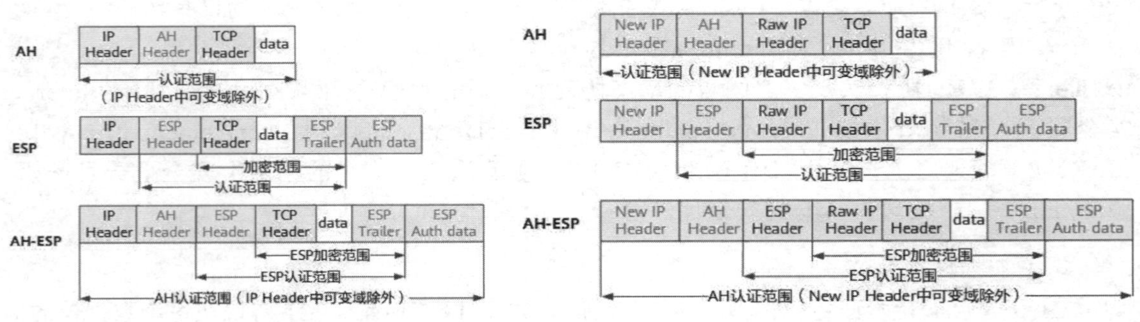

图 14-7　传输模式下的报文封装

图 14-8　隧道模式下的报文封装

5. IPsec 加密

IPsec 采用对称加密算法对数据进行加密和解密。如图 14-9 所示，数据发送方和接收方使用相同的密钥进行加密、解密。

用于加密和解密的对称密钥通过 IKE 协议自动协商生成。常用的对称加密算法包括：数据加密标准 DES（Data Encryption Standard）、3DES（Triple Data Encryption Standard）、先进加密标准 AES（Advanced Encryption Standard）。其中，DES 和 3DES 算法安全性低，存在安全风险，不推荐使用。

6. IPsec 验证

IPsec 加密功能本身无法验证解密后信息的真实性和完整性。IPsec 采用 HMAC（Keyed-Hash Message Authentication Code）验证算法通过比较完整性校验值 ICV，对数据包的真实性和完整性进行验证。通常情况下，加密和验证过程需要配合使用，如图 14-10 所示。在 IPsec 发送方，加密后的报文通过验证算法和对称密钥生成完整性校验值 ICV，IP 报文和完整性校验值 ICV 同时发送给对端；在 IPsec 接收方，使用相同的验证算法和对称密钥对加密报文进行处理，同样得到完整性校验值 ICV，然后比较完整性校验值 ICV 进行数据完整性和真实性验证，验证不通过的报文会被直接丢弃，验证通过的报文会进行解密处理。

同加密一样，用于验证的对称密钥也是通过 IKE 协议自动协商生成。常用的验证算法包括：消息摘要 5（Message Digest 5，MD5）、安全散列算法 1（Secure Hash Algorithm 1，SHA1）、SHA2。其中，MD5、SHA1 算法安全性低，存在安全风险，不推荐使用。

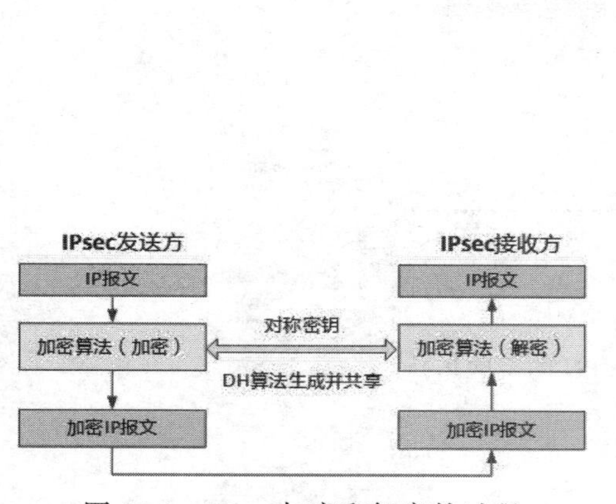

图 14-9　IPsec 加密和解密的过程

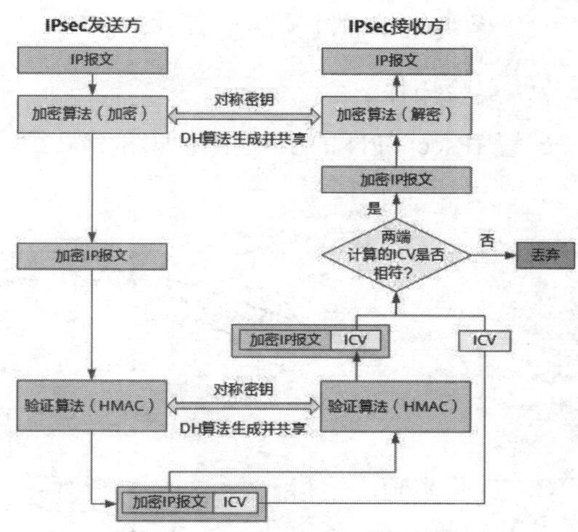

图 14-10　IPsec 验证过程

7．IKE 协议

因特网密钥交换（Internet Key Exchange，IKE）协议建立在 Internet 安全联盟和密钥管理协议 ISAKMP 定义的框架上，是基于 UDP（User Datagram Protocol）的应用层协议。它为 IPsec 提供了自动协商密钥、建立 IPsec 安全联盟的服务，能够简化 IPsec 的配置和维护工作。

IKE 与 IPsec 的关系如图 14-11 所示，对等体之间建立一个 IKE 安全联盟（IKE SA）完成身份验证和密钥信息交换后，在 IKE SA 的保护下，根据配置的 AH/ESP 安全协议等参数协商出一对 IPsec SA。此后，对等体间的数据将在 IPsec 隧道中加密传输。与 IPsec SA 不同的是，IKE SA 是一个双向的逻辑连接，两个对等体间只需建立一个 IKE SA。

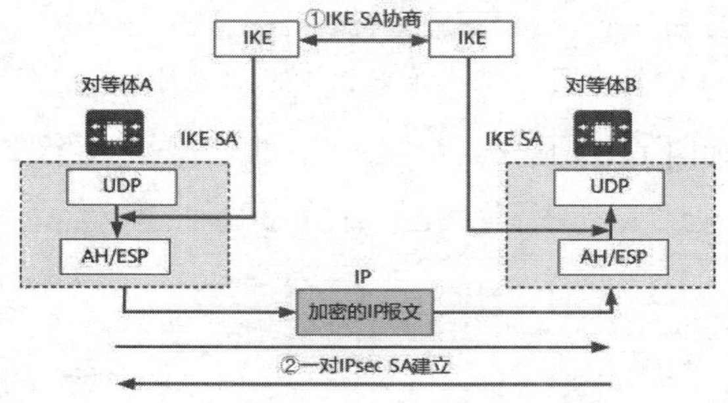

图 14-11　IKE 与 IPsec 的关系

14.3　IPsec VPN 配置实验

1．实验目的

（1）熟悉 IPsec VPN 的应用场景。

（2）掌握 IPsec VPN 的配置方法。

2. 实验拓扑

配置 IPsec VPN 的实验拓扑如图 14-12 所示。

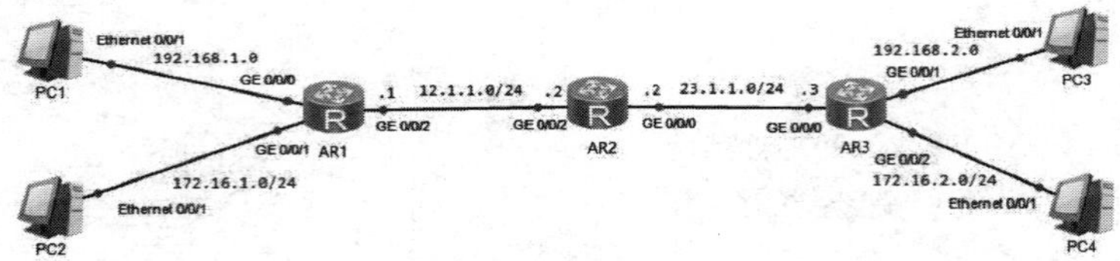

图 14-12　配置 IPsec VPN 的实验拓扑

3. 实验步骤

（1）配置 IP 地址。

PC1 的 IP 地址配置如图 14-13 所示。

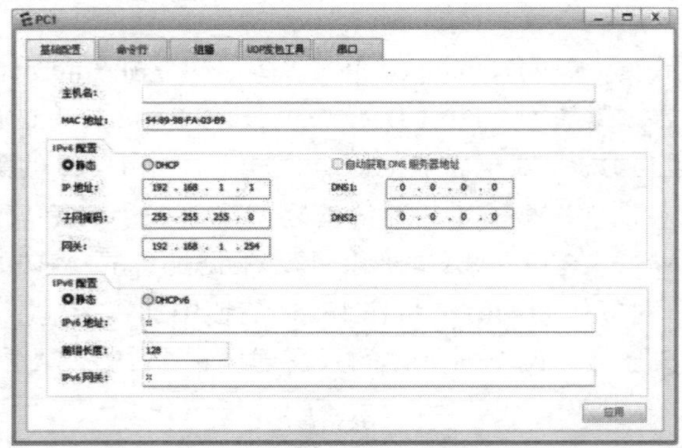

图 14-13　配置 PC1 的 IP 地址

PC2 的 IP 地址配置如图 14-14 所示。

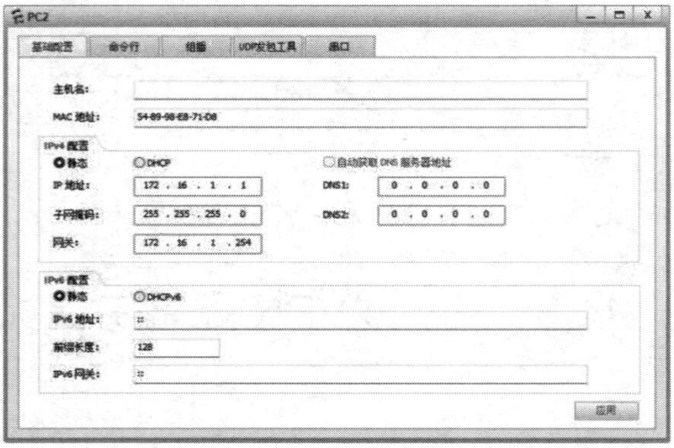

图 14-14　配置 PC2 的 IP 地址

AR1 的配置：

```
<Huawei>system-view
Enter system view, return user view with Ctrl+Z.
[Huawei]undo info-center enable
Info: Information center is disabled.
[Huawei]sysname AR1
[AR1]interface g0/0/0
[AR1-GigabitEthernet0/0/0]ip address 192.168.1.254 24
[AR1-GigabitEthernet0/0/0]quit
[AR1]interface g0/0/1
[AR1-GigabitEthernet0/0/1]ip address 172.16.1.254 24
[AR1-GigabitEthernet0/0/1]quit
[AR1]interface g0/0/2
[AR1-GigabitEthernet0/0/2]ip address 12.1.1.1 24
[AR1-GigabitEthernet0/0/2]quit
```

AR2 的配置：

```
<Huawei>system-view
Enter system view, return user view with Ctrl+Z.
[Huawei]undo info-center enable
Info: Information center is disabled.
[Huawei]sysname AR2
[AR2]interface g0/0/2
[AR2-GigabitEthernet0/0/2]ip address 12.1.1.2 24
[AR2-GigabitEthernet0/0/2]quit
[AR2]interface g0/0/0
[AR2-GigabitEthernet0/0/0]ip address 23.1.1.2 24
[AR2-GigabitEthernet0/0/0]quit
[AR2]interface LoopBack 0
[AR2-LoopBack0]ip address 2.2.2.2 32
[AR2-LoopBack0]quit
```

AR3 的配置：

```
<Huawei>system-view
Enter system view, return user view with Ctrl+Z.
[Huawei]undo info-center enable
Info: Information center is disabled.
[Huawei]sysname AR3
[AR3]interface g0/0/0
[AR3-GigabitEthernet0/0/0]ip address 23.1.1.3 24
[AR3-GigabitEthernet0/0/0]quit
[AR3]interface g0/0/1
[AR3-GigabitEthernet0/0/1]ip address 192.168.2.254 24
[AR3-GigabitEthernet0/0/1]quit
[AR3]interface g0/0/2
[AR3-GigabitEthernet0/0/2]ip address 172.16.2.254 24
[AR3-GigabitEthernet0/0/2]quit
```

PC3 的 IP 地址配置如图 14-15 所示。

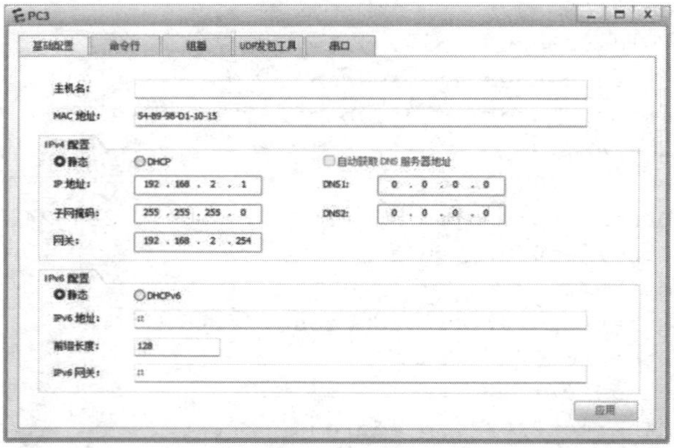

图 14-15　配置 PC3 的 IP 地址

PC4 的 IP 地址配置如图 14-16 所示。

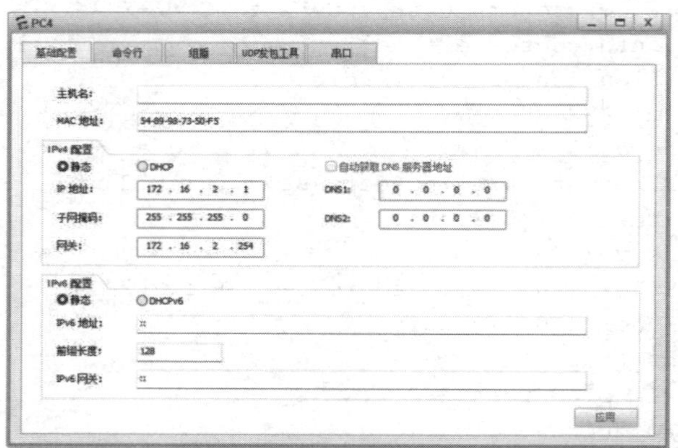

图 14-16　配置 PC4 的 IP 地址

（2）配置网络连通性。

AR1 的配置：

```
    [AR1]ip route-static 0.0.0.0 0.0.0.0 12.1.1.2
```

AR3 的配置：

```
    [AR3]ip route-static 0.0.0.0 0.0.0.0 23.1.1.2
```

（3）配置 IPsec VPN。

第 1 步，定义感兴趣的流量。

AR1 的配置：

```
    [AR1]acl 3000
    [AR1-acl-adv-3000]rule 10 permit ip source 192.168.1.0 0.0.0.255
destination 192.168.2.0 0.0.0.255
```

```
    [AR1-acl-adv-3000]quit
```

AR3 的配置：

```
    [AR3]acl 3000
    [AR3-acl-adv-3000]rule 10 permit ip source 192.168.2.0 0.0.0.255
destination 192.168.1.0 0.0.0.255
    [AR3-acl-adv-3000]quit
```

【技术要点】

满足 ACL 的流量才能通过 VPN 转发。

第 2 步，设置提议。

AR1 的配置：

```
    [AR1]ipsec proposal 1
    [AR1-ipsec-proposal-1]quit
```

AR3 的配置：

```
    [AR3]ipsec proposal 1
    [AR3-ipsec-proposal-1]quit
```

在 AR1 上查看提议：

```
    [AR1]display ipsec proposal                          //查看 IPSEC VPN 提议
    Number of proposals: 1                               //编号为 1
    IPSec proposal name: 1                               //名字为 1
     Encapsulation mode: Tunnel                          //封装模式为隧道
     Transform: esp-new                                  //封装为 ESP
     ESP protocol: Authentication MD5-HMAC-96            //认证模式为 MD5
                   Encryption     DES                    //加密用 DES
```

第 3 步，设置安全策略。

AR1 的配置：

```
    [AR1]ipsec  policy hcip 1 manual
    [AR1-ipsec-policy-manual-hcip-1]security acl 3000
    [AR1-ipsec-policy-manual-hcip-1]proposal 1
    [AR1-ipsec-policy-manual-hcip-1]tunnel local 12.1.1.1
    [AR1-ipsec-policy-manual-hcip-1]tunnel remote 23.1.1.3
    [AR1-ipsec-policy-manual-hcip-1]sa spi outbound esp 1234
    [AR1-ipsec-policy-manual-hcip-1]sa spi inbound esp 4321
    [AR1-ipsec-policy-manual-hcip-1]sa string-key inbound esp simple lwljh
    [AR1-ipsec-policy-manual-hcip-1]sa string-key outbound esp simple lwljh
```

AR3 的配置：

```
    [AR3]ipsec policy hcip 1 manual
    [AR3-ipsec-policy-manual-hcip-1]security acl 3000
    [AR3-ipsec-policy-manual-hcip-1]proposal 1
    [AR3-ipsec-policy-manual-hcip-1]tunnel local 23.1.1.3
```

```
[AR3-ipsec-policy-manual-hcip-1]tunnel remote 12.1.1.1
[AR3-ipsec-policy-manual-hcip-1]sa spi outbound esp 4321
[AR3-ipsec-policy-manual-hcip-1]sa spi inbound esp 1234
[AR3-ipsec-policy-manual-hcip-1]sa string-key inbound esp simple lwljh
[AR3-ipsec-policy-manual-hcip-1]sa string-key outbound esp simple lwljh
[AR3-ipsec-policy-manual-hcip-1]quit
```

查看 IPsec 的策略：

```
[AR1]display ipsec policy  //查看 IPsec 的策略
===========================================
IPSec policy group: "hcip"
Using interface:
===========================================
    Sequence number: 1
    Security data flow: 3000
    Tunnel local  address: 12.1.1.1
    Tunnel remote address: 23.1.1.3
    Qos pre-classify: Disable
    Proposal name:1
    Inbound AH setting:
      AH SPI:
      AH string-key:
      AH authentication hex key:
    Inbound ESP setting:
      ESP SPI: 4321 (0x10e1)
      ESP string-key: lwljh
      ESP encryption hex key:
      ESP authentication hex key:
    Outbound AH setting:
      AH SPI:
      AH string-key:
      AH authentication hex key:
    Outbound ESP setting:
      ESP SPI: 1234 (0x4d2)
      ESP string-key: lwljh
      ESP encryption hex key:
      ESP authentication hex key:
```

第 4 步，在接口下调用 IPsec 策略。

AR1 的配置：

```
[AR1]interface g0/0/2
[AR1-GigabitEthernet0/0/2]ipsec policy hcip
[AR1-GigabitEthernet0/0/2]quit
```

AR3 的配置：

```
[AR3]interface g0/0/0
[AR3-GigabitEthernet0/0/0]ipsec policy hcip
[AR3-GigabitEthernet0/0/0]quit
```

4．实验调试

（1）在 PC1 上访问 192.168.2.1（PC3），配置如图 14-17 所示。

PC1
命令行
PC>ping 192.168.2.1
Ping 192.168.2.1: 32 data bytes, Press Ctrl_C to break
From 192.168.2.1: bytes=32 seq=1 ttl=125 time=141 ms
From 192.168.2.1: bytes=32 seq=2 ttl=125 time=62 ms
From 192.168.2.1: bytes=32 seq=3 ttl=125 time=94 ms
From 192.168.2.1: bytes=32 seq=4 ttl=125 time=78 ms
From 192.168.2.1: bytes=32 seq=5 ttl=125 time=78 ms
--- 192.168.2.1 ping statistics ---
5 packet(s) transmitted
5 packet(s) received
0.00% packet loss
round-trip min/avg/max = 62/90/141 ms
PC>

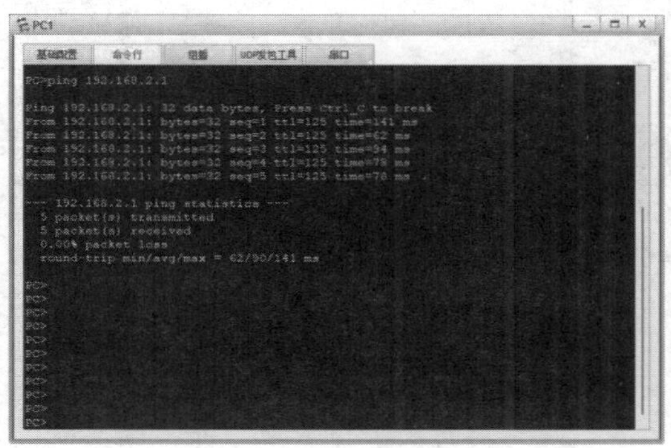

图 14-17　在 PC1 上访问 192.168.2.1

（2）在 AR1 的 GE0/0/2 接口抓包。抓包结果如图 14-18 所示。

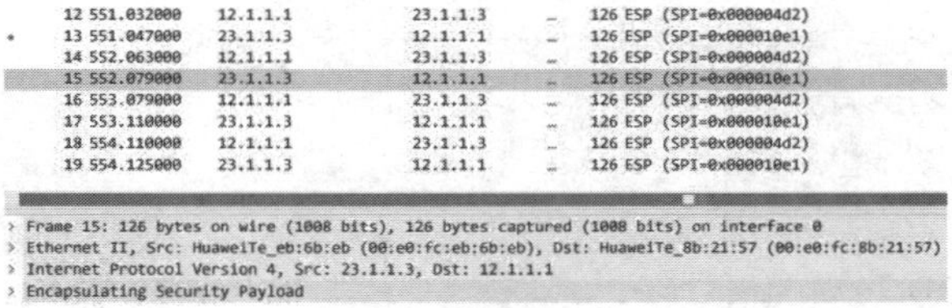

12 551.032000 12.1.1.1 23.1.1.3 … 126 ESP (SPI=0x000004d2)
13 551.047000 23.1.1.3 12.1.1.1 … 126 ESP (SPI=0x000010e1)
14 552.063000 12.1.1.1 23.1.1.3 … 126 ESP (SPI=0x000004d2)
15 552.079000 23.1.1.3 12.1.1.1 … 126 ESP (SPI=0x000010e1)
16 553.079000 12.1.1.1 23.1.1.3 … 126 ESP (SPI=0x000004d2)
17 553.110000 23.1.1.3 12.1.1.1 … 126 ESP (SPI=0x000010e1)
18 554.110000 12.1.1.1 23.1.1.3 … 126 ESP (SPI=0x000004d2)
19 554.125000 23.1.1.3 12.1.1.1 … 126 ESP (SPI=0x000010e1)
Frame 15: 126 bytes on wire (1008 bits), 126 bytes captured (1008 bits) on interface 0
Ethernet II, Src: HuaweiTe_eb:6b:eb (00:e0:fc:eb:6b:eb), Dst: HuaweiTe_8b:21:57 (00:e0:fc:8b:21:57)
Internet Protocol Version 4, Src: 23.1.1.3, Dst: 12.1.1.1
Encapsulating Security Payload

图 14-18　IPsec-VPN 数据包

通过以上输出可以看到，数据都加密了。

14.4　练　习　题

1．（多选题）以下 VPN 技术中，基于数据链路层运作的是（　　）。

A．PPTP VPN　　B．L2TP VPN　　C．GRE VPN
D．MPLS VPN　　E．IPsec VPN

2．（多选题）以下几种 VPN 技术中，（　　）可能会出现一个报文中存在两个 IP 报文头部的情况。

A．L2TP　　B．SSL VPN　　C．GRE　　D．IPsec VPN

3．（判断题）EVPN 是一种只能提供二层网络互联的 VPN 技术。（　　）

A．正确　　B．错误

4．（判断题）L2TP 是虚拟私有拨号网（Virtual Private Dial-up Metwork，VPDN）隧道协议的一种。它是一种在远程办公场景中为出差员工或企业分支远程访问企业内网资源提供接入服务的 VPN，运行在 TCP/IP 协议栈中的网络层。（　　）

A．正确　　B．错误

第 15 章

BFD

本章阐述了 BFD 的优点、应用场景及工作原理，并通过实验使读者能够掌握静态路由、OSPF 与 BFD 的联动配置和单臂回声配置。

本章包含以下内容：

- BFD 的优点
- BFD 典型应用场景
- BFD 的工作原理
- 静态路由与 BFD 联动配置
- OSPF 与 BFD 联动配置
- 单臂回声配置

15.1　BFD 概述

随着网络应用的广泛部署，网络发生故障极大可能会导致业务异常。为了减小链路、设备故障对业务的影响，提高网络的可靠性，网络设备需要尽快检测到与相邻设备间的通信故障，以便及时采取措施，保证业务正常进行。BFD（Bidirectional Forwarding Detection，双向转发检测）提供了一个通用的、标准化的、介质无关和协议无关的快速故障检测机制，用于快速检测、监控网络中链路或者 IP 路由的转发连通状态。

15.1.1　BFD 的优点

在现有网络中，有些链路通过硬件检测信号检测链路故障，如 SDH（Synchronous Digital Hierarchy，同步数字体系）告警，但并不是所有的介质都能提供硬件检测。此时，应用就要依靠上层协议自身的 Hello 报文机制来进行故障检测。上层协议的检测时间通常为秒级，当数据传输速率达到 GB 级时，秒级检测时间内，大量数据将会丢失。在三层网络中，Hello 报文检测机制无法针对所有路由检测故障，如静态路由，这给系统间互联、互通、定位造成困难。BFD 就是在这种背景下产生的。BFD 具有以下优点：

（1）提供轻负荷、短周期的故障检测，故障检测时间可达到毫秒级，可靠性更高。

（2）支持多种故障检测，如接口故障、数据链路故障、转发引擎本身故障等。

（3）不依赖硬件，能够对任何介质、任何协议层进行实时检测。

15.1.2　BFD 典型应用场景

通常 BFD 不能独立运行，而是作为辅助与接口状态或与路由协议（如静态路由、OSPF、IS-IS、BGP 等）联动使用，下面介绍两种典型应用。

1. BFD 与接口状态联动

BFD 与接口状态联动提供了一种简单的机制，使 BFD 的检测行为可以关联接口状态，提高了接口感应链路故障的灵敏度，减少了非直连链路故障导致的问题。BFD 检测到链路故障会立即上报 Down 消息到相应接口，使接口进入一种特殊的状态——BFD Down 状态。该状态等效于链路协议的 Down 状态，在该状态下，只有 BFD 报文可以正常处理，从而使接口也可以快速感知链路故障。

如图 15-1 所示，链路中间存在其他设备，虽然三层网络上设备看似直连，但由于实际物理线路被中间设备分段，一旦链路发生故障，两端设备往往需要较长时间才能检测到，导致直连路由收敛慢，网络中断时间长。在 SwitchA 和 SwitchB 上配置 BFD 会话，启动接口联动后，当 BFD 检测到链路启动故障时，会立即上报 Down 消息到相应接口，使接口进入 BFD Down 状态。

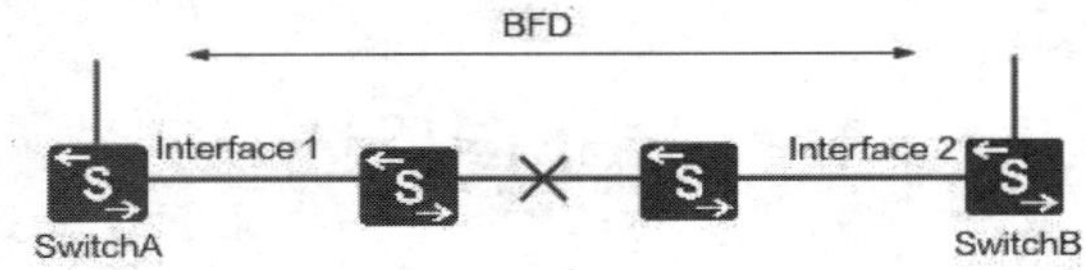

图 15-1　BFD 与接口状态联动

2. BFD 与 OSPF 联动

网络上的链路故障或拓扑变化都会导致路由重新计算，要提高网络可用性，缩短路由协议收敛时间非常重要。由于链路故障无法完全避免，因此，加快故障感知速度并将故障快速通告给路由协议是一种可行的方案。BFD 与 OSPF 联动就是将 BFD 和 OSPF 协议关联起来，通过 BFD 对链路故障的快速感应进而通知 OSPF 协议，从而加快 OSPF 协议对网络拓扑变化的响应。图 15-2 所示为 OSPF 协议是否绑定 BFD 时收敛速度的数据。

如图 15-3 所示，SwitchA 分别与 SwitchC 和 SwitchD 建立 OSPF 邻接关系，SwitchA 到 SwitchB 的路由出接口为 Interface 1，经过 SwitchC 到达 SwitchB。邻居状态到达 FULL 状态时通知 BFD 建立 BFD 会话。当 SwitchA 和 SwitchC 之间链路出现故障时，BFD 会首先感知到并通知 SwitchA。SwitchA 处理邻居 Down 事件，重新计算路由，新的路由出接口为 Interface 2，经过 SwitchD 到达 SwitchB。

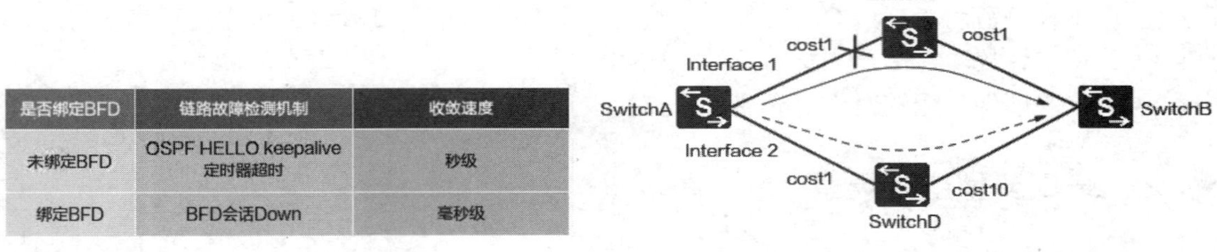

是否绑定BFD	链路故障检测机制	收敛速度
未绑定BFD	OSPF HELLO keepalive 定时器超时	秒级
绑定BFD	BFD会话Down	毫秒级

图 15-2　OSPF 协议收敛速度

图 15-3　BFD 与 OSPF 联动

15.2　BFD 的工作原理

1. BFD 报文的结构

BFD 检测是通过维护在两个系统之间建立的 BFD 会话来实现的，系统通过发送 BFD 报文建立会话。BFD 控制报文根据场景不同而封装不同，报文结构由强制部分和可选的认证字段组成。BFD 报文的结构如图 15-4 所示。

（1）Sta：BFD 本地状态。

（2）Detect Mult：检测超时倍数，用于检测方计算检测超时时间。

（3）My Discriminator：BFD 会话连接本地标识符（Local Discriminator）。它是发送系统产生的一个唯一的、非 0 鉴别值，用来区分一个系统的多个 BFD 会话。

（4）Your Discriminator：在 BFD 协议中用于标识接收 BFD 报文的对方设备。在 BFD 会话中，每个设备都有一个唯一的 Discriminator 值，包括 My Discriminator 和 Your Discriminator。My Discriminator 标识本端设备，而 Your Discriminator 标识对端设备。

（5）Desired Min TX Interval：本地支持的最小 BFD 报文发送间隔。

Ver	Diag	Sta	P	F	C	A	D	M	Detect Mult	Length
My discriminator										
Your discriminator										
Desired Min TX Interval										
Required Min RX Interval										
Required Min Echo RX Interval										

可选部分（认证字段）

Auth-Type	Auth-Len	Authentication Data

图 15-4　BFD 报文的结构

（6）Required Min RX Interval：本地支持的最小 BFD 报文接收间隔。

（7）Required Min Echo RX Interval：本地支持的最小 Echo 报文接收间隔，单位为微秒（如果本地不支持 Echo 功能，则设置为 0）。

2. BFD 会话建立方式

BFD 会话建立方式有静态建立 BFD 会话和动态建立 BFD 会话。

（1）静态建立 BFD 会话是指通过命令行手动配置 BFD 会话参数，包括配置本地标识符和远端标识符等，然后手动下发 BFD 会话建立请求。

（2）动态建立 BFD 会话的本地标识符由触发创建 BFD 会话的系统动态分配，远端标识符从收到对端 BFD 消息的本地标识符的值学习而来。

3. BFD 会话状态

BFD 会话有四种状态：Down、Init、Up 和 AdminDown。会话状态的变化通过 BFD 报文的 State 字段传递，系统根据自己本地的会话状态和接收到的对端 BFD 报文驱动状态改变。BFD 状态机的建立和拆除都采用三次握手机制，以确保两端系统都能知道状态的变化。以 BFD 会话建立为例，简单地介绍状态机的迁移过程。BFD 的会话状态如图 15-5 所示。

（1）SwitchA 和 SwitchB 各自启动 BFD 状态机，初始状态为 Down，发送状态为 Down 的 BFD 报文。对于静态配置 BFD 会话，报文中的远端标识符的值是用户指定的；对于动态创建 BFD 会话，远端标识符的值是 0。

（2）SwitchB 收到状态为 Down 的 BFD 报文后，状态切换至 Init，并发送状态为 Init 的 BFD 报文。

（3）SwitchB 本地 BFD 状态为 Init 后，不再处理接收到的状态为 Down 的报文。

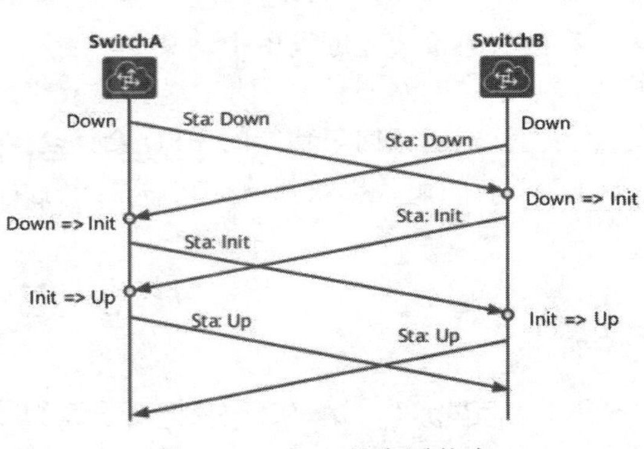

图 15-5　BFD 的会话状态

（4）SwitchA 的 BFD 状态变化同 SwitchB。

（5）SwitchB 收到状态为 Init 的 BFD 报文后，本地状态切换至 Up。

（6）SwitchA 的 BFD 状态变化同 SwitchB。

4．BFD 检测模式

两个系统建立 BFD 会话，并沿它们之间的路径周期性地发送 BFD 控制报文，如果一方在既定的时间内没有收到 BFD 控制报文，则认为路径上发生了故障。BFD 的检测模式有异步模式和查询模式两种。

（1）异步模式：系统之间相互周期性地发送 BFD 控制报文，如果某个系统在检测时间内没有收到对端发来的 BFD 控制报文，就宣布会话为 Down。

（2）查询模式：在需要验证连接性的情况下，系统连续发送多个 BFD 控制报文，如果在检测时间内没有收到返回的报文就宣布会话为 Down。

5．BFD 检测时间

BFD 会话检测时长由 TX（Desired Min TX Interval）、RX（Required Min RX Interval）和 DM（Detect Multi）三个参数决定。BFD 报文的实际发送时间间隔和实际接收时间间隔由 BFD 会话协商决定。

（1）本地 BFD 报文实际发送时间间隔＝MAX｛本地配置的发送时间间隔，对端配置的接收时间间隔｝

（2）本地 BFD 报文实际接收时间间隔＝MAX｛对端配置的发送时间间隔，本地配置的接收时间间隔｝

（3）本地 BFD 报文实际检测时间分为以下两种情况。

- 异步模式：本地 BFD 报文实际检测时间＝本地 BFD 报文实际接收时间间隔×对端配置的 BFD 检测倍数。
- 查询模式：本地 BFD 报文实际检测时间＝本地 BFD 报文实际接收时间间隔×本端配置的 BFD 检测倍数。

6．BFD 单臂回声功能

在两台直接相连的设备中，其中一台设备支持 BFD 功能，另一台设备不支持 BFD 功能，只支持基本的网络层转发。为了能够快速地检测这两台设备之间的故障，可以在支持 BFD 功能的设备上创建单臂回声功能的 BFD 会话。支持 BFD 功能的设备主动发起回声请求功能，不支持 BFD 功能的设备接收到该报文后直接将其环回，从而实现转发链路的连通性检测功能。

15.3 BFD 配置实验

15.3.1 实验 1：静态路由与 BFD 联动配置

扫一扫，看视频

1．实验目的

（1）熟悉静态路由与 BFD 联动的应用场景。

（2）掌握静态路由与 BFD 联动的配置方法。

2. 实验拓扑

静态路由与 BFD 联动配置的实验拓扑如图 15-6 所示。

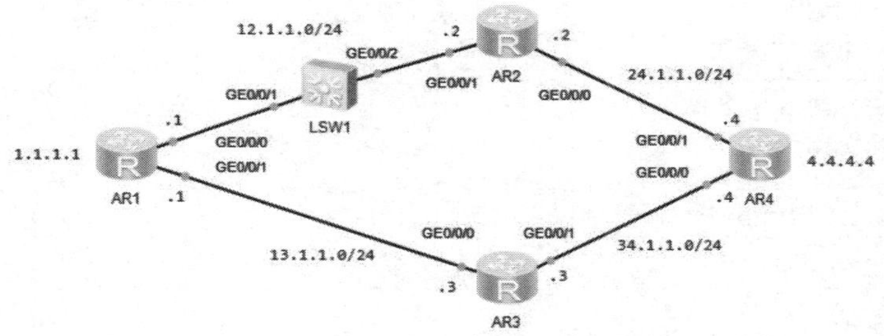

图 15-6　静态路由与 BFD 联动配置的实验拓扑

3. 实验步骤

（1）配置 IP 地址。

AR1 的配置：

```
<Huawei>system-view
Enter system view, return user view with Ctrl+Z.
[Huawei]undo info-center enable
Info: Information center is disabled.
[Huawei]sysname AR1
[AR1]interface g0/0/0
[AR1-GigabitEthernet0/0/0]ip address 12.1.1.1 24
[AR1-GigabitEthernet0/0/0]quit
[AR1]interface g0/0/1
[AR1-GigabitEthernet0/0/1]ip address 13.1.1.1 24
[AR1-GigabitEthernet0/0/1]quit
[AR1]interface LoopBack 0
[AR1-LoopBack0]ip address 1.1.1.1 32
[AR1-LoopBack0]quit
```

AR2 的配置：

```
<Huawei>system-view
Enter system view, return user view with Ctrl+Z.
[Huawei]undo info-center enable
Info: Information center is disabled.
[Huawei]sysname AR2
[AR2]interface g0/0/1
[AR2-GigabitEthernet0/0/1]ip address 12.1.1.2 24
[AR2-GigabitEthernet0/0/1]quit
[AR2]interface g0/0/0
[AR2-GigabitEthernet0/0/0]ip address 24.1.1.2 24
[AR2-GigabitEthernet0/0/0]quit
```

AR3 的配置：

```
<Huawei>system-view
```

```
Enter system view, return user view with Ctrl+Z.
[Huawei]undo info-center enable
Info: Information center is disabled.
[Huawei]sysname AR3
[AR3]interface g0/0/0
[AR3-GigabitEthernet0/0/0]ip address 13.1.1.3 24
[AR3-GigabitEthernet0/0/0]quit
[AR3]interface g0/0/1
[AR3-GigabitEthernet0/0/1]ip address 34.1.1.3 24
[AR3-GigabitEthernet0/0/1]quit
```

AR4 的配置：

```
<Huawei>system-view
Enter system view, return user view with Ctrl+Z.
[Huawei]undo info-center enable
Info: Information center is disabled.
[Huawei]sysname AR4
[AR4]interface g0/0/1
[AR4-GigabitEthernet0/0/1]ip address 24.1.1.4 24
[AR4-GigabitEthernet0/0/1]quit
[AR4]interface g0/0/0
[AR4-GigabitEthernet0/0/0]ip address 34.1.1.4 24
[AR4-GigabitEthernet0/0/0]quit
[AR4]interface LoopBack 0
[AR4-LoopBack0]ip address 4.4.4.4 32
[AR4-LoopBack0]quit
```

（2）在 AR1 与 AR2 之间建立 BFD 会话，并与静态路由绑定，实现故障快速检测和路径快速收敛。

AR1 的配置：

```
[AR1]bfd   //全局使能 BFD 功能，并进入 BFD 全局视图
[AR1]bfd 102 bind peer-ip 12.1.1.2 interface g0/0/0  //配置一个名字为 102 的
//BFD 会话，使用 12.1.1.2 对绑定本端接口 GE0/0/0 的单跳链路进行检测
[AR1-bfd-session-102]discriminator local 100     //BFD 会话的本地标识符为 100
[AR1-bfd-session-102]discriminator remote 200    //BFD 会话的远端标识符为 200
[AR1-bfd-session-102]commit                      //提交配置
```

AR2 的配置：

```
[AR2]bfd
[AR2-bfd]quit
[AR2]bfd 201 bind peer-ip 12.1.1.1 interface g0/0/1
[AR2-bfd-session-201]discriminator local 200
[AR2-bfd-session-201]discriminator remote 100
[AR2-bfd-session-201]commit
```

（3）配置静态路由。

AR1 的配置：

```
[AR1]ip route-static 4.4.4.4 32 12.1.1.2 track bfd-session 102
[AR1]ip route-static 4.4.4.4 32 13.1.1.3 preference 100
```

AR2 的配置：

```
[AR2]ip route-static 1.1.1.1 32 12.1.1.1
[AR2]ip route-static 4.4.4.4 32 24.1.1.4
```

AR3 的配置：

```
[AR3]ip route-static 1.1.1.1 32 13.1.1.1
[AR3]ip route-static 4.4.4.4 32 34.1.1.4
```

AR4 的配置：

```
[AR4]ip route-static 1.1.1.1 32 24.1.1.2
[AR4]ip route-static 1.1.1.1 32 34.1.1.3
```

4. 实验调试

（1）在 AR1 上访问 4.4.4.4。

```
[AR1]ping -a 1.1.1.1 4.4.4.4
 PING 4.4.4.4: 56  data bytes, press CTRL_C to break
   Reply from 4.4.4.4: bytes=56 Sequence=1 ttl=254 time=30 ms
   Reply from 4.4.4.4: bytes=56 Sequence=2 ttl=254 time=30 ms
   Reply from 4.4.4.4: bytes=56 Sequence=3 ttl=254 time=30 ms
   Reply from 4.4.4.4: bytes=56 Sequence=4 ttl=254 time=30 ms
   Reply from 4.4.4.4: bytes=56 Sequence=5 ttl=254 time=20 ms
 --- 4.4.4.4 ping statistics ---
   5 packet(s) transmitted
   5 packet(s) received
   0.00% packet loss
   round-trip min/avg/max = 20/28/30 ms
```

通过以上输出可以看到，1.1.1.1 可以访问 4.4.4.4。

（2）在 AR1 上跟踪 4.4.4.4。

```
<AR1>tracert -a 1.1.1.1 4.4.4.4
 traceroute to  4.4.4.4(4.4.4.4), max hops: 30 ,packet length: 40,press
CTRL_C to break
 1 12.1.1.2 40 ms  50 ms  50 ms
 2 24.1.1.4 30 ms  30 ms  40 ms
```

（3）在 R2 的 GE0/0/1 接口抓包查看 BFD 报文。抓取的报文如图 15-7 所示。

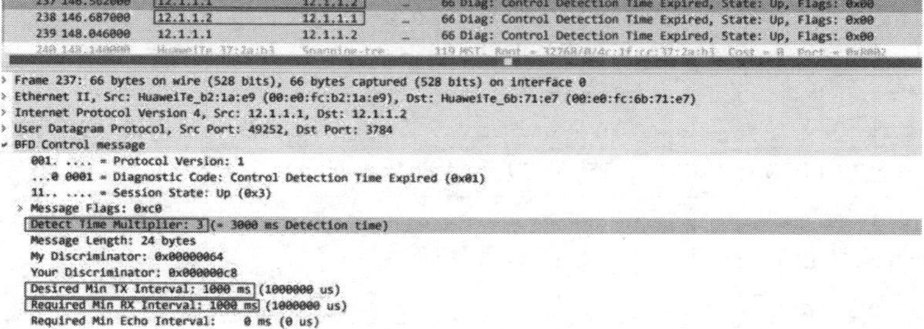

图 15-7 BFD 报文

【技术要点】

默认情况下，BFD 的默认参数如下：

①发送间隔为 1000 毫秒。

②接收间隔为 1000 毫秒。

③本地检测倍数为 3。

（4）在 AR1 上查看 BFD 信息。

```
[AR1]display bfd session all verbose
------------------------------------------------------------------------
Session MIndex : 512    (One Hop) State : Up    Name : 102  //bfd会话状态为up
------------------------------------------------------------------------
  Local Discriminator      : 100  Remote Discriminator    : 200
  Session Detect Mode      : Asynchronous Mode Without Echo Function
  BFD Bind Type            : Interface(GigabitEthernet0/0/0)
  Bind Session Type        : Static      //静态bfd
  Bind Peer IP Address     : 12.1.1.2
  NextHop Ip Address       : 12.1.1.2
  Bind Interface           : GigabitEthernet0/0/0
  FSM Board Id             : 0          TOS-EXP                 : 7
  Min Tx Interval (ms)     : 1000       Min Rx Interval (ms)    : 1000
  Actual Tx Interval (ms)  : 1000       Actual Rx Interval (ms) : 1000
                                        //故障检测间隔
  Local Detect Multi       : 3          Detect Interval (ms)    : 3000
  Echo Passive             : Disable    Acl Number              : -
  Destination Port         : 3784       TTL                     : 255
  Proc Interface Status    : Disable    Process PST             : Disable
  WTR Interval (ms)        : -
  Active Multi             : 3
  Last Local Diagnostic    : Control Detection Time Expired
  Bind Application         : No Application Bind
  Session TX TmrID         : -              Session Detect TmrID   : -
  Session Init TmrID       : -              Session WTR TmrID      : -
  Session Echo Tx TmrID    : -
  PDT Index                : FSM-0 | RCV-0 | IF-0 | TOKEN-0
  Session Description      : -
------------------------------------------------------------------------
     Total UP/DOWN Session Number : 1/0
```

（5）关闭 AR2 的 GE0/0/1 接口，然后跟踪 4.4.4.4。

```
[AR2]interface g0/0/1
[AR2-GigabitEthernet0/0/1]shutdown
[AR2-GigabitEthernet0/0/1]quit
<AR1>tracert -a 1.1.1.1 4.4.4.4
 traceroute to  4.4.4.4(4.4.4.4), max hops: 30 ,packet length: 40,press
```

```
CTRL_C to break
    1 13.1.1.3 30 ms  20 ms  20 ms
    2 34.1.1.4 30 ms  40 ms  20 ms
```

【技术要点】

一旦 AR1 与 AR2 之间的链路出现问题，只需 3s 就可以切换到另一条链路。

15.3.2　实验 2：OSPF 与 BFD 联动配置

1. 实验目的

（1）熟悉 OSPF 与 BFD 联动的应用场景。

（2）掌握 OSPF 与 BFD 联动的配置方法。

2. 实验拓扑

OSPF 与 BFD 联动配置的实验拓扑如图 15-8 所示。

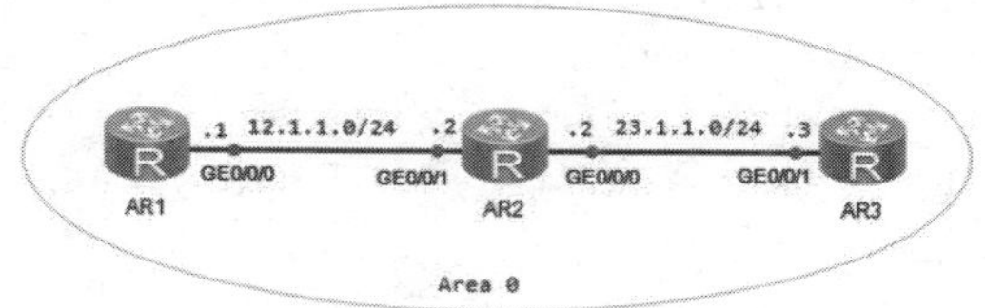

图 15-8　OSPF 与 BFD 联动配置的实验拓扑

3. 实验步骤

（1）配置 IP 地址。

AR1 的配置：

```
<Huawei>system-view
Enter system view, return user view with Ctrl+Z.
[Huawei]undo info-center enable
Info: Information center is disabled.
[Huawei]sysname AR1
[AR1]interface g0/0/0
[AR1-GigabitEthernet0/0/0]ip address 12.1.1.1 24
[AR1-GigabitEthernet0/0/0]quit
[AR1]interface LoopBack 0
[AR1-LoopBack0]ip address 1.1.1.1 32
[AR1-LoopBack0]quit
```

AR2 的配置：

```
<Huawei>system-view
Enter system view, return user view with Ctrl+Z.
[Huawei]undo info-center enable
```

```
Info: Information center is disabled.
[Huawei]sysname AR2
[AR2]interface g0/0/1
[AR2-GigabitEthernet0/0/1]ip address 12.1.1.2 24
[AR2-GigabitEthernet0/0/1]quit
[AR2]interface g0/0/0
[AR2-GigabitEthernet0/0/0]ip address 23.1.1.2 24
[AR2-GigabitEthernet0/0/0]quit
[AR2]interface LoopBack 0
[AR2-LoopBack0]ip address 2.2.2.2 32
[AR2-LoopBack0]quit
```

AR3 的配置：

```
<Huawei>system-view
Enter system view, return user view with Ctrl+Z.
[Huawei]undo info-center enable
Info: Information center is disabled.
[Huawei]sysname AR3
[AR3]interface g0/0/1
[AR3-GigabitEthernet0/0/1]ip address 23.1.1.3 24
[AR3-GigabitEthernet0/0/1]quit
[AR3]interface LoopBack 0
[AR3-LoopBack0]ip address 3.3.3.3 32
[AR3-LoopBack0]quit
```

（2）运行 OSPF。

AR1 的配置：

```
[AR1]ospf router-id 1.1.1.1
[AR1-ospf-1]area 0
[AR1-ospf-1-area-0.0.0.0]network 12.1.1.0 0.0.0.255
[AR1-ospf-1-area-0.0.0.0]network 1.1.1.1 0.0.0.0
[AR1-ospf-1-area-0.0.0.0]quit
```

AR2 的配置：

```
[AR2]ospf router-id 2.2.2.2
[AR2-ospf-1]area 0
[AR2-ospf-1-area-0.0.0.0]network 12.1.1.0 0.0.0.255
[AR2-ospf-1-area-0.0.0.0]network 23.1.1.0 0.0.0.255
[AR2-ospf-1-area-0.0.0.0]network 2.2.2.2 0.0.0.0
[AR2-ospf-1-area-0.0.0.0]quit
```

AR3 的配置：

```
[AR3]ospf router-id 3.3.3.3
[AR3-ospf-1]area 0
[AR3-ospf-1-area-0.0.0.0]network 23.1.1.0 0.0.0.255
[AR3-ospf-1-area-0.0.0.0]network 3.3.3.3 0.0.0.0
[AR3-ospf-1-area-0.0.0.0]quit
```

（3）配置 BFD。

AR1 的配置：

```
    [AR1]bfd
    [AR1-bfd]quit
    [AR1]ospf
    [AR1-ospf-1]bfd all-interfaces enable
    [AR1-ospf-1]bfd all-interfaces  min-rx-interval 100 min-tx-interval 100
detect-multiplier 3
    [AR1-ospf-1]quit
```

AR2 的配置：

```
    [AR2]bfd
    [AR2-bfd]quit
    [AR2]ospf
    [AR2-ospf-1]bfd all-interfaces en
    [AR2-ospf-1]bfd all-interfaces enable
    [AR2-ospf-1]bfd all-interfaces min-rx-interval 100 min-tx-interval 100
detect-multiplier 3
    [AR2-ospf-1]quit
```

AR3 的配置：

```
    [AR3]bfd
    [AR3-bfd]quit
    [AR3]ospf
    [AR3-ospf-1]bfd all-interfaces  enable
    [AR3-ospf-1]bfd all-interfaces min-rx-interval 100 min-tx-interval 100
detect-multiplier 3
    [AR3-ospf-1]quit
```

4. 实验调试

（1）在 AR1 上查看 BFD 的详细信息。

```
    <AR1>display bfd session all verbose
    ------------------------------------------------------------------------
    Session MIndex : 512      (One Hop) State : Up       Name : dyn_8192
    ------------------------------------------------------------------------
      Local Discriminator     : 8192 Remote Discriminator: 8193
      Session Detect Mode     : Asynchronous Mode Without Echo Function
      BFD Bind Type           : Interface(GigabitEthernet0/0/0)
      Bind Session Type       : Dynamic
      Bind Peer IP Address    : 12.1.1.2
      NextHop Ip Address      : 12.1.1.2
      Bind Interface          : GigabitEthernet0/0/0
      FSM Board Id            : 0              TOS-EXP                 : 7
      Min Tx Interval (ms)    : 100            Min Rx Interval (ms)    : 100
      Actual Tx Interval (ms) : 100            Actual Rx Interval (ms) : 100
      Local Detect Multi      : 3              Detect Interval (ms)    : 300
      Echo Passive            : Disable        Acl Number              : -
      Destination Port        : 3784           TTL                     : 255
      Proc Interface Status   : Disable        Process PST             : Disable
```

```
    WTR Interval (ms)         : -
    Active Multi              : 3
    Last Local Diagnostic     : No Diagnostic
    Bind Application          : OSPF
    Session TX TmrID          : -             Session Detect TmrID   : -
    Session Init TmrID        : -             Session WTR TmrID      : -
    Session Echo Tx TmrID     : -
    PDT Index                 : FSM-0 | RCV-0 | IF-0 | TOKEN-0
    Session Description       : -
--------------------------------------------------------------------------
     Total UP/DOWN Session Number : 1/0
```

（2）在 AR1 上查看 OSPF 的 BFD 会话。

```
<AR1>display ospf bfd session all
 OSPF Process 1 with Router ID 1.1.1.1
 Area 0.0.0.0 interface 12.1.1.1(GigabitEthernet0/0/0)'s BFD Sessions
NeighborId:2.2.2.2         AreaId:0.0.0.0  Interface:GigabitEthernet0/0/0
 BFDState:up               rx    :100          tx      :100
 Multiplier:3              BFD Local Dis:8192     LocalIpAdd:12.1.1.1
 RemoteIpAdd:12.1.1.2      Diagnostic Info:No diagnostic information
```

【技术要点】

BFD 与 OSPF 联动就是将 BFD 和 OSPF 协议关联起来，通过 BFD 对链路故障进行快速感应进而通知 OSPF 协议，从而加快 OSPF 协议对网络拓扑变化的响应。

15.3.3 实验 3：单臂回声配置

1. 实验目的

（1）熟悉单臂回声的应用场景。

（2）掌握单臂回声的配置方法。

2. 实验拓扑

单臂回声配置的实验拓扑如图 15-9 所示。

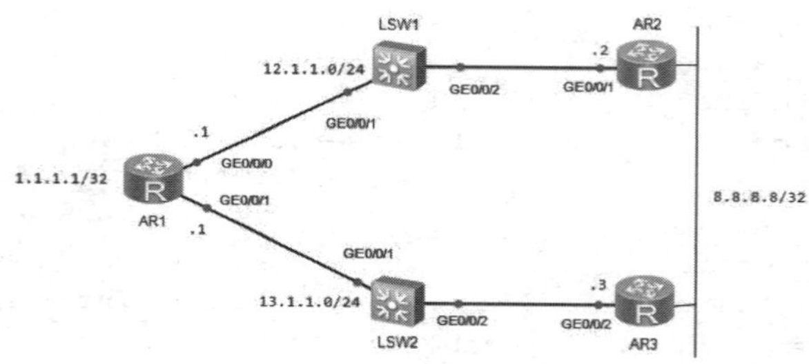

图 15-9　单臂回声配置的实验拓扑

3. 实验步骤

（1）配置 IP 地址。

AR1 的配置：

```
<Huawei>system-view
Enter system view, return user view with Ctrl+Z.
[Huawei]undo info-center enable
Info: Information center is disabled.
[Huawei]sysname AR1
[AR1]interface g0/0/0
[AR1-GigabitEthernet0/0/0]ip address 12.1.1.1 24
[AR1-GigabitEthernet0/0/0]quit
[AR1]interface g0/0/1
[AR1-GigabitEthernet0/0/1]ip address 13.1.1.1 24
[AR1-GigabitEthernet0/0/1]quit
[AR1]interface LoopBack 0
[AR1-LoopBack0]ip address 1.1.1.1 32
[AR1-LoopBack0]quit
```

AR2 的配置：

```
<Huawei>system-view
Enter system view, return user view with Ctrl+Z.
[Huawei]undo info-center enable
Info: Information center is disabled.
[Huawei]sysname AR2
[AR2]interface g0/0/1
[AR2-GigabitEthernet0/0/1]ip address 12.1.1.2 24
[AR2-GigabitEthernet0/0/1]quit
[AR2]interface LoopBack 0
[AR2-LoopBack0]ip address 8.8.8.8 32
[AR2-LoopBack0]quit
```

AR3 的配置：

```
<Huawei>system-view
Enter system view, return user view with Ctrl+Z.
[Huawei]undo info-center enable
Info: Information center is disabled.
[Huawei]sysname AR3
[AR3]interface g0/0/2
[AR3-GigabitEthernet0/0/2]ip address 13.1.1.3 24
[AR3-GigabitEthernet0/0/2]quit
[AR3]interface LoopBack 0
[AR3-LoopBack0]ip address 8.8.8.8 32
[AR3-LoopBack0]quit
```

（2）单臂回声配置。

```
[AR1]bfd
[AR1-bfd]quit
```

```
[AR1]bfd joinlabs bind peer-ip 12.1.1.2 interface g0/0/0 one-arm-echo
[AR1-bfd-session-joinlabs]discriminator local 100
[AR1-bfd-session-joinlabs]min-echo-rx-interval 300
[AR1-bfd-session-joinlabs]commit
[AR1-bfd-session-joinlabs]quit
```

（3）配置默认路由。

AR1 的配置：

```
[AR1]ip route-static 0.0.0.0 0 12.1.1.2 track bfd-session joinlabs
[AR1]ip route-static 0.0.0.0 0 13.1.1.3 preference 100
```

AR2 的配置：

```
[AR2]ip route-static 1.1.1.1 32 12.1.1.1
```

AR3 的配置：

```
[AR3]ip route-static 1.1.1.1 32 13.1.1.1
```

4．实验调试

（1）在 AR1 上跟踪 8.8.8.8。

```
<AR1>tracert -a 1.1.1.1 8.8.8.8
 traceroute to  8.8.8.8(8.8.8.8), max hops: 30 ,packet length: 40,press
CTRL_C to break
 1 12.1.1.2 40 ms  40 ms  50 ms
```

通过以上输出可以看到，1.1.1.1 通过 AR2 访问 8.8.8.8。

（2）在 AR1 上查看 BFD 的详细信息。

```
<AR1>display bfd session all verbose
--------------------------------------------------------------------------
Session MIndex : 512        (One Hop) State : Up        Name : joinlabs
--------------------------------------------------------------------------
  Local Discriminator      : 100              Remote Discriminator   : -
  Session Detect Mode      : Asynchronous One-arm-echo Mode
  BFD Bind Type            : Interface(GigabitEthernet0/0/0)
  Bind Session Type        : Static
  Bind Peer IP Address     : 12.1.1.2
  NextHop Ip Address       : 12.1.1.2
  Bind Interface           : GigabitEthernet0/0/0
  FSM Board Id             : 0              TOS-EXP                : 7
  Echo Rx Interval (ms)    : 300
  Actual Tx Interval (ms)  : 300            Actual Rx Interval (ms) : 300
  Local Detect Multi       : 3              Detect Interval (ms)    : 900
  Echo Passive             : Disable        Acl Number              : -
  Destination Port         : 3784           TTL                     : 255
  Proc Interface Status    : Disable        Process PST             : Disable
  WTR Interval (ms)        : -
  Active Multi             : 3
  Last Local Diagnostic    : Control Detection Time Expired
```

```
   Bind Application         : No Application Bind
   Session TX TmrID         : -              Session Detect TmrID   : -
   Session Init TmrID       : -              Session WTR TmrID      : -
   Session Echo Tx TmrID    : -
   PDT Index                : FSM-0 | RCV-0 | IF-0 | TOKEN-0
   Session Description      : -
-------------------------------------------------------------------------
      Total UP/DOWN Session Number : 1/0
```

（3）阻塞 AR2 上的 GE0/0/1 接口。

```
[AR2]interface g0/0/1
[AR2-GigabitEthernet0/0/1]shutdown
[AR2-GigabitEthernet0/0/1]quit
```

（4）再次在 AR1 上跟踪 8.8.8.8。

```
<AR1>tracert -a 1.1.1.1 8.8.8.8
 traceroute to  8.8.8.8(8.8.8.8), max hops: 30,packet length: 40,press
CTRL_C to break
 1 13.1.1.3 50 ms  40 ms  50 ms
```

15.4　练　习　题

1．（单选题）BFD 控制报文封装在 UDP 报文中进行传送，那么多跳 BFD 控制报文的目的端口号是（　　）。

A．5784　　B．3784　　C．4784　　D．2784

2．（单选题）如果两台设备相连，其中一台设备支持 BFD 检测功能，而另外一台设备不支持，那么支持 BFD 检测功能的设备可以利用 BFD 的（　　）功能特性来实现链路的检测。

A．快速握手　　B．接口状态联动　　C．单臂回声　　D．双向检测

3．（单选题）VRP 版本支持的 BFD 版本号是（　　）

A．version 3　　B．Version 2　　C．Version 1　　D．Version 4

4．（单选题）BFD 检测报文默认的发送时间间隔为（　　）。

A．100ms　　B．1000ms　　C．5s　　D．10s

5．（单选题）当两端 BFD 检测时间间隔分别为 30ms 和 40ms 时，下列选项描述正确的是（　　）。

A．BFD 会话无法建立

B．BFD 会话可以建立，协商后取 40ms

C．BFD 会话可以建立，各自按照自己的时间间隔发送

D．BFD 会话可以建立，协商后取 30ms

‖ 第 16 章 ‖

VRRP

本章阐述了 VRRP 的概念、工作原理和应用场景，并通过实验使读者能够掌握 VRRP 在各种网络场景中的应用。

本章包含以下内容：

- VRRP 的基本概念
- VRRP 的工作原理
- VRRP 的应用场景
- 配置 VRRP 主备备份
- 配置 VRRP 多网关负载分担
- VRRP 与 BFD 联动配置

16.1　VRRP 概述

VRRP（Virtual Router Redundancy Protocol，虚拟路由冗余协议）通过把几台路由设备联合组成一台虚拟的路由设备，将虚拟路由设备的 IP 地址作为用户的默认网关实现与外部网络通信。当网关设备发生故障时，VRRP 机制能够选举新的网关设备承担数据流量，从而保障网络的可靠通信。

16.1.1　为什么需要 VRRP

随着网络的快速普及和相关应用的日益深入，各种增值业务（如 IPTV、视频会议等）已经开始广泛部署，基础网络的可靠性已经成为用户关注的焦点，能够保证网络传输不中断对于终端用户非常重要。现网中的主机使用默认网关与外部网络联系时，如图 16-1 所示，如果 Gateway 出现故障，与其相连的主机将与外界失去联系，导致业务中断。

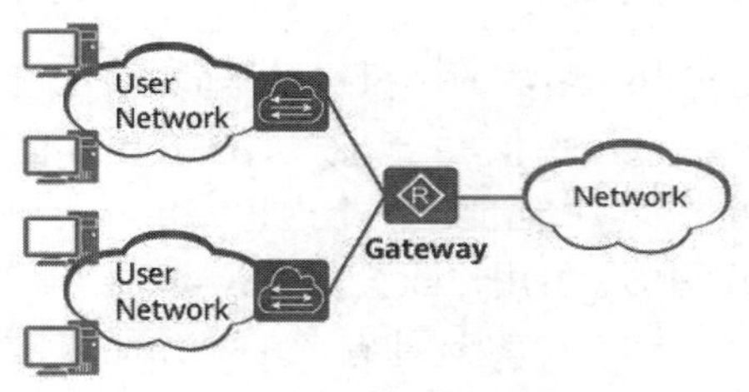

图 16-1　局域网默认网关示意图

VRRP 的出现很好地解决了这个问题。VRRP 将多台设备组成一个虚拟设备，通过配置虚拟设备的 IP 地址为默认网关，实现默认网关的备份。如图 16-2 所示，当 Master 设备故障时，发往默认网关的流量将由 Backup 设备进行转发。

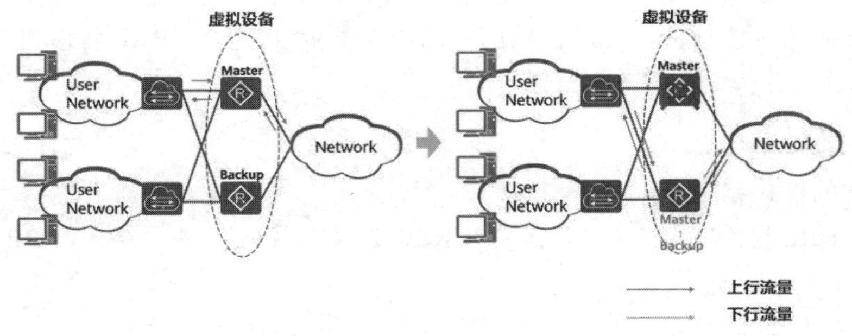

图 16-2　VRRP 备份组示意图

16.1.2　VRRP 的基本概念

1. VRRP 专业术语

VRRP 备份组框架如图 16-3 所示。

（1）VRRP 路由器（VRRP Router）：运行 VRRP 协议的设备，它可能属于一个或多个虚拟路由器，如 SwitchA 和 SwitchB。

（2）虚拟路由器（Virtual Router）：又称 VRRP 备份组，由一个 Master 设备和多个 Backup 设备组成，被当作一个共享局域网内主机的默认网关。如 SwitchA 和 SwitchB 共同组成了一个虚拟路由器。

（3）Master 路由器（Virtual Router Master）：承担转发报文任务的 VRRP 设备，如 SwitchA。

（4）Backup 路由器（Virtual Router Backup）：一组不承担转发任务的 VRRP 设备，当 Master 设备出现故障时，它将通过竞选成为新的 Master 设备，如 SwitchB。

（5）VRID：虚拟路由器的标识。如 SwitchA 和 SwitchB 组成的虚拟路由器的 VRID 为 1。

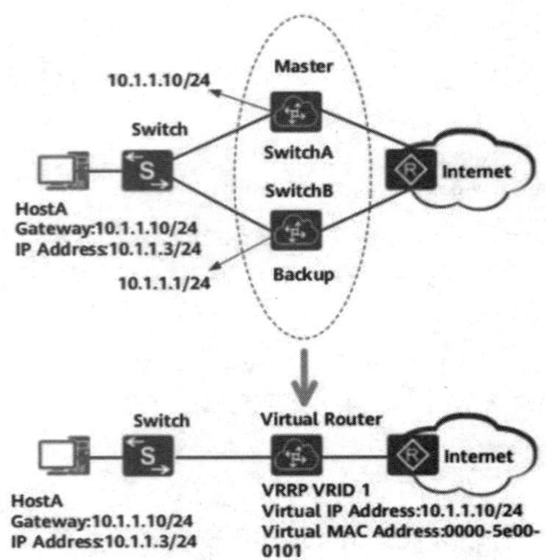

图 16-3　VRRP 备份组框架

（6）虚拟 IP 地址（Virtual IP Address）：虚拟路由器的 IP 地址，一个虚拟路由器可以有一个或多个 IP 地址，由用户配置。如 SwitchA 和 SwitchB 组成的虚拟路由器的虚拟 IP 地址为 10.1.1.10/24。

（7）IP 地址拥有者（IP Address Owner）：如果一个 VRRP 设备将虚拟路由器 IP 地址作为真实的接口地址，则该设备被称为 IP 地址拥有者。如果 IP 地址拥有者是可用的，通常它将成为 Master。如 SwitchA，其接口的 IP 地址与虚拟路由器的 IP 地址相同，均为 10.1.1.10/24，因此它是这个 VRRP 备份组的 IP 地址拥有者。

（8）虚拟 MAC 地址（Virtual MAC Address）：虚拟路由器根据虚拟路由器 ID 生成的 MAC 地址。当虚拟路由器回应 ARP 请求时，使用虚拟 MAC 地址，而不是接口的真实 MAC 地址。如 SwitchA 和 SwitchB 组成的虚拟路由器的 VRID 为 1，因此这个 VRRP 备份组的 MAC 地址为 0000-5e00-0101。

2．VRRP 报文

VRRP 报文的格式如图 16-4 所示。

（1）Ver：VRRP 目前有两个版本，其中 VRRPv2 仅适用于 IPv4 网络，VRRPv3 适用于 IPv4 和 IPv6 两种网络。

（2）Type：VRRP 通告报文的类型，取值为 1，表示 advertisement。

（3）Virtual Rtr ID：该报文所关联的虚拟路由器的标识。取值范围为 1 ~ 255。

（4）Priority：发送该报文的 VRRP 路由器的优先级。取值范围为 0 ~ 255，默认为 100，0 不参与，255 保留给 IP 地址拥有者。

（5）Count IP Addrs：该 VRRP 报文中所包含的虚拟 IP 地址的数量。

（6）Auth Type：VRRP 支持三种认证类型，分别是不认证、纯文本密码认证和 MD5 方式认证，对应值分别为 0、1、2。

（7）Adver Int：发送 VRRP 通告消息的间隔。默认为 1 秒。

（8）IP Address：所关联的虚拟路由器的虚拟 IP 地址，可以为多个。

（9）Authentication Data：验证所需要的密码信息。

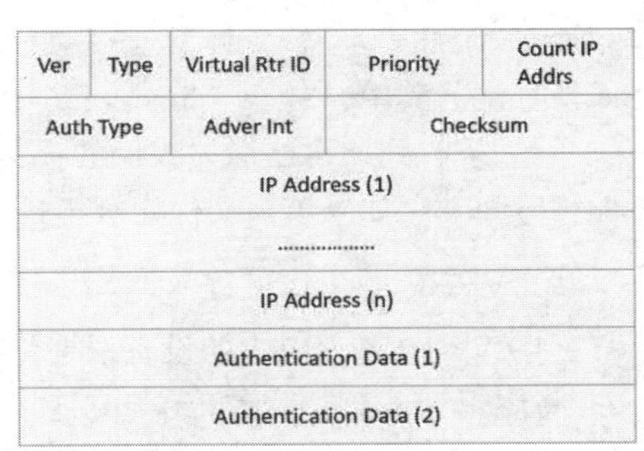

图 16-4 VRRP 报文的格式

3. V2 和 V3 的区别

（1）支持的网络类型不同。VRRPv3 适用于 IPv4 和 IPv6 两种网络，而 VRRPv2 仅适用于 IPv4 网络。

（2）认证功能不同。VRRPv3 不支持认证功能，而 VRRPv2 支持认证功能。

（3）发送通告报文的时间间隔的单位不同。VRRPv3 支持的是厘秒级，而 VRRPv2 支持的是秒级。

16.1.3 VRRP 的工作原理

1. VRRP 状态机

（1）初始状态（Initialize）。

①该状态为 VRRP 的不可用状态，在此状态时设备不会对 VRRP 报文做任何处理。

②通常刚配置 VRRP 时或设备检测到故障时会进入 Initialize 状态。

③收到接口 Up 的消息后，如果设备的优先级为 255，则直接成为 Master 设备；如果设备的优先级小于 255，则先切换至 Backup 状态。

（2）活动状态（Master）。

①定时（Advertisement Interval）发送 VRRP 通告报文（时间为 1s）。

②以虚拟 MAC 地址响应对虚拟 IP 地址的 ARP 请求。

③转发目的 MAC 地址为虚拟 MAC 地址的 IP 报文。

④如果 Master 是这个虚拟 IP 地址的拥有者，则接收目的 IP 地址为这个虚拟 IP 地址的 IP 报文。否则，丢弃这个 IP 报文。

⑤如果收到比自己优先级高的报文，立即变为 Backup 状态。

⑥如果收到与自己优先级相等的 VRRP 报文且本地接口 IP 地址小于对端接口 IP，则立即变为 Backup 状态。

（3）备份状态（Backup）。

①接收 Master 设备发送的 VRRP 通告报文，判断 Master 设备的状态是否正常。

②对虚拟 IP 地址的 ARP 请求，不作响应。

③丢弃目的 IP 地址为虚拟 IP 地址的 IP 报文。

④如果收到优先级和自己相同或者比自己高的报文，则重置 Master_Down_Interval 定时器，不进一步比较 IP 地址。

⑤Master_Down_Interval 定时器：Backup 设备在该定时器超时后仍未收到通告报文，则会

转换为 Master 状态。计算公式如下：Master_Down_Interval=(3* Advertisement_Interval) + Skew_time。其中，Skew_Time=(256–Priority)/256。

⑥如果收到比自己优先级低的报文且该报文优先级是 0 时，定时器时间设置为 Skew_time（偏移时间），如果该报文优先级不是 0，丢弃报文，立刻成为 Master。

2. VRRP 的工作过程

（1）VRRP 备份组中的设备根据优先级选举出 Master。Master 设备通过发送免费的 ARP 报文，将虚拟 MAC 地址通知给与它连接的设备或者主机，从而承担报文的转发任务。

（2）Master 设备周期性地向备份组内所有的 Backup 设备发送 VRRP 通告报文，以公布其配置信息（优先级等）和工作状况。

（3）如果 Master 设备出现故障，VRRP 备份组中的 Backup 设备将根据优先级重新选举 Master。

（4）VRRP 备份组进行状态切换时，Master 设备由一台设备切换为另外一台设备，新的 Master 设备会立即发送携带虚拟路由器的虚拟 MAC 地址和虚拟 IP 地址信息的免费 ARP 报文，刷新与它连接的主机或设备中的 MAC 表项，从而把用户流量引到新的 Master 设备上，整个过程对用户完全透明。

（5）原 Master 设备故障恢复时，若该设备为 IP 地址拥有者（优先级为 255），将直接切换至 Master 状态。若该设备优先级小于 255，将首先切换至 Backup 状态，且其优先级恢复为故障前配置的优先级。

（6）Backup 设备的优先级高于 Master 设备时，由 Backup 设备的工作方式（抢占方式和非抢占方式）决定是否重新选举 Master。

16.1.4 VRRP 的应用场景

在网络中，VRRP 不仅仅在设备故障时触发 Master 设备的切换，它也能感知某个接口、某条路由的状态。

1. 与接口状态联动

VRRP 可以与上行接口的状态绑定，当承担转发任务的 Master 设备的上行接口出现异常时，Master 设备会降低一定的优先级；当优先级低于 Backup 设备的优先级时，Backup 设备就会切换为 Master 设备，从而防止因为上行接口的异常导致业务受损，如图 16-5 所示。

2. 与路由状态联动

VRRP 可以与上行路由的状态绑定，当上行路由出现异常时，Master 设备可以降低一定的优先级；当优先级低于 Backup 设备的优先级时，Backup 设备就会切换为 Master 设备，从而防止因为上行路由的异常导致业务受损，如图 16-6 所示。

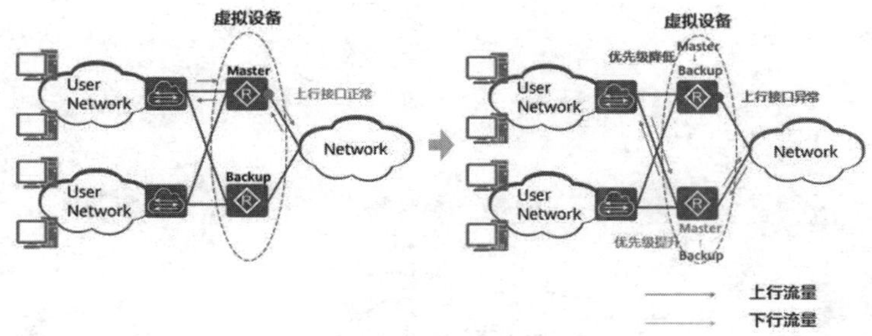

图 16-5 VRRP 与接口联动

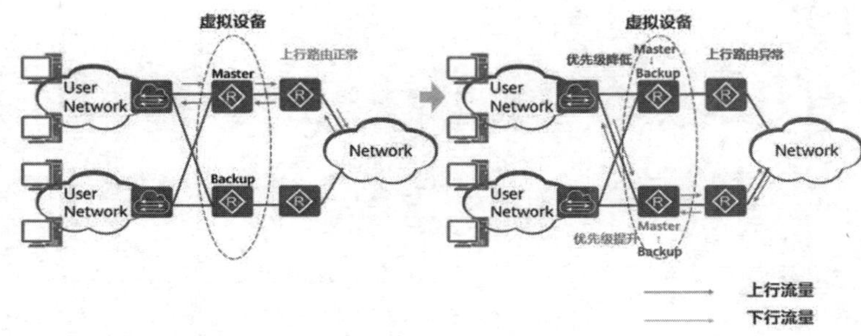

图 16-6 VRRP 与路由联动

16.2 VRRP 配置实验

16.2.1 实验 1：配置 VRRP 主备备份

扫一扫，看视频

1．实验目的

（1）熟悉 VRRP 主备备份的应用场景。

（2）掌握 VRRP 主备备份的配置方法。

2．实验拓扑

配置 VRRP 主备备份的实验拓扑如图 16-7 所示。

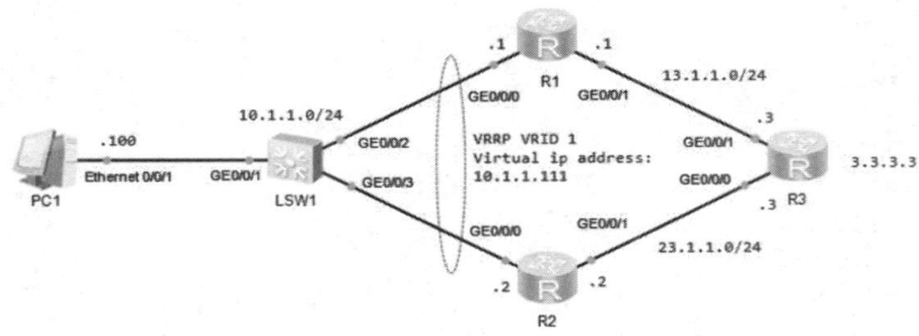

图 16-7 配置 VRRP 主备备份的实验拓扑

3. 实验步骤

（1）配置 IP 地址。

PC1 的 IP 地址配置如图 16-8 所示。

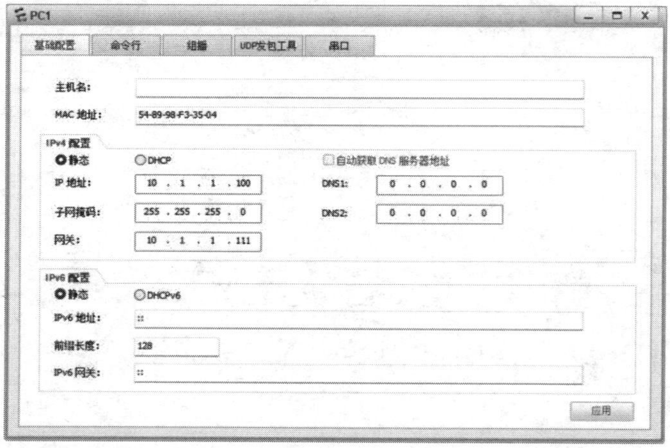

图 16-8　配置 PC1 的 IP 地址

R1 的配置：

```
<Huawei>system-view
Enter system view, return user view with Ctrl+Z.
[Huawei]undo info-center enable
Info: Information center is disabled.
[Huawei]sysname R1
[R1]interface g0/0/0
[R1-GigabitEthernet0/0/0]ip address 10.1.1.1 24
[R1-GigabitEthernet0/0/0]quit
[R1]interface g0/0/1
[R1-GigabitEthernet0/0/1]ip address 13.1.1.1 24
[R1-GigabitEthernet0/0/1]quit
```

R2 的配置：

```
<Huawei>system-view
Enter system view, return user view with Ctrl+Z.
[Huawei]undo info-center enable
Info: Information center is disabled.
[Huawei]sysname R2
[R2]interface g0/0/0
[R2-GigabitEthernet0/0/0]ip address 10.1.1.2 24
[R2-GigabitEthernet0/0/0]quit
[R2]interface g0/0/1
[R2-GigabitEthernet0/0/1]ip address 23.1.1.2 24
[R2-GigabitEthernet0/0/1]quit
```

R3 的配置：

```
<Huawei>system-view
Enter system view, return user view with Ctrl+Z.
[Huawei]undo info-center enable
Info: Information center is disabled.
[Huawei]sysname R3
[R3]interface g0/0/0
[R3-GigabitEthernet0/0/0]ip address 23.1.1.3 24
[R3-GigabitEthernet0/0/0]quit
[R3]interface g0/0/1
[R3-GigabitEthernet0/0/1]ip address 13.1.1.3 24
[R3-GigabitEthernet0/0/1]quit
[R3]interface LoopBack 0
[R3-LoopBack0]ip address 3.3.3.3 32
[R3-LoopBack0]quit
```

（2）配置 IGP。

R1 的配置：

```
[R1]ospf router-id 1.1.1.1
[R1-ospf-1]area 0
[R1-ospf-1-area-0.0.0.0]network 10.1.1.0 0.0.0.255
[R1-ospf-1-area-0.0.0.0]network 13.1.1.0 0.0.0.255
[R1-ospf-1-area-0.0.0.0]quit
```

R2 的配置：

```
[R2]ospf router-id 2.2.2.2
[R2-ospf-1]area 0
[R2-ospf-1-area-0.0.0.0]network 10.1.1.0 0.0.0.255
[R2-ospf-1-area-0.0.0.0]network 23.1.1.0 0.0.0.255
[R2-ospf-1-area-0.0.0.0]quit
```

R3 的配置：

```
[R3]ospf router-id 3.3.3.3
[R3-ospf-1]area 0
[R3-ospf-1-area-0.0.0.0]network 13.1.1.0 0.0.0.255
[R3-ospf-1-area-0.0.0.0]network 23.1.1.0 0.0.0.255
[R3-ospf-1-area-0.0.0.0]network 3.3.3.3 0.0.0.0
[R3-ospf-1-area-0.0.0.0]quit
```

（3）VRRP 的配置。

R1 的配置：

```
[R1]interface g0/0/0
//虚拟路由器的标识符为 1，虚拟 IP 为 10.1.1.111
[R1-GigabitEthernet0/0/0]vrrp vrid 1 virtual-ip 10.1.1.111
[R1-GigabitEthernet0/0/0]vrrp vrid 1 priority 120 //优先级设置为 120，默认为 1
//抢占延时为 20s，默认为 0
[R1-GigabitEthernet0/0/0]vrrp vrid 1 preempt-mode timer delay 20
```

```
[R1-GigabitEthernet0/0/0]quit
```

R2 的配置：

```
[R2]interface g0/0/0
[R2-GigabitEthernet0/0/0]vrrp vrid 1 virtual-ip 10.1.1.111
[R2-GigabitEthernet0/0/0]quit
```

【技术要点】

默认情况下，通告报文发送间隔为 1s，抢占方式为立即抢占，优先级默认为 100，发送免费 ARP 报文时间间隔为 120s。

4. 实验调试

（1）在 R1 上查看 VRPP 的信息。

```
[R1]display vrrp
  GigabitEthernet0/0/0 | Virtual Router 1  //VRRP 备份组所在的接口和 VRRP 备份组号
    State : Master              //Master：表示交换机在该备份组中作为 Master
    Virtual IP : 10.1.1.111     //VRRP 备份组的虚拟 IP 地址为 10.1.1.111
    Master IP : 10.1.1.1        //Master 设备上该 VRRP 备份组所在接口的主 IP 地址
    PriorityRun : 120           //当前显示的优先级
    PriorityConfig : 120        //配置的优先级
    MasterPriority : 120
    Preempt : YES   Delay Time : 20 s     //开启抢占，抢占延时为 20s
    TimerRun : 1 s                        //发送广播报文的间隔时间为 1s
    TimerConfig : 1 s
    Auth type : NONE                      //没有配置认证
    Virtual MAC : 0000-5e00-0101          //虚拟 MAC 地址
    Check TTL : YES
    Config type : normal-vrrp
    Create time : 2022-10-08 15:00:13 UTC-08:00
Last change time : 2022-10-08 15:00:17 UTC-08:00
```

（2）在 PC1 上跟踪 3.3.3.3，其配置如图 16-9 所示。

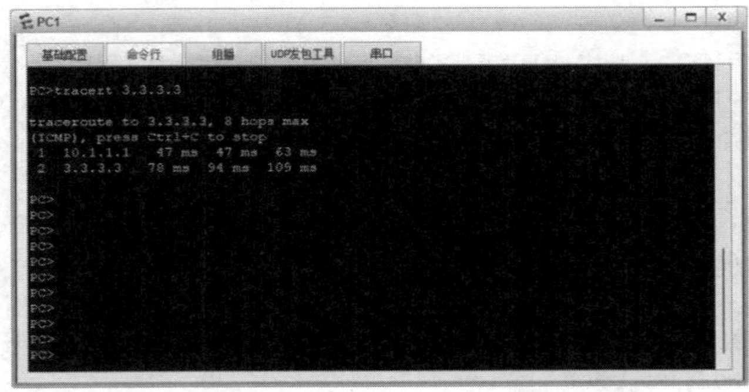

图 16-9　在 PC1 上跟踪 3.3.3.3

通过以上输出可以看到，PC 访问 3.3.3.3 时经过 10.1.1.1。

（3）关闭 R1 的 GE0/0/0 接口。

```
[R1]interface g0/0/0
[R1-GigabitEthernet0/0/0]shutdown
[R1-GigabitEthernet0/0/0]quit
```

（4）在 R2 上查看 VRRP 的信息。

```
<R2>display vrrp
  GigabitEthernet0/0/0 | Virtual Router 1
    State : Master
    Virtual IP : 10.1.1.111
    Master IP : 10.1.1.2
    PriorityRun : 100
    PriorityConfig : 100
    MasterPriority : 100
    Preempt : YES Delay Time : 0 s
    TimerRun : 1 s
    TimerConfig : 1 s
    Auth type : NONE
    Virtual MAC : 0000-5e00-0101
    Check TTL : YES
    Config type : normal-vrrp
    Create time : 2022-10-08 15:07:22 UTC-08:00
    Last change time : 2022-10-08 15:33:01 UTC-08:00
```

通过以上输出可以看到，R2 成了 Master。

（5）在 PC1 上再次跟踪 3.3.3.3，其配置如图 16-10 所示。

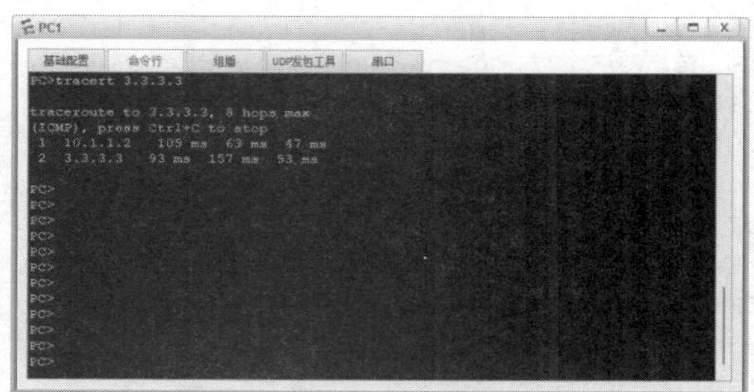

图 16-10　在 PC1 上跟踪 3.3.3.3

通过以上输出可以看到，PC 通过 R2 跟踪 3.3.3.3。

16.2.2　实验 2：配置 VRRP 多网关负载分担

1. 实验目的

（1）熟悉 VRRP 多网关负载分担的应用场景。

（2）掌握 VRRP 多网关负载分担的配置方法。

2. 实验拓扑

配置 VRRP 多网关负载分担的实验拓扑如图 16-11 所示。

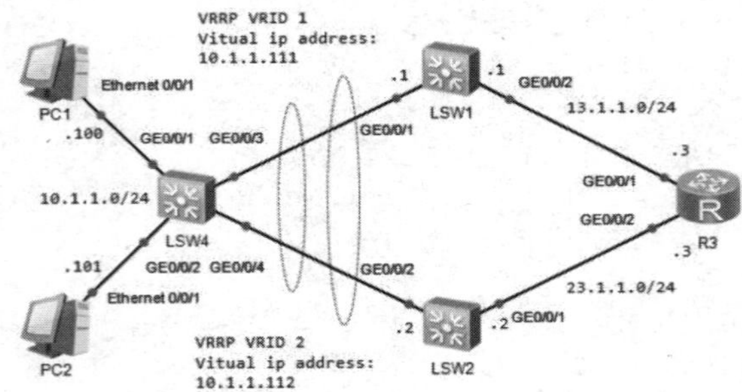

图 16-11　配置 VRRP 多网关负载分担的实验拓扑

3. 实验步骤

（1）配置 IP 地址。

LSW1 的配置：

```
<Huawei>system-view
Enter system view, return user view with Ctrl+Z.
[Huawei]undo info-center enable
Info: Information center is disabled.
[Huawei]sysname LSW1
[LSW1]vlan batch 100 200
[LSW1]interface g0/0/1
[LSW1-GigabitEthernet0/0/1]port link-type access
[LSW1-GigabitEthernet0/0/1]port default vlan 100
[LSW1-GigabitEthernet0/0/1]quit
[LSW1]interface g0/0/2
[LSW1-GigabitEthernet0/0/2]port link-type access
[LSW1-GigabitEthernet0/0/2]port default vlan 200
[LSW1-GigabitEthernet0/0/2]quit
[LSW1]interface Vlanif 100
[LSW1-Vlanif100]ip address 10.1.1.1 24
[LSW1-Vlanif100]quit
[LSW1]interface Vlanif 200
[LSW1-Vlanif200]ip address 13.1.1.1 24
[LSW1-Vlanif200]quit
```

LSW2 的配置：

```
<Huawei>system-view
Enter system view, return user view with Ctrl+Z.
[Huawei]undo info-center enable
Info: Information center is disabled.
```

```
[Huawei]sysname LSW2
[LSW2]vlan batch 100 300
[LSW2]interface g0/0/2
[LSW2-GigabitEthernet0/0/2]port link-type access
[LSW2-GigabitEthernet0/0/2]port default vlan 100
[LSW2-GigabitEthernet0/0/2]quit
[LSW2]interface g0/0/1
[LSW2-GigabitEthernet0/0/1]port link-type access
[LSW2-GigabitEthernet0/0/1]port default vlan 300
[LSW2-GigabitEthernet0/0/1]quit
[LSW2]interface Vlanif 100
[LSW2-Vlanif100]ip address 10.1.1.2 24
[LSW2-Vlanif100]quit
[LSW2]interface Vlanif 300
[LSW2-Vlanif300]ip address 23.1.1.2 24
[LSW2-Vlanif300]quit
```

R3 的配置：

```
<Huawei>system-view
Enter system view, return user view with Ctrl+Z.
[Huawei]undo info-center enable
Info: Information center is disabled.
[Huawei]sysname R3
[R3]interface g0/0/1
[R3-GigabitEthernet0/0/1]ip address 13.1.1.3 24
[R3-GigabitEthernet0/0/1]quit
[R3]interface g0/0/2
[R3-GigabitEthernet0/0/2]ip address 23.1.1.3 24
[R3-GigabitEthernet0/0/2]quit
[R3]interface LoopBack 0
[R3-LoopBack0]ip address 3.3.3.3 32
[R3-LoopBack0]quit
```

PC1 的 IP 地址配置如图 16-12 所示。

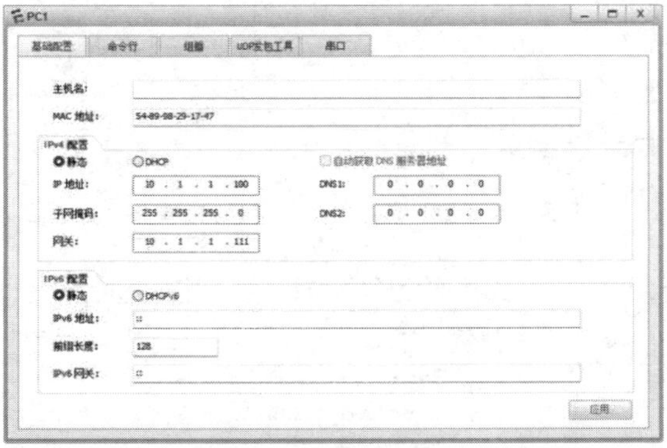

图 16-12 配置 PC1 的 IP 地址

PC2 的 IP 地址配置如图 16-13 所示。

图 16-13　配置 PC2 的 IP 地址

（2）运行 IGP。

LSW1 的配置：

```
[LSW1]ospf router-id 1.1.1.1
[LSW1-ospf-1]area 0
[LSW1-ospf-1-area-0.0.0.0]network 10.1.1.0 0.0.0.255
[LSW1-ospf-1-area-0.0.0.0]network 13.1.1.0 0.0.0.255
[LSW1-ospf-1-area-0.0.0.0]quit
```

LSW2 的配置：

```
[LSW2]ospf router-id 2.2.2.2
[LSW2-ospf-1]area 0
[LSW2-ospf-1-area-0.0.0.0]network 10.1.1.0 0.0.0.255
[LSW2-ospf-1-area-0.0.0.0]network 23.1.1.0 0.0.0.255
[LSW2-ospf-1-area-0.0.0.0]quit
```

R3 的配置：

```
[R3]ospf router-id 3.3.3.3
[R3-ospf-1]area 0
[R3-ospf-1-area-0.0.0.0]network 13.1.1.0 0.0.0.255
[R3-ospf-1-area-0.0.0.0]network 23.1.1.0 0.0.0.255
[R3-ospf-1-area-0.0.0.0]network 3.3.3.0 0.0.0.25
[R3-ospf-1-area-0.0.0.0]network 3.3.3.0 0.0.0.255
[R3-ospf-1-area-0.0.0.0]quit
```

（3）配置 VRRP。

第 1 步，配置 VRRP 组 1，让 LSW1 成为 Master，LSW2 成为 Backup。

LSW1 的配置：

```
[LSW1]interface Vlanif 100
[LSW1-Vlanif100]vrrp vrid 1 virtual-ip 10.1.1.111
[LSW1-Vlanif100]vrrp vrid 1 priority 120
```

```
[LSW1-Vlanif100]vrrp vrid 1 preempt-mode timer delay 20
[LSW1-Vlanif100]quit
```

LSW2 的配置：

```
[LSW2]interface Vlanif 100
[LSW2-Vlanif100]vrrp vrid 1 virtual-ip 10.1.1.111
[LSW2-Vlanif100]quit
```

第 2 步，配置 VRRP 组 2，让 LSW2 成为 Master，LSW1 成为 Backup。

LSW1 的配置：

```
[LSW1]interface Vlanif 100
[LSW1-Vlanif100]vrrp vrid 2 virtual-ip 10.1.1.112
[LSW1-Vlanif100]quit
```

LSW2 的配置：

```
[LSW2]interface Vlanif 100
[LSW2-Vlanif100]vrrp vrid 2 virtual-ip 10.1.1.112
[LSW2-Vlanif100]vrrp vrid 2 priority 200
[LSW2-Vlanif100]quit
```

4. 实验调试

（1）在 LSW1 上查看 VRRP 的信息。

```
<LSW1>display vrrp brief
VRID  State       Interface                Type     Virtual IP
----------------------------------------------------------------
1     Master      Vlanif100                Normal   10.1.1.111
2     Backup      Vlanif100                Normal   10.1.1.112
----------------------------------------------------------------
Total:2     Master:1     Backup:1     Non-active:0
```

通过以上输出可以看到，在 VRID1 中 LSW1 是 Master，在 VRID2 中 LSW1 是 Backup。

（2）在 PC1 上跟踪 3.3.3.3，其配置如图 16-14 所示。

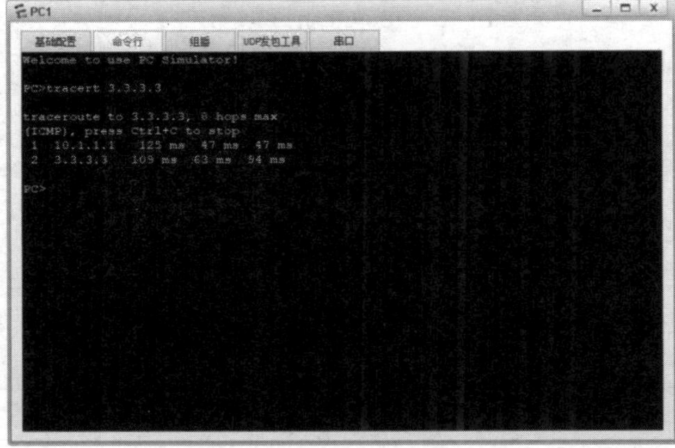

图 16-14　在 PC1 上跟踪 3.3.3.3

通过以上输出可以看出，PC1 通过 LSW1 跟踪 3.3.3.3。

（3）关闭 LSW1 的 GE0/0/1 接口。

```
[LSW1]interface g0/0/1
[LSW1-GigabitEthernet0/0/1]shutdown
[LSW1-GigabitEthernet0/0/1]quit
```

（4）在 LSW2 上查看 VRRP 的信息。

```
<LSW2>display vrrp brief
VRID  State        Interface                  Type     Virtual IP
-----------------------------------------------------------------
1     Master       Vlanif100                  Normal   10.1.1.111
2     Master       Vlanif100                  Normal   10.1.1.112
-----------------------------------------------------------------
Total:2    Master:2    Backup:0    Non-active:0
```

（5）在 PC1 上再次跟踪 3.3.3.3，其配置如图 16-15 所示。

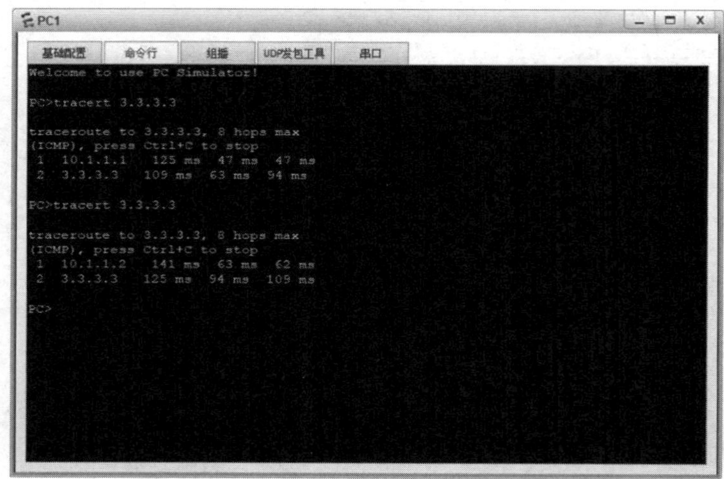

图 16-15　在 PC1 上跟踪 3.3.3.3

通过以上输出可以看到，PC1 通过 LSW2 跟踪 3.3.3.3。实验完成后，打开 LSW1 的 GE0/0/1 接口。

（6）在 LSW2 上查看 VRRP 的信息。

```
<LSW2>display vrrp brief
VRID  State        Interface                  Type     Virtual IP
-----------------------------------------------------------------
1     Backup       Vlanif100                  Normal   10.1.1.111
2     Master       Vlanif100                  Normal   10.1.1.112
-----------------------------------------------------------------
Total:2    Master:1    Backup:1    Non-active:0
```

通过以上输出可以看到，在 VRID2 中交换机 LSW2 又成了 Master。

（7）在 PC2 上跟踪 3.3.3.3，其配置如图 16-16 所示。

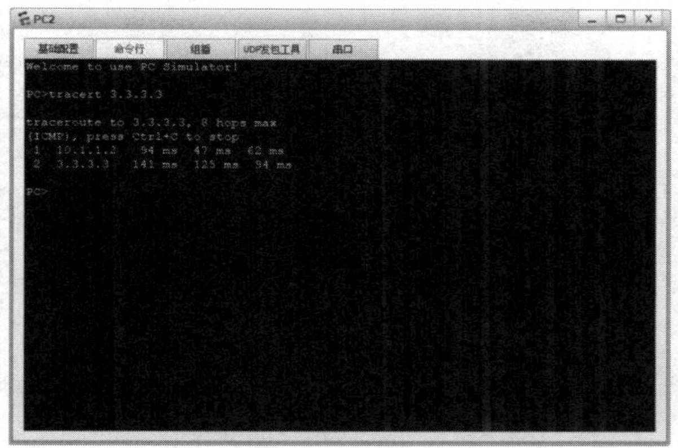

图 16-16　在 PC2 上跟踪 3.3.3.3

通过以上输出可以看到，PC2 通过 LSW2 跟踪 3.3.3.3。

16.2.3　实验 3：VRRP 与 BFD 联动配置

1．实验目的

（1）熟悉 VRRP 与 BFD 联动的应用场景。

（2）掌握 VRRP 与 BFD 联动的配置方法。

2．实验拓扑

VRRP 与 BFD 联动配置的实验拓扑如图 16-17 所示。

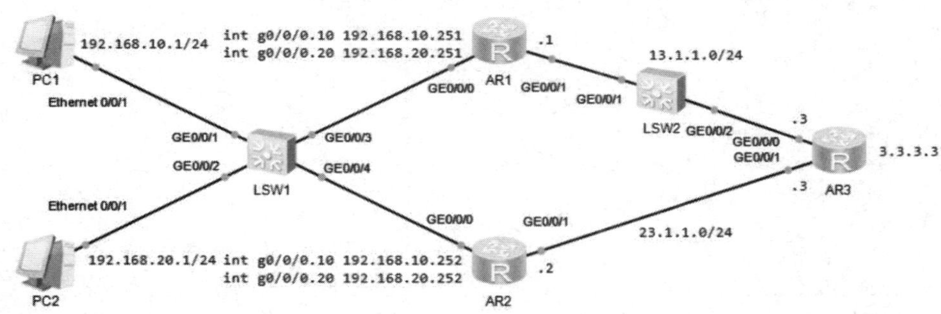

图 16-17　VRRP 与 BFD 联动配置的实验拓扑

3．实验步骤

（1）配置 IP 地址。

PC1 的 IP 地址配置如图 16-18 所示。

PC2 的 IP 地址配置如图 16-19 所示。

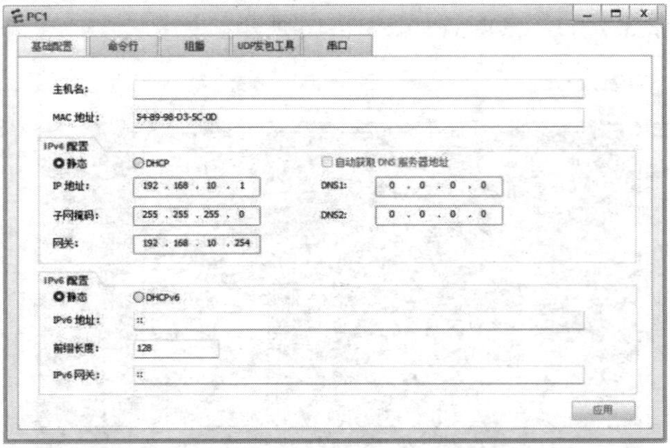

图 16-18　配置 PC1 的 IP 地址

图 16-19　配置 PC2 的 IP 地址

LSW1 的配置：

```
<Huawei>system-view
Enter system view, return user view with Ctrl+Z
[Huawei]undo info-center enable
Info: Information center is disabled
[Huawei]sysname LSW1
[LSW1]vlan batch 10 20
Info: This operation may take a few seconds. Please wait for a moment...done.
[LSW1]interface g0/0/1
[LSW1-GigabitEthernet0/0/1]port link-type access
[LSW1-GigabitEthernet0/0/1]port default vlan 10
[LSW1-GigabitEthernet0/0/1]quit
[LSW1]interface g0/0/2
[LSW1-GigabitEthernet0/0/2]port link-type access
[LSW1-GigabitEthernet0/0/2]port default vlan 20
[LSW1-GigabitEthernet0/0/2]quit
```

```
[LSW1]interface g0/0/3
[LSW1-GigabitEthernet0/0/3]port link-type trunk
[LSW1-GigabitEthernet0/0/3]port trunk allow-pass vlan 10 20
[LSW1-GigabitEthernet0/0/3]quit
```

AR1 的配置：

```
<Huawei>system-view
Enter system view, return user view with Ctrl+Z
[Huawei]undo info-center enable
Info: Information center is disabled
[Huawei]sysname AR1
[AR1]interface g0/0/0.10
[AR1-GigabitEthernet0/0/0.10]dot1q termination vid 10
[AR1-GigabitEthernet0/0/0.10]ip address 192.168.10.251 24
[AR1-GigabitEthernet0/0/0.10]arp broadcast enable
[AR1-GigabitEthernet0/0/0.10]quit
[AR1]interface g0/0/0.20
[AR1-GigabitEthernet0/0/0.20]dot1q termination vid 20
[AR1-GigabitEthernet0/0/0.20]ip address 192.168.20.251 24
[AR1-GigabitEthernet0/0/0.20]arp broadcast enable
[AR1-GigabitEthernet0/0/0.20]quit

[AR1]interface g0/0/1
[AR1-GigabitEthernet0/0/1]ip address 13.1.1.1 24
[AR1-GigabitEthernet0/0/1]quit
```

AR2 的配置：

```
<Huawei>system-view
Enter system view, return user view with Ctrl+Z
[Huawei]undo info-center enable
Info: Information center is disabled
[Huawei]sysname AR2
[AR2]interface g0/0/0.10
[AR2-GigabitEthernet0/0/0.10]dot1q termination vid 10
[AR2-GigabitEthernet0/0/0.10]ip address 192.168.10.252 24
[AR2-GigabitEthernet0/0/0.10]arp broadcast enable
[AR2-GigabitEthernet0/0/0.10]quit
[AR2]interface g0/0/0.20
[AR2-GigabitEthernet0/0/0.20]dot1q termination vid 20
[AR2-GigabitEthernet0/0/0.20]ip address 192.168.20.252 24
[AR2-GigabitEthernet0/0/0.20]arp broadcast enable
[AR2-GigabitEthernet0/0/0.20]quit
[AR2]interface g0/0/1
[AR2-GigabitEthernet0/0/1]ip address 23.1.1.2 24
[AR2-GigabitEthernet0/0/1]quit
```

AR3 的配置：

```
<Huawei>system-view
```

```
Enter system view, return user view with Ctrl+Z
[Huawei]undo info-center enable
Info: Information center is disabled
[Huawei]sysname AR3
[AR3]interface g0/0/0
[AR3-GigabitEthernet0/0/0]ip address 13.1.1.3 24
[AR3-GigabitEthernet0/0/0]quit
[AR3]interface g0/0/1
[AR3-GigabitEthernet0/0/1]ip address 23.1.1.3 24
[AR3-GigabitEthernet0/0/1]quit
[AR3]interface LoopBack 0
[AR3-LoopBack0]ip address 3.3.3.3 32
[AR3-LoopBack0]quit
```

（2）配置网络连通性。

AR1 的配置：

```
[AR1]ospf router-id 1.1.1.1
[AR1-ospf-1]area 0
[AR1-ospf-1-area-0.0.0.0]network 192.168.10.0 0.0.0.255
[AR1-ospf-1-area-0.0.0.0]network 192.168.20.0 0.0.0.255
[AR1-ospf-1-area-0.0.0.0]network 13.1.1.0 0.0.0.255
[AR1-ospf-1-area-0.0.0.0]quit
```

AR2 的配置：

```
[AR2]ospf router-id 2.2.2.2
[AR2-ospf-1]area 0
[AR2-ospf-1-area-0.0.0.0]network 192.168.10.0 0.0.0.255
[AR2-ospf-1-area-0.0.0.0]network 192.168.20.0 0.0.0.255
[AR2-ospf-1-area-0.0.0.0]network 23.1.1.0 0.0.0.255
[AR2-ospf-1-area-0.0.0.0]quit
```

AR3 的配置：

```
[AR3]ospf router-id 3.3.3.3
[AR3-ospf-1]area 0
[AR3-ospf-1-area-0.0.0.0]network 13.1.1.0 0.0.0.255
[AR3-ospf-1-area-0.0.0.0]network 23.1.1.0 0.0.0.255
[AR3-ospf-1-area-0.0.0.0]network 3.3.3.3 0.0.0.0
[AR3-ospf-1-area-0.0.0.0]quit
```

（3）配置 VRRP。

AR1 的配置：

```
[AR1]interface g0/0/0.10
[AR1-GigabitEthernet0/0/0.10]vrrp vrid 1 virtual-ip 192.168.10.254
[AR1-GigabitEthernet0/0/0.10]vrrp vrid 1 priority 200
[AR1-GigabitEthernet0/0/0.10]quit
[AR1]interface g0/0/0.20
[AR1-GigabitEthernet0/0/0.20]vrrp vrid 2 virtual-ip 192.168.20.254
[AR1-GigabitEthernet0/0/0.20]quit
```

AR2 的配置：

```
<AR2>system-view
Enter system view, return user view with Ctrl+Z
[AR2]interface g0/0/0.10
[AR2-GigabitEthernet0/0/0.10]vrrp vrid 1 virtual-ip 192.168.10.254
[AR2-GigabitEthernet0/0/0.10]quit
[AR2]interface g0/0/0.20
[AR2-GigabitEthernet0/0/0.20]vrrp vrid 2 virtual-ip 192.168.20.254
[AR2-GigabitEthernet0/0/0.20]vrrp vrid 2 priority 200
[AR2-GigabitEthernet0/0/0.20]quit
```

【技术要点】

从以上 VRRP 的配置可以看出，PC1 通过 AR1 跟踪 3.3.3.3，但是当 AR1 与 AR3 之间的链路出现故障后，PC1 的访问流量还是通过 AR1，从而造成访问中断的问题。

（4）配置 BFD。

AR1 的配置：

```
[AR1]bfd
[AR1-bfd]quit
[AR1]bfd vrrp bind peer-ip 13.1.1.3 source-ip 13.1.1.1 auto
[AR1-bfd-session-vrrp]commit
[AR1-bfd-session-vrrp]quit
[AR1]interface g0/0/0.10
[AR1-GigabitEthernet0/0/0.10]vrrp vrid 1 track bfd-session session-name
vrrp reduced 120
//VRRP 组 1 中跟踪 BFD 的会话，一旦 BFD 检测到问题，VRRP 的优先级减 120
[AR1-GigabitEthernet0/0/0.10]quit
```

AR3 的配置：

```
[AR3]bfd
[AR3-bfd]quit
[AR3]bfd vrrp bind peer-ip 13.1.1.1 source-ip 13.1.1.3 auto
[AR3-bfd-session-vrrp]commit
[AR3-bfd-session-vrrp]quit
```

4. 实验调试

（1）在 AR1 上查看 VRRP 的信息。

```
<AR1>display vrrp
  GigabitEthernet0/0/0.10 | Virtual Router 1
    State : Master  //状态为主
    Virtual IP : 192.168.10.254
    Master IP : 192.168.10.251
    PriorityRun : 200
    PriorityConfig : 200
```

```
    MasterPriority : 200
    Preempt : YES   Delay Time : 0 s
    TimerRun : 1 s
    TimerConfig : 1 s
    Auth type : NONE
    Virtual MAC : 0000-5e00-0101
    Check TTL : YES
    Config type : normal-vrrp
    Backup-forward : disabled
    Track BFD : vrrp  Priority reduced : 120  //跟踪 BFD 的名字为 vrrp
    BFD-session state : UP                    //bfd 的状态为 up
    Create time : 2022-10-29 16:42:40 UTC-08:00
    Last change time : 2022-10-29 16:42:44 UTC-08:00
  GigabitEthernet0/0/0.20 | Virtual Router 2
    State : Backup
    Virtual IP : 192.168.20.254
    Master IP : 192.168.20.252
    PriorityRun : 100
    PriorityConfig : 100
    MasterPriority : 200
    Preempt : YES   Delay Time : 0 s
    TimerRun : 1 s
    TimerConfig : 1 s
    Auth type : NONE
    Virtual MAC : 0000-5e00-0102
    Check TTL : YES
    Config type : normal-vrrp
    Backup-forward : disabled
    Create time : 2022-10-29 16:43:09 UTC-08:00
    Last change time : 2022-10-29 16:49:17 UTC-08:00
```

（2）在 PC1 上跟踪 3.3.3.3，其配置如图 16-20 所示。

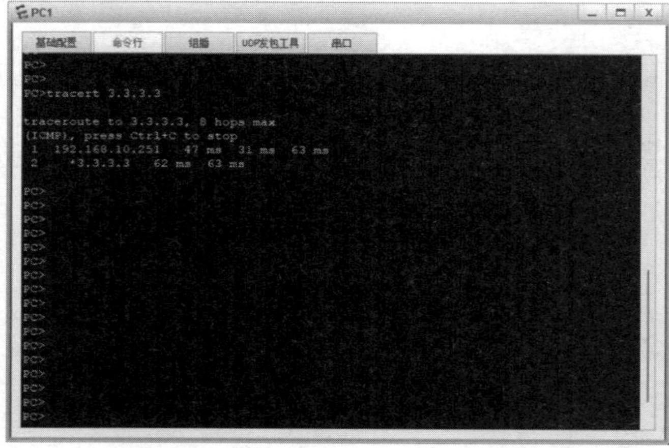

图 16-20　在 PC1 上跟踪 3.3.3.3

通过以上输出可以看到，PC1 通过 AR1 跟踪 3.3.3.3。

（3）关闭 AR3 的 GE0/0/0 接口。

```
[AR3]interface g0/0/0
[AR3-GigabitEthernet0/0/0]shutdown
[AR3-GigabitEthernet0/0/0]quit
```

（4）在 AR1 上再次查看 VRRP 的信息。

```
<AR1>display vrrp
  GigabitEthernet0/0/0.10 | Virtual Router 1
    State : Backup  //状态为备用
    Virtual IP : 192.168.10.254
    Master IP : 192.168.10.252
    PriorityRun : 80 //优先级为 80
    PriorityConfig : 200
    MasterPriority : 100
    Preempt : YES   Delay Time : 0 s
    TimerRun : 1 s
    TimerConfig : 1 s
    Auth type : NONE
    Virtual MAC : 0000-5e00-0101
    Check TTL : YES
    Config type : normal-vrrp
    Backup-forward : disabled
    Track BFD : vrrp  Priority reduced : 120
    BFD-session state : DOWN
    Create time : 2022-10-29 16:42:40 UTC-08:00
    Last change time : 2022-10-29 17:25:37 UTC-08:00
  GigabitEthernet0/0/0.20 | Virtual Router 2
    State : Backup
    Virtual IP : 192.168.20.254
    Master IP : 192.168.20.252
    PriorityRun : 100
    PriorityConfig : 100
    MasterPriority : 200
    Preempt : YES   Delay Time : 0 s
    TimerRun : 1 s
    TimerConfig : 1 s
    Auth type : NONE
    Virtual MAC : 0000-5e00-0102
    Check TTL : YES
    Config type : normal-vrrp
    Backup-forward : disabled
    Create time : 2022-10-29 16:43:09 UTC-08:00
    Last change time : 2022-10-29 16:49:17 UTC-08:00
```

通过以上输出可以看到，AR1 成了 Backup。

（5）再次在 PC1 上跟踪 3.3.3.3，其配置如图 16-21 所示。

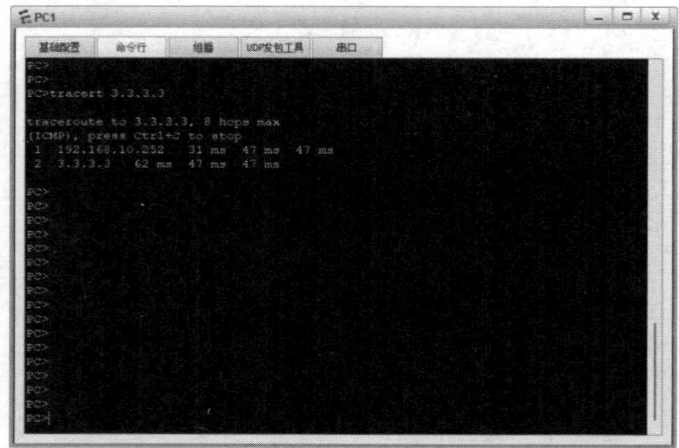

图 16-21　在 PC1 上跟踪 3.3.3.3

通过以上输出可以看到，PC1 通过 AR2 跟踪 3.3.3.3。

16.3　练　习　题

1．（单选题）VRRP 报文的 IP 协议号是（　　）。

A．116　　B．114　　C．112　　D．118

2．（单选题）配置 VRRP 抢占时延的命令是（　　）。

A．vrrp vrid preempt-mode timer delay 20　　B．vrrp vrid timer delay 20

C．vrrp vrid preempt-timer 20　　D．vrrp vrid preempt-delay 20

3．（单选题）VRRP 与 BFD 进行联动的配置命令是（　　）。

A．vrrp vrid 1 track bfd-session session-name 1 reduced 100

B．bfd-sesssion vrrp vrid 1 track session-name 1 reduced 100

C．track vrrp vrid 1 bfd-session session-name 1 reduced 100

D．vrrp vrid 1 track bfd-session-name 1 reduced 100

4．（单选题）VRRP 设备在备份组中的默认优先级为（　　）。

A．0　　B．200　　C．150　　D．100

5.（单选题）以下关于 VRRP 的热备份中，AC 用于建立 CAPWAP 隧道的地址说法正确的是(　　)。

A．主 AC 的物理地址　　B．备 MC 的物理地址

C．AC 中配置的任意地址都可以　　D．主、备 AC 的 VRRP 虚拟地址

‖ 第 17 章 ‖

DHCP

本章阐述了 DHCP 的基本原理，介绍了 DHCP 的每一个包的作用和格式，并通过实验使读者能够掌握 DHCP 在各个网络场景中的应用。

本章包含以下内容：

- DHCP 简介
- DHCP 的优势
- DHCP 的工作原理
- DHCP 配置实验

17.1　DHCP 简介

动态主机配置协议 DHCP（Dynamic Host Configuration Protocol）是一种网络管理协议，用于集中对用户 IP 地址进行动态管理和配置。

DHCP 于 1993 年 10 月成为标准协议，其前身是 BOOTP 协议。DHCP 协议由 RFC 2131 定义，采用客户端/服务器通信模式，由客户端（DHCP Client）向服务器（DHCP Server）提出配置申请，DHCP Server 为网络上的每个设备动态分配 IP 地址、子网掩码、默认网关地址、域名服务器（DNS）地址和其他相关配置参数，以便可以与其他 IP 网络通信。

17.2　DHCP 的优势

在 IP 网络中，每个连接 Internet 的设备都需要分配唯一的 IP 地址。DHCP 使网络管理员能从中心节点监控和分配 IP 地址。当某台计算机移到网络中的其他位置时，能自动收到新的 IP 地址。DHCP 实现的自动化分配 IP 地址不仅降低了配置和部署设备的时间，同时也降低了发生配置错误的可能性。另外，DHCP 服务器可以管理多个网段的配置信息，当某个网段的配置发生变化时，管理员只需要更新 DHCP 服务器上的相关配置即可，实现了集中化管理。

总体来看，DHCP 具有如下优势。

（1）准确的 IP 配置：IP 地址配置参数必须准确，并且在处理 192.168.XXX.XXX 之类的输入时，很容易出错。另外印刷错误通常很难解决，使用 DHCP 服务器可以最大程度地降低这种风险。

（2）减少 IP 地址冲突：每个连接的设备都必须有一个 IP 地址。但是，每个地址只能使用一次，重复的地址将导致无法连接一个或两个设备的冲突。当手动分配地址时，尤其是在存在大量仅定期连接的端点（例如移动设备）时，可能会发生这种情况。DHCP 的使用可确保每个地址仅使用一次。

（3）IP 地址管理的自动化：如果没有 DHCP，网络管理员将需要手动分配和撤销地址。跟踪哪个设备具有什么地址可能是徒劳的，因为几乎无法理解设备何时需要访问网络以及何时需要离开网络。DHCP 允许将其自动化和集中化，因此网络管理人员可以在一个位置管理所有位置。

（4）高效的变更管理：DHCP 的使用使更改地址、范围或端点变得非常简单。例如，组织可能希望将其 IP 寻址方案从一个范围更改为另一个范围。DHCP 服务器配置有新信息，该信息将传播到新端点。同样，如果升级并更换了网络设备，则不需要网络配置。

17.3　DHCP 的工作原理

DHCP 协议采用 UDP 作为传输协议，DHCP 客户端使用源端口号 68、目的端口号 67 向 DHCP 服务器发送请求消息，DHCP 服务器使用源端口号 67、目的端口号 68 给 DHCP 客户端回应应答消息。

只有与 DHCP 客户端在同一个网段的 DHCP 服务器才能收到 DHCP 客户端广播的 DHCP DISCOVER 报文。当 DHCP 客户端与 DHCP 服务器不在同一个网段时，必须部署 DHCP 中继来转发 DHCP 客户端和 DHCP 服务器之间的 DHCP 报文。在 DHCP 客户端看来，DHCP 中继就像 DHCP 服务器；在 DHCP 服务器看来，DHCP 中继就像 DHCP 客户端。

1．无中继场景时 DHCP 客户端首次接入网络的工作原理

在没有部署 DHCP 中继的场景下，首次接入网络的 DHCP 客户端与 DHCP 服务器的报文交互过程，称为 DHCP 报文四步交互，如图 17-1 所示。

第一步：发现阶段

首次接入网络的 DHCP 客户端不知道 DHCP 服务器的 IP 地址，为了学习到 DHCP 服务器的 IP 地址，DHCP 客户端以广播方式发送 DHCP DISCOVER 报文（目的 IP 地址为 255.255.255.255）给同一网段内的所有设备（包括 DHCP 服务器或中继）。DHCP DISCOVER 报文中携带了客户端的 MAC 地址（chaddr 字段）、需要请求的参数列表选项（Option55）、广播标志位（flags 字段）等信息。

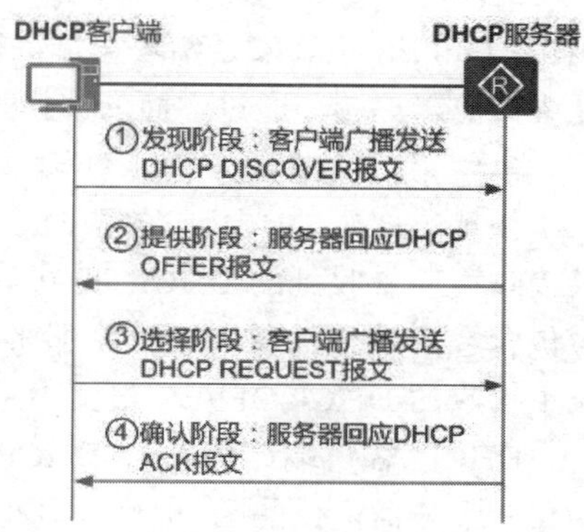

图 17-1　无中继场景时 DHCP 客户端首次接入网络的报文交互示意图

第二步：提供阶段

与 DHCP 客户端位于同一网段的 DHCP 服务器都会接收到 DHCP DISCOVER 报文，DHCP 服务器选择与接收 DHCP DISCOVER 报文接口的 IP 地址处于同一网段的地址池，并从中选择一个可用的 IP 地址，然后通过 DHCP OFFER 报文发送给 DHCP 客户端。

通常，DHCP 服务器的地址池中会指定 IP 地址的租期，如果 DHCP 客户端发送的 DHCP DISCOVER 报文中携带了期望租期，服务器会将客户端请求的期望租期与其指定的租期进行比较，选择其中时间较短的租期分配给客户端。

DHCP 服务器在地址池中为客户端分配 IP 地址的顺序如下：

（1）DHCP 服务器上已配置的与客户端 MAC 地址静态绑定的 IP 地址。

（2）客户端发送的 DHCP DISCOVER 报文中 Option50（请求 IP 地址选项）指定的地址。

（3）地址池内查找 Expired 状态的 IP 地址，即曾经分配给客户端的超过租期的 IP 地址。

（4）在地址池内随机查找一个 Idle 状态的 IP 地址。

（5）如果未找到可供分配的 IP 地址，则地址池依次自动回收超过租期的（Expired 状态）和处于冲突状态（Conflict 状态）的 IP 地址。回收后如果找到可用的 IP 地址，则进行分配；否则，DHCP 客户端等待应答超时后，重新发送 DHCP DISCOVER 报文来申请 IP 地址。

DHCP 服务器支持在地址池中排除某些不能通过 DHCP 机制进行分配的 IP 地址。例如，客户端所在网段已经手动配置了地址为 192.168.1.100/24 的 DNS 服务器，则 DHCP 服务器上配置的网段为 192.168.1.0/24 的地址池中需要将 192.168.1.100 的 IP 地址排除，不能通过 DHCP 分配

此地址，否则，会造成地址冲突。

为了防止分配出去的 IP 地址与网络中其他客户端的 IP 地址冲突，DHCP 服务器在发送 DHCP OFFER 报文前通过发送源地址为 DHCP 服务器 IP 地址、目的地址为预分配出去 IP 地址的 ICMP ECHO REQUEST 报文对分配的 IP 地址进行地址冲突探测。如果在指定的时间内没有收到应答报文，则表示网络中没有客户端使用这个 IP 地址，可以分配给客户端；如果指定时间内收到应答报文，表示网络中已经存在使用此 IP 地址的客户端，则把此地址列为冲突地址，然后等待重新接收到 DHCP DISCOVER 报文后再按照前面介绍的选择 IP 地址的优先顺序重新选择可用的 IP 地址。

此阶段 DHCP 服务器分配给客户端的 IP 地址，不一定是最终确定使用的 IP 地址，因为 DHCP OFFER 报文发送给客户端等待 16s 后，如果没有收到客户端的响应，此地址就可以继续分配给其他客户端。通过下面的选择阶段和确认阶段后才能最终确定客户端可以使用的 IP 地址。

第三步：选择阶段

如果有多个 DHCP 服务器向 DHCP 客户端回应 DHCP OFFER 报文，则 DHCP 客户端一般只接收第一个收到的 DHCP OFFER 报文，然后以广播方式发送 DHCP REQUEST 报文，该报文中包含客户端想选择的 DHCP 服务器标识符（即 Option54）和客户端 IP 地址（即 Option50，填充了接收的 DHCP OFFER 报文中 yiaddr 字段的 IP 地址）。

DHCP 客户端广播发送 DHCP REQUEST 报文通知所有的 DHCP 服务器，它将选择某个 DHCP 服务器提供的 IP 地址，其他 DHCP 服务器可以将曾经分配给客户端的 IP 地址重新分配给其他客户端。

第四步：确认阶段

当 DHCP 服务器收到 DHCP 客户端发送的 DHCP REQUEST 报文后，DHCP 服务器回应 DHCP ACK 报文，表示 DHCP REQUEST 报文中请求的 IP 地址（Option50 填充的）分配给客户端使用。

DHCP 客户端收到 DHCP ACK 报文，会广播发送免费的 ARP 报文，探测本网段是否有其他终端使用服务器分配的 IP 地址，如果在指定时间内没有收到回应，表示客户端可以使用此地址。如果收到了回应，说明有其他终端使用了此地址，客户端会向服务器发送 DHCP DECLINE 报文，并重新向服务器请求 IP 地址，同时，服务器会将此地址列为冲突地址。当服务器没有空闲地址可分配时，再选择冲突地址进行分配，尽量减少分配出去的地址冲突。

当 DHCP 服务器收到 DHCP 客户端发送的 DHCP REQUEST 报文后，如果 DHCP 服务器由于某些原因（例如协商出错或者由于发送 REQUEST 过慢导致服务器已经把此地址分配给其他客户端）无法分配 DHCP REQUEST 报文中 Option50 填充的 IP 地址，则发送 DHCP NAK 报文作为应答，通知 DHCP 客户端无法分配此 IP 地址。DHCP 客户端需要重新发送 DHCP DISCOVER 报文来申请新的 IP 地址。

2. 有中继场景时 DHCP 客户端首次接入网络的工作原理

在有 DHCP 中继的场景中，首次接入网络的 DHCP 客户端和 DHCP 服务器的工作原理与无中继场景时 DHCP 客户端首次接入网络的工作原理相同。主要差异是 DHCP 中继在 DHCP 服务器和 DHCP 客户端之间转发 DHCP 报文，以保证 DHCP 服务器和 DHCP 客户端可以正常交互。下面仅针对 DHCP 中继的工作原理进行介绍。

在部署 DHCP 中继的场景下，首次接入网络的 DHCP 客户端与 DHCP 服务器的报文交互过程，如图 17-2 所示。

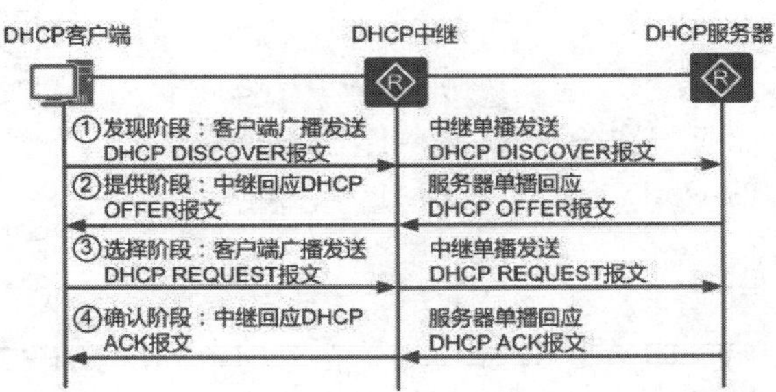

图 17-2　有中继场景时 DHCP 客户端首次接入网络的报文交互示意图

第一步：发现阶段

DHCP 中继接收到 DHCP 客户端广播发送的 DHCP DISCOVER 报文后，进行如下处理：

（1）检查 DHCP 报文中的 hops 字段，如果大于 16，则丢弃 DHCP 报文；否则，将 hops 字段加 1（表明经过一次 DHCP 中继），并继续下面的操作。

（2）检查 DHCP 报文中的 giaddr 字段。如果是 0，将 giaddr 字段设置为接收 DHCP DISCOVER 报文的接口 IP 地址；如果不是 0，则不修改该字段，继续下面的操作。

（3）将 DHCP 报文的目的 IP 地址改为 DHCP 服务器或下一跳中继的 IP 地址，源地址改为中继连接客户端的接口地址，通过路由转发将 DHCP 报文单播发送到 DHCP 服务器或下一跳中继。

如果 DHCP 客户端与 DHCP 服务器之间存在多个 DHCP 中继，后面的中继接收到 DHCP DISCOVER 报文的处理流程同前面所述。

第二步：提供阶段

DHCP 服务器接收到 DHCP DISCOVER 报文后，选择与报文中 giaddr 字段为同一网段的地址池，并为客户端分配 IP 地址等参数，然后向 giaddr 字段标识的 DHCP 中继单播发送 DHCP OFFER 报文。

DHCP 中继收到 DHCP OFFER 报文后，会进行如下处理：

（1）检查报文中的 giaddr 字段，如果不是接口的地址，则丢弃该报文；否则，继续下面的操作。

（2）DHCP 中继检查报文的广播标志位。如果广播标志位为 1，则将 DHCP OFFER 报文广播发送给 DHCP 客户端；否则将 DHCP OFFER 报文单播发送给 DHCP 客户端。

第三步：选择阶段

中继接收到来自客户端的 DHCP REQUEST 报文的处理过程同无中继场景下的选择阶段。

第四步：确认阶段

中继接收到来自服务器的 DHCP ACK 报文的处理过程同无中继场景下的确认阶段。

3. DHCP 客户端重用曾经使用过的地址的工作原理

DHCP 客户端非首次接入网络时，可以重用曾经使用过的地址。如图 17-3 所示，DHCP 客户端与 DHCP 服务器交互 DHCP 报文，以重新获取之前使用的 IP 地址等网络参数，该过程称为两步交互。

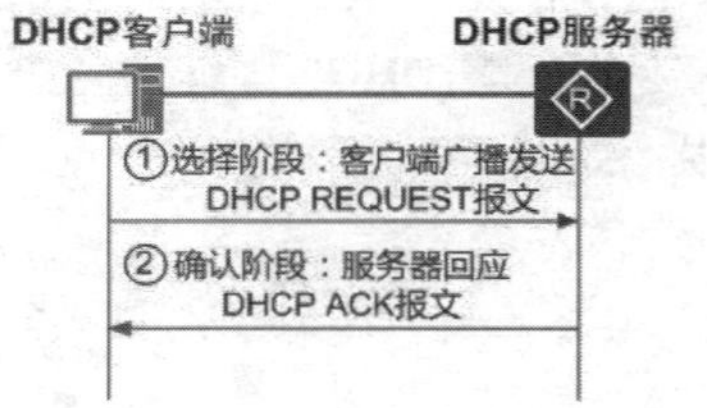

图 17-3　DHCP 客户端重用曾经使用过的 IP 地址的报文交互过程

第一步：选择阶段

客户端广播发送包含前一次分配的 IP 地址的 DHCP REQUEST 报文，报文中的 Option50（请求的 IP 地址选项）字段填入曾经使用过的 IP 地址。

第二步：确认阶段

DHCP 服务器收到 DHCP REQUEST 报文后，根据 DHCP REQUEST 报文中携带的 MAC 地址查找有没有相应的租约记录，如果有则返回 DHCP ACK 报文，通知 DHCP 客户端可以继续使用这个 IP 地址；否则，保持沉默，等待客户端重新发送 DHCP DISCOVER 报文请求新的 IP 地址。

4. DHCP 客户端更新租期的工作原理

DHCP 服务器采用动态分配机制给客户端分配 IP 地址时，分配出去的 IP 地址有租期限制。DHCP 客户端向服务器申请地址时可以携带期望租期，服务器在分配租期时把客户端期望租期和地址池中的租期配置比较，分配其中一个较短的租期给客户端。租期到期或者客户端下线释放地址后，服务器会收回该 IP 地址，收回的 IP 地址可以继续分配给其他客户端使用。这种机制可以提高 IP 地址的利用率，避免客户端下线后 IP 地址继续被占用。如果 DHCP 客户端希望继续使用该地址，需要更新 IP 地址的租期（如延长 IP 地址租期）。

DHCP 客户端更新租期的过程如图 17-4 所示。

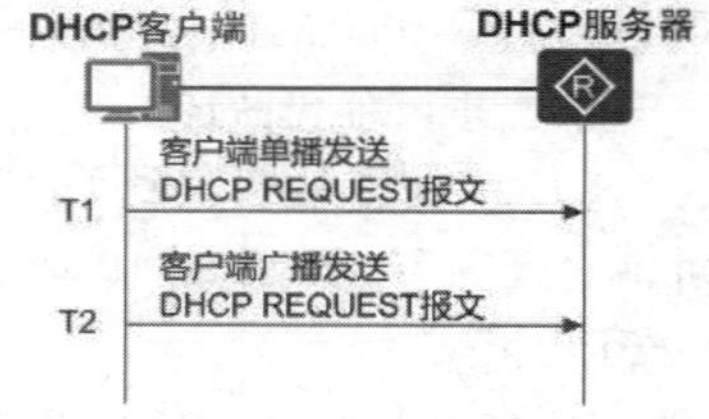

图 17-4　DHCP 客户端更新租期示意图

（1）当租期达到 50%（T1）时，DHCP 客户端会自动以单播的方式向 DHCP 服务器发送 DHCP REQUEST 报文，请求更新 IP 地址租期。如果收到 DHCP 服务器回应的 DHCP ACK 报文，则租期更新成功（即租期从 0 开始计算）；如果收到 DHCP NAK 报文，则重新发送 DHCP DISCOVER 报文请求新的 IP 地址。

（2）当租期达到 87.5%（T2）时，如果仍未收到 DHCP 服务器的应答，DHCP 客户端会自动以广播的方式向 DHCP 服务器发送 DHCP REQUEST 报文，请求更新 IP 地址租期。如果收到 DHCP 服务器回应的 DHCP ACK 报文，则租期更新成功（即租期从 0 开始计算）；如果收到 DHCP NAK 报文，则重新发送 DHCP DISCOVER 报文请求新的 IP 地址。

（3）如果租期时间到时都没有收到服务器的回应，客户端停止使用此 IP 地址，重新发送 DHCP DISCOVER 报文请求新的 IP 地址。

客户端在租期时间到达之前，如果用户不想使用分配的 IP 地址（例如客户端网络位置需要变更），会触发 DHCP 客户端向 DHCP 服务器发送 DHCP RELEASE 报文，通知 DHCP 服务器释放 IP 地址的租期。DHCP 服务器会保留这个 DHCP 客户端的配置信息，将 IP 地址列入曾经分配过的 IP 地址中，以便后续重新分配给该客户端或其他客户端。客户端可以通过发送 DHCP INFORM 报文向服务器请求更新配置信息。

如图 17-5 所示，部署 DHCP 中继时，更新租期的过程与上述过程相似。

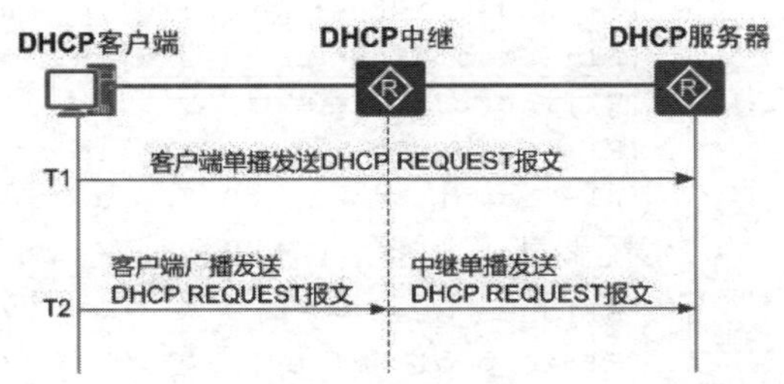

图 17-5　客户端通过 DHCP 中继更新租期示意图

17.4　DHCP 配置实验

17.4.1　实验 1：配置 DHCP

扫一扫，看视频

1. 实验目的

（1）熟悉 DHCP 的应用场景。

（2）掌握 DHCP 的配置方法。

2. 实验拓扑

配置 DHCP 的实验拓扑如图 17-6 所示。

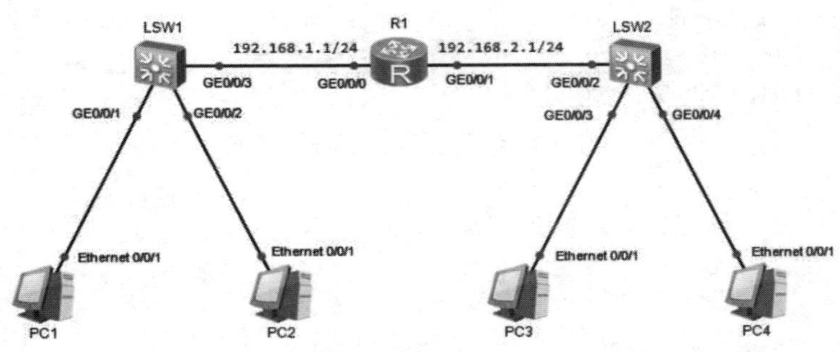

图 17-6　配置 DHCP 的实验拓扑

3. 实验步骤

（1）配置 IP 地址。

```
<Huawei>system-view
Enter system view, return user view with Ctrl+Z.
[Huawei]undo info-center enable
[Huawei]sysname R1
[R1]interface g0/0/0
```

```
[R1-GigabitEthernet0/0/0]ip address 192.168.1.1 24
[R1-GigabitEthernet0/0/0]quit
[R1]interface g0/0/1
[R1-GigabitEthernet0/0/1]ip address 192.168.2.1 24
[R1-GigabitEthernet0/0/1]quit
```

（2）配置基于全局的 DHCP。

```
[R1]dhcp enable                    //开启 DHCP 功能
[R1]ip pool pc1-pc2                //创建一个地址池，名字叫 pc1-pc2
[R1-ip-pool-pc1-pc2]network 192.168.1.0 mask 24  //可以分配的 IP 地址的范围
[R1-ip-pool-pc1-pc2]gateway-list 192.168.1.1     //配置 DHCP 客户端的网关地址
[R1-ip-pool-pc1-pc2]dns-list 3.3.3.3 4.4.4.4
//配置地址池中不参与自动分配的 IP 地址
[R1-ip-pool-pc1-pc2]excluded-ip-address 192.168.1.88 192.168.1.99
[R1-ip-pool-pc1-pc2]lease day 2          //配置地址池的地址租期，默认为 1 天
[R1-ip-pool-pc1-pc2]static-bind ip-address 192.168.1.44 mac-address 5489-
980e-1485                                //为指定 DHCP Client 分配固定 IP 地址
[R1-ip-pool-pc1-pc2]quit
[R1]interface g0/0/0
[R1-GigabitEthernet0/0/0]dhcp  select global
[R1-GigabitEthernet0/0/0]quit
```

（3）配置基于接口的 DHCP。

```
[R1]interface g0/0/1
[R1-GigabitEthernet0/0/1]dhcp  select interface
[R1-GigabitEthernet0/0/1]dhcp  server dns-list 3.3.3.3 4.4.4.4
[R1-GigabitEthernet0/0/1]dhcp server lease day 2
[R1-GigabitEthernet0/0/1]dhcp server static-bind ip-address 192.168.2.211
mac-address 5489-98ab-3d3b
```

（4）PC1 通过 DHCP 获得 IP 地址。

第 1 步，通过 DHCP 获得 IP 地址，其配置如图 17-7 所示。

图 17-7　PC1 通过 DHCP 获得 IP 地址

第 2 步，在 PC1 上查看是否获得 IP 地址，PC1 的操作如图 17-8 所示。

图 17-8　在 PC1 上查看 IP 地址

通过以上输出可以看到，PC1 获得了一个 192.168.1.254 的地址，默认情况下，华为设置从最后一个 IP 地址开始分配。

（5）PC2 通过 DHCP 获得 IP 地址。

第 1 步，PC2 通过 DHCP 获得 IP 地址，其配置如图 17-9 所示。

图 17-9　PC2 通过 DHCP 获得 IP 地址

第 2 步，在 PC2 上查看是否获得 IP 地址，其操作如图 17-10 所示。

通过以上输出可以看到，PC2 获得了一个 192.168.1.44 的地址，这是因为在地址池中设置了如下命令：static-bind ip-address 192.168.1.44 mac-address 5489-980e-1485。

（6）PC3 通过 DHCP 获得 IP 地址。

第 1 步，PC3 通过 DHCP 获得 IP 地址，其配置如图 17-11 所示。

第 2 步，查看 PC3 的 IP 地址，如图 17-12 所示。

图 17-10　在 PC2 上查看 IP 地址

图 17-11　PC3 通过 DHCP 获得 IP 地址

图 17-12　在 PC3 上查看 IP 地址

通过以上输出可以看到，PC3 获得一个 192.168.2.11 的地址，这是因为地址池中设置了如下命令：dhcp server static-bind ip-address 192.168.2.211 mac-address 5489-98ab-3d3b。

(7) PC4 通过 DHCP 获得 IP 地址。

第 1 步，PC4 通过 DHCP 获得 IP 地址，其配置如图 17-13 所示。

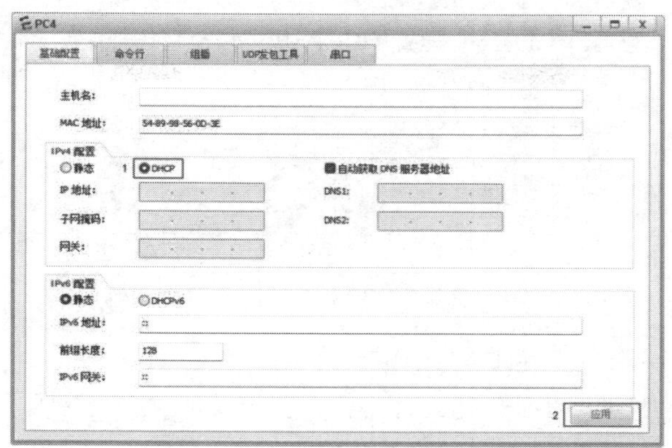

图 17-13　PC4 通过 DHCP 获得 IP 地址

第 2 步，查看 PC4 的 IP 地址，其操作如图 17-14 所示。

图 17-14　在 PC4 上查看 IP 地址

通过以上输出可以看到，PC4 获得了一个 192.168.2.254 的地址。

17.4.2　实验 2：配置 DHCP 中继

1. 实验目的

(1) 熟悉 DHCP 中继的应用场景。

(2) 掌握 DHCP 中继的配置方法。

2. 实验拓扑

配置 DHCP 中继的实验拓扑如图 17-15 所示。

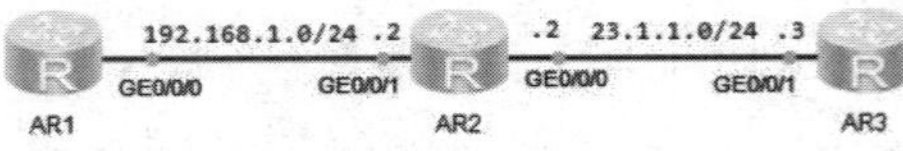

图 17-15　配置 DHCP 中继的实验拓扑

3. 实验步骤

（1）配置 IP 地址。

AR1 的配置：

```
<Huawei>system-view
Enter system view, return user view with Ctrl+Z.
[Huawei]undo info-center enable
Info: Information center is disabled.
[Huawei]sysname AR1
```

AR2 的配置：

```
<Huawei>system-view
Enter system view, return user view with Ctrl+Z.
[Huawei]undo info-center enable
[Huawei]sysname AR2
[AR2]interface g0/0/1
[AR2-GigabitEthernet0/0/1]ip address 192.168.1.2 24
[AR2-GigabitEthernet0/0/1]quit
[AR2]interface g0/0/0
[AR2-GigabitEthernet0/0/0]ip address 23.1.1.2 24
[AR2-GigabitEthernet0/0/0]quit
```

AR3 的配置：

```
<Huawei>system-view
Enter system view, return user view with Ctrl+Z.
[Huawei]undo info-center enable
[Huawei]sysname AR3
[AR3]interface g0/0/1
[AR3-GigabitEthernet0/0/1]ip address 23.1.1.3 24
[AR3-GigabitEthernet0/0/1]quit

[AR3]ip route-static 192.168.1.0 24 23.1.1.2
```

（2）配置 DHCP。

AR1 的配置：

```
[AR1]dhcp enable                                  //开启 DHCP 服务
[AR1]interface g0/0/0                             //进入接口 GE0/0/0
[AR1-GigabitEthernet0/0/0]ip address dhcp-alloc   //通过 DHCP 分配地址
[AR1-GigabitEthernet0/0/0]quit
```

AR2 的配置：

```
[AR2]dhcp enable                                  //开启 DHCP 服务
```

```
[AR2]dhcp server group joinlabs         //创建 DHCP 服务器组，名字叫 joinlabs
[AR2-dhcp-server-group-joinlabs]dhcp-server 23.1.1.3  //DHCP 服务器组成员
[AR2-dhcp-server-group-joinlabs]quit
[AR2]interface g0/0/1
[AR2-GigabitEthernet0/0/1]dhcp  select relay     //在接口下开启 DHCP 中继功能
[AR2-GigabitEthernet0/0/1]dhcp relay server-select joinlabs
[AR2-GigabitEthernet0/0/1]quit
```

AR3 的配置：

```
[AR3]dhcp enable
[AR3]ip pool joinlabs
[AR3-ip-pool-joinlabs]network 192.168.1.0 mask 24
[AR3-ip-pool-joinlabs]gateway-list 192.168.1.2
[AR3-ip-pool-joinlabs]quit
[AR3]interface g0/0/1
[AR3-GigabitEthernet0/0/1]dhcp  select global
[AR3-GigabitEthernet0/0/1]quit
```

4. 实验调试

（1）在 AR1 上查看接口 IP 地址。

```
<AR1>display ip int b
*down: administratively down
^down: standby
(l): loopback
(s): spoofing
The number of interface that is UP in Physical is 2
The number of interface that is DOWN in Physical is 2
The number of interface that is UP in Protocol is 2
The number of interface that is DOWN in Protocol is 2
Interface                  IP Address/Mask      Physical    Protocol
GigabitEthernet0/0/0       192.168.1.254/24     up          up
GigabitEthernet0/0/1       unassigned           down        down
```

通过以上输出可以看到，AR1 的 GE0/0/0 接口获得一个 192.168.1.254 的地址。

（2）让 AR1 重新获取 IP 地址，然后在 AR2 的 GE0/0/0 抓包分析。

第 1 个包为 Discover。Discover 的报文结构如图 17-16 所示。

第 2 个包为 Offer。Offer 的报文结构如图 17-17 所示。

第 3 个包为 Request。Request 的报文结构如图 17-18 所示。

第 4 个包为 ACK。ACK 的报文结构如图 17-19 所示。

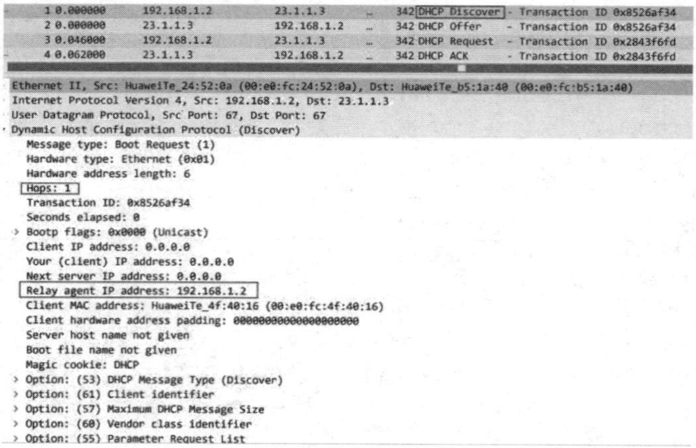

```
1 0.000000   192.168.1.2   23.1.1.3      …  342 DHCP Discover - Transaction ID 0x8526af34
2 0.000000   23.1.1.3      192.168.1.2   …  342 DHCP Offer    - Transaction ID 0x8526af34
3 0.046000   192.168.1.2   23.1.1.3      …  342 DHCP Request  - Transaction ID 0x2843f6fd
4 0.062000   23.1.1.3      192.168.1.2   …  342 DHCP ACK      - Transaction ID 0x2843f6fd

Ethernet II, Src: HuaweiTe_24:52:0a (00:e0:fc:24:52:0a), Dst: HuaweiTe_b5:1a:40 (00:e0:fc:b5:1a:40)
Internet Protocol Version 4, Src: 192.168.1.2, Dst: 23.1.1.3
User Datagram Protocol, Src Port: 67, Dst Port: 67
Dynamic Host Configuration Protocol (Discover)
  Message type: Boot Request (1)
  Hardware type: Ethernet (0x01)
  Hardware address length: 6
  Hops: 1
  Transaction ID: 0x8526af34
  Seconds elapsed: 0
> Bootp flags: 0x0000 (Unicast)
  Client IP address: 0.0.0.0
  Your (client) IP address: 0.0.0.0
  Next server IP address: 0.0.0.0
  Relay agent IP address: 192.168.1.2
  Client MAC address: HuaweiTe_4f:40:16 (00:e0:fc:4f:40:16)
  Client hardware address padding: 00000000000000000000
  Server host name not given
  Boot file name not given
  Magic cookie: DHCP
> Option: (53) DHCP Message Type (Discover)
> Option: (61) Client identifier
> Option: (57) Maximum DHCP Message Size
> Option: (60) Vendor class identifier
> Option: (55) Parameter Request List
```

图 17-16　Discover 的报文结构

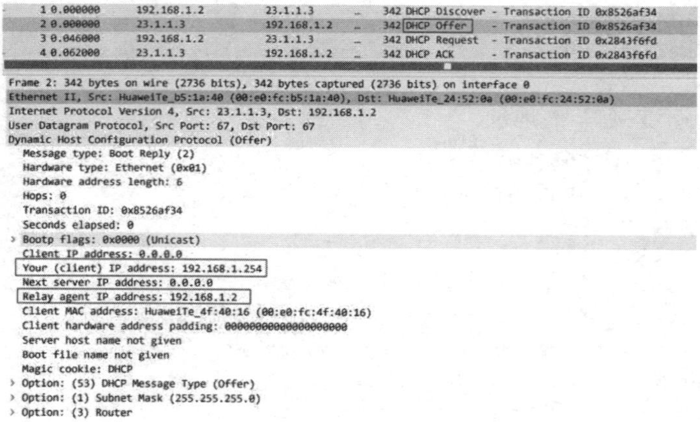

```
1 0.000000   192.168.1.2   23.1.1.3      …  342 DHCP Discover - Transaction ID 0x8526af34
2 0.000000   23.1.1.3      192.168.1.2   …  342 DHCP Offer    - Transaction ID 0x8526af34
3 0.046000   192.168.1.2   23.1.1.3      …  342 DHCP Request  - Transaction ID 0x2843f6fd
4 0.062000   23.1.1.3      192.168.1.2   …  342 DHCP ACK      - Transaction ID 0x2843f6fd

Frame 2: 342 bytes on wire (2736 bits), 342 bytes captured (2736 bits) on interface 0
Ethernet II, Src: HuaweiTe_b5:1a:40 (00:e0:fc:b5:1a:40), Dst: HuaweiTe_24:52:0a (00:e0:fc:24:52:0a)
Internet Protocol Version 4, Src: 23.1.1.3, Dst: 192.168.1.2
User Datagram Protocol, Src Port: 67, Dst Port: 67
Dynamic Host Configuration Protocol (Offer)
  Message type: Boot Reply (2)
  Hardware type: Ethernet (0x01)
  Hardware address length: 6
  Hops: 0
  Transaction ID: 0x8526af34
  Seconds elapsed: 0
> Bootp flags: 0x0000 (Unicast)
  Client IP address: 0.0.0.0
  Your (client) IP address: 192.168.1.254
  Next server IP address: 0.0.0.0
  Relay agent IP address: 192.168.1.2
  Client MAC address: HuaweiTe_4f:40:16 (00:e0:fc:4f:40:16)
  Client hardware address padding: 00000000000000000000
  Server host name not given
  Boot file name not given
  Magic cookie: DHCP
> Option: (53) DHCP Message Type (Offer)
> Option: (1) Subnet Mask (255.255.255.0)
> Option: (3) Router
```

图 17-17　Offer 的报文结构

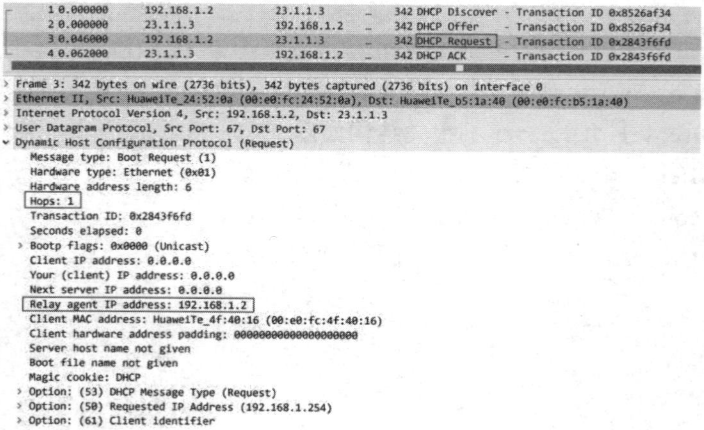

```
1 0.000000   192.168.1.2   23.1.1.3      …  342 DHCP Discover - Transaction ID 0x8526af34
2 0.000000   23.1.1.3      192.168.1.2   …  342 DHCP Offer    - Transaction ID 0x8526af34
3 0.046000   192.168.1.2   23.1.1.3      …  342 DHCP Request  - Transaction ID 0x2843f6fd
4 0.062000   23.1.1.3      192.168.1.2   …  342 DHCP ACK      - Transaction ID 0x2843f6fd

> Frame 3: 342 bytes on wire (2736 bits), 342 bytes captured (2736 bits) on interface 0
> Ethernet II, Src: HuaweiTe_24:52:0a (00:e0:fc:24:52:0a), Dst: HuaweiTe_b5:1a:40 (00:e0:fc:b5:1a:40)
> Internet Protocol Version 4, Src: 192.168.1.2, Dst: 23.1.1.3
> User Datagram Protocol, Src Port: 67, Dst Port: 67
v Dynamic Host Configuration Protocol (Request)
    Message type: Boot Request (1)
    Hardware type: Ethernet (0x01)
    Hardware address length: 6
    Hops: 1
    Transaction ID: 0x2843f6fd
    Seconds elapsed: 0
  > Bootp flags: 0x0000 (Unicast)
    Client IP address: 0.0.0.0
    Your (client) IP address: 0.0.0.0
    Next server IP address: 0.0.0.0
    Relay agent IP address: 192.168.1.2
    Client MAC address: HuaweiTe_4f:40:16 (00:e0:fc:4f:40:16)
    Client hardware address padding: 00000000000000000000
    Server host name not given
    Boot file name not given
    Magic cookie: DHCP
  > Option: (53) DHCP Message Type (Request)
  > Option: (50) Requested IP Address (192.168.1.254)
  > Option: (61) Client identifier
```

图 17-18　Request 的报文结构

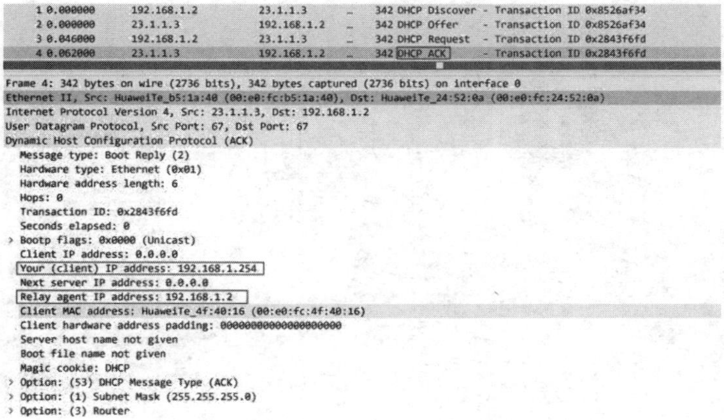

```
1 0.000000    192.168.1.2    23.1.1.3       …  342 DHCP Discover - Transaction ID 0x8526af34
2 0.000000    23.1.1.3       192.168.1.2    …  342 DHCP Offer    - Transaction ID 0x8526af34
3 0.046000    192.168.1.2    23.1.1.3       …  342 DHCP Request  - Transaction ID 0x2843f6fd
4 0.062000    23.1.1.3       192.168.1.2    …  342 DHCP ACK      - Transaction ID 0x2843f6fd

Frame 4: 342 bytes on wire (2736 bits), 342 bytes captured (2736 bits) on interface 0
Ethernet II, Src: HuaweiTe_b5:1a:40 (00:e0:fc:b5:1a:40), Dst: HuaweiTe_24:52:0a (00:e0:fc:24:52:0a)
Internet Protocol Version 4, Src: 23.1.1.3, Dst: 192.168.1.2
User Datagram Protocol, Src Port: 67, Dst Port: 67
Dynamic Host Configuration Protocol (ACK)
  Message type: Boot Reply (2)
  Hardware type: Ethernet (0x01)
  Hardware address length: 6
  Hops: 0
  Transaction ID: 0x2843f6fd
  Seconds elapsed: 0
> Bootp flags: 0x0000 (Unicast)
  Client IP address: 0.0.0.0
  Your (client) IP address: 192.168.1.254
  Next server IP address: 0.0.0.0
  Relay agent IP address: 192.168.1.2
  Client MAC address: HuaweiTe_4f:40:16 (00:e0:fc:4f:40:16)
  Client hardware address padding: 00000000000000000000
  Server host name not given
  Boot file name not given
  Magic cookie: DHCP
> Option: (53) DHCP Message Type (ACK)
> Option: (1) Subnet Mask (255.255.255.0)
> Option: (3) Router
```

图 17-19　ACK 的报文结构

17.5 练　习　题

1．（单选题）在 DHCP 运行过程中，会交互多种报文类型，那么下列报文不是从客户端发往服务器的是（　　）。

A．DHCP NAK　　B．DHCP REQUEST　　C．DHCP RELEASE　　D．DHCP DISCOVER

2．（单选题）DHCP 地址池租期默认是（　　）。

A．1 个月　　B．1 小时　　C．1 周　　D．1 天

3．（单选题）一台 PC 的 MAC 地址是 5489-98FB-65D8，管理员希望这台 PC 从 DHCP 服务器获得指定 IP 地址 192.168.1.11/24，所以管理员配置的命令应该是（　　）。

A．dhcp static-bind ip-address 192.168.1.11 24 mac-address 5489-98FB-65D8

B．dhcp server static-bind ip-address 192.168.1.11 mac-address 5489-98FB-65D8

C．dhcp server static-bind ip-address 192.168.1.11 255.255255.0 mac-address 5489-98FB-65D8

D．dhcp static-bind ip-address 192.168.1.11 mac-address 5489-98FB-65D8

4．（判断题）DHCP 中继负责转发 DHCP 服务器和 DHCP 客户端之间的 DHCP 报文，协助 DHCP 服务器向 DHCP 客户端动态分配网络参数。（　　）

A．对　　B．错

第 18 章 IGP 高级特性

本章阐述了 OSPF 和 IS-IS 的高级特性，包括快速收敛机制和路由控制等。

本章包含以下内容：

- OSPF 和 IS-IS 的快速收敛技术
- OSPF 的路由控制
- OSPF IP FRR
- OSPF 与 BFD 联动
- OSPF 与 BGP 联动
- IGP 高级特性配置实验

18.1　IGP 高级特性概述

OSPF 和 IS-IS 都是基于链路状态的内部网关路由协议，运行这两种协议的路由器通过同步 LSDB，采用 SPF 算法计算最优路由。

当网络拓扑发生变化时，OSPF 和 IS-IS 支持多种快速收敛和保护机制，能够降低网络故障导致的流量丢失。

为了实现对路由表规模的控制，OSPF 和 IS-IS 支持路由选路及路由信息的控制，能够减少特定路由器路由表的大小。

18.1.1　OSPF 和 IS-IS 的快速收敛技术

1．I-SPF

当网络拓扑改变时，I-SPF（Incremental SPF，增量最短路径优先算法）只对受影响的节点进行路由计算，而不是对全部节点重新进行路由计算，从而加快了路由的计算。

2．PRC（部分路由计算）

当网络上路由发生变化时，PRC（Partial Route Calculation，部分路由计算）只对发生变化的路由进行重新计算。

3．智能定时器

智能定时器是在进行 SPF 计算和产生 LSA 时用到的一种定时器。智能定时器既可以对少量的外界突发事件进行快速响应，又可以避免过度占用 CPU。

当网络发生变化时，OSPF 和 IS-IS 需要重新进行路由计算，为避免这种频繁的网络变化对设备造成的冲击，RFC2328 标准规定路由计算时要使用延迟定时器，定时器超时后才进行路由计算。但标准协议中，该定时器定时间隔固定，无法做到既能快速响应又能抑制振荡。

通过智能定时器来控制路由计算的延迟时间，可达到既能对低频率变化快速响应，又能对高频率变化起到有效抑制的目的。

18.1.2　OSPF 的路由控制

1．OSPF 的默认路由

（1）普通区域。

默认情况下，普通区域内的 OSPF 路由器是不会产生默认路由的，即使它有默认路由。当该路由器需要向 OSPF 发布默认路由时，必须手动执行 default-route-advertise 命令，配置完成后，路由器会产生一个默认的 ASE LSA（Type5 LSA），并且通告到整个 OSPF 自治系统中。

（2）Stub 区域。

Stub 区域不允许自治系统外部的路由（Type5 LSA）在区域内传播。区域内的路由器必须通过 ABR 学习到自治系统外部的路由。

Stub 区域的 ABR 会自动产生一条默认的 Type3 LSA 通告到整个 Stub 区域。ABR 通过该默认路由，将到达 AS 外部的流量吸引到自己这里，然后通过 ABR 转发出去。

（3）Totally Stub 区域。

Totally Stub 区域既不允许自治系统外部的路由（Type5 LSA）在区域内传播，也不允许区域间路由（Type3 LSA）在区域内传播。区域内的路由器必须通过 ABR 学习到自治系统外部和其他区域的路由。

Totally Stub 区域的 ABR 会自动产生一条默认的 Type3 LSA 通告到整个 Stub 区域。ABR 通过该默认路由，将到达 AS 外部和其他区域的流量吸引到自己这里，然后通过 ABR 转发出去。

2. OSPF 的 LSA 过滤

当设备需要减少不必要的 LSA 传递时，可以在接口或者区域中使用 LSA 的过滤工具过滤 LSA，以节约资源。

（1）可以在接口的出方向使用命令 ospf filter-lsa-out 对除了 8 类 LSA 以外的所有 LSA 进行过滤。

（2）可以在 ABR 设备上使用 filter acl/ip-prefix export/import 命令对 3 类 LSA 进行过滤。

（3）可以在 ASBR 设备上使用 filter-policy acl/ip-prefix/route-policy export 命令对 5 类 LSA 进行过滤（使用 filter 工具过滤 5 类 LSA 时，只能在此 5 类 LSA 始发的 ASBR 上的出方向进行，在其他设备上只能对路由进行过滤，而不能对 LSA 进行过滤）。

（4）可以在 ABR/ASBR 上使用汇总命令 abr-summary x.x.x.x x.x.x.x not-advertise/ asbr-summary x.x.x.x x.x.x.x not-advertise 对 3 类/5 类 LSA 进行汇总，不通告实现 LSA 的过滤。

18.1.3 OSPF IP FRR

OSPF IP FRR（Fast Reroute，快速重路由）利用 LFA（Loop-Free Alternates）算法预先计算好备份链路，并与主链路一起加入转发表。当网络出现故障时，OSPF IP FRR 可以在控制平面路由收敛前将流量快速切换到备份链路上，保证流量不中断，从而达到保护流量的目的，因此极大地提高了 OSPF 网络的可靠性。

LFA 算法计算备份链路的基本思路：以可提供备份链路的邻居为根节点，利用 SPF 算法计算出到目的节点的最短距离。然后，按照 RFC 5286 规定的不等式计算出开销最小且无环的备份链路。

OSPF IP FRR 支持对需要加入 IP 路由表的备份路由进行过滤，通过过滤策略的备份路由才会加入 IP 路由表，因此用户可以更灵活地控制加入 IP 路由表的 OSPF 备份路由。

将 BFD 会话与 OSPF IP FRR 进行绑定，当 BFD 检测到接口链路故障后，BFD 会话状态会变为 Down 并触发接口进行快速重路由，将流量从故障链路切换到备份链路上，从而达到流量保护的目的。

18.1.4　OSPF 与 BFD 联动

BFD（Bidirectional Forwarding Detection，双向转发检测）是一种用于检测转发引擎之间通信故障的检测机制。

BFD 对两个系统间的、同一路径上的同一种数据协议的连通性进行检测，这条路径可以是物理链路或逻辑链路，包括隧道。

OSPF 与 BFD 联动就是将 BFD 和 OSPF 协议关联起来，将 BFD 对链路故障的快速感应通知 OSPF 协议，从而加快 OSPF 协议对网络拓扑变化的响应。

18.1.5　OSPF 与 BGP 联动

当有新的设备加入网络中，或者设备重启时，可能会出现在 BGP 收敛期间内网络流量丢失的现象。这是由于 IGP 收敛速度比 BGP 快而造成的。

通过使能 OSPF 与 BGP 联动特性可以解决这个问题。

使能了 OSPF 与 BGP 联动特性的设备会在设定的联动时间内保持为 Stub 路由器，也就是说，该设备发布的 LSA 中的链路度量值为最大值（65535），从而告知其他 OSPF 设备不要使用这个路由器来转发数据。

18.2　IGP 高级特性配置实验

18.2.1　实验 1：配置 OSPF 和 IS-IS 的智能定时器

扫一扫，看视频

1．实验需求

为了防止网络频繁变化而导致设备频繁接收和发送 LSA 以及计算路由，从而过度占用 CPU，需要在 AR1 配置发送 LSA 的智能定时器，最大发送时间为 10s，最小发送时间为 1s，基数时间为 2s。在 AR2 上配置接收 LSA 的智能定时器，最大接收时间为 10s，最小接收时间为 1s，基数时间为 2s。在 AR2 上配置 SPF 计算的智能定时器，最大 SPF 计算时间为 20s，最小 SPF 计算时间为 1s，基数时间为 2s。

2．实验目的

了解智能定时器的基本配置及原理。

3．实验拓扑

配置 OSPF 和 IS-IS 的智能定时器的实验拓扑如图 18-1 所示。

图 18-1　配置 OSPF 和 IS-IS 的智能定时器的实验拓扑

4. 实验步骤

（1）配置 IP 地址。

AR1 的配置：

```
<Huawei>system-view
Enter system view, return user view with Ctrl+Z.
[Huawei]sysname AR1
[AR1]interface  g0/0/0
[AR1-GigabitEthernet0/0/0]ip address 10.0.12.1 24
[AR1-GigabitEthernet0/0/0]quit
```

AR2 的配置：

```
<Huawei>system-view
Enter system view, return user view with Ctrl+Z.
[Huawei]sysname AR2
[AR2]interface g0/0/0
[AR2-GigabitEthernet0/0/0]ip address  10.0.12.2 24
[AR1-GigabitEthernet0/0/0]quit
```

（2）运行 OSPF。

AR1 的配置：

```
[AR1]ospf router-id  1.1.1.1
[AR1-ospf-1]area  0
[AR1-ospf-1-area-0.0.0.0]network 10.0.12.0 0.0.0.255
```

AR2 的配置：

```
[AR2]ospf router-id 2.2.2.2
[AR2-ospf-1]area  0
[AR2-ospf-1-area-0.0.0.0]network 10.0.12.0 0.0.0.255
```

（3）在 AR1 上配置 LSA 更新时间间隔。

```
[AR1]ospf
//配置 AR1 的 LSA 的更新时间间隔，最大时间为 10000ms，最小时间为 1000ms，基数时间为 2000ms
[AR1-ospf-1]lsa-originate-interval intelligent-timer 10000 1000 2000
```

（4）在 AR2 上配置 LSA 接收时间间隔以及 SPF 计算时间间隔。

```
[AR2]ospf
//配置 AR2 的 LSA 的接收时间间隔，最大时间为 10000ms，最小时间为 1000ms，基数时间为 2000ms
[AR2-ospf-1]lsa-arrival-interval intelligent-timer 10000 1000 2000
//配置 AR2 的 SPF 计算时间，最大时间为 20000ms，最小时间为 1000ms，基数时间为 2000ms
[AR2-ospf-1]spf-schedule-interval intelligent-timer 20000 1000 2000
```

18.2.2　实验 2：配置 IS-IS 快速扩散

扫一扫，看视频

1. 实验需求

为了加快网络的收敛速度，需要在 AR1 上配置快速扩散机制，要求当 AR1 接收到的 LSP

数量少于 10 时，立即发送 LSP；当接收的 LSP 数量大于 10 时，等待 3s 后再发送。配置 AR2 的 SPF 计算的智能定时器，最大 SPF 计算时间为 1s，最小 SPF 计算时间为 0.5s，基数时间为 0.1s。

2．实验目的

了解 IS-IS 的快速扩散基本配置。

3．实验拓扑

配置 IS-IS 的快速扩散的实验拓扑如图 18-2 所示。

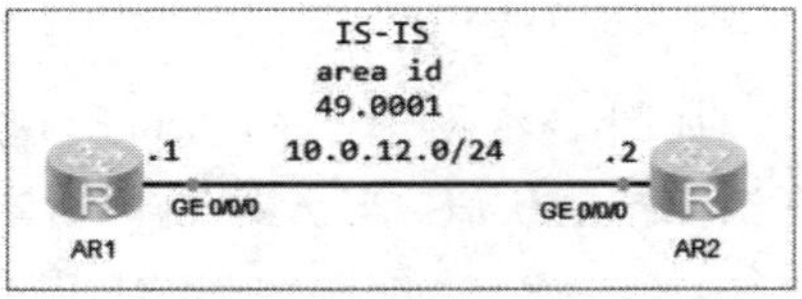

图 18-2　配置 IS-IS 的快速扩散的实验拓扑

4．实验步骤

（1）配置 IP 地址。

AR1 的配置：

```
<Huawei>system-view
Enter system view, return user view with Ctrl+Z.
[Huawei]sysname AR1
[AR1]interface  g0/0/0
[AR1-GigabitEthernet0/0/0]ip address 10.0.12.1 24
[AR1-GigabitEthernet0/0/0]quit
```

AR2 的配置：

```
<Huawei>system-view
Enter system view, return user view with Ctrl+Z.
[Huawei]sysname AR2
[AR2]interface g0/0/0
[AR2-GigabitEthernet0/0/0]ip address  10.0.12.2 24
[AR1-GigabitEthernet0/0/0]quit
```

（2）配置 IS-IS。

AR1 的配置：

```
[AR1]isis
[AR1-isis-1]network-entity 49.0001.0000.0000.0001.00
```

AR2 的配置：

```
[AR2]isis
[AR2-isis-1]network-entity 49.0001.0000.0000.0002.00
```

（3）配置 AR1 的快速扩散功能。

```
[AR1]isis
//配置快速扩散功能，当接收的 LSP 数量大于 10 时，等待 3s 后再发送
[AR1-isis-1]flash-flood 10 max-timer-interval 3000
```

（4）配置 AR2 的 SPF 智能定时器。

```
[AR2]isis
//配置 SPF 智能定时器，最大时间为 1s，最小时间为 0.5s，基数时间为 0.1s
[AR2-isis-1]timer spf 1 500 100
```

18.2.3 实验 3：配置 OSPF IP FRR

1. 实验需求

如图 18-3 所示，全网运行 OSPF 协议，将 AR1 的 GE0/0/1 接口的开销修改为 2，其他接口开销保持默认值。当 AR1 访问 AR3 时，AR1—AR2—AR3 为主路径，AR1—AR4—AR3 为备用路径。在 AR1 上配置 OSPF IP FRR 实现当主链路故障时，备用链路能够快速切换。

2. 实验目的

（1）了解 OSPF IP FRR 的基本配置。

（2）了解 OSPF IP FRR 的工作原理。

3. 实验拓扑

配置 OSPF IP FRR 的实验拓扑如图 18-3 所示。

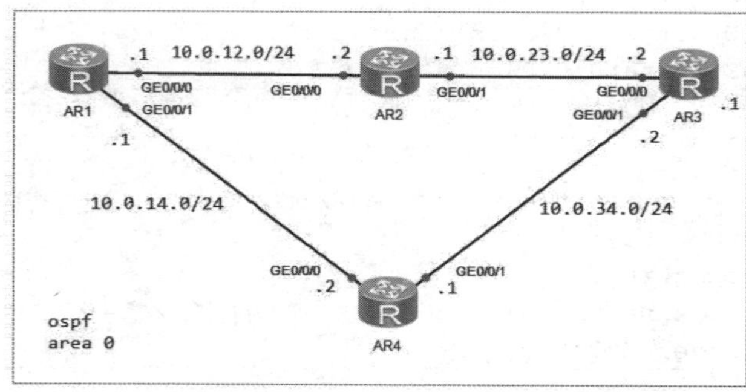

图 18-3 配置 OSPF IP FRR 的实验拓扑

4. 实验步骤

（1）配置 IP 地址。

AR1 的配置：

```
[Huawei]sysname AR1
[AR1]interface  g0/0/0
[AR1-GigabitEthernet0/0/0]ip address  10.0.12.1 24
[AR1]interface  g0/0/1
[AR1-GigabitEthernet0/0/1]ip address  10.0.14.1 24
[AR1]int loopback 0
[AR1-LoopBack0]ip address  1.1.1.1 32
```

AR2 的配置：

```
[Huawei]sysname AR2
[AR2]interface  g0/0/0
[AR2-GigabitEthernet0/0/0]ip address  10.0.12.2 24
```

```
[AR2]interface  g0/0/1
[AR2-GigabitEthernet0/0/1]ip address  10.0.23.1 24
[AR2]interface  g0/0/2
[AR2-GigabitEthernet0/0/2]ip address  10.0.24.2 24
```

AR3 的配置：

```
[Huawei]sysname AR3
[AR3]interface g0/0/0
[AR3-GigabitEthernet0/0/0]ip address  10.0.23.2 24
[AR3]interface LoopBack 0
[AR3-LoopBack0]ip address 3.3.3.3 32
```

AR4 的配置：

```
[Huawei]sysname AR4
[AR4]interface  g0/0/0
[AR4-GigabitEthernet0/0/0]ip address  10.0.14.2 24
[AR4]interface  g0/0/1
[AR4-GigabitEthernet0/0/1]ip address  10.0.24.1 24
```

（2）配置 OSPF 协议。

AR1 的配置：

```
[AR1]ospf router-id 1.1.1.1
[AR1-ospf-1]area  0
[AR1-ospf-1-area-0.0.0.0]network  10.0.12.0 0.0.0.255
[AR1-ospf-1-area-0.0.0.0]network 10.0.14.0 0.0.0.255
[AR1-ospf-1-area-0.0.0.0]network 1.1.1.1 0.0.0.0
```

AR2 的配置：

```
[AR2]ospf router-id 2.2.2.2
[AR2-ospf-1]area  0
[AR2-ospf-1-area-0.0.0.0]network  10.0.12.0 0.0.0.255
[AR2-ospf-1-area-0.0.0.0]network  10.0.23.0 0.0.0.255
[AR2-ospf-1-area-0.0.0.0]network  10.0.24.0 0.0.0.255
```

AR3 的配置：

```
[AR3]ospf router-id 3.3.3.3
[AR3-ospf-1]area  0
[AR3-ospf-1-area-0.0.0.0]network 10.0.23.0 0.0.0.255
[AR3-ospf-1-area-0.0.0.0]network 3.3.3.3 0.0.0.0
```

AR4 的配置：

```
[AR4]ospf router-id 4.4.4.4
[AR4-ospf-1]area 0
[AR4-ospf-1-area-0.0.0.0]network  10.0.24.0 0.0.0.255
[AR4-ospf-1-area-0.0.0.0]network  10.0.14.0 0.0.0.255
```

修改 AR1 的 GE0/0/1 接口的开销：

```
[AR1]interface  g0/0/1
[AR1-GigabitEthernet0/0/1]ospf cost 2
```

查看 OSPF 的路由表，只显示 3.3.3.3 这条路由：

```
<AR1>display ospf routing  3.3.3.3
   OSPF Process 1 with Router ID 1.1.1.1
 Destination : 3.3.3.3/32
 AdverRouter : 3.3.3.3                 Area          : 0.0.0.0
 Cost        : 2                       Type          : Stub
 NextHop     : 10.0.12.2               Interface     : GigabitEthernet0/0/0
 Priority    : Medium                  Age           : 00h08m25s
```

可以看到，AR1 访问 3.3.3.3 的下一跳地址为 10.0.12.2，访问路径为 AR1—AR2—AR3，此时并没有计算备份路径的路由。因此，当这条路径出现故障后，AR1 需要再次执行 SPF 算法，计算去往 AR3 的路由。

（3）配置 OSPF IP FRR。

```
[AR1]ospf
[AR1-ospf-1]frr                                   //进入 FRR 视图模式
//使能 FRR 功能，并使用 LFA 算法计算备份下一跳及出接口
[AR1-ospf-1-frr]loop-free-alternate
```

再次查看 AR1 访问 AR3 的环回口 OSPF 路由表：

```
<AR1>display ospf routing 3.3.3.3
   OSPF Process 1 with Router ID 1.1.1.1
 Destination : 3.3.3.3/32
 AdverRouter : 3.3.3.3                 Area          : 0.0.0.0
 Cost        : 2                       Type          : Stub
 NextHop     : 10.0.12.2               Interface     : GigabitEthernet0/0/0
 Priority    : Medium                  Age           : 00h02m02s
_Backup Nexthop : 10.0.14.2            Backup Interface: GigabitEthernet0/0/1
 Backup Type : LFA LINK
```

此时可以看到，AR1 访问 3.3.3.3 多了一个下一跳 10.0.14.2，Backup Nexthop 表示备份下一跳，说明 10.0.14.2 是去往 3.3.3.3 的备份下一跳，Backup Type：LFA LINK 代表此备份下一跳是通过 LFA 计算的链路。如果 AR1—AR2—AR3 的主路径发生故障，那么 AR1 不需要再次进行 SPF 算法计算备份路径的路由，从而加快收敛速度。

18.2.4 实验 4：OSPF 与 BGP 联动配置

1. 实验需求

AR1、AR2、AR3、AR4 属于 AS 100，AR5 属于 AS 200，IP 地址如图 18-4 所示，每台设备配置环回口 0，IP 地址为 x.x.x.x/32，如 AR1 的环回口为 1.1.1.1/32。AS 100 内部 IGP 使用 OSPF 并且属于 area 0，AS 100 的设备使用 IBGP 全互联，AR4 和 AR5 建立 EBGP 邻接关系。在 AR5 上通告 5.5.5.5/32 的路由进入 BGP。将 AR1 的 GE0/0/1 接口的开销改为 100。让 AR1 访问 AR5 的环回口流量路径为 AR1—AR2—AR4—AR5。在 AR2 上配置 OSPF 与 BGP 的联动，实现当 AR2 故障恢复后不会出现数据丢包的现象。

2. 实验目的

（1）了解 OSPF 和 BGP 的收敛时间。

（2）理解 OSPF STUB 路由器的作用。

3. 实验拓扑

OSPF 与 BGP 联动配置的实验拓扑如图 18-4 所示。

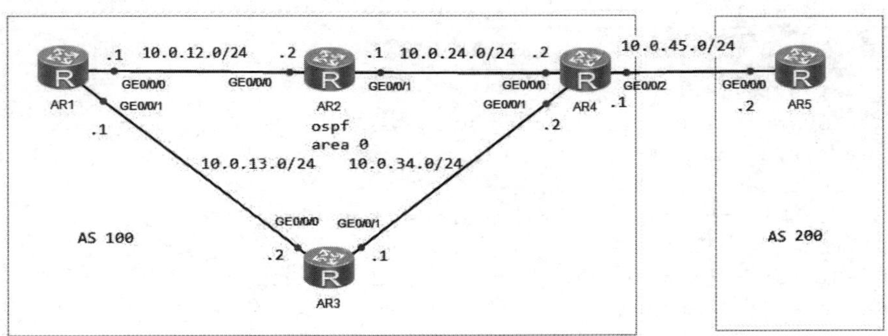

图 18-4　OSPF 与 BGP 联动配置的实验拓扑

4. 实验步骤

（1）配置 IP 地址。

AR1 的配置：

```
<Huawei>sy
<Huawei>system-view
Enter system view, return user view with Ctrl+Z.
[Huawei]sysname AR1
[AR1]interface  g0/0/0
[AR1-GigabitEthernet0/0/0]ip address 10.0.12.1 24
[AR1]interface  g0/0/1
[AR1-GigabitEthernet0/0/1]ip address  10.0.13.1 24
[AR1]interface LoopBack 0
[AR1-LoopBack0]ip address  1.1.1.1 32
[AR1]interface loopback 1
[AR1-LoopBack1]ip address  10.10.10.10 32
```

AR2 的配置：

```
<Huawei>system-view
Enter system view, return user view with Ctrl+Z.
[Huawei]sysname AR2
[AR2]interface  G0/0/0
[AR2-GigabitEthernet0/0/0]ip address  10.0.12.2 24
[AR2]int g0/0/1
[AR2-GigabitEthernet0/0/1]ip address  10.0.24.1 24
[AR2]interface  LoopBack 0
```

```
[AR2-LoopBack0]ip address  2.2.2.2 32
```

AR3 的配置：

```
[AR3]interface  g0/0/0
[AR3-GigabitEthernet0/0/0]ip address  10.0.13.2 24
[AR3]interface  g0/0/1
[AR3-GigabitEthernet0/0/1]ip address 10.0.34.1 24
[AR3]interface  LoopBack 0
[AR3-LoopBack0]ip address  3.3.3.3 32
```

AR4 的配置：

```
<Huawei>system-view
Enter system view, return user view with Ctrl+Z.
[Huawei]sysname AR4
[AR4]interface  g0/0/0
[AR4-GigabitEthernet0/0/0]ip address  10.0.24.2 24
[AR4]interface  g0/0/1
[AR4-GigabitEthernet0/0/1]ip address  10.0.34.2 24
[AR4]interface  g0/0/2
[AR4-GigabitEthernet0/0/2]ip address  10.0.45.1 24
[AR4]interface  LoopBack 0
[AR4-LoopBack0]ip address  4.4.4.4 32
```

AR5 的配置：

```
<Huawei>system-view
Enter system view, return user view with Ctrl+Z.
[Huawei]sysname AR5
[AR5]interface  g0/0/0
[AR5-GigabitEthernet0/0/0]ip address  10.0.45.2 24
[AR5]interface  LoopBack 0
[AR5-LoopBack0]ip address 5.5.5.5 32
```

（2）配置 AS 100 的 OSPF 协议。

AR1 的配置：

```
[AR1]ospf router-id  1.1.1.1
[AR1-ospf-1]area  0
[AR1-ospf-1-area-0.0.0.0]network 10.0.12.0 0.0.0.255
[AR1-ospf-1-area-0.0.0.0]network 10.0.13.0 0.0.0.255
[AR1-ospf-1-area-0.0.0.0]network 1.1.1.1 0.0.0.0
```

AR2 的配置：

```
[AR2]ospf router-id  2.2.2.2
[AR2-ospf-1]area  0
[AR2-ospf-1-area-0.0.0.0]network  10.0.12.0 0.0.0.255
[AR2-ospf-1-area-0.0.0.0]network  10.0.24.0 0.0.0.255
[AR2-ospf-1-area-0.0.0.0]network  2.2.2.2 0.0.0.0
```

AR3 的配置：

```
[AR3]ospf router-id 3.3.3.3
```

```
[AR3-ospf-1]area  0
[AR3-ospf-1-area-0.0.0.0]network  10.0.13.0 0.0.0.255
[AR3-ospf-1-area-0.0.0.0]network  10.0.34.0 0.0.0.255
[AR3-ospf-1-area-0.0.0.0]network 3.3.3.3 0.0.0.0
```

AR4 的配置：

```
[AR4]ospf router-id  4.4.4.4
[AR4-ospf-1]area  0
[AR4-ospf-1-area-0.0.0.0]network  10.0.24.0 0.0.0.255
[AR4-ospf-1-area-0.0.0.0]network  10.0.34.0 0.0.0.255
[AR4-ospf-1-area-0.0.0.0]network  4.4.4.4 0.0.0.0
```

修改 AR1 的 GE0/0/1 接口的开销，使 AR1 访问 4.4.4.4 的下一跳为 AR2：

```
[AR1]interface  g0/0/1
[AR1-GigabitEthernet0/0/1]OSPF cost  100 //修改接口开销为 100
```

查看 AR1 的路由表：

```
[AR1]display  ip routing-table  protocol ospf
Route Flags: R - relay, D - download to fib
------------------------------------------------------------------------------
Public routing table : OSPF
         Destinations : 5        Routes : 5
OSPF routing table status : <Active>
         Destinations : 5        Routes : 5
Destination/Mask       Proto  Pre Cost   Flags NextHop    Interface
      2.2.2.2/32       OSPF   10   1      D     10.0.12.2  GigabitEthernet 0/0/0
      3.3.3.3/32       OSPF   10   3      D     10.0.12.2  GigabitEthernet 0/0/0
      4.4.4.4/32       OSPF   10   2      D     10.0.12.2  GigabitEthernet 0/0/0
    10.0.24.0/24       OSPF   10   2      D     10.0.12.2  GigabitEthernet 0/0/0
    10.0.34.0/24       OSPF   10   3      D     10.0.12.2  GigabitEthernet 0/0/0
OSPF routing table status : <Inactive>
         Destinations : 0        Routes : 0
```

可以看到，AR1 访问 AR4 的下一跳为 10.0.12.2。

（3）配置 AS 100 的设备 IBGP 全互联。

AR1 的配置（并且通告 10.10.10.10/32 到 BGP 中）：

```
[AR1]bgp  100
[AR1-bgp]peer 2.2.2.2 as-number 100
[AR1-bgp]peer  2.2.2.2 connect-interface LoopBack 0
[AR1-bgp]peer  3.3.3.3 as-number 100
[AR1-bgp]peer  3.3.3.3 connect-interface LoopBack 0
[AR1-bgp]peer  4.4.4.4 as-number 100
[AR1-bgp]peer  4.4.4.4 connect-interface LoopBack 0
[AR1-bgp]network  10.10.10.10 32 //通告环回口 1 的路由，用于测试
```

AR2 的配置：

```
[AR2]bgp 100
[AR2-bgp]peer  1.1.1.1 as-number 100
```

```
[AR2-bgp]peer  1.1.1.1 connect-interface LoopBack 0
[AR2-bgp]peer  3.3.3.3 as-number 100
[AR2-bgp]peer  3.3.3.3 connect-interface LoopBack 0
[AR2-bgp]peer  4.4.4.4 as-number 100
[AR2-bgp]peer  4.4.4.4 connect-interface LoopBack 0
```

AR3 的配置：

```
[AR3]bgp  100
[AR3-bgp]peer  1.1.1.1 as-number 100
[AR3-bgp]peer  1.1.1.1 connect-interface LoopBack 0
[AR3-bgp]peer  2.2.2.2 as-number 100
[AR3-bgp]peer  2.2.2.2 connect-interface LoopBack 0
[AR3-bgp]peer  4.4.4.4 as-number 100
[AR3-bgp]peer  4.4.4.4 connect-interface LoopBack 0
```

AR4 的配置：

```
[AR4]bgp 100
[AR4-bgp]peer  1.1.1.1 as-number 100
[AR4-bgp]peer  1.1.1.1 connect-interface  LoopBack 0
[AR4-bgp]peer  1.1.1.1 next-hop-local
[AR4-bgp]peer  2.2.2.2 as-number 100
[AR4-bgp]peer  2.2.2.2 connect-interface LoopBack 0
[AR4-bgp]peer  2.2.2.2 next-hop-local
[AR4-bgp]peer  3.3.3.3 as-number 100
[AR4-bgp]peer  3.3.3.3 connect-interface LoopBack 0
[AR4-bgp]peer  3.3.3.3 next-hop-local
```

（4）配置 AR4 和 AR5 为 EBGP 邻接关系。

AR4 的配置：

```
[AR4]bgp 100
[AR4-bgp]peer 10.0.45.2 as-number 200
```

AR5 的配置：

```
[AR5]bgp 200
[AR5-bgp]peer  10.0.45.1 as-number 100
[AR5-bgp]network  5.5.5.5 32 //通告 5.5.5.5/32 的路由
```

（5）查看 AR1 的路由表是否学习到 5.5.5.5/32 的路由条目。

```
<AR1>display  ip routing-table
Route Flags: R - relay, D - download to fib
------------------------------------------------------------------------------
Routing Tables: Public
         Destinations : 17       Routes : 17
Destination/Mask  Proto   Pre   Cost  Flags NextHop    Interface
        1.1.1.1/32   Direct  0     0     D   127.0.0.1    LoopBack0
        2.2.2.2/32   OSPF    10    1     D   10.0.12.2    GigabitEthernet 0/0/0
        3.3.3.3/32   OSPF    10    3     D   10.0.12.2    GigabitEthernet 0/0/0
        4.4.4.4/32   OSPF    10    2     D   10.0.12.2    GigabitEthernet 0/0/0
```

```
        5.5.5.5/32  IBGP    255  0    RD  4.4.4.4      GigabitEthernet 0/0/0
       10.0.12.0/24  Direct  0    0    D   10.0.12.1    GigabitEthernet 0/0/0
       10.0.12.1/32  Direct  0    0    D   127.0.0.1    GigabitEthernet 0/0/0
     10.0.12.255/32  Direct  0    0    D   127.0.0.1    GigabitEthernet 0/0/0
       10.0.13.0/24  Direct  0    0    D   10.0.13.1    GigabitEthernet 0/0/1
       10.0.13.1/32  Direct  0    0    D   127.0.0.1    GigabitEthernet 0/0/1
     10.0.13.255/32  Direct  0    0    D   127.0.0.1    GigabitEthernet 0/0/1
       10.0.24.0/24  OSPF    10   2    D   10.0.12.2    GigabitEthernet 0/0/0
        10.0.34.0/24 OSPF    10   3    D   10.0.12.2    GigabitEthernet 0/0/0
        127.0.0.0/8  Direct  0    0    D   127.0.0.1    InLoopBack0
       127.0.0.1/32  Direct  0    0    D   127.0.0.1    InLoopBack0
 127.255.255.255/32  Direct  0    0    D   127.0.0.1    InLoopBack0
 255.255.255.255/32  Direct  0    0    D   127.0.0.1    InLoopBack0
```

可以看到，AR1 访问 AR5 的下一跳为 4.4.4.4，将会迭代进入 4.4.4.4/32 下一跳为 10.0.12.2 的路由，因此 AR1 访问 AR5 的下一跳实际为 10.0.12.2，流量路径为 AR1—AR2—AR4—AR5。

使用 tracert 命令测试流量路径：

```
[AR1]tracert -a 10.10.10.10  5.5.5.5
 traceroute to  5.5.5.5(5.5.5.5), max hops: 30 ,packet length: 40,press CTRL_C to
break
 1 10.0.12.2 30 ms  20 ms  10 ms
 2 10.0.24.2 30 ms  20 ms  20 ms
 3 10.0.45.2 50 ms  30 ms  20 ms
```

可以看到，流量路径为 AR1—AR2—AR4—AR5。如果此时 AR2 设备故障，那么流量路径会切换到 AR1—AR3—AR4—AR5。

（6）将 AR2 设置为 stub 路由器。

```
[AR2]ospf
//将 AR2 设置为 stub 路由器，on-startup 表示在路由器重启的时候将设备设置为 stub 路由
//器，200 表示 200s 之后此路由器恢复普通路由器的功能
[AR2-ospf-1]stub-router  on-startup 200
```

如果此时 R2 设备发生故障，并且已恢复，则会发现当 IGP 的邻居已经建立，但是 BGP 邻居未建立时，会出现访问不了 AR5 的现象。这是由于 IGP 的收敛速度比 BGP 快，当 OSPF 邻居建立好时，BGP 的邻居才刚开始建立，1.1.1.1 访问 5.5.5.5 时，AR1 通过路由表，会把数据转发给 AR2，此时 AR2 还没有 BGP 的 5.5.5.5/32 的路由，出现路由黑洞，导致网络访问失败。此时需要将 AR2 配置为 stub 路由器，当设备为 stub 路由器时，使能了 OSPF 与 BGP 联动特性的设备会在设定的联动时间内保持为 stub 路由器。也就是说，该设备发布的 LSA 中的链路度量值为最大值（65535），从而告知其他 OSPF 设备不要使用这个路由器来转发数据。

（7）模拟设备故障，将 AR2 的配置保存，并且重启设备。

```
<AR2>save
  The current configuration will be written to the device.
  Are you sure to continue? (y/n)[n]:y  //保存设备配置
  It will take several minutes to save configuration file, please wait...
```

```
  Configuration file had been saved successfully
  Note: The configuration file will take effect after being activated
<AR2>reboot //重启设备
Info: The system is comparing the configuration, please wait.
System will reboot! Continue ? [y/n]:y
```

（8）恢复故障，当 AR1 与 AR2 的 OSPF 邻居建立时，查看 AR2 产生的 1 类 LSA，并且查看是否会出现阻塞现象。

```
[AR1]display ospf lsdb  router 2.2.2.2
    OSPF Process 1 with Router ID 1.1.1.1
            Area: 0.0.0.0
        Link State Database
  Type      : Router
  Ls id     : 2.2.2.2
  Adv rtr   : 2.2.2.2
  Ls age    : 69
  Len       : 60
  Options   :  E
  seq#      : 80000015
  chksum    : 0x167b
  Link count: 3
   * Link ID: 10.0.12.2
     Data    : 10.0.12.2
     Link Type: TransNet
     Metric : 65535
   * Link ID: 10.0.24.2
     Data    : 10.0.24.1
     Link Type: TransNet
     Metric : 65535
   * Link ID: 2.2.2.2
     Data    : 255.255.255.255
     Link Type: StubNet
     Metric : 0
     Priority : Medium
```

可以看到，AR1 与 AR2 的 OSPF 邻居已经建立，但此时 AR2 的 1 类 LSA 的 Metric 全是 65535，因此在 AR2 故障恢复时，AR1 不会立即选择 AR2 作为路由的下一跳。

切换过程一直 ping 测试，发现并无丢包现象：

```
[AR1]ping -c 1000 -a 10.10.10.10 5.5.5.5
  PING 5.5.5.5: 56  data bytes, press CTRL_C to break
    Reply from 5.5.5.5: bytes=56 Sequence=1 ttl=253 time=40 ms
    Reply from 5.5.5.5: bytes=56 Sequence=2 ttl=253 time=40 ms
    Reply from 5.5.5.5: bytes=56 Sequence=3 ttl=253 time=20 ms
    Reply from 5.5.5.5: bytes=56 Sequence=4 ttl=253 time=30 ms
    Reply from 5.5.5.5: bytes=56 Sequence=5 ttl=253 time=30 ms
    Reply from 5.5.5.5: bytes=56 Sequence=6 ttl=253 time=30 ms
```

```
...
```

当 AR2 的 BGP 邻居建立并学习到 BGP 的路由后，等待 200s，再次查看 AR1 的路由表，发现访问 4.4.4.4 的下一跳已修改为 10.0.12.2。

```
[AR1]display  ip routing-table
Route Flags: R - relay, D - download to fib
------------------------------------------------------------------------------
Routing Tables: Public
         Destinations : 18       Routes : 18
Destination/Mask   Proto    Pre  Cost   Flags NextHop       Interface
      1.1.1.1/32  Direct    0    0      D     127.0.0.1     LoopBack0
      2.2.2.2/32  OSPF      10   1      D     10.0.12.2     GigabitEthernet 0/0/0
      3.3.3.3/32  OSPF      10   100    D     10.0.13.2     GigabitEthernet 0/0/1
      4.4.4.4/32  OSPF      10   101    D     10.0.13.2     GigabitEthernet 0/0/1
      5.5.5.5/32  IBGP      255  0      RD    4.4.4.4       GigabitEthernet 0/0/1
    10.0.12.0/24  Direct    0    0      D     10.0.12.1     GigabitEthernet 0/0/0
    10.0.12.1/32  Direct    0    0      D     127.0.0.1     GigabitEthernet 0/0/0
  10.0.12.255/32  Direct    0    0      D     127.0.0.1     GigabitEthernet 0/0/0
    10.0.13.0/24  Direct    0    0      D     10.0.13.1     GigabitEthernet 0/0/1
    10.0.13.1/32  Direct    0    0      D     127.0.0.1     GigabitEthernet 0/0/1
  10.0.13.255/32  Direct    0    0      D     127.0.0.1     GigabitEthernet 0/0/1
    10.0.24.0/24  OSPF      10   102    D     10.0.13.2     GigabitEthernet 0/0/1
    10.0.34.0/24  OSPF      10   101    D     10.0.13.2     GigabitEthernet 0/0/1
  10.10.10.10/32  Direct    0    0      D     127.0.0.1     LoopBack1
    127.0.0.0/8   Direct    0    0      D     127.0.0.1     InLoopBack0
    127.0.0.1/32  Direct    0    0      D     127.0.0.1     InLoopBack0
127.255.255.255/32  Direct  0    0      D     127.0.0.1     InLoopBack0
255.255.255.255/32  Direct  0    0      D     127.0.0.1     InLoopBack0
```

再次测试流量路径：

```
[AR1]tracert -a 10.10.10.10  5.5.5.5
 traceroute to  5.5.5.5(5.5.5.5), max hops: 30 ,packet length: 40,press CTRL_C to
 break
 1 10.0.12.2 30 ms  20 ms  10 ms
 2 10.0.24.2 30 ms  20 ms  20 ms
 3 10.0.45.2 50 ms  30 ms  20 ms
```

可以发现流量已经切换回主链路，并且整个过程未发现丢包现象。

18.2.5　实验 5：配置 OSPF 路由过滤

1. 实验需求

AR1、AR2、AR3 运行 OSPF，区域划分如图 18-5 所示，在 AR2 上使用 LSA 过滤工具，将 1.1.1.1 这条 3 类 LSA 过滤。

2. 实验目的

了解 OSPF 的路由过滤基本配置。

3. 实验拓扑

配置 OSPF 路由过滤的实验拓扑如图 18-5 所示。

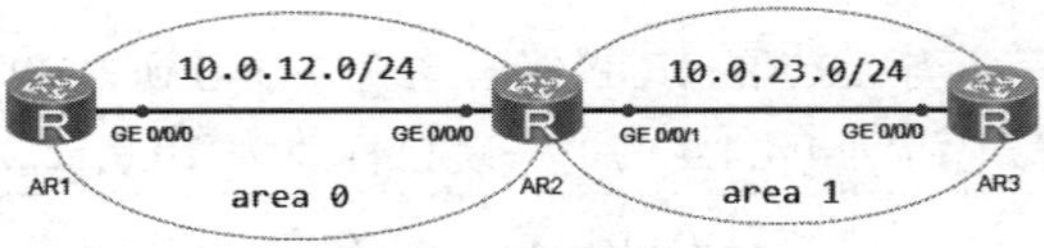

图 18-5　配置 OSPF 路由过滤的实验拓扑

4. 实验步骤

（1）配置 IP 地址。

AR1 的配置：

```
<Huawei>system-view
Enter system view, return user view with Ctrl+Z.
[Huawei]sysname AR1
[AR1]interface g0/0/0
[AR1-GigabitEthernet0/0/0]ip address  10.0.12.1 24
[AR1]interface  LoopBack 0
[AR1-LoopBack0]ip address 1.1.1.1 32
```

AR2 的配置：

```
<Huawei>system-view
Enter system view, return user view with Ctrl+Z.
[Huawei]sysname AR2
[AR2]interface  g0/0/0
[AR2-GigabitEthernet0/0/0]ip address  10.0.12.2 24
[AR2]interface  g0/0/1
[AR2-GigabitEthernet0/0/1]ip address  10.0.23.1 24
[AR2]interface  LoopBack 0
[AR2-LoopBack0]ip address  2.2.2.2 32
```

AR3 的配置：

```
<Huawei>system-view
Enter system view, return user view with Ctrl+Z.
[Huawei]sysname AR3
[AR3]interface  g0/0/0
[AR3-GigabitEthernet0/0/0]ip address 10.0.23.2 24
[AR3]interface  LoopBack 0
[AR3-LoopBack0]ip address 3.3.3.3 32
```

（2）配置 OSPF。

AR1 的配置：

```
[AR1]ospf router-id 1.1.1.1
[AR1-ospf-1]area 0
[AR1-ospf-1-area-0.0.0.0]network  10.0.12.0 0.0.0.255
[AR1-ospf-1-area-0.0.0.0]network 1.1.1.1 0.0.0.0
```

AR2 的配置：

```
[AR2]ospf router-id 2.2.2.2
[AR2-ospf-1]area 0
[AR2-ospf-1-area-0.0.0.0]network  10.0.12.0 0.0.0.255
[AR2-ospf-1-area-0.0.0.0]network  2.2.2.2 0.0.0.0
[AR2-ospf-1]area  1
[AR2-ospf-1]network  10.0.23.0 0.0.0.255
```

AR3 的配置：

```
[AR3]ospf router-id 3.3.3.3
[AR3-ospf-1]area  1
[AR3-ospf-1-area-0.0.0.1]network  10.0.23.0 0.0.0.255
[AR3-ospf-1-area-0.0.0.1]network 3.3.3.3 0.0.0.0
```

查看 AR3 的 LSA，是否存在 3 类 LSA：

```
[AR3]display  ospf lsdb
  OSPF Process 1 with Router ID 3.3.3.3
      Link State Database
              Area: 0.0.0.1
 Type       LinkState ID    AdvRouter          Age  Len   Sequence   Metric
 Router     2.2.2.2         2.2.2.2             69  36    80000005      1
 Router     3.3.3.3         3.3.3.3             72  48    80000004      1
 Network    10.0.23.1       2.2.2.2             69  32    80000002      0
 Sum-Net    10.0.12.0       2.2.2.2            170  28    80000001      1
 Sum-Net    2.2.2.2         2.2.2.2            113  28    80000001      0
 Sum-Net    1.1.1.1         2.2.2.2            170  28    80000001      1
```

可以看到，AR3 学习到了 3 条区域间的 3 类 LSA。

（3）在 AR2 上使用 LSA 过滤工具，过滤 1.1.1.1 这条 3 类 LSA。

使用前缀列表匹配并拒绝 1.1.1.1/32 的路由信息，其他路由执行动作为允许。

```
[AR2]ip ip-prefix 1 deny  1.1.1.1 32      //拒绝 1.1.1.1 32 的路由信息
[AR2]ip ip-prefix 1 permit 0.0.0.0 32     //允许所有的路由信息
```

查看前缀列表：

```
[AR2]display  ip ip-prefix 1
Prefix-list 1
Permitted 0
Denied 0
        index: 10            deny    1.1.1.1/32
        index: 20            permit  0.0.0.0/32
```

可以看到，index: 10 为拒绝 1.1.1.1/32 的路由，index: 20 为允许所有路由。因此除了 1.1.1.1/32 路由都会被允许。

在 area 0 的 LSA 过滤中调用前缀列表 1。

```
[AR2]ospf
[AR2-ospf-1]area  0
//在 area0 的出方向调用前缀列表，代表对发往 area1 的 LSA 进行过滤
```

```
[AR2-ospf-1-area-0.0.0.0]filter ip-prefix 1 export
```

查看 AR2 的 LSDB：

```
[AR2]display  ospf lsdb
 OSPF Process 1 with Router ID 2.2.2.2
     Link State Database
            Area: 0.0.0.0
 Type       LinkState ID   AdvRouter          Age  Len   Sequence    Metric
 Router     2.2.2.2        2.2.2.2            629  48    80000005       1
 Router     1.1.1.1        1.1.1.1            691  48    80000006       1
 Network    10.0.12.1      1.1.1.1            691  32    80000002       0
 Sum-Net    3.3.3.3        2.2.2.2            589  28    80000001       1
 Sum-Net    10.0.23.0      2.2.2.2            686  28    80000001       1

            Area: 0.0.0.1
 Type       LinkState ID   AdvRouter          Age  Len   Sequence    Metric
 Router     2.2.2.2        2.2.2.2            585  36    80000005       1
 Router     3.3.3.3        3.3.3.3            590  48    80000004       1
 Network    10.0.23.1      2.2.2.2            585  32    80000002       0
 Sum-Net    2.2.2.2        2.2.2.2            629  28    80000001       0
```

可以看到，在 AR2 的 AREA 0 的 LSDB 中存在 1.1.1.1 的 3 类 LSA，而在 AREA 1 的 LSDB 中不存在 1.1.1.1 的 3 类 LSA，说明已经被过滤。

再次查看 AR3 的 LSDB：

```
<AR3>display  ospf lsdb
 OSPF Process 1 with Router ID 3.3.3.3
     Link State Database
            Area: 0.0.0.1
 Type         LinkState ID    AdvRouter          Age  Len   Sequence   Metric
 Router       2.2.2.2         2.2.2.2            737  36    80000005      1
 Router       3.3.3.3         3.3.3.3            740  48    80000004      1
 Network      10.0.23.1       2.2.2.2            737  32    80000002      0
 Sum-Net      2.2.2.2         2.2.2.2            781  28    80000001      0
```

发现也不存在 1.1.1.1 的 3 类 LSA，说明过滤成功。

18.3 练　习　题

1．（多选题）OSPF 支持（　　）的快速收敛机制。

A．PRC　　B．LSP 快速扩散　　C．智能定时器　　D．OSPF IP FRR

2．（判断题）OSPF 的 Type5 LSA 中 FA 字段一定为 0.0.0.0。（　　）

A．正确　　B．错误

3．（判断题）在 IS-IS 网络中，若设备运行 Mode-2 的 LSP 分片扩展，则虚拟系统不参与路由 SPF 计算，网络中所有路由器都知道虚拟系统生成的 LSP 实际属于初始系统。（　　）

A．正确　　B．错误

第 19 章 BGP 高级特性

本章阐述了 BGP 路由控制的原理与配置，介绍了常用的 BGP 高级特性，包括 ORF、对等体组、安全特性等。

本章包含以下内容：

- 正则表达式
- 路由匹配工具
- BGP 的特性
- 使用 AS-Path Filter 实现路由过滤
- BGP 团体属性和 ORF 的配置及应用
- 配置 BGP 对等体组
- 配置 BGP 安全特性

19.1 BGP 高级特性概述

在大型网络中通常会部署 BGP，相比于 IGP，BGP 拥有更加灵活的路由控制能力。每一条 BGP 路由都可以携带多个路径属性，针对其属性也有特有的路由匹配工具，例如 AS-Path Filter 和 Community Filter。根据实际组网需求，可以实施路由策略，控制路由的接收和发布。

19.1.1 正则表达式

正则表达式是按照一定的模板来匹配字符串的公式，由普通字符（例如字符 a 到 z）和特殊字符组成，具体含义如表 19-1 所示。

表 19-1 正则表达式中特殊字符的含义

特殊字符	含 义
.	匹配任意单个的字符，包括空格
^	匹配行首的位置，即一个字符串的开始
$	匹配行尾的位置，即一个字符串的结束
_	下画线，匹配任意一个分隔符 匹配一个逗号（,）、左花括号（{）、右花括号（}）、左圆括号（(）、右圆括号（)） 匹配输入字符串的开始位置（同^） 匹配输入字符串的结束位置（同$） 匹配一个空格
|	管道字符，逻辑或。如 x|y，表示匹配 x 或 y
\	转义字符，用于将下一个字符（特殊字符或普通字符）标记为普通字符
*	匹配前面的子正则表达式 0 次或多次
+	匹配前面的子正则表达式 1 次或多次
?	匹配前面的子正则表达式 0 次或 1 次
[xyz]	匹配正则表达式中包含的任意一个字符
[^xyz]	匹配正则表达式中未包含的字符
[a-z]	匹配正则表达式指定范围内的任意字符
[^a-z]	匹配正则表达式指定范围外的任意字符

19.1.2 路由匹配工具

（1）AS-Path Filter（AS 路径过滤器）是将 BGP 中的 AS-Path 属性作为匹配条件的过滤器，利用 BGP 路由携带的 AS-Path 列表对路由进行过滤。AS 路径过滤器使用正则表达式来定义匹配规则。AS-Path 属性是 BGP 的私有属性，所以该过滤器主要应用于 BGP 路由的过滤。直接应用该过滤器，例如 peer as-path-filter。作为 Route-Policy 中的匹配条件，例如 if-match as-path-filter。

（2）Community（团体）属性为可选过渡属性，是一种路由标记，用于简化路由策略的执行。可以将某些路由分配一个特定的 Community 属性值，之后就可以基于 Community 值而不是网络前缀/掩码信息来匹配路由并执行相应的策略了。团体属性分为公认的团体属性和自定义的团体属性。公认的团体属性的具体作用如表 19-2 所示。

表 19-2　公认的团体属性的作用

团体属性名称	团体属性号	说　明
Internet	0（0x00000000）	设备在收到具有此属性的路由后，可以向任何 BGP 对等体发送该路由。默认情况下，所有的路由都属于 Internet 团体
No_Advertise	4294967042（0xFFFFFF02）	设备收到具有此属性的路由后，将不向任何 BGP 对等体发送该路由
No_Export	4294967041（0xFFFFFF01）	设备收到具有此属性的路由后，将不向 AS 外发送该路由
No_Export_Subconfed	4294967043（0xFFFFFF03）	设备收到具有此属性的路由后，将不向 AS 外发送该路由，也不向 AS 内其他子 AS 发送此路由

Community Filter 与 Community 属性配合使用，可以在不便使用 IP Prefix List 和 AS-Path Filter 时，降低路由管理难度。

19.1.3　BGP 的特性

1．邻居按需发布路由

如果设备希望只接收自己需要的路由，但对端设备又无法针对每个与它连接的设备维护不同的出口策略，此时可以通过配置 BGP 基于前缀的 ORF（Outbound Route Filters，出口路由过滤器）来满足两端设备的需求。

BGP 基于前缀的 ORF 能力，能将本端设备配置的基于前缀的入口策略通过路由刷新报文发送给 BGP 邻居。BGP 邻居根据这些策略（刷新报文中）构造出口策略，在路由发送时对路由进行过滤。这样不仅可以避免本端设备接收大量无用的路由，降低本端设备的 CPU 使用率，还有效减少了 BGP 邻居的配置工作，降低了链路带宽的占用率。

2．BGP 对等体组

对等体组（Peer Group，PG）是一些具有某些相同策略的对等体的集合。当一个对等体加入对等体组中时，该对等体将获得与所在对等体组相同的配置。当对等体组的配置改变时，组内成员的配置也相应改变。

3．BGP 安全性

常见 BGP 攻击主要有两种：

（1）建立非法的 BGP 邻接关系，通告非法路由条目，干扰正常路由表。

（2）发送大量非法的 BGP 报文，路由器收到后交给 CPU 处理，导致 CPU 利用率升高。

BGP 使用认证和 GTSM（Generalized TTL Security Mechanism，通用 TTL 安全保护机制）

两个方法来保证 BGP 对等体间的交互安全。

（1）BGP 认证：BGP 认证分为 MD5 认证和 Keychain 认证，对 BGP 对等体关系进行认证是提高安全性的有效手段。MD5 认证只能为 TCP 连接设置认证密码，而 Keychain 认证除了可以为 TCP 连接设置认证密码外，还可以对 BGP 协议报文进行认证。

（2）BGP 的 GTSM 功能：BGP 的 GTSM 功能会检测 IP 报文头中的 TTL（Time-to-Live）值是否在一个预先设置好的特定范围内，并丢弃不符合 TTL 值范围的报文，这样就避免了网络攻击者模拟"合法"的 BGP 报文攻击设备。当攻击者模拟合法的 BGP 报文，对 R2 不断地发送非法报文进行攻击时，这些报文的 TTL 值必然小于 255。如果 R2 使能 BGP 的 GTSM 功能，并将 IBGP 对等体报文的 TTL 的有效范围设置为[255,255]，系统会对所有 BGP 报文的 TTL 值进行检查，丢弃 TTL 值小于 255 的攻击报文，从而避免网络攻击报文导致的 CPU 占用率过高的问题。

19.2 BGP 高级特性配置实验

19.2.1 实验 1：使用 AS-Path Filter 实现路由过滤

扫一扫，看视频

1．实验需求

如图 19-1 所示，四台路由器分别属于不同的 AS，四台设备分别建立 EBGP 邻接关系，AR1 上配置了两个环回口，IP 地址分别为 1.1.1.1/32 和 1.1.1.2/32。现在在 AR3 上做相应的配置，实现 AR3 不从 AS 200 接收 AS 100 的 BGP 路由。

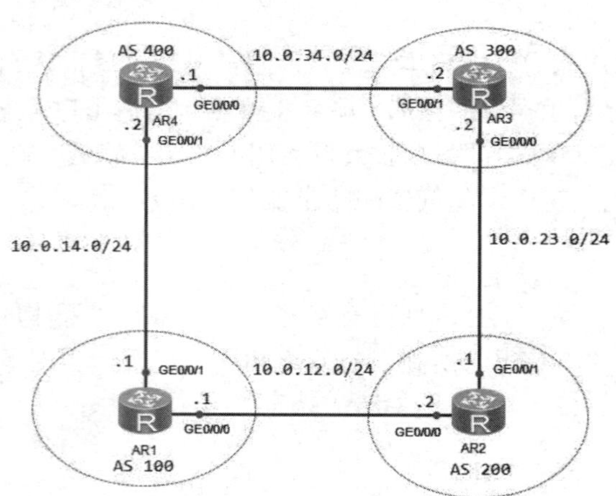

图 19-1 使用 AS-Path Filter 实现路由过滤的实验拓扑

2．实验目的

了解 AS-Path Filter 的工作原理及应用。

3．实验拓扑

使用 AS-Path Filter 实现路由过滤的实验拓扑如图 19-1 所示。

4．实验步骤

（1）配置接口 IP 地址，IP 地址规划如表 19-3 所示。

表 19-3　使用 AS-Path Filter 实现路由过滤实验 IP 地址规划表

接　口	IP
AR1 GE0/0/0	10.0.12.1/24
AR1 GE0/0/1	10.0.14.1/24
AR1 LoopBack 0	1.1.1.1/32
AR1 LoopBack 1	1.1.1.2/32
AR2 GE0/0/0	10.0.12.2/24
AR2 GE0/0/1	10.0.23.1/24
AR3 GE0/0/0	10.0.23.2/24
AR3 GE0/0/1	10.0.34.2/24
AR4 GE0/0/0	10.0.34.1/24
AR4 GE0/0/1	10.0.14.2/24

（2）配置 EBGP 邻接关系。

AR1 的配置：

```
[AR1]bgp 100
[AR1-bgp]peer 10.0.12.2 as-number 200
[AR1-bgp]peer 10.0.14.2 as-number 400
```

AR2 的配置：

```
[AR2]bgp 200
[AR2-bgp]peer 10.0.12.1 as-number 100
[AR2-bgp]peer 10.0.23.2 as-number 300
```

AR3 的配置：

```
[AR3]bgp 300
[AR3-bgp]peer 10.0.23.1 as-number 200
[AR3-bgp]peer 10.0.34.1 as-number 400
```

AR4 的配置：

```
[AR4]bgp 400
[AR4-bgp]peer 10.0.34.2 as-number 300
[AR4-bgp]peer 10.0.14.1 as-number 100
```

在 AR1 上查看 EBGP 的邻接关系：

```
[AR1]display  bgp  peer
 BGP local router ID : 10.0.12.1
 Local AS number : 100
```

```
 Total number of peers : 2          Peers in established state : 2
  Peer          V       AS  MsgRcvd  MsgSent  OutQ  Up/Down     State     Pref Rcv
  10.0.12.2     4      200    6        7        0     00:04:28 Established    0
  10.0.14.2     4      400    2        2        0     00:00:54 Established    0
```

在 AR2 上查看 EBGP 的邻接关系：

```
[AR2]display  bgp  peer
 BGP local router ID : 10.0.12.2
 Local AS number : 200
 Total number of peers : 2          Peers in established state : 2
  Peer         V      AS  MsgRcvd  MsgSent  OutQ  Up/Down     State      Pref Rcv
  10.0.12.1    4     100     9        9       0    00:07:03 Established    0
  10.0.23.2    4     300     4        4       0    00:02:39 Established    0
```

在 AR3 上查看 EBGP 的邻接关系：

```
[AR3]display bgp  peer
 BGP local router ID : 10.0.23.2
 Local AS number : 300
 Total number of peers : 2          Peers in established state : 2
  Peer         V      AS  MsgRcvd  MsgSent  OutQ  Up/Down    State     Pref Rcv
  10.0.23.1    4     200    4        5       0    00:02:48 Established   0
  10.0.34.1    4     400    7        8       0    00:05:33 Established   0
```

在 AR4 上查看 EBGP 的邻接关系：

```
[AR4]display  bgp  peer
 BGP local router ID : 10.0.34.1
 Local AS number : 400
 Total number of peers : 2          Peers in established state : 2
  Peer         V      AS  MsgRcvd  MsgSent  OutQ  Up/Down    State        Pref Rcv
  10.0.14.1    4     100    9       10       0   00:07:36   Established     0
  10.0.34.2    4     300    11      11       0   00:09:32   Established     0
```

可以看到，所有的 EBGP 的对等体状态都为 Established，说明邻居已经建立成功。

（3）在 AR1 上通告 1.1.1.1/32 和 1.1.1.2/32 的路由。

AR1 的配置：

```
[AR1]bgp  100
[AR1-bgp]network 1.1.1.1 32
[AR1-bgp]network 1.1.1.2 32
```

在 AR3 上查看 EBGP 路由表：

```
[AR3]display bgp routing-table
 BGP Local router ID is 10.0.23.2
 Status codes: * - valid, > - best, d - damped,
               h - history,  i - internal, s - suppressed, S - Stale
               Origin : i - IGP, e - EGP, ? - incomplete
 Total Number of Routes: 4
      Network            NextHop        MED        LocPrf    PrefVal  Path/Ogn
 *>   1.1.1.1/32        10.0.23.1                    0         200     100i
```

```
    *                   10.0.34.1                0        400    100i
    *>   1.1.1.2/32     10.0.23.1                0        200    100i
    *                   10.0.34.1                0        400    100i
```

以 1.1.1.1/32 这条路由为例，Path 列分别为 200 100 和 400 100。因为路由在被通告给 EBGP 对等体时，路由器会在该路由的 AS-Path 属性的左边追加本地的 AS 号，可以得知此路由始发于 AS 100，经过 AS 200 和 AS 400 发布给 AR3 设备。

（4）在 AR3 上使用 AS-Path Filter 拒绝接收来自 AS 200 的 BGP 路由。

AR3 的配置：

```
//匹配 AS-Path 中数值以 200 开始的路由，即来自 AS 200 的路由
[AR3]ip as-path-filter as200 deny ^200_
[AR3]ip as-path-filter as200 permit .* //放行所有路由
//与 AR2 建立邻居时接收 BGP 路由并调用 as-path-filter
[AR3-bgp]peer  10.0.23.1 as-path-filter as200 import
```

在 AR3 上查看 BGP 路由表：

```
[AR3]display bgp  routing-table
 BGP Local router ID is 10.0.23.2
 Status codes: * - valid, > - best, d - damped,
               h - history,  i - internal, s - suppressed, S - Stale
               Origin : i - IGP, e - EGP, ? - incomplete
 Total Number of Routes: 2
      Network         NextHop         MED        LocPrf    PrefVal Path/Ogn
 *>   1.1.1.1/32      10.0.34.1                             0       400 100i
 *>   1.1.1.2/32      10.0.34.1                             0       400 100i
```

可以看到，来自 AS 200 的路由已经被过滤，只剩下从 AS 400 传递过来的路由。

19.2.2　实验 2：BGP 团体属性和 ORF 的配置及应用

扫一扫，看视频

1．实验需求

（1）在 AR2 上配置一个环回口 2.2.2.2/32，将 2.2.2.2/32 添加团体属性 no-export，实现当邻居收到此路由时，不发布给 EBGP 的邻居。

（2）在 AR1 上将 1.1.1.1/32 的路由添加团体属性 100:1，并且通告给邻居 AR4。

（3）当 AR4 将 BGP 路由传递给 AR3 时，过滤团体属性为 100:1 的路由条目。

（4）在 AR2 上配置 ORF，实现只接收 1.1.1.2/32 的路由。

2．实验目的

（1）掌握团体属性的配置。

（2）利用团体属性实现路由的控制。

3．实验拓扑

BGP 团体属性和 ORF 的配置及应用的实验拓扑如图 19-2 所示。

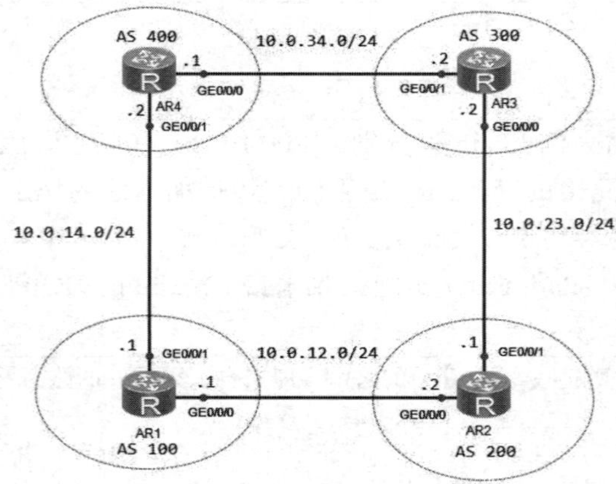

图 19-2　BGP 团体属性和 ORF 的配置及应用的实验拓扑

4．实验步骤

（1）配置接口 IP 地址，IP 地址规划如表 19-4 所示。

表 19-4　BGP 团体属性和 ORF 的配置及应用实验 IP 地址规划表

接　口	IP
AR1 GE0/0/0	10.0.12.1/24
AR1 GE0/0/1	10.0.14.1/24
AR1 LoopBack 0	1.1.1.1/32
AR1 LoopBack 1	1.1.1.2/32
AR2 GE0/0/0	10.0.12.2/24
AR2 GE0/0/1	10.0.23.1/24
AR2 loopback 0	2.2.2.2/32
AR3 GE0/0/0	10.0.23.2/24
AR3 GE0/0/1	10.0.34.2/24
AR4 GE0/0/0	10.0.34.1/24
AR4 GE0/0/1	10.0.14.2/24

（2）配置 EBGP 邻接关系。

AR1 的配置：

```
[AR1]bgp 100
[AR1-bgp]peer 10.0.12.2 as-number 200
[AR1-bgp]peer 10.0.14.2 as-number 400
```

AR2 的配置：

```
[AR2]bgp 200
[AR2-bgp]peer 10.0.12.1 as-number 100
[AR2-bgp]peer 10.0.23.2 as-number 300
```

AR3 的配置：

```
[AR3]bgp 300
[AR3-bgp]peer 10.0.23.1 as-number 200
[AR3-bgp]peer 10.0.34.1 as-number 400
```

AR4 的配置：

```
[AR4]bgp 400
[AR4-bgp]peer 10.0.34.2 as-number 300
[AR4-bgp]peer 10.0.14.1 as-number 100
```

（3）配置公认团体属性控制路由。将 2.2.2.2/32 添加团体属性 no-export，实现邻居收到此路由时，不发布给 EBGP 的邻居。

第 1 步，在 AR2 上通告 2.2.2.2 的路由。

```
[AR2]bgp 200
[AR2-bgp]network 2.2.2.2 32
```

第 2 步，查看 AR4 的路由表。

```
[AR4]display bgp routing-table
 BGP Local router ID is 10.0.34.1
 Status codes: * - valid, > - best, d - damped,
               h - history,  i - internal, s - suppressed, S - Stale
               Origin : i - IGP, e - EGP, ? - incomplete
 Total Number of Routes: 2
      Network          NextHop        MED        LocPrf     PrefVal Path/Ogn
 *>   2.2.2.2/32       10.0.14.1                              0      100 200i
  *                    10.0.34.2                              0      300 200i
```

可以看到，AR4 分别从 AR1 和 AR3 获取到 2.2.2.2/32 的 EBGP 路由信息。

第 3 步，使用 ACL 匹配 2.2.2.2 的路由信息。

```
[AR2]acl 2000
[AR2-acl-basic-2000]rule permit source 2.2.2.2  0
```

第 4 步，使用 Route-Police 将 2.2.2.2 的路由添加团体属性 no-export。

AR2 的配置：

```
//创建 route-policy，命名为 comm，执行动作为允许
[AR2]route-policy comm permit node 10
[AR2-route-policy]if-match acl  2000      //配置条件语句为匹配 ACL 2000
//配置执行语句增加路由的团体属性为 no-export
[AR2-route-policy]apply  community no-export
//创建 route-policy comm node 20，其意义为如果没有匹配 ACL 2000 的路由，则直接不做
//任何操作发布给邻居，默认是拒绝动作
[AR2]route-policy comm permit node 20
```

第 5 步，AR2 与 AR1 和 AR3 建立 EBGP 邻居时调用 Route-Policy。

```
[AR2]bgp 200
//与 10.0.12.1 建立邻居发布路由时调用 route-policy
[AR2-bgp]peer  10.0.12.1 route-policy comm export
```

```
//配置将团体属性发布给邻居，默认团体属性不发布给邻居
[AR2-bgp]peer  10.0.12.1 advertise-community
[AR2-bgp]peer  10.0.23.2 route-policy comm export
[AR2-bgp]peer  10.0.23.2 advertise-community
```

第 6 步，在 AR1 和 AR3 上查看携带团体属性的路由信息。

```
[AR1]display bgp routing-table community
 BGP Local router ID is 10.0.12.1
 Status codes: * - valid, > - best, d - damped,
               h - history,  i - internal, s - suppressed, S - Stale
               Origin : i - IGP, e - EGP, ? - incomplete
 Total Number of Routes: 1
      Network            NextHop        MED        LocPrf    PrefVal Community
 *>   2.2.2.2/32         10.0.12.2      0                    0       no-export
<AR3>display  bgp  routing-table  community
 BGP Local router ID is 10.0.23.2
 Status codes: * - valid, > - best, d - damped,
               h - history,  i - internal, s - suppressed, S - Stale
               Origin : i - IGP, e - EGP, ? - incomplete
 Total Number of Routes: 1
      Network           NextHop        MED        LocPrf    PrefVal Community
 *>   2.2.2.2/32        10.0.23.1      0                    0       no-export
```

【技术要点】

display bgp routing-table community 为只查看携带了团体属性的 BGP 路由信息，并不是所有的 BGP 路由。

可以看到，在 AR1、AR3 上查看到 2.2.2.2/32 的路由携带了团体属性 no-export，其作用为表示此路由不会再发布给 EBGP 邻居，可以判定此时 AR4 上应该不存在 2.2.2.2/32 的路由信息。

第 7 步，查看 AR4 的 BGP 路由表，此时显示为空，代表 2.2.2.2/32 的路由信息并不会通过 AR1 和 AR3 传递过来。

```
<AR4>display bgp  routing-table
```

（4）在 AR1 上通告 1.1.1.1/32 的路由信息，并将 1.1.1.1/32 添加团体属性 100:1，发布给邻居 AR4。

第 1 步，通告 1.1.1.1/32 的路由信息。

AR1 的配置：

```
[AR1]bgp 100
[AR1-bgp]network 1.1.1.1 32
```

第 2 步，使用 ACL 匹配 1.1.1.1/32 的路由信息。

AR1 的配置：

```
[AR1]acl 2000
[AR1-acl-basic-2000]rule  permit source 1.1.1.1 0
```

第 3 步，使用 route-policy 将 1.1.1.1/32 的路由信息添加团体属性 100:1。

AR1 的配置：

```
[AR1]route-policy comm permit node  10
[AR1-route-policy]if-match acl 2000 //配置条件语句，匹配 ACL 2000
//配置执行语句，如果匹配到 ACL 2000 的路由（1.1.1.1/32），则添加一个自定义团体属性 100:1
[AR1-route-policy]apply community 100:1
//如果路由配置没有被匹配到任何规则，则不对这些路由进行任何操作，直接通告给邻居
[AR1]route-policy comm permit node  20
[AR1]bgp  100
[AR1-bgp]peer 10.0.14.2 advertise-community //配置将团体属性发布给邻居
//与 AR4 发布路由时调用 route-policy comm
[AR1-bgp]peer 10.0.14.2 route-policy comm export
```

第 4 步，在 AR4 上查看携带团体属性的路由信息。

```
<AR4>display bgp routing-table community
 BGP Local router ID is 10.0.34.1
 Status codes: * - valid, > - best, d - damped,
               h - history,  i - internal, s - suppressed, S - Stale
               Origin : i - IGP, e - EGP, ? - incomplete
 Total Number of Routes: 1
      Network          NextHop         MED         LocPrf    PrefVal Community
 *>    1.1.1.1/32      10.0.14.1        0                      0      <100:1>
```

可以看到，从 AR1 学习到的 1.1.1.1/32 的路由信息团体属性为 100:1。

【技术要点】

BGP 中自定义的团体属性类似 IGP 中的 TAG 标签，用于批量地为某一部分路由添加标记，方便后续的控制和管理。

（5）过滤路由信息。

第 1 步，使用 community-filter 匹配 100:1 的路由条目。

AR4 的配置：

```
[AR4]ip community-filter 1 permit 100:1
```

第 2 步，使用 route-policy 过滤团体属性为 100:1 的路由，并且执行动作为拒绝，表示不发布给邻居设备。

AR4 的配置：

```
[AR4]route-policy comm deny node 10
[AR4-route-policy]if-match community-filter 1
[AR4]route-policy comm permit node 20
```

第 3 步，调用 route-policy。

AR4 的配置：

```
[AR4]bgp 400
[AR4-bgp]peer 10.0.34.2 route-policy comm export
```

第 4 步，在 AR3 查看 BGP 路由表。

```
<AR3>display bgp routing-table
 BGP Local router ID is 10.0.23.2
 Status codes: * - valid, > - best, d - damped,
               h - history,  i - internal, s - suppressed, S - Stale
               Origin : i - IGP, e - EGP, ? - incomplete
 Total Number of Routes: 2
      Network          NextHop        MED        LocPrf    PrefVal Path/Ogn
 *>   1.1.1.1/32       10.0.23.1                           0       200 100i
 *>   2.2.2.2/32       10.0.23.1      0                    0       200i
```

可以看到，AR3 只能从 AR2 学习到 1.1.1.1 的路由，不能从 AR4 上学习到 1.1.1.1 的路由，表示过滤成功。

（6）配置 ORF 功能，实现 AR2 只接收 1.1.1.2/32 的路由信息。

第 1 步，在 AR1 上通告 1.1.1.2/32 的路由。

```
[AR1]bgp  100
[AR1-bgp]network  1.1.1.2 32
```

第 2 步，在 AR2 上配置前缀列表，匹配 1.1.1.2/32 的路由信息。

```
[AR2]ip ip-prefix 1 permit 1.1.1.2 32
```

第 3 步，在 AR2 的 BGP 进程中配置 ORF 功能。

```
[AR2]bgp 200
[AR2-bgp]peer 10.0.12.1 ip-prefix 1 import
[AR2-bgp]peer  10.0.12.1 capability-advertise  orf ip-prefix send
//使能 orf，向 10.0.12.1 发布 orf 信息
```

第 4 步，在 AR1 的 BGP 进程中配置 ORF 功能。

```
[AR1]bgp 100
[AR1-bgp]peer  10.0.12.2 capability-advertise orf ip-prefix receive
//使能 orf，接收 orf 信息
```

第 5 步，在 AR2 上查看路由表。

```
[AR2]display  bgp  routing-table
 BGP Local router ID is 10.0.12.2
 Status codes: * - valid, > - best, d - damped,
               h - history,  i - internal, s - suppressed, S - Stale
               Origin : i - IGP, e - EGP, ? - incomplete
 Total Number of Routes: 2
      Network        NextHop        MED        LocPrf    PrefVal Path/Ogn
 *>   1.1.1.2/32     10.0.12.1      0                    0       100i
 *>   2.2.2.2/32     0.0.0.0        0                    0       i
```

可以看到，AR2 只从 AR1 上收到关于 1.1.1.2/32 的路由信息，说明 ORF 功能配置成功。

19.2.3　实验 3：配置 BGP 对等体组

1．实验需求

AR1、AR2、AR3、AR4 属于 AS 100，使用 BGP 的对等体配置 AS 100 的 IBGP 邻接关系，让 AR1 成为 AR2、AR3、AR4 的 RR，将 R4 的 LoopBack 1 通告进 BGP，通过 RR 反射给 AS 内部其他路由器。AR5 属于 AS 200，AR5 与 AR1 建立 EBGP 邻接关系，将 AR5 通告环回口，在 AR1 上将 OSPF 的路由引入 BGP 并且只引入 32 位的主机路由，实现全网互通。

2．实验目的

（1）了解 BGP 对等体组的配置。

（2）了解 BGP 路由反射器的配置。

3．实验拓扑

配置 BGP 对等体组的实验拓扑如图 19-3 所示。

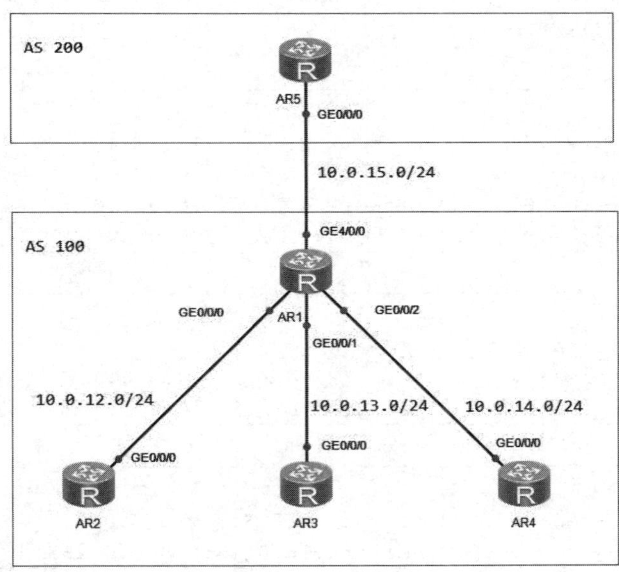

图 19-3　配置 BGP 对等体组的实验拓扑

4．实验步骤

（1）配置 IP 地址。IP 地址规划如表 19-5 所示。

表 19-5　配置 BGP 对等体组实验 IP 地址规划表

接　口	IP
AR1 GE0/0/0	10.0.12.1/24

续表

接　口	IP
AR1 GE0/0/1	10.0.14.1./24
AR1 GE0/0/2	10.0.13.1/24
AR1 GE4/0/0	10.0.15.1/24
AR1 LoopBack 0	1.1.1.1/32
AR2 GE0/0/0	10.0.12.2/24
AR2 LoopBack 0	2.2.2.2/32
AR3 GE0/0/0	10.0.13.2/24
AR3 LoopBack 0	3.3.3.3/32
AR4 GE0/0/0	10.0.14.2/24
AR4 LoopBack 0	4.4.4.4/32
AR4 LoopBack 1	40.40.40.40/32
AR5 GE0/0/0	10.0.15.2/24
AR5 LoopBack 0	5.5.5.5/32

（2）配置 AS 内的 OSPF。

AR1 的配置：

```
[AR1]ospf
[AR1-ospf-1-area-0.0.0.0]network 1.1.1.1 0.0.0.0
[AR1-ospf-1-area-0.0.0.0]network 10.0.12.0 0.0.0.255
[AR1-ospf-1-area-0.0.0.0]network  10.0.14.0 0.0.0.255
[AR1-ospf-1-area-0.0.0.0]network  10.0.13.0 0.0.0.255
```

AR2 的配置：

```
[AR2]ospf
[AR2-ospf-1]area  0
[AR2-ospf-1-area-0.0.0.0]network  2.2.2.2 0.0.0.0
[AR2-ospf-1-area-0.0.0.0]network  10.0.12.0 0.0.0.255
```

AR3 的配置：

```
[AR3]ospf
[AR3-ospf-1-area-0.0.0.0]network 3.3.3.3 0.0.0.0
[AR3-ospf-1-area-0.0.0.0]network 10.0.13.0 0.0.0.255
```

AR4 的配置：

```
[AR4]ospf
[AR4-ospf-1]area  0
[AR4-ospf-1-area-0.0.0.0]network  4.4.4.4 0.0.0.0
[AR4-ospf-1-area-0.0.0.0]network  10.0.14.0 0.0.0.255
```

（3）配置 IBGP 以及 EBGP 的邻接关系。

AR1 的配置：

```
[AR1]bgp  100
```

```
[AR1-bgp]group huawei internal       //创建 IBGP 对等体组，名字为 huawei
[AR1-bgp]peer 2.2.2.2 group huawei   //将 2.2.2.2 加入 huawei 对等体组
[AR1-bgp]peer 3.3.3.3 group Huawei   //将 3.3.3.3 加入 huawei 对等体组
[AR1-bgp]peer 4.4.4.4 group Huawei   //将 4.4.4.4 加入 huawei 对等体组
//与对等体组的所有成员建立邻接关系，且使用环回口
[AR1-bgp]peer huawei connect-interface LoopBack 0
[AR1-bgp]peer huawei reflect-client
[AR1-bgp]peer huawei next-hop-local  //与对等体组建立邻接关系，路由下一跳指向本地
[AR1-bgp]peer 10.0.15.2 as-number 200 //与 AR5 建立 EBGP 邻接关系
```

AR2 的配置：

```
[AR2]bgp  100
[AR2-bgp]peer 1.1.1.1 as-number 100
[AR2-bgp]peer 1.1.1.1 connect-interface LoopBack 0
```

AR3 的配置：

```
[AR3]bgp 100
[AR3-bgp] peer 1.1.1.1 as-number 100
[AR3-bgp] peer 1.1.1.1 connect-interface LoopBack0
```

AR4 的配置：

```
[AR4]bgp 100
[AR4-bgp] peer 1.1.1.1 as-number 100
[AR4-bgp] peer 1.1.1.1 connect-interface LoopBack0
```

AR5 的配置：

```
[AR5]bgp  200
[AR5-bgp]peer  10.0.15.1 as-number 100
```

查看 AR1 的 BGP 邻居：

```
[AR1]display bgp peer
 BGP local router ID : 10.0.12.1
 Local AS number : 100
 Total number of peers : 4              Peers in established state : 4
  Peer        V    AS   MsgRcvd  MsgSent  OutQ  Up/Down       State PrefRcv
  2.2.2.2     4    100       3        5     0 00:01:30 Established       0
  3.3.3.3     4    100       3        4     0 00:01:18 Established       0
  4.4.4.4     4    100       3        4     0 00:01:14 Established       0
  10.0.15.2   4    200       2        3     0 00:00:23 Established       0
```

（4）通告 BGP 的路由信息。

AR4 的配置：

```
[AR4]bgp  100
[AR4-bgp]network 40.40.40.40 32
```

查看 AR2、AR3 关于 40.40.40.40/32 的 BGP 路由表：

```
[AR2]display bgp routing-table 40.40.40.40
 BGP local router ID : 10.0.12.2
 Local AS number : 100
```

```
Paths: 1 available, 1 best, 1 select
BGP routing table entry information of 40.40.40.40/32:
From: 1.1.1.1 (10.0.12.1)
Route Duration: 00h00m10s
Relay IP Nexthop: 10.0.12.1
Relay IP Out-Interface: GigabitEthernet0/0/0
Original nexthop: 4.4.4.4
Qos information : 0x0
AS-path Nil, origin igp, MED 0, localpref 100, pref-val 0, valid,
internal, best, select, active, pre 255, IGP cost 2
Originator:  10.0.14.2  //此路由的起源者 ID，代表此路由起源于 10.0.14.2（AR4）
Cluster list: 10.0.12.1 //簇 ID，表示此路由经过 10.0.12.1（AR1）反射过来
Not advertised to any peer yet
```

在 AR2 上将学习到 AR4 通告的 40.40.40.40/32 路由信息，从而打破 IBGP 的水平分割原则。

```
[AR3]display bgp routing-table 40.40.40.40
 BGP local router ID : 10.0.13.2
 Local AS number : 100
 Paths: 1 available, 1 best, 1 select
 BGP routing table entry information of 40.40.40.40/32:
 From: 1.1.1.1 (10.0.12.1)
 Route Duration: 00h08m45s
 Relay IP Nexthop: 10.0.13.1
 Relay IP Out-Interface: GigabitEthernet0/0/0
 Original nexthop: 4.4.4.4
 Qos information : 0x0
 AS-path Nil, origin igp, MED 0, localpref 100, pref-val 0, valid,
 internal, best, select, active, pre 255, IGP cost 2
 Originator:  10.0.14.2
 Cluster list: 10.0.12.1
 Not advertised to any peer yet
```

AR3 也能通过反射器学习到 AR4 的环回口路由。

【技术要点】

RR 在接收 BGP 路由时，如果路由反射器从自己的非客户对等体学习到一条 IBGP 路由，则它会将该路由反射给所有客户；如果路由反射器从自己的客户那里学习到一条 IBGP 路由，则它会将该路由反射给所有非客户，以及除了该客户之外的其他客户；如果路由学习自 EBGP 对等体，则发送给所有客户、非客户 IBGP 对等体。

AR5 的配置：

```
[AR5]bgp 200
[AR5-bgp]network 5.5.5.5 32
```

查看 AR2 的路由信息：

```
[AR2]display BGP routing-table
 BGP Local router ID is 10.0.12.2
 Status codes: * - valid, > - best, d - damped,
               h - history,  i - internal, s - suppressed, S - Stale
               Origin : i - IGP, e - EGP, ? - incomplete
 Total Number of Routes: 2
      Network            NextHop        MED        LocPrf    PrefVal Path/Ogn
 *>i  5.5.5.5/32         1.1.1.1         0          100        0      200i
 *>i  40.40.40.40/32     4.4.4.4         0          100        0      i
```

查看 AR3 的路由信息：

```
[AR3]display bgp  routing-table
 BGP Local router ID is 10.0.13.2
 Status codes: * - valid, > - best, d - damped,
               h - history,  i - internal, s - suppressed, S - Stale
               Origin : i - IGP, e - EGP, ? - incomplete
 Total Number of Routes: 2
      Network            NextHop        MED        LocPrf    PrefVal Path/Ogn
 *>i  5.5.5.5/32         1.1.1.1         0          100        0      200i
 *>i  40.40.40.40/32     4.4.4.4         0          100        0      i
```

在 AR1 上的 BGP 引入 OSPF 的路由，并且只引入 32 位的主机路由信息。

```
//使用前缀列表 host 只匹配 32 位的主机路由
[AR1]ip ip-prefix host permit 0.0.0.0 0  greater-equal 32
[AR1]route-policy host permit  node  10   //创建 route-policy 执行动作为允许
[AR1-route-policy]if-match  ip-prefix host   //匹配前缀列表 host
[AR1]BGP 100
[AR1-BGP]import-route  ospf 1 route-policy host //引入 ospf 时调用 route-policy
```

查看 AR5 的 BGP 路由表：

```
<AR5>dis bgp  routing-table
 BGP Local router ID is 10.0.15.2
 Status codes: * - valid, > - best, d - damped,
               h - history,  i - internal, s - suppressed, S - Stale
               Origin : i - IGP, e - EGP, ? - incomplete
 Total Number of Routes: 6
      Network            NextHop        MED        LocPrf    PrefVal Path/Ogn
 *>   1.1.1.1/32         10.0.15.1       0                     0      100?
 *>   2.2.2.2/32         10.0.15.1       1                     0      100?
 *>   3.3.3.3/32         10.0.15.1       1                     0      100?
 *>   4.4.4.4/32         10.0.15.1       1                     0      100?
 *>   5.5.5.5/32         0.0.0.0         0                     0      i
 *>   40.40.40.40/32     10.0.15.1                             0      100i
```

可以看到，AR5 只学习到 AS 100 内部所有路由器的环回口路由，并没有直连路由。说明路由过滤生效。

（5）测试连通性。

```
[AR5]ping -a 5.5.5.5 2.2.2.2
  PING 2.2.2.2: 56  data bytes, press CTRL_C to break
    Reply from 2.2.2.2: bytes=56 Sequence=1 ttl=254 time=40 ms
    Reply from 2.2.2.2: bytes=56 Sequence=2 ttl=254 time=20 ms
    Reply from 2.2.2.2: bytes=56 Sequence=3 ttl=254 time=40 ms
    Reply from 2.2.2.2: bytes=56 Sequence=4 ttl=254 time=30 ms
    Reply from 2.2.2.2: bytes=56 Sequence=5 ttl=254 time=30 ms
  --- 2.2.2.2 ping statistics ---
    5 packet(s) transmitted
    5 packet(s) received
    0.00% packet loss
    round-trip min/avg/max = 20/32/40 ms
```

19.2.4 实验 4：配置 BGP 安全特性

1．实验需求

AR1、AR2 属于 AS 100，AR3 属于 AS 200，为了保证 BGP 的安全性，需要在 AR1 和 AR2 之间配置 MD5 认证，认证密码为 huawei123，认证通过后 AR1 和 AR2 能够建立 IBGP 的邻接关系，如图 19-4 所示。在 AR2 和 AR3 之间运行 GTSM，防止 CPU 类型攻击。

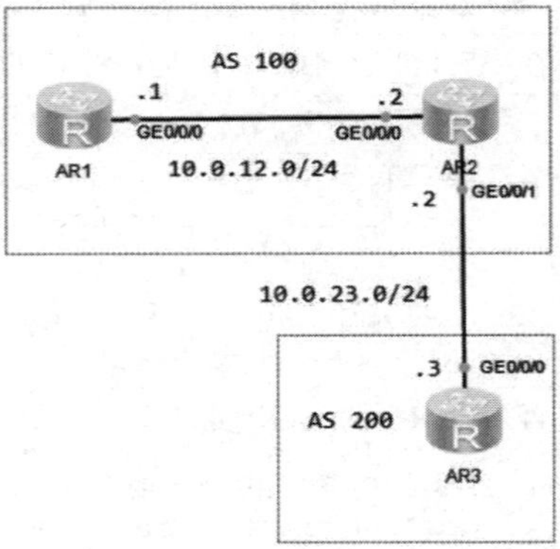

2．实验目的

（1）掌握 BGP 的认证配置。

（2）掌握 BGP GSTM 的配置及原理。

3．实验拓扑

配置 BGP 的安全特性的实验拓扑如图 19-4 所示。

图 19-4　配置 BGP 的安全特性的实验拓扑

4．实验步骤

（1）配置 IP 地址。IP 地址规划如表 19-6 所示。

表 19-6　配置 BGP 安全特性实验 IP 地址规划表

接　口	IP
AR1 GE0/0/0	10.0.12.1/24
AR1 LoopBack 0	1.1.1.1/32
AR2 GE0/0/0	10.0.12.2/24
AR2 GE0/0/1	10.0.23.2/24
AR3 GE0/0/0	10.0.23.3/24
AR2 LoopBack 0	2.2.2.2/32

（2）配置 AS 100 内部的 IGP 协议为 OSPF。

AR1 的配置：

```
[AR1]OSPF
[AR1-ospf-1]area 0
[AR1-ospf-1-area-0.0.0.0]network 1.1.1.1 0.0.0.0
[AR1-ospf-1-area-0.0.0.0]network  10.0.12.0 0.0.0.255
```

AR2 的配置：

```
[AR2]ospf
[AR2-ospf-1]area 0
[AR2-ospf-1-area-0.0.0.0]network  10.0.12.0 0.0.0.255
[AR2-ospf-1-area-0.0.0.0]network  2.2.2.2 0.0.0.0
```

（3）配置 MD5 认证，认证密码为 huawei123，在 AR1 和 AR2 之间建立 IBGP 邻接关系。

AR1 的配置：

```
[AR1]bgp  100
[AR1-bgp]peer 2.2.2.2 as-number 100
[AR1-bgp]peer  2.2.2.2 connect-interface LoopBack 0
[AR1-bgp]peer  2.2.2.2 password cipher huawei123
```

AR2 的配置：

```
[AR2]bgp 100
[AR2-bgp]peer 1.1.1.1 as-number 100
[AR2-bgp]peer 1.1.1.1 connect-interface LoopBack 0
[AR2-bgp]peer 1.1.1.1 password cipher huawei123
```

图 19-5 所示为在 AR1 的 GE0/0/0 接口抓包，可以看到，在 TCP 头部携带 MD5 认证的数据，如果双方数据一致，认证通过。

查看 AR1 的 IBGP 邻接关系是否建立成功：

```
[AR1]display bgp  peer
 BGP local router ID : 1.1.1.1
 Local AS number : 100
 Total number of peers : 1          Peers in established state : 1
  Peer         V     AS  MsgRcvd  MsgSent  OutQ  Up/Down       State PrefRcv
  2.2.2.2      4    100        2        3     0     00:00:13 Established    0
```

可以看到，IBGP 邻居正常建立，说明 MD5 认证成功。

（4）在 AR2 和 AR3 之间运行 GTSM，防止 CPU 类型攻击。

AR2 的配置：

```
[AR2]bgp  100
[AR2-bgp]peer  10.0.23.3 as-number 200
//配置 BGP 的 GTSM，TTL 的有效范围为[1,255]
[AR2-bgp]peer  10.0.23.3 valid-ttl-hops 255
```

AR3 的配置：

```
[AR3]bgp 200
[AR3-bgp]peer 10.0.23.2 as-number 100
```

```
//配置 BGP 的 GTSM，TTL 的有效范围为[1,255]
[AR3-bgp]peer  10.0.23.2 valid-ttl-hops 255
```

```
> Ethernet II, Src: HuaweiTe_da:4e:79 (00:e0:fc:da:4e:79), Dst: HuaweiTe_76:63:7e (00:e0:fc:76:63:7e)
> Internet Protocol Version 4, Src: 2.2.2.2, Dst: 1.1.1.1
v Transmission Control Protocol, Src Port: 50634, Dst Port: 179, Seq: 46, Ack: 46, Len: 19   ❶ TCP头部
    Source Port: 50634
    Destination Port: 179
    [Stream index: 2]
    [TCP Segment Len: 19]
    Sequence number: 46    (relative sequence number)
    Sequence number (raw): 3781788375
    [Next sequence number: 65    (relative sequence number)]
    Acknowledgment number: 46    (relative ack number)
    Acknowledgment number (raw): 786499016
    1010 .... = Header Length: 40 bytes (10)
  > Flags: 0x018 (PSH, ACK)
    Window size value: 16384
    [Calculated window size: 16384]
    [Window size scaling factor: -2 (no window scaling used)]
    Checksum: 0x2d40 [unverified]
    [Checksum Status: Unverified]
    Urgent pointer: 0
  v Options: (20 bytes), TCP MD5 signature, End of Option List (EOL)
    v TCP Option - TCP MD5 signature
        Kind: MD5 Signature Option (19)
        Length: 18
        MD5 digest: a24de48de9a5b4aeab84efd6e787cdbe   ❷ MD5所携带的哈希值
    > TCP Option - End of Option List (EOL)
  > [SEQ/ACK analysis]
  > [Timestamps]
    TCP payload (19 bytes)
> Border Gateway Protocol - KEEPALIVE Message
```

图 19-5　AR1 的 GE0/0/0 接口抓包的结果

19.3　练　习　题

1. （单选题）BGP 常用的路由策略工具中，能够用来匹配特定 AS-Path 的是（　　）。

A．filter-policy　　B．ip-prefix　　C．ip as-path-filer　　D．community-filter

2. （单选题）某管理员需要创建 AS-Path 过滤器（ip as-path-filter），允许 AS-Path 中以 65123 开始的路由通过，那么配置正确的是（　　）。

A．ip as-path-filter 1 permit　^65123*

B．ip as-path-filter 1 permit　$65123*

C．ip as-path-tilter 1 permit　*65123_

D．ip as-path-tilter 1 permit　_65123^

E．ip as-path-tilter 1 permit　$65123_

F．ip as-path-filter 1 permit　^65123_

3. （单选题）通过路由策略设置路由的 Community 属性，是否会影响路由选路的说法正确的是（　　）。

A．可以间接影响，通过设置路由的 Community 属性可以将路由分类，然后根据类别设置不同的路由选路相关的属性，比如 Local_Pre、MED 等，从而达到影响路由选择的目的

B．无法影响，因为路由的 Community 属性是非过渡属性，不能在路由器间传递

C．可以间接影响，通过设置路由的 Community 属性可以将路由分类，然后根据类别设置不同的路由选路相关的属性，这些属性只包括 Loacal_Pre、MED，从而达到影响路由选路的目的

D．路由器收到 Community 属性为 No_ Advertise 的路由更新后，不会发布到本地 AS 之外

4. （多选题）BGP 常用的路由策略工具中，能够用来过滤路由的有（　　）。

A．traffic- policy　　B．ip community-filter

C．filter-policy　　D．route-policy

5．（多选题）以下关于 BGP 安全性的描述，正确的是（　　）。

A．BGP 邻居之间可以使用 Keychain 认证来降低被攻击的可能性，而且 Keychain 具有一组密码，可以根据配置自动切换

B．可以通过 display bgp peer verbose 命令查看 BGP 对等体的认证详细信息

C．在配置 MD5 认证密码时，如果使用 simple 选项，密码将以明文形式保存在配置文件中，存在安全隐患

D．为防止攻击者模拟真实的 BGP 协议报文对设备进行攻击，可以配置 GTSM 功能检测 IP 报文头中的 TTL 值

第 20 章

IPv6 路由

本章阐述了 OSPFv3、IS-IS（IPv6）、BGP4+在 IPv6 环境中的配置以及工作原理，并通过实验使读者能够掌握 IPv6 的路由协议在各种场景中的应用。

本章包含以下内容：

- IPv6 静态路由
- OSPFv3
- IS-IS（IPv6）
- BGP4+
- IPv6 路由配置实验

20.1　IPv6 静态路由

IPv6 静态路由与 IPv4 静态路由类似，也需要管理员手动配置，适合一些结构比较简单的 IPv6 网络。在创建 IPv6 静态路由时，可以同时指定出接口和下一跳，或者只指定出接口或只指定下一跳。在创建相同目的地址的多条 IPv6 静态路由时，如果指定相同优先级，则可实现负载分担；如果指定不同优先级，则可实现路由备份。

20.2　OSPFv3

20.2.1　OSPFv3 简介

OSPF（Open Shortest Path First）是 IETF 组织开发的一个基于链路状态的内部网关协议（Interior Gateway Protocol，IGP）。目前针对 IPv4 协议使用的是 OSPF Version 2，针对 IPv6 协议使用的是 OSPF Version 3。

OSPFv3 的主要目的是开发一种独立于任何具体网络层的路由协议。为实现这一目的，对 OSPFv3 的内部路由器信息重新进行了设计。

OSPFv3 与 OSPFv2 的区别：

（1）OSPFv3 不在位于数据包和链路状态公告（LSA）起始位置的报文头部插入基于 IP 的数据。

（2）OSPFv3 利用独立于网络协议的信息，来执行过去需要 IP 报文头部数据的关键任务，如识别发布路由数据的 LSA。

20.2.2　OSPFv3 的基本原理

OSPFv3 是运行于 IPv6 的 OSPF 路由协议（RFC2740），它在 OSPFv2 的基础上进行了增强，是一个独立的路由协议。其基本原理如下：

（1）OSPFv3 在 Hello 报文、状态机、LSDB、洪泛机制和路由计算等方面的工作原理和 OSPFv2 保持一致。

（2）OSPFv3 协议把自治系统划分成逻辑意义上的一个或多个区域，通过 LSA（Link State Advertisement）的形式发布路由。

（3）OSPFv3 依靠 OSPFv3 区域内各设备间交互 OSPFv3 报文来达到路由信息的统一。

（4）OSPFv3 报文封装在 IPv6 报文内，可以采用单播和组播的形式发送。

20.2.3 OSPFv3 的 LSA 类型

新增了 8 类 LSA 和 9 类 LSA，其他 LSA 与 OSPFv2 类似，只是 1 类 LSA 和 2 类 LSA 不再携带路由信息，而只是描述拓扑信息。OSPFv3 的 LSA 类型及作用如表 20-1 所示。

表 20-1 OSPFv3 的 LSA 类型及作用

LSA 类型	LSA 作用
Router-LSA（Type1）	设备会为每个运行 OSPFv3 接口所在的区域产生一个 LSA，描述了设备的链路状态和开销，在所属的区域内传播
Network-LSA（Type2）	由 DR 产生，描述本链路的链路状态，在所属的区域内传播
Inter-Area-Prefix-LSA（Type3）	由 ABR 产生，描述区域内某个网段的路由，并通告给其他相关区域
Inter-Area-Router-LSA（Type4）	由 ABR 产生，描述到 ASBR 的路由，通告给除 ASBR 所在区域的其他相关区域
AS-external-LSA（Type5）	由 ASBR 产生，描述到 AS 外部的路由，通告到所有的区域（除了 Stub 区域和 NSSA 区域）
NSSA LSA（Type7）	由 ASBR 产生，描述到 AS 外部的路由，仅在 NSSA 区域内传播
Link-LSA（Type8）	每个设备都会为每个链路产生一个 Link-LSA，描述到此 Link 上的 link-local 地址、IPv6 前缀地址，并提供将会在 Network-LSA 中设置的链路选项，Link-LSA 仅在此链路内传播
Intra-Area-Prefix-LSA（Type9）	每个设备及 DR 都会产生一个或多个此类 LSA，在所属的区域内传播； 设备产生的此类 LSA，描述与 Router-LSA 相关联的 IPv6 前缀地址； DR 产生的此类 LSA，描述与 Network-LSA 相关联的 IPv6 前缀地址

20.3 IS-IS(IPv6)

1．IS-IS（IPv6）简述

IS-IS 最初是为 OSI 网络设计的一种基于链路状态算法的动态路由协议。之后为了提供对 IPv4 的路由支持，扩展应用到 IPv4 网络，称为集成 IS-IS。

随着 IPv6 网络的建设，同样需要动态路由协议为 IPv6 报文的转发提供准确有效的路由信息。IS-IS 路由协议结合自身具有良好的扩展性特点，实现了对 IPv6 网络层协议的支持，可以发现和生成 IPv6 路由。

IETF 的 draft-ietf-isis-ipv6-05 中规定了 IS-IS 为支持 IPv6 新增的内容。为了支持 IPv6 路由的处理和计算，IS-IS 新增了两个 TLV（Type-Length-Value）和一个 NLPID（Network Layer Protocol Identifier）。

新增的两个 TLV 介绍如下：

（1）236 号 TLV（IPv6 Reachability）：通过定义路由信息前缀、度量值等信息来说明网络的可达性。

（2）232 号 TLV（IPv6 Interface Address）：相当于 IPv4 中的 IP Interface Address TLV，只不过把原来的 32bit 的 IPv4 地址改为 128bit 的 IPv6 地址。

NLPID 是标识网络层协议报文的一个 8bit 字段，IPv6 的 NLPID 值为 142（0x8E）。如果

IS-IS 支持 IPv6，那么向外发布 IPv6 路由时必须携带 NLPID 值。

2. IS-IS 多拓扑（Multi-Topology，MT）

IS-IS 多拓扑是指在一个 IS-IS 自治域内运行多个独立的 IP 拓扑。例如 IPv4 拓扑和 IPv6 拓扑，而不是将它们视为一个集成的单一拓扑。这有利于 IS-IS 在路由计算中根据实际组网情况来单独考虑 IPv4 和 IPv6 网络。根据链路所支持的 IP 协议类型，不同拓扑运行各自的 SPF 计算，实现网络的相互屏蔽。

下面以图 20-1 中的网络拓扑为例介绍 IS-IS MT。图中的数值表示对应链路上的开销值；RouterA、RouterC 和 RouterD 支持 IPv4 和 IPv6 双协议栈；RouterB 只支持 IPv4 协议，不能转发 IPv6 报文。

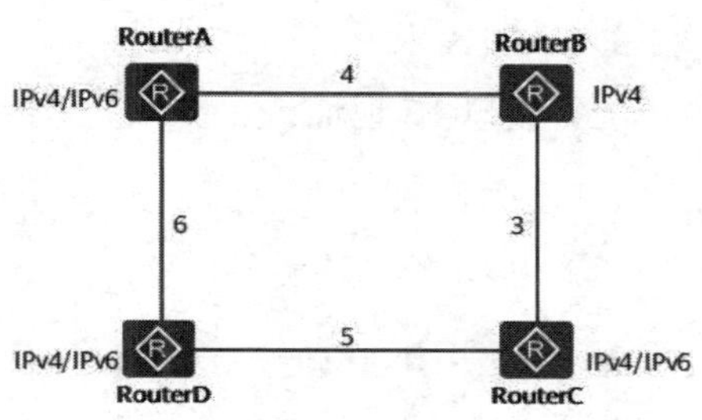

图 20-1　IS-IS MT 组网

如果 RouterA 不支持 IS-IS MT，进行 SPF 计算时只考虑单一的整体拓扑，则 RouterA 到 RouterC 的最短路径是 RouterA→RouterB→RouterC，但由于 RouterB 不支持 IPv6，所以 RouterA 发送的 IPv6 报文将无法通过 RouterB 到达 RouterC。

如果在 RouterA 上使能了 IS-IS MT，那么此时 RouterA 在进行 SPF 计算时会根据不同的拓扑分别计算。当 RouterA 需要发送 IPv6 报文给 RouterC 时，RouterA 只考虑 IPv6 链路来确定 IPv6 报文转发路径，则 RouterA→RouterD→RouterC 路径被选为从 RouterA 到 RouterC 的 IPv6 最短路径。IPv6 报文被正确转发。

20.4　BGP4+

传统的 BGP-4 只能管理 IPv4 单播路由信息，BGP 多协议扩展（MultiProtocol BGP，MP-BGP）提供了对多种网络层协议的支持。目前的 MP-BGP，使用扩展属性和地址族来实现对 IPv6、组播和 VPN 相关内容的支持，BGP 协议原有的报文机制和路由机制并没有改变。

其中，MP-BGP 对 IPv6 单播网络的支持特性称为 BGP4+。BGP4+为 IPv6 单播网络建立独立的拓扑结构，并将路由信息存储在独立的路由表中，保持单播 IPv4 网络和单播 IPv6 网络之间路由信息相互隔离。

MP-BGP 采用地址族来区分不同的网络层协议，要在 BGP 对等体之间交互不同类型的路由信息，则需要在正确的地址族视图下激活对等体，以及发布 BGP 路由。

BGP 的 Update 报文在对等体之间传递路由信息，可以用于发布和撤销路由。

BGP4+中引入了以下两个 NLRI 属性。

（1）MP_REACH_NLRI：Multiprotocol Reachable NLRI，多协议可达 NLRI，用于发布可达路由及下一跳信息。

（2）MP_UNREACH_NLRI：Multiprotocol Unreachable NLRI，多协议不可达 NLRI，用于撤

销不可达路由。

20.5 IPv6 路由配置实验

20.5.1 实验 1：配置 IPv6 的静态路由

扫一扫，看视频

1．实验需求

配置接口 IP 地址，在设备上配置静态路由，实现 AR1 的环回口能够访问 AR2 的环回口。

2．实验目的

了解 IPv6 静态路由的配置。

3．实验拓扑

配置 IPv6 的静态路由的实验拓扑如图 20-2 所示。

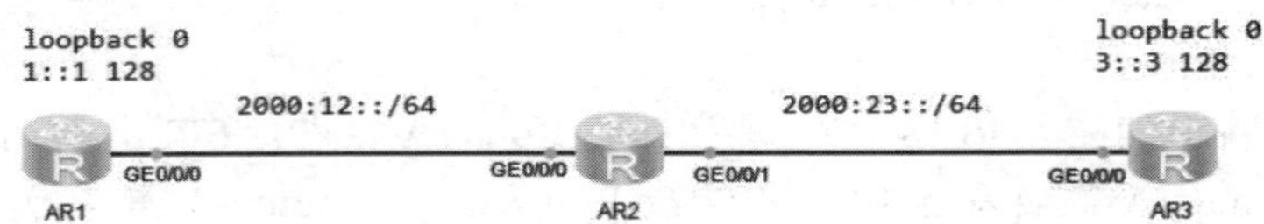

图 20-2 配置 IPv6 的静态路由的实验拓扑

4．实验步骤

（1）配置接口 IP 地址，IP 地址规划如表 20-2 所示。

表 20-2 配置 IPv6 的静态路由实验 IP 地址规划表

接 口	IP
AR1 GE0/0/0	2000:12::1/64
AR1 LoopBack 0	1::1/128
AR2 GE0/0/0	2000:12::2/64
AR2 GE0/0/1	2000:23::1/64
AR3 GE0/0/0	2000:23::2/64
AR3 LoopBack 0	3::3/128

（2）配置 IPv6 静态路由。

AR1 的配置：

```
//配置去往目标网段 3::3/128 的静态路由，下一跳为 2000:12::2
[AR1]ipv6 route-static 3::3 128 2000:12::2
```

AR2 的配置：

```
[AR2]ipv6  route-static 1::1 128 2000:12::1
```

```
[AR2]ipv6  route-static 3::3 128 2000:23::2
```

AR3 的配置：

```
[AR3]ipv6 route-static 1::1 128 2000:23::1
```

（3）测试网络的连通性。

```
[AR1]PING ipv6 -a 1::1 3::3 //使用环回口 ip 1::1 访问 AR3 的环回口 3::3
  PING 3::3 : 56  data bytes, press CTRL_C to break
    Reply from 3::3
    bytes=56 Sequence=1 hop limit=63  time = 30 ms
    Reply from 3::3
    bytes=56 Sequence=2 hop limit=63  time = 40 ms
    Reply from 3::3
    bytes=56 Sequence=3 hop limit=63  time = 40 ms
    Reply from 3::3
    bytes=56 Sequence=4 hop limit=63  time = 30 ms
    Reply from 3::3
    bytes=56 Sequence=5 hop limit=63  time = 40 ms
  --- 3::3 ping statistics ---
    5 packet(s) transmitted
    5 packet(s) received
    0.00% packet loss
    round-trip min/avg/max = 30/36/40 ms
```

20.5.2　实验 2：配置 OSPFv3

扫一扫，看视频

1. 实验需求

AR1 属于 area 1，AR2 同时属于 area 1 和 area 2，AR3、AR4 属于 area 2。设备的直连 IP 地址如图 20-3 所示，每台设备上创建 LoopBack0 接口，IP 地址配置为 x::x（其中，x 为设备编号，例如 AR1 的 LoopBack 0 地址为 1::1/128），最终实现全网互通。

2. 实验目的

（1）了解 OSPFv3 的基本配置。

（2）了解 OSPFv3 的 8 类 LSA、9 类 LSA 的作用。

3. 实验拓扑

配置 OSPFv3 的实验拓扑如图 20-3 所示。

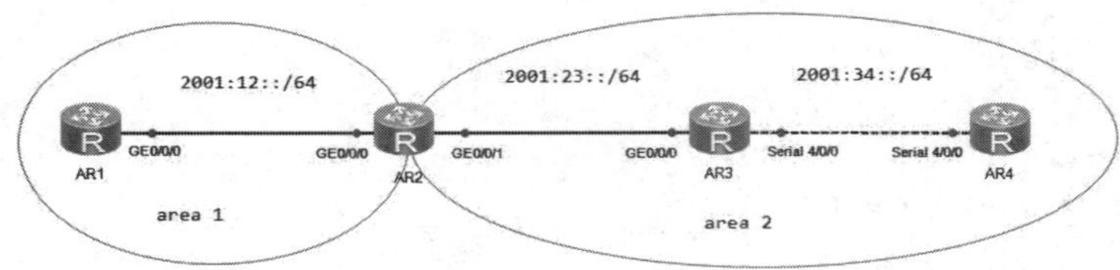

图 20-3　配置 OSPFv3 的实验拓扑

4．实验步骤

（1）配置 IP 地址，IP 地址规划如表 20-3 所示。

表 20-3　配置 OSPFv3 实验 IP 地址规划表

接　口	IP
AR1 GE0/0/0	2001:12::1/64
AR1 LoopBack 0	1::1/128
AR2 GE0/0/0	2001:12::2/64
AR2 GE0/0/1	2001:23::1/64
AR2 LoopBack 0	2::2/128
AR3 GE0/0/0	2001:23::2/64
AR3 S4/0/0	2001:34::1/64
AR3 LoopBack 0	3::3/128
AR4 S4/0/0	2001:34::2/64
AR4 LoopBack 0	4::4/128

（2）配置 OSPFv3。

AR1 的配置：

```
[AR1]ospfv3
[AR1-ospfv3-1]router-id 1.1.1.1
[AR1]interface LoopBack 0
[AR1-LoopBack0]ospfv3 1 area 1
[AR1]interface g0/0/0
[AR1-GigabitEthernet0/0/0]ospfv3 1 area 1
```

AR2 的配置：

```
[AR2]ospfv3
[AR2-ospfv3-1]router-id 2.2.2.2
[AR2]interface g0/0/0
[AR2-GigabitEthernet0/0/0]ospfv3 1 area 1
[AR2]interface g0/0/1
[AR2-GigabitEthernet0/0/1]ospfv3 1 area 0
[AR2]interface LoopBack 0
[AR2-LoopBack0]ospfv3 1 area 0
```

AR3 的配置：

```
[AR3]ospfv3
[AR3-ospfv3-1]router-id 3.3.3.3
[AR3]interface LoopBack 0
[AR3-LoopBack0]ospfv3 1 area 0
[AR3]interface g0/0/0
[AR3-GigabitEthernet0/0/0]ospfv3 1 area 0
[AR3]interface Serial 4/0/0
[AR3-Serial4/0/0]ospfv3 1 area 0
```

AR4 的配置：

```
[AR4]ospfv3
```

```
[AR4-ospfv3-1]router-id 4.4.4.4
[AR4]interface  Serial 4/0/0
[AR4-Serial4/0/0]ospfv3 1 area 0
[AR4]interface LoopBack 0
[AR4-LoopBack0]ospfv3 1 area 0
```

（3）查看邻接关系是否建立成功。

```
<AR2>display ospfv3 peer
OSPFv3 Process (1)
OSPFv3 Area (0.0.0.0)
Neighbor ID     Pri  State          Dead Time Interface        Instance ID
3.3.3.3          1  Full/Backup   00:00:38  GE0/0/1                0
OSPFv3 Area (0.0.0.1)
Neighbor ID     Pri  State          Dead Time Interface        Instance ID
1.1.1.1          1  Full/DR       00:00:37  GE0/0/0                0
<AR4>display ospfv3 peer
OSPFv3 Process (1)
OSPFv3 Area (0.0.0.0)
Neighbor ID     Pri  State          Dead Time Interface        Instance ID
3.3.3.3          1  Full/-        00:00:31  S4/0/0                 0
```

可以看到，AR2 分别和 AR1 及 AR3 建立了 OSPFv3 的邻接关系。AR4 和 AR3 建立了 OSPFv3 的邻接关系。

（4）查看 AR4 的 IPv6 路由表。

```
<AR4>display ipv6 routing-table protocol OSPFv3
Public Routing Table : OSPFv3
Summary Count : 7
OSPFv3 Routing Table's Status : < Active >
Summary Count : 5
 Destination  : 1::1                        PrefixLength  : 128
 NextHop      : FE80::552D:2115:B01D:1      Preference    : 10
 Cost         : 50                          Protocol      : OSPFv3
 RelayNextHop : ::                          TunnelID      : 0x0
 Interface    : Serial4/0/0                 Flags         : D
 Destination  : 2::2                        PrefixLength  : 128
 NextHop      : FE80::552D:2115:B01D:1      Preference    : 10
 Cost         : 49                          Protocol      : OSPFv3
 RelayNextHop : ::                          TunnelID      : 0x0
 Interface    : Serial4/0/0                 Flags         : D
 Destination  : 3::3                        PrefixLength  : 128
 NextHop      : FE80::552D:2115:B01D:1      Preference    : 10
 Cost         : 48                          Protocol      : OSPFv3
 RelayNextHop : ::                          TunnelID      : 0x0
 Interface    : Serial4/0/0                 Flags         : D
 Destination  : 2001:12::                   PrefixLength  : 64
 NextHop      : FE80::552D:2115:B01D:1      Preference    : 10
 Cost         : 50                          Protocol      : OSPFv3
```

```
RelayNextHop : ::                        TunnelID       : 0x0
Interface    : Serial4/0/0               Flags          : D
Destination  : 2001:23::                 PrefixLength   : 64
NextHop      : FE80::552D:2115:B01D:1    Preference     : 10
Cost         : 49                        Protocol       : OSPFv3
RelayNextHop : ::                        TunnelID       : 0x0
Interface    : Serial4/0/0               Flags          : D
```

可以看到，AR4 通过 OSPFv3 学习到了其他三台路由器的环回口路由。

（5）测试网络连通性。

```
<AR4>ping ipv6 1::1
  PING 1::1 : 56  data bytes, press CTRL_C to break
    Reply from 1::1
    bytes=56 Sequence=1 hop limit=62  time = 50 ms
    Reply from 1::1
    bytes=56 Sequence=2 hop limit=62  time = 30 ms
    Reply from 1::1
    bytes=56 Sequence=3 hop limit=62  time = 40 ms
    Reply from 1::1
    bytes=56 Sequence=4 hop limit=62  time = 30 ms
    Reply from 1::1
    bytes=56 Sequence=5 hop limit=62  time = 40 ms
  --- 1::1 ping statistics ---
    5 packet(s) transmitted
    5 packet(s) received
    0.00% packet loss
round-trip min/avg/max = 30/38/50 ms
```

（6）查看 AR4 产生的 1 类 LSA。

```
<AR4>display  ospfv3 lsdb router
LS Age: 1794
  LS Type: Router-LSA
  Link State ID: 0.0.0.0
  Originating Router: 4.4.4.4 //产生此 1 类 LSA 的路由器 Router-ID
  LS Seq Number: 0x80000004
  Retransmit Count: 0
  Checksum: 0xB011
  Length: 40
  Flags: 0x00 (-|-|-|-|-)
  Options: 0x000013 (-|R|-|-|E|V6)

    Link connected to: another Router (point-to-point) //链路类型为 P2P 网络
      Metric: 48
      Interface ID: 0x8                                //本设备的接口 id
      Neighbor Interface ID: 0x8                       //邻居的接口 ID
      Neighbor Router ID: 3.3.3.3                      //邻居的 Router-ID
```

通过以上信息可以看到，AR4 通过 P2P 的链路使用自己的接口 ID 为 8 的接口与 Router-ID

为 3.3.3.3 的路由建立了 OSPFv3 的邻接关系。可以看到此处并没有路由信息，只是描述了拓扑信息。那么区域间的路由信息怎么传递呢？此时就需要用 OSPFv3 新增加的 9 类 LSA 来描述区域间的路由信息了。

（7）查看 AR4 产生的 9 类 LSA。

```
<AR4>display  ospfv3 lsdb  intra-prefix
LS Age: 653
  LS Type: Intra-Area-Prefix-LSA      //表示此 LSA 为 9 类 LSA
  Link State ID: 0.0.0.1
  Originating Router: 4.4.4.4         //产生此 9 类 LSA 的路由器 Router-ID
  LS Seq Number: 0x80000005
  Retransmit Count: 0
  Checksum: 0xA1DA
  Length: 64
  Number of Prefixes: 2
  Referenced LS Type: 0x2001
  Referenced Link State ID: 0.0.0.0
  Referenced Originating Router: 4.4.4.4
   Prefix: 2001:34::/64  //AR4 的 S4/0/0 接口路由信息
    Prefix Options: 0 (-|-|-|-|-)
      Metric: 48
   Prefix: 4::4/128       //AR4 的 LoopBack 0 接口的路由信息
    Prefix Options: 2 (-|-|-|LA|-)
      Metric: 0
```

可以看到，AR4 通过产生 9 类 LSA 描述了本设备的接口的路由信息分别为 2001:34::/64、4::4/128。9 类 LSA 泛洪范围为本区域。因此本区域的所有设备都能学习到 AR4 的路由信息。9 类 LSA 的作用已经了解了，那么 8 类 LSA 的作用呢？

（8）查看 AR4 的 OSPFv3 路由表。

```
<AR4>display ipv6 routing-table protocol ospfv3
Public Routing Table : OSPFv3
Summary Count : 7
OSPFv3 Routing Table's Status : < Active >
Summary Count : 5
 Destination    : 1::1                        PrefixLength  : 128
 NextHop        : FE80::552D:2115:B01D:1      Preference    : 10
 Cost           : 50                          Protocol      : OSPFv3
 RelayNextHop   : ::                          TunnelID      : 0x0
 Interface      : Serial4/0/0                 Flags         : D

--------------------- 此处只截取了一部分路由
```

可以看到，去往 1::1/128 的下一跳地址为 FE80::552D:2115:B01D:1，这是一个链路本地地址，实际上它是 AR3 的 S4/0/0 接口的链路本地地址。那么 AR4 是怎么知道 AR3 的接口链路本地地址的呢？这个就要通过 8 类 LSA 来描述了。

（9）在 AR4 上查看 AR3 产生的 8 类 LSA。

```
<AR4>display ospfv3 lsdb link
          OSPFv3 Router with ID (4.4.4.4) (Process 1)
              Link-LSA (Interface Serial4/0/0)
  LS Age: 1228
  LS Type: Link-LSA                  //表示此 LSA 为 8 类 LSA
  Link State ID: 0.0.0.8
  Originating Router: 3.3.3.3        //产生此 8 类 LSA 的路由器的 Router-ID
  LS Seq Number: 0x80000002
  Retransmit Count: 0
  Checksum: 0x1067
  Length: 56
  Priority: 1
  Options: 0x000013 (-|R|-|-|E|V6)
  Link-Local Address: FE80::552D:2115:B01D:1 //描述接口的链路本地地址
  Number of Prefixes: 1
   Prefix: 2001:34::/64 //描述本设备上的全球单播地址路由
    Prefix Options: 0 (-|-|-|-|-)
```

可以看到，AR3 产生了 8 类 LSA 中存在接口的链路本地地址，这样 AR4 就可以使用这个地址作为 IPv6 路由的下一跳地址了。

20.5.3 实验 3：配置 OSPFv3 多实例

1. 实验需求

配置接口 IP 地址，在设备上配置静态路由，实现 AR1 的环回口能够访问 AR2 的环回口。

2. 实验目的

了解 OSPFv3 多实例的配置。

3. 实验拓扑

配置 OSPFv3 多实例的实验拓扑如图 20-4 所示。

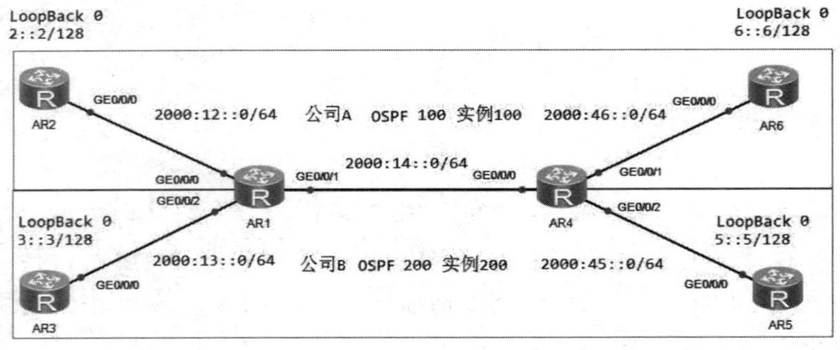

图 20-4 配置 OSPFv3 多实例的实验拓扑

4．实验步骤

（1）配置 IP 地址，IP 地址规划如表 20-4 所示。

表 20-4　配置 OSPFv3 多实例实验 IP 地址规划表

接　　口	IP
AR1 GE0/0/1	2000:14::1/64
AR1 GE0/0/0	2000:12::1/64
AR1 GE0/0/2	2000:13::1/64
AR2 GE0/0/0	2000:12::2/64
AR2 LoopBack 0	2::2/128
AR3 GE0/0/0	2000:13::3/64
AR3 LoopBack 0	3::3/128
AR4 GE0/0/0	2000:14::4/64
AR4 GE0/0/1	2000:46:4/64
AR4 GE0/0/2	2000:45:4/64
AR5 GE0/0/0	2000:45::5/64
AR5 LoopBack 0	5::5/128
AR6 GE0/0/0	2000:46::6/64
AR6 LoopBack 0	6::6/128

（2）配置 OSPFv3。

AR1 的配置：

```
[AR1]ospfv3 100 //配置 OSPFv3 100 给公司 A
[AR1-ospfv3-100]router-id 1.1.1.1
[AR1]ospfv 200  //配置 OSPFv3 200 给公司 B
[AR1-ospfv3-200]router-id 1.1.1.1
[AR1]interface  g0/0/1
[AR1-GigabitEthernet0/0/1]ospfv3 100 area  0 instance 100
[AR1-GigabitEthernet0/0/1]ospfv3 200 area  0 instance 200
[AR1]int g0/0/0
[AR1-GigabitEthernet0/0/0]ospfv3 100 area 0
[AR1]int g0/0/2
[AR1-GigabitEthernet0/0/0]ospfv3 200 area 0
```

AR4 的配置：

```
[AR4]ospfv3 100
[AR4-ospfv3-100]router-id 4.4.4.4
[AR4]ospfv3  200
[AR4-ospfv3-200]router-id 4.4.4.4
[AR4]interface  g0/0/0
[AR4-GigabitEthernet0/0/0]ospfv3 100 area 0 instance 100
[AR4-GigabitEthernet0/0/0]ospfv3 200 area 0 instance 200
[AR4]interface  g0/0/1
[AR4-GigabitEthernet0/0/1]ospfv3 100 area  0
[AR4]int g0/0/2
```

```
[AR4-GigabitEthernet0/0/2]ospfv3 200 area  0
```

AR2 的配置：

```
[AR2]ospfv3
[AR2-ospfv3-1]Router-id 2.2.2.2
[AR2]int g0/0/0
[AR2-GigabitEthernet0/0/0]ospfv3 1 area  0
[AR2]int lo0
[AR2-LoopBack0]OSPFv3 1 area 0
```

AR3 的配置：

```
[AR3]ospfv3
[AR3-ospfv3-1]router-id 3.3.3.3
[AR3]int g0/0/0
[AR3-GigabitEthernet0/0/0]ospfv3 1 area  0
[AR3]int lo0
[AR3-LoopBack0]ospfv3 1 area 0
```

AR5 的配置：

```
[AR5]ospfv3
[AR5-ospfv3-1]router-id 5.5.5.5
[AR5]int g0/0/0
[AR5-GigabitEthernet0/0/0]ospfv3 1 area  0
[AR5]int lo0
[AR5-LoopBack0]ospfv3 1 area 0
```

AR6 的配置：

```
[AR6]ospfv3
[AR6-ospfv3-1]router-id 6.6.6.6
[AR6]int g0/0/0
[AR6-GigabitEthernet0/0/0]ospfv3 1 area  0
[AR6]int lo0
[AR6-LoopBack0]ospfv3 1 area 0
```

（3）查看 AR1 的邻接关系。

```
<AR1>display ospfv3 peer
OSPFv3 Process (100)
OSPFv3 Area (0.0.0.0)
Neighbor ID     Pri  State          Dead Time Interface      Instance ID
2.2.2.2          1  Full/Backup    00:00:37  GE0/0/0            0
4.4.4.4          1  Full/Backup    00:00:33  GE0/0/1            100
OSPFv3 Process (200)
OSPFv3 Area (0.0.0.0)
Neighbor ID     Pri  State          Dead Time Interface      Instance ID
4.4.4.4          1  Full/Backup    00:00:31  GE0/0/1            200
3.3.3.3          1  Full/Backup    00:00:33  GE0/0/2            0
```

可以看到，通过 GE0/0/1 接口建立了两个 OSPFv3 的邻接关系，从而实现一个链路上可以建立多个邻接关系。在 OSPFv2 上一个链路只能建立一个邻接关系，OSPFv3 通过实例实现了链路的复用。

（4）查看 AR2 的路由表。

```
[AR2]display ipv6  routing-table protocol ospfv3
Public Routing Table : OSPFv3
Summary Count : 5
OSPFv3 Routing Table's Status : < Active >
Summary Count : 3
 Destination   : 6::6                         PrefixLength : 128
 NextHop       : FE80::2E0:FCFF:FED6:5041     Preference   : 10
 Cost          : 3                            Protocol     : OSPFv3
 RelayNextHop  : ::                           TunnelID     : 0x0
 Interface     : GigabitEthernet0/0/0         Flags        : D
 Destination   : 2000:14::                    PrefixLength : 64
 NextHop       : FE80::2E0:FCFF:FED6:5041     Preference   : 10
 Cost          : 2                            Protocol     : OSPFv3
 RelayNextHop  : ::                           TunnelID     : 0x0
 Interface     : GigabitEthernet0/0/0         Flags        : D
 Destination   : 2000:46::                    PrefixLength : 64
 NextHop       : FE80::2E0:FCFF:FED6:5041     Preference   : 10
 Cost          : 3                            Protocol     : OSPFv3
 RelayNextHop  : ::                           TunnelID     : 0x0
 Interface     : GigabitEthernet0/0/0         Flags        : D
```

查看 AR2 的路由表可以看到，只有 6::6/128 的路由，没有公司 B 的路由。

（5）查看 AR3 的路由表。

```
[AR3]display ipv6 routing-table protocol ospfv3
Public Routing Table : OSPFv3
Summary Count : 5
OSPFv3 Routing Table's Status : < Active >
Summary Count : 3
 Destination   : 5::5                         PrefixLength : 128
 NextHop       : FE80::2E0:FCFF:FED6:5043     Preference   : 10
 Cost          : 3                            Protocol     : OSPFv3
 RelayNextHop  : ::                           TunnelID     : 0x0
 Interface     : GigabitEthernet0/0/0         Flags        : D
 Destination   : 2000:14::                    PrefixLength : 64
 NextHop       : FE80::2E0:FCFF:FED6:5043     Preference   : 10
 Cost          : 2                            Protocol     : OSPFv3
 RelayNextHop  : ::                           TunnelID     : 0x0
 Interface     : GigabitEthernet0/0/0         Flags        : D
 Destination   : 2000:45::                    PrefixLength : 64
 NextHop       : FE80::2E0:FCFF:FED6:5043     Preference   : 10
 Cost          : 3                            Protocol     : OSPFv3
 RelayNextHop  : ::                           TunnelID     : 0x0
 Interface     : GigabitEthernet0/0/0         Flags        : D
```

查看 AR3 的路由表可以看到，只有 5::5/128 的路由，没有公司 A 的路由。

20.5.4　实验 4：配置 IS-IS（IPv6）

1．实验需求

在每台设备上运行 LoopBack 0，IP 地址配置为 x::x（x 为设备编号，例如 AR1 的 LoopBack 0 地址为 1::1/128)。R1 为 Level-1 设备，AR2 为 Level 1-2 设备，AR3、AR4 为 Level-2 设备，IS-IS 的区域划分如图 20-5 所示，完成 IS-IS（IPv6）的基本配置，实现全网互通。

2．实验目的

了解 IS-IS（IPv6）的配置。

3．实验拓扑

配置 IS-IS（IPv6）的实验拓扑如图 20-5 所示。

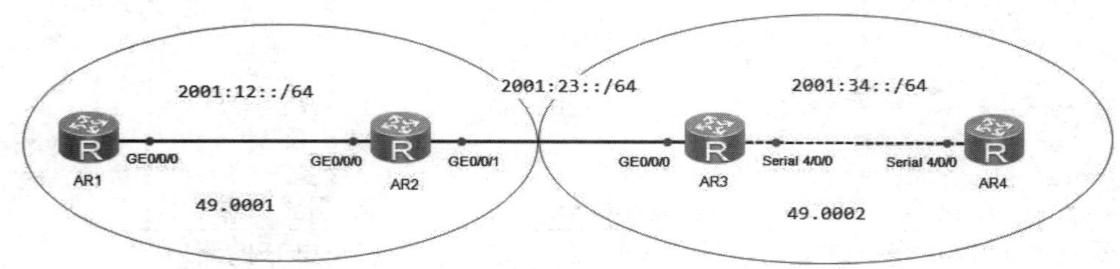

图 20-5　配置 IS-IS（IPv6）的实验拓扑

4．实验步骤

（1）配置 IP 地址，IP 地址规划如表 20-5 所示。

表 20-5　配置 IS-IS（IPv6）实验 IP 地址规划表

接　口	IP
AR1 GE0/0/0	2001:12::1/64
AR1 LoopBack 0	1::1/128
AR2 GE0/0/0	2001:12::2/64
AR2 GE0/0/1	2001:23::1/64
AR2 LoopBack 0	2::2/128
AR3 GE0/0/0	2001:23::2/64
AR3 S4/0/0	2001:34::1/64
AR3 LoopBack 0	3::3/128
AR4 S4/0/0	2001:34::2/64
AR4 LoopBack 0	4::4/128

（2）配置 IS-IS（IPv6）。

AR1 的配置：

```
[AR1]isis
[AR1-isis-1]network-entity 49.0001.0000.0000.0001.00 //配置 NET 地址
[AR1-isis-1]is-level level-1
//配置路由器类型为 Level-1 设备，使能 IS-IS 的 IPv6 功能并且开启 IS-IS 的多拓扑能力
[AR1-IS-IS-1]ipv6 enable topology ipv6
[AR1]interface g0/0/0
[AR1-GigabitEthernet0/0/0]isis ipv6 enable   //接口使能 IS-IS IPv6 功能
[AR1]interface LoopBack 0
[AR1-LoopBack0]isis ipv6 enable
```

AR2 的配置：

```
[AR2]isis
[AR2-isis-1]network-entity 49.0001.0000.0000.0002.00
[AR2-isis-1]ipv6 enable topology ipv6
[AR2]interface  g0/0/0
[AR2-GigabitEthernet0/0/0]isis ipv6 enable
[AR2]interface  g0/0/1
[AR2-GigabitEthernet0/0/1]isis ipv6 enable
[AR2]interface  LoopBack 0
[AR2-LoopBack0]isis ipv6 enable
```

AR3 的配置：

```
[AR3]isis
[AR3-isis-1]network-entity 49.0002.0000.0000.0003.00
[AR3-isis-1]is-level level-2
[AR3-isis-1]ipv6 enable topology ipv6
[AR3]interface  g0/0/0
[AR3-GigabitEthernet0/0/0]isis  ipv6 enable
[AR3]interface  s4/0/0
[AR3-Serial4/0/0]isis ipv6 enable
[AR3]interface  LoopBack 0
[AR3-LoopBack0]isis ipv6 enable
```

AR4 的配置：

```
[AR4]isis
[AR4-isis-1]network-entity 49.0002.0000.0000.0004.00
[AR4-isis-1]is-level level-2
[AR4-isis-1]ipv6 enable topology ipv6
[AR4]interface s4/0/0
[AR4-Serial4/0/0]isis ipv6 enable
[AR4]interface LoopBack 0
[AR4-LoopBack0]isis ipv6 enable
```

（3）配置之前先在 AR4 的 S4/0/0 接口抓包观察，图 20-6 所示为 AR2 发来的 LSP 报文。

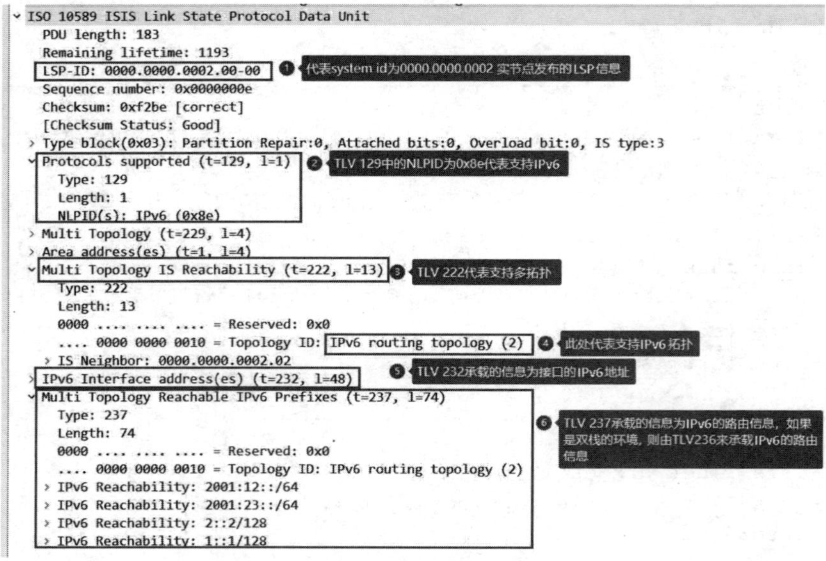

```
ISO 10589 ISIS Link State Protocol Data Unit
  PDU length: 183
  Remaining lifetime: 1193
  LSP-ID: 0000.0000.0002.00-00
  Sequence number: 0x0000000e
  Checksum: 0xf2be [correct]
  [Checksum Status: Good]
> Type block(0x03): Partition Repair:0, Attached bits:0, Overload bit:0, IS type:3
  Protocols supported (t=129, l=1)
    Type: 129
    Length: 1
    NLPID(s): IPv6 (0x8e)
> Multi Topology (t=229, l=4)
> Area address(es) (t=1, l=4)
  Multi Topology IS Reachability (t=222, l=13)
    Type: 222
    Length: 13
    0000 .... .... .... = Reserved: 0x0
    .... 0000 0000 0010 = Topology ID: IPv6 routing topology (2)
  > IS Neighbor: 0000.0000.0002.02
> IPv6 Interface address(es) (t=232, l=48)
  Multi Topology Reachable IPv6 Prefixes (t=237, l=74)
    Type: 237
    Length: 74
    0000 .... .... .... = Reserved: 0x0
    .... 0000 0000 0010 = Topology ID: IPv6 routing topology (2)
  > IPv6 Reachability: 2001:12::/64
  > IPv6 Reachability: 2001:23::/64
  > IPv6 Reachability: 2::2/128
  > IPv6 Reachability: 1::1/128
```


图 20-6　AR4 的 S4/0/0 接口抓包结果

（4）查看 AR4 的路由表。

```
[AR4]display ipv6 routing-table protocol isis
Public Routing Table : ISIS
Summary Count : 5
ISIS Routing Table's Status : < Active >
Summary Count : 5
 Destination   : 1::1                         PrefixLength : 128
 NextHop       : FE80::5453:A850:DC28:1       Preference   : 15
 Cost          : 30                           Protocol     : ISIS-L2
 RelayNextHop  : ::                           TunnelID     : 0x0
 Interface     : Serial4/0/0                  Flags        : D
 Destination   : 2::2                         PrefixLength : 128
 NextHop       : FE80::5453:A850:DC28:1       Preference   : 15
 Cost          : 20                           Protocol     : ISIS-L2
 RelayNextHop  : ::                           TunnelID     : 0x0
 Interface     : Serial4/0/0                  Flags        : D
 Destination   : 3::3                         PrefixLength : 128
 NextHop       : FE80::5453:A850:DC28:1       Preference   : 15
 Cost          : 10                           Protocol     : ISIS-L2
 RelayNextHop  : ::                           TunnelID     : 0x0
 Interface     : Serial4/0/0                  Flags        : D
 Destination   : 2001:12::                    PrefixLength : 64
 NextHop       : FE80::5453:A850:DC28:1       Preference   : 15
 Cost          : 30                           Protocol     : ISIS-L2
 RelayNextHop  : ::                           TunnelID     : 0x0
 Interface     : Serial4/0/0                  Flags        : D
 Destination   : 2001:23::                    PrefixLength : 64
```

```
NextHop          : FE80::5453:A850:DC28:1     Preference     : 15
Cost             : 20                         Protocol       : ISIS-L2
```

（5）测试网络连通性。

```
[AR4]ping ipv6 1::1
  PING 1::1 : 56  data bytes, press CTRL_C to break
    Reply from 1::1
    bytes=56 Sequence=1 hop limit=62  time = 60 ms
    Reply from 1::1
    bytes=56 Sequence=2 hop limit=62  time = 30 ms
    Reply from 1::1
    bytes=56 Sequence=3 hop limit=62  time = 50 ms
    Reply from 1::1
    bytes=56 Sequence=4 hop limit=62  time = 40 ms
    Reply from 1::1
    bytes=56 Sequence=5 hop limit=62  time = 20 ms
  --- 1::1 ping statistics ---
    5 packet(s) transmitted
    5 packet(s) received
    0.00% packet loss
    round-trip min/avg/max = 20/40/60 ms
```

20.5.5　实验 5：配置 BGP4+

1．实验需求

配置接口 IP 地址，AS100 内部运行 IS-IS（IPv6），AR2 作为 AR 100 的 RR，AR1、AR3、AR4 作为 AR2 的反射器客户端。配置相应的 BGP4+，在 AR1 上创建环回口 100，IPv6 地址为 2002::1/128，通告在 BGP 进程中，使其他几台路由器能够学习到 BGP4+的路由信息。

2．实验目的

了解 BGP4+的配置。

3．实验拓扑

配置 BGP4+的实验拓扑如图 20-7 所示。

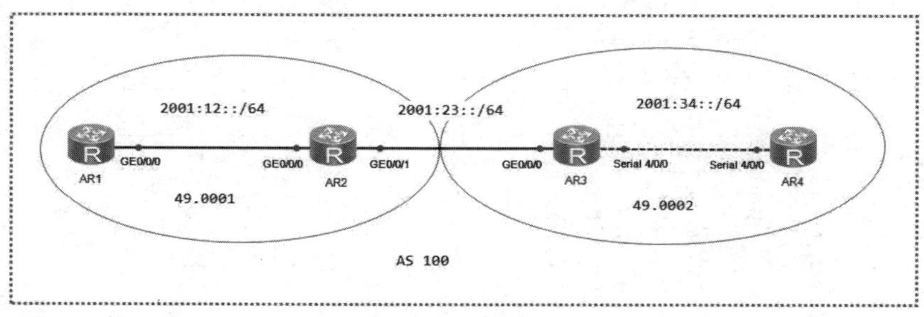

图 20-7　配置 BGP4+的实验拓扑

4．实验步骤

（1）配置 IP 地址（此处省略）。

（2）配置 IGP 协议（此处省略）。

（3）配置 BGP4+。

AR2 的配置：

```
[AR2]bgp 100
[AR2-bgp]router-id 2.2.2.2                       //手动配置 Router-ID
[AR2-bgp]peer 1::1 as-number 100                 //配置 IBGP 对等体 1::1
[AR2-bgp]peer 1::1 connect-interface LoopBack 0 //配置 TCP 连接接口为 LoopBack 0
[AR2-bgp]ipv6-family unicast                     //进入 IPv6 单播地址族
[AR2-bgp-af-ipv6]peer 1::1 enable                //使能 1::1 邻接关系
[AR2-bgp-af-ipv6]peer 1::1 reflect-client
[AR2-bgp]peer 3::3 as-number 100
[AR2-bgp]peer 3::3 connect-interface LoopBack 0
[AR2-bgp]peer 4::4 as-number  100
[AR2-bgp]peer 4::4 connect-interface LoopBack 0
[AR2-bgp]ipv6-family unicast
[AR2-bgp-af-ipv6]peer 3::3 enable
[AR2-bgp-af-ipv6]peer 4::4 enable
[AR2-bgp-af-ipv6]peer 3::3 reflect-client
[AR2-bgp-af-ipv6]peer 4::4 reflect-client
```

AR1 的配置：

```
[AR1]bgp  100
[AR1-bgp]router-id 1.1.1.1
[AR1-bgp]peer  2::2 as-number  100
[AR1-bgp]peer  2::2 connect-interface LoopBack 0
[AR1-bgp]ipv6-family
[AR1-bgp-af-ipv6]peer 2::2 enable
```

AR3 的配置：

```
[AR3]bgp 100
[AR3-bgp] router-id 3.3.3.3
[AR3-bgp] peer 2::2 as-number 100
[AR3-bgp] peer 2::2 connect-interface LoopBack0
[AR3-bgp]ipv6-family unicast
[AR3-bgp-af-ipv6]  peer 2::2 enable
```

AR4 的配置：

```
[AR4]bgp 100
[AR4-bgp] router-id 4.4.4.4
[AR4-bgp] peer 2::2 as-number 100
[AR4-bgp] peer 2::2 connect-interface LoopBack0
[AR4-bgp]ipv6-family unicast
[AR4-bgp-af-ipv6]  peer 2::2 enable
```

（4）在 AR2 上查看 BGP 的邻接关系。

```
[AR2]display bgp ipv6 peer

 BGP local router ID : 2.2.2.2
 Local AS number : 100
 Total number of peers : 3          Peers in established state : 3

  Peer V AS  MsgRcvd  MsgSent  OutQ  Up/Down    State PrefRcv

  1::1          4        100        4        6     0 00:02:56 Established
   0
  3::3          4        100        2        7     0 00:00:03 Established
   0
  4::4          4        100        2        3     0 00:00:49 Established
```

可以看到，AR2 分别与 AR1、AR3、AR4 建立了 IBGP 的邻接关系。

（5）在 AR1 上创建环回口 100，并且将路由注入 BGP4+中。

AR1 的配置：

```
[AR1]interface LoopBack 100
[AR1-LoopBack100]ipv6 enable
[AR1-LoopBack100]ipv6 address 2002::1 128
[AR1]bgp 100
[AR1-bgp]ipv6-family unicast
[AR1-bgp-af-ipv6]network  2002::1 128 //注入 BGP 路由信息
```

配置前在 AR4 的 S4/0/0 接口抓包进行，图 20-8 所示为抓取的 update 报文。

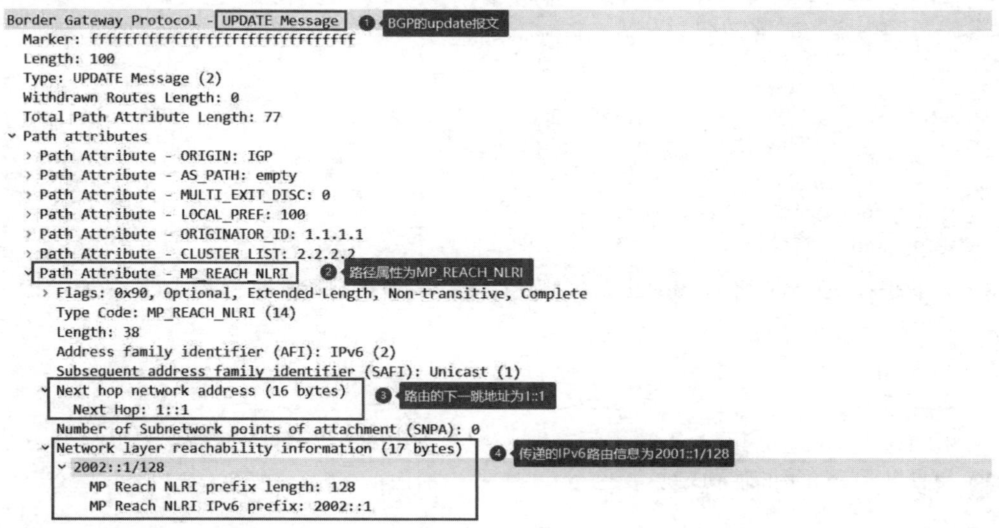

图 20-8 AR4 的 S4/0/0 接口抓包结果

可以看到，BGP4+不再像传统的 BGP 一样，使用 NLRI 来传递路由信息，而是通过

MP_REACH_NLRI 来传递 IPv6 的路由信息。

（6）在 AR4 上查看 BGP4+的路由表。

```
<AR4>display bgp  ipv6 routing-table
 BGP Local router ID is 4.4.4.4
 Status codes: * - valid, > - best, d - damped,
               h - history,  i - internal, s - suppressed, S - Stale
               Origin : i - IGP, e - EGP, ? - incomplete
 Total Number of Routes: 1
 *>i Network : 2002::1                                  PrefixLen : 128
     NextHop : 1::1                                     LocPrf     : 100
     MED     : 0                                        PrefVal    : 0
     Label   :
     Path/Ogn : i
```

可以看到，AR4 学习到了 AR1 通告的 2002::1/128 的路由信息。

（7）在 AR4 测试 2002::1/128 的连通性。

```
<AR4>ping ipv6  2002::1
  PING 2002::1 : 56  data bytes, press CTRL_C to break
    Reply from 2002::1
    bytes=56 Sequence=1 hop limit=62  time = 30 ms
    Reply from 2002::1
    bytes=56 Sequence=2 hop limit=62  time = 30 ms
    Reply from 2002::1
    bytes=56 Sequence=3 hop limit=62  time = 30 ms
    Reply from 2002::1
    bytes=56 Sequence=4 hop limit=62  time = 40 ms
    Reply from 2002::1
    bytes=56 Sequence=5 hop limit=62  time = 30 ms
  --- 2002::1 ping statistics ---
    5 packet(s) transmitted
    5 packet(s) received
    0.00% packet loss
    round-trip min/avg/max = 30/32/40 ms
```

测试结果为可以通信。

（8）接下来在 AR1 上将 LoopBack 100 接口的 IPv6 地址删除，来模拟 BGP4+如何撤销路由信息。

AR1 的配置：

```
[AR1]interface LoopBack 100
[AR1-LoopBack100]undo ipv6 address  2002::1 128 //删除接口的 IPv6 地址 2002::1/128
```

（9）再次查看 AR4 的抓包结果，图 20-9 所示为抓取的 update 报文。

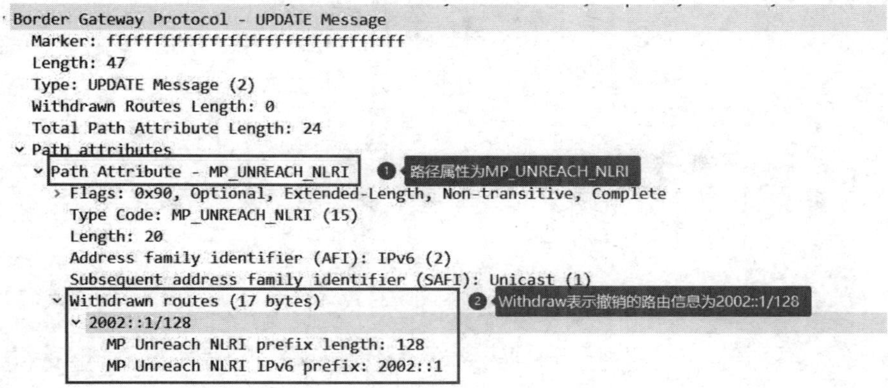

```
Border Gateway Protocol - UPDATE Message
  Marker: ffffffffffffffffffffffffffffffff
  Length: 47
  Type: UPDATE Message (2)
  Withdrawn Routes Length: 0
  Total Path Attribute Length: 24
v Path attributes
  v Path Attribute - MP_UNREACH_NLRI      ❶ 路径属性为MP_UNREACH_NLRI
    > Flags: 0x90, Optional, Extended-Length, Non-transitive, Complete
      Type Code: MP_UNREACH_NLRI (15)
      Length: 20
      Address family identifier (AFI): IPv6 (2)
      Subsequent address family identifier (SAFI): Unicast (1)
    v Withdrawn routes (17 bytes)          ❷ Withdraw表示撤销的路由信息为2002::1/128
      v 2002::1/128
          MP Unreach NLRI prefix length: 128
          MP Unreach NLRI IPv6 prefix: 2002::1
```

图 20-9　AR4 的 S4/0/0 接口抓包结果

结果表明，BGP4+使用 MP_UNREACH_NLRI 撤销 IPv6 的路由信息。

查看 AR4 的路由表，此时为空，代表实验成功。

20.6 练　习　题

1．（判断题）OSPFv3 采用与 OSPFv2 相同的路由通告方式：在 OSPFv3 区域视图通过 network 命令进行通告。（　　）

A．正确　　　B．错误

2．（判断题）当在华为路由器上运行 OSPFv3 时，OSPFv3 进程会自动选择一个接口地址作为该进程的 Router-ID。（　　）

A．正确　　　B．错误

3．（多选题）关于 OSPF 的命令描述，不正确的是（　　）。

A．OSPFv2 和 OSPFv3 配置接口命令的区别是，OSPFv2 可以使用 network 命令，而 OSPFv3 直接在接口上使能

B．Stub Router 命令用来配置次路由器为 Stub 路由器，Stub 路由器可以与非 stub 路由器形成邻接关系

C．OSPFv3 配置中不必使用 Router-ID，配置方法和 OSPFv2 一样

D．Stub 区域和 Totally Stub 区域配置了 No-Summary 参数

4．（单选题）在 BGP4+中，Update 报文中的 MIP_ REACH_NLRI 属性携带的 next hop network address 字段内容是（　　）。

A．只能是链路本地地址　　　B．可以只是链路本地地址

C．只能是全球单播地址　　　D．可以同时携带链路本地地址、全球单播地址

第 21 章

VLAN 高级特性

本章阐述了 VLAN 的几种高级特性，包括其应用场景、基本配置以及工作原理。

本章包含以下内容：

- VLAN 聚合
- MUX VLAN
- QINQ
- VLAN 高级特性配置实验

21.1　VLAN 高级特性概述

VLAN 技术在园区网络中应用非常广泛，通常利用 VLAN 进行广播域的隔离，每个 VLAN 属于一个广播域。网络规划时需要为每个广播域分配一个网关，如果 VLAN 数量过多，会导致 IP 地址规划难度加大，甚至会导致大量的 IP 地址浪费。

21.2　VLAN 聚合

在一般的三层交换机中，通常采用一个 VLAN 对应一个 VLANIF 接口的方式实现广播域之间的互通，这在某些情况下导致了 IP 地址的浪费。

因为一个 VLAN 对应的子网中，子网号、子网广播地址、子网网关地址不能用作 VLAN 内的主机 IP 地址，且子网中实际接入的主机可能少于可用 IP 地址数量，空闲的 IP 地址也会因不能再被其他 VLAN 使用而浪费。

1. VLAN 聚合原理

VLAN 聚合（VLAN Aggregation，也称 Super-VLAN）是指在一个物理网络内，用多个 VLAN（Sub-VLAN）隔离广播域，并将这些 Sub-VLAN 聚合成一个逻辑的 VLAN（Super-VLAN），这些 Sub-VLAN 使用同一个 IP 子网和默认网关，进而达到节约 IP 地址资源的目的。

Sub-VLAN 只包含物理接口，不能建立三层 VLANIF 接口，用于隔离广播域。每个 Sub-VLAN 内的主机与外部的三层通信是靠 Super-VLAN 的三层 VLANIF 接口来实现的。Super-VLAN 只建立三层 VLANIF 接口，不包含物理接口，与子网网关对应。与普通 VLAN 不同，Super-VLAN 的 VLANIF 接口状态取决于所包含的 Sub-VLAN 物理接口状态。

每个 Sub-VLAN 对应一个广播域，多个 Sub-VLAN 和一个 Super-VLAN 关联，只给 Super-VLAN 分配一个 IP 子网，所有 Sub-VLAN 都使用 Super-VLAN 的 IP 子网和默认网关进行三层通信，如图 21-1 所示。

采用传统 VLAN 方式，每个 VLAN 需要划分不同的 IP 地址网段，在本例中需要耗费 4 个 IP 网段和产生 4 条路由条目；采用 Super-VLAN 方式，只需要分配一个 IP 地址网段，下属二层 VLAN 共用同一个 IP 地址网段，共用同一个三层网关，同时 VLAN 之间保持二层隔离，如图 21-2 所示。

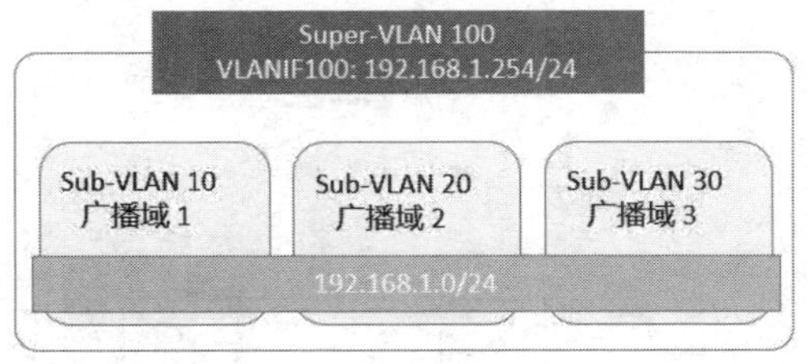

图 21-1　VLAN 聚合示意图

2. 相同 Sub-VLAN 内部通信

相同 Sub-VLAN 内的设备属于同一个广播域，因此相同 Sub-VLAN 内的设备可以通过二层直接通信，如图 21-3 所示。

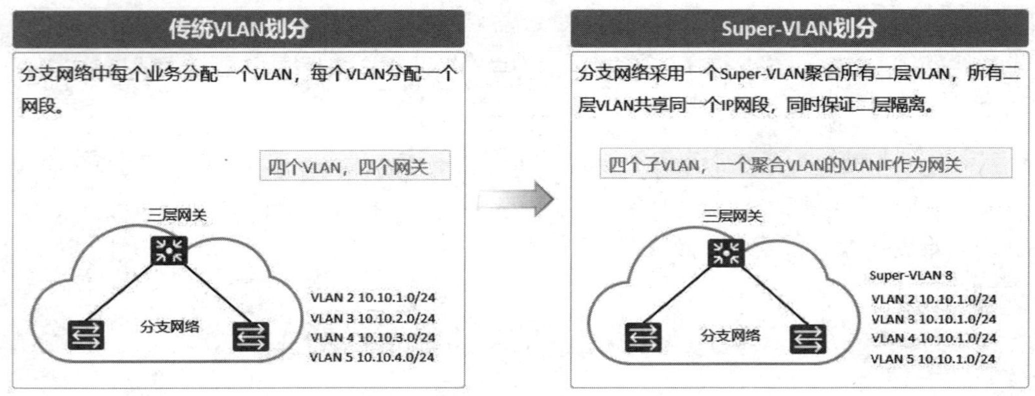

图 21-2　VLAN 聚合的应用示意图

3．不同 Sub-VLAN 之间通信举例

Super-VLAN VLANIF100 开启 ARP 代理之后，PC1 和 PC2 之间的通信过程如图 21-4 所示。

（1）PC1 发现 PC2 与自己在同一网段，且自己的 ARP 表中无 PC2 的 MAC 地址表项，则直接发送 ARP 广播请求 PC2 的 MAC 地址。

（2）作为网关的 Super-VLAN 对应的 VLANIF 100 接收到 PC1 的 ARP 请求，由于网关上使能 Sub-VLAN 间的 ARP 代理功能，则向 Super-VLAN 100 的所有 Sub-VLAN 接口发送一个 ARP 广播，请求 PC2 的 MAC 地址。

（3）PC2 收到网关发送的 ARP 广播后，对此请求进行 ARP 应答。

（4）网关收到 PC2 的应答后，就把自己的 MAC 地址回应给 PC1，PC1 之后要发给 PC2 的报文都先发送给网关，由网关做三层转发。

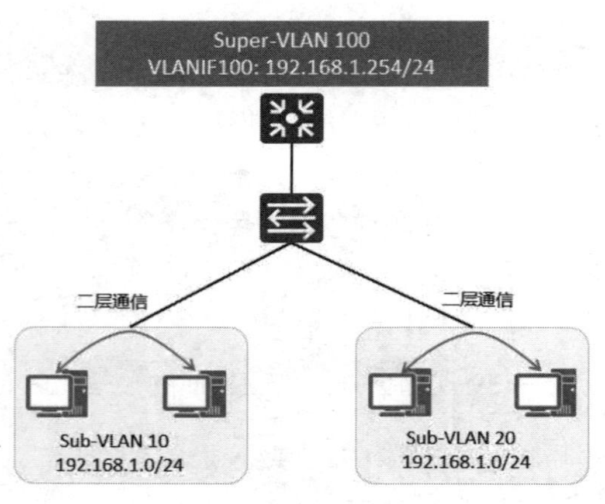

图 21-3　相同 Sub-VLAN 内部设备通信示意

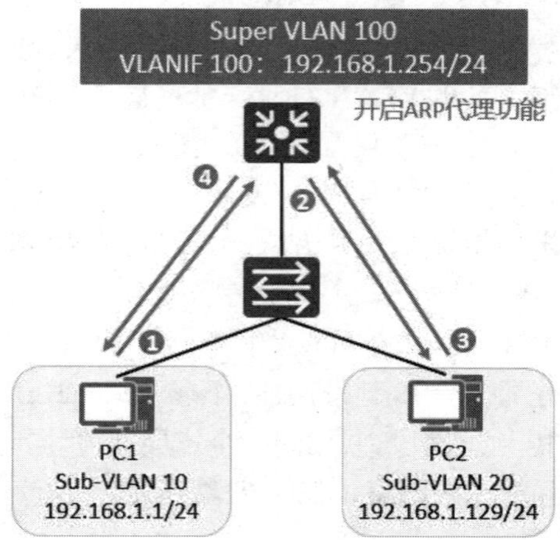

图 21-4　不同 Sub-VLAN 之间设备通信示意

21.3　MUX VLAN

MUX VLAN（Multiplex VLAN）提供了一种通过 VLAN 进行网络资源控制的机制。例如，在企业网络中，企业员工和企业客户可以访问企业的服务器。对于企业来说，希望企业内部员工之间可以互相交流，而企业客户之间是隔离的，不能够互相访问。要使所有用户都可以访问企业服务器，可通过配置 VLAN 间通信实现。如果企业规模很大，拥有大量的用户，那么就要为不能互相访问的用户都分配 VLAN，这不但需要耗费大量的 VLAN ID，还增加了网络管理者的工作量和维护量。通过 MUX VLAN 提供的二层流量隔离的机制可以实现企业内部员工之间互相交流，而企业客户之间是隔离的。MUX VLAN 分为 Principal VLAN 和 Subordinate VLAN，Subordinate VLAN 又分为 Separate VLAN 和 Group VLAN，如表 21-1 所示。

表 21-1　MUX VLAN 划分表

MUX VLAN	VLAN 类型	所属接口	通信权限
Principal VLAN（主 VLAN）	—	Principal port	Principal port 可以和 MUX VLAN 内的所有接口进行通信
Subordinate VLAN（从 VLAN）	Separate VLAN（隔离型从 VLAN）	Separate port	Separate port 只能和 Principal port 进行通信，和其他类型的接口实现完全隔离； 每个 Separate VLAN 必须绑定一个 Principal VLAN
	Group VLAN（互通型从 VLAN）	Group port	Group port 可以和 Principal port 进行通信，在同一组内的接口也可以互相通信，但不能和其他组接口或 Separate port 通信； 每个 Group VLAN 必须绑定一个 Principal VLAN

如图 21-5 所示，在交换机上，通过把部门 A 和部门 B 所在的 VLAN 分别设置为互通型从 VLAN，把访客区所属的 VLAN 设置为隔离型从 VLAN，把服务器所连接口所属的 VLAN 设置为 Principal VLAN，即主 VLAN，并且所有从 VLAN 都与主 VLAN 绑定，从而实现如下网络设计要求：

（1）部门 A 内的用户之间能够实现二层互通。

（2）部门 B 内的用户之间能够实现二层互通。

（3）部门 A 与部门 B 的用户之间二层隔离。

（4）部门 A 与部门 B 的员工都能够通过二层访问服务器。

（5）访客区内的任意 PC 除了能访问服务器之外，不能访问其他任意设备，包括其他访客。

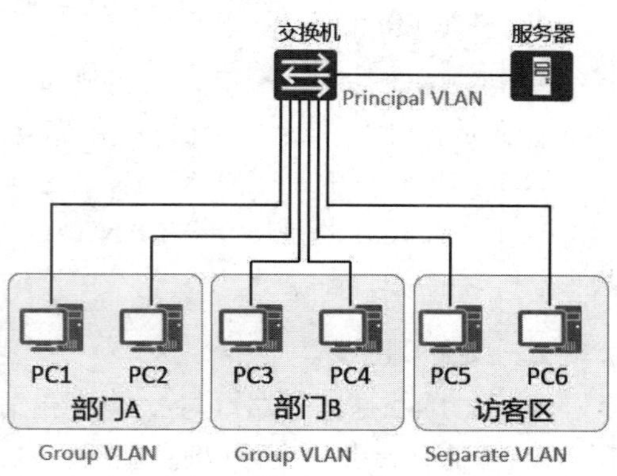

图 21-5　MUX VLAN 的应用示意

21.4 QINQ

随着以太网技术在网络中的大量部署，利用 VLAN 对用户进行隔离和标识受到很大限制。因为 IEEE 802.1Q 中定义的 VLAN Tag 域只有 12bit，仅能表示 4096 个 VLAN，无法满足城域以太网中标识大量用户的需求，于是 QINQ 技术应运而生。

QINQ（802.1Q IN 802.1Q）技术是一项扩展 VLAN 空间的技术，通过在 802.1Q 标签报文的基础上再增加一层 802.1Q 的 Tag 来达到扩展 VLAN 空间的功能。

如图 21-6 所示，用户网络 A 和网络 B 的私网 VLAN 分别为 VLAN 1 ~ 10 和 VLAN 1 ~ 20。运营商为用户网络 A 和网络 B 分配的公网 VLAN 分别为 VLAN 3 和 VLAN 4。当用户网络 A 和网络 B 中带 VLAN Tag 的报文进入运营商网络时，报文外面就会被分别封装上 VLAN 3 和 VLAN 4 的 VLAN Tag。这样，来自不同用户网络的报文在运营商网络中传输时被完全分开，即使这些用户网络各自的 VLAN 范围存在重叠，在运营商网络中传输时也不会产生冲突。当报文穿过运营商网络，到达运营商网络另一侧 PE 设备后，报文会被剥离运营商网络为其添加的公网 VLAN Tag，然后再传送给用户网络的 CE 设备。

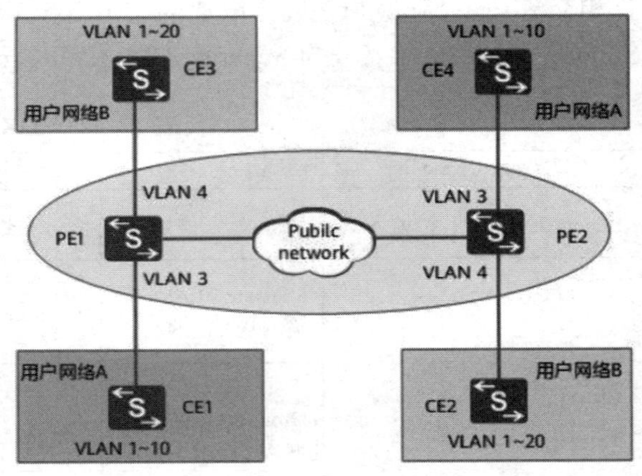

图 21-6　QINQ 典型应用组网图

QINQ 的实现方式可分为以下两种。

1. 基本 QINQ

基本 QINQ 是基于端口方式实现的。当端口上配置了基本 QINQ 功能后，无论从该端口收到的报文是否带有 VLAN Tag，设备都会为该报文打上本端口默认 VLAN 的 Tag。

（1）如果收到的是带有 VLAN Tag 的报文，该报文就成为带双 Tag 的报文。

（2）如果收到的是不带 VLAN Tag 的报文，该报文就成为带有本端口默认 VLAN Tag 的报文。

2. 灵活 QINQ

灵活 QINQ 是基于端口与 VLAN 相结合的方式实现的，即端口对接收的报文，可以通过单层 VLAN Tag 转发，也可以通过双层 VLAN Tag 转发。另外，对于从同一个端口收到的报文，还可以根据 VLAN 的不同进行不同的操作，包括为具有不同内层 VLAN ID 的报文添加不同的外层 VLAN Tag；根据报文内层 VLAN 的 802.1P 优先级标记外层 VLAN 的 802.1P 优先级和添加不同的外层 VLAN Tag。

使用灵活 QINQ 技术，在能够隔离运营商网络和用户网络的同时，又能够提供丰富的业务特性和更加灵活的组网能力。

21.5　VLAN 高级特性配置实验

21.5.1　实验 1：配置 VLAN 聚合

扫一扫，看视频

1．实验需求

配置 VLAN 10、20、100，VLAN 100 作为 Super-VLAN，VLAN 10、VLAN 20 作为 Sub-VLAN，VLAN 10 和 VLAN 20 配置成相同网段的 IP 地址。VLANIF 100 作为 VLAN 10 和 VLAN 20 的网关，在 VLANIF 100 上配置 ARP 代理实现两个 Sub-VLAN 之间互相通信。

2．实验目的

（1）了解 VLAN 聚合的作用。

（2）熟悉 VLAN 聚合的基本配置。

3．实验拓扑

配置 VLAN 聚合的实验拓扑如图 21-7 所示。

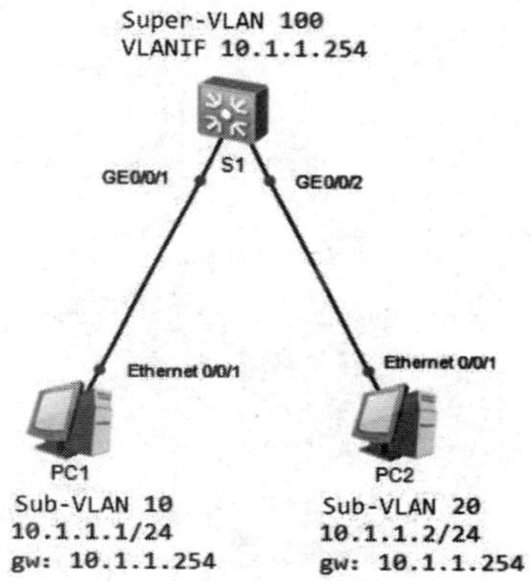

图 21-7　配置 VLAN 聚合的实验拓扑

4．实验步骤

（1）在 S1 上配置 VLAN。

```
[Huawei]sysname S1
[S1]vlan batch 10 20 100
```

（2）将连接 PC 的接口配置为 access 接口，并且加入对应的 VLAN 中。

```
[S1]interface  g0/0/1
[S1-GigabitEthernet0/0/1]port link-type access
[S1-GigabitEthernet0/0/1]port default  vlan  10
[S1]interface  g0/0/2
[S1-GigabitEthernet0/0/2]port link-type access
[S1-GigabitEthernet0/0/2]port default  vlan  20
```

（3）配置 VLAN 100 为 Super-VLAN，并且将 VLAN 10 和 VLAN 20 配置为 Super-VLAN。

```
[S1]vlan 100
[S1-vlan100]aggregate-vlan        //配置 Super-VLAN
[S1-vlan100]access-vlan 10 20     //配置 vlan10、20 为此 Super-VLAN 的 sub-vlan
```

（4）创建 VLANIF 100，作为 VLAN 10、VLAN 20 的网关。

```
[S1]interface Vlanif 100
[S1-Vlanif100]ip address 10.1.1.254 24
```

（5）配置 PC1、PC2 的 IP 地址和网关，如图 21-8 和图 21-9 所示。

图 21-8　PC1 的配置

图 21-9　PC2 的配置

（6）在 PC1 上测试网关和 PC2 是否连通。

```
PC1>ping 10.1.1.2
Ping 10.1.1.2: 32 data bytes, Press Ctrl_C to break
From 10.1.1.1: Destination host unreachable
From 10.1.1.1: Destination host unreachable
From 10.1.1.1: Destination host unreachable
From 10.1.1.1: Destination host unreachable
From 10.1.1.1: Destination host unreachable
--- 10.1.1.2 ping statistics ---
  5 packet(s) transmitted
  0 packet(s) received
  100.00% packet loss
```

```
PC1>ping 10.1.1.254
Ping 10.1.1.254: 32 data bytes, Press Ctrl_C to break
From 10.1.1.254: bytes=32 seq=1 ttl=255 time=31 ms
From 10.1.1.254: bytes=32 seq=2 ttl=255 time=16 ms
From 10.1.1.254: bytes=32 seq=3 ttl=255 time=31 ms
From 10.1.1.254: bytes=32 seq=4 ttl=255 time=16 ms
From 10.1.1.254: bytes=32 seq=5 ttl=255 time=31 ms
--- 10.1.1.254 ping statistics ---
  5 packet(s) transmitted
  5 packet(s) received
  0.00% packet loss
  round-trip min/avg/max = 16/25/31 ms
```

可以看到，PC 和网关能通信，但是 PC 之间不能通信，说明 PC1 和 PC2 配置成不同的 VLAN 隔离了广播域，VLAN 100 作为 PC1 和 PC2 的 Super-VLAN，可以作为网关设备与其他网段通信。

（7）配置 ARP 代理，实现不同 Sub-VLAN 之间的通信。

S1 的配置：

```
[S1]interface Vlanif 100
//配置 VLAN 间的 ARP 代理，实现不同 Sub-VLAN 之间的通信
[S1-Vlanif100]arp-proxy inter-sub-vlan-proxy enable
```

（8）使用 PC1 再次访问 PC2。

```
PC1>ping 10.1.1.2
Ping 10.1.1.2: 32 data bytes, Press Ctrl_C to break
From 10.1.1.2: bytes=32 seq=1 ttl=127 time=46 ms
From 10.1.1.2: bytes=32 seq=2 ttl=127 time=47 ms
From 10.1.1.2: bytes=32 seq=3 ttl=127 time=62 ms
From 10.1.1.2: bytes=32 seq=4 ttl=127 time=47 ms
From 10.1.1.2: bytes=32 seq=5 ttl=127 time=62 ms
--- 10.1.1.2 ping statistics ---
  5 packet(s) transmitted
  5 packet(s) received
  0.00% packet loss
  round-trip min/avg/max = 46/52/62 ms
```

21.5.2　实验 2：配置 MUX VLAN

1. 实验需求

公司网络分为公司内部部门、访客区、公共服务器，现在要求公司内部部门、访客区都能访问公共服务器。公司内部部门的 PC 能够互访、访客区的 PC 不能互访。使用 MUX VLAN 实现以上需求。配置公共服务器 VLAN 100 作为主 VLAN，公司内部部门为互通型 VLAN，访客区为隔离型 VLAN。

2．实验目的

（1）掌握 MUX VLAN 的配置。

（2）掌握 MUX VLAN 的应用场景。

3．实验拓扑

配置 MUX VLAN 的实验拓扑如图 21-10 所示。

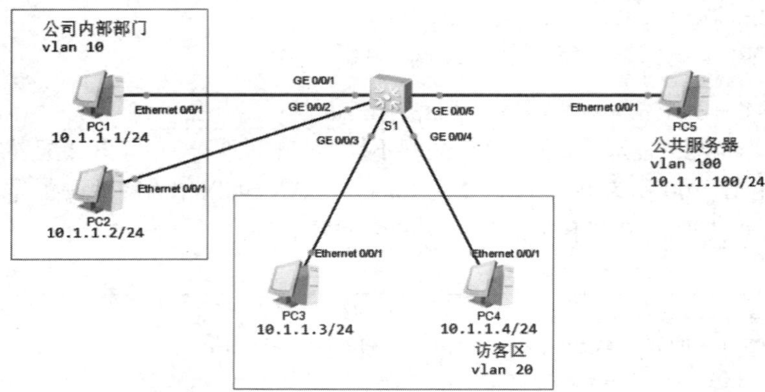

图 21-10　配置 MUX VLAN 的实验拓扑

4．实验步骤

（1）配置 VLAN，并且配置 MUX VLAN。

```
<S1>system-view
[Huawei]sysname S1
[S1]vlan batch  10 20 100
[S1]vlan 100
[S1-vlan100]mux-vlan                          //配置 VLAN 100 为主 VLAN
[S1-vlan100]subordinate group 10              //配置 VLAN 10 为互通型 VLAN
[S1-vlan100]subordinate separate 20           //配置 VLAN 20 为隔离型 VLAN
```

（2）配置接口的链路类型。

```
[S1]interface g0/0/1
[S1-GigabitEthernet0/0/1]port link-type access
[S1-GigabitEthernet0/0/1]port default vlan 10
[S1-GigabitEthernet0/0/1]port mux-vlan enable //接口使能 MUX VLAN 功能
[S1]interface g0/0/2
[S1-GigabitEthernet0/0/2]port link-type access
[S1-GigabitEthernet0/0/2]port default vlan 10
[S1-GigabitEthernet0/0/2]port mux-vlan enable
[S1]interface g0/0/3
[S1-GigabitEthernet0/0/3]port link-type access
[S1-GigabitEthernet0/0/3]port default vlan 20
[S1-GigabitEthernet0/0/3]port mux-vlan enable
```

```
[S1]interface g0/0/4
[S1-GigabitEthernet0/0/4]port link-type access
[S1-GigabitEthernet0/0/4]port default vlan 20
[S1-GigabitEthernet0/0/4]port mux-vlan enable
[S1]interface g0/0/5
[S1-GigabitEthernet0/0/5]port link-type access
[S1-GigabitEthernet0/0/5]port default vlan 100
[S1-GigabitEthernet0/0/5]port mux-vlan enable
```

（3）查看配置结果。

```
[S1]display  vlan
The total number of vlans is : 4
--------------------------------------------------------------------------
U: Up         D: Down              TG: Tagged        UT: Untagged
MP: Vlan-mapping                   ST: Vlan-stacking
#: ProtocolTransparent-vlan        *: Management-vlan
--------------------------------------------------------------------------

VID  Type    Ports
--------------------------------------------------------------------------
1    common  UT:GE0/0/6(D)     GE0/0/7(D)     GE0/0/8(D)     GE0/0/9(D)
                GE0/0/10(D)    GE0/0/11(D)    GE0/0/12(D)    GE0/0/13(D)
                GE0/0/14(D)    GE0/0/15(D)    GE0/0/16(D)    GE0/0/17(D)
                GE0/0/18(D)    GE0/0/19(D)    GE0/0/20(D)    GE0/0/21(D)
                GE0/0/22(D)    GE0/0/23(D)    GE0/0/24(D)

10   mux-sub UT:GE0/0/1(U)      GE0/0/2(U)

20   mux-sub UT:GE0/0/3(U)      GE0/0/4(U)

100  mux     UT:GE0/0/5(U)

VID  Status  Property     MAC-LRN Statistics Description
--------------------------------------------------------------------------

1    enable  default      enable  disable    VLAN 0001
10   enable  default      enable  disable    VLAN 0010
20   enable  default      enable  disable    VLAN 0020
100  enable  default      enable  disable    VLAN 0100
```

可以看到，VLAN 10、20 为 MUX VLAN 的从 VLAN。VLAN 100 为 MUX VLAN 的主 VLAN。

（4）测试配置结果，使用 PC1 访问 PC2、PC3 以及 PC5。

访问 PC2：

```
PC1>ping 10.1.1.2
Ping 10.1.1.2: 32 data bytes, Press Ctrl_C to break
From 10.1.1.2: bytes=32 seq=1 ttl=128 time=47 ms
```

```
From 10.1.1.2: bytes=32 seq=2 ttl=128 time=47 ms
From 10.1.1.2: bytes=32 seq=3 ttl=128 time=47 ms
From 10.1.1.2: bytes=32 seq=4 ttl=128 time=47 ms
From 10.1.1.2: bytes=32 seq=5 ttl=128 time=47 ms
--- 10.1.1.2 ping statistics ---
  5 packet(s) transmitted
  5 packet(s) received
  0.00% packet loss
  Round-Trip min/avg/max = 47/47/47 ms
```

访问 PC3：

```
PC1>ping 10.1.1.3
Ping 10.1.1.3: 32 data bytes, Press Ctrl_C to break
From 10.1.1.1: Destination host unreachable
From 10.1.1.1: Destination host unreachable
From 10.1.1.1: Destination host unreachable
From 10.1.1.1: Destination host unreachable
From 10.1.1.1: Destination host unreachable
--- 10.1.1.3 ping statistics ---
  5 packet(s) transmitted
  0 packet(s) received
  100.00% packet loss
```

访问 PC5：

```
PC1>ping 10.1.1.100
Ping 10.1.1.100: 32 data bytes, Press Ctrl_C to break
From 10.1.1.100: bytes=32 seq=1 ttl=128 time=31 ms
From 10.1.1.100: bytes=32 seq=2 ttl=128 time=31 ms
From 10.1.1.100: bytes=32 seq=3 ttl=128 time=62 ms
From 10.1.1.100: bytes=32 seq=4 ttl=128 time=63 ms
From 10.1.1.100: bytes=32 seq=5 ttl=128 time=46 ms
--- 10.1.1.100 ping statistics ---
  5 packet(s) transmitted
  5 packet(s) received
  0.00% packet loss
  round-trip min/avg/max = 31/46/63 ms
```

可以看到，VLAN 10 为互通型 VLAN，设备之间可以互通，与 VLAN 20 不能互通，VLAN 10 也可以访问 VLAN 100。

（5）使用 PC3 访问 PC4。

```
PC3>ping 10.1.1.4

Ping 10.1.1.4: 32 data bytes, Press Ctrl_C to break
From 10.1.1.3: Destination host unreachable
From 10.1.1.3: Destination host unreachable
From 10.1.1.3: Destination host unreachable
From 10.1.1.3: Destination host unreachable
```

```
From 10.1.1.3: Destination host unreachable

--- 10.1.1.4 ping statistics ---
  5 packet(s) transmitted
  0 packet(s) received
  100.00% packet loss
```

可以看到，PC3 和 PC4 即使属于同一个 VLAN，但是由于配置了 VLAN 20 为隔离型 VLAN，它们之间也不能互通。

21.5.3　实验 3：配置 QINQ

1．实验需求

某运营商承接了公司 A 和公司 B 的网络，现需要使用 QINQ 技术实现公司 A、公司 B 的私有网络能够使用运营商网络互通。公司 A 使用灵活的 QINQ 让内部网络的 VLAN 10 映射为公网 VLAN 2 进行数据转发，VLAN 20 映射为 VLAN 3 进行数据转发。公司 B 使用基本的 QINQ 让内部网络所有 VLAN 映射为公网 VLAN 4 进行数据转发。

2．实验目的

掌握灵活 QINQ 和基本 QINQ 的配置。

3．实验拓扑

配置 QINQ 的实验拓扑如图 21-11 所示。

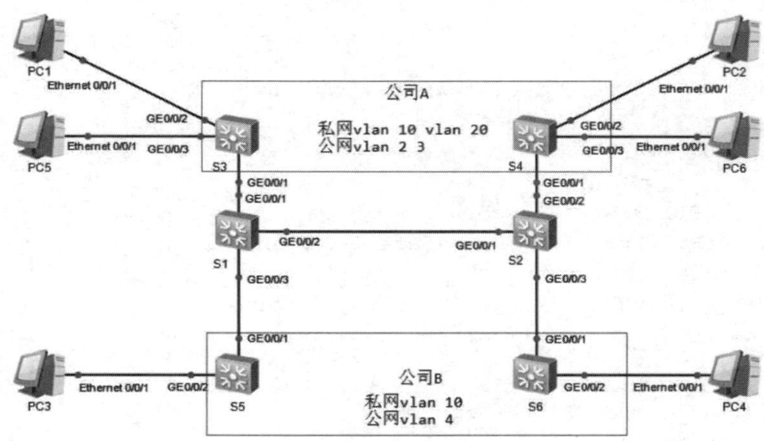

图 21-11　配置 QINQ 的实验拓扑

4．实验步骤

（1）配置公司 A 和公司 B 的私有网络，创建对应的 VLAN，并配置接口的链路类型。

S3 的配置：

```
<Huawei>system-view
[huawei]sysname s3
[s3]vlan batch 10 20
[s3]interface g0/0/2
[s3-GigabitEthernet0/0/2]port link-type access
[s3-GigabitEthernet0/0/2]port default  vlan 10
[s3]interface g0/0/3
[s3-GigabitEthernet0/0/3]port link-type access
[s3-GigabitEthernet0/0/3]port default  vlan  20
[s3]interface g0/0/1
[s3-GigabitEthernet0/0/1]port link-type trunk
[s3-GigabitEthernet0/0/1]port trunk allow-pass vlan 10 20
```

S4 的配置：

```
<Huawei>system-view
[Huawei]sysname s4
[s4]vlan batch 10 20
[s4]interface GigabitEthernet0/0/1
[s4-GigabitEthernet0/0/1]port link-type trunk
[s4-GigabitEthernet0/0/1]port trunk allow-pass vlan 10 20
[s4-GigabitEthernet0/0/1]interface GigabitEthernet0/0/2
[s4-GigabitEthernet0/0/2]port link-type access
[s4-GigabitEthernet0/0/2]port default vlan 10
[s4-GigabitEthernet0/0/2]interface GigabitEthernet0/0/3
[s4-GigabitEthernet0/0/3]port link-type access
[s4-GigabitEthernet0/0/3]port default vlan 20
```

S5 的配置：

```
<Huawei>system-view
Enter system view, return user view with Ctrl+Z.
[Huawei]sysname s5
[s5]vlan 10
[s5]interface  g0/0/2
[s5-GigabitEthernet0/0/2]port link-type access
[s5-GigabitEthernet0/0/2]port default  vlan  10
[s5]interface  g0/0/1
[s5-GigabitEthernet0/0/1]port link-type trunk
[s5-GigabitEthernet0/0/1]port trunk allow-pass vlan  10
```

S6 的配置：

```
[s6]interface GigabitEthernet0/0/1
[s6-GigabitEthernet0/0/1]port link-type trunk
[s6-GigabitEthernet0/0/1]port trunk allow-pass vlan 10
[s6-GigabitEthernet0/0/1]interface GigabitEthernet0/0/2
[s6-GigabitEthernet0/0/2]port link-type access
[s6-GigabitEthernet0/0/2]port default vlan 10
```

（2）在公网设备配置公网 VLAN，并配置 QINQ。

S1 的配置：

```
<Huawei>system-view
[Huawei]sysname S1
[S1]vlan batch  2 3 4
[S1]interface g0/0/1
[S1-GigabitEthernet0/0/1]port link-type hybrid
[S1-GigabitEthernet0/0/1]port hybrid  untagged vlan 2 3
[S1-GigabitEthernet0/0/1]qinq vlan-translation enable
[S1-GigabitEthernet0/0/1]port vlan-stacking vlan 10 stack-vlan 2
[S1-GigabitEthernet0/0/1]port vlan-stacking vlan 20 stack-vlan 3
[S1]interface  g0/0/3
[S1-GigabitEthernet0/0/3]port link-type  dot1q-tunnel
[S1-GigabitEthernet0/0/3]port default  vlan 4
```

S2 的配置：

```
[s2]interface  g0/0/2
[s2-GigabitEthernet0/0/2]port link-type hybrid
[s2-GigabitEthernet0/0/2]port hybrid  untagged vlan 2 3
[s2-GigabitEthernet0/0/2]qinq vlan-translation enable
[s2-GigabitEthernet0/0/2]port vlan-stacking vlan 10 stack-vlan 2
[s2-GigabitEthernet0/0/2]port vlan-stacking vlan 20 stack-vlan 3
[s2]interface  g0/0/3
[s2-GigabitEthernet0/0/3]port link-type dot1q-tunnel
[s2-GigabitEthernet0/0/3]port default vlan 4
```

（3）配置公网设备互联端口的链路类型，放行公网 VLAN 流量通过。

S1 的配置：

```
[S1]interface  g0/0/2
[S1-GigabitEthernet0/0/2]port link-type trunk
[S1-GigabitEthernet0/0/2]port trunk allow-pass vlan 2 3 4
```

S2 的配置：

```
[s2]interface  g0/0/1
[s2-GigabitEthernet0/0/1]port link-type trunk
[s2-GigabitEthernet0/0/1]port trunk allow-pass vlan  2 3 4
```

（4）测试 PC1 和 PC2 、PC5 和 PC6、PC3 和 PC4 的连通性，并在 S1 的 GE0/0/2 接口抓包。

测试 PC1 和 PC2 的连通性：

```
PC>ping 10.1.1.2
Ping 10.1.1.2: 32 data bytes, Press Ctrl_C to break
From 10.1.1.2: bytes=32 seq=1 ttl=128 time=125 ms
From 10.1.1.2: bytes=32 seq=2 ttl=128 time=156 ms
From 10.1.1.2: bytes=32 seq=3 ttl=128 time=109 ms
From 10.1.1.2: bytes=32 seq=4 ttl=128 time=141 ms
From 10.1.1.2: bytes=32 seq=5 ttl=128 time=125 ms
--- 10.1.1.2 ping statistics ---
  5 packet(s) transmitted
  5 packet(s) received
```

```
    0.00% packet loss
    round-trip min/avg/max = 109/131/156 ms
```

可以看到，外层标签为 2（公网 VLAN 的标签）、内层标签为 10（私网 VLAN 的标签），如图 21-12 所示。

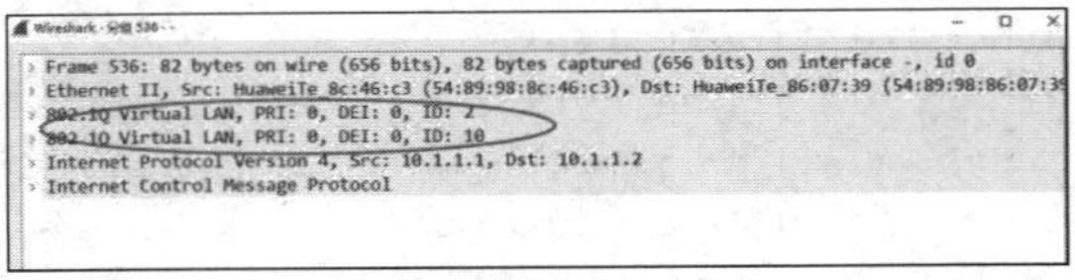

```
> Frame 536: 82 bytes on wire (656 bits), 82 bytes captured (656 bits) on interface -, id 0
> Ethernet II, Src: HuaweiTe_8c:46:c3 (54:89:98:8c:46:c3), Dst: HuaweiTe_86:07:39 (54:89:98:86:07:39
> 802.1Q Virtual LAN, PRI: 0, DEI: 0, ID: 2
> 802.1Q Virtual LAN, PRI: 0, DEI: 0, ID: 10
> Internet Protocol Version 4, Src: 10.1.1.1, Dst: 10.1.1.2
> Internet Control Message Protocol
```

图 21-12　S1 的 GE0/0/2 接口抓包结果（1）

测试 PC5 与 PC6 的连通性：

```
PC5>ping 10.1.1.6
Ping 10.1.1.6: 32 data bytes, Press Ctrl_C to break
From 10.1.1.6: bytes=32 seq=1 ttl=128 time=156 ms
From 10.1.1.6: bytes=32 seq=2 ttl=128 time=125 ms
From 10.1.1.6: bytes=32 seq=3 ttl=128 time=109 ms
From 10.1.1.6: bytes=32 seq=4 ttl=128 time=110 ms
From 10.1.1.6: bytes=32 seq=5 ttl=128 time=125 ms
--- 10.1.1.6 ping statistics ---
  5 packet(s) transmitted
  5 packet(s) received
  0.00% packet loss
  round-trip min/avg/max = 109/125/156 ms
```

可以看出，外层标签为 3，内层标签为 20，说明灵活 QINQ 实现了不同的私网 VLAN 映射到不同的公网 VLAN 上，如图 21-13 所示。

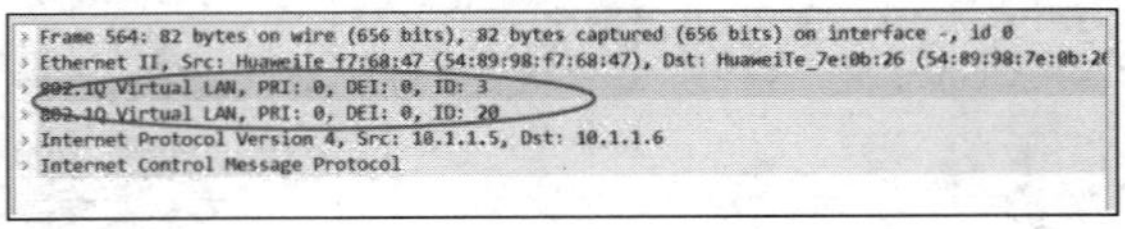

```
> Frame 564: 82 bytes on wire (656 bits), 82 bytes captured (656 bits) on interface -, id 0
> Ethernet II, Src: HuaweiTe_f7:68:47 (54:89:98:f7:68:47), Dst: HuaweiTe_7e:0b:26 (54:89:98:7e:0b:26
> 802.1Q Virtual LAN, PRI: 0, DEI: 0, ID: 3
> 802.1Q Virtual LAN, PRI: 0, DEI: 0, ID: 20
> Internet Protocol Version 4, Src: 10.1.1.5, Dst: 10.1.1.6
> Internet Control Message Protocol
```

图 21-13　S1 的 GE0/0/2 接口抓包结果（2）

测试 PC3 与 PC4 的连通性：

```
PC3>ping 10.1.1.4
Ping 10.1.1.4: 32 data bytes, Press Ctrl_C to break
From 10.1.1.4: bytes=32 seq=1 ttl=128 time=125 ms
From 10.1.1.4: bytes=32 seq=2 ttl=128 time=109 ms
From 10.1.1.4: bytes=32 seq=3 ttl=128 time=140 ms
From 10.1.1.4: bytes=32 seq=4 ttl=128 time=109 ms
From 10.1.1.4: bytes=32 seq=5 ttl=128 time=110 ms
--- 10.1.1.4 ping statistics ---
    5 packet(s) transmitted
    5 packet(s) received
    0.00% packet loss
    Round-Trip min/avg/max = 109/118/140 ms
```

可以看到，内网标签为 10，外网标签为 4。说明基本 QINQ 无论内网标签是多少，映射的外网标签都是固定的，如图 21-14 所示。

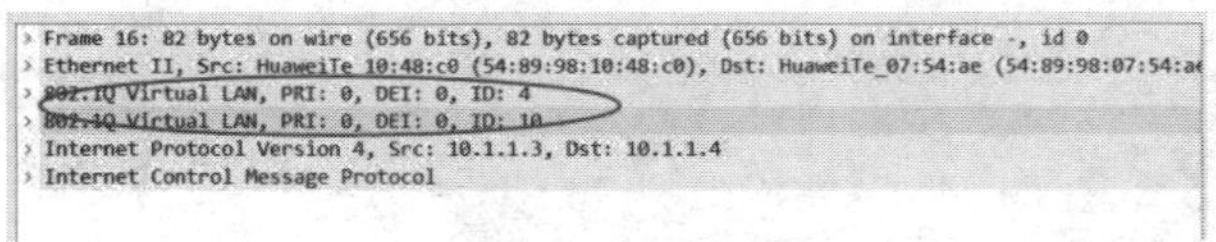

图 21-14　S1 的 GE0/0/2 接口抓包结果（3）

21.6　练　习　题

1．（多选）下列关于 VLAN 聚合说法正确的是（　　）。

A．Super-VLAN 只包含物理接口，不能建立三层 VLANIF 接口

B．一个 Super-VLAN 可以包含一个或多个 Sub-VLAN

C．Sub-VLAN 包含物理接口，可以建立三层 VLANIF 接口

D．Sub-VLAN 用于隔离广播域

2．（多选）下列关于 MUX VLAN 说法正确的包括（　　）。

A．每个 Group VLAN 必须绑定一个 Principal VLAN

B．Separate VLAN 可以和 MUX VLAN 内所有 VLAN 通信

C．每个 Separate VLAN 必须绑定一个 Principal VLAN

D．Principal VLAN 可以和 MUX VLAI 内所有 VLAN 通信

3．（判断题）在 VLAN 聚合技术中，使用多个 Sub-VLAN 隔离广播域，并将这些 Sub-VLAN 聚合成一个逻辑的 Super-VLAN，某公司将不同部门划分到不同 Sub-VLAN，因为 Sub-VLAN 不仅包含物理接口，还可以建立三层 VLANIF 接口，可以直接与外部网络进行三层通信。（　　）

A．正确　　　　B．错误

4．（单选）下列关于 MUX VLAN 的描述错误的是（　　）。

A．Principal VLAN 可以和 MUX VLAN 内所有 VLAN 通信

B．每个 Group VLAN 必须绑定一个 Principal VLAN

C．Separate VLAN 可以和 MUX VLAN 内所有 VLAN 通信

D．每个 Separate VLAN 必须绑定一个 Principal VLAN

5．（单选题）QINQ 技术是一项扩展 VLAN 空间的技术，通过在 802.10 标签报文的基础上再增加一层 802.1Q 的 Tag 来达到扩展 VLAN 空间的功能。下列关于 QINQ 的描述错误的是（　　）。

A．QINQ 技术可以使私网 VLAN 在公网上透传

B．QINQ 使 LAN 的数量增加到 4094*4094

C．灵活 QINQ 可以根据报文优先级、MAC 地址、IP 协议、IP 源地址、IP 目的地址来添加对应的外层 VLAN 标签，对于用户 VLAN 的划分更加细致

D．基本 QINQ 仅支持基于接口或内层 VLAN 标签添加外层标签

第22章 以太网交换安全

本章阐述了以太网交换安全技术，包括其应用场景、基本配置及工作原理。

本章包含以下内容：

- 端口隔离
- MAC 地址表安全
- 端口安全
- MAC 地址漂移防止与检测
- DHCP Snooping
- 以太网交换安全配置实验

22.1　以太网交换安全概述

目前网络中以太网技术的应用非常广泛。但是，各种网络攻击的存在（例如针对 ARP、DHCP 等协议的攻击），不仅造成了网络合法用户无法正常访问网络资源，而且对网络信息安全构成严重威胁，因此以太网交换的安全性越来越重要。

22.1.1　端口隔离

以太交换网络中为了实现报文之间的二层隔离，用户通常将不同的端口加入不同的 VLAN。

大型网络中，业务需求种类繁多，只通过 VLAN 实现报文二层隔离，会浪费有限的 VLAN 资源。而采用端口隔离功能，可以实现同一 VLAN 内端口之间的隔离。用户只需要将端口加入隔离组中，就可以实现隔离组内端口之间二层数据的隔离。端口隔离功能为用户提供更安全、更灵活的组网方案。端口隔离技术的原理如图 22-1 所示。

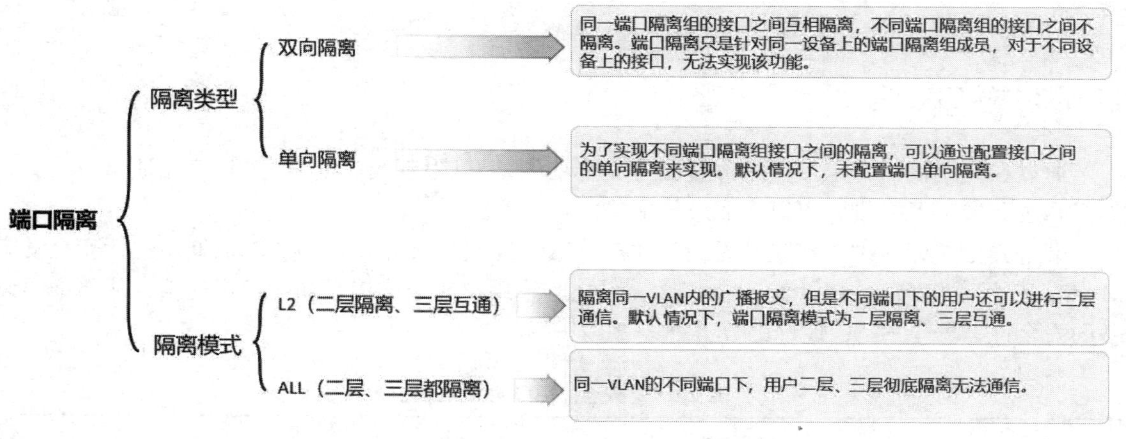

图 22-1　端口隔离技术的原理

22.1.2　MAC 地址表安全

MAC 地址表项有以下 3 种类型。

（1）动态 MAC 地址表项：由接口通过报文中的源 MAC 地址学习获得，表项会老化。在系统复位、接口板热插拔或接口板复位后，动态表项会丢失。

（2）静态 MAC 地址表项：由用户手工配置并下发到各接口板，表项不会老化。在系统复位、接口板热插拔或接口板复位后，保存的表项不会丢失。接口和 MAC 地址静态绑定后，其他接口收到源 MAC 地址是该 MAC 的报文将会被丢弃。

（3）黑洞 MAC 地址表项：由用户手工配置，并下发到各接口板，表项不会老化。配置黑洞 MAC 地址后，源 MAC 地址或目的 MAC 地址是该 MAC 地址的报文将会被丢弃。

MAC 地址表安全功能如图 22-2 所示。

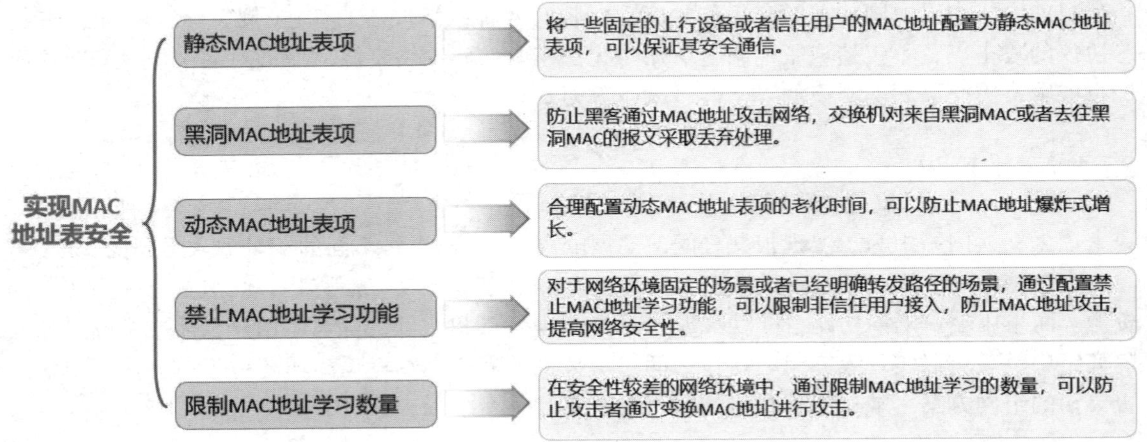

图 22-2　MAC 地址表安全功能

22.1.3　端口安全

通过在交换机的特定接口上部署端口安全功能，可以限制接口学习的 MAC 地址学习数量，如果超过配置学习数量，可以采取应对措施。

端口安全功能通过将接口学习到的动态 MAC 地址转换为安全 MAC 地址（包括安全动态 MAC、安全静态 MAC 和 Sticky MAC），阻止非法用户通过该接口和交换机通信，从而增强设备的安全性。安全 MAC 地址的分类如表 22-1 所示。

表 22-1　安全 MAC 地址的分类

类　型	定　义	特　点
安全动态 MAC 地址	使能端口安全而未使能 Sticky MAC 功能时转换的 MAC 地址	设备重启后表项会丢失，需要重新学习。默认情况下不会被老化，除非配置了安全 MAC 的老化时间
安全静态 MAC 地址	使能端口安全时手工配置的静态 MAC 地址	不会被老化，手动保存配置后重启设备不会丢失
Sticky MAC 地址	使能端口安全后又同时使能 Sticky MAC 功能后转换的 MAC 地址	不会被老化，手动保存配置后重启设备不会丢失

安全 MAC 地址通常与安全保护动作结合使用，常见的安全保护动作如下。

（1）Restrict：丢弃源 MAC 地址不存在的报文并上报告警。

（2）Protect：只丢弃源 MAC 地址不存在的报文，不上报告警。

（3）Shutdown：接口状态被设置为 error-down，并上报告警。

22.1.4　MAC 地址漂移防止与检测

如果是环路引发 MAC 地址漂移，根本的方法是部署防环技术，例如 STP，消除二层环路。如果是网络攻击等其他原因引起的 MAC 地址漂移，则可使用 MAC 地址防漂移特性。

交换机支持的 MAC 地址漂移检测机制分为以下两种方式。

（1）基于 VLAN 的 MAC 地址漂移检测：配置 VLAN 的 MAC 地址漂移检测功能可以检测指定 VLAN 下的所有 MAC 地址是否发生漂移。当 MAC 地址发生漂移后，可以配置指定的动作，如告警、阻断接口或阻断 MAC 地址。

（2）全局 MAC 地址漂移检测：该功能可以检测设备上所有的 MAC 地址是否发生了漂移。若发生漂移，设备会上报告警到网管系统。用户也可以指定发生漂移后的处理动作，如将接口关闭或退出 VLAN。

22.1.5　DHCP Snooping

DHCP Snooping 是 DHCP（Dynamic Host Configuration Protocol）的一种安全特性，用于保证 DHCP 客户端从合法的 DHCP 服务器获取 IP 地址，并记录 DHCP 客户端 IP 地址与 MAC 地址等参数的对应关系，防止网络上针对 DHCP 的攻击。

DHCP Snooping 的信任功能，能够保证客户端从合法的服务器获取 IP 地址。如图 22-3 所示，网络中如果存在私自架设的 DHCP Server 仿冒者，则可能导致 DHCP 客户端获取错误的 IP 地址和网络配置参数，无法正常通信。DHCP Snooping 信任功能可以控制 DHCP 服务器应答报文的来源，以防止网络中可能存在的 DHCP Server 仿冒者为 DHCP 客户端分配 IP 地址及其他配置信息。

DHCP Snooping 信任功能将接口分为信任接口和非信任接口：

（1）信任接口正常接收 DHCP 服务器响应的 DHCP ACK、DHCP NAK 和 DHCP Offer 报文。

（2）非信任接口在接收到 DHCP 服务器响应的 DHCP ACK、DHCP NAK 和 DHCP Offer 报文后，丢弃该报文。

在二层网络接入设备使能 DHCP Snooping 场景中，一般将与合法的 DHCP 服务器直接或间接连接的接口设置为信任接口（如图 22-3 中的 if1 接口），其他接口设置为非信任接口（如图 22-3 中的 if2 接口），使 DHCP 客户端的 DHCP 请求报文仅能从信任接口转发出去，从而保证 DHCP 客户端只能从合法的 DHCP 服务器获取 IP 地址，私自架设的 DHCP Server 仿冒者无法为 DHCP 客户端分配 IP 地址。

在 DHCP 场景中，连接在二层接入设备上的 PC 配置为自动获取 IP 地址。PC 作为 DHCP 客户端通过广播形式发送 DHCP 请求报文，使能 DHCP Snooping 功能的二层接入设备将其通过信任接口转发给 DHCP 服务器，如图 22-4 所示。最后 DHCP 服务器将含有 IP 地址信息的 DHCP ACK 报文通过单播的方式发送给 PC。在这个过程中，二层接入设备收到 DHCP ACK 报文后，会从该报文中提取关键信息（包括 PC 的 MAC 地址以及获取到的 IP 地址、地址租期），并获取与 PC 连接的使能 DHCP Snooping 功能的接口信息(包括接口编号及该接口所属的 VLAN)，根据这些信息生成 DHCP Snooping 绑定表。以 PC1 为例，图 22-4 中二层接入设备会从 DHCP ACK 报文提取到 IP 地址信息为 192.168.1.253，MAC 地址信息为 MACA。再获取与 PC 连接的接口信息为 if3，根据这些信息生成一条 DHCP Snooping 绑定表项。

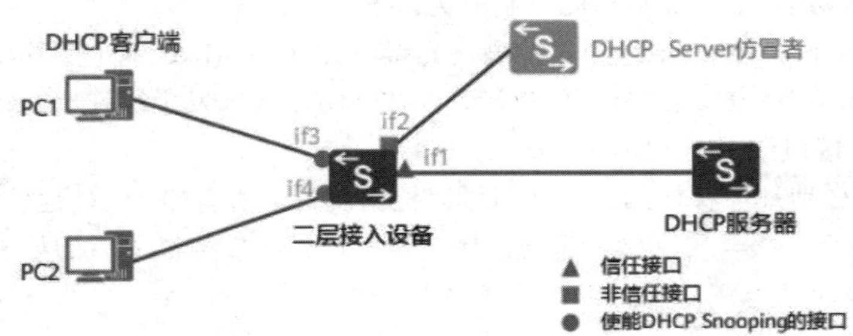

图 22-3　DHCP Snooping 的信任功能示意

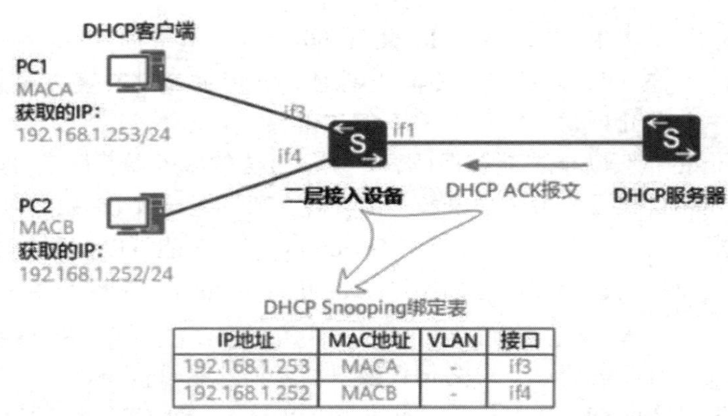

IP地址	MAC地址	VLAN	接口
192.168.1.253	MACA	-	if3
192.168.1.252	MACB	-	if4

图 22-4　DHCP Snooping 绑定表功能示意

DHCP Snooping 绑定表根据 DHCP 租期进行老化或根据用户释放 IP 地址时发出的 DHCP Release 报文自动删除对应表项。

由于 DHCP Snooping 绑定表记录了 DHCP 客户端 IP 地址与 MAC 地址等参数的对应关系，故通过对报文与 DHCP Snooping 绑定表进行匹配检查，能够有效防范非法用户的攻击。

为了保证设备在生成 DHCP Snooping 绑定表时能够获取到用户 MAC 等参数，DHCP Snooping 功能需应用于二层网络中的接入设备或第一个 DHCP Relay 上。

在 DHCP 中继使能 DHCP Snooping 场景中，DHCP Relay 设备不需要设置信任接口。因为 DHCP Relay 收到 DHCP 请求报文后进行源目的 IP、MAC 转换处理，然后以单播形式发送给指定的合法 DHCP 服务器，所以 DHCP Relay 收到的 DHCP ACK 报文都是合法的，生成的 DHCP Snooping 绑定表也是正确的。

22.2　以太网交换安全配置实验

22.2.1　实验 1：配置端口隔离

1. 实验需求

PC1、PC2、PC3 都默认属于 VLAN 1，IP 地址如图 22-5 所示。

（1）将 PC1 和 PC2 加入同一个端口隔离组，实现 PC1 和 PC2 不能互相通信。PC3 可以正常地与 PC1、PC2 通信。

（2）在 VLANIF 1 配置 VLAN 间的 ARP 代理，实现 PC1 和 PC2 能够互相通信。

（3）配置三层隔离，让 PC1 和 PC2 再次不能互相通信。

2. 实验目的

掌握端口隔离的配置。

3. 实验拓扑

配置端口隔离的实验拓扑如图 22-5 所示。

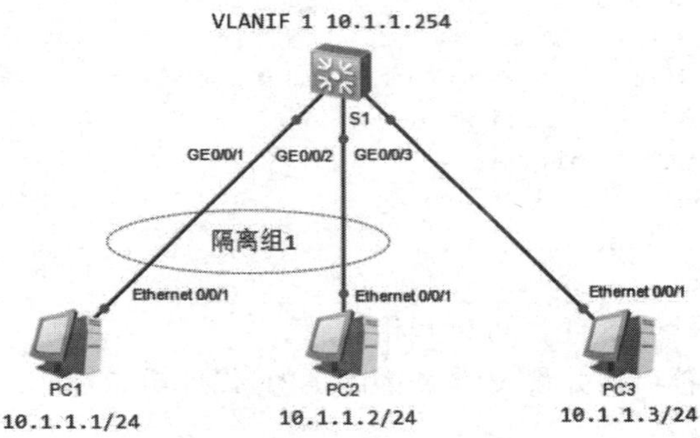

图 22-5　配置端口隔离的实验拓扑

4. 实验步骤

（1）在 S1 上将 GE0/0/1 和 GE0/0/2 接口加入同一个端口隔离组。

S1 的配置：

```
<Huawei>system-view
[Huawei]sysname S1
[S1]interface g0/0/1
//将连接 PC1 的 GE0/0/1 接口加入端口隔离组 1
[S1-GigabitEthernet0/0/1]port-isolate enable group 1
[S1]interface g0/0/2
//将连接 PC2 的 GE0/0/2 接口加入端口隔离组 1
```

```
[S1-GigabitEthernet0/0/2]port-isolate enable  group 1
```

默认同一个端口隔离组的设备不能二层互访，可以使用 PC1 分别访问 PC2、PC3。

PC1 访问 PC2 测试结果：

```
PC1>ping 10.1.1.2
Ping 10.1.1.2: 32 data bytes, Press Ctrl_C to break
From 10.1.1.1: Destination host unreachable
From 10.1.1.1: Destination host unreachable
From 10.1.1.1: Destination host unreachable
From 10.1.1.1: Destination host unreachable
From 10.1.1.1: Destination host unreachable
--- 10.1.1.2 ping statistics ---
   5 packet(s) transmitted
   0 packet(s) received
   100.00% packet loss
```

PC1 和 PC2 在同一个隔离组，无法互相访问。

PC1 访问 PC3 测试结果：

```
PC1>ping 10.1.1.3
Ping 10.1.1.3: 32 data bytes, Press Ctrl_C to break
From 10.1.1.3: bytes=32 seq=1 ttl=128 time=47 ms
From 10.1.1.3: bytes=32 seq=2 ttl=128 time=47 ms
From 10.1.1.3: bytes=32 seq=3 ttl=128 time=63 ms
From 10.1.1.3: bytes=32 seq=4 ttl=128 time=47 ms
From 10.1.1.3: bytes=32 seq=5 ttl=128 time=47 ms
--- 10.1.1.3 ping statistics ---
   5 packet(s) transmitted
   5 packet(s) received
   0.00% packet loss
   round-trip min/avg/max = 47/50/63 ms
```

PC1 和 PC3 不在同一个隔离组，可以互相访问。

（2）配置 VLANIF 1 接口，并将 VLAN 内的 ARP 代理功能打开，实现 PC1 和 PC2 能够互相通信。

S1 的配置：

```
[S1]interface Vlanif 1
[S1-Vlanif1]ip address 10.1.1.254 24
[S1-Vlanif1]arp-proxy inner-sub-vlan-proxy enable //开启 VLAN 内的 ARP 代理功能
```

PC1 访问 PC2 测试结果：

```
PC1>ping 10.1.1.2
Ping 10.1.1.2: 32 data bytes, Press Ctrl_C to break
From 10.1.1.2: bytes=32 seq=1 ttl=127 time=62 ms
From 10.1.1.2: bytes=32 seq=2 ttl=127 time=47 ms
From 10.1.1.2: bytes=32 seq=3 ttl=127 time=63 ms
From 10.1.1.2: bytes=32 seq=4 ttl=127 time=32 ms
From 10.1.1.2: bytes=32 seq=5 ttl=127 time=47 ms
```

```
--- 10.1.1.2 ping statistics ---
    5 packet(s) transmitted
    5 packet(s) received
    0.00% packet loss
    round-trip min/avg/max = 32/50/63 ms
```

可以发现，PC1 可以访问 PC2，因为端口隔离默认是二层隔离，使用 ARP 代理，同一个端口隔离组的设备就能够进行三层访问了。

（3）在全局模式下配置端口隔离模式为二层、三层同时隔离。

S1 的配置：

```
[S1]port-isolate mode all //配置端口隔离模式为二层、三层同时隔离
```

PC1 访问 PC2 测试结果：

```
PC1>ping 10.1.1.2
Ping 10.1.1.2: 32 data bytes, Press Ctrl_C to break
Request timeout!
Request timeout!
Request timeout!
Request timeout!
Request timeout!
--- 10.1.1.2 ping statistics ---
    5 packet(s) transmitted
    0 packet(s) received
    100.00% packet loss
```

可以看到访问超时，说明三层隔离成功。

22.2.2　实验 2：配置 MAC 地址安全

扫一扫，看视频

1．实验需求

IP 地址及 MAC 地址如图 22-6 所示，现在需要完成以下需求：

（1）S2 为客户私自接入的交换机，要求在 S1 的 GE0/0/1 接口配置 MAC 地址限制为 1 个，防止多个用户同时使用这个接口上网。

（2）S1 的 GE0/0/2 接口接入了攻击者，需要在 S1 上配置黑洞 MAC，拒绝攻击者访问此网络。

（3）S1 的 GE0/0/3 接口接入固定用户，需要配置静态 MAC 地址表，将其 MAC 地址与 GE0/0/3 接口绑定。

2．实验目的

（1）掌握 MAC 地址安全的配置方法。

（2）了解 MAC 地址安全的工作原理。

3．实验拓扑

配置 MAC 地址安全的实验拓扑如图 22-6 所示。

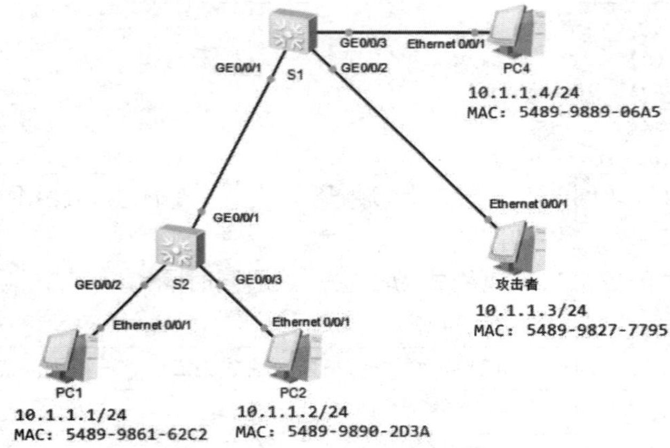

图 22-6　配置 MAC 地址安全的实验拓扑

4. 实验步骤

（1）配置 S1 的 GE0/0/1 接口的最大 MAC 地址学习数量为 1。

S1 的配置：

```
<Huawei>system-view
[Huawei]sysname S1
[S1]interface  g0/0/1
//配置该接口的最大 MAC 地址学习数量为 1
[S1-GigabitEthernet0/0/1]mac-limit maximum 1
```

使用 PC1 访问 PC4，再查看 S1 的 MAC 地址表：

```
[S1]display mac-address
MAC address table of slot 0
-------------------------------------------------------------------------------
MAC Address    VLAN/       PEVLAN CEVLAN Port            Type      LSP/LSR-ID
               VSI/SI                                              MAC-Tunnel
-------------------------------------------------------------------------------
5489-9861-62c2 1           -      -      GE0/0/1         dynamic   0/-
5489-9889-06a5 1           -      -      GE0/0/3         dynamic   0/-
-------------------------------------------------------------------------------
Total matching items on slot 0 displayed = 2
```

可以看到，S1 的 GE0/0/1 接口学习到了 PC1 的 MAC 地址表。

使用 PC2 访问 PC4，在测试的同时会告警，查看 S1 的 MAC 地址表：

```
[S1]display mac-address
MAC address table of slot 0:
-------------------------------------------------------------------------------
MAC Address    VLAN/       PEVLAN CEVLAN Port            Type      LSP/LSR-ID
               VSI/SI                                              MAC-Tunnel
-------------------------------------------------------------------------------
5489-9861-62c2 1           -      -      GE0/0/1         dynamic   0/-
```

```
5489-9889-06a5 1           -      -     GE0/0/3        dynamic   0/-
-------------------------------------------------------------------------------
Total matching items on slot 0 displayed = 2
```

GE0/0/1 接口的 MAC 地址学习的还是 PC1 的 MAC 地址，说明 MAC 地址数量限制成功。

（2）将攻击者的 MAC 地址设置为黑洞 MAC 地址。

```
[S1]mac-address blackhole 5489-9827-7795 vlan 1
```

查看 MAC 地址表：

```
[S1]display  mac-address
MAC address table of slot 0:
-------------------------------------------------------------------------------
MAC Address    VLAN/       PEVLAN CEVLAN Port            Type      LSP/LSR-ID
               VSI/SI                                              MAC-Tunnel
-------------------------------------------------------------------------------
5489-9827-7795 1           -      -      -              blackhole -
-------------------------------------------------------------------------------
Total matching items on slot 0 displayed = 1

MAC address table of slot 0:
-------------------------------------------------------------------------------
MAC Address    VLAN/       PEVLAN CEVLAN Port            Type      LSP/LSR-ID
               VSI/SI                                              MAC-Tunnel
-------------------------------------------------------------------------------
5489-9889-06a5 1           -      -     GE0/0/3        dynamic   0/-
5489-9890-2d3a 1           -      -     GE0/0/1        dynamic   0/-
-------------------------------------------------------------------------------
Total matching items on slot 0 displayed = 2
```

可以看到，攻击者的 MAC 地址类型为 blackhole。使用攻击者访问网络中任意一台主机，应该都无法通信。

使用攻击者访问 PC4：

```
PC>ping 10.1.1.4
Ping 10.1.1.4: 32 data bytes, Press Ctrl_C to break
Request timeout!
Request timeout!
Request timeout!
Request timeout!
Request timeout!
--- 10.1.1.4 ping statistics ---
    5 packet(s) transmitted
    0 packet(s) received
    100.00% packet loss
```

（3）将 PC4 的 MAC 地址静态绑定在 S1 的 GE0/0/3 接口。

```
[S1]mac-address static 5489-9889-06A5 GigabitEthernet 0/0/3 vlan 1
```

查看 MAC 地址表：

```
[S1]display mac-address
MAC address table of slot 0:
-------------------------------------------------------------------------------
MAC Address    VLAN/       PEVLAN CEVLAN Port            Type      LSP/LSR-ID
               VSI/SI                                              MAC-Tunnel
-------------------------------------------------------------------------------
5489-9827-7795 1           -      -      -              blackhole -
5489-9889-06a5 1           -      -      GE0/0/3         static    -
-------------------------------------------------------------------------------
Total matching items on slot 0 displayed = 2

MAC address table of slot 0:
-------------------------------------------------------------------------------
MAC Address    VLAN/       PEVLAN CEVLAN Port            Type      LSP/LSR-ID
               VSI/SI                                              MAC-Tunnel
-------------------------------------------------------------------------------
5489-9890-2d3a 1           -      -      GE0/0/1         dynamic   0/-
-------------------------------------------------------------------------------
Total matching items on slot 0 displayed = 1
```

可以看到，PC4 的 MAC 地址类型为静态 MAC。

22.2.3 实验 3：配置端口安全

1. 实验需求

为了提高公司的信息安全，将 S1 的用户侧使能端口安全功能，具体需求如下：

（1）将 S1 的 GE0/0/1 接口学习的 MAC 设置为安全动态 MAC，限制 MAC 地址学习数量为 2，超过 MAC 地址学习数量则将端口 shutdown。

（2）将 S1 的 GE0/0/2 接口设置为安全静态 MAC，限制 MAC 地址学习数量为 1。

（3）将 S1 的 GE0/0/3 接口设置为 sticky MAC，限制 MAC 地址学习数量为 1。

2. 实验目的

掌握交换机端口安全的基本配置。

3. 实验拓扑

配置端口安全的实验拓扑如图 22-7 所示。

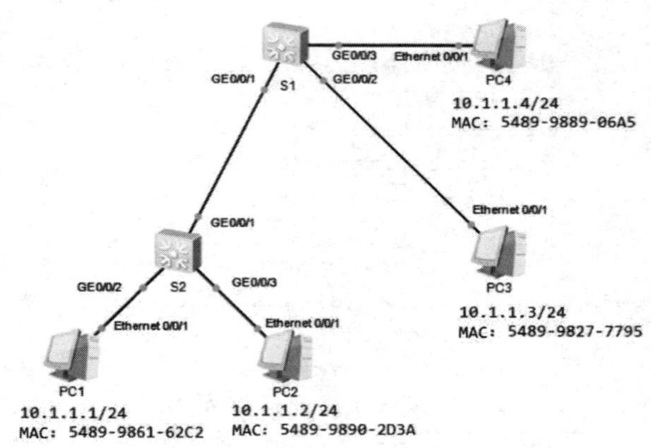

图 22-7 配置端口安全的实验拓扑

4. 实验步骤

（1）配置 S1 的 GE0/0/1 接口的端口安全。

S1 的配置：

```
<Huawei>system-view
[Huawei]sysname S1
[S1]interface  g0/0/1
[S1-GigabitEthernet0/0/1]port-security enable //开启端口安全功能
//配置最大的 MAC 地址学习数量为 2
[S1-GigabitEthernet0/0/1]port-security max-mac-num 2
//配置安全保护动作为将端口 shutdown
[S1-GigabitEthernet0/0/1]port-security protect-action shutdown
```

使用 PC1、PC2 访问 PC4，查看 S1 的 MAC 地址表。

PC1 访问 PC4：

```
PC1>ping 10.1.1.4
Ping 10.1.1.4: 32 data bytes, Press Ctrl_C to break
From 10.1.1.4: bytes=32 seq=1 ttl=128 time=63 ms
From 10.1.1.4: bytes=32 seq=2 ttl=128 time=78 ms
From 10.1.1.4: bytes=32 seq=3 ttl=128 time=110 ms
From 10.1.1.4: bytes=32 seq=4 ttl=128 time=78 ms
From 10.1.1.4: bytes=32 seq=5 ttl=128 time=79 ms
--- 10.1.1.4 ping statistics ---
    5 packet(s) transmitted
    5 packet(s) received
    0.00% packet loss
    round-trip min/avg/max = 63/81/110 ms
```

PC2 访问 PC4：

```
PC2>ping 10.1.1.4
Ping 10.1.1.4: 32 data bytes, Press Ctrl_C to break
From 10.1.1.4: bytes=32 seq=1 ttl=128 time=110 ms
From 10.1.1.4: bytes=32 seq=2 ttl=128 time=125 ms
From 10.1.1.4: bytes=32 seq=3 ttl=128 time=47 ms
From 10.1.1.4: bytes=32 seq=4 ttl=128 time=62 ms
From 10.1.1.4: bytes=32 seq=5 ttl=128 time=78 ms
--- 10.1.1.4 ping statistics ---
    5 packet(s) transmitted
    5 packet(s) received
    0.00% packet loss
    round-trip min/avg/max = 47/84/125 ms
```

查看 S1 的 MAC 地址表：

```
[S1]display  mac-address
MAC address table of slot 0
-------------------------------------------------------------------------------
MAC Address    VLAN/       PEVLAN CEVLAN Port          Type      LSP/LSR-ID
               VSI/SI                                            MAC-Tunnel
-------------------------------------------------------------------------------
5489-9890-2d3a 1           -      -      GE0/0/1       security  -
```

```
5489-9861-62c2 1           -      -      GE0/0/1         security  -
-------------------------------------------------------------------------------
Total matching items on slot 0 displayed = 2

MAC address table of slot 0:
-------------------------------------------------------------------------------
MAC Address    VLAN/       PEVLAN CEVLAN Port            Type      LSP/LSR-ID
               VSI/SI                                              MAC-Tunnel
-------------------------------------------------------------------------------
5489-9889-06a5 1           -      -      GE0/0/3         dynamic   0/-
-------------------------------------------------------------------------------
Total matching items on slot 0 displayed = 1
```

可以看到，交换机的 GE0/0/1 接口学习的 MAC 地址为安全 MAC 地址。此时在 S2 设备上接入一台非法设备，尝试访问 PC4，如图 22-8 所示。

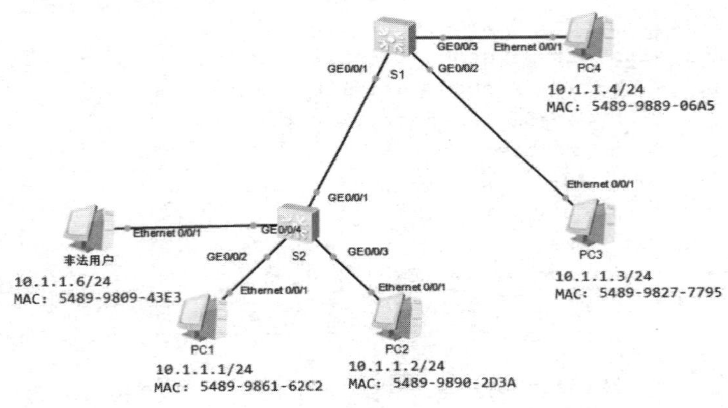

图 22-8　添加非法设备

使用非法用户访问 PC4：

```
PC>ping 10.1.1.4
Ping 10.1.1.4: 32 data bytes, Press Ctrl_C to break
From 10.1.1.6: Destination host unreachable
From 10.1.1.6: Destination host unreachable
From 10.1.1.6: Destination host unreachable
From 10.1.1.6: Destination host unreachable
From 10.1.1.6: Destination host unreachable
--- 10.1.1.4 ping statistics ---
    5 packet(s) transmitted
    0 packet(s) received
    100.00% packet loss
```

可以发现无法通信。在 S1 查看日志信息，提示如下：

```
Aug 24 2022 11:24:37-08:00 S1 L2IFPPI/4/PORTSEC_ACTION_ALARM:OID
1.3.6.1.4.1.2011.5.25.42.2.1.7.6 The number of MAC address on interface
(6/6) GigabitEthernet0/0/1 reaches the limit, and the port status is : 3.
```

```
(1:restrict;2:protect;3:shutdown)
```

提示由于 GE0/0/1 接口 MAC 地址的学习数量超过限制的数值，接口被 shutdown。

如果要恢复网络，需要处理攻击者，并且由管理员手动开启接口或者配置自动恢复功能。

（2）配置 S1 的 GE0/0/2 接口为安全静态 MAC。

S1 的配置：

```
[S1]interface g0/0/2
[S1-GigabitEthernet0/0/2]port-security enable           //使能端口安全功能
[S1-GigabitEthernet0/0/2]port-security mac-address sticky //使能 Sticky MAC 功能
//配置 VLAN 1 的安全静态 MAC
[S1-GigabitEthernet0/0/2]port-security mac-address sticky 5489-9827-7795 vlan 1
//配置该接口的最大 MAC 地址的学习数量为 1
[S1-GigabitEthernet0/0/2]port-security max-mac-num 1
```

查看 S1 的 MAC 地址表：

```
[S1]display  mac-address
MAC address table of slot 0:
-------------------------------------------------------------------------------
MAC Address    VLAN/       PEVLAN CEVLAN Port            Type      LSP/LSR-ID
               VSI/SI                                              MAC-Tunnel
-------------------------------------------------------------------------------
5489-9827-7795 1           -      -      GE0/0/2         sticky    -
-------------------------------------------------------------------------------
Total matching items on slot 0 displayed = 1
```

可以发现 PC3 即使没通信，其 MAC 地址也被静态绑定在该接口上，类型为 sticky，并且不会被老化。

（3）配置 S1 的 GE0/0/3 接口为 sticky MAC。

```
[S1]interface  g0/0/3
[S1-GigabitEthernet0/0/3]port-security enable
[S1-GigabitEthernet0/0/3]port-security mac-address sticky
[S1-GigabitEthernet0/0/3]port-security max-mac-num 1
```

在 PC4 没通信之间，交换机的 MAC 地址表并没有其 MAC 地址对应关系。查看 MAC 地址表：

```
[S1]display  mac-address
MAC address table of slot 0:
-------------------------------------------------------------------------------
MAC Address    VLAN/       PEVLAN CEVLAN Port            Type      LSP/LSR-ID
               VSI/SI                                              MAC-Tunnel
-------------------------------------------------------------------------------
5489-9827-7795 1           -      -      GE0/0/2         sticky    -
-------------------------------------------------------------------------------
Total matching items on slot 0 displayed = 1
```

使用 PC4 访问 PC3：

```
PC>ping 10.1.1.3
```

```
Ping 10.1.1.3: 32 data bytes, Press Ctrl_C to break
From 10.1.1.3: bytes=32 seq=1 ttl=128 time=47 ms
From 10.1.1.3: bytes=32 seq=2 ttl=128 time=46 ms
From 10.1.1.3: bytes=32 seq=3 ttl=128 time=47 ms
From 10.1.1.3: bytes=32 seq=4 ttl=128 time=62 ms
From 10.1.1.3: bytes=32 seq=5 ttl=128 time=63 ms
--- 10.1.1.3 ping statistics ---
  5 packet(s) transmitted
  5 packet(s) received
  0.00% packet loss
  round-trip min/avg/max = 46/53/63 ms
```

再次查看 MAC 地址表：

```
[S1]display  mac-address
MAC address table of slot 0:
-------------------------------------------------------------------------
MAC Address    VLAN/       PEVLAN CEVLAN Port            Type      LSP/LSR-ID
               VSI/SI                                         MAC-Tunnel
-------------------------------------------------------------------------
5489-9827-7795 1           -      -      GE0/0/2         sticky    -
5489-9889-06a5 1           -      -      GE0/0/3         sticky    -
-------------------------------------------------------------------------
Total matching items on slot 0 displayed = 2
```

可以看到，GE0/0/3 接口学习到的 MAC 地址为 PC4 的 MAC 地址，并且类型为 sticky。

22.2.4 实验 4：配置 DHCP Snooping

1. 实验需求

如图 22-9 所示，网络中有一台合法 DHCP 服务器，还有一台非法 DHCP 服务器，合法 DHCP 服务器分配的 IP 地址为 10.1.1.0/24，非法 DHCP 分配的 IP 地址为 192.168.1.0/24。在 SW1 上开启 DHCP Snooping 功能，将连接 DHCP 服务的端口设置为信任接口，实现用户只能通过合法 DHCP 服务器获取 10.1.1.0/24 网段的 IP。并且将连接终端的接口配置 DHCP Snooping 功能，限制通过此端口学习 IP 地址的最大数量为 1。

2. 实验目的

掌握 DHCP-Snooping 的基本配置。

3. 实验拓扑

配置 DHCP-Snooping 的实验拓扑如图 22-9 所示。

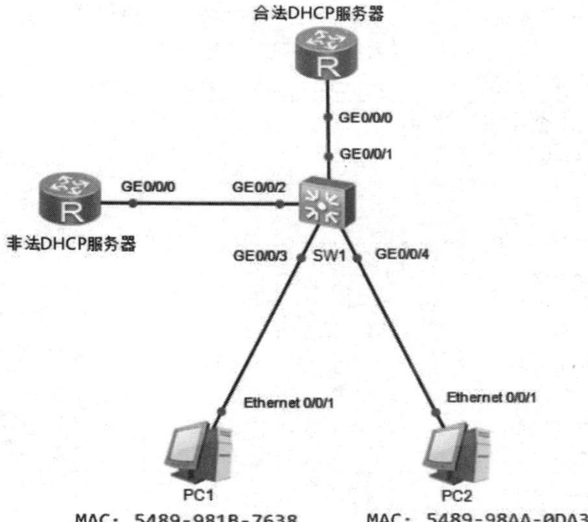

图 22-9　配置 DHCP Snooping 的实验拓扑

4. 实验步骤

（1）配置合法 DHCP 服务器及非法 DHCP 服务器的 DHCP 功能。

合法 DHCP 服务器的配置：

```
<Huawei>system-view
[Huawei]sysname dhcp sever
[dhcp sever]dhcp enable
[dhcp sever]interface  g0/0/0
[dhcp sever-GigabitEthernet0/0/0]ip address 10.1.1.254 24
[dhcp sever-GigabitEthernet0/0/0]dhcp  select interface
```

非法 DHCP 服务器的配置：

```
<Huawei>system-view
[Huawei]sysname Attacker
[Attacker]dhcp enable
[Attacker]interface  g0/0/0
[Attacker-GigabitEthernet0/0/0]ip address  192.168.1.254 24
[Attacker-GigabitEthernet0/0/0]dhcp select interface
```

（2）在 SW1 上开启 DHCP Snooping 功能，并将连接合法 DHCP 服务器的端口设置为信任接口。

SW1 的配置：

```
<Huawei>system-view
[Huawei]sysname sw1
[sw1]dhcp enable                        //开启 DHCP 功能
[sw1]dhcp snooping enable               //开启全局的 DHCP Snooping 功能
[sw1]vlan  1
```

```
[sw1-vlan1]dhcp  snooping  enable//将 VLAN 1 的所有接口开启 DHCP Snooping 功能
//将 VLAN 1 的 GE0/0/1 接口设置为信任接口
[sw1-vlan1]dhcp  snooping  trusted interface g0/0/1
```

（3）使用 PC1 和 PC2 获取 IP 地址。

PC1 获取 IP 地址的结果：

```
PC>ipconfig
Link local IPv6 address..........: fe80::5689:98ff:fe1b:7638
IPv6 address.....................: :: / 128
IPv6 gateway.....................: ::
IPv4 address.....................: 10.1.1.253
Subnet mask......................: 255.255.255.0
Gateway..........................: 10.1.1.254
Physical address.................: 54-89-98-1B-76-38
DNS server.......................:
```

PC2 获取 IP 地址的结果：

```
PC>ipconfig
Link local IPv6 address..........: fe80::5689:98ff:feaa:da3
IPv6 address.....................: :: / 128
IPv6 gateway.....................: ::
IPv4 address.....................: 10.1.1.252
Subnet mask......................: 255.255.255.0
Gateway..........................: 10.1.1.254
Physical address.................: 54-89-98-AA-0D-A3
DNS server.......................:
```

可以看到两台 PC 获取的 IP 地址都为合法服务器分配的 IP 地址。

查看 DHCP Snooping 生成的绑定表项：

```
[sw1]display dhcp snooping user-bind all
DHCP Dynamic Bind-table:
Flags:O - outer vlan ,I - inner vlan ,P - map vlan
IP Address     MAC Address     VSI/VLAN(O/I/P) Interface      Lease
--------------------------------------------------------------------------------
10.1.1.253     5489-981b-7638  1   /--  /--    GE0/0/3        2022.08.25-15:40
10.1.1.252     5489-98aa-0da3  1   /--  /--    GE0/0/4        2022.08.25-15:40
--------------------------------------------------------------------------------
print count:          2        total count:          2
```

可以看到，SW1 生成了 DHCP Snooping 的绑定表项，包含获取的 IP 地址、设备的 MAC 地址、VLAN、接口编号、租期时间。

（4）在 GE0/0/3 接口设置通过 DHCP 获取 IP 地址的最大数量为 1，修改 PC1 的 MAC 地址，模拟网络攻击。

```
[sw1]interface  g0/0/3
[sw1-GigabitEthernet0/0/3]dhcp snooping max-user-number 1
```

修改 PC1 的 MAC 地址，重新获取 IP，如图 22-10 所示。

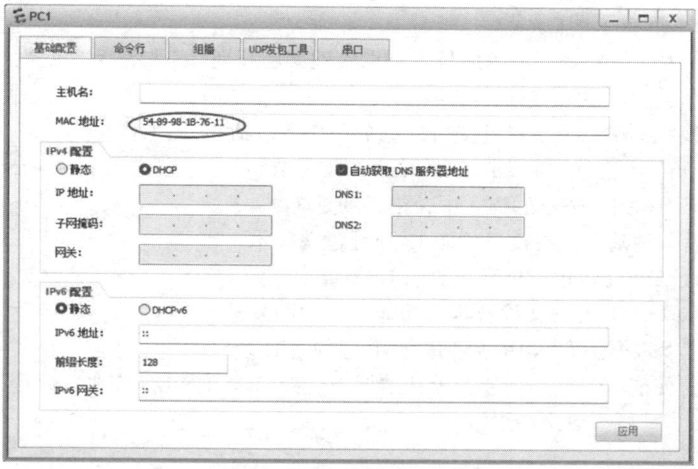

图 22-10　修改 PC1 的 MAC 地址

已经修改 PC1 的 MAC 地址为 5489-981B-7611，重新获取 IP 地址，如图 22-11 所示。

可以发现，已经无法获取 IP 地址了，因为设备发出去的 DHCP 请求报文 MAC 地址与 DHCP Snooping 的绑定表不一致，从而防止 DHCP 饿死攻击。

图 22-11　使用 PC1 的命令行测试 IP 地址获取结果

22.3　练　习　题

1．（多选）下述可能导致局域网同一 VLAN 内的主机无法互通的是（　　）。

A．交换机 MAC 地址学习错误

B．接口被人为 shutdown 或物理接口损坏

C．交换机上配置了错误的端口和 MAC 地址绑定

D．交换机上配置了端口隔离

2．（判断题）以太网中部署端口隔离技术可以实现二层互通、三层隔离，使组网更加灵活。（　　）

A．正确　　B．错误

3．（单选）交换机的端口安全特性支持的保护动作不包括（　　）。

A．shutdown　　B．Restrict　　C．Trap　　D．Protect

4．（单选题）下列关于 IPSG 的描述中，错误的是（　　）。

A．IPSG 是一种基于二层接口的源 IP 地址过滤技术

B．可以通过 IPSG 防止主机私自更改 IP 地址

C．IPSG 可以开启 IP 报文检查告警功能，联动网关进行告警

D．IPSG 可以根据静态 ARP 表项进行 IP 包的过滤

5．（单选题）若使能端口安全功能，默认情况下，接口学习的 MAC 地址数量是（　　）。

A．10　　B．15　　C．1　　D．5

第23章

MPLS和MPLS LDP

本章阐述了MPLS、MPLS LDP技术的应用场景、基本配置及工作原理。

本章包含以下内容：

- MPLS的基本结构
- MPLS标签
- MPLS转发流程
- MPLS LDP的基本概念
- MPLS LDP的工作机制
- MPLS 和MPLS LDP配置实验

23.1　MPLS 和 MPLS LDP 概述

MPLS（Multiprotocol Label Switching，多协议标签交换）是一种 IP 骨干网技术。MPLS 在无连接的 IP 网络上引入面向连接的标签交换概念，将第三层路由技术和第二层交换技术相结合，充分发挥了 IP 路由的灵活性和二层交换的简洁性。LDP 是 MPLS 的一种控制协议，相当于传统网络中的信令协议，负责 FEC 的分类、标签的分配以及 LSP 的建立和维护等操作。LDP 规定了标签分发过程中的各种消息以及相关处理过程。

23.1.1　MPLS 的基本结构

MPLS 网络的典型结构如图 23-1 所示。MPLS 基于标签进行转发，图 23-1 中进行 MPLS 标签交换和报文转发的网络设备称为 LSR（Label Switching Router，标签交换路由器）；由 LSR 构成的网络区域称为 MPLS 域（MPLS Domain）。位于 MPLS 域边缘、连接其他网络的 LSR 称为 LER（Label Edge Router，标签边缘路由器），区域内部的 LSR 称为核心 LSR（Core LSR）。

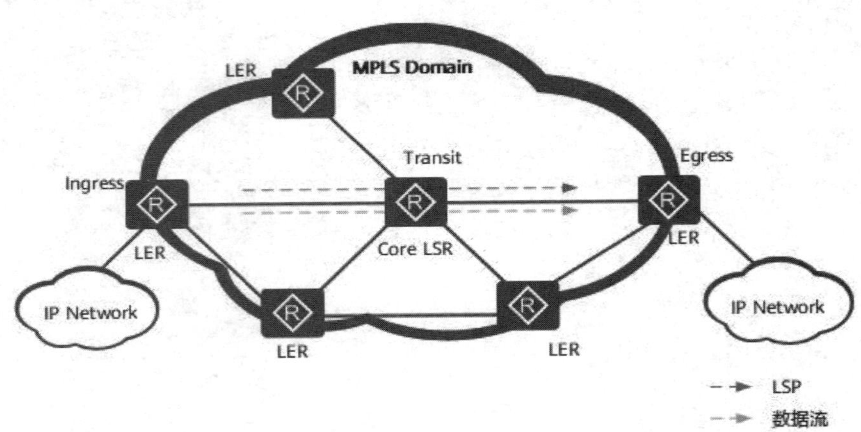

图 23-1　MPLS 网络的典型结构

IP 报文进入 MPLS 网络时，MPLS 入口的 LER 分析 IP 报文的内容并且为这些 IP 报文添加合适的标签，所有 MPLS 网络中的 LSR 根据标签转发数据。当该 IP 报文离开 MPLS 网络时，标签由出口 LER 弹出。

IP 报文在 MPLS 网络中经过的路径称为 LSP（Label Switched Path，标签交换路径）。LSP 是一个单向路径，与数据流的方向一致。

LSP 的入口 LER 称为入节点（Ingress）；位于 LSP 中间的 LSR 称为中间节点（Transit）；LSP 的出口 LER 称为出节点（Egress），如图 23-1 所示。一条 LSP 可以有 0 个、1 个或多个中间节点，但有且只有一个入节点和一个出节点。

根据 LSP 的方向，MPLS 报文由 Ingress 发往 Egress，则 Ingress 是 Transit 的上游节点，Transit 是 Ingress 的下游节点。同理，Transit 是 Egress 的上游节点，Egress 是 Transit 的下游节点。

MPLS 的体系结构如图 23-2 所示，它由控制平面（Control Plane，CP）和转发平面（Forwarding Plane，FP）组成。

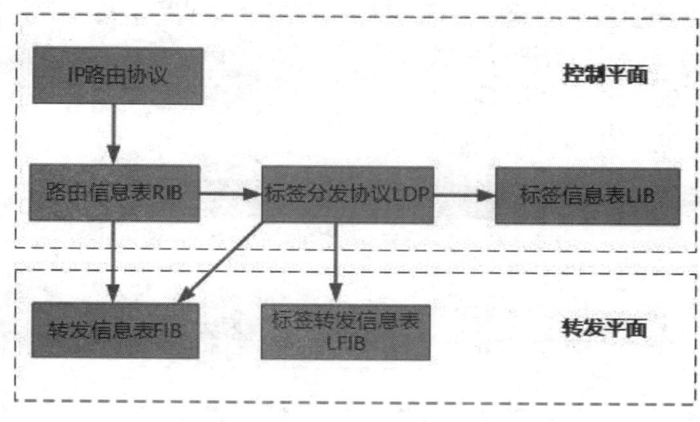

图 23-2　MPLS 的体系结构

1. 控制平面

负责产生和维护路由信息以及标签信息。

（1）路由信息表（Routing Information Base，RIB）：由 IP 路由协议（IP Routing Protocol）生成，用于选择路由。

（2）标签分发协议（Label Distribution Protocol，LDP）：负责标签的分配、标签转发信息表的建立、标签交换路径的建立、拆除等工作。

（3）标签信息表（Label Information Base，LIB）：由标签分发协议生成，用于管理标签信息。

2. 转发平面

即数据平面（Data Plane，DP），负责普通 IP 报文的转发以及带 MPLS 标签报文的转发。

（1）转发信息表（Forwarding Information Base，FIB）：从 RIB 提取必要的路由信息生成，负责普通 IP 报文的转发。

（2）标签转发信息表（Label Forwarding Information Base，LFIB）：简称标签转发表，由标签分发协议在 LSR 上建立 LFIB，负责带 MPLS 标签报文的转发。

23.1.2　MPLS 标签

MPLS 将具有相同特征的报文归为一类，称为 FEC（Forwarding Equivalence Class，转发等价类）。属于相同 FEC 的报文在转发过程中被 LSR 以相同方式处理。

FEC 可以根据源地址、目的地址、源端口、目的端口、VPN 等要素进行划分。例如，在传统的采用最长匹配算法的 IP 转发中，到同一条路由的所有报文就是一个转发等价类。

LSP（Label Switched Path，标签交换路径）是标签报文穿越 MPLS 网络到达目的地所走的路径。

同一个 FEC 的报文通常采用相同的 LSP 穿越 MPLS 域，所以对同一个 FEC，LSR 总是用相同的标签转发。

标签（Label）是一个短而定长的、只具有本地意义的标识符，用于唯一标识一个分组所属的 FEC。在某些情况下，例如要进行负载分担，对应一个 FEC 可能会有多个入标签，但是一台设备上，一个标签只能代表一个 FEC。

MPLS 标签的封装结构如图 23-3 所示。

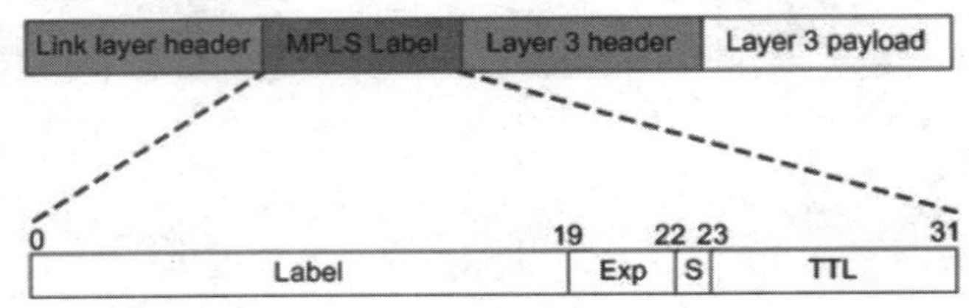

图 23-3　MPLS 标签的封装结构

标签共有 4 个字段：

- Label：20 位，标签值域。
- Exp：3 位，用于扩展。现在通常用作 CoS（Class of Service，区分服务）。当设备阻塞时，优先发送优先级高的报文。
- S：1 位，栈底标识。MPLS 支持多层标签，即标签嵌套。S 值为 1 时表明为最底层标签。
- TTL：8 位，和 IP 报文中的 TTL（Time To Live，生存时间）意义相同。

23.1.3　MPLS 转发流程

MPLS 基本转发过程中涉及的相关概念如下：

标签操作类型包括标签压入（Push）、标签交换（Swap）和标签弹出（Pop），它们是标签转发的基本动作。

（1）Push：当 IP 报文进入 MPLS 域时，MPLS 边界设备在报文二层首部和 IP 首部之间插入一个新标签；或者 MPLS 中间设备根据需要，在标签栈顶增加一个新的标签（即标签嵌套封装）。

（2）Swap：当报文在 MPLS 域内转发时，根据标签转发表，用下一跳分配的标签替换 MPLS 报文的栈顶标签。

（3）Pop：当报文离开 MPLS 域时，将 MPLS 报文的标签剥掉。

在最后一跳节点，标签已经没有使用价值了。这种情况下，可以利用倒数第二跳弹出特性 PHP（Penultimate Hop Popping），在倒数第二跳节点处将标签弹出，减少最后一跳的负担。最后一跳节点直接进行 IP 转发或者下一层标签转发。

默认情况下，设备支持 PHP 特性，支持 PHP 的 Egress 节点分配给倒数第二跳节点的标签值为 3。

MPLS 的基本转发过程如图 23-4 所示。

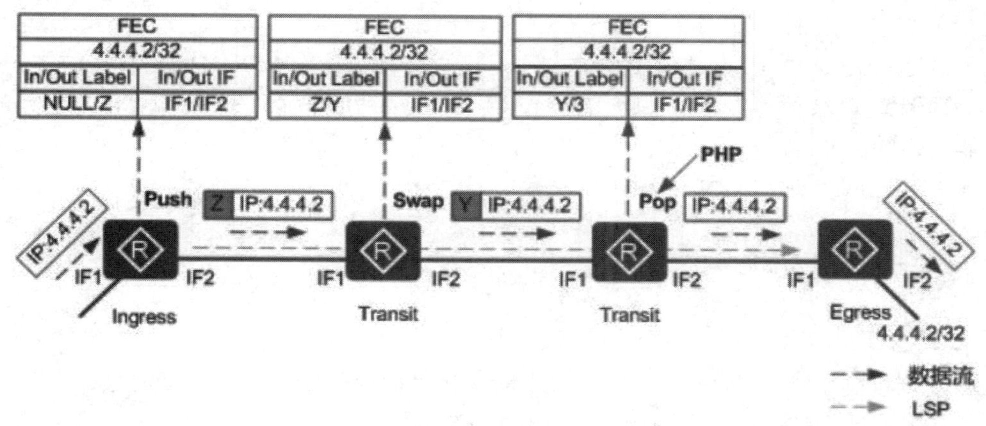

图 23-4 MPLS 的基本转发过程

23.1.4 MPLS LDP 的基本概念

MPLS 支持多层标签，并且转发平面面向连接，故具有良好的扩展性，使在统一的 MPLS/IP 基础网络架构上为客户提供各类服务成为可能。通过 LDP 协议，LSR 可以把网络层的路由信息直接映射到数据链路层的交换路径上，动态建立起网络层的 LSP。

目前，LDP 广泛地应用于 VPN 服务，具有组网、配置简单、支持基于路由动态建立 LSP、支持大容量 LSP 等优点。

1. LDP 对等体

LDP 对等体是指相互之间存在 LDP 会话、使用 LDP 来交换标签消息的两个 LSR。LDP 对等体通过它们之间的 LDP 会话获得对方的标签。

2. LDP 邻接体

当一台 LSR 接收到对端发送过来的 Hello 消息后，LDP 邻接体建立。LDP 邻接体存在以下两种类型：

（1）本地邻接体（Local Adjacency）：以组播形式发送 Hello 消息（即链路 Hello 消息）发现的邻接体叫作本地邻接体。

（2）远端邻接体（Remote Adjacency）：以单播形式发送 Hello 消息（即目标 Hello 消息）发现的邻接体叫作远端邻接体。

LDP 通过邻接体来维护对等体的存在，对等体的类型取决于维护它的邻接体的类型。一个对等体可以由多个邻接体来维护，如果由本地邻接体和远端邻接体两者来维护，则对等体类型为本远共存对等体。

3. LDP 会话

LDP 会话用于 LSR 之间交换标签映射、释放等消息。只有存在对等体才能建立 LDP 会话，LDP 会话分为以下两种类型。

（1）本地 LDP 会话（Local LDP Session）：建立会话的两个 LSR 之间是直连的。

（2）远端 LDP 会话（Remote LDP Session）：建立会话的两个 LSR 之间可以是直连的，也可以是非直连的。

本地 LDP 会话和远端 LDP 会话可以共存。

23.1.5 LDP 工作机制

1. LDP 发现机制

LDP 发现机制用于 LSR 发现潜在的 LDP 对等体。LDP 有以下两种发现机制。

（1）基本发现机制：用于发现链路上直连的 LSR。

LSR 通过周期性地发送 LDP 链路 Hello 消息（LDP Link Hello），实现 LDP 基本发现机制，建立本地 LDP 会话。

LDP 链路 Hello 消息使用 UDP 报文，目的地址是组播地址 224.0.0.2。如果 LSR 在特定接口接收到 LDP 链路 Hello 消息，表明该接口存在 LDP 对等体。

（2）扩展发现机制：用于发现链路上的非直连 LSR。

LSR 通过周期性地发送 LDP 目标 Hello 消息（LDP Targeted Hello）到指定 IP 地址，实现 LDP 扩展发现机制，建立远端 LDP 会话。

LDP 目标 Hello 消息使用 UDP 报文，目的地址是指定 IP 地址。如果 LSR 接收到 LDP 目标 Hello 消息，表明该 LSR 存在 LDP 对等体。

2. LDP 会话的建立过程

两台 LSR 之间交换 Hello 消息触发 LDP 会话的建立。LDP 会话的建立过程如图 23-5 所示。

（1）两个 LSR 之间互相发送 Hello 消息。

（2）Hello 消息中携带传输地址（即设备的 IP 地址），双方使用传输地址建立 LDP 会话。

（3）传输地址较大的一方作为主动方，发起建立 TCP 的连接。

（4）LSR_1 作为主动方发起建立 TCP 连接，LSR_2 作为被动方等待对方发起连接，如图 23-5 所示。

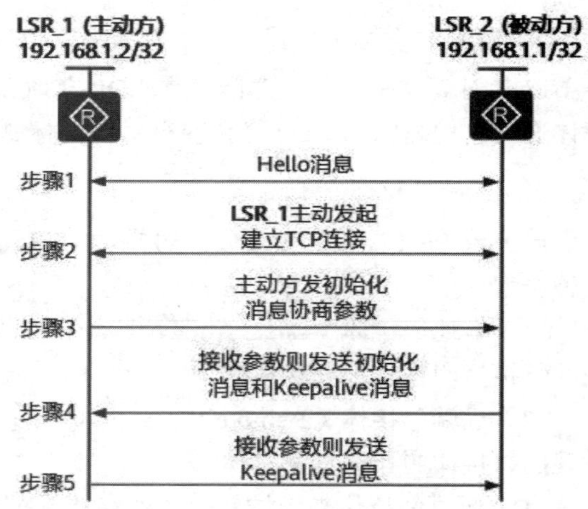

图 23-5　LDP 会话的建立过程

（5）TCP 连接建立成功后，由主动方 LSR_1 发送初始化消息，协商建立 LDP 会话的相关参数。

（6）被动方 LSR_2 收到初始化消息后，接收相关参数，则发送初始化消息，同时发送 Keepalive 消息给主动方 LSR_1。如果被动方 LSR_2 不能接收相关参数，则发送 Notification 消息终止 LDP 会话的建立。

初始化消息中包括 LDP 协议版本、标签分发方式、Keepalive 保持定时器的值、最大 PDU 长度和标签空间等。

（7）主动方 LSR_1 收到初始化消息后，接收相关参数，则发送 Keepalive 消息给被动方 LSR_2。如果主动方 LSR_1 不能接收相关参数，则发送 Notification 消息给被动方 LSR_2 终止 LDP 会话的建立。

（8）当双方都收到对端的 Keepalive 消息后，LDP 会话建立成功。

3. LDP LSP 的建立过程

LSP 的建立过程实际就是将 FEC 和标签进行绑定，并将这种绑定通告 LSP 上相邻 LSR 的过程。如图 23-6 所示，结合下游自主标签发布方式和有序标签控制方式来说明其主要步骤。

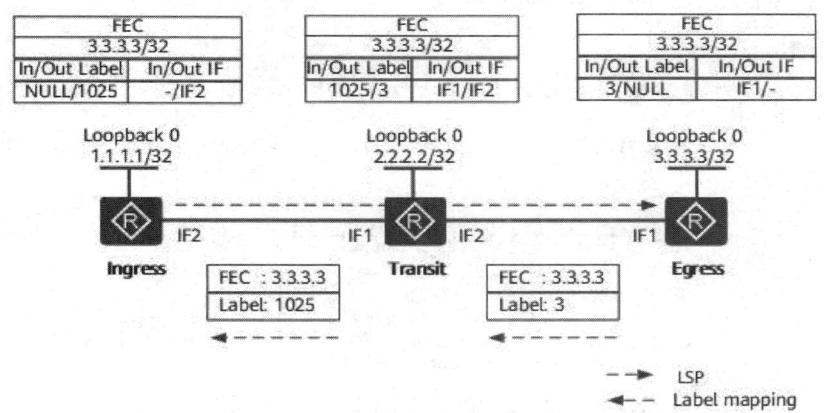

图 23-6 LDP LSP 的建立过程

默认情况下，网络的路由改变时，如果有一个边缘节点（Egress）发现自己的路由表中出现了新的主机路由，并且这一路由不属于任何现有的 FEC，则该边缘节点需要为这一路由建立一个新的 FEC。

如果 MPLS 网络的 Egress 有可供分配的标签，则为 FEC 分配标签，并主动向上游发出标签映射消息，标签映射消息中包含分配的标签和绑定的 FEC 等信息。

Transit 收到标签映射消息后，判断标签映射的发送者（Egress）是否为该 FEC 的下一跳。若是，则在其标签转发表中增加相应的条目，然后主动向上游 LSR 发送对于指定 FEC 的标签映射消息。

Ingress 收到标签映射消息后，判断标签映射的发送者（Transit）是否为该 FEC 的下一跳。

若是，则在标签转发表中增加相应的条目。这时，就完成了 LSP 的建立，接下来就可以对该 FEC 对应的数据报文进行标签转发了。

23.2 MPLS 和 MPLS LDP 配置实验

23.2.1 实验 1：配置 MPLS 的静态 LSP

扫一扫，看视频

1. 实验需求

IP 地址如图 23-7 所示，每台设备配置一个环回口，IP 地址为 x.x.x.x/32，如 AR1 的 IP 地址为 1.1.1.1/32。全网的 IGP 运行 OSPF，并且按照 FEC 的标签规划配置静态 LSP，实现 AR1 的 1.1.1.1/32 使用 MPLS LSP 隧道访问 AR3 的 3.3.3.3/32。

2. 实验目的

（1）掌握 MPLS 静态 LSP 的配置方法。

（2）掌握 MPLS 网络中数据通信的过程。

3. 实验拓扑

配置 MPLS 的静态 LSP 的实验拓扑如图 23-7 所示。

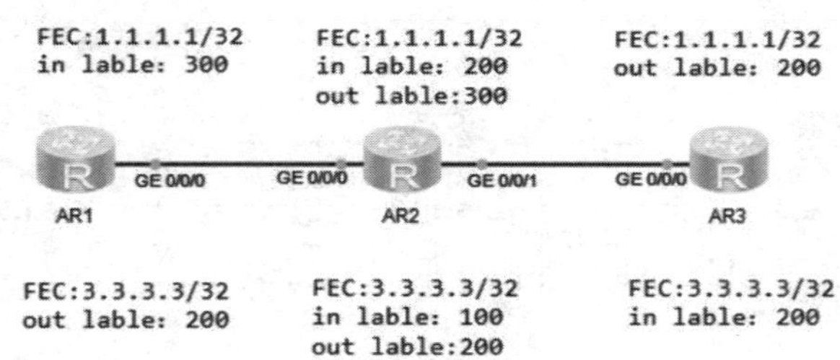

图 23-7　配置 MPLS 的静态 LSP 的实验拓扑

4. 实验步骤

（1）配置 IP 地址，IP 地址规划如表 23-1 所示。

表 23-1　配置 MPLS 的静态 LSP 实验 IP 地址规划表

接　口	IP
AR1 GE0/0/0	12.1.1.1/24
AR1 LoopBack 0	1.1.1.1/32
AR2 GE0/0/0	12.1.1.2/24
AR2 GE0/0/1	23.1.1.1/24
AR2 LoopBack 0	2.2.2.2/32
AR3 GE0/0/0	23.1.1.2/24
AR3 LoopBack 0	3.3.3.3/32

（2）配置 OSPF。

AR1 的配置：

```
[AR1]ospf
[AR1-ospf-1]area 0
[AR1-ospf-1-area-0.0.0.0]network  1.1.1.1 0.0.0.0
[AR1-ospf-1-area-0.0.0.0]network 12.1.1.0 0.0.0.255
```

AR2 的配置：

```
[AR2]ospf
[AR2-ospf-1]area 0
[AR2-ospf-1-area-0.0.0.0]network 12.1.1.0 0.0.0.255
[AR2-ospf-1-area-0.0.0.0]network 1.1.1.1 0.0.0.0
[AR2-ospf-1-area-0.0.0.0]network 23.1.1.0 0.0.0.255
```

AR3 的配置：

```
[AR3]ospf
[AR3-ospf-1]area 0
[AR3-ospf-1-area-0.0.0.0]network 23.1.1.0 0.0.0.255
[AR3-ospf-1-area-0.0.0.0]network 3.3.3.3 0.0.0.0
```

（3）配置静态 LSP。

①配置使能接口及全局的 MPLS 功能。

AR1 的配置：

```
[AR1]mpls lsr-id 1.1.1.1          //配置设备的 lsr-id 为环回口的地址 1.1.1.1
[AR1]mpls                         //全局开启 MPLS 功能
[AR1]interface g0/0/0
[AR1-GigabitEthernet0/0/0]mpls    //接口开启 MPLS 功能
```

AR2 的配置：

```
[AR2]mpls  lsr-id  2.2.2.2
[AR2]mpls
[AR2]interface g0/0/0
[AR2-GigabitEthernet0/0/0]mpls
[AR2]interface g0/0/1
[AR2-GigabitEthernet0/0/1]mpls
```

AR3 的配置：

```
[AR3]mpls lsr-id  3.3.3.3
[AR3]mpls
[AR3]interface g0/0/0
[AR3-GigabitEthernet0/0/0]mpls
```

②配置 FEC 为 3.3.3.3 的静态 LSP。

AR1 的配置：

```
//配置 AR1 为去往 FEC 3.3.3.3/32 的 ingress（入站 LSR），静态 LSP 命名为 1-3，下一跳
//地址为 12.1.1.2，出接口为 GE0/0/0，出标签为 200
[AR1]static-lsp ingress 1-3 destination 3.3.3.3 32 nexthop 12.1.1.2
```

```
outgoing-interface g0/0/0 out-label 200
```

查看 MPLS LSP：

```
<AR1>display mpls  lsp
-------------------------------------------------------------------------
                 LSP Information: STATIC LSP
-------------------------------------------------------------------------
FEC                 In/Out Label  In/Out IF                      Vrf Name
3.3.3.3/32           NULL/200     -/GE0/0/0
```

可以看到，LSP Information: STATIC LSP 表示此 LSP 为静态 LSP，当设备在发送目标网段为 3.3.3.3/32 的数据时，从 GE0/0/0 接口转发，出标签为 200。

AR2 的配置：

```
    //配置 AR2 为去往 FEC 3.3.3.3/32 的 transit（中转 LSR），静态 LSP 命名为 1-3，入接口
    //为 GE0/0/0，入标签为 200，下一跳地址为 23.1.1.2，出标签为 100
    [AR2]static-lsp transit 1-3 incoming-interface g0/0/0 in-label 200
nexthop 23.1.1.2 out-label 100
     [AR2]display mpls  lsp
-------------------------------------------------------------------------
                 LSP Information: STATIC LSP
-------------------------------------------------------------------------
FEC                 In/Out Label  In/Out IF                      Vrf Name
-/-                 200/100      GE0/0/0/GE0/0/1
```

以上信息表示，AR2 在 GE0/0/0 接口收到标签为 200 的数据，则发往 GE0/0/1 接口，并添加标签 100。

AR3 的配置：

```
//配置 AR3 为 FEC 3.3.3.3/32 的 egress（出站 LSR），静态 LSP 命名为 1-3，入接口为
//GE0/0/0，入标签为 100
[AR3]static-lsp egress 1-3 incoming-interface g0/0/0 in-label 100
[AR3]display mpls  lsp
-------------------------------------------------------------------------
                 LSP Information: STATIC LSP
-------------------------------------------------------------------------
FEC                 In/Out Label  In/Out IF                      Vrf Name
-/-                 100/NULL     GE0/0/0/-
```

以上信息表示，AR3 在 GE0/0/0 接口收到标签为 100 的数据，则剥离标签。

③在 AR1 上测试，并在 GE0/0/0 接口抓包查看数据特征。

图 23-8 所示为 1.1.1.1 发送 3.3.3.3 的抓包结果，可以看到发送时添加了标签 200。

```
> Frame 5: 102 bytes on wire (816 bits), 102 bytes captured (816 bits) on interface -, id 0
> Ethernet II, Src: HuaweiTe_4f:36:ee (00:e0:fc:4f:36:ee), Dst: HuaweiTe_e5:0c:69 (00:e0:fc:e5:0c:69)
> MultiProtocol Label Switching Header, Label: 200, Exp: 0, S: 1, TTL: 255
> Internet Protocol Version 4, Src: 1.1.1.1, Dst: 3.3.3.3
> Internet Control Message Protocol
```

图 23-8　AR1 的 GE0/0/0 接口抓包结果（1）

图 23-9 所示为 3.3.3.3 回复 1.1.1.1 的抓包结果，可以看到回复的报文并没有添加标签。因此现在还只是一个单向的隧道。

```
> Frame 6: 98 bytes on wire (784 bits), 98 bytes captured (784 bits) on interface -, id 0
> Ethernet II, Src: HuaweiTe_e5:0c:69 (00:e0:fc:e5:0c:69), Dst: HuaweiTe_4f:36:ee (00:e0:fc:4f:36:ee)
> Internet Protocol Version 4, Src: 3.3.3.3, Dst: 1.1.1.1
> Internet Control Message Protocol
```

图 23-9　AR1 的 GE0/0/0 接口抓包结果（2）

（4）配置 FEC 为 1.1.1.1 的静态 LSP。

AR3 的配置：

```
[AR3]static-lsp ingress 3-1 destination 1.1.1.1 32 nexthop 23.1.1.1 out-label 100
```

AR2 的配置：

```
[AR2]static-lsp transit 3-1 incoming-interface g0/0/1 in-label 100 nexthop 12.1.1.1 out-label 300
```

AR1 的配置：

```
[AR1]static-lsp egress  3-1 incoming-interface g0/0/0 in-label 300
```

图 23-10 所示为再次在 AR1 上使用 ping 命令测试 3.3.3.3，查看抓包结果。

```
> Frame 291: 102 bytes on wire (816 bits), 102 bytes captured (816 bits) on interface -, id 0
> Ethernet II, Src: HuaweiTe_4f:36:ee (00:e0:fc:4f:36:ee), Dst: HuaweiTe_e5:0c:69 (00:e0:fc:e5:0c:69)
> MultiProtocol Label Switching Header, Label: 200, Exp: 0, S: 1, TTL: 255
> Internet Protocol Version 4, Src: 1.1.1.1, Dst: 3.3.3.3
> Internet Control Message Protocol
```

图 23-10　AR1 的 GE0/0/0 接口抓包结果（3）

如图 23-11 所示，可以看到来回的报文都添加了对应的标签，迭代进入静态的 LSP 隧道。

```
> Frame 292: 102 bytes on wire (816 bits), 102 bytes captured (816 bits) on interface -, id 0
> Ethernet II, Src: HuaweiTe_e5:0c:69 (00:e0:fc:e5:0c:69), Dst: HuaweiTe_4f:36:ee (00:e0:fc:4f:36:ee)
> MultiProtocol Label Switching Header, Label: 300, Exp: 0, S: 1, TTL: 254
> Internet Protocol Version 4, Src: 3.3.3.3, Dst: 1.1.1.1
> Internet Control Message Protocol
```

图 23-11　AR1 的 GE0/0/0 接口抓包结果（4）

23.2.2　实验 2：配置 MPLS LDP

1. 实验需求

四台路由器都运行 OSPF 协议，通过配置 MPLS LDP，使设备的环回口都通过 MPLS 通信。

2. 实验目的

掌握 MPLS LDP 的基本配置。

3. 实验拓扑

配置 MPLS LDP 的实验拓扑如图 23-12 所示。

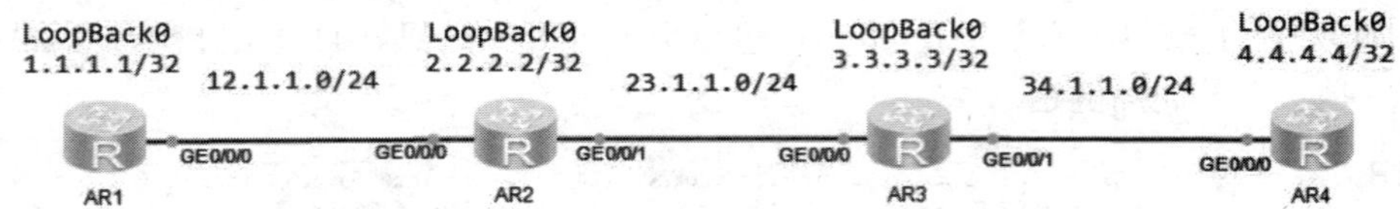

图 23-12　配置 MPLS LDP 的实验拓扑

4．实验步骤

（1）配置 IP 地址，IP 地址规划如表 23-2 所示。

表 23-2　配置 MPLS LDP 实验 IP 地址规划表

接　口	IP
AR1 GE0/0/0	12.1.1.1/24
AR1 LoopBack 0	1.1.1.1/32
AR2 GE0/0/0	12.1.1.2/24
AR2 GE0/0/1	23.1.1.1/24
AR2 LoopBack 0	2.2.2.2/32
AR3 GE0/0/0	23.1.1.2/24
AR3 LoopBack 0	3.3.3.3/32
AR3 GE0/0/1	34.1.1.1/24
AR4 GE0/0/0	34.1.1.2/24
AR4 LoopBack 0	4.4.4.4/32

（2）全网运行 OSPF 协议。

AR1 的配置：

```
[AR1]ospf
[AR1-ospf-1]area  0
[AR1-ospf-1-area-0.0.0.0]network  1.1.1.1 0.0.0.0
[AR1-ospf-1-area-0.0.0.0]network 12.1.1.0 0.0.0.255
```

AR2 的配置：

```
[AR2]ospf
[AR2-ospf-1]area 0
[AR2-ospf-1-area-0.0.0.0]network 2.2.2.2 0.0.0.0
[AR2-ospf-1-area-0.0.0.0]network 12.1.1.0 0.0.0.255
[AR2-ospf-1-area-0.0.0.0]network 23.1.1.1 0.0.0.255
```

AR3 的配置：

```
[AR3]ospf
[AR3-ospf-1]area  0
[AR3-ospf-1-area-0.0.0.0]network 3.3.3.3 0.0.0.0
[AR3-ospf-1-area-0.0.0.0]network 34.1.1.0 0.0.0.255
[AR3-ospf-1-area-0.0.0.0]network 23.1.1.0 0.0.0.255
```

AR4 的配置：

```
[AR4]ospf
[AR4-ospf-1]area  0
[AR4-ospf-1-area-0.0.0.0]network 4.4.4.4 0.0.0.0
[AR4-ospf-1-area-0.0.0.0]network 34.1.1.0 0.0.0.255
```

（3）配置 MPLS LDP。

AR1 的配置：

```
[AR1]mpls lsr-id  1.1.1.1                    //配置 MPLS LSR-ID
[AR1]mpls                                    //全局开启 MPLS
[AR1-mpls]q
[AR1]mpls ldp                                //全局开启 MPLS  LDP 协议
[AR1]interface g0/0/0
[AR1-GigabitEthernet0/0/0]mpls               //接口开启 MPLS
[AR1-GigabitEthernet0/0/0]mpls ldp           //接口开启 MLPS  LDP 功能
```

AR2 的配置：

```
[AR2]mpls  lsr-id 2.2.2.2
[AR2]mpls
[AR2-mpls]mpls ldp
[AR2]interface g0/0/0
[AR2-GigabitEthernet0/0/0]mpls
[AR2-GigabitEthernet0/0/0]mpls ldp
[AR2]interface g0/0/1
[AR2-GigabitEthernet0/0/1]mpls
[AR2-GigabitEthernet0/0/1]mpls ldp
```

AR3 的配置：

```
[AR3]mpls lsr-id  3.3.3.3
[AR3]mpls
[AR3-mpls]mpls ldp
[AR3]interface g0/0/0
[AR3-GigabitEthernet0/0/0]mpls
[AR3-GigabitEthernet0/0/0]mpls ldp
[AR3]interface g0/0/1
[AR3-GigabitEthernet0/0/1]mpls
[AR3-GigabitEthernet0/0/1]mpls ldp
```

AR4 的配置：

```
[AR4]mpls  lsr-id  4.4.4.4
[AR4]mpls
[AR4-mpls]mpls ldp
[AR4]interface g0/0/0
[AR4-GigabitEthernet0/0/0]mpls
[AR4-GigabitEthernet0/0/0]mpls ldp
```

（4）查看 AR1 的 LDP 会话建立情况。

```
[AR1]display mpls ldp session
```

```
LDP Session(s) in Public Network
Codes: LAM(Label Advertisement Mode), SsnAge Unit(DDDD:HH:MM)
A '*' before a session means the session is being deleted.
------------------------------------------------------------------------
PeerID          Status      LAM  SsnRole  SsnAge      KASent/Rcv
------------------------------------------------------------------------
2.2.2.2:0       Operational DU   Passive  0000:00:03  13/13
------------------------------------------------------------------------
TOTAL: 1 session(s) Found.
```

可以看到，AR1 和 2.2.2.2（AR2）建立了 LDP 的会话关系。

其中，peerID 表示对等体的 LDP 标识符，格式为<LSR ID>：<标签空间>。标签空间取值如下。

- “0”表示全局标签空间。
- “1”表示接口标签空间。
- Status 为 Operational 表示 LDP 会话建立成功。
- LAM 为 DU 表示标签的分发方式为下游自主。

（5）查看 LDP 动态建立的 LSP。

```
[AR1]display mpls  lsp
------------------------------------------------------------------------
                 LSP Information: LDP LSP
------------------------------------------------------------------------
FEC                In/Out Label  In/Out IF                     Vrf Name
1.1.1.1/32          3/NULL        -/-
2.2.2.2/32          NULL/3        -/GE0/0/0
2.2.2.2/32          1024/3        -/GE0/0/0
3.3.3.3/32          NULL/1025      -/GE0/0/0
3.3.3.3/32          1025/1025      -/GE0/0/0
4.4.4.4/32          NULL/1026      -/GE0/0/0
4.4.4.4/32          1026/1026      -/GE0/0/0
```

可以看到，设备为每一个 32 位的主机地址分配了标签，并且动态地建立了 LSP 隧道。以 3.3.3.3/32 这条 FEC 为例，FEC 为 3.3.3.3/32，In/Out Label 为 1025/1025，In/Out IF 为-/GE0/0/0，表示当设备收到目标 IP 为 3.3.3.3 的数据时，入标签为 1025，把标签换成 1025，从 GE0/0/0 接口转发出去。

（6）使用 AR1 测试 3.3.3.3 的连通性，并且在 AR1 的 GE0/0/0 接口抓包查看结果。

```
[AR1]ping -a 1.1.1.1 3.3.3.3
 PING 3.3.3.3: 56  data bytes, press CTRL_C to break
   Reply from 3.3.3.3: bytes=56 Sequence=1 ttl=254 time=40 ms
   Reply from 3.3.3.3: bytes=56 Sequence=2 ttl=254 time=20 ms
   Reply from 3.3.3.3: bytes=56 Sequence=3 ttl=254 time=20 ms
   Reply from 3.3.3.3: bytes=56 Sequence=4 ttl=254 time=20 ms
   Reply from 3.3.3.3: bytes=56 Sequence=5 ttl=254 time=30 ms
```

```
--- 3.3.3.3 ping statistics ---
  5 packet(s) transmitted
  5 packet(s) received
  0.00% packet loss
  round-trip min/avg/max = 20/26/40 ms
```

如图 23-13 所示，通过抓包结果可以发现，AR1 访问 3.3.3.3 时，设备会查看 MPLS LSP，MPLS LSP 中的出标签为 1025，因此设备在发送数据时会为数据包封装一层 MPLS 头部，并且携带标签为 1025。当下一跳设备收到该报文时，就可以直接通过标签转发，而不需要再次查询路由表。

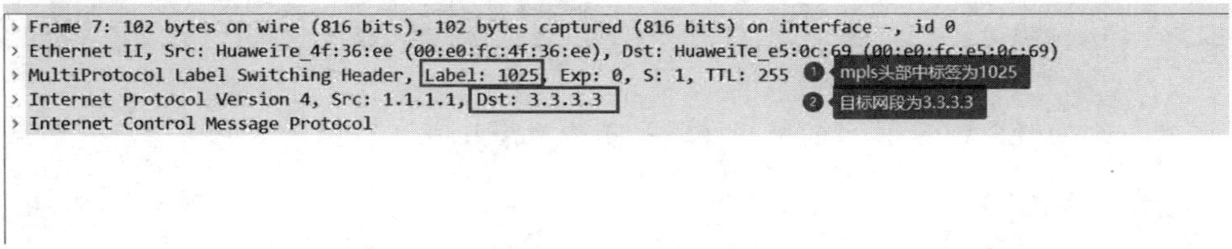

```
> Frame 7: 102 bytes on wire (816 bits), 102 bytes captured (816 bits) on interface -, id 0
> Ethernet II, Src: HuaweiTe_4f:36:ee (00:e0:fc:4f:36:ee), Dst: HuaweiTe_e5:0c:69 (00:e0:fc:e5:0c:69)
> MultiProtocol Label Switching Header, Label: 1025, Exp: 0, S: 1, TTL: 255   ❶ mpls头部中标签为1025
> Internet Protocol Version 4, Src: 1.1.1.1, Dst: 3.3.3.3                      ❷ 目标网段为3.3.3.3
> Internet Control Message Protocol
```

图 23-13　AR1 的 GE0/0/0 接口抓包结果

23.3　练　习　题

1．（单选题）以下关于 MPLS LSP 的描述，错误的是（　　）。

A．静态 LSP 由管理员手动配置，动态 LSP 则利用标签发布协议动态建立

B．动态 LSP 通过标签发布协议动态建立，如 MP-BGP、RSVP-TE、LDP

C．和静态路由类似，管理员可配置浮动的静态 LSP，当网络发生变化时，自动完成 LSP 切换

D．静态 LSP 不使用标签发布协议，不需要交互控制报文，资源消耗比较小

2．（单选题）MPLS 标签可以标识（　　）种优先级。

A．3　　B．8　　C．1　　D．5

3．（多选题）MPLS 中有转发等价类 FEC 的概念，以下描述中错误的有（　　）。

A．一个 FEC 在不同路由器上一定分配不同的标签

B．一台路由器为一个 FEC 分配多个标签

C．一个 FEC 在不同路由器上一定分配相同的标签

D．FEC 的划分很灵活，可以是以源地址、目的地址、源端口、目的端口、协议类型或 VPN 等为划分依据的任意组合

4．（单选题）以下不会导致 MPLS LDP 会话建立失败的是（　　）。

A．LoopBack 接口未使能 MPLS　　B．MPLS LSR-ID 冲突

C．Keepalive 保持定时器不一致　　D．全局未使能 MPLS

5．（单选题）以下关于 MPLS Header 中 TTL 的描述，正确的是（　　）。

A．用于标识最底层标签　　B．用于设置报文优先级

C．用于标签分发时对上游设备的控制　　D．用来防止报文无限循环转发

第 24 章

MPLS VPN

本章阐述了 MPLS VPN 技术的应用场景、基本配置以及工作原理。

本章包含以下内容：

- MPLS VPN 的基本概念
- MPLS VPN 的路由交互
- MPLS VPN 报文的转发
- MPLS VPN 配置实验

24.1　MPLS VPN 简介

MPLS VPN 是一种 L3VPN（Layer 3 Virtual Private Network）。它使用 BGP（Border Gateway Protocol）在服务提供商骨干网上发布 VPN 路由，使用 MPLS（Multiprotocol Label Switch）在服务提供商骨干网上转发 VPN 报文。

MPLS VPN 的基本模型如图 24-1 所示。

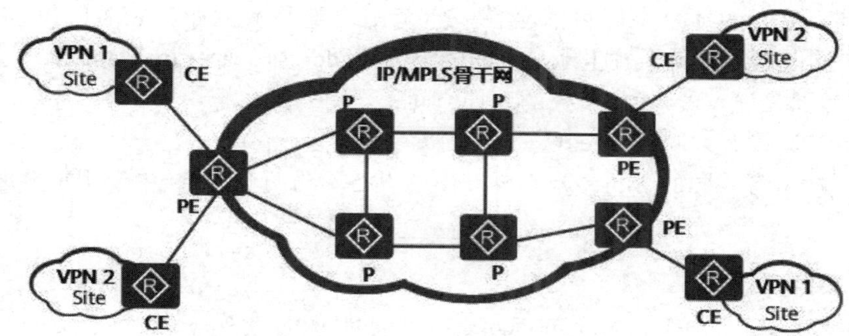

图 24-1　MPLS VPN 的基本模型

MPLS VPN 的基本模型由以下三部分组成。

（1）CE（Customer Edge）：用户网络边缘设备，有接口直接与服务提供商网络相连。CE 可以是路由器或交换机，也可以是一台主机。通常情况下，CE“感知”不到 VPN 的存在，也不需要支持 MPLS。

（2）PE（Provider Edge）：服务提供商网络的边缘设备，与 CE 直接相连。在 MPLS 网络中，对 VPN 的所有处理都发生在 PE 上，对 PE 的性能要求较高。

（3）P（Provider）：服务提供商网络中的骨干设备，不与 CE 直接相连。P 设备只需要具备基本的 MPLS 转发能力，不需要维护 VPN 信息。

PE 和 P 设备仅由服务提供商管理；CE 设备仅由用户管理，除非用户把管理权委托给服务提供商。

一台 PE 设备可以接入多台 CE 设备。一台 CE 设备也可以连接属于相同或不同服务提供商的多台 PE 设备。

传统的 VPN 通过在所有站点间建立全连接隧道或者永久虚链路 PVC（Permanent Virtual Circuit）的方式实现，不易维护和扩展，尤其是向已有的 VPN 加入新的站点时，需要同时修改所有接入此 VPN 站点的边缘节点的配置。

MPLS VPN 基于对等体模型，这种模型使得服务提供商和用户可以交换路由，服务提供商转发用户站点间的数据而不需要用户参与。相比较传统的 VPN，MPLS VPN 更容易扩展和管理。新增一个站点时，只需要修改提供该站点业务的边缘节点的配置。

MPLS VPN 支持地址空间重叠、支持重叠 VPN、组网方式灵活、可扩展性好，并能够方便地支持 MPLS TE，成为在 IP 网络运营商提供增值业务的重要手段，因此得到越来越多的应用。

24.2　MPLS VPN 的基本概念

1．地址空间重叠

VPN 是一种私有网络，不同的 VPN 独立管理自己的地址范围，也称为地址空间（address space）。不同 VPN 的地址空间可能会在一定范围内重叠，例如，VPN1 和 VPN2 都使用 10.110.10.0/24 网段地址，就会发生地址空间的重叠（address spaces overlapping）。

以下两种情况允许 VPN 使用重叠的地址空间：

（1）两个 VPN 没有共同的 Site。

（2）两个 VPN 有共同的 Site，但此 Site 中的设备不与两个 VPN 中使用重叠地址空间的设备互访。

2．VPN 实例

在 MPLS VPN 中，不同 VPN 之间的路由隔离通过 VPN 实例（VPN-instance）实现。

PE 为每个直接相连的 Site 专门建立并维护一个 VPN 实例，该实例中包含对应 Site 的 VPN 成员关系和路由规则。具体来说，VPN 实例中的信息包括 IP 路由表、标签转发表、与 VPN 实例绑定的接口以及 VPN 实例的管理信息。VPN 实例的管理信息则包括 RD（Route Distinguisher，路由标识符）、路由过滤策略、成员接口列表等。

VPN、Site、VPN 实例之间的关系如下：

（1）VPN 是多个 Site 的组合。一个 Site 可以属于多个 VPN。

（2）每一个 Site 在 PE 上都关联一个 VPN 实例。VPN 实例综合了它所关联的 Site 的 VPN 成员关系和路由规则。多个 Site 根据 VPN 实例的规则组合成一个 VPN。

（3）VPN 实例与 VPN 不是一一对应的关系，VPN 实例与 Site 之间存在一一对应的关系。

VPN 实例也称为 VPN 路由转发表 VRF（VPN Routing and Forwarding table）。PE 上存在多个路由转发表，包括一个公网路由转发表，以及一个或多个 VPN 路由转发表，如图 24-2 所示。

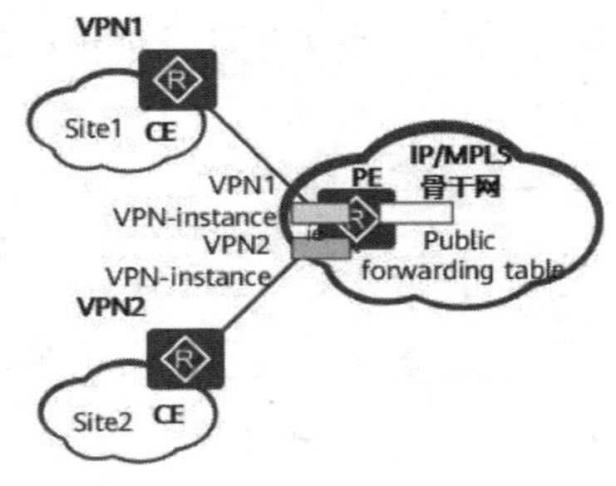

图 24-2　VPN 实例示意图

公网路由转发表与 VPN 实例存在以下不同:

(1)公网路由表包括所有 PE 和 P 设备的 IPv4 路由,由骨干网的路由协议或静态路由产生。

(2)VPN 路由表包括属于该 VPN 实例的所有 Site 的路由,通过 CE 与 PE 之间或者两个 PE 之间的 VPN 路由信息交互获得。

(3)公网转发表是根据路由管理策略从公网路由表提取出来的转发信息;而 VPN 转发表是根据路由管理策略从对应的 VPN 路由表提取出来的转发信息。

3. RD 和 VPN-IPv4 地址

传统 BGP 无法正确处理地址空间重叠的 VPN 的路由。假设 VPN1 和 VPN2 都使用了 10.110.10.0/24 网段的地址,并各自发布了一条去往此网段的路由。虽然本端 PE 通过不同的 VPN 实例可以区分地址空间重叠的 VPN 的路由,但是这些路由发往对端 PE 后,由于不同 VPN 的路由之间不进行负载分担,因此对端 PE 将根据 BGP 选路规则只选择其中一条 VPN 路由,从而导致去往另一个 VPN 的路由丢失。

PE 之间使用 MP-BGP(Multiprotocol Extensions for BGP-4,BGP-4 的多协议扩展)来发布 VPN 路由,并使用 VPN-IPv4 地址来解决上述问题。

VPN-IPv4 地址共有 12 个字节,包括 8B 的路由标识符 RD(Route Distinguisher)和 4B 的 IPv4 地址前缀,如图 24-3 所示。

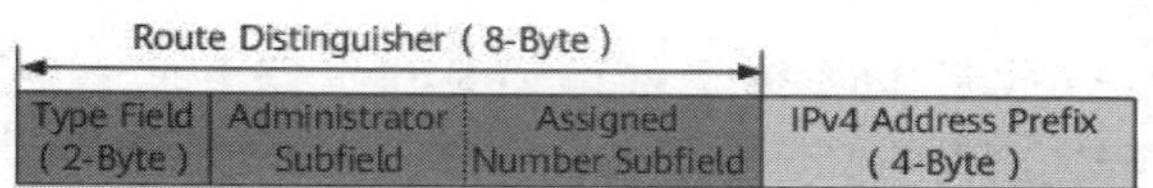

图 24-3 VPN-IPv4 地址结构

RD 用于区分使用相同地址空间的 IPv4 前缀,增加了 RD 的 IPv4 地址称为 VPN-IPv4 地址(即 VPNv4 地址)。PE 从 CE 接收到 IPv4 路由后,转换为全局唯一的 VPN-IPv4 路由,并在公网上发布。

RD 的结构使得每个服务供应商可以独立地分配 RD,但为了在 CE 双归属的情况下保证路由正常,必须保证 PE 上的 RD 全局唯一。如图 24-4 所示,CE 以双归属方式接入 PE1 和 PE2。PE1 同时作为路由反射器 RR(Route Reflector)。

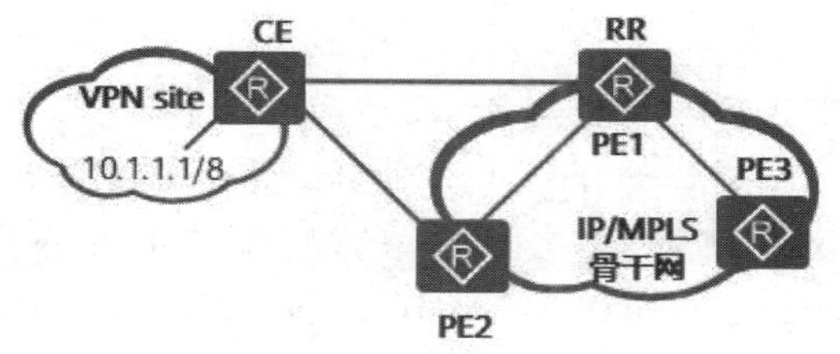

图 24-4 CE 双归属组网示意图

图 24-4 所示组网中,PE1 作为骨干网边界设备发布一条 IPv4 前缀为 10.1.1.1/8 的 VPN-IPv4

路由给 PE3。同时又作为 RR 反射 PE2 发布的 IPv4 前缀为 10.1.1.1/8 的 VPN-IPv4 路由给 PE3。

（1）如果 VPN 在 PE1 和 PE2 上的 RD 一样，则到 10.1.1.1/8 两条 VPN-IPv4 路由的地址相同，因此 PE3 从 PE1 只收到一条到 10.1.1.1/8 的 VPN-IPv4 路由，其路径为 CE→PE1→PE3。当 PE1 与 CE 之间的直连链路出现故障时，PE3 删除到 10.1.1.1/8 的 VPN-IPv4 路由，此时转发到该目的地址的 VPN 数据需要重新建立一条到 10.1.1.1/8 的路由，该路径为 PE3→PE1→PE2→CE。重新建立的过程需要一定的时间，该时间段内用户业务会出现中断。

（2）如果 VPN 在 PE1 和 PE2 上的 RD 不同，则到 10.1.1.1/8 的两条 VPN-IPv4 路由的地址不同，因此 PE3 从 PE1 收到两条到 10.1.1.1/8 的 VPN-IPv4 路由。当 PE1 与 CE 之间的任何一条链路出现故障时，PE3 将删除其中对应的一条，仍保留另一条，使得到 10.1.1.1/8 的数据能正确转发。

4. VPN Target

MPLS VPN 使用 BGP 扩展团体属性 VPN Target（也称为 Route Target）来控制 VPN 路由信息的发布。

每个 VPN 实例关联一个或多个 VPN Target 属性。有以下两类 VPN Target 属性。

（1）Export Target：本地 PE 从直接相连的 Site 学习到 IPv4 路由后，转换为 VPN-IPv4 路由，并为这些路由设置 Export Target 属性。Export Target 属性作为 BGP 的扩展团体属性随路由发布。

（2）Import Target：PE 收到其他 PE 发布的 VPN-IPv4 路由时，检查其 Export Target 属性。当此属性与 PE 上某个 VPN 实例的 Import Target 匹配时，PE 就把路由加入该 VPN 实例的路由表中。

在 MPLS VPN 网络中，通过 VPN Target 属性来控制 VPN 路由信息在各 Site 之间的发布和接收。VPN Export Target 和 Import Target 的设置相互独立，并且都可以设置多个值，能够实现灵活的 VPN 访问控制，从而实现多种 VPN 组网方案。

例如：某 VPN 实例的 Import Target 包含 100:1、200:1 和 300:1，则当收到的路由信息的 Export Target 为 100:1、200:1、300:1 中的任意值时，都可以被注入该 VPN 实例中。

24.3 MPLS VPN 的路由交互

MPLS VPN 的路由交互过程如图 24-5 所示。

（1）CE 和 PE 之间：CE 与 PE 之间可以使用静态路由、OSPF、IS-IS 或 BGP 交换路由信息。无论使用哪种路由协议，CE 和 PE 之间交换的都是标准的 IPv4 路由。

（2）PE 和 PE 之间：PE 之间使用 MP-BGP 传递 VPNv4 路由信息，需要注意以下几个问题。

①不同站点之间需要把私网路由传递给 PE，可能有地址重叠的问题，需要使用 VRF 技术将 CE 发送过来的路由存储到不同的 VPN 实例路由表中，解决地址重叠问题。

②PE 收到不同 VPN 的 CE 发来的 IPv4 地址前缀，本地根据 VPN 实例配置区分这些地址前缀。但是 VPN 实例只是一个本地的概念，PE 无法将 VPN 实例信息传递到对端 PE，需要使用 RD（路由标识符）区分不同 CE 发送的路由，IPv4 路由前缀+RD=VPNV4 路由。

③MP-BGP 将 VPNv4 传递到远端 PE 之后，远端 PE 需要将 VPNv4 路由导入正确的 VPN 实例。

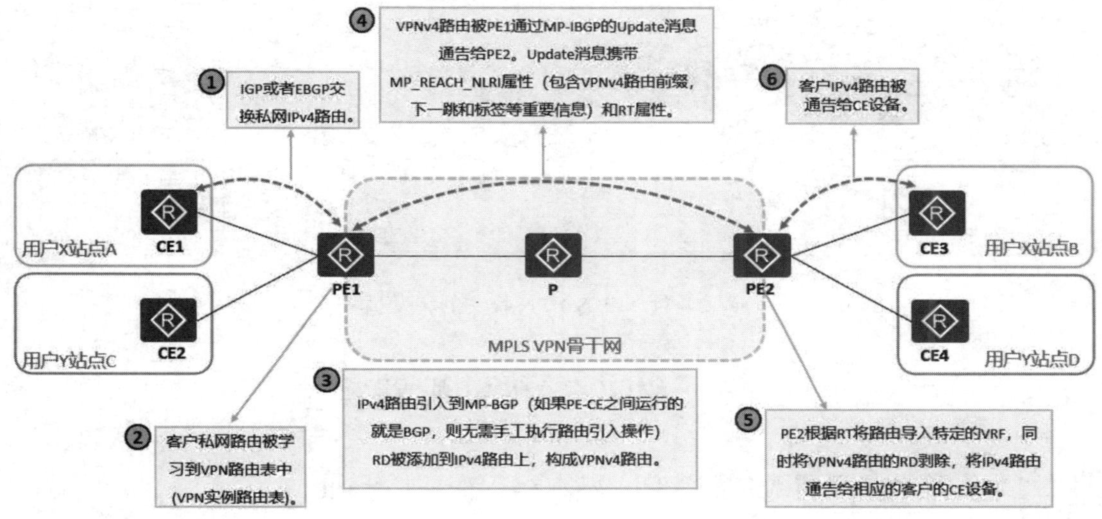

图 24-5　MPLS VPN 的路由交互过程

24.4　MPLS VPN 报文的转发

MPLS VPN 报文的转发过程如图 24-6 所示。

（1）CE 给本端 PE 发送普通的 IPv4 报文。

（2）本端 PE 发送给 P 设备。

①根据报文入接口找到 VPN 实例，查找对应 VPN 的转发表。

②匹配目的 IPv4 前缀，并添加对应的内层标签（由 MP-BGP 分配）。

③根据下一跳地址，查找对应的 Tunnel-ID。

④将报文从隧道发送出去，即添加外层标签（由 LDP 分配）。

（3）P 设备转发报文：查看外层标签并且进行标签交换，把报文交给远端 PE。

（4）远端 PE 收到报文。

①收到携带两层标签的报文，交给 MPLS 处理，MPLS 协议将去掉外层标签。

②继续处理内层标签：根据内层标签确定对应的下一跳，并将内层标签剥离后，发送纯 IPv4 报文给远端 CE。

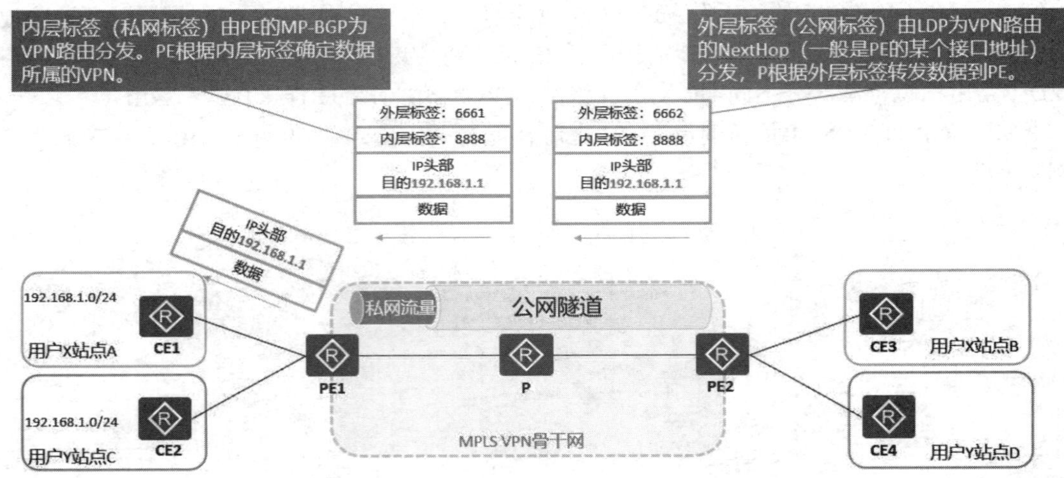

图 24-6　MPLS VPN 报文的转发过程

24.5　MPLS VPN 配置实验

24.5.1　实验 1：配置 MPLS VPN 基本组网——Intranet

扫一扫，看视频

1. 实验需求

CE1 和 CE2 属于 VPN1，CE3 和 CE4 属于 VPN2。要求 VPN1 的 RD 值配置为 100:1，RT 值配置为 100:1 both。VPN2 的 RD 值配置为 200:1，RT 值配置为 200:1 both。最终要求 CE1 能访问 CE2，CE3 能访问 CE4。

（1）配置互联 IP 地址如图 24-7 所示，每个设备配置对应的环回口。

（2）CE1、CE2 与 PE 设备之间运行 OSPF 协议。CE3 和 CE4 与 PE 设备之间运行 BGP 协议。

（3）ISP 内部的 IGP 协议选择 OSPF，并且运行 MPLS-LDP，建立 LSP 隧道。PE1 和 PE2 建立 MP-BGP 邻接关系，传递私网路由。

2. 实验目的

（1）掌握 MPLS VPN 的基本配置方法。

（2）掌握 MPLS VPN 中 VPNv4 路由传递的过程。

（3）掌握 MPLS VPN 中数据的传递过程。

3. 实验拓扑

配置 MPLS VPN 基本组网——Intranet 的实验拓扑如图 24-7 所示。

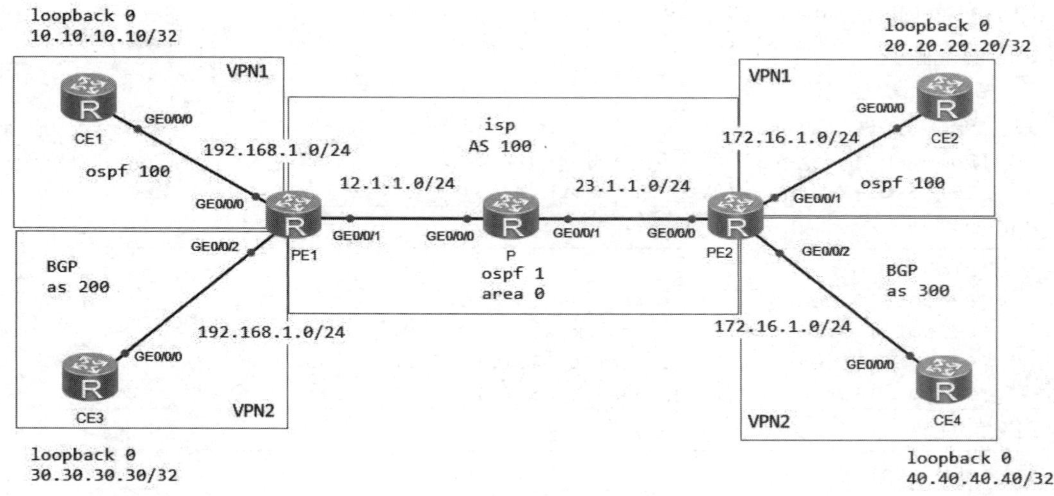

图 24-7　配置 MPLS VPN 基本组网——Intranet 的实验拓扑

4．实验步骤

（1）配置 IP 地址，IP 地址规划如表 24-1 所示。

表 24-1　配置 MPLS VPN 基本组网——Intranet 实验 IP 地址规划表

设备名称	接口编号	IP 地址	所属 VPN 实例
PE1	GE0/0/1	12.1.1.1/24	
PE1	GE0/0/0	192.168.1.1/24	VPN1
PE1	GE0/0/2	192.168.1.1/24	VPN2
PE1	LoopBack 0	1.1.1.1/32	
P	GE0/0/0	12.1.1.2/24	
P	GE0/0/1	23.1.1.1/24	
P	LoopBack0	2.2.2.2/32	
PE2	GE0/0/0	23.1.1.2/24	
PE2	GE0/0/1	172.16.1.1/24	VPN1
PE2	GE0/0/2	172.16.1.1/24	VPN2
PE2	LoopBack0	3.3.3.3/32	
CE1	GE0/0/0	192.168.1.2/24	
CE1	LoopBack0	10.10.10.10/32	
CE3	GE0/0/0	192.168.1.2/24	
CE3	LoopBack0	30.30.30.30/32	
CE2	GE0/0/0	172.16.1.2/24	
CE2	LoopBack0	20.20.20.20/32	
CE4	GE0/0/0	172.16.1.2/24	
CE4	LoopBack0	40.40.40.40/32	

（2）配置 ISP 内部的 OSPF 协议。

PE1 的配置：

```
[PE1]ospf
[PE1-ospf-1]area 0
[PE1-ospf-1-area-0.0.0.0]network 12.1.1.0 0.0.0.255
[PE1-ospf-1-area-0.0.0.0]network 1.1.1.1 0.0.0.0
```

P 的配置：

```
[P]ospf
[P-ospf-1]area 0
[P-ospf-1-area-0.0.0.0]network 2.2.2.2 0.0.0.0
[P-ospf-1-area-0.0.0.0]network 12.1.1.0 0.0.0.255
[P-ospf-1-area-0.0.0.0]network 23.1.1.0 0.0.0.255
```

PE2 的配置：

```
[PE2]ospf
[PE2-ospf-1]area 0
[PE2-ospf-1-area-0.0.0.0]network 23.1.1.0 0.0.0.255
[PE2-ospf-1-area-0.0.0.0]network 3.3.3.3 0.0.0.0
```

（3）查看 PE1 是否有 ISP 内部路由。

```
[PE1]display  ip routing-table
Route Flags: R - relay, D - download to fib
--------------------------------------------------------------------------
Routing Tables: Public
        Destinations : 11      Routes : 11
Destination/Mask    Proto   Pre  Cost  Flags NextHop   Interface
       1.1.1.1/32   Direct  0    0      D   127.0.0.1   LoopBack0
       2.2.2.2/32   OSPF    10   1      D   12.1.1.2   GigabitEthernet 0/0/1
       3.3.3.3/32   OSPF    10   2      D   12.1.1.2   GigabitEthernet 0/0/1
      12.1.1.0/24   Direct  0    0      D   12.1.1.1    GigabitEthernet 0/0/1
      12.1.1.1/32   Direct  0    0      D   127.0.0.1   GigabitEthernet 0/0/1
    12.1.1.255/32   Direct  0    0      D   127.0.0.1   GigabitEthernet 0/0/1
      23.1.1.0/24   OSPF    10   2      D   12.1.1.2   GigabitEthernet 0/0/1
      127.0.0.0/8   Direct  0    0      D   127.0.0.1   InLoopBack0
     127.0.0.1/32   Direct  0    0      D   127.0.0.1   InLoopBack0
127.255.255.255/32  Direct  0    0      D   127.0.0.1   InLoopBack0
255.255.255.255/32  Direct  0    0      D   127.0.0.1   InLoopBack0
```

可以看到，PE1 设备有 ISP 内部的路由。

（4）配置 ISP 内部的 MPLS 及 MPLS LDP，建立公网的 LSP 隧道。

PE1 的配置：

```
[PE1]mpls lsr-id 1.1.1.1
[PE1]mpls
[PE1]mpls  ldp
[PE1]interface g0/0/1
[PE1-GigabitEthernet0/0/1]mpls
```

```
[PE1-GigabitEthernet0/0/1]mpls ldp
```

P 的配置：

```
[P]mpls lsr-id 2.2.2.2
[P]mpls
[P]mpls  ldp
[P]interface g0/0/1
[P-GigabitEthernet0/0/1]mpls
[P-GigabitEthernet0/0/1]mpls ldp
[P]interface g0/0/0
[P-GigabitEthernet0/0/0]mpls
[P-GigabitEthernet0/0/0]mpls ldp
```

PE2 的配置：

```
[PE2]mpls lsr-id 3.3.3.3
[PE2]mpls
[PE2]mpls ldp
[PE2]interface g0/0/0
[PE2-GigabitEthernet0/0/0]mpls
[PE2-GigabitEthernet0/0/0]mpls ldp
```

查看 PE1 的 LSP 信息。

```
[PE1]display mpls  lsp
-------------------------------------------------------------------------------
               LSP Information: LDP LSP
-------------------------------------------------------------------------------
FEC                In/Out Label    In/Out IF                      Vrf Name
1.1.1.1/32          3/NULL         -/-
2.2.2.2/32          NULL/3         -/GE0/0/1
2.2.2.2/32          1024/3         -/GE0/0/1
3.3.3.3/32          NULL/1025      -/GE0/0/1
3.3.3.3/32          1025/1025      -/GE0/0/1
```

可以看到，PE 设备已经为 32 位的环回口地址分配了标签，并建立了 LSP 隧道。

（5）配置 VPN 实例，将接口加入 VPN 实例。

①在 PE1 和 PE2 上为不同的 VPN 配置 VPN 实例。在 ISP 中会接入很多不同的客户即 CE 设备，CE 设备的 IP 地址可能会出现冲突现象，因此配置不同的 VPN 实例可以将不同用户的路由放到不同的 VPN 实例路由表中，实现逻辑隔离。

PE1 的配置：

```
[PE1]ip vpn-instance vpn1              //创建 VPN 实例，命名为 vpn1
[PE1-vpn-instance-vpn1]ipv4-family    //进入 IPv4 地址族视图
[PE1-vpn-instance-vpn1-af-ipv4]route-distinguisher 100:1 //配置 RD 为 100:1
//配置 import、export RT 都为 100:1
[PE1-vpn-instance-vpn1-af-ipv4]vpn-target 100:1 both
[PE1]ip vpn-instance vpn2
[PE1-vpn-instance-vpn2]ipv4-family
[PE1-vpn-instance-vpn2-af-ipv4]route-distinguisher 200:1
```

```
[PE1-vpn-instance-vpn2-af-ipv4]vpn-target 200:1 both
```

PE2 的配置：

```
[PE2]ip vpn-instance vpn1
[PE2-vpn-instance-vpn1]ipv4-family
[PE2-vpn-instance-vpn1-af-ipv4]route-distinguisher 100:1
[PE2-vpn-instance-vpn1-af-ipv4]vpn-target 100:1 both
[PE2]ip vpn-instance vpn2
[PE2-vpn-instance-vpn2]ipv4-family
[PE2-vpn-instance-vpn2-af-ipv4]route-distinguisher 200:1
[PE2-vpn-instance-vpn2-af-ipv4]vpn-target 200:1 both
```

【技术要点】

- RD 的作用：用于标记 VPNv4 路由，BGP 传递 VPNv4 路由时会携带 RD 值，代表这是一条唯一的 VPNv4 路由。
- RT 的作用：用于控制 VPNv4 路由的接收，如果出方向 RT 等于对端设备入方向 RT，则接收路由，并将路由加入对应的 VPN 实例路由表中。

②将接口加入对应的 VPN 实例。

PE1 的配置：

```
[PE1]interface  g0/0/0
//将 GE0/0/0 接口绑定到 VPN 实例 VPN1 中
[PE1-GigabitEthernet0/0/0]ip binding  vpn-instance vpn1
[PE1-GigabitEthernet0/0/0]ip address  192.168.1.1 24
[PE1]interface  g0/0/2
//将 GE0/0/2 接口绑定到 VPN 实例 VPN2 中
[PE1-GigabitEthernet0/0/2]ip binding vpn-instance vpn2
[PE1-GigabitEthernet0/0/2]ip address  192.168.1.1 24
```

通过 display ip routing-table vpn-instance vpn1、display ip routing-table vpn-instance vpn2 查看不同 VPN 实例的路由表。可以看到，GE0/0/0 接口与 GE0/0/2 接口的直连路由虽然 IP 地址相同，但是属于不同 VPN 实例的路由表中，实现了逻辑隔离。

```
[PE1]display ip routing-table vpn-instance vpn1
Route Flags: R - relay, D - download to fib
------------------------------------------------------------------------------
Routing Tables: vpn1
         Destinations : 4        Routes : 4
Destination/Mask    Proto  Pre  Cost  Flags NextHop     Interface
    192.168.1.0/24  Direct  0    0      D   192.168.1.1 GigabitEthernet 0/0/0
    192.168.1.1/32  Direct  0    0      D   127.0.0.1   GigabitEthernet 0/0/0
  192.168.1.255/32  Direct  0    0      D   127.0.0.1   GigabitEthernet 0/0/0
255.255.255.255/32  Direct  0    0      D   127.0.0.1   InLoopBack0
```

```
[PE1]display ip routing-table vpn-instance vpn2
Route Flags: R - relay, D - download to fib
------------------------------------------------------------------------------
Routing Tables: vpn2
       Destinations : 4       Routes : 4
Destination/Mask    Proto   Pre  Cost  Flags NextHop     Interface
   192.168.1.0/24  Direct  0    0      D   192.168.1.1 GigabitEthernet 0/0/2
   192.168.1.1/32  Direct  0    0      D   127.0.0.1   GigabitEthernet 0/0/2
  192.168.1.255/32  Direct  0    0      D   127.0.0.1   GigabitEthernet 0/0/2
255.255.255.255/32  Direct 0    0      D   127.0.0.1   InLoopBack0
```

PE2 的配置：

```
[PE2]interface  g0/0/1
[PE2-GigabitEthernet0/0/1]ip binding vpn-instance vpn1
[PE2-GigabitEthernet0/0/1]ip address  172.16.1.1 24
[PE2]interface  g0/0/2
[PE2-GigabitEthernet0/0/2]ip binding vpn-instance vpn2
[PE2-GigabitEthernet0/0/2]ip address  172.16.1.1 24
```

（6）按照实验需求，配置 CE 和 PE 之间的路由协议。

PE1 的 ospf 配置：

```
[PE1]ospf 100 vpn-instance vpn1 //将 ospf 100 绑定到 vpn 实例 vpn1
[PE1-ospf-100]area 0
[PE1-ospf-100-area-0.0.0.0]network 192.168.1.0 0.0.0.255
```

CE1 的 OSPF 配置

```
[CE1]ospf 100
[CE1-ospf-100]area  0
[CE1-ospf-100-area-0.0.0.0]network  10.10.10.10 0.0.0.0
[CE1-ospf-100-area-0.0.0.0]network  192.168.1.0 0.0.0.255
```

等待邻居建立，查看 PE1 的 VPN 实例 VPN1 的路由表中能否学习到 CE1 的路由信息

```
[PE1]display  ip routing-table vpn-instance  vpn1
Route Flags: R - relay, D - download to fib
------------------------------------------------------------------------------
Routing Tables: vpn1
       Destinations : 5       Routes : 5
Destination/Mask    Proto  Pre  Cost  Flags NextHop     Interface
   10.10.10.10/32  OSPF    10   1      D   192.168.1.2 GigabitEthernet 0/0/0
   192.168.1.0/24  Direct  0    0      D   192.168.1.1 GigabitEthernet 0/0/0
   192.168.1.1/32  Direct  0    0      D   127.0.0.1   GigabitEthernet 0/0/0
  192.168.1.255/32 Direct  0    0      D   127.0.0.1   GigabitEthernet 0/0/0
255.255.255.255/32 Direct  0    0      D   127.0.0.1   InLoopBack0
```

可以看到，VPN 实例 VPN1 可以学习到 10.10.10.10/32 的路由信息。

PE2 的 OSPF 配置：

```
[PE2]ospf 100 vpn-instance  vpn1
[PE2-ospf-100]area  0
```

```
[PE2-ospf-100-area-0.0.0.0]network 172.16.1.0 0.0.0.255
```

CE2 的 OSPF 配置：

```
[CE2]ospf 100
[CE2-ospf-100]area 0
[CE2-ospf-100-area-0.0.0.0]network 172.16.1.0 0.0.0.255
[CE2-ospf-100-area-0.0.0.0]network 20.20.20.20 0.0.0.0
```

等待邻居建立，查看 PE2 的 VPN 实例 VPN1 的路由表中能否学习到 CE2 的路由信息。

```
[PE2]display  ip routing-table  vpn-instance  vpn1
Route Flags: R - relay, D - download to fib
------------------------------------------------------------------------------
Routing Tables: vpn1
         Destinations : 5       Routes : 5
Destination/Mask    Proto  Pre  Cost Flags NextHop    Interface
    20.20.20.20/32  OSPF    10   1    D     172.16.1.2  GigabitEthernet 0/0/1
     172.16.1.0/24  Direct  0    0    D     172.16.1.1  GigabitEthernet 0/0/1
     172.16.1.1/32  Direct  0    0    D     127.0.0.1   GigabitEthernet 0/0/1
   172.16.1.255/32  Direct  0    0    D     127.0.0.1   GigabitEthernet 0/0/1
255.255.255.255/32  Direct  0    0    D     127.0.0.1   InLoopBack0
```

可以看到，VPN 实例 VPN1 可以学习到 20.20.20.20/32 的路由信息。

PE1 的 BGP 配置：

```
[PE1]bgp 100
[PE1-bgp]ipv4-family vpn-instance vpn2           //进入 VPN 实例 VPN2 的地址族
[PE1-bgp-vpn2]peer 192.168.1.2 AS-Number 200     //配置与 CE3 的 EBGP 邻接关系
```

CE3 的 BGP 配置：

```
[CE3]bgp 200
[CE3-bgp]peer 192.168.1.1 as-number 100
[CE3-bgp]network 30.30.30.30 32
```

查看 PE1 和 CE3 的 BGP 邻接关系：

```
<PE1>display  bgp  vpnv4 all  peer
 BGP local router ID : 12.1.1.1
 Local AS number : 100
 Total number of peers : 1          Peers in established state : 1
  Peer         V       AS  MsgRcvd  MsgSent  OutQ  Up/Down     State PrefRcv
  Peer of IPv4-family for vpn instance:
 VPN-Instance vpn2, Router ID 12.1.1.1:
  192.168.1.2    4      200      17       17     0 00:14:37 Established     1
```

可以看到，设备之间建立了 VPN 实例的邻接关系。查看 PE1 的 VPN 实例 VPN2 的路由表中能否学习到 CE3 的路由信息：

```
[PE1]display  ip Routing-Table  VPN-Instance VPN2
Route Flags: R - relay, D - download to fib
------------------------------------------------------------------------------
Routing Tables: vpn2
         Destinations : 5       Routes : 5
```

```
Destination/Mask   Proto  Pre  Cost  Flags NextHop     Interface
   30.30.30.30/32  EBGP   255  0       D   192.168.1.2 GigabitEthernet 0/0/2
   192.168.1.0/24  Direct  0   0       D   192.168.1.1 GigabitEthernet 0/0/2
   192.168.1.1/32  Direct  0   0       D   127.0.0.1   GigabitEthernet 0/0/2
 192.168.1.255/32  Direct  0   0       D   127.0.0.1   GigabitEthernet 0/0/2
255.255.255.255/32 Direct  0   0       D   127.0.0.1      InLoopBack0
```

可以看到，VPN 实例 VPN2 可以学习到 30.30.30.30/32 的路由信息。再次查看 BGP 的 VPNv4 路由表：

```
[PE1]display BGP VPNv4 all Routing-Table
 BGP Local router ID is 12.1.1.1
 Status codes: * - valid, > - best, d - damped,
               h - history,  i - internal, s - suppressed, S - Stale
               Origin : i - IGP, e - EGP, ? - incomplete
 Total number of routes from all PE: 1
 Route Distinguisher: 200:1
       Network            NextHop        MED        LocPrf    PrefVal Path/Ogn
 *>   30.30.30.30/32     192.168.1.2     0                      0      200i
 VPN-Instance VPN2, Router ID 12.1.1.1:
 Total Number of Routes: 1
       Network            NextHop        MED        LocPrf    PrefVal Path/Ogn
 *>   30.30.30.30/32     192.168.1.2     0                      0      200i
```

可以看到，30.30.30.30/32 的路由直接导入了 BGP 的 VPNv4 路由表中，其中分为 RD 为 200:1 的路由，以及 VPN 实例 VPN2 的路由，那么怎样说明 CE1 的 10.10.10.10/32 的路由并没有出现在这张路由表中呢？

因为 CE1 和 PE1 之间运行的是 OSPF 协议，而刚才看到的表项为 VPNv4 的路由表，如果将 CE1 的路由导入 VPNv4 路由表中再传递给对端 PE2，那么 PE1 就必须在 BGP 中引入 OSPF 100 的路由，还要将 BGP 的路由引入 OSPF 100，将 VPNv4 路由传递给 CE1。

PE2 的 BGP 配置：

```
[PE2]bgp 100
[PE2-bgp]ipv4-family vpn-instance vpn2
[PE2-bgp-vpn2]peer  172.16.1.2 as-number 300
```

CE4 的 BGP 配置：

```
[CE4]bgp 300
[CE4-bgp]peer 172.16.1.1 as-number 100
[CE4-bgp]network 40.40.40.40 32
```

查看 PE2 的 VPNv4 路由：

```
[PE2]display bgp  vpnv4 all  routing-Table
 BGP Local Router ID is 23.1.1.2
 Status codes: * - valid, > - best, d - damped,
               h - history,  i - internal, s - suppressed, S - Stale
               Origin : i - IGP, e - EGP, ? - incomplete
 Total number of routes from all PE: 1
```

```
 Route Distinguisher: 200:1
      Network            NextHop        MED        LocPrf    PrefVal Path/Ogn
 *>   40.40.40.40/32    172.16.1.2      0                     0       300i
 VPN-Instance VPN2, Router ID 23.1.1.2:
 Total Number of Routes: 1
      Network            NextHop        MED        LocPrf    PrefVal Path/Ogn
 *>   40.40.40.40/32    172.16.1.2      0                     0       300i
```

（7）将 PE1、PE2 的 OSPF 100 的路由引入 BGP 中，把 VPN 实例 VPN1 的路由变为 VPNv4 路由，在（8）中使用 MP-BGP 传递给对端 PE，并将 BGP 的路由引入 OSPF 100 中。

PE1 的配置：

```
[PE1]bgp 100
[PE1-bgp]ipv4-family vpn-instance vpn1
//在 bgp 的 vpn 实例 vpn1 中引入 ospf 100 的路由
[PE1-bgp-vpn1]import-route  ospf 100
```

查看 PE1 的 VPNv4 路由表：

```
[PE1]Display  bgp  vpnv4 all  routing-Table
 BGP Local router ID is 12.1.1.1
 Status codes: * - valid, > - best, d - damped,
               h - history,  i - internal, s - suppressed, S - Stale
               Origin : i - IGP, e - EGP, ? - incomplete
 Total number of routes from all PE: 3
 Route Distinguisher: 100:1
      Network              NextHop       MED     LocPrf     PrefVal Path/Ogn
 *>   10.10.10.10/32       0.0.0.0       2                   0       ?
 *>   192.168.1.0          0.0.0.0       0                   0       ?
 Route Distinguisher: 200:1
      Network            NextHop        MED       LocPrf     PrefVal Path/Ogn
 *>   30.30.30.30/32     192.168.1.2     0                    0       200i
 VPN-Instance vpn1, Router ID 12.1.1.1:
 Total Number of Routes: 2
      Network              NextHop       MED      LocPrf     PrefVal Path/Ogn
 *>   10.10.10.10/32       0.0.0.0       2                    0       ?
 *>   192.168.1.0          0.0.0.0       0                    0       ?
 VPN-Instance VPN2, Router ID 12.1.1.1:
 Total Number of Routes: 1
      Network            NextHop        MED        LocPrf    PrefVal Path/Ogn
 *>   30.30.30.30/32     192.168.1.2     0                     0       200i
```

可以看到，10.10.10.10/32 的路由已经被导入 VPNv4 路由表中了。

将 BGP 的路由再次引入 OSPF 100 中，其目的是对端的 PE2 将 CE2 的路由发送给 BGP 时，再把 BGP 的路由引入 OSPF 100，PE1 就能将 CE2 的路由发送给 CE1 了。

PE1 的配置：

```
[PE1]ospf 100
[PE1-ospf-100]import-route  bgp
```

PE2 的配置：

```
[PE2]bgp 100
[PE2-bgp]ipv4-family vpn-instance vpn1
[PE2-bgp-vpn1]import-route  ospf 100
[PE2]ospf 100
[PE2-ospf-100]import-route bgp
```

（8）配置 PE1 和 PE2 之间的 MP-BGP，传递各个站点之间的 VPNv4 路由信息。

PE1 的配置：

```
[PE1]bgp 100
[PE1-bgp]peer 3.3.3.3 as-number 100
[PE1-bgp]peer 3.3.3.3 connect-interface LoopBack 0
[PE1-bgp]ipv4-family vpnv4                    //进入 VPNv4 地址族
[PE1-bgp-af-vpnv4]peer 3.3.3.3 enable    //使能 3.3.3.3 对等体的 VPNv4 邻接关系
```

PE2 的配置：

```
[PE2]bgp 100
[PE2-bgp]peer  1.1.1.1 as-number 100
[PE2-bgp]peer  1.1.1.1 connect-interface LoopBack 0
[PE2-bgp]ipv4-family vpnv4
[PE2-bgp-af-vpnv4]peer  1.1.1.1 enable
```

查看 VPNv4 邻居的建立情况：

```
[PE1]display  bgp  vpnv4 all  peer
 BGP local router ID : 12.1.1.1
 Local AS number : 100
 Total number of peers : 2        Peers in established state : 2
  Peer            V         AS  MsgRcvd  MsgSent  OutQ  Up/Down     State Pre
fRcv
  3.3.3.3         4        100        6        6     0 00:01:49 Established
   3
  Peer of IPv4-family for vpn instance :
 VPN-Instance vpn2, Router ID 12.1.1.1:
  192.168.1.2     4        200       38       40     0 00:36:01 Established
```

可以看到，PE1 和 PE2 已经建立了 MP-BGP 邻接关系。

查看对端的 VPNv4 路由是否传递：

```
[PE1]display  bgp vpnv4 all  routing-table
 BGP Local router ID is 12.1.1.1
 Status codes: * - valid, > - best, d - damped,
               h - history,  i - internal, s - suppressed, S - Stale
               Origin : i - IGP, e - EGP, ? - incomplete
 Total number of routes from all PE: 6
 Route Distinguisher: 100:1
       Network            NextHop         MED        LocPrf    PrefVal Path/Ogn
 *>   10.10.10.10/32      0.0.0.0         2                      0      ?
 *>i  20.20.20.20/32      3.3.3.3         2          100         0      ?
```

```
 *>i  172.16.1.0/24       3.3.3.3      0          100          0      ?
 *>   192.168.1.0         0.0.0.0      0                       0      ?
 Route Distinguisher: 200:1
      Network            NextHop        MED        LocPrf    PrefVal Path/Ogn
 *>   30.30.30.30/32      192.168.1.2 0                        0      200i
 *>i  40.40.40.40/32      3.3.3.3      0          100          0      300i
 VPN-Instance vpn1, Router ID 12.1.1.1:
 Total Number of Routes: 4
      Network            NextHop        MED        LocPrf    PrefVal Path/Ogn
 *>   10.10.10.10/32      0.0.0.0      2                       0      ?
 *>i  20.20.20.20/32      3.3.3.3      2          100          0      ?
 *>i  172.16.1.0/24       3.3.3.3      0          100          0      ?
 *>   192.168.1.0         0.0.0.0      0                       0      ?
 VPN-Instance vpn2, Router ID 12.1.1.1:
 Total Number of Routes: 2
      Network            NextHop        MED        LocPrf    PrefVal Path/Ogn
 *>   30.30.30.30/32      192.168.1.2 0                        0      200i
 *>i  40.40.40.40/32      3.3.3.3      0          100          0      300i
```

可以看到，VPNv4 路由中的 VPN 实例 VPN1、VPN2 中各自携带各个站点的路由信息。

查看 CE1 的路由：

```
<CE1>display ip routing-table protocol ospf
Route Flags: R - relay, D - download to fib
------------------------------------------------------------------------------
Public routing table : OSPF
        Destinations : 2        Routes : 2
OSPF routing table status : <Active>
        Destinations : 2        Routes : 2
Destination/Mask    Proto   Pre  Cost  Flags NextHop    Interface
   20.20.20.20/32  OSPF    10   3      D   192.168.1.1  GigabitEthernet 0/0/0
    172.16.1.0/24  O_ASE   150  1      D   192.168.1.1  GigabitEthernet 0/0/0
```

可以看到，CE1 学习到了 CE2 的路由信息。

```
<CE3>Display ip routing-table protocol bgp
Route Flags: R - relay, D - download to fib
------------------------------------------------------------------------------
Public routing table : BGP
          Destinations : 1        Routes : 1
BGP routing table status : <Active>
          Destinations : 1        Routes : 1
Destination/Mask   Proto  Pre  Cost  Flags NextHop   Interface
   40.40.40.40/32 EBGP   255  0      D   192.168.1.1 GigabitEthernet 0/0/0
```

可以看到，CE3 学习到了 CE4 的路由信息。

（9）测试网络连通性，理解 MPLS VPN 的转发流程。

```
<CE1>ping 20.20.20.20
  PING 20.20.20.20: 56  data bytes, press CTRL_C to break
```

```
  Reply from 20.20.20.20: bytes=56 Sequence=1 ttl=252 time=60 ms
  Reply from 20.20.20.20: bytes=56 Sequence=2 ttl=252 time=40 ms
  Reply from 20.20.20.20: bytes=56 Sequence=3 ttl=252 time=30 ms
  Reply from 20.20.20.20: bytes=56 Sequence=4 ttl=252 time=40 ms
  Reply from 20.20.20.20: bytes=56 Sequence=5 ttl=252 time=40 ms
 --- 20.20.20.20 ping statistics ---
  5 packet(s) transmitted
  5 packet(s) received
  0.00% packet loss
  Round-Trip MIN/AVG/MAX = 30/42/60 ms
```

```
<CE3>ping -a 30.30.30.30 40.40.40.40
 PING 40.40.40.40: 56  Data Bytes, Press CTRL_C to break
  Reply from 40.40.40.40: Bytes=56 Sequence=1 Ttl=252 Time=40 ms
  Reply from 40.40.40.40: Bytes=56 Sequence=2 Ttl=252 Time=30 ms
  Reply from 40.40.40.40: Bytes=56 Sequence=3 Ttl=252 Time=40 ms
  Reply from 40.40.40.40: Bytes=56 Sequence=4 Ttl=252 Time=30 ms
  Reply from 40.40.40.40: Bytes=56 Sequence=5 Ttl=252 Time=30 ms
 --- 40.40.40.40 ping statistics ---
  5 packet(s) transmitted
  5 packet(s) received
  0.00% packet loss
  round-trip min/avg/max = 30/34/40 ms
```

测试结果表明，CE1 能访问 CE2，CE3 能访问 CE4。那么具体的通信过程是怎样的呢？我们根据以下几个表项了解一下，这里以 CE1 访问 20.20.20.20/32 的目标网段为例。

查看私网路由的标签分配情况：

```
<PE1>display  bgp  vpnv4 all  routing-table label
-----------------------------------------------------------------
 VPN-Instance vpn1, Router ID 12.1.1.1:
 Total Number of Routes: 2
       Network           NextHop           In/Out Label
 *>i    20.20.20.20       3.3.3.3           NULL/1028
 *>i    172.16.1.0        3.3.3.3           NULL/1027
 VPN-Instance vpn2, Router ID 12.1.1.1:
 Total Number of Routes: 1
       Network           NextHop           In/Out Label
 *>i    40.40.40.40       3.3.3.3           NULL/1026
```

可以看到，PE2 为 20.20.20.20/32 分配了私网标签 1028。

查看公网路由的标签分配情况：

```
<PE1>display mpls  lsp
-------------------------------------------------------------------------
                  LSP Information: BGP  LSP
-------------------------------------------------------------------------
FEC                In/Out Label  In/Out IF                      Vrf Name
```

```
30.30.30.30/32     1026/NULL    -/-                  vpn2
192.168.1.0/24     1027/NULL    -/-                  vpn1
10.10.10.10/32     1028/NULL    -/-                  vpn1
------------------------------------------------------------
                LSP Information: LDP LSP
------------------------------------------------------------
FEC                In/Out Label  In/Out IF           Vrf Name
1.1.1.1/32          3/NULL       -/-
2.2.2.2/32          NULL/3       -/GE0/0/1
2.2.2.2/32          1024/3       -/GE0/0/1
3.3.3.3/32          NULL/1025     -/GE0/0/1
3.3.3.3/32          1025/1025     -/GE0/0/1
```

通过上述表项内容可知，PE1 收到目标网段为 20.20.20.20 的数据时，先分配私网标签 1028，下一跳为 3.3.3.3。因此将迭代进入 MPLS LDP 建立的公网 LSP 隧道。出标签为 1025，因此内层标签为私网标签 1027、出标签为公网标签 1025。

CE1 访问 20.20.20.20/32 的同时在 PE1 的 GE0/0/1 接口抓包，抓包结果如图 24-8 所示。

```
> Frame 12: 106 bytes on wire (848 bits), 106 bytes captured (848 bits) on interface -, id 0
> Ethernet II, Src: HuaweiTe_43:3f:18 (00:e0:fc:43:3f:18), Dst: HuaweiTe_9e:77:c2 (00:e0:fc:9e:77:c2)
> MultiProtocol Label Switching Header, Label: 1025, Exp: 0, S: 0, TTL: 254  外层标签，由LDP分配
> MultiProtocol Label Switching Header, Label: 1028, Exp: 0, S: 1, TTL: 254  内层标签，由BGP分配
> Internet Protocol Version 4, Src: 192.168.1.2, Dst: 20.20.20.20
> Internet Control Message Protocol
```

图 24-8　PE1 的 GE0/0/1 接口抓包结果

因此，20.20.20.20/32 数据可以通过外层标签（MPLS LSP 隧道）发送到 PE2，PE2 再查看内层标签 1028，通过 MPLS 标签的表项决定发往哪个 VPN 实例。从 PE2 的 MPLS 标签交换路径可知，入标签为 1028 的数据将发往 VPN1。

```
<PE2>display mpls  lsp
------------------------------------------------------------
                LSP Information: BGP  LSP
------------------------------------------------------------
FEC                In/Out Label  In/Out IF           Vrf Name
40.40.40.40/32      1026/NULL    -/-                 vpn2
172.16.1.0/24       1027/NULL    -/-                 vpn1
20.20.20.20/32      1028/NULL    -/-                 vpn1
------------------------------------------------------------
                LSP Information: LDP LSP
------------------------------------------------------------
FEC                In/Out Label  In/Out IF           Vrf Name
1.1.1.1/32          NULL/1024     -/GE0/0/0
1.1.1.1/32          1024/1024     -/GE0/0/0
2.2.2.2/32          NULL/3       -/GE0/0/0
2.2.2.2/32          1025/3       -/GE0/0/0
3.3.3.3/32          3/NULL       -/-
```

查看 PE2 的 VPN 实例 VPN1 的路由表：

```
[PE2]display ip routing-table vpn-instance vpn1
Route Flags: R - relay, D - download to fib
------------------------------------------------------------------------------
Routing Tables: vpn1
       Destinations : 7        Routes : 7
Destination/Mask     Proto  Pre  Cost  Flags NextHop    Interface
   10.10.10.10/32    IBGP    255  2     RD   1.1.1.1     GigabitEthernet0/0/0
   20.20.20.20/32    OSPF    10   1     D   172.16.1.2   GigabitEthernet0/0/1
    172.16.1.0/24    Direct  0    0     D   172.16.1.1   GigabitEthernet0/0/1
    172.16.1.1/32    Direct  0    0     D   127.0.0.1    GigabitEthernet0/0/1
  172.16.1.255/32    Direct  0    0     D   127.0.0.1    GigabitEthernet0/0/1
   192.168.1.0/24    IBGP    255  0     RD   1.1.1.1     GigabitEthernet0/0/0
255.255.255.255/32   Direct  0    0     D   127.0.0.1    InLoopBack0
```

最终 PE2 查看 VPN1 的路由表可以将数据从 GE0/0/1 接口发出，发往 172.16.1.2（即 CE2）。

24.5.2　实验 2：配置 MPLS VPN 基本组网——hub and spoke

扫一扫，看视频

1. 实验需求

CE1 为某公司的总部，CE2、CE3 为某公司的分部，如图 24-9 所示。现在要求总部和分部之间通过 MPLS VPN 实现私网的互访，并且要求分部之间互访的流量必须经过总部。

（1）AS 400 为 ISP 网络，其中 IGP 协议使用 OSPF。

（2）CE 和 PE 之间运行 BGP 协议。

2. 实验目的

（1）掌握 hub and spoke 的基本配置方法。

（2）掌握 hub and spoke 的工作原理。

3. 实验拓扑

配置 MPLS VPN 基本组网——hub and spoke 的实验拓扑如图 24-9 所示。

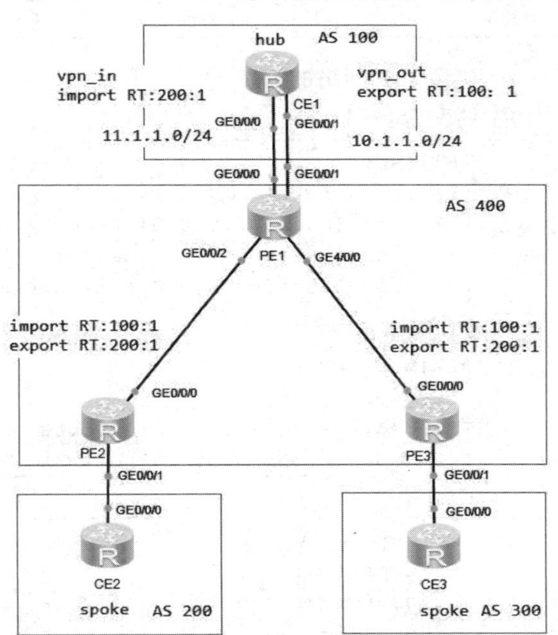

图 24-9　配置 MPLS VPN 基本组网——hub and spoke 的实验拓扑

4. 实验步骤

（1）配置 IP 地址。IP 地址规划如表 24-2 所示。

表 24-2　配置 MPLS VPN 基本组网——hub and spoke 实验 IP 地址规划表

设备名称	接口编号	IP 地址	所属 VPN 实例
PE1	GE0/0/0	11.1.1.1/24	VPN_in
PE1	GE0/0/1	10.1.1.2/24	VPN_out
PE1	GE0/0/2	10.0.12.1/24	
PE1	GE4/0/0	10.0.13.1/24	
PE1	LoopBack 0	1.1.1.1/32	
PE2	GE0/0/0	10.0.12.2/24	
PE2	GE0/0/1	22.1.1.1/24	VPN1
PE2	LoopBack 0	2.2.2.2/32	
PE3	GE0/0/0	10.0.13.2/24	
PE3	GE0/0/1	33.1.1.1/24	VPN1
PE3	LoopBack 0	3.3.3.3/32	
CE1	GE0/0/0	11.1.1.2/24	
CE1	GE0/0/1	10.1.1.2/24	
CE1	LoopBack 0	10.10.10.10/32	
CE2	GE0/0/0	22.1.1.2/24	
CE2	LoopBack 0	20.20.20.20/32	
CE3	GE0/0/0	33.1.1.2/24	
CE3	LoopBack 0	30.30.30.30/32	

（2）配置 ISP 网络的 IGP 协议。

PE1 的配置：

```
[PE1]ospf
[PE1-ospf-1]area  0
[PE1-ospf-1-area-0.0.0.0]network  10.0.12.0 0.0.0.255
[PE1-ospf-1-area-0.0.0.0]network  10.0.13.0 0.0.0.255
[PE1-ospf-1-area-0.0.0.0]network  1.1.1.1 0.0.0.0
```

PE2 的配置：

```
[PE2]ospf
[PE2-ospf-1]area  0
[PE2-ospf-1-area-0.0.0.0]network  10.0.12.0 0.0.0.255
[PE2-ospf-1-area-0.0.0.0]network  2.2.2.2 0.0.0.0
```

PE3 的配置：

```
[PE3]ospf
[PE3-ospf-1]area 0
[PE3-ospf-1-area-0.0.0.0]network  10.0.13.0 0.0.0.255
[PE3-ospf-1-area-0.0.0.0]network 3.3.3.3 0.0.0.0
```

查看 PE1 的路由表：

```
[PE1]display ip routing-table
```

```
Route Flags: R - relay, D - download to fib
------------------------------------------------------------------------------
Routing Tables: Public
        Destinations : 13       Routes : 13
Destination/Mask    Proto   Pre  Cost  Flags NextHop    Interface
       1.1.1.1/32   Direct  0    0      D   127.0.0.1   LoopBack0
       2.2.2.2/32   OSPF    10   1      D   10.0.12.2   GigabitEthernet0/0/2
       3.3.3.3/32   OSPF    10   1      D   10.0.13.2   GigabitEthernet4/0/0
     10.0.12.0/24   Direct  0    0      D   10.0.12.1   GigabitEthernet0/0/2
     10.0.12.1/32   Direct  0    0      D   127.0.0.1   GigabitEthernet0/0/2
   10.0.12.255/32   Direct  0    0      D   127.0.0.1   GigabitEthernet0/0/2
     10.0.13.0/24   Direct  0    0      D   10.0.13.1   GigabitEthernet4/0/0
     10.0.13.1/32   Direct  0    0      D   127.0.0.1   GigabitEthernet4/0/0
   10.0.13.255/32   Direct  0    0      D   127.0.0.1   GigabitEthernet4/0/0
     127.0.0.0/8    Direct  0    0      D   127.0.0.1   InLoopBack0
     127.0.0.1/32   Direct  0    0      D   127.0.0.1   InLoopBack0
127.255.255.255/32  Direct  0    0      D   127.0.0.1   InLoopBack0
255.255.255.255/32  Direct  0    0      D   127.0.0.1   InLoopBack0
```

可以看到，PE1 能够学习到 PE2 和 PE3 的环回口路由。

（3）配置 ISP 内部的 MPLS 及 MPLS LDP，建立公网的 LSP 隧道。

PE1 的配置：

```
[PE1]mpls lsr-id 1.1.1.1
[PE1]mpls
[PE1-mpls]q
[PE1]mpls ldp
[PE1]interface  g0/0/2
[PE1-GigabitEthernet0/0/2]mpls
[PE1-GigabitEthernet0/0/2]mpls ldp
[PE1-GigabitEthernet0/0/2]q
[PE1]interface g4/0/0
[PE1-GigabitEthernet4/0/0]mpls
[PE1-GigabitEthernet4/0/0]mpls ldp
```

PE2 的配置：

```
[PE2]mpls lsr-id 2.2.2.2
[PE2]mpls
[PE2-mpls]q
[PE2]mpls ldp
[PE2]interface g0/0/0
[PE2-GigabitEthernet0/0/0]mpls
[PE2-GigabitEthernet0/0/0]mpls ldp
```

PE3 的配置：

```
[PE3]mpls lsr-id 3.3.3.3
[PE3]mpls
[PE3-mpls]q
```

```
[PE3]mpls ldp
[PE3]interface g0/0/0
[PE3-GigabitEthernet0/0/0]mpls
[PE3-GigabitEthernet0/0/0]mpls ldp
```

查看 MPLS LSP 的建立情况：

```
[PE1]display mpls lsp
-------------------------------------------------------------------------
                LSP Information: LDP LSP
-------------------------------------------------------------------------
FEC                In/Out Label  In/Out IF                    Vrf Name
2.2.2.2/32          NULL/3        -/GE0/0/2
2.2.2.2/32          1024/3        -/GE0/0/2
1.1.1.1/32          3/NULL        -/-
3.3.3.3/32          NULL/3        -/GE4/0/0
3.3.3.3/32          1025/3        -/GE4/0/0
```

（4）配置 VPN 实例，将接口加入 VPN 实例。

PE1 的配置：

```
[PE1]ip vpn-instance vpn_in       //创建 VPN 实例 vpn_in，用于接收分部的路由
[PE1-vpn-instance-vpn_in]route-distinguisher 100:1
//配置入 RT 为 200：1
[PE1-vpn-instance-vpn_in-af-ipv4]vpn-target 200:1 import-extcommunity
[PE1]ip vpn-instance vpn_out      //创建 VPN 实例 vpn_in，用于发送路由
[PE1-vpn-instance-vpn_out]route-distinguisher 100:2
//配置出 RT 为 100：1
[PE1-vpn-instance-vpn_out-af-ipv4]vpn-target 100:1 export-extcommunity
[PE1]int g0/0/0
//将 GE0/0/0 接口绑定到实例 vpn_in
[PE1-GigabitEthernet0/0/0]ip binding vpn-instance vpn_in
[PE1-GigabitEthernet0/0/0]ip address 11.1.1.1 24
[PE1]interface g0/0/1
//将 GE0/0/1 接口绑定到实例 vpn_out
[PE1-GigabitEthernet0/0/1]ip binding vpn-instance vpn_out
[PE1-GigabitEthernet0/0/1]ip address 10.1.1.1 24
```

PE2 的配置：

```
[PE2]ip vpn-instance vpn1
[PE2-vpn-instance-vpn1]route-distinguisher 200:1
//配置入 RT 为 100:1，此处需要与 Hub 节点的 PE 中的 vpn_out 对应
[PE2-vpn-instance-vpn1-af-ipv4]vpn-target 100:1 import-extcommunity
//配置出 RT 为 200:1，此处需要与 Hub 节点的 PE 中的 vpn_in 对应
[PE2-vpn-instance-vpn1-af-ipv4]vpn-target 200:1 export-extcommunity
[PE2]interface g0/0/1
[PE2-GigabitEthernet0/0/1]ip binding vpn-instance vpn1
[PE2-GigabitEthernet0/0/1]ip address 22.1.1.1 24
```

PE3 的配置：

```
[PE3]ip vpn-instance vpn1
[PE3-vpn-instance-vpn1]route-distinguisher 300:1
//配置入 RT 为 100:1，此处需要与 Hub 节点的 PE 中的 VPN_out 对应
[PE3-vpn-instance-vpn1-af-ipv4]vpn-target 200:1 export-extcommunity
//配置出 RT 为 200:1，此处需要与 Hub 节点的 PE 中的 VPN_in 对应
[PE3-vpn-instance-vpn1-af-ipv4]vpn-target 100:1 import-extcommunity
[PE3]interface g0/0/1
[PE3-GigabitEthernet0/0/1]ip binding vpn-instance vpn1
[PE3-GigabitEthernet0/0/1]ip address 33.1.1.1 24
```

此处 RT 值的配置规则如下。

Spoke-PE 的入 RT 必须与 Hub-PE 的 VPN_out 相同，Spoke-PE 的出 RT 必须与 Hub-PE 的 VPN_in 相同。Hub-PE 的 VPN_in 用于接收 Spoke 路由给 Hub 节点，Hub-PE 的 VPN_out 用于接收 Hub 节点的路由，然后再发送给 Spoke-PE。

（5）配置 PE 和 CE 的 BGP 路由协议。

CE1 的配置：

```
[CE1]bgp 100
[CE1-bgp]peer  11.1.1.1 as-number 400
[CE1-bgp]peer  10.1.1.1 as-number 400
[CE1-bgp]network  10.10.10.10 32
```

PE1 的配置：

```
[PE1]bgp  400
[PE1-bgp]ipv4-family vpnv4
[PE1-bgp]ipv4-family vpn-instance vpn_in
[PE1-bgp-vpn_in]peer  11.1.1.2 as-number 100
[PE1-bgp-vpn_in]q
[PE1-bgp]ipv4-family vpn-instance vpn_out
[PE1-bgp-vpn_out]peer 10.1.1.2 as-number 100
```

查看 PE1 的 BGP 邻接关系：

```
[PE1]display  bgp  vpnv4 all  peer
 BGP local router ID : 10.0.12.1
 Local AS number : 400
 Total number of peers : 2               Peers in established state : 2
  Peer          V       AS  MsgRcvd  MsgSent  OutQ  Up/Down     State PrefRcv
  Peer of IPv4-family for vpn instance :
 VPN-Instance vpn_in, Router ID 10.0.12.1:
  11.1.1.2        4      100        4      3     0 00:01:31 Established       1
 VPN-Instance vpn_out, Router ID 10.0.12.1:
  10.1.1.2        4      100        4      3     0 00:01:19 Established       1
```

显示结果为 PE1 分别通过 VPN_in 和 VPN_out 与 11.1.1.2、10.1.1.2 建立了 BGP 邻接关系。

CE2 的配置：

```
[CE2]bgp 200
```

```
[CE2-bgp]peer 22.1.1.1 as-number 400
[CE2-bgp]network 20.20.20.20 32
```

PE2 的配置：

```
[PE2]bgp 400
[PE2-bgp]ipv4-family vpn-instance vpn1
[PE2-bgp-vpn1]peer 22.1.1.2 as-number 200
```

查看 PE2 的 BGP 邻接关系：

```
[PE2]display bgp vpnv4 all  peer
 BGP local router ID : 10.0.12.2
 Local AS number : 400
 Total number of peers : 1                 Peers in established state : 1
  Peer            V       AS  MsgRcvd  MsgSent  OutQ  Up/Down     State PrefRcv
  Peer of IPv4-family for vpn instance :
 VPN-Instance vpn1, Router ID 10.0.12.2:
  22.1.1.2        4      200        5        4     0 00:02:36 Established   1
```

CE3 的配置：

```
[CE3]bgp 300
[CE3-bgp]peer 33.1.1.1 as-number 400
[CE3-bgp]network 30.30.30.30 32
```

PE3 的配置：

```
[PE3]bgp 400
[PE3-bgp]ipv4-family vpn-instance vpn1
[PE3-bgp-vpn1]peer  33.1.1.2 as-number 300
```

查看 PE3 的 BGP 邻接关系：

```
[PE3]Display bgp vpnv4 all peer
 BGP local router ID : 10.0.13.2
 Local AS number : 400
 Total number of peers : 1                 Peers in established state : 1
  Peer            V     AS  MsgRcvd  MsgSent  OutQ  Up/Down       State PrefRcv
  Peer of IPv4-family for vpn instance :
 VPN-Instance VPN1, Router ID 10.0.13.2:
  33.1.1.2        4    300        4        3     0 00:01:17 Established       1
```

（6）配置 Spoke-PE 和 Hub-PE 之间的 MP-BGP 邻接关系。

PE1 的配置：

```
[PE1]bgp 400
[PE1-bgp]peer 2.2.2.2 as-number 400
[PE1-bgp]peer 2.2.2.2 connect-interface LoopBack 0
[PE1-bgp]peer 3.3.3.3 as-number 400
[PE1-bgp]peer 3.3.3.3 connect-interface LoopBack 0
[PE1-bgp]ipv4-family vpnv4
[PE1-bgp-af-vpnv4]peer 2.2.2.2 enable
[PE1-bgp-af-vpnv4]peer 3.3.3.3 enable
```

PE2 的配置：

```
[PE2]bgp 400
[PE2-bgp]peer 1.1.1.1 as-number 100
[PE2-bgp]peer 1.1.1.1 connect-interface LoopBack 0
[PE2-bgp]ipv4-family vpnv4
[PE2-bgp-af-vpnv4]peer 1.1.1.1 enable
```

PE3 的配置：

```
[PE3]bgp 400
[PE3-bgp] peer 1.1.1.1 as-number 100
[PE3-bgp] peer 1.1.1.1 connect-interface LoopBack0
[PE3-bgp] ipv4-family vpnv4
[PE3-bgp-af-vpnv4] peer 1.1.1.1 enable
```

查看 PE1 的 VPNv4 邻接关系：

```
[PE1]display bgp vpnv4 all peer
 BGP local router ID : 10.0.12.1
 Local AS number : 400
 Total number of peers : 4              Peers in established state : 4
  Peer            V     AS  MsgRcvd  MsgSent  OutQ  Up/Down      State PrefRcv
  2.2.2.2          4    400    3        5     0 00:00:47 Established     1
  3.3.3.3          4    400    3        7     0 00:00:03 Established     1
  Peer of IPv4-family for vpn instance :
 VPN-Instance vpn_in, Router ID 10.0.12.1:
  11.1.1.2         4    100    23       22     0 00:18:48 Established     1
 VPN-Instance vpn_out, Router ID 10.0.12.1:
  10.1.1.2         4    100    23       20     0 00:18:36 Established     1
```

结果表明 PE1 分别和 PE2（2.2.2.2）、PE3（3.3.3.3）建立了 MP-BGP 的邻接关系。

查看 PE1 的 VPNv4 路由表：

```
[PE1]display bgp vpnv4 all routing-table
 BGP Local router ID is 10.0.12.1
 Status codes: * - valid, > - best, d - damped,
               h - history,  i - internal, s - suppressed, S - Stale
               Origin : i - IGP, e - EGP, ? - incomplete
 -----------------------此处省略前面一部分路由信息
 VPN-Instance vpn_in, Router ID 10.0.12.1:
 Total Number of Routes: 3
      Network            NextHop        MED        LocPrf    PrefVal Path/Ogn
 *>   10.10.10.10/32     11.1.1.2        0                      0      100i
 *>i  20.20.20.20/32     2.2.2.2         0          100         0      200i
 *>i  30.30.30.30/32     3.3.3.3         0          100         0      300i
 VPN-Instance vpn_out, Router ID 10.0.12.1:
 Total Number of Routes: 1
      Network            NextHop        MED        LocPrf     PrefVal Path/Ogn
 *>   10.10.10.10/32     10.1.1.2        0                       0      100i
```

结果表明，在 VPN_in 的路由中，学习到了各个 CE 节点的路由信息，但是在 VPN_out 的路由中，并没有学习到 Spoke-CE 的路由信息。

⌘【思考】为什么 vpn_out 节点无法学习到 Spoke-CE 的路由信息？如何解决该问题？

以路由从 Spoke-CE2 发布到 Spoke-CE3 为例，大体过程如下：

①Spoke-CE2 通过 EBGP 将路由发布给 Spoke-PE2。

②Spoke-PE2 通过 IBGP 将该路由发布给 Hub-PE1。

③Hub-PE1 通过 VPN 实例（VPN_in）的 Import Target 属性将该路由引入 VPN_in 路由表，并通过 EBGP 发布给 Hub-CE1。

④Hub-CE1 通过 EBGP 连接学习到该路由，并通过另一个 EBGP 连接将该路由发布给 Hub-PE1 的 VPN 实例（VPN_out）。

⑤Hub-PE1 发布携带 VPN_out 的 Export Target 属性的路由给所有 Spoke-PE。

⑥Spoke-PE3 通过 EBGP 将该路由发布给 Spoke-CE3。

当执行到步骤④时，20.20.20.20/32 路由的 AS-Path 属性为 400 200，再次发送给 PE1，由于 PE1 为 AS 400，基于 BGP 的防环规则，收到 AS-Path 属性包括本地的 AS 号的路由时，将不接收路由。

在 CE1 上虽然可以看到路由信息，但是 PE1 却无法通过实例 VPN_out 学习到其他 CE 的路由信息。如下：

```
<CE1>display  bgp  routing-table
 BGP Local router ID is 11.1.1.2
 Status codes: * - valid, > - best, d - damped,
               h - history,  i - internal, s - suppressed, S - Stale
               Origin : i - IGP, e - EGP, ? - incomplete
 Total Number of Routes: 3
      Network            NextHop        MED        LocPrf    PrefVal Path/Ogn
 *>   10.10.10.10/32      0.0.0.0         0                     0      i
 *>   20.20.20.20/32      11.1.1.1                              0      400 200i
 *>   30.30.30.30/32      11.1.1.1                              0      400 300i
```

在 PE1 上使用如下配置即可解决该问题。

PE1 的配置：

```
[PE1]bgp 400
[PE1-bgp]ipv4-family vpn-instance vpn_out
//配置从 10.1.1.2 收到路由时，能够与本地 AS 号重复的次数，默认为 1 次
[PE1-bgp-vpn_out]peer  10.1.1.2 allow-as-loop
```

再次查看 PE1 的 BGP 实例 VPN_out 路由表：

```
[PE1]display bgp vpnv4 vpn-instance vpn_out routing-table
 BGP Local router ID is 10.0.12.1
 Status codes: * - valid, > - best, d - damped,
               h - history,  i - internal, s - suppressed, S - Stale
```

```
             Origin : i - IGP, e - EGP, ? - incomplete
VPN-Instance vpn_out, Router ID 10.0.12.1:
Total Number of Routes: 3
     Network            NextHop        MED        LocPrf    PrefVal Path/Ogn
*>   10.10.10.10/32      10.1.1.2       0                    0       100i
*>   20.20.20.20/32      10.1.1.2                            0       100 400 200i
*>   30.30.30.30/32      10.1.1.2                            0       100 400 300i
```

此时 PE1 的 VPN_out 能够学习到 Spoke-CE 发布的路由信息。

查看 CE2 的 BGP 路由表：

```
<CE2>display  bgp  routing-table
 BGP Local router ID is 22.1.1.2
 Status codes: * - valid, > - best, d - damped,
              h - history,  i - internal, s - suppressed, S - Stale
              Origin : i - IGP, e - EGP, ? - incomplete
 Total Number of Routes: 3
      Network            NextHop      MED   LocPrf    PrefVal Path/Ogn
 *>   10.10.10.10/32     22.1.1.1                         0      400 100i
 *>   20.20.20.20/32     0.0.0.0        0                 0      i
 *>   30.30.30.30/32     22.1.1.1                         0      400 100 400 300i
```

结果表明，用于 Hub 节点 10.10.10.10/32 的路由，也拥有 Spoke 节点 30.30.30.30/32 的路由，不过 AS-Path 为 400 100 400 300，说明去往 Spoke 节点，需要经过 Hub 节点转发。

测试 CE2 去往 CE3 的流量路径：

```
<CE2>tracert -a 20.20.20.20 30.30.30.30
 traceroute to  30.30.30.30(30.30.30.30), max hops: 30 ,packet length:
 40,press CTRL_C to break
 1 22.1.1.1 30 ms  20 ms  10 ms
 2 10.1.1.1 30 ms  30 ms  30 ms
 3 10.1.1.2 40 ms  40 ms  30 ms
 4 11.1.1.1 40 ms  40 ms  40 ms
 5 33.1.1.1 50 ms  60 ms  50 ms
 6 33.1.1.2 50 ms  60 ms  50 ms
```

结果表明，流量路径为 CE2—PE2—PE1—CE1—PE1—PE3—CE3。Spoke 节点互访的数据都将经过 Hub 节点，能够更加方便流量信息的管控。

24.5.3　实验 3：配置 MPLS VPN 基本组网——MCE

1．实验需求

某公司需要通过 MPLS VPN 实现总部和分部的互访，并且要实现不同部门之间的业务隔离，为了节省开支，总公司使用 MCE 设备接入不同的部门。要求分公司 A 只能访问总公司的部门 A，分公司 B 只能访问总公司的部门 B。

（1）CE1 和 CE3 为分公司 A 和分公司 B 的 CE 设备。

（2）MCE 作为 VPN 多实例设备接入总公司的部门 A 和部门 B。

（3）分公司 A 和部门 A 属于 VPN 实例 VPN1、分公司 B 和部门 B 属于 VPN 实例 VPN2。要求相同的 VPN 实例能够互访，不同的 VPN 实例不能互访。

2．实验目的

掌握 MCE 的应用场景和基本配置。

3．实验拓扑

配置 MPLS VPN 基本组网——MCE 的实验拓扑如图 24-10 所示。

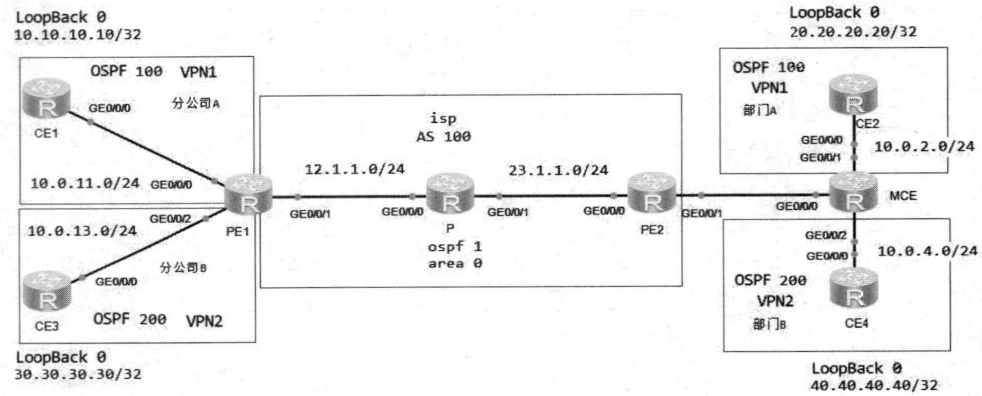

图 24-10　配置 MPLS VPN 基本组网——MCE 的实验拓扑

4．实验步骤

（1）配置接口 IP 地址，IP 地址规划如表 24-3 所示。

表 24-3　配置 MPLS VPN 基本组网——MCE 实验 IP 地址规划表

设备名称	接口编号	IP 地址	所属 VPN 实例
PE1	GE0/0/0	10.0.11.1/24	VPN1
PE1	GE0/0/1	12.1.1.1/24	
PE1	GE0/0/2	10.0.13.1/24	VPN2
PE1	LoopBack 0	1.1.1.1/32	
PE2	GE0/0/0	23.1.1.2/24	
PE2	GE0/0/1.10	10.0.100.1/24	VPN1
PE2	GE0/0/1.20	10.0.101.1/24	VPN2
PE2	LoopBack 0	3.3.3.3/32	
P	GE0/0/0	12.1.1.2/24	
P	GE0/0/1	23.1.1.1/24	
P	LoopBack 0	2.2.2.2/32	

续表

设备名称	接口编号	IP 地址	所属 VPN 实例
CE1	GE0/0/0	10.0.11.2/24	
CE1	LoopBack 0	10.10.10.10/32	
CE2	GE0/0/0	10.0.2.2/24	
CE2	LoopBack 0	20.20.20.20/32	
CE3	GE0/0/0	10.0.13.2/24	
CE3	LoopBack 0	30.30.30.30/32	
CE4	GE0/0/0	10.0.4.2/24	
CE4	LoopBack 0	4.4.4.4/32	
MCE	GE0/0/0.10	10.0.100.2/24	VPN1
MCE	GE0/0/0.20	10.0.101.2/24	VPN2
MCE	GE0/0/1	10.0.2.1/24	VPN1
MCE	GE0/0/2	10.0.4.1/24	VPN2

（2）配置 ISP 网络的 IGP 协议。

PE1 的配置：

```
[PE1]ospf
[PE1-ospf-1]area 0
[PE1-ospf-1-area-0.0.0.0]network  12.1.1.0 0.0.0.255
[PE1-ospf-1-area-0.0.0.0]network 1.1.1.1 0.0.0.0
```

PE2 的配置：

```
[PE2]ospf
[PE2-ospf-1]area 0
[PE2-ospf-1-area-0.0.0.0]network 23.1.1.0 0.0.0.255
[PE2-ospf-1-area-0.0.0.0]network 3.3.3.3 0.0.0.0
```

P 的配置：

```
[P]ospf
[P-ospf-1]area 0
[P-ospf-1-area-0.0.0.0]network  12.1.1.0 0.0.0.255
[P-ospf-1-area-0.0.0.0]network 2.2.2.2 0.0.0.0
[P-ospf-1-area-0.0.0.0]network 23.1.1.0 0.0.0.255
```

查看公网路由的学习情况：

```
[P]display  ip routing-table protocol ospf
Route Flags: R - relay, D - download to fib
------------------------------------------------------------------------------
Public routing table : OSPF
         Destinations : 2        Routes : 2
OSPF routing table status : <Active>
         Destinations : 2        Routes : 2
Destination/Mask   Proto   Pre  Cost    Flags NextHop   Interface
```

```
        1.1.1.1/32  OSPF    10   1        D   12.1.1.1    GigabitEthernet0/0/0
        3.3.3.3/32  OSPF    10   1        D   23.1.1.2    GigabitEthernet0/0/1
OSPF routing table status : <Inactive>
        Destinations : 0        Routes : 0
```

（3）配置 ISP 内部的 MPLS 及 MPLS LDP，建立公网的 LSP 隧道。

PE1 的配置：

```
[PE1]mpls  lsr-id  1.1.1.1
[PE1]mpls
[PE1-mpls]q
[PE1]mpls ldp
[PE1-mpls-ldp]q
[PE1]int g0/0/1
[PE1-GigabitEthernet0/0/1]mpls
[PE1-GigabitEthernet0/0/1]mpls ldp
```

P 的配置：

```
[P]mpls ls
[P]mpls lsr-id 2.2.2.2
[P]mpls
[P-mpls]q
[P]mpls ldp
[P-mpls-ldp]q
[P]interface g0/0/0
[P-GigabitEthernet0/0/0]mpls ldp
[P-GigabitEthernet0/0/0]q
[P]interface g0/0/1
[P-GigabitEthernet0/0/1]mpls
[P-GigabitEthernet0/0/1]mpls ldp
```

PE2 的配置：

```
[PE2]mpls  lsr-id  3.3.3.3
[PE2]mpls
[PE2-mpls]q
[PE2]mpls ldp
[PE2-mpls-ldp]q
[PE2]interface g0/0/0
[PE2-GigabitEthernet0/0/0]mpls
[PE2-GigabitEthernet0/0/0]mpls ldp
```

查看 MPLS LSP 的建立情况：

```
[PE1]Display MPLS LSP
-------------------------------------------------------------------------
                 LSP Information: LDP LSP
-------------------------------------------------------------------------
FEC                In/Out Label  In/Out IF                        Vrf Name
1.1.1.1/32          3/NULL       -/-
2.2.2.2/32          NULL/3       -/GE0/0/1
```

```
2.2.2.2/32          1024/3        -/GE0/0/1
3.3.3.3/32          NULL/1025      -/GE0/0/1
3.3.3.3/32          1025/1025      -/GE0/0/1
```

（4）配置 VPN 实例，并将接口加入 VPN 实例中。

PE1 的配置（VPN 实例 VPN1）：

```
[PE1]ip vpn-instance vpn1
[PE1-vpn-instance-vpn1]route-distinguisher 100:1
[PE1-vpn-instance-vpn1-af-ipv4]vpn-target 1:1 both
[PE1]interface  g0/0/0
[PE1-GigabitEthernet0/0/0]ip binding vpn-instance vpn1
[PE1-GigabitEthernet0/0/0]ip address  10.0.11.1 24
```

PE1 的配置（VPN 实例 VPN2）：

```
[PE1]ip vpn-instance vpn2
[PE1-vpn-instance-vpn2]route-distinguisher 200:1
[PE1-vpn-instance-vpn2-af-ipv4]vpn-target 2:2 both
[PE1]interface  g0/0/2
[PE1-GigabitEthernet0/0/2]ip binding  vpn-instance vpn2
[PE1-GigabitEthernet0/0/2]ip address  10.0.13.1 24
```

PE2 的配置（VPN 实例 VPN1）：

```
[PE2]ip vpn-instance vpn1
[PE2-vpn-instance-vpn1]  route-distinguisher 100:2
[PE2-vpn-instance-vpn1-af-ipv4]  vpn-target 1:1 both
[PE2]interface  g0/0/1.10
[PE2-GigabitEthernet0/0/1.10]ip binding vpn-instance vpn1
[PE2-GigabitEthernet0/0/1.10]ip address  10.0.100.1 24
[PE2-GigabitEthernet0/0/1.10]dot1q termination vid 10
```

PE2 的配置（VPN 实例 VPN2）：

```
[PE2]ip vpn-instance vpn2
[PE2-vpn-instance-vpn2] route-distinguisher 200:2
[PE2-vpn-instance-vpn2-af-ipv4] vpn-target 2:2 both
[PE2]interface g0/0/1.20
[PE2-GigabitEthernet0/0/1.20]ip binding vpn-instance vpn2
[PE2-GigabitEthernet0/0/1.20]ip address  10.0.101.1 24
[PE2-GigabitEthernet0/0/1.20]dot1q termination vid 20
```

MCE 的配置（VPN 实例 VPN1）：

```
[MCE]ip vpn-instance vpn1
[MCE-vpn-instance-vpn1]route-distinguisher 100:3
[MCE-vpn-instance-vpn1-af-ipv4]vpn-target 1:1 both
[MCE]interface g0/0/0.10
[MCE-GigabitEthernet0/0/0.10]ip binding vpn-instance vpn1
[MCE-GigabitEthernet0/0/0.10]dot1q termination vid 10
[MCE-GigabitEthernet0/0/0.10]ip address  10.0.100.2 24
[MCE]interface g0/0/1
[MCE-GigabitEthernet0/0/1]ip binding vpn-instance vpn1
```

```
[MCE-GigabitEthernet0/0/1]ip address  10.0.2.1 24
```

MCE 的配置（VPN 实例 VPN2）：

```
[MCE]ip vpn-instance vpn2
[MCE-vpn-instance-vpn2]route-distinguisher 200:3
[MCE-vpn-instance-vpn2-af-ipv4]vpn-target 2:2 both
[MCE]interface g0/0/0.20
[MCE-GigabitEthernet0/0/0.20]ip binding  vpn-instance vpn2
[MCE-GigabitEthernet0/0/0.20]dot1q termination vid 20
[MCE-GigabitEthernet0/0/0.20]ip address  10.0.101.2 24
[MCE]interface g0/0/2
[MCE-GigabitEthernet0/0/2]ip binding  vpn-instance vpn2
[MCE-GigabitEthernet0/0/2]ip address  10.0.4.1 24
```

【技术要点】

由于 PE2 和 MCE 要区分两个不同部门的路由，实现业务隔离，因此需要配置两个 VPN 实例，并且使用子接口的方式，将子接口划分到不同的 VPN 实例中，实现业务流量和路由层面的隔离。

（5）配置 PE 与 CE 的路由协议，本实验全部使用 OSPF。（配置总公司部门 A 和部门 B 的 OSPF 协议）。

PE2 的配置：

```
[PE2]ospf 100 vpn-instance vpn1
[PE2-ospf-100]area  0
[PE2-ospf-100-area-0.0.0.0]network 10.0.100.0 0.0.0.255
[PE2]ospf 200 vpn-instance vpn2
[PE2-ospf-200]area  0
[PE2-ospf-200-area-0.0.0.0]network  10.0.101.0 0.0.0.255
```

MCE 的配置：

```
[MCE]ospf 100 vpn-instance vpn1
[MCE-ospf-100]area  0
[MCE-ospf-100-area-0.0.0.0]network  10.0.100.0 0.0.0.255
[MCE-ospf-100-area-0.0.0.0]network  10.0.2.0 0.0.0.255
[MCE]ospf 200 vpn-instance  vpn2
[MCE-ospf-200]area  0
[MCE-ospf-200-area-0.0.0.0]network 10.0.101.0 0.0.0.255
[MCE-ospf-200-area-0.0.0.0]network  10.0.4.0 0.0.0.255
```

CE2 的配置：

```
[CE2]ospf 100
[CE2-ospf-100]area 0
[CE2-ospf-100-area-0.0.0.0]network  10.0.2.0 0.0.0.255
[CE2-ospf-100-area-0.0.0.0]network  20.20.20.20 0.0.0.0
```

CE4 的配置：

```
[CE4]ospf 200
[CE4-ospf-200]area 0
[CE4-ospf-200-area-0.0.0.0]network  10.0.4.0 0.0.0.255
[CE4-ospf-200-area-0.0.0.0]network  40.40.40.40 0.0.0.0
```

查看 MCE 的 OSPF 邻接关系：

```
<MCE>display  ospf peer  brief
         OSPF Process 100 with Router ID 10.0.100.2
                   Peer Statistic Information
 ----------------------------------------------------------------------------
 Area Id          Interface                        Neighbor id      State
 0.0.0.0          GigabitEthernet0/0/0.10          10.0.100.1       Full
 0.0.0.0          GigabitEthernet0/0/1             10.0.2.2         Full
 ----------------------------------------------------------------------------
         OSPF Process 200 with Router ID 10.0.101.2
                   Peer Statistic Information
 ----------------------------------------------------------------------------
 Area Id          Interface                        Neighbor id      State
 0.0.0.0          GigabitEthernet0/0/0.20          10.0.101.1       Full
 0.0.0.0          GigabitEthernet0/0/2             10.0.4.2         Full
 ----------------------------------------------------------------------------
```

可以看到，MCE 与 PE2、CE2、CE4 建立了 OSPF 的邻接关系。

下面查看 MCE 的路由表。

VPN 实例 VPN1 的路由表：

```
<MCE>display  ip routing-table vpn-instance vpn1
Route Flags: R - relay, D - download to fib
------------------------------------------------------------------------------
Routing Tables: vpn1
         Destinations : 8        Routes : 8
Destination/Mask    Proto  Pre  Cost  Flags NextHop   Interface
       10.0.2.0/24  Direct  0    0       D   10.0.2.1    GigabitEthernet0/0/1
       10.0.2.1/32  Direct  0    0       D   127.0.0.1   GigabitEthernet0/0/1
     10.0.2.255/32  Direct  0    0       D   127.0.0.1   GigabitEthernet0/0/1
     10.0.100.0/24  Direct  0    0       D   10.0.100.2 GigabitEthernet0/0/0.10
     10.0.100.2/32  Direct  0    0       D   127.0.0.1   GigabitEthernet0/0/0.10
   10.0.100.255/32  Direct  0    0       D   127.0.0.1   GigabitEthernet0/0/0.10
    20.20.20.20/32  OSPF    10   1       D   10.0.2.2    GigabitEthernet0/0/1
255.255.255.255/32  Direct  0    0       D   127.0.0.1   InLoopBack0
```

结果表明，MCE 能够学习到 20.20.20.20/32 的路由。

VPN 实例 VPN2 的路由表：

```
<MCE>display ip routing-table vpn-instance vpn2
Route Flags: R - relay, D - download to fib
------------------------------------------------------------------------------
Routing Tables: vpn2
         Destinations : 8        Routes : 8
```

```
Destination/Mask    Proto   Pre  Cost   Flags NextHop    Interface
      10.0.4.0/24  Direct  0    0        D   10.0.4.1    GigabitEthernet0/0/2
      10.0.4.1/32  Direct  0    0        D   127.0.0.1   GigabitEthernet0/0/2
    10.0.4.255/32  Direct  0    0        D   127.0.0.1   GigabitEthernet0/0/2
    10.0.101.0/24  Direct  0    0        D   10.0.101.2  GigabitEthernet0/0/0.20
    10.0.101.2/32  Direct  0    0        D   127.0.0.1   GigabitEthernet0/0/0.20
  10.0.101.255/32  Direct  0    0        D   127.0.0.1   GigabitEthernet0/0/0.20
   40.40.40.40/32  OSPF    10   1        D   10.0.4.2    GigabitEthernet0/0/2
255.255.255.255/32 Direct  0    0        D   127.0.0.1   InLoopBack0
```

结果表明，MCE 能够学习到 40.40.40.40/32 的路由。

下面配置分公司和 PE 之间的路由协议。

PE1 的配置：

```
[PE1]ospf 100 vpn-instance vpn1
[PE1-ospf-100]area  0
[PE1-ospf-100-area-0.0.0.0]network  10.0.11.0 0.0.0.255
[PE1]ospf 200 vpn-instance vpn2
[PE1-ospf-200]area  0
[PE1-ospf-200-area-0.0.0.0]network  10.0.13.0 0.0.0.255
```

CE1 的配置：

```
[CE1]ospf 100
[CE1-ospf-100]area 0
[CE1-ospf-100-area-0.0.0.0]network  10.10.10.10 0.0.0.0
[CE1-ospf-100-area-0.0.0.0]network 10.0.11.0 0.0.0.255
```

CE3 的配置：

```
[CE3]ospf 200
[CE3-ospf-200]area  0
[CE3-ospf-200-area-0.0.0.0]network  10.0.13.0 0.0.0.255
[CE3-ospf-200-area-0.0.0.0]network  30.30.30.30 0.0.0.0
```

（6）配置 PE 之间的 MP-BGP 邻接关系。

配置 MP-BGP 的邻接关系。

PE1 的配置：

```
[PE1]bgp  100
[PE1-bgp]peer  3.3.3.3 as-number 100
[PE1-bgp]peer  3.3.3.3 connect-interface LoopBack 0
[PE1-bgp]ipv4-family vpnv4
[PE1-bgp-af-vpnv4]peer  3.3.3.3 enable
```

PE2 的配置：

```
[PE2]bgp  100
[PE2-bgp]peer  1.1.1.1 as-number 100
[PE2-bgp]peer  1.1.1.1 connect-interface LoopBack 0
[PE2-bgp]ipv4-family vpnv4
[PE2-bgp-af-vpnv4]peer  1.1.1.1 enable
```

查看 PE1 的 VPNv4 邻居是否建立：

```
[PE1]display  bgp  vpnv4 all  peer
 BGP local router ID : 12.1.1.1
 Local AS number : 100
 Total number of peers : 1              Peers in established state : 1
  Peer         V      AS  MsgRcvd  MsgSent  OutQ  Up/Down       State PrefRcv
  3.3.3.3      4     100        2        3     0 00:00:49 Established       0
```

在 PE 上将从 CE 学习到的 OSPF 路由引入 BGP 中，再通过 MP-BGP 传递给对端 PE，并将 BGP 的路由引入 OSPF 中，发布给 CE 设备。

PE1 的配置：

```
[PE1]bgp  100
[PE1-bgp]ipv4-family vpn-instance vpn1
[PE1-bgp-vpn1]import-route  ospf 100
[PE1-bgp-vpn1]q
[PE1-bgp]ipv4-family vpn-instance vpn2
[PE1-bgp-vpn2]import-route  ospf 200
[PE1]ospf 100
[PE1-ospf-100]import-route  bgp
[PE1]ospf 200
[PE1-ospf-200]import-route  bgp
```

PE2 的配置：

```
[PE2]bgp  100
[PE2-bgp]ipv4-family vpn-instance vpn1
[PE2-bgp-vpn1]import-route  ospf 100
[PE2-bgp-vpn1]q
[PE2-bgp]ipv4-family vpn-instance vpn2
[PE2-bgp-vpn2]import-route  ospf 200
[PE2]ospf 100
[PE2-ospf-100]import-route  bgp
[PE2]ospf 200
[PE2-ospf-200]import-route  bgp
```

查看 VPN 实例 VPN1 的路由表：

```
[PE2]display bgp vpnv4 vpn-instance  vpn1 routing-table
 BGP Local router ID is 23.1.1.2
 Status codes: * - valid, > - best, d - damped,
             h - history,  i - internal, s - suppressed, S - Stale
             Origin : i - IGP, e - EGP, ? - incomplete
 VPN-Instance vpn1, Router ID 23.1.1.2:
 Total Number of Routes: 5
      Network              NextHop        MED        LocPrf    PrefVal Path/Ogn
 *>   10.0.2.0/24          0.0.0.0         3                    0         ?
 *>i  10.0.11.0/24         1.1.1.1         0          100       0         ?
 *>   10.0.100.0/24        0.0.0.0         0                    0         ?
 *>i  10.10.10.10/32       1.1.1.1         2          100       0         ?
```

```
*>   20.20.20.20/32      0.0.0.0         3                    0       ?
```

结果表明，VPN1 的路由表中包含 CE1（10.10.10.10）和 CE2（20.20.20.20）的路由信息。

查看 VPN 实例 VPN2 的路由表：

```
[PE2]display bgp vpnv4 vpn-instance vpn2 routing-table
 BGP Local router ID is 23.1.1.2
 Status codes: * - valid, > - best, d - damped,
               h - history,  i - internal, s - suppressed, S - Stale
               Origin : i - IGP, e - EGP, ? - incomplete
 VPN-Instance vpn2, Router ID 23.1.1.2:
 Total Number of Routes: 5
      Network            NextHop        MED        LocPrf    PrefVal Path/Ogn
 *>   10.0.4.0/24        0.0.0.0         3                    0       ?
 *>i  10.0.13.0/24       1.1.1.1         0          100       0       ?
 *>   10.0.101.0/24      0.0.0.0         0                    0       ?
 *>i  30.30.30.30/32     1.1.1.1         2          100       0       ?
 *>   40.40.40.40/32     0.0.0.0         3                    0       ?
```

结果表明，实例 VPN2 的路由表中包含 CE3（30.30.30.30）和 CE4（40.40.40.40）的路由信息。

以 VPN 实例 VPN1 的站点为例，查看 CE1 和 CE2 的路由表：

```
<CE1>display  ip routing-table
Route Flags: R - relay, D - download to fib
------------------------------------------------------------------------------
Routing Tables: Public
         Destinations : 11       Routes : 11
Destination/Mask    Proto   Pre  Cost    Flags NextHop    Interface
       10.0.2.0/24  OSPF    10   4        D   10.0.11.1  GigabitEthernet0/0/0
      10.0.11.0/24  Direct  0    0        D   10.0.11.2  GigabitEthernet0/0/0
      10.0.11.2/32  Direct  0    0        D   127.0.0.1  GigabitEthernet0/0/0
    10.0.11.255/32  Direct  0    0        D   127.0.0.1  GigabitEthernet0/0/0
     10.0.100.0/24  O_ASE   150  1        D   10.0.11.1  GigabitEthernet0/0/0
    10.10.10.10/32  Direct  0    0        D   127.0.0.1  LoopBack0
    20.20.20.20/32  OSPF    10   4        D   10.0.11.1  GigabitEthernet0/0/0
      127.0.0.0/8   Direct  0    0        D   127.0.0.1  InLoopBack0
      127.0.0.1/32  Direct  0    0        D   127.0.0.1  InLoopBack0
127.255.255.255/32  Direct  0    0        D   127.0.0.1  InLoopBack0
255.255.255.255/32  Direct  0    0        D   127.0.0.1  InLoopBack0
```

```
<CE2>display  ip routing-table
Route Flags: R - relay, D - download to fib
------------------------------------------------------------------------------
Routing Tables: Public
         Destinations : 11       Routes : 11
Destination/Mask    Proto   Pre  Cost    Flags NextHop    Interface
       10.0.2.0/24  Direct  0    0        D   10.0.2.2   GigabitEthernet0/0/0
       10.0.2.2/32  Direct  0    0        D   127.0.0.1  GigabitEthernet0/0/0
```

```
      10.0.2.255/32  Direct  0    0     D   127.0.0.1   GigabitEthernet0/0/0
       10.0.11.0/24  O_ASE   150  1     D   10.0.2.1    GigabitEthernet0/0/0
      10.0.100.0/24  OSPF    10   2     D   10.0.2.1    GigabitEthernet0/0/0
     10.10.10.10/32  OSPF    10   4     D   10.0.2.1    GigabitEthernet0/0/0
     20.20.20.20/32  Direct  0    0     D   127.0.0.1   LoopBack0
        127.0.0.0/8  Direct  0    0     D   127.0.0.1   InLoopBack0
       127.0.0.1/32  Direct  0    0     D   127.0.0.1   InLoopBack0
 127.255.255.255/32  Direct  0    0     D   127.0.0.1   InLoopBack0
 255.255.255.255/32  Direct  0    0     D   127.0.0.1   InLoopBack0
```

结果表明，CE1 能够学习到 CE2 的 20.20.20.20/32 路由，但是 CE2 无法学习到 CE1 的 10.10.10.10/32 路由。

查看 MCE 的 VPN 实例 VPN1 的路由表：

```
[MCE]display  ip routing-table  vpn-instance vpn1
Route Flags: R - relay, D - download to fib
------------------------------------------------------------------------------
Routing Tables: vpn1
         Destinations : 8        Routes : 8
Destination/Mask    Proto   Pre  Cost Flags NextHop    Interface
       10.0.2.0/24  Direct  0    0     D   10.0.2.1    GigabitEthernet0/0/1
       10.0.2.1/32  Direct  0    0     D   127.0.0.1   GigabitEthernet0/0/1
     10.0.2.255/32  Direct  0    0     D   127.0.0.1   GigabitEthernet0/0/1
     10.0.100.0/24  Direct  0    0     D   10.0.100.2  GigabitEthernet0/0/0.10
     10.0.100.2/32  Direct  0    0     D   127.0.0.1   GigabitEthernet0/0/0.10
   10.0.100.255/32  Direct  0    0     D   127.0.0.1   GigabitEthernet0/0/0.10
    20.20.20.20/32  OSPF    10   1     D   10.0.2.2    GigabitEthernet0/0/1
255.255.255.255/32  Direct  0    0     D   127.0.0.1   InLoopBack0
```

结果表明，MCE 并没有 10.10.10.10/32 路由信息。但是与 PE2 的 OSPF 邻接关系可以正常建立。

查看 MCE 的 OSPF 100 的 LSDB。

```
[MCE]display ospf 100 lsdb
         OSPF Process 100 with Router ID 10.0.100.2
                 Link State Database
                         Area: 0.0.0.0
 Type       LinkState ID    AdvRouter          Age  Len   Sequence   Metric
 Router     10.0.2.2        10.0.2.2           494  48    80000004      1
 Router     10.0.100.2      10.0.100.2         489  48    80000008      1
 Router     10.0.100.1      10.0.100.1         599  36    80000005      1
 Network    10.0.2.1        10.0.100.2         489  32    80000002      0
 Network    10.0.100.1      10.0.100.1         599  32    80000002      0
 Sum-Net    10.10.10.10     10.0.100.1         134  28    80000001      2
                 AS External Database
 Type       LinkState ID    AdvRouter          Age  Len   Sequence   Metric
 External   10.0.11.0       10.0.100.1         134  36    80000001      1
```

结果表明，可以学习到 10.10.10.10 这条 3 类 LSA，但是并没有产生 10.10.10.10/32 的 OSPF

路由。原因是为了防止环路，OSPF 多实例进程使用 LSA Options 域中一个原先未使用的比特作为标志位，称为 DN 位。当设备收到 DN 置位的 LSA 时，将执行接收但不计算路由的动作，因此需要在 OSPF 进程中关闭该功能。

MCE 的配置：

```
[MCE]ospf 100
//用来禁止路由环路检测，直接进行路由计算
[MCE-ospf-100]vpn-instance-capability  simple
[MCE]ospf 200
[MCE-ospf-200]vpn-instance-capability simple
```

再次查看 MCE 的 VPN 实例 VPN1 的路由表：

```
[MCE]display  ip routing-table vpn-instance vpn1
Route Flags: R - relay, D - download to fib
------------------------------------------------------------------------------
Routing Tables: vpn1
         Destinations : 10       Routes : 10
Destination/Mask    Proto   Pre  Cost  Flags NextHop    Interface
      10.0.2.0/24   Direct  0    0      D   10.0.2.1    GigabitEthernet0/0/1
      10.0.2.1/32   Direct  0    0      D   127.0.0.1   GigabitEthernet0/0/1
    10.0.2.255/32   Direct  0    0      D   127.0.0.1   GigabitEthernet0/0/1
     10.0.11.0/24   O_ASE   150  1      D   10.0.100.1  GigabitEthernet0/0/0.10
    10.0.100.0/24   Direct  0    0      D   10.0.100.2  GigabitEthernet0/0/0.10
    10.0.100.2/32   Direct  0    0      D   127.0.0.1   GigabitEthernet0/0/0.10
  10.0.100.255/32   Direct  0    0      D   127.0.0.1   GigabitEthernet0/0/0.10
   10.10.10.10/32   OSPF    10   3      D   10.0.100.1  GigabitEthernet0/0/0.10
   20.20.20.20/32   OSPF    10   1      D   10.0.2.2    GigabitEthernet0/0/1
255.255.255.255/32  Direct  0    0      D   127.0.0.1   InLoopBack0
```

结果表明，可以正常学习到 10.10.10.10/32 的路由信息。

查看 CE2 的路由表：

```
<CE2>display ip routing-table
Route Flags: R - relay, D - download to fib
------------------------------------------------------------------------------
Routing Tables: Public
         Destinations : 11       Routes : 11
Destination/Mask    Proto   Pre  Cost  Flags NextHop     Interface
      10.0.2.0/24   Direct  0    0      D   10.0.2.2     GigabitEthernet0/0/0
      10.0.2.2/32   Direct  0    0      D   127.0.0.1    GigabitEthernet0/0/0
    10.0.2.255/32   Direct  0    0      D   127.0.0.1    GigabitEthernet0/0/0
     10.0.11.0/24   O_ASE   150  1      D   10.0.2.1     GigabitEthernet0/0/0
    10.0.100.0/24   OSPF    10   2      D   10.0.2.1     GigabitEthernet0/0/0
   10.10.10.10/32   OSPF    10   4      D   10.0.2.1     GigabitEthernet0/0/0
   20.20.20.20/32   Direct  0    0      D   127.0.0.1    LoopBack0
     127.0.0.0/8    Direct  0    0      D   127.0.0.1    InLoopBack0
     127.0.0.1/32   Direct  0    0      D   127.0.0.1    InLoopBack0
127.255.255.255/32  Direct  0    0      D   127.0.0.1    InLoopBack0
```

```
    255.255.255.255/32 Direct  0    0     D   127.0.0.1    InLoopBack0
```

结果表明，也可以正常学习到 10.10.10.10/32 的路由信息。

（7）测试实验结果。

```
<CE1>ping 20.20.20.20
  PING 20.20.20.20: 56  data bytes, press CTRL_C to break
    Reply from 20.20.20.20: bytes=56 Sequence=1 ttl=251 time=50 ms
    Reply from 20.20.20.20: bytes=56 Sequence=2 ttl=251 time=40 ms
    Reply from 20.20.20.20: bytes=56 Sequence=3 ttl=251 time=50 ms
    Reply from 20.20.20.20: bytes=56 Sequence=4 ttl=251 time=50 ms
    Reply from 20.20.20.20: bytes=56 Sequence=5 ttl=251 time=40 ms
  --- 20.20.20.20 ping statistics ---
    5 packet(s) transmitted
    5 packet(s) received
    0.00% packet loss
    round-trip min/avg/max = 40/46/50 ms
<CE1>ping 40.40.40.40
  PING 40.40.40.40: 56  data bytes, press CTRL_C to break
    Request time out
    Request time out
    Request time out
    Request time out
    Request time out
  --- 40.40.40.40 ping statistics ---
    5 packet(s) transmitted
    0 packet(s) received
    100.00% packet loss
```

结果表明，CE1 可以正常访问 CE2，但是无法访问 CE4。

```
<CE3>ping 40.40.40.40
  PING 40.40.40.40: 56  data bytes, press CTRL_C to break
    Reply from 40.40.40.40: bytes=56 Sequence=1 ttl=251 time=60 ms
    Reply from 40.40.40.40: bytes=56 Sequence=2 ttl=251 time=50 ms
    Reply from 40.40.40.40: bytes=56 Sequence=3 ttl=251 time=50 ms
    Reply from 40.40.40.40: bytes=56 Sequence=4 ttl=251 time=40 ms
    Reply from 40.40.40.40: bytes=56 Sequence=5 ttl=251 time=40 ms
  --- 40.40.40.40 ping statistics ---
    5 packet(s) transmitted
    5 packet(s) received
    0.00% packet loss
    round-trip min/avg/max = 40/48/60 ms
<CE3>ping 20.20.20.20
  PING 20.20.20.20: 56  data bytes, press CTRL_C to break
    Request time out
    Request time out
    Request time out
    Request time out
    Request time out
  --- 20.20.20.20 ping statistics ---
    5 packet(s) transmitted
    0 packet(s) received
```

```
        100.00% packet loss
```

结果表明，CE3 无法访问 CE2，但可以访问 CE4。

结果跟实验需求一致。

24.6 练 习 题

1. （单选题）在某运营商 MPLS VPN 网络中，存在 PE1 与 PE2 两台设备进行 MPLS VPN 的数据转发，PE1 从客户端收到一条 172.16.1.0/24 的私网路由，在 PE1 上转变为 VPNv4 路由并分配标签为 1027 发布给 PE2。PE2 到达 PE1 的 MPLS LSR-ID 的出标签为 1025。当 PE2 上的客户端访问 172.16.1.0/24 时，PE2 发送的帧的内外层标签应为（　　）的组合。

   A. 外层标签:1025；内层标签:1027　　　　B. 外层标签:1027；内层标签:1027

   C. 外层标签:1027；内层标签:1025　　　　D. 外层标签,1025；内层标签:1025

2. （单选题）关于 BGP/MPLS IP VPN 网络架构，以下描述错误的是（　　）。

   A. P 设备只需要具备基本的 MPLS 转发能力，不维护 VPN 相关信息

   B. 站点之间可以通过 VPN 互访，一个站点只可以属于 1 个 VPN

   C. 一般情况下，CE 设备感知不到 VPN 的存在，且 CE 设备不需要支持 MPLS、MP-BGP 等

   D. BGP/MPLS IP VPN 网络架构由 CE（Customer Edge）、PE（Provider Edge）和 P（Provider）三部分组成，其中 PE 和 P 是运营商设备，CE 是 BGP/ MPLS IP VPN 用户设备

3. （多选题）在域内 MPLS VPN 网络中，数据包在进入公网转发时，会被封装上两层 MPLS 标签。下列选项中关于两层标签的描述，错误的是（　　）。

   A. MPLS VPN 的外层标签是由 LDP 协议或静态分配的，内层标签是由对端的 MP-BGP 邻居分配的

   B. 默认情况下，外层标签在数据包转发给最后一跳设备前被弹出

   C. MPLS VPN 的外层标签称为私网标签，内层标签称为公网标签

   D. 外层标签用于在 PE 设备上将数据包正确发送到相应的 VPN 中

4. （单选题）以下关于 BGP/MPLS IP VPN 网络架构的描述，错误的是（　　）。

   A. P 设备只需要具备基本 MPLS 转发能力，不维护 VPN 相关信息

   B. PE 与 CE 之间交互 IPv4 路由

   C. BGP/MPLS IP VPN 网络架构由 CE（Customer Edge）、PE（Provider Edge）和 P（Provider）三种角色组成，一台网络设备只能作为其中一种角色

   D. 一般情况下，CE 设备感知不到 VPN 的存在，且 CE 设备不需要支持 MPLS、MP-BGP

5. （单选题）以下关于 BGP/MPLS IP VPN 数据转发的描述，错误的是（　　）。

   A. 数据转发时的内层标签由 MP-BGP 分配　　　　B. PE 发给 CE 的报文为 IPv4 报文

   C. PE 发给 P 的报文为 IPv4 报文　　　　D. 数据转发时的外层标签可由 LDP 分配